시대와 내용별로 기록한
세계 수학사(상)

추천의 글

신현용(한국교원대학교 명예교수)

'호모 사피엔스'인 인간은 슬기로우므로 본능적으로 수학을 한다. '슬기로움'의 핵심은 수학이기 때문이다. 다양한 수학 각각에는 언어나 형식에서 차이는 있을 수 있지만, 수학은 인류의 출현과 함께 있었고, 수학의 역사는 인류 역사의 주요 축이다. 이집트, 메소포타미아, 중국, 인도 각각의 고대 문명에 상당한 수준의 수학이 있었음에 주목하면, 인류의 문명을 주도한 것은 수학이라고 하여도 지나친 말은 아닐 것이다.

그간 우리나라에도 수학사를 다룬 책이 여러 권 나왔다. 대부분은 번역서이지만 우리나라 학자가 직접 집필한 것도 몇 권 있음은 기쁜 일이다. 이번에 이런 책이 또 나와 반갑기 그지없다. 학창 시절부터 수학의 역사에 천착하던 조윤동 박사가 그에 관한 책을 번역하며 오랫동안 꾸준히 쌓은 내공과 실력으로 자신의 관점에서 5,000여 년에 걸친 수학의 역사를 살펴 묵직한 역작을 펴냈다. 저자는 수학의 각 분야가 어떻게 발생, 성장, 성숙하였는지 그 과정을 사회 등 여러 배경과 함께 보여 준다. 저자는 "수학 내용을 깊이 다루지 않음"으로 수학을 전공하지 않은 사람도 "무리 없이 수학이 발전해 온 과정을 이해할 수 있게" 노력한다.

이 책은 분량이 꽤 방대하여 두 권으로 편집하였다. 상권에서는 고대 이집트와 메소포타미아, 중국, 인도 문명에서 전개된 수학을 1장, 6장, 7장에서 조망하고, 여기에 기반을 두고 현대 수학의 초석을 다진 그리스와 아랍 문명에서 발전한 수학을 각각 2장과 8장에서 소개하며, 이어서 중세 유럽의 수학을 언급한다. 지나치게 강력했던 종교적 영향으로 수학의 발전이 어려움을 겪고 있었을 때, 수학은 어떻게 이어지고 있었는지를 이야기한다. 상권은 16세기의 수학을 언급하며 마무리된다. 십자군 전쟁, 르네상스, 신항로 개척, 종교개혁 등으로 인류의 지성이 긴 잠에서 깨어난 시기라고 할 수 있는 이 시기는 수학의 역사에서도 큰 전기를 맞는다. 2,000년 이상 긴 세월 동안 감추어져 있던 삼차방정식과 사차방정식의 풀이가 발견된 것이다. 수학의 역사에서 '르네상스 시대의 수학'(11장)을 주목해야 하는 이유일 것이다.

17세기 수학부터 다루는 하권은 수학이 활짝 꽃을 피우며 인류의 정신을 깨우쳐 나가는 과정을 소개한다. 현대 수학의 주요 분야들이 어떠한 과정으로 진행되어 왔는지를 이야기하고, 비유클리드 기하학의 발견, 무한 수학의 등장, 수학의 공리화 등을 통해 수학이 인류 지성사에 어떤 영향을 끼쳤는지를 개관하며, 컴퓨터의 활용으로 향후 수학이 어떠한 영향을 받을 것인지도 암시한다.

수학은 속성상 과묵하다. 수학은 인류 지성사를 견인하는 주체이지만 왕들이나 장군들처럼 큰 목소리를 내지 아니한다. 수학은 있어야 할 곳에 항상 묵묵히 있을 뿐이다. 그래서 수학은 사람들의 관심 밖에 있기 쉽다. 사람들은 보통 왕과 장군들이 세계 역사를 주도한 것으로 알고 그들이 한 일이 세계 역사의 근간이라고 생각하지만, 사실은 그렇지 않다. 클레오파트라의 코 높이, 알렉산더의 세계 정복, 긴 세월에 걸친 로마 제국, 칭기즈칸의 세계 정복 등은 기억할 일 또는 사건이지만 그런 일들은 오늘의 세계 형성에 큰 영향은 없었다고 보아야 한다. 오늘의 세계는 슬기로운 인간들이 이룬 것이고, 여기에 그 슬기의 핵심인 수학이 큰 영향을 끼쳤다. 따라서 우리는 전쟁의 역사, 권력의 역사가 아닌 수학의 역사에 관심을 가져야 한다. 그렇게 볼 때, 이 책은 의미가 클 것이다.

목차(상권) CONTENTS

목차(하권) CONTENTS

머리말 PREFACE

 인류는 물체를 자연에 있는 그대로 이용하다가 그것을 거칠게나마 가공하여 새로운 도구로 만들어 사용하게 된 시기인 구석기 시대부터 수 개념을 사용하기 시작했다. 이렇게 시작된 수학이 양질 전화의 과정을 거치며 발전의 속도를 거듭 올려왔다. 여러 번의 침체기를 거치게 되는데 그런 다음에는 앞선 오랜 기간에 이룬 것을 훌쩍 뛰어넘는 내용을 훨씬 짧은 기간에 달성한 것을 볼 수 있다. 이러한 발전에 수학의 민주화에 이바지한 발견들이 커다란 역할을 했다. 그것들은 수학을 대중화함으로써 새로운 비약적 발전의 토대를 구축해 주었다. 이런 것들에는 인도-아랍의 10진 자리기수법 체계, 문자를 사용한 공식으로 대표되는 알고리즘, 미적분의 기본 정리 등이 있다.

 수학은 발전 과정에서 과학과 다른 특징을 보인다. 수학에서는 앞서 나온 내용을 전적으로 부정하면서 새로운 내용이 등장하는 것이 아니라 앞선 내용을 품으면서 제시되는 경우가 거의 대부분이다. 19세기에 발견된 비유클리드 기하학의 타당함이 입증되었다고 해서 기원전 3세기 초의 유클리드 기하학이 타당성을 잃지는 않았다. 그것들을 포괄하는 하나의 분야로 확장되었다. 과학에서는 앞선 내용이 부정되는 경우가 흔하다. 대표적으로 태양 중심설로 대체되는 지구 중심설이 있다. 다른 학문 분야도 과학보다 덜하지 않다. 이런 점에서 수학은 계통성이 강하다고 할 수 있다. 곧, 어떤 것을 배우려면 그것에 관련된 앞선 내용을 알아야 한다. 태양계의 구조는 이전 이론을 모르고 지금의 이론을 바로 배워도 알 수 있다.

 수학의 발전 과정을 들여다보면 우리가 학교에서 배우는 내용의 순서가 왜 그렇게 짜여 있는지도 이해하게 된다. 이를테면 자연수와 0, 분수, 소수, 음의 정수와 유리수, 무리수, 허수의 순서로 배우는데, 이것은 수의 개념이 명확히 되는 과정과 거의 같다. 물론 수학 내용의 발생 순서를 따르지 않은 경우도 간혹 있다. 사회적 필요에 부응해서 발생한 과정과 달리 실제로는 학생이 이해하기 쉽게 전후의 내용 전개나 인지의 발달 수준에 부합하도록 구성하게 되기 때문이다. 0의 경우나 지수와 로그, 미분과 적분의 경우가 그러하다. 이런 것들을 제외하고는 수학의 발전사는 인류의 인지 수준이 향상되는 과정이 상응하고, 수학과 교육과정은 그에 부합되게 구성된다고 볼 수 있다. 그러므로 개체발생은 계통발생을 되풀이한다고 볼 때, 수학사로부터 각 내용에 어떻게 접근할 것인지에 대한 도움을 얻을 수도 있다.

수학은 아주 초기에는 거칠게 산술과 기하라는 두 범주로 나누면 충분했으나 이후 꾸준히 분화되어 1900년에는 12개의 대항목으로, 2000년에는 훨씬 더 많은 대항목으로 분류되었다. 이는 사회가 요구하는 것이 그만큼 다양해졌다는 뜻이다. 수학을 하려는 사람은 수학사로부터 이런 분화 과정을 살펴봄으로써 자신이 어떤 주제를 연구할 것인지를 고민해 보는 계기로 삼을 수도 있을 것이다. 물론 분류표를 보면 되겠으나 이는 발전의 흐름을 놓친다는 단점이 있다.

위에서 기술한 것을 정리한다면 수학사를 다룬다는 것은 시간에 따라 사실을 나열하는 것이어서는 안 되고 사전처럼 항목을 나열하는 것이어서도 안 된다. 이 책에서는 수학 내용(분야)이 발생, 성장, 성숙하는 과정을 거치면서 발전하는 흐름을 경제, 지리, 정치, 사회적 배경 등과 함께 보여주고자 했다. 물론 수학 내적인 관련성은 놓치지 말아야 할 기본 사항이다. 이 두 가지에 충실하기 위해서 특정한 수학 내용을 깊이 다루지 않고, 앞이나 뒤에 나오는 사항과 관련 없는 것도 싣지 않으려 노력했다.

수학의 역사를 다룬 책에는 수학을 전공하는 사람들을 대상으로 개론서 형식으로 쓴 것, 수학을 전공하지 않은 사람들을 대상으로 삼은 것, 특정 분야 또는 주제를 중심으로 풀어나간 것, 여러 수학자의 업적과 삶을 중심으로 전개해 놓은 것 등등이 있다. 이 책은 수학의 모든 분야를 종합하여 시간의 흐름을 따라 내용(주제)별로 다룬 개론서이다. 수학을 전공으로 하는 사람들을 대상으로 하고 있으나, 수학이 관련된 분야를 공부한 사람들도 충분히 읽을 것이다. 물론 수학 내용을 깊이 다루지 않았으므로, 수학을 전공하지 않더라도 다가서기 좀 어렵다고 느껴지는 부분은 건너뛰면서 읽으면 무리 없이 수학이 발전해 온 과정을 이해할 수 있을 것이다. 이를테면 무한에 대해서는, 극한과 연속의 개념을 아는 것이 좋겠지만, 2장의 무한과 엘레아 학파, 논리와 아리스토텔레스 항목, 18장의 집합론 항목에서 전반부만 읽어도 된다.

개론서라 하더라도 수학자의 업적에 중심을 두고서 단순히 시간의 흐름을 따라가는 것은 피했다. 수학자나 그의 업적에 중심을 두다 보면 어떤 경우에는 역사적 중요도가 낮은 특정 내용을 다루기도 하게 된다. 그리고 어떤 분야의 발달 과정에서 소개되어야 할 내용이 다뤄지지 않기도 한다. 수학자에 관련된 일화를 근거가 약한데도 소개하기도 한다. 그러다 보면 다루는 분야나 주제가 전개되는 과정을 분명하게 보여주지 못하는 경우가 적지 않게 된다. 이 책에서는 각 분야의 내용이 발생, 발전, 성숙하는 흐름을 파악하는 데 중점을 두면서 내용들 사이의 관계를 이해하는 데 도움이 되도록 하여, 수학 자체의 전체 발달 과정을 알 수 있게 하려고 했다. 여기에다 내용(분야, 주제)마다 흐름을 따라가며 정리하여, 장마다 해당 내용의 절(또는 항, 목)을 읽으면 내용마다의 발전 과정을 이해할 수 있도록 하였다.

수학도 다른 학문들과 마찬가지로 독자적으로 생겨난 것은 아니다. 물적 토대가 갖춰지고 나서 그것을 기반으로 조성된 사회의 요구를 반영하면서 발전해 왔다. 수학도 인류의 문화를 발전시킨 도구이자 문화의 결과였으므로 경제, 지리, 사회, 정치 등을 배경으로 하여 수학의 발전 과정을 이해하는 것이 필요하다. 이에 이런 부분도 소홀히 하지 않으면서도 무겁지 않게 다루어 역사 속의 수학, 수학 속의 역사를 느끼도록 했다.

직장 생활을 하면서 오랜 시간을 내어 글을 쓴다는 것은 매우 어려운 상황이었다. 때문에 그 시기에는 그저 글을 읽고 나중에 필요할 것이라고 생각되는 부분을 필사하여 모아두는 정도의 일밖에는 하지 못했다. 그러다 한국교육과정평가원에 근무할 때 생긴 연구년 때인 2018년에 글을 쓰기 시작했다. 그 한 해는 그저 그동안 모아둔 자료를 읽고 필요한 부분을 모으고 새로운 자료를 찾아 마찬가지 일을 하는 것으로 지나갔다. 퇴직을 하던 때부터 본격적으로 작업을 시작하고 나서 4년의 시간이 흘러 어쭙잖지만 이제야 글을 완성하게 되었다. 사실 퇴직을 하던 해가 코로나19 바이러스가 한창 기승을 부릴 때라, 어찌 보면 자연스럽게 글을 쓰게 되었는지도 모르겠다. 마지막으로 부담없이 편안하게 글을 쓸 수 있도록 작은 공간을 내어준 주용운 사장에게 감사의 말을 전한다.

* 이 책의 본문에서 연대를 나타낼 때, 기원전을 기호 '−'로 표기하였고, 기원후는 특별한 경우에만 '+'로 나타냈습니다.
* 인물의 생몰 연도에서는 기원전을 '전'으로 표기하였고, 기원전과 기원후에 걸치는 경우에는 (전000−후000)와 같이 나타냈습니다.
* 각주는 해당 사항에 관련된 설명을 붙인 것으로 번호는 1)과 같습니다.
* 미주는 참고문헌을 소개하는 것으로 번호는 [1]과 같습니다.

프롤로그

고대 문명 이전의 수학

1 구석기 시대의 수학

돌로 도구를 제작하기 시작한 250만 년 전부터 1만 2000년 전까지가 구석기 시대이다. 인류는 자연환경을 이용하며 그것에 유연하게 적응할 수 있는 유전적 요소가 있었다. 그들은 손으로 물체를 잡거나 만들 수 있었고 목소리로 생각을 나눌 수 있었다. 인류가 도구를 만들고 그것으로 살아가는 데 필요한 것들을 얻었다는 사실은 인류가 환경을 인위적으로 바꿀 수도 있게 되었음을 뜻한다. 또한 인류가 다른 동물과 질적으로 다르게, 목소리로 생각을 나눌 수 있게 되었다는 것은 사물을 개념화하고 그것을 후손에게 전달하여 이어나갈 수 있었음을 뜻한다.

이 시기부터 인류는 개념화의 정점이라고 할 수 있는 양과 수, 크기, 순서, 형태 등을 인지하고 다룰 수 있었다. 그렇더라도 수렵채취인은 기후에 따라 달라지는 열매가 나는 곳이나 짐승이 사는 곳을 찾아다니며 그날 구해 그날 먹었지, 먹을거리를 저장하지 못했다. 지니고 있더라도 그 양이 적어 큰 수를 헤아릴 필요도 계산할 필요도 거의 없었다. 그러다 약 20만 년 전에 아프리카에서 인류의 새로운 조상이 탄생한 것은 양과 공간의 성질을 인지하고 다루는 과정의 전환점이 되었다. 7만 년 전부터 3만 년 전 사이에 그들은 배, 등잔, 활과 화살, 바늘을 발명했고 일종의 작품도 만들었다. 전설과 종교, 물물교환, 사회 분화의 초기 형태도 이 시기에 생겨났다. 물적 환경의 변화와 함께 새로운 사고방식과 의사소통 방식이 출현하는 '인지 혁명'[1]이 일어났다. 그렇지만 주변에 있는 먹을거리를 모으는 것에서 기르는 것으로 옮겨가기까지, 양과 공간에 대한 이해는 많이 나아가지 못했다. 이러한 이해의 진전은 신석기 시대로 접어들면서 본격화한다. 더구나 의사소통과 전달의 수단으로 문자를 생각해낸 것은 지금부터 겨우 오천수백 년 전이다.

가장 단순한 수학 개념은 세는 것이다. 처음에는 모아놓은 물체를 손가락 같은 몸의 일부를 이용해 셌다. 긴 세월이 지나고 나서야 대상에 대응시켜 나타내는 표시의 모음으로 셀 수 있게 되었다. 이처럼 세는 것으로써 수의 개념을 눈으로 볼 수 있게 나타내는 가장 간단한 기법은 일대일대응의 원리를 적용한 눈금 새김(부신)이다. 이것은 추상적인 수 개념뿐만 아니라 문자로써 의사소통하는 쪽으로 나아가는 발전이었다.[2] 일대일대응 방식의 도움으로 계산의 도움 없이도 수를 측정할 수 있었다.[3] 이러한 대응을 생각했다는 것은 지적 발달의 결과이다. 나무에 눈금을 새기는 것이 쉬웠으므로 나무를 더 많이 사용했겠지만, 나무는 재질의 특성 때문에 남아나지 못했을 것이다. 수를 눈금으로 표시하던 증거는 짐승의 뼈에 남아 있다. 이런 유형 가운데 가장 오래된 것으로는 스와질란드와 남아프리카공화국의 접경 지역에서 발견된 약 3만 7천 년 전의 레봄보 뼈, 체코슬로바키아 지역에서 발견된 3만 년 전의 늑대 뼈, 콩고민주공화국의 이샹고 유적에서 발견된 2만 5천 년 전의 뼈가 있다.

인간이 수를 인식했음을 보여주는 눈금이 새겨진 뼈는 사냥한 짐승의 수를 나타낸 것이 기원이라고 오랫동안 해석되었다. 이와 다른 관점에서 달을 관찰한 결과(주기)를 기록해 놓은 것으로 보기도 한다. 레봄보 뼈와 이샹고의 뼈에 새겨진 눈금이 그러하다는 것이다. 이러한 표식에서 고대 천문가들의 문자 기록과 보존이 시작되고,[4] 그리하여 수학이 천문과 함께 발전했다는 것이다. 이렇듯 물건의 개수와 날짜를 세는 행위는 매우 오래되었다. 막대에 눈금을 새기는 이런 방식은 유럽 대부분의 나라에서 채권, 채무 관계를 기록할 때 흔하게 사용되었으며 매우 최근까지도 이어졌다.[5]

그렇지만 부신은 기수법과 다르다. 부신은 로마 숫자 XIV(14)처럼 기수를 집계한 마지막 것이 아니다. 그저 일대일대응하도록 기록할 대상과 눈금을 짝지어 한 줄로 그어놓는 활동을 잇따라 기록한 것일 뿐이다. 부신은 모양과 간격에 관계없이 각 눈금은 하나의 단위이다. 설령 눈금이 기수를 집계한 것으로 읽힌다 해도 그것을 만드는 과정에는 순서가 있다. 부신은 계산을 직접 보조하는 것으로, 본래 기록을 오래도록 보관하려고 의도한 것이 아니다.[6] 부신이 사용되던 때부터 기수 개념이 담긴 기호가 만들어지기까지 다시 엄청난 세월이 필요했다. 개수를 나타내는 눈금을 그냥 한 줄로 긋다가 그것들을 조직할 수 있음을 알게 된다. 그 가운데 하나가 묶음법이다. 묶어 세는 것은 하나씩 세는 것에 견줘 눈에 띄는 진전이다. 이것은 세려고 하는 사물로부터 수를 추상하는 기나긴 과정을 시작하는 단계이다. 이 방법이 발전한 것으로 이집트의 신성문자 수 체계를 들 수 있다.

수의 의미를 지닌 표시가 기록된 유물로부터 수 개념이 어느 문명이나 문서보다 앞서고 있음을 알 수 있다. 언어의 발달이 추상적인 수학적 사고 발생에 필수이지만, 아마 수를 나타내는 표시가 먼저 만들어지고 나서 그것을 가리키는 말이 나타났을 것이다.[7] 그것은 막대기에 자국을 내는 쪽이 수의 의미를 나타내는 말을 만드는 것보다 쉽기 때문이었을 것이다. 그리고 말이 생기고 나서 표기법으로써 기호가 수를 표상하도록 고안되었을 것이다.[8]

2 신석기 시대의 수학

약 1만 8000년 전에 마지막 빙하기가 물러나고 따뜻해져 가던 중에 뜻밖의 일이 일어났다. 1만 2800~1만 1500년 전에 기온이 빠르게 내려가면서(영거 드라이아스기) 서아시아 지역의 기후가 말라갔고 동식물의 수량이 줄어들었다. 이를테면 1만 2000년 전쯤에 매머드, 큰뿔사슴, 야생마 같은 커다란 짐승들이 사라졌다. 이 때문에 수렵채집인이 주로 먹던 사냥감을 비롯한 야생 먹을거리가 차츰 부족해지면서 이 지역의 환경이 감당하기 어려워져 갔다. 식량 자원에 대한 압박이 커지고 먹을거리를 찾아 공급지를 옮겨 다니면서 해결할 수 없게 되는 시점에 이르러 땅을 갈아 농사를 짓고 짐승을 길들여 기르지 않으면 안 되게 되었다. 곧, 환경이 악화되자 인류는 떠돌아다니면서 먹을거리를 얻는 생활을 버리고 식량을 손수 키우는 방식을 받아들이게 되었다. 이렇게 해서 일어난 농업혁명은 인류가 자신의 역사를 스스로 만든 것이기는 하지만, 그들은 뼈를 깎는 노동을 하지 않을 수 없게 되었다.

지금으로부터 약 1만 년 전에 티그리스-유프라테스 강 유역을 둘러싸고 있는 산 쪽[1]에서 세계 처음으로 농경과 목축이 생겨났다. 이렇게 된 데에는 먼저 이곳의 지리 조건이 농사를 짓거나 가축을 기르기에 불리하지 않았지만 그 조건을 어느 정도는 개선해야 먹을거리를 확보할 수 있는, 조금은 불리한 환경이었기 때문이다. 그리고 재배할 수 있는 곡식과 기를 수 있는 들짐승이 있었기 때문이기도 했다. 이러한 조건은 밀과 같은 곡물을 재배하거나 양을 비롯한 짐승을 기르는 데 이상적이었다.

---

1) 터키 남동부, 이란 서부, 에게해 동부 지역으로 모양은 부메랑과 비슷함.

내리는 비에만 의존하는 원시적인 약탈 방식이기는 하지만 농업으로 식량을 얻게 되자 노동과 생활 방식이 완전히 바뀌었다.[9] 화전을 일구고, 농작물을 정기적으로 돌보며(잡초 뽑기, 물주기 등), 수확물을 저장하고, 저장한 것을 나누고, 아이들을 기르기 위해서 서로 협동하는 방법을 개발해야 했다. 이로써 완전히 새로운 사회생활이 발전했고 그와 함께 새로운 세계관이 생겨났다. 그 세계관은 여러 신화와 종교 의례로 표현됐다. 이것들은 오랜 기간에 걸쳐 일어났다. 농업혁명 덕분에 먹을거리는 분명히 늘었다. 그러나 농사는 오랜 시간 동안 등골이 빠질 듯한 노동을 되풀이해야 하는 일로서 농사는 이상적인 선택이라고 할 수 없었다.[10] 평균적인 농부는 평균적인 수렵채집인보다 더 열심히 일했으면서도 더 열악한 식사를 했다.[11] 이처럼 농업혁명은 결코 풍요와 안전을 보장해 주지 않았다.

초기 농경은 낭비가 심했다. 약탈 농업으로는 지력이 떨어지면 경지를 바꿔야 했고 때로는 마을도 옮겨야 했으므로 큰 마을로 발전하지 못했다. 부메랑 지역의 천수답 농경을 극복하고 티그리스-유프라테스강 유역에서 두 강을 이용한 관개농업이 이루어졌을 때 도시가 형성될 수 있었다. −4800~4500년에 관개수로가 등장했다. 규모가 매우 커서 아주 많은 노동력이 필요했고, 그에 따라 중앙집권적인 관리가 요구됐다. −4500~4000년에 이르러서는 관개농업이 우세해지면서 인구가 늘어나고 도시화가 심화되었다.

논밭을 몇 달에 걸쳐 일구고 나면 먹을거리는 얼마 동안 충분했다. 그러나 농부는 다음 해, 심지어 그다음 해의 먹을거리를 마련해야 했다. 계절의 순환과 흉작 같은, 농업이 지닌 근본적인 불확실함에서 생기는 미래를 대비해야 했기 때문이다. 이것은 식량이 빼앗거나 지킬 가치가 있음을 뜻하기도 했다. 인구가 늘면서 농사를 지을 땅이 부족해지고 가뭄이나 홍수 같은 기후 변화로 인한 흉작 등의 까닭으로 굶주리는 일이 생기면서 이웃 집단끼리 충돌하게 되었다. 식량이나 땅을 차지하기 위한 집단 사이의 충돌은 작은 집단을 더 큰 조직을 이루도록 유인했다. 그러나 더 큰 집단은 더 커다란 충돌을 낳기도 했다. 이런 상황에서 사회적 지위의 분화가 나타났다. 전쟁을 이끄는 우두머리나 신관 등에게 권한이 주어졌다. 초기에 이들은 공동체에 봉사하는 개인들이었지 나머지 사람들을 다스리며 그들에게 기생하는 계층은 아니었다. 그러다 시간이 지나면서 이들은 농부들을 지배하기 시작했고, 농부가 생산한 식량으로 먹고 살면서 농부에게는 겨우 목숨을 이어갈 정도만 남겨주었다. 이렇게 해서 계급 분화를 근간으로 하는 대규모 정치사회 체제의 토대가 형성되었다.

농업 생산의 순환은 계절에 따른다. 계절에 맞춰 땅을 일구려면 주기적으로 움직이는 천체를 관찰할 필요가 있었다. 신석기인은 해와 달을 관찰하여 땅에 천체 위치를 나타내는 표시물을 만들고 그것을 이용하여 해와 달의 주기를 알아내고 계절의 변화를 추적하여 농사에 필요한 정보를 얻었다.[12] 농경이 발전하면서 관련된 물품을 제조하는 일도 발달했다. 이런 물품 가운데 특정한 때를 알아내는 데 쓰이는 일부 장치는 매우 많은 노력과 물자가 들었기 때문에 인구가 적지 않고 그들이 먹고도 남을 식량을 생산할 수 있는 지역에서만 만들 수 있었다. 신석기 중기에도 나름 체계를 갖춰 천체를 연구했던 것은 사실이다. 그러나 더 발달된 천문은 잉여 식량이 많아지고 교역이 늘어난 신석기 후기에 이르러 나타나기 시작하여, 문자가 발명되고 중앙집권적 관료 정부의 지원을 받는 청동기 시대가 되어 자리를 잡게 된다.

신석기 후기의 농경은 강 유역에서 이루어졌다. 강 덕분에 넓은 유역을 배수, 관개 등으로 기름진 땅으로 바꿀 수 있었다. 게다가 강은 편리한 수송로 역할도 했다. 이런 상황은 넓은 지역에 걸쳐 떨어져 있던 지역들을 이어주었다. 이에 따라 인구가 늘어났고, 더 커진 사회에서 산출되는 물건의 종류와 양이 늘어나고 물물교환이 확대되고 복잡해졌다. 이에 물건을 세는 단위와 수의 크기가 확장, 확대되어야 했다. 특히 물물교환에는 어느 정도의 셈도 필요했다. 인류학 연구에서는 수를 헤아리는 것이 원시 종교 의식과 관련하여 생겨났다고도 하는데, 이 경우에는 순서를 나타내는 쪽이 양의 개념보다도 앞서 있었다고 한다.[13] 어떠한 배경에서 수학이 형성되기 시작되었든 수학은 실용적인 욕구로부터 생겨났다.

말소리 수와 함께 손가락 수가 널리 이용되기도 했다. 손가락셈은 기억된 계산 결과, 곱셈표 같은 시각적 표현에 바탕을 두고 있다.[14] 손가락 개수와 손의 위치를 이용하여 수를 표현하는 것은 수의 기호나 이름을 사용하게 한 원인이기도 하다. 손가락셈은 언어의 차이를 극복할 수 있는 이점이 있었으나 말소리 셈과 마찬가지로 일시적이어서 계산에는 적절하지 않았다. 경제 활동이 확대되면 이전보다 커다란 수를 셈하고 그 결과를 기록해야 할 필요가 생긴다. 이 필요가 계산 결과를 오랫동안 남길 수 있는, 부신보다 나은 세련된 방법을 찾도록 자극했다. 이로부터 수 기호가 등장하고, 수학의 가장 초등적인 몇 분야가 생기게 된다.

잉여를 모으고 저장하고 분배하기 위한 시설인 창고는 최초의 신전이었고 관리자는 최초의 신관이었다.[15] 수가 없던 당시에 신관은 저장과 분배의 기록을 남기기 위해 찰흙 물표(token)를 사용했다. 베세라트(D. S.-Besserat 1992)는 문자를 사용하기 이전의 사람들이 물품을 기억하기 위해 찰흙 물표를 생산물에 대한 상징적 표상으로 이용하는 회계 체계를 만들었음을 보여주었다. 물표는 여러 기하적 모양으로 만들어졌는데, −8000년 무렵에 처음 나타난 것으로 추정된다. 초기에는 같은 종류의 물표를 한데 모아 얇은 찰흙으로 감쌌다. 그런데 속에 있는 것을 확인하려고 덮개를 깨뜨렸다가 다시 덮개로 씌우는 일은 무척 성가셨다. 이에 안에 있는 물표의 정보를 덮개 위에 기호로 새겼다. 그러다 안에 내용물이 없어도 괜찮다는 사실을 깨달았다.[16] 시간이 지나면서 특정 물건을 가리키는 그림 기호와 개수를 가리키는 기호가 표준화된다. 그렇지만 각 기호는 특정한 소리라기보다 오히려 개념이나 낱말 전체를 나타냈기 때문에 각 기호에 언어를 배정하기는 어렵다.[17] 더구나 물표의 특정한 형식이 원시 쐐기글자와 비슷하다는 것을 보여주는 증거도 거의 없다.[18] 어쨌거나 사용하기 성가신 물표 방식은 −3000년 무렵에 사라졌고 우리가 문자로 여길 수 있는 쐐기 모양의 기호가 만들어졌다. 이후 이것이 폭넓은 지역에서 빠르게 채택됐다. 기호들은 물건과 그 양에 대응하는 낱말의 소리를 상징하는 기호로 발전하게 된다.

진정한 수 개념은 언어를 사용하게 되면서 생겨났다. 세기는 말로 하는 수사, 써서 나타내는 숫자와 함께 천천히 진화했다.[19] 세는 활동에서 물체를 분류하는 수단으로써 언어가 발전하자 수사가 발전하고 그것이 숫자가 되었다.[20] 숫자는 최소한 글자만큼이나 오래되었다. 물론 수사로 읽히는 숫자가 아닌 재산을 관리하기 위한 양적 개념의 도구는 글을 읽고 쓰는 것보다 천 년 가량 앞섰다.[21] 문자와 숫자의 이용은 과학이 진보하는 데 필수라는 점에서 과학이 새롭게 전개되는 이정표가 된다. 특히 숫자는 특정한 물리적 대상들의 특성을 배제하고 있다는 의미에서 추상적인 사고로 이행하는 커다란 진전이다.

기하는 해마다 일어나는 홍수 뒤에 강의 유역을 다시 측량할 필요에서 생겼다는 헤로도토스의 견해와 승려라는 유한계급의 여가와 사원 의식에서 생겨났다는 아리스토텔레스의 견해가 있다. 그렇지만 기하의 역사는 이 두 견해보다 훨씬 오래되었다고 봐야 할 것이다. 여가가 거의 없었을 것이고 측량이 필요하지도 않았을 신석기 시대 사람들이 그릇 같은 것에 남긴 문양은 그들에게 기하적 인식이 있었음을 보여주기 때문이다. 이러한 인식은 주변에 있는 물체의 모양을 관찰하는 데서 유래했다. 곧, 일상에서 보는 물체의 특정 형태와 그것들 사이의 관계인 수직, 수평, 합동, 닮음 같은 것에서 느끼는 미적 감각으로부터 시작되었다. 물론 이러한 것들이 아직 추상 개념으로 인식되지는 않은 모방의 결과일 것이다. 그리고 수를 세는 것과 마찬가지로 기하가 원시 의식의 관습에 기원을 둔다는 설도 있다. 인도에서 찾은 가장 오랜 기하의 연구 성과는 '술바수트라'(끈의 법칙)라는 데서 볼 수 있다. 그 법칙은 간단한 관계를 기술한 것인데 제단과 사원을 지을 때 쓰던 것임은 분명하다.[22] 시작이야 어찌 됐든 기하 연구는 땅의 넓이를 재고 곡식 저장고의 들이를 알아내고 여러 구조물의 치수와 재료의 양(부피)을 계산하려는 바람을 충족시키는 데서 발전했다.

이 장의 참고문헌

[1] Harari 2015, 48

[2] Burton 2011, 2

[3] Ifrah 1990, 29

[4] Marshack 1972, 57

[5] Burton 2011, 4

[6] Chrisomalis 2008, 503

[7] Boyer, Merzbach 2000, 6

[8] Eves 1996, 5

[9] Harman 2004, 39-40

[10] Faulkner 2013, 31

[11] Harari 2015, 124

[12] McClellan, Dorn 2008, 53

[13] Boyer, Merzbach 2000, 7

[14] Chrisomalis 2008, 505

[15] Harman 2004, 49

[16] Stewart 2016, 16

[17] Robson 2000, 102

[18] Chrisomalis 2008, 507

[19] Burton 2011, 1

[20] Chrisomalis 2008, 497

[21] Englund 1998, 42-55

[22] Boyer, Merzbach 2000, 9-10

고대 오리엔트의 수학

 청동기 시대의 문명과 수학

1-1 청동기 시대의 문명

청동기 시대로 접어들면서 신석기 시대의 생계형 농업이나 목축과 다른 새로운 고밀도 농업이 확립되었다. 이제 많은 잉여 식량이 생산되면서 공출, 저장, 재분배하는 경제가 곡물의 드나듦을 계산하고 기록할 필요를 낳았다. 또한 농사를 때에 맞춰 지으려면 계절의 변화를 정확히 알고 큰 강이 흘러넘치는 때를 예측해야 했기 때문에 어떤 형태로든 천체를 관측하여 기록으로 남기고 계산할 필요가 생겼다. 이처럼 여러 면에서 규모도 커지고 양도 늘어난 정보를 처리해야 하게 되면서, 생산과 관리의 복잡한 체계를 통제하는 국가 체제가 요구되었다.

농경의 발달은 사유제를 낳고 이 단계를 거치면서 도시혁명이 일어나고 문명이 탄생하게 된다. 도시혁명으로 작은 농경 마을들이 합쳐져 초기의 국가 조직이 만들어지고 권력이 집중되면서 계층이 나뉘기 시작한다. 또한 측량사, 건축가, 시간을 재는 사람과 같은 일종의 전문가들이 생겨난다. 이런 일들이 메소포타미아와 이집트에서 처음으로 일어났다. 두 지역에서는 관개를 비롯한 대규모 치수 사업을 기반으로 한 고밀도 농업이 중앙집권적인 대규모 관료 국가가 형성됐다. 두 지역에 성립된 국가의 왕은 신의 아들이나 대리자로서 절대 권력을 손에 쥐었다. 이런 사회에서 사람의 의식은 객관적 법칙이 아니라 국왕에 의해 세계가 운영된다는 세계관에 지배당하게 된다. 국왕의 생각이 법(칙)이므로 자연 현상의 원인을 찾아 근거를 생각한다는 것은 있을 수 없었을 것이다. 이러한 정치 체제가 수학을 실용에 머물게 한 중요한 까닭의 하나였다. 그래서 이 시기의 수학은 일반화되지 않은 개별 문제 형태로 기술되고 있다.

메소포타미아와 이집트에 형성된 국가는 모두 신권정치 체제였으나 상당한 차이가 있었다. 그 차이는 환경을 이용하는 기술과 협동 형태를 그 지역에서 먹고 살기 알맞게 적용하는 방식에서 나왔다.[1] 메소포타미아는 동쪽으로 초원이 펼쳐져 있고 서쪽으로 에게해로 가는 길이 열려 있는 지역이어서 강 유역의 농경, 초원의 목축과 함께 상업도 발달했다. 이와 달리 나일강 유역은 동쪽과 서쪽의 사막, 남쪽의 산, 북쪽의 바다로 막힌 지역이어서 강 유역의 농경이 거의 전부였다. 메소포타미아에서는 지배 계급의 핵심은 제사장이었고 도시 총독과 전쟁 지도자는 신정체제에 의해 발탁되었다. 이집트에서는 강력한 중앙집권 국가가 세워져 국왕이 제사장과 관리 같은 지배계층을 임명했다. 이러한 환경의 영향으로 메소포타미아에서는 국왕이 신의 대리자로서 지역을 지배하는 형태를 띠었고, 이집트에서는 국왕이 자신을 신의 현신으로 내세워 통치했다. 이런 차이는 있었더라도 수메르의 제사장이나 총독, 이집트의 파라오는 모두 지배 계급의 필요 때문에 관개 시설, 먼 거리 교역, 읽고 쓰는 능력, 수 표기법을 비롯한 각종 기록, 기하, 표준화된 저울과 측정법, 달력과 시간 기록법, 천문과 같은 도시혁명에 필요한 요소를 발전시켰다. 이때 각종 자료를 전문으로 기록하고 관리하는, 글도 알고 수에도 박식한 관료들이 필요했다.

 −3500년 무렵에 메소포타미아 남부에 살던 수메르인이 문자 체계를 발명했다. 기호로 정보를 기록하여 전달하는 방법인 쓰기는 말하기와 달리 국가가 중앙집권적 지배 체제를 유지하는 것을 도와준다. 덕분에 수메르인은 인간의 뇌에서 비롯되는 사회 질서의 제약에서 벗어나 도시, 왕국, 제국의 출현에 이르는 길을 열었다.[2] 베세라트의 고고학 탐사는 이러한 문자 체계가 상업 활동에 뿌리를 두고 있음을 밝혀냈다.[3] −3000~2500년에 차츰 더 많은 기호가 보태져 오늘날 쐐기글자라고 일컫는 완전한 문자 체계가 되었다. −26세기에는 이집트인이 상형문자라는 또 다른 완전한 글자 체계를 완성했다. 사회가 어떤 종류의 문자를 발전시키거나 선택하는 것은 대체로 사회에 따라 다르지만 문자의 단순한 사용 가능성이 사회를 변화시키지는 않는다. 문자가 문명이나 사회의 새로운 형태를 창조하는 것이 아니라 사회가 정보 저장의 형태를 창조하는 것이다.[4]

 숫자와 문자의 사용이 농부, 장인, 상인의 활동에서 유래했으나 고대 국가에서 정치권력이 중앙에 집중되고 관료들이 상업을 관장하게 되면서, 교육을 받은 엘리트(천문가, 신관, 서기)가 문자 기록과 계산을 통제하게 되었다.[5] 많은 기호를 기억하여 쓰고 읽는다는 것은 상당한 노력과 시간이 드는 일이었으므로 이를 할 수 있는 사람은 얼마 되지 않았다. 이 때문에 글을 아는 지식인 계층이 천문, 수학 등을 다루게 되었다. 이를테면 신관이 달과 해의 움직임을 관찰하여 달력을 만드는 방법을 알아냈다. 똑바로 세운 막대를 중심으로 원을 그리고 이 원과 막대의 그림자 끝이 만나는 두 곳의 중점과 막대가 꽂힌 곳을 이으면 남쪽을 알 수 있다. 남쪽에 생기는 그림자의 길이로 하지와 동지를 알고 계절을 예측하게 된다. 이것의 정확도를 높이려면 계산과 간단한 도형의 성질을 알아야 했다. 이를 바탕으로 씨앗을 뿌리는 데 가장 적절한 때를 계산할 수 있게 된다.

생산력이 늘어나면서 장인과 상인에 의해 수공업이 발달하고 상업이 일어나, 교환경제로 나아가기 시작한다. 생산물 자체를 거래하기도 했으나 그것을 가공하여 만든 제품을 사고팔 수 있게 되었다. 생산된 농산물이나 제품의 양, 거래에 필요한 내용을 기록하기 위한 글쓰기뿐만 아니라 물건을 사고파는 데 필요한 도량형과 측정 도구(저울이나 자)도 있어야 했다. 땅을 재고 셈하기 위한 기하와 수 계산법도 필요했다. 이러한 모든 일을 일정한 방식으로 규정할 필요도 생겼다. 이런 분야에서 새로운 종류의 전문가가 나왔다. 제조업의 발달과 교환경제의 발흥은 기존의 친족 중심의 관계 말고도 전문가에게 의뢰하고 다른 집단과 거래하는 환경에 바탕을 둔 새로운 사회적 관계를 낳았다.

1-2 청동기 시대의 수학

수와 세기 어떤 크기의 양을 나타내는 수는 가축, 나무, 돌 등의 개수인 자연수에서 시작되었다. 개수를 세는 양적 측정은 사물을 구체적으로 파악한 뒤에 생긴다. 구체적 대상들로부터 개수 이외의 다른 모든 것을 버리고, 일대일대응의 원리를 적용하여 추상의 수를 얻게 되는데 이것이 기수이다. 구체적인 질적 구별에서 추상적인 양적 구별로 옮겨가는 것은 수학으로 가는 첫걸음을 떼는 것이었다. 이러한 추상 능력은 오랜 경험에서 얻게 되는 역사적 발전의 결과이다.[6] 일단 수사가 만들어지고 나면 그것은 원시적, 구체적 성격을 차츰 잃고, 그때까지 구체적 대상과 수사를 동시에 의미하고 있던 말이 이제 수사의 의미만 남게 된다.[7] 일대일대응을 바탕으로 숫자가 만들어졌다고 해서 곧바로 셈을 할 수 없다. 실생활에서는 기수에 관심을 두고 있으나 기수만으로는 온전히 산술을 할 수 없다. 연산은 언제나 한 수에서 다음 수로 넘어갈 수 있다는 가정에 기초해 있는데 바로 그 점이 서수 개념의 핵심이다.[8] 수 개념이 있는 곳에는 일대일대응과 순서가 있는 나열, 곧 기수와 서수의 개념이 함께 있다.

곡물은 개수로 헤아리지 못하므로 농경의 시작은 개수를 헤아리는 것에서 필연적으로 양을 재는 것으로 옮겨가게 한다. 더구나 관개농업이 활성화되면서 발생한 잉여 농산물과 그것을 가공한 제품의 교환이 활발해지면서 길이나 들이 따위의 단위가 만들어지고 교환 척도로써 화폐도 나타난다. 이럼으로써 거래가 더욱 활성화되고 거래 지역이 더욱 넓어지면서 계산하는 양과 규모가 커진다. 아울러 문화권이 다르면 길이와 들이의 단위를 달리 사용했으므로 계산은 복잡하게 된다. 더욱이 문명 초기에는 숫자를 쓰는 적절한 체계가 없었으므로 수 계산이 엄청나게 복잡하여 최초의 문명부터 수천 년이 흐르기까지 산술은 지배 계급의 영역이었다. 수학이 권력을 지키는 도구가 되면서 수학을 하는 방법은 특권을 지닌 집단 안에서만, 그것도 대개 구전으로 전해졌다.

숫자를 처음 체계적으로 사용한 곳은 메소포타미아와 이집트이다. 두 지역에 남겨진 기록을 보면 사람의 열 손가락에서 나온 10진법에 바탕을 둔 원리가 공통으로 사용되었음을 알 수 있다. 메소포타미아에서 쓰던 60진법도 10진법에 기반을 두고 있다.[9] 곧, 10개 묶음을 6개 묶어 60을 밑수(base)로 삼아 산술을 발전시켰는데, 0을 나타내는 기호가 없는 최초의 자리기수법 체계였다. 이집트에서는 뒷날의 로마 숫자와 비슷하게 낱낱의 기호들로 10진수를 나타냈으며, 이 때문에 0의 기호나 자리기수법 개념은 필요 없었다. 두 기수법 가운데 셈을 효율적으로 할 수 있게 해준 것은 자리기수법이다. 이것은 BC 4세기의 중국, AD 100년 이전의 중앙아메리카, AD 500년 무렵의 인도에서도 독립으로 발전했다. 중국인은 5가 보조인 10진 기수법, 마야인은 20진 기수법, 인도인은 10진 기수법을 썼다.

산술과 대수 메소포타미아와 이집트에서는 산술과 대수를 대체로 상업과 국가 행정에 사용했다. 토목이나 건축을 위한 측정, 달력 제작, 이자 계산, 수익금 할당, 물건 사고팔기, 세금 매기기, 일정량의 곡식에 대한 맥주 양 계산하기, 군비(軍備)와 경지의 유지와 관리에 사용했다. 이를테면 메소포타미아의 거듭제곱표는 추상적으로 보이지만 복리로 이자를 계산하는 데 쓰였고 이차, 삼차방정식은 생산품, 건물, 토지의 넓이나 부피(들이)와 연관되어 다루어졌으며 연립방정식은 유산과 토지의 분배에 쓰였다. 부피(들이)의 계산도 기하적 관심이 아니라 운하를 파거나 성을 쌓기 위해 개발되었다.

여러 수학 개념이 실용적 관심에서 나왔다 하더라도, 그것들은 생활의 필요를 넘어서 확장되기도 했다. 메소포타미아에서는 2의 제곱근을 여섯 자리까지 계산했고 중국에서는 π를 일곱 자리까지 계산하기도 했다. 메소포타미아와 이집트에서 수학은 실용적으로 쓰였음을 지나치게 믿는 사람들은 수학적 활동이 끼어들 여지가 없는 상황에도 수학의 실용적 동기를 부여하기도 한다. 이를테면 피라미드를 건설할 때, 큰 수의 계산과 초등 수준의 기하나 그보다 높은 수준의 수학을 이용했다는 것이다. 그러나 피라미드를 세우는 데 쓰인 기술은 신석기 시대의 건축 기술에서 더 나아간 근본적인 발전은 없었고, 결정적인 것은 노동력이었다.[10]

넓이나 부피(들이)의 단위는 사회의 물질적 요구와 관련되어 발생했다. 여기에 가장 큰 영향을 끼친 것은 농사와 관련된 일들이었다. 이 일들은 논밭의 넓이와 예상 수확량, 원기둥이나 각뿔대 모양의 창고에 저장되는 곡물의 양 등을 계산하는 것이었다. 넓이의 단위는 일정한 넓이에 뿌리는 데 필요한 곡물의 양을 나타내는 단위와 같았다. 그리고 낱알의 양은 들이의 단위로 표현된다. 들이의 단위는 둑을 쌓기 위해 파낸 일정한 흙의 양(부피)을 나타내는 단위로도 쓰인다. 들이의 문제는 사원, 피라미드를 세우는 데 드는 벽돌, 돌의 양을 계산하는 데도 적용되는 것이었기 때문에 중요했다. 건축물을 세우는 데에 필요한 물자의 양(부피나 무게)을 결정하는 것은 필요한 노동자의 수와 그들을 먹여야 하는 빵이 얼마나 필요한가를 계산하는 데도 필요했다. 이런 모든 일에는 수 계산이 필요했다. 도형은 그 자체가 아니라 길이, 넓이, 부피(들이)와 관련되어 있었다.

천문과 역법 처음부터 농사에 이용하려고 천체의 움직임을 관찰한 것은 아니다. 천체가 규칙적으로 움직인다는 것을 먼저 알고 나서 나중에 이것의 응용을 생각했고, 이에 천체의 움직임을 더 주의 깊게 관찰하게 되었다.[11] 메소포타미아인과 이집트인은 해와 달이 운행하는 규칙성을 이용해서 달력을 만들고 계절의 변화를 예측하여 농사를 관리했다. 달력은 의식과 제례를 지내는 날짜를 정하는 데도 필수였다. 그리고 달력은 상업 활동에도, 이를테면 거래 시기를 정하는 데도 필요했을 것이다. 물론 천체의 움직임은 항해 목적으로도 연구됐고 기념물을 세우는 데도 쓰였다. 무덤이나 신전을 배치하는 방향의 문제와 천문 현상이 관련되어 있었기 때문이다. 천체에 관한 지식과 기하적 지식을 결합하여 방향을 설정하고 건축물의 형태를 결정했다. 이러한 모든 활동은 고대 사회에서 수학을 포함한 과학 활동이었다.

메소포타미아와 이집트에서 한 해에 몇 달이 있는가를 정하는 데에 달이 차고 이욺을 이용했으나, 그 시행 방법이 달랐다. 메소포타미아에서는 달의 주기가 주요소였고 이집트에서는 해의 주기가 주요소였다. 그들은 모두 주기성에 근거를 두었으나, 주기성의 의미를 더 깊이 살피지 않았다. 방향을 설정하기 위한 관측도 일정 수준에서 머물고 더 이상 나아가지 않았다. 따라서 이러한 관찰들은 자연에 대한 사고에 아무런 영향을 끼치지 못했다. 사실 두 지역에서는 관찰한 천체의 움직임에서 일반 이론을 이끌어낼 수학적 기법이 없었다.

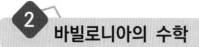

2 바빌로니아의 수학

2-1 바빌로니아 수학의 개관

문자로써 그 내용을 알 수 있는 가장 오랜 문명은 −3500년 무렵에 티그리스, 유프라테스 강 유역에서 생겨난 메소포타미아 문명일 것이다. 메소포타미아는 개방된 지역이어서 외부에서 침략하기 쉬운 데다 두 강의 변화 많은 흐름 때문에 여러 도시국가와 이들에 기반을 둔 제국이 3000년 남짓 동안 흥망을 거듭했다. 이 지역을 오랫동안 통치하던 핵심 세력은 없었으나 메소포타미아 문명이라고 일컬어지는 문화적 일관성이 유지되었다. 이를테면 여기에서 형성된 수학 지식은 알렉산드로스 시대까지 연속성을 잃지 않고 발전해 갔다. 이런 일관성과 연속성의 유지에는 쐐기글자의 사용이 중요한 역할을 했다. 사실 쐐기글자 덕분에 우리는 고대 아랍 지역에서 나타났던 문명들을 이해하고 있다. 이렇듯 문자와 문화의 상당 부분을 공유하는 나라들끼리 경쟁하는 체제가 오래 지속되면서 경쟁을 대가로 문화적 창의력이 발휘되었다.

아마 인류 최초의 문자는 우르크(전4500-3100) 시대에 만들어진 쐐기글자일 것이다. 쐐기글자의 기원은 그림 문자이다. 그런데 그것으로 기록하는 데 쓰인 재료는 그 자체로 제약이었다. 그 지역에서는 파피루스가 부족하여 기록하는 재료로 대개 찰흙을 이용했다. 찰흙은 빠르게 말랐기 때문에 비교적 짧게 한꺼번에 서둘러 써야 했다. 이집트가 거의 끝까지 그림글자를 유지했던 것과 달리 메소포타미아에서는 재료의 특성 때문에 처음의 그림은 유지되지 않고 차츰 단순해지면서 쐐기글자로 되었다. 이처럼 쐐기글자는 글을 쓰는 재료로 찰흙을 선택한 자연스러운 결과였다. 찰흙 판은 파피루스나 가죽처럼 썩는 유기물이 아니어서, 많은 것이 수천 년 동안 온전히 보존될 수 있었다.

쐐기글자 표기는 −26세기까지 문학 작품을 기술할 수 있을 정도로 발달했다. 수학이 탄생하는 데는 단지 숫자를 기록하는 단계로부터 생각을 자유로이 문장으로 쓸 수 있는 단계로 발전하는 것이 필요했다.[12] 모든 문제 상황을 언어로 묘사, 기술해야 했기 때문이다. 실제로 메소포타미아 수학은 당시의 상업과 문학 활동에 밀접하게 관련되어 성립했다.[13] 앞서 기술했듯이 메소포타미아는 상업과 문학이 발달할 조건을 갖춘 도시가 형성된 첫 번째 지역이다. 메소포타미아 수학의 기원은 그러한 도시 국가의 회계와 경지의 관리에 있었다.

남아 있는 메소포타미아의 찰흙 판은 주로 두 시기에 집중적으로 만들어졌다. 한 시기는 함무라비 왕조로 대표되는 옛 바빌로니아 시대의 것으로 −1800년부터 −1600년 무렵까지이고, 또 한 시기는 전기보다 많은 양이 만들어진 −600년에서 300년 사이이다. 두 시기 사이의 기간인 약 1000년 동안의 수학은 거의 알 수가 없다. 이 기간은 문화 활동 전체가 정체되어 있었다. 수학사에서는 전기가 중요한 시기로 다루어진다. 전기의 메소포타미아 수학은 매우 높은 수준에 있었다. 후기에는 전기의 내용에서 본질적으로 발전했다는 증거는 없다. 심지어 수학적 내용과 표현에서 퇴보한 흔적마저 보인다.[14] −300년 무렵부터 기원 초까지의 천문과 점성술에 관한 찰흙 판에 수학적인 내용도 실려 있는데 매우 큰 수를 다루었으며 각도의 측정과 삼각법의 싹을 포함하고 있었다.[15] 소수의 수학 문서도 있으나 대부분 수표이고 문제 자료는 매우 적다. 이때를 끝으로 메소포타미아 수학은 더 이상 진전이 없었다. 메소포타미아 문명에서 수학은 바빌로니아 시대에 완성되고 그것이 이후에 이어졌기 때문에 앞으로는 지역을 가리킬 때를 빼고는 그것을 바빌로니아 수학이라고 할 것이다.

바빌로니아의 거의 모든 과학과 수학은 순전히 실용적이었다고 흔히 말한다. 그렇지만 많은 단순한 곱셈표를 제외하고서는 일상생활의 산술적 필요로부터 거리가 먼 개념적 추상을 보여주고 있다.[16] 설령 실용이 동기였다고 해도 현대만큼 목적과 실천의 직접 연결이 강조되지는 않는다.[17] 대수 방정식을 푸는 방법만이 아니라 기하 문제를 보더라도 그것들은 실제 필요와 관계가 멀었다.[18] 이집트 수학보다 일상적, 실용적 차원을 넘어 이론적 문제에 접근하고 있다고 말할 수 있다. 한편 바빌로니아의 찰흙 판에 점성술 문서가 많이 있어, 수에 관한 신비적 신앙이 있었다고도 하는데, 수학 문서에는 '수비술'이라는 것은 없었다.[19] 이런 점에서 바빌로니아의 서기들은 수의 세계의 합리성을 깨닫고 연구했던 맨 처음 사람들이었다고도 볼 수 있을 것이다.

바빌로니아 수학은 그리스와 아랍 수학에 많은 영향을 끼쳤다. 특히 탈레스에서 피타고라스에 이르는 초기 그리스 수학에 많은 내용이 전해졌다. 이를테면 유클리드의 〈원론〉 제2권의 이른바 기하적 대수학은 피타고라스학파가 바빌로니아 대수를 고쳐 쓴 것이라고 한다.[20] 아랍 수학에도 유산 문제 등에 바빌로니아 수학의 잔재가 보인다.[21] 그러나 그리스 수학에는 수학사에서 하나의 전환점이 되는, 인류 문화사에 매우 커다란 영향을 끼친 논증이라는 독창성이 있다.

찰흙 판의 높은 비율이 수가 적혀 있는 행정 문서로, 막대한 양의 자원을 통제하는 커다란 사원, 궁정, 개인 사업자에게 필요했다. 그렇지만 수학사적으로 살펴볼 자료로 여길 만한 찰흙 판은 드물다. 수학 자료는 크게 문제, 수표, 경제 자료로 나뉜다. 문제 자료는 산술, 대수, 기하로 나눌 수 있다. 내용으로는 일차, 이차방정식을 다룬 것이 많다. 도형의 넓이, 부피와 관련된 문제라도 주안점은 방정식을 푸는 방법에 있다. 건축, 노동, 유산 맥락과 같은 실생활에서 소재를 가져왔을지라도 그것들은 결코 진짜 실제 예는 아니다. 이를테면 등차수열이나 불규칙한 수로 나누기와 같은 주제를 유산이나 대출 같은 것과 관련지어 구성한 가짜 현실을 문장제로 만들어 사용했다.[22] 행정을 수행하는 상황에서 끌어온 상수(벽돌의 크기, 곡물의 양 등)조차 실제 수치가 아니다. 어떤 찰흙 판에서는 수치를 바꾼다든지 조건과 구하는 것을 바꾼다든지 하는 등 '교육적 배려'도 보인다.[23] 그렇지만 바빌로니아는 단지 특수한 경우만을 다루고 공식을 일반화하지 않고 있다는 점에서 이집트와 거의 비슷하다.

표 자료는 수치 계산을 쉽게 하려는 것이다. 60진법의 곱셈표, 역수표, 제곱과 세제곱표, 제곱근과 세제곱근표, 피타고라스 세 수표, 지수를 계산하기 위한 표까지 있다. 후기에는 전기의 표준적인 것이 아닌, 수의 범위가 넓은 것과 형식이 조금 다른 것도 있다.[24] 지수표는 아마 복리 문제를 푸는 데, 역수표는 나눗셈을 곱셈으로 바꾸어 계산하는 데 이용되었을 것이다. 거듭제곱과 거듭제곱근 표는 방정식을 푸는 데 이용되었을 것이다. 이러한 표들과 아울러 도량형, 일과 품삯의 관계, 물체의 무게와 부피의 관계를 다루는 표도 있다. 바빌로니아인은 이런 표가 반드시 필요했다. 왜냐하면 그들이 사용한 자리기수법은 매우 진보적인 것이었으나 60진법은 밑수가 컸기 때문에 오늘날의 10진 자리기수법만큼 계산에 편리하지 않았다.

경제 자료는 갖가지 물품을 가리키는 기호와 양을 나타내는 수의 기호로 이뤄져 있다. 수학 본래의 내용은 없으나 수 기호와 기수법의 발달을 살펴보는 데 유용하다.[25] 메소포타미아는 지리적 여건 덕분에 무역이 활발했으므로 도량형 등을 환산하여 거래하거나 단리와 복리를 이용하여 이자나 세금을 계산하는 데 산술과 간단한 대수학 지식이 필요했으며, 토지를 분할하고 유산을 분배해야 하는 필요 때문에 대수학 문제가 등장했다. 실제로 수학 내용이 적혀 있는 자료의 대다수는 경제 문제와 관련되어 있다.

2-2 수와 산술

기수법들의 주된 차이는 덧셈 체계이냐, 자리 체계이냐이다. 덧셈 체계의 기수법을 사용한 이집트와 달리 바빌로니아에서는 지금과 거의 같은 자리 체계의 기수법을 썼다. 기수법으로 가장 오랜 것은 −4000년기(紀) 말에 도시국가 우르크에서 사용된 원쐐기글자 체계에서 확인할 수 있다.[26] 그것이 뜻글자, 그림글자와 함께 여러 범주의 사물, 사람, 들이(부피) 단위를 숫자로 나타내는 데 사용되었다.[27] 59보다 큰 수를 나타낼 때 자리에 따라 값이 정해지는 60진 자리기수법은 −21세기 말까지는 확립되었다.

그렇다고 60진법만 쓰지 않았고, 때로는 10진법이나 다른 진법이 함께 쓰이기도 했다. 도량형은 행정 개혁이나 칙령에 의해 주기적으로 합리화[28]되었으나 맥락에 의존했으므로 다른 많은 밑수가 사용됐다.[29] 장부에 기재하는 물품에 따라 약 12가지의 도량형 체계와 밑수를 사용했다.[30] 이를테면 거의 모든 유제품을 포함하는 대부분의 이산적 물품은 60진법으로 세고, 치즈를 포함한 다른 것들은 120진법으로 세며, 시간이나 넓이는 또 다른 방법으로 쟀고, 여러 곡물과 액체에는 무려 여섯 가지의 들이 체계가 있었다. 서기는 대상마다 다른 도량형 체계로 자료와 결과를 기록했으나 계산할 때는 60진 자리기수법을 사용했다.[31] 곧, 60진 자리기수법으로 계산하고 나서 그 결과를 일상에서 사용하는 단위로 바꾸어 기록했다.

바빌로니아에서 사용하던 수 체계를 좀 더 정확히 말하면, 1을 나타내는 𒁹과 10을 나타내는 𒌋을 기본으로 하여 10진법이 근간이 되는 60진법으로 적는 기수법이라고 할 수 있다. 그리고 이 기수법에 자리 체계가 보태지면서 자리기수법이 되었다. 바빌로니아인은 단위로서 1을 강조했는데 이것은 그들이 수, 특히 자연수는 단위 1로부터 구성된다고 생각했음을 보여준다.[32] 자리기수법 체계에서는 한 기호의 값은 그것이 놓인 자리에 따라 결정된다. 곧, 자리마다 놓인 𒁹와 𒌋의 묶음은 그 자리에 따른 값을 갖는다. 이 때문에 바빌로니아 수 체계에서는 한정된 개수의 기호로 어떠한 크기의 수도 나타낼 수 있게 된다. 이것이 자리기수법의 가장 큰 장점이다. 60진 자리기수법으로 수를 나타내어보자. 먼저 1, 2, 3, 4, 5, 6, 7, 8, 9, 10, 11, …, 20, 30, 40, 50, 51, …, 59까지는 각각

𒁹 𒈫 𒐈 𒐉 𒐊 𒐋 𒐌 𒐍 𒐎 𒌋 𒌋𒁹 … 𒎙 𒌍 𒐏 𒐐 𒐐𒁹 … 𒐐𒐘

로 나타낸다. 60을 나타낼 때는 옆으로 누운 쐐기 6개를 묶어서 쓰지 않았다. 대신 그들은 처음에 1을 의미하는 길고 가는 쐐기로 돌아가, 그것을 '1 곱하기 60'의 의미로 썼다. 그리하여 60, 61, 62, …, 69, 70, …, 100을 다음과 같이 나타냈다.

𒁹 𒁹𒁹 𒁹𒈫 … 𒁹𒐎 𒁹𒌋 … 𒁹𒐏

이처럼 어떤 자리의 수가 59를 넘으면, 앞서 썼던 것과 같은 기호를 되풀이했다. 여기에다 일상생활에서는 60진 자리기수법과 조금 다른 형식으로 묶는 방식이 적용된 1, 10, 60, 100, 600, 1000, 3600 등을 나타내는 전용 숫자가 사용됐다. 좀 더 오래된 이 체계는 −3000년기(紀)에 쓰이던, 물건을 다른 곳에 보내려고 할 때 꼬리표처럼 사용한 찰흙 인장에 나타낸 표기로부터 발달했을 것이다.[33]

60진 자리기수법의 기원 아직 60진법이 어떻게 비롯됐는지는 분명하지 않다. 천문과 도량형 때문에 생겨났을 것이라는 주장이 있다. 먼저 천문에 두는 근거로는 바빌로니아 문명을 특징짓는 것의 하나인 시간을 나누는 방식일 것이다. 한 해는 365일, 더 정확하게는 365¼일이라는 것을 알면서도 바빌로니아인은 한 해를 360일로 셈하는 것이 더 편리하다고 생각한 듯하다. 이때 $360 = 6 \times 60$이라는 산술적 관계는 매우 단순하고 명쾌하다. 그리하여 처음에는 큰 밑수 360을 택했다가 나중에 60으로 낮추었다고 한다.[34] 이렇게 360을 6으로 나누어 생각하는 데는 합동인 원으로 작도되는 정육각형도 관련이 있을 것이다.

다음으로 분배 문제와 관련해서 제기되는 도량형과 관계가 깊다. 4세기의 주석자인 알렉산드리아의 테온(Θέων 335?-405?)은 60은 약수가 많은 수 가운데서 가장 작아서 다루기가 쉬워 매우 편리하다고 했다. 이것은 60진법보다 더 오랜 10진법과 6진법이 결합하여 60진법이 생겼다고 보는 시각과 관련된다. 6은 2와 3으로 모두 나누어떨어지는 장점이 있다. 그래서 60은 2, 3, 4, 5, 6, 10, 12, 15, 20, 30으로 나누어떨어지므로 60이라는 양은 쉽게 $\frac{1}{2}$, $\frac{1}{3}$, $\frac{1}{4}$, $\frac{1}{5}$, …, $\frac{1}{30}$의 10가지 등분이 생긴다. 그래서 많은 나눗셈의 값을 간단히 작은 단위의 정수로 나타낼 수 있다.

이는 물품을 여러 사람에게 나누어줄 때 무척 편리한 성질이다. 고대에는 길이, 넓이, 들이(부피), 무게 등의 단위를 상당히 잘게 나누고, 그 작은 부분에 정수를 곱하여 계산할 수 있게 했다. 이런 상황에서는 1/12이나 1/60이 편리하고 유리했다.

특히 길이와 들이의 단위는 보리의 씨뿌리기 방법과 관련이 있다. 이와 관련된 레위(1949), 나카무라와 무로이(2014)의 내용을 정리하면 다음과 같다. 당시의 거래는 무게가 아니라 들이(부피)로 이루어졌다. 그리고 논밭의 경작에는 넓이 개념이 필요했다. 그러므로 들이와 넓이 체계가 가장 오랜 도량형이다. 곡식의 양은 당연히 들이로 쟀고, 일정량의 곡식을 심고 거두는 땅의 넓이도 들이가 기준이 되었다(우리나라도 1마지기는 쌀 1말을 뿌려 키우는 넓이이다). 곡식의 양은 남자 어른이 하루에 먹는 보리의 양이 기준이었다. 이 양의 곡식 낱알을 한 줄에 2수시(šu-si 1수시≒3.3cm)의 같은 간격으로 심은 길이를 60닌단(nindan 1닌단≒6m)이라 했다. 이제 이 줄에 평행하게 10줄을 1닌단에 심는데, 60닌단×30닌단의 밭을 기본형으로 삼았다. 그러다 곡물을 낱알로 먹는 것이 가루(분식)로 바뀌었기 때문에 한 달 30일을 기준으로 한 달치 식량을 생각하던 양이 다른 종류의 단위 60으로 바뀌었다고 한다.

자리기수법은 곱셈식 묶음법으로부터 유래된 것은 아니지만 그것의 논리적 발전으로 볼 수 있다. 자리기수법의 기원은 두 가지로 설명된다.[35] 좀 더 오랜 표기법에서는 60과 1을 모두 𒌋로 나타내되 60을 더 크게 표기했다. 표기법이 간소하게 되면서 60도 1과 같은 크기로 나타냈지만 놓이는 자리는 그대로 두었다. 또 다른 설명은 화폐 체계에서 나온다. 1달란트 10마나를 𒌋𒑊로 나타냈는데, 1달란트 𒌋는 60마나였다. 이처럼 금액을 나타내는 방법이 산술로 옮겨갔을 가능성이 있다.

0의 기호 자리기수법이 제대로 이용되려면 '0'을 나타내는 기호(숫자)가 있어야 한다. 그런데 바빌로니아인은 −300년까지도 어느 자리에 숫자가 없음을 나타내는 기호를 만들어내지 못했다. 이러한 상태로는 어떤 수에서 특정한 숫자의 자리를 엄격하게 나타내지 못해 그 숫자가 정확하게 얼마인지를 알기 어렵다. 이를테면 자리를 나타내는 0이 없이 174라고 썼다면, 여기서 7이 174의 70인지, 1704나 1740의 700인지 알 수가 없다. 그러므로 자리기수법으로 수를 분명히 표기하려면 빈자리를 나타내는 방법이 필요하다. 그래서 바빌로니아인은 처음에는 어떤 자리에 숫자가 없을 때는 자주 𒌋 𒌍처럼 두 숫자 사이를 살짝 벌려서 그 자리에 숫자가 없음을 나타내어 오해의 소지를 줄이려 했다. 그렇지만 𒌋 𒌍은 $1 \times 60 + 2 (= 62)$이나 $1 \times 60^2 + 2 (= 3602)$로 읽힐 수 있다. 실제로 얼마인지는 문맥으로 판단해야 했다.

큰 밑수 60 덕분에 자리에 따른 값의 차이가 커서 문맥으로 웬만큼 빠르게 그 값을 판단할 수 있어, 불편이 많이 해소되기는 했다. 소수점이 없어 생기는 불편도 상당 부분 해결해 주었다. 그렇더라도 이런 방식은 엄격하게 적용되기 어려웠고, 판단을 문맥에 의존하였으므로 오해를 불러일으킬 여지는 없어지지 않았다.

뒤의 셀레우코스 왕조(전323-60) 때는 빈자리를 나타내는 기호 ⸎를 숫자 사이에 넣었다. 바빌로니아인은 사실상 0을 만들어냈다. 그렇지만 이것은 문장을 읽기 쉽게 하기 위한 구두점이었고, 수학 문서에도 수를 읽기 쉽게 하려고 썼던 것[36]이지 우리가 지금 사용하는 것처럼 아무것도 없는 양을 나타내는 기호는 아니었다. 곧, 기호 ⸎를 하나의 수로 여겨 계산에 사용한 것이 아니었다. 더구나 지금의 740처럼 오른쪽 끝에 수가 없음을 나타내는 기호는 여전히 없었다. 이것은 바빌로니아인이 완전한 자리기수법 체계를 결코 완성하지 못했음을 뜻한다. 자리는 여전히 상대적이었다. 그렇지만 이 정도의 자리매김일지라도 바빌로니아인의 60진법에 의한 계산은 아주 편리했다. 150년 무렵에 천문학자 프톨레마이오스가 그리스 문자 o(오미크론)을 숫자들 사이뿐만 아니라 끝자리에도 쓰기 시작했다. 그렇다고 해서 그가 o을 다른 수와 셈할 수 있는 수로 여겼다는 증거는 없다.[37]

분수 바빌로니아에서는 분수도 정수처럼 기본적으로는 60진법으로 나타냈다. 1보다 작은 수를 60, 60^2과 같은 60의 거듭제곱을 분모로 두는, 이집트처럼 공통의 분자(1)가 아닌, 공통의 분모라는 개념과 자리기수법의 원리를 적용하여 나타냈다. 그렇지만 1/2, 1/3, 2/3라는 특정한 분수에는 각각 특별한 기호 ⼿, ⼫, ⼬를 사용했으며 그것들을 정수처럼 다루었다.

분모는 60의 거듭제곱이었으므로 분수를 나타낼 때는 분자만 적고 그것이 놓인 자리를 보고 값을 알 수 있도록 했다. 이를테면 $1/8 = 7/60 + 30/60^2$이기 때문에 이것을 7 30(𒐈𒌋)으로 나타냈다. 이것은 10진 소수를 나타내는 것과 거의 같다. 바빌로니아 수학이 이집트보다 뛰어났던 참된 까닭은 바로 자리기수법의 원리를 소수까지 적용한 데에 있다. 이 덕분에 수학을 사용하는 범위도 넓어졌다. 분수를 단위분수들의 합으로 나타내는 이집트의 방법은 몫을 분배하는 데서는 뛰어났으나, 실제 계산에서는 바빌로니아 쪽이 훨씬 뛰어났다. 바빌로니아의 표기 방식으로는 어림값을 웬만큼 쉽고 정확하게 얻을 수 있었다. 이것은 그들의 방식이 오늘날 쓰이는 10진 소수 기수법의 계산 능력과 그다지 차이가 없었음을 뜻한다.

이상에서 볼 때 바빌로니아인은 영(0)의 기호와 아울러 정수 부분과 소수 부분을 가르는 기호가 없어 수의 독해를 문맥에 의존해야 했으나, 자리기수법 덕분에 정수든 소수든 수의 절대적 크기를 이용하고 있었다고 할 수 있다. 곧, 수의 크기를 문맥에 의존하는 불편함은 아직 있었으나 이것보다 계산에 효율적이었다. 이 때문에 바빌로니아 방식의 수 표기법을 기원후 2세기의 프톨레마이오스뿐 아니라 르네상스 시대 유럽인도 계속해서 사용했다. 16세기가 저물 무렵에 되어서야 완전한 자리기수법 체제를 갖춘 10진법으로 대체된다.

사칙연산 바빌로니아인은 기본 연산을 오늘날의 우리와 다르지 않은 방법으로 하고 있었다. 단, 밑수가 큰 60진법의 한계 때문에 그들은 곱셈, 나눗셈, 제곱근 계산 등을 할 때 수표를 사용했다. 덧셈과 뺄셈은 수 기호를 합치거나 덜어내는 과정에 지나지 않았으므로 덧셈표는 발견되지 않고 있다. 뺄셈 기호로는 ⌐, 곱셈 기호로는 🐂 이 사용되었다.[38] 사칙연산을 비롯하여 거듭제곱, 제곱근과 세제곱근 계산, 지수 계산 따위의 방법을 구체적인 예로써 상세히 다루었다.

곱셈에서 바빌로니아인은 지금 우리가 하는 것과 다를 바가 없이 자리마다 곱셈을 하여 더했다. 이를테면 어떤 수에 𝖸𝖸⟨𝖸($2 \times 60 + 11$)을 곱할 때, 먼저 𝖸𝖸을 곱하고 다음에 ⟨𝖸을 곱해서 얻은 두 값을 더했다. 그런데 이 방법을 쓰려면 우리의 곱셈 구구단처럼 2×2부터 59×59까지 1711개의 곱셈을 외워야 했는데 이는 매우 벅찬 일이었으므로 그들은 미리 만들어 놓은 곱셈표를 이용했다. 나눗셈도 그들은 b를 a로 나누는 것을 먼저 a의 역수 $\bar{a}(=1/a)$를 만들고 그것을 b에 곱하는 것으로, 곧 $b/a = b \times \bar{a}$로 해석했다. 이 나눗셈을 능률적으로 하기 위해서 역수표에서 나누는 수의 역수 $\bar{a}$를 찾아 b에 곱했다. 그래서 곱셈표와 역수표가 많이 남아 있다.

바빌로니아인은 어떤 수의 역수가 역수표에 없을 때, 특히 60진법의 유한소수로 되지 않을 때, 그것의 (어림)값을 구하는 계산 방법을 창안하여 사용했다. 이것은 자연수 n을 적절하게 $n = a + b$처럼 두 수의 합으로 나타내고, 등식 $\overline{n} = \overline{a} \cdot 1 + \overline{a \cdot b}$, 곧 $\frac{1}{n} = \frac{1}{a} \cdot \frac{1}{1+(b/a)}$을 이용했다. 이때 a를 $\bar{a}$가 역수표에 있는 것으로 선택해야 한다. 만일 이것이 역수표에 없으면 같은 과정을 되풀이한다. 이 방법으로 역수를 구하는 과정은 근대의 대수 조작과 비슷해 보이는데, 구체적인 선(길이)과 면(넓이)의 조작으로 보면 쉽게 이해할 수 있다.[39] 2;13,20의 역수를 구해보자(;는 소수점이고 ,는 자리를 구분하는 기호이다). 먼저 2;13,20을 곱셈표에 역수가 있는 수가 포함되도록 2;10과 0;03,20으로 분리하고 다음 절차로 역수를 구했다.

2;[13],20의 역수는 무엇인가? 0;03,20의 역수를 찾아라. [18을 확인한다.] 18에 2;10을 곱하라. 39를 [확인한다.] 1을 더한다. 40을 [확인한다.] 40의 역수를 취하여 0;1,30을 [확인한다.] 0;1,30에 18을 곱한다. 너는 0;27을 찾는다. 네가 구하려는 역수는 0;27이다. [이것이 방법이다.]

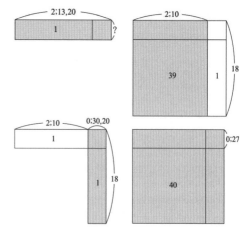

이렇게 구하고 나서 검산을 했다.[40] 이 검산을 증명의 첫걸음이라고 볼 수 있을 것이다.

현재까지 발견된 곱셈표는 역수가 60진 유한소수가 되는 수들의 표로 이것이 표준적인 형태이다. 이를테면 2, 3, 4, 5, 6, 8, 9, 10, 12, 15, 16, 18에 곱했을 때 60이 되는 수를 대응시켜 작성했다. 보통의 곱셈표에는 7 이상의 소수에 대한 역수는 없는데, 이 수들의 역수가 60진 무한소수로 되기 때문이었다. −2500년 무렵의 찰흙 판 TSŠ50에는 7로 나누는 셈이 있다.[41] 그러나 바빌로니아인은 1/7이 60진법으로는 세 자리마다 같은 수(8, 34, 17)가 되풀이된다는 것을 몰랐다. 그들은 무한의 바로 앞까지 갔으나 더 이상 나아가지 않았다. 7, 11, 13, 14와 같은 수들의 역수는 어림값을 구하는 것으로 그쳤다.

소인수분해 바빌로니아인이 소수의 존재와 소인수분해를 알았음은 분명하다.[42] 이를테면 2007년에 조사된 찰흙 판 MS3956의 앞면에 $25,57,30(= 2 \cdot 3 \cdot 5^2 \cdot 7 \cdot 89)$ 과 $20,10,25(= 5^3 \cdot 7 \cdot 83)$, 뒷면에 $3,4,5,4(= 2^4 \cdot 7 \cdot 61 \cdot 97)$와 $2,44,3,45(= 3^3 \cdot 5^2 \cdot 7)$ 가 쓰여 있고, 이 네 수의 최대공약수 7이 왼쪽 면에 적혀 있다. 그리고 아카드어에는 소인수분해를 뜻하는 마크샤룸(makṣārum 묶는 것)이라는 낱말이 있고, 또 어떤 소수에 2를 거듭해서 곱한다는 말과 소수끼리 곱하는 것을 일컫는 말도 있었다. 따라서 네 수의 최대공약수 7을 구한 서기는 61, 83, 89, 97 등도 소수임을 인식하고 있었음을 알 수 있다. 이러한 계산 기법, 곧 소인수분해에 해당하는 것이 바빌로니아 수학에 존재했음을 찰흙 판 Ist.S428의 내용,

$$\sqrt{2,2,2,2,5,5,4} = 16\sqrt{28,36,6,6,49} = 16 \cdot 5,20,53 = 1,25,34,8\,(= 2^4 \cdot 13 \cdot 1481)$$

에서 확인할 수 있다.

바빌로니아 천문과 60진법의 영향력은 우리가 사용하는 각도 측정만 아니라 7

일로 되어 있는 한 주일에도 남아 있다. 종교적 신비주의는 특이한 성질이 있는 수를 적극 이용했다. 그 가운데 7이 특히 그러했다. 이러한 모습은 수메르에서 보이기 시작했다. 실제 −26세기 무렵의 찰흙 판에 7분의 신, 7개의 군기, 7명의 아들을 낳은 어머니, 7마리 새끼 양 등이 쓰여 있다. 이처럼 7을 특별히 생각한 까닭은 7이 60진법에서 60을 나누어떨어지지 않게 하는 맨 처음의 수이기 때문이었다. 또한 어떤 수메르어로 쓰인 비문에는 신전의 건립을 축하하면서 노예들을 7일 동안 특별히 대우해 주었다고 적혀 있다. 이 숫자가 전 세계에 퍼진 것은 그것이 구약과 신약의 기독교 경전에 들어와 여러 상황에 쓰이면서였다고 생각된다.[43] 구약성서에는 하느님이 엿새 동안 세상을 창조하고 나서 이레째 되는 날 쉬었다고 하는데, 이 엿새의 창조일은 첫 번째 완전수2)인 6도 관련되어 있다고 여겨진다.

거듭제곱, 제곱근 수표에는 어떤 수를 잇따라 곱하는 표도 있다. 이를테면 마리에서 출토된 찰흙 판에 보리를 하루마다 2배를 하여 30일째에 2^{30}개를 계산한 예가 있다.[44] 이것은 현대의 진수표와 비슷하다. 이런 거듭제곱 표들이 지금의 것과 다른 점은 하나의 수가 밑수로 체계 있게 쓰이지 않았고, 이웃한 두 수의 차가 지금보다 훨씬 컸다는 점이다. 그런데도 두 수 사이에 들어가는 값을 선형보간법으로 어림했다. 이로부터 바빌로니아의 거듭제곱 표는 일반 계산이 아니라 특정한 문제를 풀 때 쓰였다고 볼 수 있다.

제곱근은 간단한 기하 문제의 답을 구하는 수단으로 처음 등장했다.[45] 이를테면 정사각형의 대각선 길이였다. 한 변이 1인 정사각형의 대각선 길이 $\sqrt{2}$의 어림값으로는 $1;25(=1.41\dot{6})$와 $1;24,51,10(=1.4142129\cdots)$이 알려져 있었다. 서기들은 어느 값도 제곱해서는 2가 되지 않음을 알고 있었다. 그렇다고 해서 그들이 $\sqrt{2}$가 유한개의 숫자로 나타내지 못함을 알았다는 증거는 없다. 이것 말고도 VAT 6598에는 직사각형의 대각선의 길이를 어림값으로 구하는 문제도 있다.[46]

제곱근을 계산하는 방법을 보여주는 정확한 기록은 없다. 자료로 증거가 있는 것은 $(a+b)^2=a^2+2ab+b^2$이라는 항등식에서 시작한다.[47] 바빌로니아인의 방법은 효율적이면서도 꽤 간단했다. 서기는 $\sqrt{n}$을 구하기 위해 $n=(x+y)^2$에서 $x=p$, $y=q/2p$라 놓고 $n=(p+q/2p)^2 \approx p^2+q$(정사각형 더하기 변)를 사용했다. 마지막 식에서 $\sqrt{n}=\sqrt{p^2+q}$으로 놓는다. 이제 $n=ab$라 하고 $a_1 = \dfrac{a+b}{2}=p \cdots ①$이라고

---

2) 어떤 수가 자신을 제외한 모든 약수의 합과 같게 되는 수

하면 $b_1 = \dfrac{n}{a_1} = \dfrac{p^2 + q}{p}$ … ②이다. 다음으로 $a_2 = \dfrac{a_1 + b_1}{2}$ 를 구하는데, 이 식에 ①, ②를 대입하면 $a_2 = p + q/2p$이다. a_2는 a_1보다 $\sqrt{n}$의 참값에 더 가깝다. 실제로 a_2는 $(p^2 + q)^{1/2}$의 전개식에서 처음 두 항이다. 다시 $b_2 = n/a_2$을 구하고 이것으로 더 좋은 어림값 $a_3 = (a_2 + b_2)/2$를 얻는다. 이 절차를 되풀이하면 어림값은 참값에 더욱 가까워진다. 이 방법은 오늘날 컴퓨터에서도 이용된다. 앞에 있는 $\sqrt{2}$의 어림값은 $a = 2$, $b = 1$로 할 때 각각 a_2와 a_3이다. 제곱근을 구하는 방법은 바빌로니아인에게서 비롯되었다고 보아야 한다. 그들의 계산이 효율적이었음은 자리기수법만이 아니라 뛰어난 계산법이 있었기 때문이기도 하다.

위의 제곱근 계산법은 무한의 과정을 다룰 수 있는 절차였음에도 바빌로니아인은 더 이상 깊이 다루지 않았다. $\sqrt{2} = m/n(m, n$은 자연수)으로 쓸 수 있는지 없는지를 생각하지 않았다. 그들은 정사각형의 대각선 길이를 비롯한 어떤 수의 제곱근의 어림값을 정해진 절차에 따라 필요한 만큼 구하여 실제 문제를 모두 해결할 수 있었다. 그러니 무리수의 속성을 다룰 필요가 없었을 것이다. 그들의 계산법이 정확하고 효율적이었더라도 필요할 때마다 하는 것은 능률적이지 못했으므로 그들은 많은 제곱근 표를 사용했다. 여기에 덧붙여 세제곱근 표도 사용했다.

2-3 대수

대수는 방정식을 푸는 방법을 찾는 과정에서 생겼다. 당시의 사회에서 일어나던 현상을 제재로 삼아 여러 방정식이 만들어졌고, 이것들을 바탕으로 현실과 관련이 적은 문제도 만들어졌다. 이를테면 직각삼각형의 한 변과 평행인 횡단선에 관한 상황에서 이차방정식이 나왔고 정사각뿔대의 부피를 논의하는 과정에서는 삼차방정식이 생겼다.[48] 방정식의 각 항은 대부분 기하의 용어로 기술되었는데, 아카드 '대수'의 용어에 관한 연구[49]는 서기들이 미지수를 길이, 넓이, 부피 같은 구체적인 개념으로 인식했음을 보여준다. 이런 기하 용어로 설명된 꽤 복잡한 문제들이 실은 까다로운 대수 문제였다.

바빌로니아인은 유클리드가 알고 있는 대수에 관한 몇 가지 지식의 원조로 여겨진다. 현재까지 밝혀진 바로는 그들이 여러 방정식의 근을 구하는 기법을 처음으로 알아냈다. 그렇지만 그들은 근이 존재하려면 어떤 조건이 필요한가를 전혀 고려하지 않았고, 일반 법칙을 다룬 적도 없었다. 단지 몇 가지 유형의 방정식에서 그 유형에 일관되게 적용되는 공통의 풀이법을 구사했다. 이것은 어느 정도 이론적으로 접근했음을 보여주는 것이기는 하지만 이 공통의 풀이법에 대해서 그 절차를 따라야 할 까닭은 기술하지 않았다.

풀이법이 주어지고 있는 방정식의 기본형은 다음과 같다. 미지수가 하나인 방정식에는 $ax = b$, $x^2 = a$, $x^2 + ax = b$, $x^2 = ax + b$, $x^3 = a$, $x^3 + ax^2 = b$, 미지수가 두 개인 연립방정식에는 $\begin{cases} ax + by = p \\ cx + dy = q \end{cases}$, $\begin{cases} x \pm y = a \\ xy = b \end{cases}$, $\begin{cases} x \pm y = a \\ x^2 + y^2 = b \end{cases}$가 있다. 세 번째 것은 두 번째 형식으로 변환하여 풀었다.

바빌로니아인은 문제를 어렵게 보이도록 자주 분모에 7 이상의 소수가 인수로 있는 분수를 이용했다. 이것들은 60진법에서 유한소수가 아니므로 보통의 역수표에는 없다. 그래서 분자에 7 같은 소수를 교묘하게 인수로 곱해야만 답으로 60진법의 유한소수를 얻을 수 있도록 했다. 이렇게 함으로써 소수가 분자인 분수의 어림값이 필요 없게 했다.

일차방정식 바빌로니아인에게 일차방정식은 간단한 것이었는지 남아 있는 자료에는 미지수가 하나인 일차방정식이 많지 않다. 그나마도 풀이법을 기술하지 않고 답만 적거나, 답마저 적어 놓지 않은 것도 있다. 이런 일차방정식은 $ax = b$의 꼴로 정리하는 것이 중요했다. 한편 미지수가 두 개인 연립일차방정식은 풀이를 상세히 기록했다. 풀이법의 하나는 일종의 가치법(method of false position)으로 먼저 근과 비슷하다고 생각되는 값을 하나 설정하고 나서 그 값을 조정해 나가면서 정확한 근을 얻는 방법이다. 이를테면 $(2/3)x - (1/2)y = 500$, $x + y = 1800$의 두 번째 식에서 $x = y = 900$을 택하여 첫 번째 식의 좌변에 대입한다. 그러면 결과는 150이고 문제의 값과 350의 차이가 난다. x를 1단위씩 늘리고 y를 1단위씩 줄이면 $2/3 + 1/2 = 7/6$씩 늘어난다. $(7/6)s = 350$을 풀어 x의 증분 $s = 300$을 얻는다. 그러면 x로 1200을 얻고 y로 600을 얻는다. 여기서 그들이 선형성을 이해하고 있었음을 알 수 있다. 또 가감법으로도 풀었다.

이차방정식 이차방정식은 고대 중국에서도 볼 수 있으나 바빌로니아에서 많이 다루어졌다. 이차방정식을 요구하는 현실의 상황은 많지 않았으므로, 실생활의 문제라 해도 요즘의 교과서에서 흔히 보듯이 인위적이다. 이차방정식의 기술은 직사각형과 관련되어 있다. 고대에는 평면도형의 넓이가 둘레의 길이에 따라 결정된다는 그릇된 인식이 널리 퍼져 있었다.[50] 물론 직사각형의 둘레와 넓이 사이의 관계를 체계적으로 다루기도 했다. 이런 문제로는 앞서 소개한 연립이차방정식 가운데 직사각형 둘레의 반과 넓이가 주어졌을 때 두 변의 길이를 찾는 것이 전형이다. 바빌로니아인은 문자나 기호를 사용하지 않고 언어만으로 방정식을 푸는 절차를 기술했다. 풀이법은 현대의 초등수학에서 사용하는 것과 거의 같았다. 이 점에서 메소포타미아 수학은 그리스 수학보다 현대의 수학에 가깝다고 말할 수 있다.

바빌로니아인은 수치 계산으로 이런 문제를 풀고 있으며 특정한 문제마다 근을 구하는 순서를 기록했다. 여기서 중요한 것은, 문제와 풀이법이 구체적인 수로 주어져 있더라도, 푸는 방법이다. 수가 달라져도 같은 순서로 풀면 답이 나온다는 사실이다. 곧, 그들은 이차방정식의 풀이법을 알고 있었다. 오늘날에도 그들의 풀이법이 사용되고 있다. 이를테면 AO8862에 나오는 문제 "가로와 세로를 곱하여 넓이를 만들었다. 가로에서 세로를 뺀 값을 넓이에 더한 값은 3,3(= 183)이고 가로와 세로의 합은 27이다. 가로, 세로, 넓이는 각각 얼마인가?"를 보자. 가로와 세로를 각각 x, y로 나타내면 이 문제는 $xy + (x - y) = 183$, $x + y = 27$에서 x, y를 구하는 것이다.[51] $x + y = 27$과 두 식을 더한 것에 $y = y' - 2$를 대입하여 $x + y' = 29$, $xy' = 210$과 같이 합과 곱의 기본형으로 만든다. 다음에는 $\begin{cases} x + y' = a \\ xy' = b \end{cases}$일 때 변하는 길이 $x = \dfrac{a}{2} + w$와 너비 $y' = \dfrac{a}{2} - w$에 대하여 $b = \left(\dfrac{a}{2} + w \right) \left(\dfrac{a}{2} - w \right) = \left(\dfrac{a}{2} \right)^2 - w^2$ 이므로 $w = \sqrt{(a/2)^2 - b}$가 된다는 풀이법에 따라 w, x, y'을 구하고, 이어서 xy'을 구하여 검산하고 있다. VAT6598에는 차와 곱이 주어진 경우, 곧 $\begin{cases} x - y = a \\ xy = b \end{cases}$일 때는 $x = w + \dfrac{a}{2}$, $y = w - \dfrac{a}{2}$, $w = \sqrt{(a/2)^2 + b}$로 x, y를 구하고 있다. 이처럼 바빌로니아 대수학에서는 기본형의 하나로 고치고 기본형마다 마련되어 있는 절차에 따라 답을 얻는 경우가 많다. 이때의 절차는 3세기 디오판토스의 방법에 가깝다.[52] 이것은 하나의 미지수를 소거하여 미지수가 하나인 이차방정식의 문제로 유도하는 9세기 콰리즈미의 방법과 다르다. 이런 점에서 디오판토스의 대수는 분명히 바빌로니아의 것을 계승하고 있다고 생각된다.

바빌로니아인은 연립방정식이 아닌 미지수가 하나이고 항이 세 개인 앞서 제시한 이차방정식도 풀었다. 그들은 공식을 제시하고 있지 않으나, 풀이는 이집트인의 대수 능력을 훨씬 뛰어넘는다. a, b가 양수일 때 $x^2 + ax + b = 0$ 꼴의 이차방정식은 현대에 이르러서야 다루어졌다. 이 방정식에는 양의 근이 없기 때문이었다. 게다가 근대 초기에도 이차방정식은 $x^2 + ax = b$, $x^2 = ax + b$, $x^2 + b = ax$의 세 가지 형태만 다루어졌다.

바빌로니아 서기는 $x^2 + ax = b$와 $x^2 = ax + b$ 꼴의 이차방정식(a, b는 양수)도 풀었다. 그들은 공식이 아니라 계산한 결과가 각각 $x = \sqrt{(a/2)^2 + b} - a/2$와 $x = \sqrt{(a/2)^2 + b} + a/2$이 되는 풀이 절차를 언어로 제시하고 있다. 이 두 문제는 기하적 의미가 다르기 때문이었다. 이런 문제들은 길이와 너비, 넓이가 수로 제시되고, 이에 따라 풀이도 수치로 제시되고 있는데, 이것들을 모두 위에서 기술한 식의 형태로 해석할 수 있다. 그리고 $x^2 + b = ax$ 꼴의 이차방정식은 온갖 기발한 절차를 거쳐 연립방정식 $x + y = a$, $xy = b$로 변형했다.[53] 또한 방정식 $11x^2 + 7x = 6;15$은 각 항에 11을 곱하여 기본형 $(11x)^2 + 7(11x) = 1,8;45$로 바꾸어 $11x$를 먼저 구했다. 이러한 방법은 자리기수법과 함께 바빌로니아 대수가 매우 뛰어났음을 보여준다. 바빌로니아인에게는 모든 이차방정식에 대한 근의 공식은 없었으나, 구체적인 예에 따르는 절차가 매우 체계적이어서 그들은 일반적인 과정을 추구했다고도 할 수 있다. 그들은 이차방정식의 근의 공식을 알고 있던 셈이다.

근과 관련해서 바빌로니아인은 하나의 변에 두 개의 값(길이)이 존재한다는 사실은 논리적으로 불합리하다고 여겼다. 다시 말해서 그들은 두 개의 양수 근이 있는 경우를 인정하지 않았다. 또한 음수의 근은 기하적으로는 의미가 없으므로 그들은 그것을 무시했다. 실생활에서 요구되는 것으로서 변의 길이는 양수인 것 하나뿐이었다.

찰흙 판에는 이차방정식을 푸는 절차만 기술되어 있어서 그 절차를 어떻게 찾았는지를 알 수 있는 직접 증거는 없다. 카츠[54]는 어느 문명에서나 답을 찾는 방법론은 기하적인 착상, 곧 정사각형(미지수의 제곱)과 직사각형(상수와 미지수의 곱)에 기초를 두고서 완전제곱식 꼴로 변형했을 것으로 보인다고 하면서 찰흙 판 BM13901에 있는 $x^2 + 1;20x = 0;55$를 예로 들고 있다. 넓이에 변의 배수를 더하고 있으므로 기하적인 것처럼 보이지 않을지도 모르나, 변의 배수가 아니라 길이 x, 너비 1;20인 직사각형을 한 변의 길이가 x인 정사각형에 더한 것으로 여겨진다고 했다. 슈튜어트[55]도 직접적인 증거는 없지만, 여러 찰흙 판에 나오는 도형을 보면 그들이 기하적인 개념을 바탕으로 풀었을 것이라고 했다.

이와 달리 무로이[56]는 바빌로니아 수학에 보이는 특징의 하나를 '기하의 옷을 입은 대수'라 하고 있다. 약어나 기호가 없던 바빌로니아인은 길이와 너비, 이것들의 곱인 넓이라는 말을 적절하게 사용하여 (연립)이차방정식을 풀었다. 이러한 기하적인 술어를 쓰더라도, 문제의 주제는 방정식이었고 그들의 수학적 사고는 대수의 경향을 띠었다. 제재가 기하적 요소였을 뿐, 실질은 방정식을 푸는 것이다. 이를테면 넓이 xy에 길이 $x-y$를, 게다가 부피에 넓이와 길이를 아무런 거리낌 없이 더하고 있는데, 이것은 기하적으로는 있을 수 없다는 것이다. 그들은 길이, 넓이 사이의 수적 관계에 관심을 두었지, 이른바 차원에 구애받지 않았다. 그러므로 길이, 넓이, 부피라는 낱말이 꽤 추상적으로 쓰였고 기호화의 경향이 있었다고 보아야 한다. 이런 것은 훨씬 뒤의 그리스에서는 보이지 않는다. 그리스인은 도형을 사용하여 기하적으로 풀고 있다. 이 점에서 바빌로니아 수학이 그리스 수학보다 현대 수학에 가깝다. 실제로 길이와 너비라는 낱말을 지금의 x, y와 같은 것으로 여겨도 된다. 바빌로니아인은 구체적인 사례로부터 일반화와 추상화로 나아가고 있었다. 이렇게 해서 대수의 싹이 후대에 전해졌다.

풀이 과정에서 덧셈, 뺄셈, 곱셈을 여러 말로 표현하고 있는데, 이를테면 하나의 문제에 두세 가지 뺄셈 표현이 나오기도 한다.[57] 이를 두고 용어를 일관성 없이 사용했다고 말할 수 있지만, 이것은 기호 없이 말로만 수학의 연산 내용을 기술하는 상황의 한계였을 것이다. 어쨌든 바빌로니아 대수에서 언어만으로도 이차방정식의 실질적인 근의 공식을 끌어내고 그것으로 근을 구하고 있다는 점에서 대수가 존재했다고 해야 할 것이다.

바빌로니아 수학 자료에는 문제와 풀이 절차만 남아 있어, 당시 바빌로니아 학교에서 풀이를 절차만 가르쳤는지, 왜 그렇게 푸는지도 알려주었는지는 알 수 없다. 어쨌든 여러 수치의 문제를 되풀이하여 풀어봄으로써 그러한 절차로 푸는 방법을 익혔을 것이다. 이것은 모아 놓은 여러 문제가 일반적으로 모두 답이 같다는 사실에서 확인할 수 있다. 이를테면 $xy=600$, $x+y=50$부터 시작하여 차츰 복잡한 것이 주어지는데, 이 문제들의 답은 언제나 $x=30$, $y=20$이었다.[58] 이 사실은 찰흙 판을 만든 서기가 학습자로 하여금 풀이법을 스스로 알게 하는 데에 관심을 두고 있었음을 보여준다. 또한 이것은 서기가 일반적인 경우를 생각하고 있었다는 것을 시사한다. 다시 말해서 서기가 학습자에게 중요한 것은 일반적인 문제를 푸는 기능의 발달임을 염두에 두었다는 것이다.

삼차, 사차방정식 이집트에는 삼차방정식을 푼 기록이 하나도 없지만 바빌로니아에는 적지 않다. 바빌로니아 수학에서 풀이법을 알 수 있는 삼차방정식은 $x^3=a$와 $x^3+ax^2=b$의 꼴이다. 찰흙 판 BM 85200+VAT 6599에서 양쪽을 모두 볼 수 있다.[59] $x^3 = 0;7;30$과 같은 삼차방정식은 세제곱표와 세제곱근표를 참조하여 풀었다. 표에 실려 있지 않은 값에 대해서는 선형보간법으로 어림했다. 또 하나의 기본형 $x^3 + x^2 = b$와 같은 삼차방정식은 자연수 n에 대해 n^2, n^3, $n^3 + n^2$이 적혀 있는 표를 이용하여 풀었다. $a \neq 1$인 $x^3 + ax^2 = b$인 꼴의 삼차방정식은 각 항에 $1/a^3$을 곱하여 $(x/a)^3 + (x/a)^2 = b/a^3$처럼 미지수 x/a의 기본형으로 바꿔서 근을 구했다. 더 일반적으로 $ax^3 + bx^2 = c$인 경우에는 각 항에 a^2/b^3을 곱하여 미지수 ax/b의 삼차방정식 $(ax/b)^3 + (ax/b)^2 = ca^2/b^3$으로 바꿨다. $n^3 + n^2$에 n을 대응시킨 표도 있어 옛 바빌로니아에도 함수적 사고방식이 있었다고 할 수 있는데 다른 함수를 구별하여 나타내는 수단은 없었다.[60] 특별한 유형의 삼차방정식에 한하여 기본형으로 고치고 수표를 사용하여 풀고 있을 뿐이라 하여도, 기호도 없이 그런 사실을 알았다는 것은 자리기수법만큼이나 수학의 발전에서 매우 중요한 업적이다. 바빌로니아인의 이차와 삼차방정식 풀이에서 보여준 식의 변형과 치환의 사고는 그들이 근을 구하는 기법과 관련하여 대수 개념에 성숙했고 유연했음을 보여준다.

바빌로니아에서는 사차방정식도 다루었다. 적절하게 치환하여 연립이차방정식을 두 번 풀어서 x, y를 구하고 있는 예가 있다. 엘람 왕국의 수도인 수사에서 발굴된 찰흙 판 no.12에는 $\left(\dfrac{x}{y} + \dfrac{y}{x}\right)(x+y)^2 = 1;30,16,40$, $2xy + (x-y)^2 + \left(\dfrac{x}{y} + \dfrac{y}{x}\right) = 2;31,40$이 있다.[61] 여기서 $x^2 + y^2 = X$, $(x+y)^2/xy = Y$로 놓으면 $XY = 1;30,16,40$, $X + Y = 4;31,40$라는 기본형으로 된다. 여기서는 $Y > X$임을 가정하고서 $X = 4;10$, $Y = 0;21,40$을 얻었다. $x^2 + y^2 = 4;10$, $\dfrac{(x+y)^2}{xy} = 0;21,40$으로 놓고 x, y를 구한다. 이 문제의 풀이 과정을 보면 바빌로니아인은 $(a+b)^2 = a^2 + 2ab + b^2$, $(a-b)^2 = a^2 - 2ab + b^2$, $(a-b)(a+b) = a^2 - b^2$을 알고 있었다. 그리고 이항도 하고 양변에 같은 값을 곱하여 분수나 인수를 없애는 것도 알고 있었음도 보인다.

기타 나카무라와 무로이[62]에 따르면 바빌로니아인은 부정방정식, 지수방정식, 등차와 등비수열, 비례식도 다루었다. 부정방정식이라 하면 3세기 무렵의 디오판토스의 것이 유명하지만 바빌로니아에도, 이를테면 수사의 찰흙 판 no.7에는 $\{x + (1/4)y\} \cdot (1/7) \cdot 10 = x + y$가 있고 no.11에는 $x(x+y) - 2,0 = x^2$과 같은 것이 있다. 은과 보리를 빌려주는 문제에는 지수방정식도 나온다. VAT8528 no.1에는 이율 20%, 5년마다 복리로 계산하는 문제가 있는데 여기서 $2^{x/5} = 1,4$를 상당히 우회적인 방법으로 풀고 있다. 또 AO6770 no.2에는 이율 20%이고 1년마다 복리로 계산하는 문제 $(1+0;12)^x = 2$가 있다. 등차수열이 여러 문제에 나오는데 유산 상속 문제에서 두드러진다. 등차수열의 합의 공식도 문제의 해답에서 사용되고 있다. 그리고 등비수열의 합 $1+2+4+\cdots+2^n = 2^n + (2^n-1)$과 특수한 합 $1^2+2^2+3^2+\cdots+n^2 = \left(\dfrac{1}{3}+\dfrac{2}{3}n\right)\dfrac{n(n+1)}{2}$도 있다. 이 공식들은 단지 경험으로 얻어진 것이 아니고 작은 돌을 늘어놓고 시각에 호소하는 초보적인 증명이 있었다고 생각된다. 그리스 철학자 얌블리코스(Ἰάμβλιχος 245?-325?)는 비례식 $a : \dfrac{a+b}{2}$ $= \dfrac{2ab}{a+b} : b$도 바빌로니아에 기원이 있다고 한다.

2-4 기하

바빌로니아 기하는 거의 실제 측량과 관계되어 있었다. 지배자들이 바빌로니아를 통치하려면 운하와 저수지의 건설, 관리가 매우 중요했기 때문이다. 이러한 시설을 만들려면 계산 능력이 필요했다. 공사에 필요한 여러 요소의 수요를 알아내는 데서 산술과 기하의 여러 문제가 나왔다. 또한 곡식 저장고 같은 건물의 들이, 땅의 넓이를 산출해야 했으므로 바빌로니아 수학은 실용 문제를 해결하는 데 집중했다. 이런 상황은 굳이 정확한 계산식을 요구하지 않았을 것이다. 이 지점에서 바빌로니아 기하의 결점이 드러난다. 계산한 결과가 정확하지 않아도 되었으므로 정확한 값과 어림값을 굳이 구별하지 않았다. 이것은 당시 수학자들의 지능이 떨어져서가 아니라 수학의 중요한 기능을 실용적인 면에 두었던 사회, 환경의 영향을 받은 결과이다.

지금까지 조사된 찰흙 판에서는 바빌로니아인이 도형의 성질을 다루었다는 기록은 없다. 여러 도형이 다뤄졌으나 길이, 넓이, 부피(들이)를 구하는 실용 문제에만 관심을 보였다. 어떤 도형의 길이, 넓이, 부피를 구하는 공식이나 계산 절차가 마련되어 있다면 그 도형은 이해된 것이었다. 이런 조작에서 도형에 관한 기하 지식을 엿볼 수 있을 뿐이다. 기하는 대수에 종속되어 있었다. 일반적으로 기하에 관한 술어도 발달하지 않았다.[63] 당시의 경제 활동에서 도형의 성질은 필요하지 않았으므로 기하는 시작부터 없었다. 더구나 종교에서도 도형 자체에는 관심을 두지 않았다.

다각형과 입체 바빌로니아에서는 간단한 도형의 넓이나 부피 공식을 다루는 것에 머물러 있었다. 직사각형과 삼각형의 넓이를 계산하는 표준 공식은 밑변을 b, 높이를 h라 하면 각각 bh와 $bh/2$이다. 실제로 성립 연대가 우르 제3왕조(전2112-2004)로 보이는 IM55357에서 삼각형의 넓이는 밑변 곱하기 높이의 2분의 1이라고 했다.[64] 그리고 두 밑변의 길이가 각각 a, b이고 높이가 h인 사다리꼴의 넓이는 $(a+b)(h/2)$로 구했다. 세 식에서 밑변과 높이가 수직인지 어떤지는 언제나 분명하지 않았다. 더구나 일반 사각형의 넓이를 두 쌍의 대변의 산술평균을 곱하여 구하기도 했다. 밭의 경우 직사각형에 가까운 땅이 많았으므로 이렇게 구한 값도 쓸만했다. 산출되는 곡식의 양에 따른 밭의 넓이가 중요했으므로 밭의 형태에 맞춰 적절하게 넓이를 구하는 공식만 있으면 되었다. 그들은 이에 맞춰 넓이를 구하는 데 필요한 값을 표로 만들었다. 도형과 관계된 상수들(원주율과 $\sqrt{2}$ 등의 어림값)을 계산할 때는 편리했기 때문이다.

BM85194에는 높이 h, 아랫변이 b인 등변사다리꼴 둑의 단면에서 빗변의 기울기가 $s=(b-a)/2h$, 넓이가 $F=(b+a)h/2$로 주어져 있을 때 윗변 a를 $a=\sqrt{b^2-4sF}$로 구하고 있다. 이것은 $4sF=(b-a)(b+a)=b^2-a^2$라는 곱의 공식을 알고 있어야 이해할 수 있다.[65] 카시트 시대(전1595?-1155?)의 찰흙 판 MS3876은 바빌로니아인이 정이십면체를 생각했음도 보여준다.[66] 윗면의 넓이가 a^2, 아랫면의 넓이가 b^2, 높이가 h인 원뿔대와 각뿔대의 부피를 $(a^2+b^2)h/2$로 구했다. 각뿔대의 부피를 $\left\{\left(\dfrac{a+b}{2}\right)^2+\dfrac{1}{3}\left(\dfrac{a-b}{2}\right)^2\right\}h$나 $\{(a+b)/2\}^2h$로 구하기도 했다. 전자는 이집트인이 알고 있던 바른 공식 $(a^2+ab+b^2)h/3$과 같다.

밑변이 직사각형이고 꼭대기가 직선인 지붕처럼 생긴 모양으로 쌓아 올린 곡물 더미에 관한 문제도 있다. 밑면의 길이와 너비가 각각 l과 w, 높이가 h, 꼭

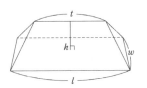

대기의 길이가 t인 더미의 부피를 $\dfrac{hw}{3}\left(l+\dfrac{t}{2}\right)$로 구하고 있다. 여기서 위 두 꼭짓점에서 밑면에 수직인 평면으로 잘라낸 삼각기둥의 부피 $hwt/2$를 빼면 사각뿔의 부피가 나온다. 수사에서 나온 찰흙 판 no.14에는 부피와 다른 요소들이 주어졌을 때 길이 l이나 너비 w를 구하는 것을 다루고 있다.[67]

각도와 닮음 이것에 대응하는 술어는 없으나 반원에 내접하는 각은 직각이라는 사실도 알고 있었고[68] 문제의 내용을 보면 닮음의 개념도 이용하고 있었다. IM55357을 보면 유클리드 〈원론〉 제6권 명제8인 "직각삼각형에서 직각을 이루는

각의 꼭짓점부터 밑변에 수선을 내리면, 수선 위의 삼 각형은 전체 삼각형과 닮은꼴이다"[69]라는 것도 있었 다. 이것은 닮음 개념을 이용해서 작은 삼각형의 넓이 를 구하고 있는 데서 확인할 수 있다. 곧, 바빌로니아 의 서기들은 닮은 삼각형의 비례관계를 잘 알고 있었

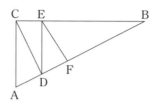

다.[70] YBC4673 no.14에는 "오래된 둑. 나비가 1쿠스(kùš). 높이가 1쿠스. 기울기 는 1쿠스에 대하여 1쿠스. ……"로 시작되는 문장을 포함한 문제가 있다.[71] 전체 맥락에서 보면 여기에 나오는 빗면의 기울기를 삼각법의 싹이라고도 말할 수 있다.

원과 원주율 바빌로니아와 중 국에서는 원의 넓이를 $A = cd/4 = (c/2)(d/2)$로 계산했다. c는 원둘레, d는 지름이다. 이 공식을 어떻게 발견하고, 원의 둘레 길이

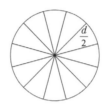
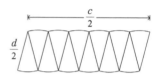

와 넓이를 연계했는지를 보여주는 문서는 남아 있지 않다. 가능한 설명의 하나는 원을 가느다란 부채꼴로 쪼개고 그것을 교대로 늘어놓아 직사각형에 가까운 도형 을 만드는 생각을 했다는 것이다.[72] 바빌로니아인은 원의 넓이를 $0;5c^2(= c^2/12)$ 으로 계산했다. 이것은 $A = (c/2)(d/2)$에서 d를 $c/3$로 놓은 것으로 $\pi = 3$이라 한 것이다. 여기서 보듯이 원에 대한 바빌로니아의 상수는 1/12이다. 그렇다고 바빌 로니아인이 원주율로 3밖에 몰랐음을 뜻하지 않는다. 이것은 그들이 더 나은 근삿 값을 계산할 수 없었다기보다, 굳이 넓이나 부피를 정밀하게 구할 필요가 없던 데 다가 3을 사용하는 쪽이 계산을 간단히 할 수 있어 편리했기 때문이었을 것이다.

원주율로 더 나은 어림값을 사용한 문제를 보자. 목재의 굵기를 다룬 자료 YBC8600에서 어림값으로 $3;7,30(= 3.125)$을 사용하고 있다.[73] 다른 자료에서는 원둘레에 대한 내접 정육각형 둘레의 비를 $0;57,36$으로 적고 있다. 여기서도 어림값 은 $3;7,30$이다. 따라서 그들은 필요하다면 3보다 나은 어림값을 구할 수 있었다. 이 값을 이집트보다 정밀한 방법으로 결정했다. 이것이 실린 찰흙 판에서 기하 도형 을 체계적으로 비교하고 있기 때문이다.[74] 찰흙 판 BM85194에서는 활꼴에서 호 $a = 1,0(= 60)$과 현 $s = 50$일 때 넓이를 $s(a-s) = 8,20(= 500)$으로 구하고 있 다.[75] 이 값은 중심각이 120°일 때의 어림값이다. a를 기준으로 하면 $s = 90\sqrt{3}/\pi$ 이다. $\sqrt{3}$을 자주 쓰던 $1;45(= 1.75)$로 하면 $\pi = 3;9(= 3.15)$가 된다. 바빌로니아인

은 사분원 두 개로 둘러싸인 도형과 삼분원 두 개로 둘러싸인 도형의 넓이를 각각 $(2/9)a^2$과 $(9/32)a^2$(a는 호의 길이)으로 계산하고 있다.[76] 이 두 공식은 원의 넓이가 $c^2/12$이고 $\sqrt{3} \approx 1;45$로 가정하면 정확하다. 그들이 원둘레의 길이가 지름에 비례하고 있음을 알고 있었다고는 할 수 있지만, 그 비가 언제나 같지는 않았다.

피타고라스 정리 바빌로니아인은 -2000년 무렵, 그러니까 피타고라스보다 1500년쯤이나 전에 특정한 삼각형에 대해 이른바 피타고라스 정리가 성립한다는 것을 알고 있었다. 이 정리는 이 차방정식에 관한 문제의 근거가 되기도 했다. 그들이 이 정리를  알고 있었다는 사실은 -1900 ~ 1600년에 작성된 것으로 추정되는 플림프턴 322에서 확인할 수 있다. 이 찰흙 판은 피타고라스의 세 수에 대한 가장 분명한 증거이다. 이것을 보면 수학을 그 자체로 연구했다고는 말하지 못하더라도 실용성이 매우 떨어지는 것을 연구했음을 알 수 있다. 그것을 실제로 이용할 수 있는 형식으로 단순화했다는 증거도 없다.[77] 이것을 분석하면 수론 그리고 삼각법의 원시 형태를 볼 수 있다.

표에서 어두운 부분이 플림프턴 322를 십진법으로 옮긴 것이다. 어두운 부분의 맨 오른쪽에 있는 수는 단순히 번호이다. b열은 직각을 낀 변 가운데 하나의 길이이고, c는 b에 대응하는 빗변의 길이이다. 괄호 안에 있는 수가 본래 표에 있는 값이다. b열의 아홉째 줄에서 본래의 수는 60진법으로 8,1인데 9,1로 잘못 표기한 것이고, 열셋째 줄은 정확한 값의 제곱이다. c열의 마지막 줄은 정확한 값의 반이고 둘째 줄의 것은 설명하기 어려운 오류이다.

a열의 수는 $a^2 = c^2 - b^2$을 만족하는 값이다. 바빌로니아인은 직각이등변삼각형부터 시작해서 b/a의 값이 작아지는 직각삼각형 가운데서 공약수가 없는 피타고라스의 세 수 $a = 2mn$, $b = m^2 - n^2$, $c = m^2 + n^2$을 만들 수 있는 m, n(m, n은 서로소이며 $m > n$)의 값에 관심을 두었다. 열한째 행은 a, b, c가 각각 4, 3, 5의 15배로서 예외이다. 15줄이나 되는 이 정도 크기의 피타고라스 세 수들을 단순한 추측이나 시행착오로 찾을 수는 없다. 이는 그들이 오래전에 피타고라스 세 수를 구하는

일반적인 매개변수 식을 이해했을 만큼 이론적 수준이 높았음을 보여주는 좋은 증거이다. 이런 공식을 얻으려면 분수끼리 더하고 빼는 능력 말고도 $m^2 - n^2 = (m+n)(m-n)$과 같은 대수학적 등식도 알아야 한다.

a $(2mn)$	$(b/a)^2$	b $(m^2 - n^2)$		c $(m^2 + n^2)$			m	n
120	0.98340278	119		169		1	12	5
3456	0.94915855	3367		4825	(11521)	2	64	27
4800	0.91880213	4601		6649		3	75	32
13500	0.88624791	12709		18541		4	125	54
72	0.81500772	65		97		5	9	4
360	0.78519290	319		481		6	20	9
2700	0.71998368	2291		3541		7	54	25
960	0.69270942	799		1249		8	32	15
600	0.64266944	481	(541)	769		9	25	12
6480	0.58612257	4961		8161		10	81	40
60	0.56250000	45		75		11	2	1
2400	0.48941684	1679		2929		12	48	25
240	0.45001736	161	(25921)	289		13	15	8
2700	0.43023882	1771		3229		14	50	27
90	0.38716049	56		106	(53)	15	9	5

표의 구성 원리를 추론해보자. $(b/a)^2$ 줄에 있는 값이 계속해서 작아지고 있는 것은 바빌로니아인이 어떤 규칙을 염두에 두고 있었음을 짐작할 수 있다. $(b/a)^2$ 줄에 있는 값은 $\theta = 45°$, $44°$, $43°$, $\cdots$, $31°$에 대응하는 $\tan^2\theta$의 어림값이라고 할 수 있다. 이 수표를 만드는 방법을 다음과 같이 설명할 수 있다. 바빌로니아 수학에 잘 알려져 있는 항등식 $xy + \left(\dfrac{x-y}{2}\right)^2 = \left(\dfrac{x+y}{2}\right)^2$에서 시작한다. 직각삼각형에서 $xy = 1$을 밑변, $(x-y)/2$를 높이, $(x+y)/2$를 빗변라고 하면 $(x-y)/2 = \sqrt{\{(x+y)/2\}^2 - 1}$이 되는데 이것이 $(b/a)^2$ 줄의 위에 적혀 있는 '빗변의 제곱에서 1을 빼면 너비가 나온다'의 의미이다.[78] 다음에 $45°$를 염두에 두고 $xy = 1$과 $(x-y)/2 < 1$을 만족하는 x, y에서 되도록 큰 x 값을 역수표에서 선택한다. $x = 2;24$, $y = 0;25$라고 하면 $(x-y)/2 = 0;59,30$이고 $1 + \tan^2\theta = \{(x+y)/2\}^2 = 1;24,30^2 = 1;59,0,15$이다. 곧, $(b/a)^2$ 열의 첫 번째 수 0.98340278을 얻는다.

플림프턴 322에는 열의 규칙적인 차례 말고 기하적 관계를 보여주는 것은 없으나, 피타고라스 정리를 기하적으로 적용한 예들은 남아 있다. 반지름과 현의 길이가 주어진 원에서 중심부터 현까지의 거리를 구하는 문제가 그러하다. 이것보다 수준이 높은 세 변의 길이가 50, 50, 60인 이등변삼각형에 외접하는 원의 반지름을 구하는 문제도 있다.[79] 여기서 원의 반지름을 31;15라 하고 있는데, 이 사실에서 $\sqrt{3}$에 1;45를 적용했음을 알 수 있다. 그리고 이등변삼각형의 수선은 밑변을 이등분한다는 것을 알고 있었음을 볼 수 있다. 또 다른 예는 옛 바빌로니아 시대의 BM85196에 실려 있는 것으로 수직인 벽에 딱 붙여 세워 놓았던 길이 30인 나무 막대가 위 끝이 거리 6만큼 아래로 내려와 비스듬히 벽에 기대어 놓였을 때 아래 끝이 벽에서 떨어져 있는 거리를 계산하는 문제이다.[80] −2300년 무렵의 찰흙 판 IM58045에는 윗변, 아랫변의 길이가 각각 a, b인 사다리꼴의 넓이를 아랫변에 평행한 선분으로 이등분할 때의 그 선분의 길이를 구하는 문제가 있다.[81] 구하는 선분의 길이는 $\sqrt{(a^2 + b^2)/2}$로 주어지고 있다. 이 식이 어떻게 얻어졌는지는 알 수 없으나 피타고라스 정리를 알아야 구할 수 있다. 이런 유형의 문제들은 다른 문명에도 영향을 주었고, 현대의 학교 수학에도 나온다. 이렇듯 바빌로니아인이 피타고라스 정리 등의 정리나 법칙을 알고 있었으나, 그들은 아직 일반화하는 능력이 없었던 것으로 보인다. 그리고 바빌로니아인이 닮은꼴을 널리 이용하고는 있었으나 이것을 써서 그 정리를 끌어낸 것 같지도 않다. 그들도 나름대로 논리적 또는 귀납적으로 사고하여 정리를 만들었을 것이다.

2-5 천문

천문은 역법 계산에 필요했다. 역법은 해, 달, 항성의 위치로 계산하여 만들어진다. 씨앗을 뿌리는 때와 제례나 축제일을 알려면, 연월일이라는 천문의 수량을 정확히 알아야 했다. 제례나 축제일은 이처럼 역법과 밀접한 관계가 있고, 천체를 신이라 믿었으므로 신관이 역법을 관리했다. 바빌로니아에서 대다수 천문 자료는 셀레우코스 왕조(전323-60) 때 작성되었다.

바빌로니아인이 아주 이른 시기에 달력을 만들었다는 증거가 있다. 그것은 그들이 한 해를 춘분에서 시작했고, 첫 달의 이름을 황소자리별을 따서 붙였다는 사실에 있다. −4700년 무렵의 춘분에 해가 황소자리별에 있었으므로 그들이 이미 −5000~4000년 무렵부터 약간의 산술에 대한 지식이 있었다고 말할 수 있다.[82] 그렇지만 수메르 시대(−3000년기)의 천문에 대해서는 알려진 바가 없다. 아카드 왕조 때의 천문은 매우 조악했으며 신화적 요소를 담고 있었다.[83] −21세기에는 달이

차고 이지러지는 주기인 29.53일을 반올림해 한 달을 30일로 하여[84] 한 해를 360일로 하다가 나중에 5일을 덧붙여 수정했다. −700년 무렵에 와서야 천문은 천체의 현상을 수학적으로 기술하고 관측 자료를 조직적으로 활용하기 시작했다.[85] −6세기 말에는 19년마다 7달의 윤달을 넣어 태양력과 태음력을 일치시켰다. 이것은 춘추분과 하지, 동지와 함께 농사를 언제나 같은 때에 짓게 하려는 것이었다. −3세기부터 천문에서 수학의 활용이 늘었다. 특히 달과 행성의 운동을 연구하는 데 집중되었다. 하지만 천체의 주기에만 관심이 있었지, 그 운동을 기하적 도식으로 나타내보려 하지도 않았고, 더구나 무엇이 우주의 중심일 것인가에는 전혀 주의를 기울이지 않았다.

원을 360도로 분할하는 방식도 바빌로니아에서 유래되었는데, 그렇게 나눈 까닭은 정확히 알려져 있지 않지만 세 가지 가설이 있다. 첫째로 그들은 정육각형의 둘레가 외접원 반지름의 여섯 배가 된다는 사실을 알고 있었으므로 여섯 등분된 호에 60진법을 적용하여 원을 360도로 나눴다.[86] 둘째로 360이 많은 작은 정수로 쉽게 나누어떨어지기 때문이거나 한 해의 날짜 수에 가장 가까운 끝수가 없는 수이기 때문이다.[87] 셋째로 노이게바우어(O. Neugebauer 1899-1990)가 주장한 가설이다.[88] 초기 수메르 시대에 '메소포타미아 마일'이라는 거리 단위가 있었다. 이것은 긴 거리를 잴 때 사용되었기 때문에 시간의 단위(1메소포타미아 마일을 가는 데 걸리는 시간)로도 사용되었다. 나중에 바빌로니아 천문에서 천체 현상을 체계적으로 기록하게 된 시기에 메소포타미아 시간-마일이 시간의 간격을 재는 데 흔히 이용됐다. 하루는 12시간-마일과 같았고, 이것은 하늘이 한 바퀴 도는 것과 같으므로 한 회전을 12등분했다. 해가 지구를 크게 한 바퀴는 돌 때 달은 지구를 12바퀴 돌므로 한 해(1태양년)를 열두 달(12개월)로 하고, 그 태양이 지구를 하루(1태양일)에 한 바퀴 돌므로 하루를 12등분하는 것도 무척 자연스러운 일이었다. 편의를 위하여 한 달의 날수가 30일인 것을 적용하여 메소포타미아 마일을 30등분했고, 그래서 1회전은 $12 \times 30 = 360$등분되었다. 원을 360등분한 덕분에 해는 날마다 황도를 1도로 운동한다는 편리한 값이 얻어졌다. 그리고 나서 60진법을 적용하여 도와 분을 60으로 나누었다. 이것이 오늘날에도 각도와 시간에 이어지고 있다. 만일 각 부분을 10등분하여 단위를 나타내려면 지금보다 더 많은 단위명이 필요했을 것이다.

3 이집트의 수학

3-1 이집트 수학의 개관

강한 햇볕이 내리쬐고 비가 아주 적게 내리는 기후이지만 해마다 정해진 때에 넘치는 나일강은 적도 남쪽의 동아프리카 고원지대의 기름진 흙을 하류 지역인 이집트에 실어 날랐다. 이 지역에서는 −5000년 무렵부터 농사와 목축이 시작되었다. 이때부터 부족 국가가 나타났다. 왕조 이전 시대에 속하는 −3500년 무렵에 이미 수 체계가 있었고, 새로운 기호가 도입되면서 셀 수 있는 수의 범위를 넓혀나 갔다.

−3150년 무렵에는 40개 남짓의 공동체가 하나의 나라로 통합되어 사회, 법, 종교가 발달된 왕조 시대가 시작되었다. 자족적이고 안정적이었던 이집트는 일찍부터 중앙집권적인 통치 체제를 갖추고 관료로 구성한 기구로 나라를 다스렸다. 고대 이집트 역사는 다섯으로 분리된 왕조 시대와 중간기로 나뉜다. 초기 왕조 시대(전31-27세기), 고왕국 시대(전27-22세기), 제1중간기(전22-21세기), 중왕국 시대(전21-18세기), 제2중간기(전18-16세기), 신왕국 시대(전16-11세기), 제3중간기(전11-7세기), 말기 왕조 시대(전7-4세기)가 있다. 왕국은 한 왕이 이집트를 통일하여 지배하던 시대로 안정된 문화 활동이 이루어졌다. 중간기, 이를테면 제1중간기는 멤피스와 테베 같은 정치의 두 중심지가 지배권을 둘러싸고 싸우던 시기이다. 이처럼 이집트의 정치사는 중앙 집권과 지방 분권이 되풀이되는 역사였다. 이집트 문명은 −332년 알렉산드로스에게 정복되면서 끊겼다. 이때부터 −1세기까지 이집트의 역사와 수학은 그리스의 헬레니즘 시대에 속한다.

이집트에서 쓰기는 말하기 언어를 영속적으로 기록하기 위해서보다 물품을 생산, 분배, 소비하는 데 필요한 계산과 회계 처리를 위해서 창안되었다.[89] 문자는 신성문자, 신관문자, 민중문자의 세 가지 형태로 발달했다. 문자는 초기 왕조 시대의 제1왕조의 수립과 거의 동시에 생겼다. 이때 그림 문자의 일종인 신성(神聖)문자가 사용되기 시작했는데 주로 종교 행사를 기록하거나 기념 비문에 사용되었다. 이 문자는 돌로 된 신전의 벽이나 기둥에 그린다든지 새기는 데에 사용되었다. 이 때문에 쓰기의 범위는 아주 중요하다고 생각되는 짧은 기록으로 한정됐다. 그러므로 새기는 것이 아닌 쓸 수 있는, 쉽게 구해지는 값싼 재료가 필요했다. 이집트인은 이 문제를 파피루스를 발명함으로써 해결했다. 그러나 파피루스에 수학이나 그 밖의 내용을 신성문자로 쓰기에는 매우 불편했다. 파피루스나 나무, 도기와 같은 것에 펜과 잉크로 빠르게 쓰는 데 적합한 서체가 필요했다. 그래서 이집트의 서기들은 신관(神官)문자를 만들어 상업, 통신용으로 사용했다. 이것이 제1왕조 때 사용되기 시작했다. -600년 무렵에는 민중(民衆)문자가 고대 이집트의 주요 문자로 되었다. 좀 더 빠르게 쓸 수 있는 민중문자가 소개된 이후 신관문자는 종교적인 목적으로만 사용되었다.

이집트의 수학은 중앙집권적 관료 조직에서 생겨났다. 왕국의 행정 체제를 관리하려면 인구 조사, 세금 부과, 군대의 유지 등이 필요했는데 이 모든 일에는 비교적 큰 수의 계산이 필요했기 때문이다. 이집트 문화의 전성기는 고왕국 시대의 제4왕조(전26세기)였다. 이 시기에 세워진 거대한 피라미드는 높은 수준의 건축 기술과 실용 수학이 있었음을 보여준다. 이집트는 북쪽의 바다와 동서의 사막 지대가 외부의 침입을 막아주었으므로 반쯤 고립된 상황에 놓여 있었다. 그리고 나일강의 거의 일정한 변화 덕분에 대규모 토목 공사나 관리에 많은 노력이 들지 않았다. 이 때문에 이집트 문명은 고대 문명 가운데서 가장 안정되게 오랫동안 이어졌다. 그러나 이런 배경 탓에 경제가 덜 발달됨으로써 이집트 수학의 수준은 같은 시대의 메소포타미아 수학에 미치지 못했다. 그래도 이집트 수학은 수학이 발달하는 초기 단계를 전해주는 것으로서 중요하다.[90]

이집트 수학의 지식을 전해주는 얼마간의 수학 문서는 문학의 황금시대라 일컬어지는 중왕국 시대 이후 것만 남아 있다. 물론 수를 나타내는 기호나 도량형, 사칙연산과 같은 기본적인 수학 지식은 고왕국으로 거슬러 올라간다.[91] 수학 자료는 신관문자와 민중문자로 쓰인 것의 두 가지로 나뉜다. 전자는 중왕국 시대에 쓰였고, 대표적으로 모스크바 파피루스와 아메스 파피루스가 있다. 아메스 파피루스는 -1850년 무렵에 쓰인 원본을 제2중간기인 -1650년쯤에 아메스라는 서기가 베껴 정리한 것이라고 여겨지고 있다. 후자는 그리스-로마 시기에 유래한다. 제2중간기부터 알렉산드로스가 이집트를 정복할 때까지 새로 만들어진 내용은 거의 없이 정체되다가 바빌로니아와 그리스 수학에 흡수되고서 사라졌다. 중왕국은 주로 오늘날 레바논의 항구 비블로스(Byblos)를 통해서 지중해 동부 연안과 교류했다. 비블로스는 파피루스를 뜻하는데, 그리스인이 이곳을 거쳐 파피루스를 들여오던 데서 붙여졌다. 히브리 경전 바이블(Bible)의 어원이기도 하다.

종교 유적 쪽이 고고학적 자료보다 많이 남아 있는데, 이것은 이집트의 특별한 지리, 기후 조건 때문이다. 파피루스는 습기에 약하여 오랫동안 보존할 수 없다. 그래서 고대의 파피루스 가운데 남아 있는 것은 나일강 근처의 좁고 긴 지역이 아니라 사막 변두리에 자리한 무덤이나 신전에 보관되어 있었거나 화산재에 묻혀 있던 마을의 유적에서 발굴된 것뿐이다. 그것들 가운데 대략 15점만 수학 내용을 담고 있다. 이처럼 수학 자료가 부족하여 이집트의 수학에 대해 얼마간의 신화가 만들어져 퍼지게 되었을 것이다. 더구나 고대 이집트 수학의 첫 번역은 대부분 20세기 초에 이루어졌고, 그 뒤 이것들이 원전으로 받아들여졌다. 그리하여 시간이 지나면서 원전이 영어나 이집트어가 아니라, 고대 이집트어로 쓰였다는 것을 잊는 일이 자주 일어났다.[92] 이것도 이집트 수학을 바르게 해석하는 데 장애가 되었을 것이다.

아메스 파피루스와 모스크바 파피루스에 있는 110개의 문제는 모두 수치 계산인데 대부분 간단한 것으로, 문제와 풀이법을 예시하고 있다. 두 파피루스는 젊은 서기들에게 수학을 가르치기 위하여 고안된 교과서로 생각된다.[93] 대수와 관련된 문제로는 빵, 맥주의 농도, 가축 먹이의 배합, 곡식의 저장과 관련되어 있다. 이 가운데 많은 것이 간단한 일차방정식으로 표현된다. 기하에 관련된 문제는 대부분 땅의 넓이와 곡물 창고의 들이를 계산하는 데 필요한 측량에 관한 것이다. 대부분 실용에 근거를 두고 있지만 몇 가지는 이론적 성격을 띠기도 한다.

수학 파피루스는 종교 의례나 신화적 사변에 근거하지도 않고 시행착오의 경험주의에 바탕을 둔 단순한 주먹구구도 아니다. 이집트인에게는 대수 공식은 없었지만 같은 종류의 문제를 푸는 공통의 방법은 어느 정도 있던 것 같다. 곧, 규칙이나 원리가 기록되어 있지는 않으나 서기는 그것을 알고 있었을 것이다. 파피루스는 그러한 수학적 지식을 조직하여 문제를 해결하도록 교육적으로 세련되게 다루고 있다.[94] 그리하여 학생이 그 교재로 공부하면서 스스로 그것들을 찾아내거나 교사가 학생으로 하여금 유도해 내도록 했을 것이다.[95] 이러한 사실로 미루어 본다면 이집트에서도 수학적 방법이 싹트고 있었다고 볼 수 있다.

이집트의 수학은 서기 계급에만 전해지는 비밀이어서, 전승되던 다른 규범처럼 쉽게 달라질 것이 아니었다. 이집트 미술에서 정면성의 원리3)가 정착되고 나서

---

3) 사람의 본질을 가장 잘 나타낸다고 생각되는 모습(얼굴은 옆, 눈은 앞, 상체도 앞, 하체는 걸어가고 있는 옆모습)을 조합하여 그리는 원리이다.

3000년 동안 유지된 것과 마찬가지다. 이처럼 이집트 문명은 이 시간을 관통하는 내내 전통의 경직성에서 벗어나지 못했다. 이집트인은 자기들이 만든 세계가 완벽하다고 보았으므로 앞서 만들어진 문화를 그대로 유지했다. 이는 불변, 불멸, 영생을 최고의 가치로 여기는 데서 나온 귀결이었다. 사실 이집트 문명을 오랫동안 정체시킨 실질적인 배경은 지리적 조건 덕분에 외적의 침입을 거의 받지 않았던 환경이었다.

3-2 수와 산술

단순 묶음법으로 수 체계를 구성한 가장 초기의 형태는 약 5000년 전에 이집트인이 발전시킨 신성문자 수 체계이다. 1부터 백만(10^6)까지 10의 거듭제곱마다 그림 기호를 따로 배정하고 그것을 아홉 번까지 되풀이한 결과를 조합해 자연수를 나타냈다. 이런 수 체계는 자리기수법이 쓰이지 않는 10진법으로, 단순해서 사용하기 쉽다.

파피루스에 빠르게 쓰려고 발전시킨 신관문자에서도 더하는 방법과 10진법이 그대로 유지되었다. 그러나 1에서 9까지의 수를 나타내는 기호, 10의 거듭제곱과 그것들의 1

배부터 9배까지의 수를 나타내는 기호를 사용하면서 하나의 기호를 되풀이하는 데서 벗어났다. 그렇지만 신관문자 수 체계는 그 특성 때문에 많은 기호가 필요하여, 기억하는 데 매우 부담되었다. 어쨌든 이런 형태의 표기법을 '숫자화'라고 할 수 있을 것이다.[96] 이 발상은 바빌로니아의 자리기수법 원리와 견줄 만큼 기수법의 발달에서 중요한 단계이다. 신성문자와 신관문자로 538을 쓰면 다음과 같다.

신성문자 체계든 신관문자 체계든 숫자가 놓인 자리가 값을 결정하지 않고, 기호 자체가 값을 나타내므로 영(0)을 나타내는 기호가 필요 없었다. 그럼에도 이집트인은 영의 기호가 있었는데, 수학에서는 쓰이지 않고 토목과 건축에서 수준선을 가리킨다든지 회계에서 지출과 수입이 같음을 나타내는 데 사용했다.[97]

일상생활에서는 대상을 세는 것뿐만 아니라 길이, 무게, 시간과 같은 연속량을 잴 수 있어야 한다. 측정한 결과의 정보를 담는 것이 도량형이다. 도량형 체계는 여러 가지이고 언어는 제한되어 있었기 때문에 하나의 낱말이 여러 도량형의 값을 나타내게 된다. 이를테면 같은 낱말이 이산적인 세기 체계에서 10단위를 나타내는데, 곡물의 들이 체계에서는 100단위를 나타냈다.[98]

양을 잴 때 단위량보다 작은 양을 재려면 분수가 필요하다. 이집트에서 분수는 밭의 넓이 단위인 1세타트를 반으로 계속 나눠가는 것에서 비롯되었다.[99] 그래서 가장 오랜 것이 분모가 2의 거듭제곱인 1/2, 1/4, 1/8, 1/16, 1/32이다. 들이에서는 기본 들이 단위인 1헤커트(약 4.8L)를 10헤누로 나누든지 헤커트의 1/2, 1/4, 1/8, …처럼 반씩 줄였다. 가장 작은 단위는 헤커트의 1/320인 로였다. 5로가 헤커트의 1/64에 대응하므로 반씩 줄여나가는 것과 10의 거듭제곱을 상황에 맞게 조합하여 하위 구분의 통약 가능성을 확보했다.[100] 그 뒤에 분수 1/3과 2/3가 생겼고, 다시 뒤에 가서 일반 단위분수 $1/n$이 쓰였다. 수가 구체적인 도량형과 관계를 맺지 않고 쓰인 경우도 있다. 아메스 파피루스에는 특정한 들이의 (정육면체형, 구형) 그릇에서 순수한 분수 1/10에 해당하는 양을 도량형의 들이 값으로 바꾸라는 문제가 있다. 여기에 −3000년 무렵의 자료와 가장 중요한 차이가 있다. 추상적인 수 체계, 곧 임의의 특정한 도량형 체계와 독립인 분수를 사용했다는 것이다.[101]

분수는 분모로 쓰이는 자연수 위에 분수를 나타내는 기호를 놓아 썼다. 그 기호는 신성문자에서는 ⌒이었고 신관문자에서는 그것을 점으로 대체했다.

	1/2	1/3	2/3	1/4
신성문자	⌐	⑪	⑪	✕
신관문자	⼽	⼵	⼌	✕

자주 이용되는 분수 1/2, 1/3, 2/3, 1/4에는 특별한 기호를 썼다. 이 글에서는 분모가 n인 단위분수로 $\bar{n}$을 쓴다. 이집트 분수가 겉보기에는 단위분수 같지만, 실은 이집트인에게 분수는 정수의 역과 관련되어 있으므로 이집트 분수에는 분자가 없었다고 생각하는 쪽이 더 정확하다.[102] 그렇지만 이해를 돕기 위해 단위분수라고 표현한다. 곱셈의 역연산으로써 나눗셈에도 분수는 필요했다. 이집트인은 이런 단위분수(2/3를 포함)의 합으로 임의의 분수를 표기하는 방법과 반분법

을 이용하여 나눗셈하는 방법을 만들었다.

분수를 사용하는 계산은 한 해를 12달로 나누어 30일씩으로 하고 5일을 덧붙이는 날짜 계산에 영향을 미쳤고 거꾸로 날짜를 계산하는 방법은 분수를 2/3와 단위분수의 합으로 나타내어 계산하는 것에 영향을 끼쳤다. 날 수를 한 달의 분수로 셈했다. 하루를 한 달의 $\overline{30}$, 사흘은 $\overline{10}$, 열흘은 $\overline{3}$, 스무날은 2/3로 나타냈다. 이를테면 24일, 곧 24/30를 합의 모양인 $2/3 + \overline{10} + \overline{30}$로 나타냈다.

단위분수는 어쩌다 쓰게 된 제한이 아니었다. 단위분수는 전체를 n부분으로 나눈 것의 한 부분이라는 점에서 가장 자연스러웠기 때문일 것이다. 아메스의 문제3은 빵 6근을 10사람에게 어떻게 나누어주면 좋은가를 묻고 있다. 각 사람이 $\overline{2} + \overline{10}$근의 빵을 받는다는 것이 답이다. 이 답은 3/5라고 하는 답보다 성가시다고 생각될 것이다. 그러나 단위분수는 누구나 알기 쉬운 분수이고 실제로 물품을 분배하는 상황에서는 이 방법이 간단하여 실생활에 편리함도 있었다.

단위분수의 덧셈으로 표현되는 분수로 사칙연산을 하는 것은 그 자체가 매우 어려운 일이었다. 분수 표기의 번잡함 때문에 생긴 계산의 어려움은 이차방정식을 포함한 방정식의 풀이가 발전할 가능성을 가로막았을 것이다. 실제 남아 있는 수학 문서에는 $ax^2 = b$ 꼴의 이차방정식(제곱근 풀이)을 몇 개 풀고 있을 뿐이다. 기록을 남기는 데에 단위분수가 도움은 됐으나, 나중에 다른 문화권에서는 거의 쓰이지 않았다. 그래도 그리스, 로마, 중세의 유럽에서 단위분수를 쓴 기록이 있다. 이를테면 4세기의 것으로 여겨지는 미시간 파피루스 621에는 많은 단위분수가 그리스어로 쓰여 있다.[103]

분수와 관련된, 잘못 받아들여지고 있는 이야기가 하나 있다. 이집트 수학 자료는 신성문자로 쓰인 것은 없고 신관문자로 쓰여 있다. 그런데도 굳이 신성문자로 해석하여 의미를 부여하는 것이 있다. 신성문자에는 두 모둠이 있다. 이집트의 수를 나타내는 기호 모둠과 아마 들이의 기본 단위인 헤커트의 부분을 나타낼 때 사용되던 기호 모둠이다. 일설에 따르면 후자를 이루는 기호 ∠($\overline{2}$), ○($\overline{4}$), ⌒($\overline{8}$), ⧸($\overline{16}$), ⌣($\overline{32}$), ❨($\overline{64}$)로 (모두 더해도 1이 되지 못하는) '이집트의 응시하는 눈' 🐾을 형성했다고 한다. 이 분수들이 '호루스 눈의 분수'로 알려져 있다. 리터[104]가 상세히 논의한 바처럼 이 기호들은 본래 헤커트의 부분을 나타내는 단위와 결부되어 있지 않다. 고대 이집트의 원전 자료에는 헤커트의 배수가 언제나 신관문자 형태로 쓰였고, 그것들은 눈의 여러 부분처럼 보이지 않는다.[105] −3000년기의 파피루스와 신성문자로 남겨진 자료의 정보는 호루스 눈이 본래 신관문자와 아무런 관계가 없음[106]에 의문의 여지가 없다. 이것들에는 어떤 상형문자도 대응하지 않는다.[107]

사칙연산 이집트의 신성문자의 묶음법에서 덧셈은 기호를 함께 묶는 방식이어서 매우 단순하다. 1을 나타내는 기호를 묶고, 다음에 10을 나타내는 기호를 묶고, 이어서 100을 나타내는 기호를 묶고, 이하 마찬가지로 한다. 어떤 기호가 10개 모이면 이것을 다음 기호로 바꾸면 된다. 뺄셈도 마찬가지 원리로 한다. 물론 윗자리 단위에서 빌려야 할 때는 그 기호의 하나를 작은 단위의 기호 열 개로 바꾸면 된다. 신관문자에서는 덧셈과 뺄셈의 이러한 단순한 방식이 적용되지 않는다. 파피루스에는 덧셈과 뺄셈 문제에 답만 쓰여 있어서 어떻게 계산했는지를 알 수 없다. 가능성이 가장 높은 것은 서기가 덧셈표를 지니고 있었다는 가설이다.[108] 연산 기호로는 아메스 파피루스에서 더하기와 빼기를 각각 오가는 사람의 다리 모양인 ∧와 ∧로 나타냈고 '같다'와 '미지'라는 뜻글자도 사용했다. 제곱근으로는 ⌈를 사용했다.[109] 그렇지만 이집트 대수학에는 실질적으로 기호 체계가 없었다.

이집트에서 수학은 계산이었다. 그 가운데서도 곱하고 나누는 방법이 중심이다. 곱셈과 나눗셈은 본질적으로 덧셈인데 거듭하여 배로 늘려간다든지 반으로 줄여가면서 얻은 값들과 10의 거듭제곱을 이용했다. 이 때문에 이집트의 방법은

✔	1	15
	2	30
✔	4	60
✔	8	120
합		195

특이하고 번거로웠다. 이러한 기법을 사용한 예는 아메스가 계산한 여러 문제에 보인다. 두 수의 곱셈은 두 수 가운데서 하나를 거듭해서 두 배로 한 값들을 차례로 적어 두고 이 값들 가운데서 적절한 값을 더해서 결과를 얻는다. 이런 방식은 바빌로니아의 자리마다 곱셈을 하고 나서 더하는 방식과 전혀 다르다. 이를테면 15×13은 곱해지는 수를 두 배씩 하여 왼쪽 수의 합이 13이 되는 오른쪽 수의 합 195를 답으로 한다.

이집트인은 모든 자연수는 2의 서로 다른 거듭제곱의 합으로 나타낼 수 있다는 사실을 증명하지는 못했을 것이다. 이집트의 남쪽에 접해 있는 지역에는 2배법이 계산의 표준 방법이었음을 보여주는 증거가 있다. 이것으로부터 이집트의 서기가 남쪽 사람에게서 2배법을 배웠다는 가설은 있을 수 있다.[110] 그들은 많은 예로부터 2배법을 확신했을 것이고, 이것이 자리 잡은 뒤에는 전통이 되었을 것이다.

이집트의 나눗셈은 곱셈을 거꾸로 시행하는, 곧 2배법이라는 절차를 2분법이라

는 절차로 바꾼 것이다. 이를테면 $91 \div 7$은 $7x = 91$을 만족시키는 수 x를 찾는 것이다. 7을 거듭하여 두 배씩 한 값들에서 더하여 91이 나올 때까지 진행하고 나서 대응하는 왼쪽 수를 더하여 답 13을 얻는다. $19 \div 8$은 나누는 수 8의 거듭 두 배하기를 나누는 수를 넘기 직전까지 시행한다. 다음에 나머지를 채우기 위해서 나누는 수를 반으로 하는 과정을 거듭하여 합이 19가 나올 때까지 진행하고 나서 대응하는 왼쪽 수의 합 $2 + \overline{4} + \overline{8}$을 답으로 한다. 여기서는 2배법이나 2분법으로 계산할 수 있는 예를 들었지만, 일반적으로 이처럼 간단히 시행되지 않으므로 많이 궁리해야 한다. 여기에 이집트 수학의 특유성과 그 한계가 있다. 이를테면 16을 3으로 나누는 과정에서는 어떤 수의 1/3을 얻기 위해 먼저 그 수의 2/3를 찾은 다음에 그 결과의 반을 택했다.

					1	8	✔	1	3
✔	1	7	✔	2	16		2	6
	2	14		1/2	4	✔	4	12
✔	4	28	✔	1/4	2		2/3	2
✔	8	56	✔	1/8	1	✔	1/3	1
합	13	91	합	$2+\overline{4}+\overline{8}$	19	합	$5+\overline{3}$	16

오늘날 쓰이는 곱셈과 긴 나눗셈 방법은 15세기 말이 되어서야 개발되었다. 이 방법이 더디게 생겨난 까닭은 정신적, 물질적 어려움 때문이었다. 대부분의 문명에서 연산 기호가 발달하지 않았음과 함께 수 체계 자체의 한계에다가 종이가 매우 적었다는 것이 많은 영향을 끼쳤을 것이다. 이러한 어려움을 극복하기 위해 발명한 것이 주판(넓은 의미의 셈판)이었다. 이것은 어느 진법에서나 효과적이었다. 그래서 계산이 있는 곳이면 거의 어디서나 셈판이 발견된다. 역설적으로 셈판이 널리 쓰임으로써 오히려 자리기수법이 늦게 발견되게 되었다.

단위분수 합끼리의 곱셈으로 아메스의 문제 13에는 $\overline{16} + \overline{12}$과 $1 + \overline{2} + \overline{4}$의 곱을 풀이 과정 없이 $\overline{8}$로 나타내고 있다. 일차방정식을 풀 때, 먼저 나누는 수에 있는 분수끼리 계산하고 나서 나눗셈을 하여 답을 구하는 문제가 나오는데, 이때 분수끼리 계산하는 것은 꽤 어려웠다. 아메스의 문제 37의 풀이에 $\overline{3 + \overline{3} + \overline{3 \cdot 3} + \overline{9}}$라는 나눗셈이 나오는데, 나누는 수의 합이 $3 + \overline{2} + \overline{18}$로 되는 것을 보일 때 $2/9 = \overline{6} + \overline{18}$과 $\overline{3} + \overline{6} = \overline{2}$을 적용했다.[111] 이런 계산 과정에서 $2/n$표(분모는 홀수이고 분자는 2인 분수를 단위분수의 합으로 바꾼 표)를 이용했다.

단위분수로 나타내기 사칙연산의 과정에서 일반 분수나 어떤 단위분수의 합을 (다른) 단위분수와 2/3의 합으로 바꾸는 것이 자주 필요했다. 이런 작업은 상당히 성가신 일이었으나, 이집트 수학에서 매우 중요했으므로 이 일에 많은 힘을 기울였다. 이때 $2/n$를 단위분수의 합으로 나타내는 것이 기본인데 그 방법이 한 가지만 있는 것은 아니다. 방법이야 어쨌든 더해서 해당 분수가 되는 단위분수를 선택하고 그것들을 크기 순서로 늘어놓았다. 이런 일을 계산 때마다 하는 불편을 덜기 위한 효율적인 방책의 하나는 표를 만드는 것이다. $2/n$표는 계산에서 기술적 난점을 극복하는 데에 도움이 되도록 작성됨[112]으로써 분수를 다룰 때 생기는 어려움을 조금이라도 피할 수 있게 해주었다.

이집트의 서기는 $\overline{n}$에 2를 곱한 결과는 2를 n으로 나눈 결과와 같음을 알고 있었다.[113] 아메스는 파피루스의 시작 부분에 분자가 2이고 분모가 5와 101 사이의 홀수인 분수를 단위분수의 합으로 나타낸 표를 실었다. $2/n$표 다음에는 1에서 9까지의 n에 대하여 $n/10$을 다룬 짧은 표가 있다. 그렇지만 어떻게 분해했는지, 그런 결과들을 얻을 수 있는 규칙이 있었는지를 알 수 있는 기록은 없다. 나카무라와 무로이[114]는 이집트인이 $2/2n+1$를 단위분수의 합으로 나타낼 때 $2n+1$에 단위분수 $\overline{x}$, $\overline{y}$, …을 곱해서 얻은 값들의 합이 정확히 2가 되는, 곧 $(2n+1)(\overline{x}+\overline{y}+ \cdots)= 2$가 되도록 단위분수를 잘 골랐을 것이라고 한다. 그리고 $2n+1$에 곱해 보는 분수로서 다음의 두 수열 2/3, $\overline{3}$, $\overline{6}$, $\overline{12}$, …와 $\overline{2}$, $\overline{4}$, $\overline{8}$, $\overline{16}$, …을 많이 이용했을 것으로 보고 있다. 그렇더라도 일관된 계산 방법이 아니라 시행착오의 결과로 분수 표를 작성했을 것이다. $2/n$를 단위분수의 합으로 나타내는 것은 '투박한 방법' 또는 '맹목적 경험주의'의 반영[115]임에는 의문의 여지가 없다. 버턴[116]은 분수표에 나타난 특징을 다음과 같이 정리하고 있다. 분모가 1000보다 큰 것은 없다. 단위분수의 개수가 네 개를 넘지 않는다. 짝수인 분모를 홀수인 것보다 더 바람직하게 생각했다(특히 첫째 항에서). 분모가 같은 것은 없다. 첫째 분수의 분모는 다른 분모들이 작아진다면 커질 수 있다(이를테면 $2/31 = \overline{20}+\overline{124}+\overline{155}$을 $2/31 = \overline{18}+\overline{186}+\overline{279}$보다 선호했다). 이런 규칙을 선택한 까닭은 알 수 없다.

일반 분수를 단위분수로 나타내는 것이 계속 보급되었던 까닭의 하나는 분수의 크기를 평가하는 실천적 방법에 있었을지도 모른다.[117] 분수를 단위분수로 큰 것부터 더해 놓은 것은 번거로워 보이나, 이런 방식이 어떤 분량을 분배(할당)하는 상황을 일목요연하게 보여준다는 점에서도 매우 쓸모가 있었다. 이를테면 하나의 치료약에 들어가는 여러 성분을 들이의 단위로 나타내면서 가장 일반적인 방법으로 분수로 나타내어 조합하고, 합금을 만들 때도 그것을 구성하는 금속의 부피를 분수로 나타내어 섞은 것으로 보이는데, 이것은 여러 성분의 비율을 분수로 나타낸 것이라고 볼 수 있다.[118]

제곱근 원의 넓이를 구하는 원의 정사각형화 문제에서 나오는 것 말고 이집트의 서기가 제곱근을 계산한 예는 남아 있지 않다. 그들은 무리수의 성질을 몰랐다. 제곱근이 요구되는 때도 그것을 끝맺기 좋은 수가 되도록 문제를 손질했다.[119] 문제에 제곱근이 나올 때는 그것을 자연수나 분수로 나타냈다. $6\,\bar{4}$의 제곱근을 $2\,\bar{2}$라고 한 기록이 있으나 제곱근을 직접 구한 것이 아니라 제곱표를 거꾸로 읽어서 얻었을 것이다.

3-3 대수

방정식 아메스의 많은 문제는 특정한 수의 사람들에게 빵을 똑같이 나누어주거나 맥주를 만드는 데 필요한 곡식의 양을 결정하는 것과 관련이 있다. 이런 문제들은 미지수가 하나인 일차방정식이다. 미지수를 가리키는 '아하' 계산 문제는 분명히 교육용 연습 문제다. 대부분은 실용 성격을 띠지만 계산 과정을 보여주고 풀이의 절차를 익히게 하려고 썼다고 생각되는 것이 여러 곳에 있다.[120] 그렇지만 일반적인 절차나 법칙 또는 정리라고 할 수 있는 흔적은 찾아볼 수 없다. 모든 것은 특정한 수를 사용해서 서술되어 있다. 몇 군데에 이론적인 요소가 있는 듯이 보여도 그 목적은 계산에 있었다.

아메스의 문제 24~34는 오늘날 대수 방정식으로 표현되는 문제로 구성되어 있다. 그런데 당시의 사람들이 그것을 어떻게 풀었는지와 대수학 지식이 있었는지에는 여러 의견이 있다.[121] 문제를 푸는 계산이 기술되어 있어도 근을 얻는 절차만 있을 뿐, 그 방법을 왜 사용했고 그것이 왜 정당한가를 전혀 설명하지 않고 있기 때문이다. 아메스는 시행착오 방법으로 접근하는데 이는 바빌로니아의 체계적인 알고리즘과 거리가 멀다. 이집트인이 이런 문제를 방정식으로 풀었다는 쪽과 가치법으로 풀었다는 쪽으로 나뉘는데, 어쨌든 방정식의 일반 풀이법에 이르지 못했다.

모스크바 파피루스의 $1\,\bar{2}$배를 하고 4를 더하면 합이 10이 되게 하는 수를 찾는 문제$((1\,\bar{2})x + 4 = 10)$와 아메스의 어떤 양과 그것의 2/3, $\bar{2}$, $\bar{7}$배를 더하면 33이 되는 양을 찾는 문제 $31(x + (2/3)x + \bar{2}x + \bar{7}x = 33)$에서 지금과 같은 방정식 풀이법을 이용하고 있다. 후자의 경우 33을 $1 + 2/3 + \bar{2} + \bar{7}$로 나누어 값을 얻고 있다.

이 경우, 개념으로는 어렵지 않으나 산술 계산으로 풀기는 어렵다. 이 두 문제는 넓이나 개수라는 실물의 양을 언급하지 않고 순수하게 추상적으로 제시되고 있다. 한편 문제 35는 실용을 지향하고 있다. 1헤커트의 그릇을 가득 채우려면, 가득 담은 작은 그릇으로 셋과 1/3을 담은 작은 그릇 하나가 필요할 때, 작은 그릇의 들이를 구하라는 문제($3x + \overline{3}x = 1$)이다. 서기는 1을 $3 + \overline{3}$으로 나누어 풀고 있다. 알지 못하는 양을 '아하'라는 용어로 나타내고서 그것을 나름의 절차를 거쳐 구한다는 의미에서 대수라고 할 수도 있다. 이것은 수학적으로 놀라운 발견일 테지만 남아 있는 대수적 의미는 흔적뿐이다. 마치 초등학교 때 등식에 있는 빈칸을 채우는 문제처럼 아하는 빈칸으로서 역할을 했을 뿐이고 답인 아하는 산술로 접근하여 찾았을 것이다.

일차방정식을 다루는 보편적인 절차인 가치법을 사용하기도 했다. 이것은 이집트만이 아니라 바빌로니아, 아랍으로부터 배운 유럽에서도 16세기까지 중요한 방법이었다. 이를테면 아메스가 연산과 수치 결과를 기술해 놓은 문제 26 '어떤 수의 1/4에 그 수를 더했더니 15가 되었다'를 살펴보자. 이 문제는 $x + \overline{4}x = 15$와 같다. 그는 다음과 같이 풀고 있다. 4를 비슷한 근으로 선택(계수 $\overline{4}$을 처리하기 위해)하면 좌변의 결과는 5이다. 우변의 15를 5로 나누어 얻은 3을 아까 선택한 수에 곱하여 12를 얻는다. 이 절차를 보면 그가 두 양 사이의 선형 관계라는 개념을 이해하고 있었음을 알 수 있다. 마지막 부분에서 결과가 맞는지를 검산했다. 문제 24에서도 가치법으로 값을 구한 뒤 검산하고 있다. 물론 검산은 증명이 아니고 그렇게 의도되지도 않았다.[122] 그렇지만 검산은 증명으로 나아가는 중요한 걸음을 내디딘 것이라고 여길 수 있다.

이집트의 수학 파피루스에는 모두 15개의 아하 문제가 있는데, 그것들을 풀이에 적용되는 전략에 따라 여러 개의 모둠으로 구분할 수 있다.[123] 그 가운데 한 모둠에서만 가치법을 이용하고 있어 이집트 수학에서 가치법이 아하 문제의 특징을 보여주는 특성은 아니다.[124]

수열 등차수열과 등비수열의 기원은 사람이 자연수로 여러 가지를 헤아리기 시작한 무렵까지 거슬러 올라간다고 생각된다. 이집트의 서기들도 어떤 수에 대하여 일정한 수를 잇따라 더하거나 빼는, 그리고 어떤 수에 일정한 수를 잇따라 곱하는 것에 관심을 두었다. 아메스의 문제 64는 열 사람에게 10헤커트의 밀을 1/8헤커트씩 차이가 나게 나누는 문제이다. 현대적으로 표현하면 합이 10, 항수가 10, 공차가 1/8인 등차수열의 각 항을 구하는 문제이다. 이 문제는 이집트인이 등차수열을 잘 이해하고 있었음을 보여준다. 가장 많은 몫으로 $1+\overline{2}+\overline{16}$을 제시하고 있다. 이것은 경험으로 얻을 수 있는 공식에 바탕을 둔 것은 아니다.[125] 등비수열의 합을 다룬 아메스의 문제 79 "집 7채, 고양이 49마리, 쥐 343마리, 밀 2401단, 밀 16807헤커트"는 일종의 유희 문제로 보인다. 이 문제는 7채의 집마다 7마리의 고양이가 있고, 고양이 한 마리는 쥐 7마리를 잡아먹고, 쥐 한 마리는 7포기의 밀을 먹는데, 밀 한 포기는 7헤커트의 밀을 산출한다는 뜻으로 해석되고 있다. 의미야 어쨌든 뒤에 나온 7의 거듭제곱에 관한 비슷한 문제로부터 이 문제는 모든 양을 더하여 답을 구하는 것임을 알 수 있다.

3-4 기하

해마다 일정한 때에 넘치는 나일강 때문에 흐트러진 농경지의 경계와 크기를 이전대로 되돌리려면 땅을 측량할 필요가 생긴다. 그래서 이집트인은 도형의 성질보다 측량에 필요한 계산 방법에 관심과 목적을 두게 되었다. 이 때문에 이집트의 기하를 흔히 실용 기하라고 한다. 파피루스에 실린 문제들은 대부분 구체적인 도형의 넓이나 부피를 계산하는 방법을 보여주고 있다. 여기서도 그 방법을 '발견한 논리'나 '정당화하는 논리'는 보이지 않는다.[126] 직관적인 단계를 뛰어넘지 못했으므로 절차에 대한 일반적인 규칙도 없고 이론적인 결과는 더더욱 없다. 필요한 결과를 정확한 값이나 어림값으로 구했을 뿐이다. 그런 것들은 오랫동안의 시행착오로 얻은 방법일 것이다. 이것은 사회가 요구하는 것에 합리적, 실제적으로 대응한 결과이다. 어림값도 일상생활의 요구는 충분히 채워주고 있었다.

다각형 삼각형과 직사각형, 사다리꼴 따위의 넓이를 구하는 방법이 주어지고 있다. 아메스의 문제 51에서는 높이가 10, 밑변이 4인 삼각형의 넓이를 4의 반인 2에 10을 곱하여 구하고 있다. 곧, 밑변의 반에 높이를 곱하여(bh/2) 구하고 있다. 아메스는 이등변삼각형이 직각삼각형 두 개가 합쳐진 것으로 보아 삼각형 하나를 적당히 옮기면 직사각형이 되는 것에서 자신의 방식이 옳음을 보여주고 있다.[127] 문제 52에서는 평행한 두 밑변의 길이는 6과 4이고, 높이가 20인 등변사다리꼴의 넓이를 $(a+b)h/2$로 구하고 있다. 여기서도 등변사다리꼴을 직사각형으로 만들어 넓이를 구하고 있다. 이 두 문제에 합동 개념과 증명의 싹은 있었으나, 이집트인은 여기서 더 나아가지 못했다. −150년 무렵에 작성된 것으로 에드푸(Edfu)에서 출토된 토지 증명서에는 일반 사각형(사각형 들판)의 넓이를 대변끼리의 산술 평균을 곱하여 구하고 있다.[128] 사실 바빌로니아에서는 이것보다 1900년 전쯤에 이미 사용했다. 여기서 눈여겨볼 점은 이 증명서를 쓴 사람이 이로부터 따름정리라 할 수 있는 삼각형의 넓이를 두 변의 합의 반에 나머지 한 변의 반을 곱하여 구한다는 것을 연역했다는 것이다.[129] 여기서 이집트인이 기하 도형들 사이의 상호관계를 인식하고 있었음을 볼 수 있다. 이런 인식은 그들이 그리스인과 가까웠음을 보여준다.

입체 들이(부피)를 구하는 문제는 곡물 창고의 들이를 구하는 것이 대부분인데, 그것들은 원기둥과 직육면체의 부피와 관련된다. 각뿔과 각뿔대의 부피를 계산하는 문제도 있다. 건물을 지을 때 건조물의 부피나 들이를 계산하는 것은 피라미드처럼 단순한 형태일 경우에는 쉬웠을 것이다. 이집트인

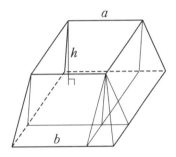

은 삼각형의 넓이 $A = bh/2$에서 유추해서 정사각뿔의 부피가 b^2h의 상수 배이고, 그 상수를 1/3로 추측했다고 가정할 수 있다.[130] 모스크바 파피루스 문제 14에서는 윗면과 밑면의 정사각형의 한 변이 각각 2와 4이고, 높이가 6인 정사각뿔대의 부피를 구하고 있다. 윗면과 밑면의 한 변의 길이를 각각 a, b, 높이를 h라 놓고 기술된 절차에 따라 얻은 결과를 공식으로 나타내면 $(a^2 + ab + b^2)h/3$이라는 정확한 계산 방법이 나온다. $a = 0$으로 하면 정사각뿔의 부피를 구하는 공식 $b^2h/3$이된다. 정사각뿔대의 부피 공식은 어디에도 없지만 이집트인이 각뿔대의 부피를 구하는 공식을 알고 있었다고 해야 할 것이다. 그들이 이 공식을 어떻게 발견했는지를 알 수 없으나 경험으로 얻었다고 보기에는 구하는 과정이 간단하지 않다. 이론적 근거가 있었다고 보는 것이 타당하다. 하나는 정사각뿔대를 몇 개의 부분(평행육면체, 삼각기둥, 삼각뿔)으로 분해하고 나서 각각에서 구한 부피를 더하는 것이다. 다른 하나는 정사각뿔 전체의 부피를 전제로 하는 것으로 오늘날 우리가 사용하는 방법과 같다.[131] 곧, 온전한 정사각뿔에서 위쪽의 작은 정사각뿔을 빼고 나서 식을 변형하는 것이다.

원과 원주율 원을 다루는 많은 문제가 둘레의 길이가 아닌 넓이를 구하고 있다. 원의 넓이를 계산하는 것은 아메스의 문제 50과 모스크바 파피루스 문제 10에 있다. 아메스는 지름이 9인 원 모양의 밭 넓이가 한 변의 길이가 8인 정사각형인 땅의 넓이와 같다고 했다. 이것은 원의 넓이를 지름에서 지름의 1/9을 빼고서 제곱한

것이다. 곧, 원의 지름(정사각형에서 한 변의 길이)을 d라 했을 때 $(d-d/9)^2 = (8d/9)^2$이다. 아메스가 원과 정사각형의 넓이가 같지 않음을 알고 있었는지를 보여주는 증거는 없다. 어쨌든 기하 도형끼리 비교하여 바라는 결과를 얻은 것은 이것이 역사상 처음이었다.

아메스는 원의 넓이를 $(d-d/9)^2$으로 구하게 된 실마리를 문제 48에서 보여주고 있다. 한 변의 길이가 9인 정사각형과 그것에 내접하는 원을 생각한다. 정사각형의 각 변을 3등분하고 모퉁이에서 직각이등변삼각형을 제거한다[위 그림]. 그러면 팔각형(정팔각형은 아님)의 넓이는 원의 넓이와 그다지 다르지 않다. 이 팔각형의 넓이는 $9^2 - 4 \times (3^2/2) = 81 - 18 = 63$이다. 이 값은 한 변이 8인 정사각형의 넓이 64에 가깝다. 문제 48에서 문제 50으로 넘어가는 과정을 살펴보자. 먼저 한 변이 9인 정사각형을 81개의 합동인 작은 정사각형으로 분할하고, 본래의 정사각형에 아까의 팔각형을 그려 넣는다[아래 그림]. [왼쪽 그림]의 위쪽에 있는 어두운 두 모서리의 넓이는 [오른쪽 그림]에서 맨 위에 있는 1행의 작은 정사각형들의 넓이와 같다. 아래쪽의 두 모서리의 넓이는 왼쪽 끝에 있는 1열의 넓이와 같다. 이 행과 열을 제거하면(이때 작은 정사각형 하나는 두 번 제거된다) 남는 정사각형의 한 변은 본래 정사각형의 한 변의 8/9인 8이 된다. 이것은 팔각형의 넓이에 아주 가깝다. 그러므로 원의 넓이에도 아주 가깝다.[132] 사실 이 과정에는 두 번의 오류가 들어있다. 먼저 팔각형의 넓이를 원의 넓이와 같게 놓았고 다음에는 작은 정사각형 하나를 더했다. 두 오류가 상쇄되면서 더 나은 값이 되었다. 이렇게 해서 원의 넓이 $(8d/9)^2$이 얻어졌다. 여기서 반지름을 r로 하여 $d = 2r$을 대입하면 $(256/81)r^2$이 된다. 이것을 원 넓이 πr^2과 비교하면 $\pi = 256/81 = 3.16\cdots$이 된다. 이것은 꽤 괜찮은 어림값이다. 이집트인은 이 상수를 실험으로 측정하여 검증하지 않았으나, 이 값은 실제 사용하는 데는 충분히 좋은 값이었다.

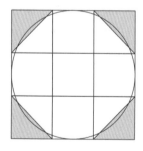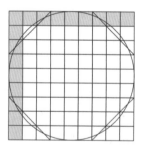

위의 절차가 이집트인이 이용한 방법의 정확도를 보여주기는 하겠지만, 이집트

에서 원의 넓이를 구할 때 원주율(π)로 어림값 256/81을 사용했다고 하기는 어렵다. 엄격하게 말해서 아메스의 문제 50에서 보듯이 이집트인이 원의 넓이를 계산할 때 이용한 상수는 1/9이었다.[133] 사실 조잡한 측정으로도 원의 넓이는 반지름 제곱의 3배보다 크고, 원둘레의 길이는 지름의 3배보다 긴 것을 알 수 있음에도, 이집트인은 원주율로 256/81이 아니라 3을 사용했다. 바빌로니아인은 좀 더 나은 어림값을 사용한 경우가 많은 데 견줘 이집트에서는 위의 예를 제외하고는 3을 사용했다. 이것은 사회문화적 영향 때문으로 보인다. 아마 3은 계산하기 쉽게 해주는 데다, 실용 목적에서는 그 정도면 충분히 쓸 만했기 때문이었을 수 있다. 아니면 다른 영역에서도 그랬듯이 오래전부터 전해져 온 것이어서 바꾸기 어려웠을지도 모른다.

　도형의 넓이를 구하는 것이 꼭 실생활과 직접 관련된 것만은 아니었다. 이를테면 지름이 470미터나 되는 원이 나오는 문제가 있는데, 이것은 순수하게 이론적이었을 것이다.[134] 원이 너무 커서 현실에 맞지 않기 때문이다. 서기가 수행하는 가장 통상적인 일의 하나인 밭의 넓이를 계산하는 것을 가르치는 경우, 파피루스는 특정 사례에 이어서 그것과 연계된 일반적인 도형의 넓이를 계산하는 방법을 보여주는 문제를 제공함으로써 제대로 갖춰진 하나의 묶음을 구성했다. 수학 파피루스는 특정한 경우만이 아니라, 폭넓은 상황에 적용할 수 있도록 가르치는 것을 목적으로 작성되었다고 생각된다.[135]

　원주율과 관련된 신비주의의 예가 피라미드로부터 나오고 있다. 피라미드를 정확히 복원할 수 없는데도 기자에 있는 대피라미드 밑면의 둘레를 높이로 나누면 π와 그다지 차이가 나지 않는다고 하여, 그 값이 π와 같도록 건설했다는 이야기가 있다. 그러나 이웃한 두 피라미드에서 얻은 값이 다를 뿐만 아니라, 같은 대피라미드에서 구한 값도 다르다(3.1399667, 3.1428571[136], 3.14123[137]). 대피라미드에서 얻은 값들을 반올림하면 3.14가 되지만, 이집트인이 그 값을 원의 둘레 길이나 넓이를 계산하는 데 사용한 기록은 없다. 그러므로 유적을 계측한 것에서 얻은 값과 실제 원주율의 차이가 작은 것은 그저 우연이다. 고대 유적은 어떠한 수학적 법칙에 근거하여 세워지지 않았다. 이것은 대피라미드 이후에 세워진 피라미드에서는 그런 값이 나오지 않는 데서도 확인된다.

　직각삼각형 오늘날 직각삼각형이라 이르는 것이 모스크바 파피루스의 문제 7에 보이듯이 이집트 수학에서 알려져 있었다.[138] 그것은 삼각형의 넓이와 직각을 낀 두 변의 비가 주어졌을 때, 두 변의 길이를 구하라는 문제이다. 직 각과 관련하여 이집트인에게는 오래전부터 피라미드 빗면의 기울기를 일정하게 유지해야 했기 때문에 그들은 각의 코탄젠 트에 상당하는 '세케드'(skd)라는 개념을 만들어 사용했다. 그것 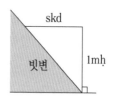 은 단위 길이(1mḥ)만큼 수직으로 올린 곳에서 피라미드의 빗면이 어느 만큼 안쪽으로 들어갔는지를 보이는 것이다. 곧, 세케드는 직각삼각형에서 높이에 대한 밑변의 비 이다. 세케드를 나타내는 단위는 šsp이고, 1mḥ=7šsp이다. 아메스의 문제 56~60은 세케드를 사용하여 피라미드(또는 어떤 것) 빗면의 기울기를 어떻게 계산하는지를 보여 주고 있다.[139] 그것들은 피라미드 밑면의 변, 높이, 세케드 사이의 관계를 이용하여 두 양으로부터 나머지 한 양을 계산한다. 이를테면 문제 56에는 밑면의 한 변이 360, 높이가 250인 피라미드가 주어지고 그것으로부터 세케드가 $5\frac{1}{25}(=\frac{180}{250}$ $\times 7)$šsp임을 보여준다.[140] 그렇지만 이것으로 이집트인에게 삼각법의 지식이 있었 다고 볼 수는 없다. 명확한 각의 개념은 탈레스 시대에 나타난다.

피타고라스 정리 세케드 개념을 이용하는 직각삼각형 문제들에 빗변이 다른 두 변을 제곱하여 더한 것의 제곱근과 같다는 개념이 사용되고 있었다는 증거는 없다. 그렇지만 각의 개념을 발전시키고 세케드를 계산하는 데까지 이르렀던 시기에 피 타고라스 세 수 3, 4, 5를 변의 길이로 하는 삼각형의 지식을 얻었다고는 생각할 수 있다.[141] 고대 이집트의 거대한 구조물에서 바닥 면의 방향이 기본 방위와 같 다는 사실과 노끈으로 측량을 하는 사람이 있었다는 사실로부터 측량사가 노끈을 3:4:5의 비로 매듭을 지어 직각을 작도했으리라고 추측하는 역사학자도 있다. 이 러한 피타고라스 세 수를 확인할 수 있는 기록으로, 중왕국 때의 베를린 파피루스 6619에서 $8^2+6^2=10^2$인 관계를 확인할 수 있는 문제가 있다.[142] 또 1938년에 발굴되고 1962년에 검토된 카이로 파피루스에서 −300년의 이집트인은 3, 4, 5 삼각형이 직각삼각형이라는 사실을 알고 있었을 뿐만 아니라 5, 12, 13과 20, 21, 29 삼각형도 이런 성질을 만족시킨다는 사실도 알고 있었음을 확인할 수 있다.[143] 여기에는 $x^2+y^2=169$, $xy=60$에 해당하는 문제가 있다.

3-5 천문

해마다 일정 시기에 일어나는 듯한 나일강의 홍수가 일어날지를 알려면 홍수에 앞서 어떤 천문 현상이 일어나는지 알아내는 것이 필요했다. 이집트인은 여름 어느

날 해뜨기 직전에 지평선 부근에서 떠오르는 천랑성(시리우스)에 주목했다. 이때부터 나일강의 수면이 높아지기 때문이었다. 그들은 천랑성이 해와 동시에 나타나는 현상의 주기가 약 365일임을 알아냈다. 또 달의 움직임을 적용한 소주기를 30일로 정함으로써 태양의 주기에는 열두 달이 있게 되었다. 남은 5일은 신들을 모시는 제례일로 삼았다. 그러나 그들은 약 1/4일에 해당하는 차이를 조정하는 윤년을 두지 않았다. 그래서 1460년이 지나면 같은 천문 현상이 다시 돌아오게 된다. 이집트인이 천랑성 주기라고 하는 이것을 알고 있었는지는 알 수 없지만, 이 천문 덕분에 역법을 다룰 수 있었다. 역법은 농업뿐만이 아니라 제례일을 정하는 데도 필요했다. 사원이나 무덤의 방향을 정하는 데도 천문과 기하 지식을 이용했다. 그 대표적인 예가 피라미드이다. 그렇지만 대피라미드가 엄청나게 거대한 구조물이라 해서 그것을 세우는 데 높은 수준의 수학이 적용되었으리라고 생각해서는 안 된다. 이집트 수학은 대체로 단순하고 거칠었으며 원리라고 할 만한 것도 없었다. 사실, 수학을 사용하지 않더라도 세심한 주의와 노력만으로도 피라미드의 수평 단면을 정사각형에 거의 가깝게 만들고, 많은 사람이 이야기하는 그런 여러 결과를 만들 수 있다.

4 바빌로니아와 이집트 수학의 쇠퇴와 철기 시대의 도래

바빌로니아인과 이집트인은 농사와 종교에 관계가 있는 천문에, 그리고 상업과 토목 공사, 세금 징수 같은 업무에 수학을 이용했다. 그렇더라도 두 문명에서 수학은 아직 분명하게 확립되어 있지 않았다. 나중에 수학이라고 하게 되는 학문의 특징을 지닌 내용은 나타나지 않았다.

고대 대부분의 수학 내용은 실용 문제를 푸는 것에 관련되어 있다. 서기를 양성하는 바빌로니아 학교에서 제작된 찰흙 판에는 계산 방법이 기술되어 있는데, 이것은 이집트의 대표적인 두 수학 파피루스에서도 마찬가지이다. 한 마디로 두 고대 문명의 수학은 알고리즘을 특징으로 한다고 할 수 있다. 그들은 경험에 비추어 절차와 규칙을 정했고, 이 정도에 만족했다. 방법과 결과의 타당성을 규명하는 추론을 아직 시도하지 못했다. 이론적이거나 체계적 지식에 관심을 기울이지 않았다. 그들은 $3+8=8+3$, $3\times8=8\times3$과 같은 교환 법칙이 성립함을 알았을 것이다. 그런데 이때 알았다는 것은 그들이 양의 유리수 범위에서 실행되는 패턴을 숙지하고 계산에 이용했다는 것이지 그것으로부터 원리나 법칙을 규정했다는 것은 아니다. 또한 무리수를 실제 목적에 부합하는 어림값으로 이용했을 뿐, 분수나 소수로 정확히 나타낼 수 있는지는 생각하지도 못했다. 이런 모습은 천문이나 역법에서도 나타났다. 천체 운동을 관찰하여 질서가 있음을 알아채기는 했으나, 그것들을 포괄하는 이론은 생각하지 못했다. 물론 우주의 구조에 대해서는 거의 생각지도 못했다.

두 문명에서 기하도 연구되었으나 기하적 사고는 산술적 사고보다 훨씬 뒤떨어졌다. 직선은 길게 당긴 노끈이나 땅에 그은 금, 사각형은 특정한 모양의 땅, 원기둥은 곡식을 보관하는 창고일 뿐이었다. 도형 문제는 길이, 넓이, 부피를 이용하거나 계산하는 산술로 귀착되었다. 이것마저 경험에 따른 것이 대부분이어서 매우 여러 가지로 나타났다. 이렇듯 두 문명에서 모든 도형 문제가 상황에 종속되어 산술적으로 다루어졌으므로 도형의 특성을 다루는 추상적 사고는 거의 찾아볼 수 없다.

산술이든 기하든 파피루스나 찰흙 판에 특별한 경우를 다룬 문제만 실려 있다고 해서 바빌로니아인이나 이집트인의 사고에 규칙이나 원칙이 없었다고 할 수는 없다. 남아 있는 내용에는 훨씬 나중의 대수학 내용과 아주 가까운 것도 있다. 그리고 비슷한 문제를 나름대로 순서 있게 배열한 것은 우연의 결과일 수 없다. 규칙을 생각하지 않았다고 하면, 그렇게 배열한 것을 설명하기 어렵다. 경험만이 아니라 이론적인 사고에도 의지하고 있었다고 해야 할 것이다.

그렇지만 일단 일정 수준에 올라서고 나서는 여러 세기가 지나도록 더 나아가지 못했다. 이집트에서는 피라미드와 조각, 그밖에 몇 가지 건축물을 남겼으나 곧이어 그 사회는 심각한 위기에 빠졌다. 이집트 수학은 −16세기 이후로는 이렇다 할 진보를 이루지 못했다. 바빌로니아에서도 −16세기부터 정체기에 접어들어 수학적 표기와 기법이나 이해에 아무런 진보가 없다가 −6세기부터 3세기에 약간의 변화가 있었을 뿐이다. 콘웨이(J. H. Conway 1937-2020)는 후기 찰흙 판에서 눈에 띄는 유일한 차이는 수학 자료가 아닌 경제 자료에 있는 '자릿수 0'을 나타내는 기호 ∢라고 했다.[144]

바빌로니아와 이집트 문명의 초기에는 사회에서 제기되는 여러 요구와 관심이 수학에 활기를 불어넣었으나 신관을 비롯한 지배 계급은 이것을 독점하고서 그들의 이익만을 위해서 이용했다. 그들은 자신들이 통제하는 잉여를 군사 경쟁, 사원이나 무덤의 건축, 사치스러운 생활에나 썼지, 생산성을 높이는 기술 개발에 쓰지 않았다. 정체된 기술은 변화를 가로막는 사회, 경제적 보수주의를 강화했다. 지배 계급은 혁신을 기회가 아닌 위협으로 여겼다. 기술의 발전은 피지배 계급에게 힘을 실어주어 기존의 경제 질서를 혼란에 빠뜨려 기존의 통치 체제를 뒤흔들 수 있기 때문이었다. 그래서 지배 계급은 피지배 계급의 지식을 철저히 제한함으로써 권력에 맞설 가능성을 원천부터 막았다. 신관 집단은 도시혁명 이후 갈수록 민중의 생활로부터 멀어져 갔으며 모든 발명이나 발견을 종교 같은 지배 이데올로기에 가두었다. 그들은 지배 계급의 통치를 정당화하는 사상을 민중에게 주입하는 데만 관심을 두고서 수학 같은 지식을 신비화했다. 지식의 발전은 주술, 종교, 신비화에 가로막혔다. 신관과 관료들은 도시혁명 시기에 개발된 지식을 베껴 후세에 전달하기만 했다. 그들이 수학을 변화시켜 보았자 기존의 것을 사용하기 쉽게 만드는 정도였다. 두 문명에서 도시혁명 초기에 보였던 혁신의 동력은 사라졌고 새로운 기술은 거의 개발되지 않았다. 두 문명이 쇠퇴, 정체하던 기간에 일어난 진보(철, 물레방아, 알파벳 문자, 순수 수학)는 두 문명의 주변부에서 이루어졌다. 새로운 문물은 개방되고 덜 전제적인 세계에서 생겨나기 마련이다.

바빌로니아와 이집트 주변의 넓은 지역에 형성된 여러 사회가 도시혁명이 이룩한 성과를 이용했고, 그 가운데는 대제국을 모방한 작은 나라도 있었다. 이런 주변부의 삶은 체계가 잡히지 않아 안정되지는 않았으나 이 때문에 덜 보수적이면서 더 역동적이었다. 중앙집권적 관료 체제의 통제로부터 더 자유로웠던 주변부의 유목민, 농민, 장인들이 새 지식을 찾고 새 기술을 개발했다. 시간이 지나면서 이 사회들에서도 초기 도시혁명 때처럼 지배 계급이 잉여를 차지했다. 그러나 이 지역들에는 이전 문명과 달리 개간할 수 있는 땅이 적었다. 새로운 지배 계급이 이전 문명의 지배 계급이 손에 넣은 양만큼의 잉여를 얻으려면 기술 개발을 장려해야 했다. 새 지배 계급은 이를 바탕으로 나라의 기틀을 다지고, 고대 문명의 위기를 이용했다. 이들은 옛 제국이 내부의 갈등으로 약화된 틈을 노려 침탈했다. −12세기에 세계의 중심부는 해체되기 시작했다.

후기 청동기 시대의 갈등 속에서 북쪽으로부터 철기인이 침입해 들어왔다. 사실 티그리스-유프라테스 강 유역에서 철을 사용한 흔적은 −4000년까지 거슬러 올라갈 수 있다. 그러나 당시에 철을 주조가 아니라 단조로 만들었기 때문에 비용이 많이 들어 그다지 보급되지 못했다.[145] 비교적 값싼 제철 기술을 찾게 된 때는 청동 원료인 구리와 주석이 거의 공급되지 못하면서 청동기 시대가 무너져 가는 때였다. −14세기 중반에 뛰어난 품질의 많은 철을 값싸게 생산할 수 있는 기술이 처음 등장했고, 청동기 제국이 붕괴하던 때인 −1200년이 지나서야 널리 퍼지기 시작했다. 청동기 시대의 붕괴는 서아시아의 기존 국제 질서를 완전히 무너뜨렸고 에게해 지역에서는 −8세기까지 암흑기가 이어졌다.

철을 주조하는 기술은 19세기의 증기 동력만큼이나 혁신적인 것으로, 생산과 전쟁 기술을 바꿔놓았다. 구리나 청동은 지배 계급의 무기나 장신구에 적합했지, 일할 때 쓰는 도구로는 그다지 도움이 되지 않았다. 이와 달리 철은 민주적 속성을 지녔다. 철은 단단한 데다가 양이 풍부하고 공급지도 널리 퍼져 있어 값이 쌌다. 청동이 그것을 다루는 기술자에게 지배 계급을 위해 일하게 했던 것과 달리 철의 이러한 특성은 그것을 다루는 대장장이에게 구성원 전체를 위해 일하게 했다.[146] 새로운 금속과 그것에 관련된 기술은 새로운 경제, 사회, 정치 구조를 만들어 내고 있었다.

−1000년 무렵부터 철기와 전차로 무장하기 시작한 아시리아는 −7세기 초에 나일강 유역부터 메소포타미아 동부까지 차지하면서 강력한 군사 국가로 발전했다. 아시리아 제국은 전례 없이 여러 민족으로 이루어진 수많은 인구를 하나의 문명으로 묶었고 여러 언어를 적을 수 있는 단일 문자를 만들었다.[147] 그러나 아시리아의 지배는 짧게 끝났다. 끊임없는 전쟁으로 자원이 고갈되자 무거운 세금과 지나친 무단 통치를 시행하여 다른 민족들의 반발을 불렀고, 마침내 −609년에 멸망했다. 그럼에도 아시리아는 바빌로니아 문명을 넓은 정복 지역으로 전파했다. 아시리아가 멸망하고 나서 팔레스타인, 레바논, 소아시아, 그리스, 이탈리아, 북아프리카 등의 지중해 연안에서는 고도의 정치적, 사상적 중앙집권화에서 벗어난 도시국가들이 발전했다. 문화의 새로운 활기는 에게해의 그리스에서 피어났다.

이 장의 참고문헌

[1] Harman 2004, 32

[2] Harari 2015, 183

[3] Conner 2014, 95

[4] Gaur 1995, 30

[5] Conner 2014, 98

[6] Engels 1988

[7] 안재구 2000, 24

[8] Dantzig 2005, 9

[9] Sesiano 2000, 138

[10] McClellan, Dorn 2008, 73-74

[11] Kline 2009, 36

[12] 室井 2000, 2

[13] 室井 2000, 5

[14] 中村, 室井 2014, 77

[15] 안재구 2000, 58

[16] Robson 2000, 94-95

[17] Boyer, Merzbach 2000, 56

[18] 伊東 1990, 83

[19] 室井 2000, 190

[20] 室井 2000, 126

[21] 中村, 室井 2014, 75

[22] Friberg 1987-90, 569-570

[23] 室井 2000, 121

[24] 室井 2000, 102

[25] 室井 2000, 7

[26] Nissen et al. 1993

[27] Chrisomalis 2008, 507

[28] Powell 1987-90

[29] Robson 2000, 103

[30] Nissen et al. 1993, 28-29

[31] Robson 2000, 108

[32] 室井 2000, 46

[33] Katz 2005, 10

[34] Burton 2011, 26

[35] Kline 2016b, 6

[36] 中村, 室井 2014, 42

[37] Burton 2011, 25

[38] Kline 2016b, 6-7

[39] Høyrup 1990a, 1990b

[40] Robson 2008, 222

[41] 中村, 室井 2014, 48

[42] 中村, 室井 2014, 47-48

[43] 中村, 室井 2014, 104-105

[44] 室井 2000, 81

[45] Barry 2008, 32

[46] 室井 2000, 84

[47] Katz 2005, 33

[48] Eves 1996, 31

[49] Høyrup 1990a

[50] Burton 2011, 65

[51] 伊東 1990, 58-60

[52] 伊東 1990, 65

[53] Burton 2011, 70

[54] Katz 2005, 41

[55] Stewart 2016, 84

[56] 室井 2003, 120

[57] 中村, 室井 2014, 53

[58] 안재구 2000, 68

[59] 室井 2000, 97

[60] 室井 2000, 25

[61] 中村, 室井 2014, 28

[62] 中村, 室井 2014

[63] 室井 2000, 57

[64] 伊東 1990, 78

[65] 伊東 1990, 68-70

[66] 中村, 室井 2014, 65

[67] 中村, 室井 2014, 65

[68] Boyer, Merzbach 2000, 65

[69] 伊東 1990, 80

[70] 中村, 室井 2014, 61

[71] 室井 2000, 74

[72] Katz 2005, 26

[73] 中村, 室井 2014, 63

[74] Boyer, Merzbach 2000, 62

[75] 中村, 室井 2014, 64

[76] Katz 2005, 27

[77] 안재구 2000, 70

[78] 中村, 室井 2014, 68-69

[79] Burton 2011, 77

[80] Katz 2005, 38

[81] 中村, 室井 2014, 49

[82] Eves 1996, 30

[83] Kline 2016b, 13

[84] 孫隆基 2019, 265

제1장 고대 오리엔트 수학

[85] Kline 2016b, 13
[86] Beckmann 1995, 31
[87] Katz 2005, 162
[88] Katz 2005, 162
[89] Ritter 2000, 116
[90] 中村, 室井 2014, 19
[91] 伊東 1990, 26
[92] Imhausen 2008, 786
[93] Ritter 2000, 120
[94] Ritter 2000, 120
[95] Kline 2016b, 27
[96] Burton 2011, 15
[97] Katz 2005, 8
[98] Ritter 2000, 116
[99] 안재구 2000, 50
[100] Rossi 2008, 409
[101] Ritter 2000, 121
[102] Imhausen 2008, 794
[103] 中村, 室井 2014, 39
[104] Ritter 2002, 307-311
[105] Imhausen 2008, 790-791
[106] Posener-Kriéger 1994
[107] Ritter 2000, 117
[108] Katz 2005, 12
[109] Kline 2016b, 24-25
[110] Katz 2005, 12
[111] 伊東 1990, 32
[112] Ritter 2000, 129
[113] Katz 2005, 14
[114] 中村, 室井 2014, 22-23
[115] Ritter 2000, 129
[116] Burton 2011, 41

[117] Imhausen 2008, 795
[118] Rossi 2008, 411
[119] Katz 2005, 33
[120] Boyer, Merzbach 2000, 25
[121] Imhausen 2008, 796
[122] Ritter 2000, 125
[123] Imhausen 2003, 155-158
[124] Imhausen 2008, 798
[125] 中村, 室井 2014, 31
[126] Ritter 2000, 123
[127] Boyer, Merzbach 2000, 27
[128] Burton 2011, 54
[129] Boyer, Merzbach 2000, 27
[130] Burton 2011, 57
[131] Rossi 2008, 415
[132] Katz 2005, 25
[133] Imhausen 2008, 789
[134] Gilling 1972, 139
[135] Rossi 2008, 420
[136] Imhausen 2008, 789
[137] Burton 2011, 58
[138] Imhausen 2008, 791
[139] Clagett 1999, 166-168
[140] Imhausen 2008, 793
[141] Cantor 1880, 157
[142] 中村, 室井 2014, 32
[143] Burton 2011, 77-78
[144] Derbyshire 2011, 48
[145] 孫隆基 2019, 359
[146] Faulkner 2013, 79
[147] Harman 2004, 81

제 2 장

고전기 그리스 수학

1 고전기 그리스 문명의 형성 배경

　바빌로니아, 이집트 문명이 쇠퇴하고 청동에서 철로 바뀌고 있을 때 지중해 연안, 특히 에게해 주변에서 새로운 문화가 생겨나고 있었다. 두 고대 문화를 그리스로 전달하는 다리 구실을 한 에게 문명은 두 단계로 나뉜다. 전기는 두 문명이 발달하고 있던 −3000년기에 소아시아로부터 청동기 문화가 도입된 크레타에서 일어나(미노아 문명) −2000년 무렵부터 전성기를 이루고 −1400년 무렵까지 유지되었다. 소아시아 지방에서 이주해 온 것으로 짐작되는 크레타인은 그리스보다 오리엔트 지역과 더 가까웠다. 그들의 문화는 오리엔트의 문화와 많이 비슷하면서도 독자적인 특징도 지녔다. 이를테면 미노스 왕은 본질적으로 오리엔트 전제국가처럼 강력한 지배자였으나 군사적 정복자는 아니었다.[1] 후기는 −1400년 무렵부터 에게 문명의 중심이 크레타에서 펠로폰네소스 반도로 옮겨간 시기이다. 중심지의 이름을 따서 미케네 문명이라고 하는데 크레타까지 영향을 끼쳤다. 포도와 올리브를 재배하는 집약농업과 양이나 돼지를 기르는 목축에 기반을 둔 미케네의 왕권은 힘이나 규모가 작았다. 왕은 최대의 사업가였고 그의 권력은 수공업 생산과 무역으로 얻은 부를 바탕으로 유지, 행사되었다. 일반 주민의 생활도 오리엔트의 어느 주민들보다 좀 더 자유롭고 넉넉했다. 노예제도가 있었으나 사회 계층 사이의 차별이 심하지는 않았다.[2] 선형문자를 사용하던 미케네 문명이 −12세기 전반에 무너지고 나서 약 400년 동안의 그리스 역사는 암흑기에 빠졌다.

　−7세기부터 오리엔트 문명의 영향과 자극을 받아 그리스 문화가 다시 일어났다. 그렇지만 정치체제는 중앙집권의 왕국이 아니라 권력이 분산된 도시국가 형태였다. 도시국가에서는 국왕의 지배를 받는 신민이 아닌, 시민이 정치를 주도하면서 창조력을 발휘했다. 이러한 시민이 이룩한 도시국가 문화가 고전기 그리스 문화이

다. 특히 페르시아와 전쟁을 치른 뒤 전성기에 이른 이 문화는 알렉산드로스에 의해 오리엔트 세계와 융합되어 헬레니즘 문화로 발전한다. 이러한 도시국가 문화가 형성, 발전되어 가는 과정을 경제와 자연 지리, 철기, 화폐와 상업, 알파벳과 같은 요인들에서 살펴보자.

그리스 반도는 산맥이 경계가 되는 작은 분지들로 나뉘어 있어 주거지들이 고립되어 형성되었다. 이 때문에 그리스는 정치적으로 분산된 작고 독립된, 매우 폐쇄적인 도시국가로 나뉘게 된다. 장벽 역할을 하는 산맥이 침략을 막기에는 모자랐지만, 그리스 전체를 장악하는 절대 군주가 나타나지 못하게 하기에는 충분했다. 그리스에서는 −10세기까지 혈연 사회를 이루고 있었다. 공동으로 경작하고 생산물을 균등 분배했다. 섬과 해안의 마을들은 단절되어 있었고, 아시아 본토나 이집트 문명과 교류하지도 않았다. 시간이 지남에 따라 토지가 사유화되면서 혈연 사회가 지연 사회로 바뀌었다. −9~8세기에는 에게해 주변 각지에 노예제를 기반으로 한 자치적인 도시국가가 나타났다. 이런 도시국가들은 산맥과 바다 때문에 떨어져 있었는데, 이웃 지역끼리 물자 등을 교환하려면 산맥을 넘어야 하는 육지보다 바다를 이용하는 것이 편리했다. 그 결과로 그리스 문명은 대체로 해상 문명의 상업적이고 외향적인 성격을 띠었다.

그리스에는 큰 강과 드넓고 기름진 범람원이 없고, 계절에 따른 비와 산악 지대의 눈이 녹은 물로 농사를 짓기 때문에 물을 관리하는 시설은 소규모였다. 더구나 신석기 시대의 삼림 감소와 침식 때문에 15% 정도의 땅만 농사를 지을 수 있었다. 그리스의 자연과 생산력은 적은 인구만 먹여 살릴 정도였다. 이런 환경에서 인구가 늘어나면서 식량 부족이 심각해졌다. 생계가 어려워진 그리스인은 아나톨리아 반도의 서쪽 해안(이오니아), 심지어 북아프리카로도 이주했다. 이런 이주는 고국에 불만이 있던 사람들에게 탈출구를 제공했고 도시국가를 큰 규모로 확장하는 계기가 되었다. 이는 그리스가 그리스 반도를 넘어 널리 문화적 영향을 끼치는 발판이 된다. 이 지역의 정착지들은 모국과 비슷한 모습을 띠었으나 기존의 정치 제도나 관례를 따르지 않았다.

−9세기부터 철 가공은 꾸준히 발전되고 확산됐다. 무기가 개혁되어 전쟁은 더욱 파괴적이 되었으나 동시에 노동 도구가 개선됨으로써 새로운 농업 기술이 나타났다. 이것은 노동 생산성을 매우 향상시켜 생활 수준을 높여주었다. 또한 옛 기술이 다시 발견되고 새로운 기술이 개발되면서 수공업은 더욱 세분화되었고 물건의

종류와 양이 늘어났다. 이를 바탕으로 상업이 성장하게 되자 먼 거리를 다니는 항해술이 발달했다. 이것은 교역을 더욱 활성화시켰다. 그 결과 지배 계급이 새로운 부를 전유하면서 좀 더 강력한 중앙집권적인 국가를 건설할 수 있었다.

철제 기술은 또 다른 측면에서도 역할을 했다. 철광석은 풍부했고 철제 도구를 생산하는 과정이 단순해져 생산 비용이 낮아져, 귀족에게만 권력을 주었던 청동과 달리 철은 대중에게 권한을 주었다. 철기의 보편화로 일어난 군사상의 변화는 부유한 농민이나 상공업자가 정치에 참여하는 바탕을 제공했다. 농업 위주의 닫힌사회였던 스파르타와 달리 상공업이 일찍부터 발전한 열린사회였던 아테네에서는 군사 조직을 중장보병으로 구성된 사각 밀집대인 팔랑크스로 바꾸면서, 귀족 말고도 재정 능력이 있던 상공업자층과 농민층에게 무장을 요청하게 되었다. 군에서 두 계층의 역할 증대는 정치에서 발언권과 책임을 넓히는 배경이 되었다. 한마디로 아테네에서는 철기의 사용이 초기 노예제 사회와 다른 노예제 민주 정체를 낳았다. 귀족들이 아래로부터 일어난 혁명에 패배하면서 미케네 시대 왕국과 다른 참여 민주주의가 실현되었다. 아테네 시대는 도시국가의 성숙기를 대표한다. 정치 제도의 변화라는 각도에서 보면 '고전'이라는 용어는 아테네 시대와 동의어일 수밖에 없다.[3]

−7세기 중엽에 그리스의 여러 도시국가가 화폐를 사용하면서 지중해 유역의 교역은 더욱 활발해지고 이것은 다시 수공업 생산을 자극했다. 이것은 부유한 농민층과 더불어 상공업자층을 생겨나게 했고 농업뿐만 아니라 동산에 바탕을 둔 금융 경제를 형성했다. 새로운 금융 경제를 기반으로 부를 축적한 유한계급이 나타났고 이들 안에서 지식인 집단이 나타날 수 있었다.

−12세기 무렵에 지중해에서 상업 활동을 하던 페니키아인에 의해 만든, 인류 최초의 것이라 여겨지는 표음문자가 널리 퍼졌다. −8세기에 암흑기가 끝나고 문명이 다시 나타날 때 페니키아 문자를 개조한 자모를 사용한 글쓰기가 그리스에서 나타났다. 이것은 그리스가 바깥에서 들여온 것 가운데서도 문명이 발전하는 데 가장 결정적인 역할을 했다. 도시국가들은 서로 싸웠으나 무역을 통해 하나로 엮였다. 이 덕분에 도시국가들은 똑같은 문자(알파벳)를 사용했다. 무역상들은 숫자로도 알파벳을 이용했다. 알파벳을 이용한 쓰기는 쉽게 배울 수 있었으므로 읽기와 쓰기가 사제 계급의 소유물이었던 이전의 사회보다 훨씬 더 널리 빠르게 퍼졌다. 이것을 더욱 촉진한 것은 −7세기부터 널리 쓰이기 시작한 파피루스였다. 종이는 지식을 쉽게 기록하고 전할 수 있게 했다. 그리하여 관료 계급만 누리던 문화를 더욱

폭넓은 계층에서 누리게 되었다. 그리스 지식인들은 지배 계급이 아닌 상업에 종사하는 실무자들에게서 나왔다.

식민 도시와 모도시는 종교, 경제, 문화적으로 가까웠으면서도 모든 도시국가는 정치적으로는 독립 체제를 유지하며 동등한 관계에 있었다. 식민 도시에서는 해로를 따라 각지의 원주민을 상대로 포도주, 올리브유와 수공업품을 팔고, 자급하지 못하는 곡물을 사들였다. 무역이 확대되면서 본국의 수공업도 발전했다. 이런 상황에서 도시국가들은 땅, 자원, 상업에서 우위를 차지하기 위해 서로 경쟁하게 되었다. 그리스의 민주주의와 문화, 과학, 철학은 이같이 경쟁하는 작은 정치 체제들 내부에서 발전했다. 또한 식민 도시들은 교역을 통해서 이집트와 바빌로니아 문화를 그리스에, 그리스 문화를 이웃 세계에 흘러 들어가게 하는 물길의 역할을 했다. 이리하여 지중해 모든 지역에 걸쳐 하나의 문화권이 형성될 수 있었다. 그리스를 중심으로 여러 방면에서 교류가 활발해지면서 그리스의 예술과 문학, 과학에 실질적인 기초가 닦이기 시작했다.

소아시아를 매개로 그리스인은 바빌로니아 문명권과 정치, 상업, 문화 등의 여러 면에서 활발히 교류했다. 그리스와 이집트의 관계도 마찬가지였다. 많은 그리스인이 이집트에서 살았고, −7세기 후반에는 이집트의 모든 교역을 독점하기에 이르렀다. 이에 따라 그리스의 생활 수준이 올라간 덕분에 다른 지역으로부터 유능한 사람들이 그리스로 들어왔다. 활발하게 이루어지는 상업을 기반으로 새롭게 성장한 비농업 사회 계층들은 도시국가라는 공동체에 새로운 시각과 태도를 도입했다. 그들은 고대부터 전해져 오던 것과 지배 계급이 제시하는 사고의 틀을 벗어나 세계에 관한 근본적인 의문에 자신들의 답을 내놓기 시작했다. 그들은 '어떻게'뿐만 아니라 '왜'라고 묻고 그것에 답을 하려고 노력했다.

기초 텍스트의 출현을 기준으로 잡는다면 그리스 고전기는 아시아에서 비롯되었다.[4] −6세기 그리스 과학은 아시아의 선진 문화를 받아들일 수 있던 소아시아의 지중해 연안에 먼저 들어섰다. 역동성에서 가장 두드러졌던 밀레토스에서 시작하여 이오니아의 여러 다른 도시로 퍼졌다. 이 이오니아 지방에서 우주의 구성과 자연 현상을 근본 원리로부터 설명하려는 자연철학이 생겨났다. 자연철학자는 신비주의나 종교적 독단에서 벗어나 이성적이고 분석적이었다. 그들은 우주의 구조와 작용을 유물론의 시각에서 객관적으로 설명하고자 했다. 그들은 만물의 근원을 탐구하여 모든 사물을 1차적 물질로 환원하고, 이것으로부터 연역적으로 모든 것을 끌어내고자 했다. 그렇지만 이들의 자연철학은 과학 연구의 산물이라기보다 대담한 발상, 추정, 직관에 따른 것이었다.

고전기 그리스인이 자연의 작동을 이해하는 사고방식은 상공업을 기반으로 세워진 도시국가의 운영 체제를 바탕으로 형성되었다. 카우츠키(K. Kautsky 1854-1938)에 따르면 모든 상품을 추상적인 가격 관계로 환산해서 바라보는 습관은 상인에게 어떤 것을 비교하게 하고, 특정한 세부 사항들의 더미 속에서 일반 요소를, 우발적 사물들의 더미 속에서 필수 요소를, 특정한 조건 속에서 되풀이해서 나타나는 요소들을 찾아낼 수 있도록 해준다.[5]

아시리아가 패망한 뒤 페르시아가 거대한 군사 제국이 되면서 −546년에 이오니아를 비롯한 소아시아의 그리스인 정착지를 정복했다. 페르시아로서는 일인 통치가 편리하고 안정적이었기 때문에 속주의 도시국가에 참주를 임명하여 통치하면서도 자치를 보장했다.[6] 도시국가는 거대한 페르시아의 경계에 있는 것이 발전하는 데 많은 도움이 되었다. 페르시아는 피정복지의 문화를 보호했으므로 바빌로니아 문화는 끊이지 않고 이어졌고, 그리스와 관계를 끊지 않았으므로 그리스인도 이 문화유산을 이어받았다. 물론 정복 과정에서 이오니아에 있던 많은 그리스 학자가 이탈리아 남부의 엘레아나 크로톤 등의 식민 도시로 이주했다. 이에 그리스 문화의 중심이 소아시아의 연안에서 남부 이탈리아로 옮겨갔다. −5세기는 그리스가 페르시아의 침략을 막아내면서 시작됐고 스파르타가 아테네를 굴복시킴으로써 끝났다. 아테네가 페르시아와 치른 전쟁(전492-479)에서 해군이 핵심 구실을 했는데, 해군의 대부분을 구성한 평민들의 목소리가 커지게 되었다. 이리하여 아테네를 비롯한 몇 곳에서는 급진적인 변화가 일어났다. 전쟁 시기에 유효성이 입증된 아테네의 정치는 더욱 발전하여 과두제와 전제정이 민주정으로 바뀌었다. 귀족에게만 있던 우월적 권리들이 폐지되었다. 그러나 아테네 민주주의는 노예제 민주정으로서 시민권이 있는 남자 어른들만의 제도였다. 그래도 당시로서는 가장 진보적인 사회 체제였다. 제한된 민주정이기는 했으나 부자들이 평민들을 강탈하려고 할 때 평민들에게 자신을 보호할 힘을 제공했다.

아테네는 −5세기 후반에 이런 정치체제가 바탕이 되어 문화적으로 전성기를 이루었다. 페르시아가 고대의 제국주의를 더욱 커다란 규모로 구현해 놓은 나라였다면 그리스는 투쟁과 혁명으로 세워진 새로운 사회 질서가 작동되는 나라였다. 이러한 점은 과학에도 영향을 끼쳤다. 고대 전제국가에서 과학은 국가의 지원과 감독을 받았기 때문에 실용성이 매우 중요했다. 이와 달리 과학을 위한 제도적인 기관도 없었고 국가의 지원도 받지 않았던 고전기 그리스의 과학은 물질세계에 관해 이론적이며 추상적인 사변을 발전시킬 수 있는 환경을 갖추었다. 의학을 제외하고는 유용한 지식에 매달리지 않았다. 여기에다 노예의 노동 덕분에 여가를 가질 수 있던 시민들은 추상적인 문제를 생각할 수 있었다. 실용적인 목적뿐만 아니라 철학적 세계관을 구축하기 위해서도 과학을 연구했다. 아테네는 지적인 발전의 중심지가 되면서 곳곳에서 학자들이 모여들었고 여러 견해가 논의되었다. 이오니아에서는 아낙사고라스처럼 실제적인 성향이 강한 사람들이 왔고, 이탈리아 남부에서는 제논처럼 형이상학적 성향이 강한 사람들이 왔다. 그리스 본토 북부의 데모크리토스는 유물론적 세계관을 내세운 반면, 이탈리아 남부의 피타고라스는 유심론적 과학관과 철학관을 견지했다.

2 고전기 그리스 수학의 개관

이집트와 바빌로니아 수학에 관한 증거 자료는 남아 있으나, 탈레스나 피타고라스 시대의 수학 문서는 남아 있지 않다. 사막이 아닌 지역에서는 파피루스가 쉽게 썩어 없어지기 때문이다. −5세기 후반에는 기하에서 후세에 발전의 기초가 된 여러 결과가 나왔다. 그렇지만 앞서 언급한 까닭으로 원본이 쓰인 지 800~1500년 뒤에 제작된 비잔틴 시대의 그리스어 사본 정도로만 남아 있을 뿐이다. 이 자료들도 원본이 그대로 옮겨진 것이 아니고 몇 번에 걸쳐 베껴지면서 선별되고 때로는 고쳐진 것이다. 책 이름만 남아 있는 것도 적지 않다. 그래서 고전기 그리스 수학에는 바빌로니아와 이집트에서 남겨진 기록보다 훨씬 불확실한 요소가 포함되어 있다.

그리스 초기 수학은 모두 그리스 본토가 아닌 소아시아, 이탈리아 남부, 아프리카 북부에 있는 정착지에서 나왔다. 에게해 연안, 특히 이전의 두 문명이 발달했던 지역과 가까운 이오니아의 주민들은 개척자 특유의 대담함과 풍부한 상상력이 있었다. 헤로도토스(Ἡρόδοτος 전484?-425?) 같은 학자들은 기하와 천문의 소재를 이집트인과 바빌로니아인에게서 힘입고 있음을 인정하고 있다. 이를테면 그는 기하는 이집트에서 만들어져 그리스로 전달되었다고 했다. 아리스토텔레스(Ἀριστοτέλης 전384-322)는 산술의 기초가 이집트에서 만들어졌다고 했다. 플라톤(Πλάτων 전427?-347)은 산수, 계산, 기하, 천문의 발명뿐 아니라 문자의 발견도 이집트에 돌렸다.[7] 프로클로스(Πρόκλος 410?-485?)는 이집트가 기하의 발견지로 믿어진다고 했다. 사실 그리스의 많은 학자가 소아시아 출신이었다. 그러므로 바빌로니아의 문화를 물려받았음도 틀림없다. 바빌로니아 수학은 계산 기술과 대수적 조작으로 복잡한 문제를 푼다는 점에서 그리스 수학을 훨씬 뛰어넘었다. 그것은 헬레니즘의 그리스, 아라비아에서 계승, 발전되어 서구 르네상스 시대에 새로운 충격을 주었다.[8]

당시의 오리엔트와 그리스 문명의 차이는 분명했다. 그리스인은 주변의 선진 문화를 받아들였다. 그리스의 상인, 학자들이 스스로 이집트와 바빌로니아로 학문의 중심지를 찾아갔다. 밀레토스의 탈레스, 사모스의 피타고라스, 아브데라의 데모크리토스는 이집트와 동쪽 지역의 여러 나라들을 다녔다고 한다. 거기서 그들은 이전의 수학을 비롯한 여러 과학을 배웠다. 그노몬(gnomon), 곧 해시계는 바빌로니아에서 그리스로 들어온 것이 분명하고, 또 물시계는 이집트에서 들어온 것 같다.[9] 헬레니즘 시기의 히파르코스는 바빌로니아의 일월식 관측과 달의 주기를 사용했다. 그것들을 300년이 지나서도 프톨레마이오스가 거의 그대로 사용했다. 이러한 상황은 수학도 마찬가지였다.

그리스 수학은 당초에 모든 소재를 오리엔트로부터 받아들였다. 그렇다고 그리스인의 독창성이 부정되지는 않는다. 어떠한 독창성이든 모방하면서 받아들이고 난 뒤에 발휘된다. 고전기 그리스인은 오랜 기간에 걸쳐 쌓인 수학의 전통을 소화, 흡수하고 나서 이전과 매우 다른 수학을 구축했다. 그들은 과거의 수학 지식을 논리적으로 재구성하고 기하에 증명을 도입하여 기하학을 새롭게 개척했다. 이런 논증 수학은 물적 조건이 만들어 낸 문화의 특성이 반영된 결과이다. 수학이 논증에 바탕을 둔 이론 연구로 발전한 곳은 노예제 민주정이 수립되어 세계를 어느 정도 합리적으로 보려는 환경이 조성된 고전기 그리스 사회였다. 그곳의 수학자들은 진리를 이끌어내는 데 사람의 이성이 큰 힘을 발휘한다는 증거를 제시하면서 수학을 합리적인 일반의 교양 학문으로 세워나갔다.

−6세기 초에 탈레스가 처음 논증 기하를 시도하고 나서 3세기 중반까지의 기간이 그리스 수학의 시대이다. 특히 처음 삼백 년의 고전기에 특별한 성취를 이루었다. 이 기간의 발전에는 세 가지 뚜렷한 경향이 있다.[10] 첫째로 유클리드의 〈원론〉(Στοιχεῖα)으로 통합되는 지식의 발전이다. 피타고라스를 필두로 해서 히포크라

테스4), 테오도로스, 테아이테토스, 유독소스와 그 밖의 몇몇 사람의 작품을 훌륭하게 엮었다. 둘째로 무한소, 극한, 합을 구하는 과정 등과 관련된 개념의 발전이다. 제논의 역설, 안티폰과 유독소스의 착출법, 데모크리토스의 원자론 등의 경향이 속한다. 셋째로 곡선과 곡면을 다루는 고등 기하학의 발전이다. 삼대 작도 문제를 풀려는 끊임없는 노력에서 비롯되었다.

그리스인은 이집트인이 수학에서 2000년을 필요로 했던 과정을 고전기 전반에 거쳤다. 이것은 −6세기부터 민주정이 발전하면서 합리적인 견해가 주류를 이루게 되자, 그리스인의 수학적 사고에 이론 측면이 차츰 두드러지면서 나타난 결과라고 할 수 있다. 일반적인 추상적 수 개념과 덧셈, 곱셈의 교환 법칙 같은 종류의 행태적인 규칙이 이 시기에 인간의 인지 능력에 들어오게 된다. 어떤 규칙을 의식하고 이용하는 것과 그것을 형식화하고 과학적 분석의 대상으로 삼는 것은 다르다.[11] −4세기보다 조금 앞선 시기에는 수학에서 새로운 태도가 나타났다. 문제를 만족하는 값을 계산해 내는 데 머물지 않고 그 결과가 옳은지를 밝히고자 했다. 어떤 정육면체 부피의 두 배가 되는 정육면체 한 변의 길이는 2의 세제곱근이다. 이것의 충분히 좋은 어림값은 수치 계산으로 구할 수 있었다. 그러나 제기된 문제는 논리적 논증에 바탕을 두고서 한 변을 기하적으로 정확히 작도하는 것이었다. 그리고 하나하나의 정리가 따로 증명되어 오다가 이 시기에 일반적인 법칙으로 전환되고 체계적으로 구성되어 갔다. 전제와 결론이 분명히 구별됨과 함께, 되도록 직관을 피하고 논리적으로 결론을 끌어내는 태도가 확립되어 갔다.

소크라테스(Σωκράτης 전470?-399)는 수 계산의 기술을 다루는 (계)산술(logistice)과 수를 그 자체로 고찰하는 수론(arithometice)을 구별했다. 이 분류는 15세기 말까지 이어졌다. 고전기 그리스 수학자는 무역과 거래에서 실용 계산을 주로 한다는 까닭에서 산술을 하찮게 여겼다. 셈판으로 하는 산술을 토지의 측량이나 일상생활에 사용하는 것은 육체노동과 함께 노예가 할 일이었다. 고전기 그리스 수학자에게 계산에 도움이 되는 새로운 아이디어나 방법을 만드는 연구는 부차적인 것이었다. 그들은 산술과 대수의 기법을 개선해야 할 필요를 느끼지 않았으므로 계산법은 발달하지 못했다. 또한 산술을 자신의 저작에 남기지 않았다.

수와 연산 언제부터 고전기 그리스 수학자들이 숫자를 사용했는지는 알려져 있지 않다. 크레타에서 발견된 고대 그리스 시대의 숫자는 −11세기에 만들어진 것

---

4) 수학자 히포크라테스는 키오스(Chios)에서 태어났고, 의사인 코스(Cos)의 히포크라테스와 다른 사람이다.

으로 보인다. 이 숫자 체계는 주목할 만한 특징이 없이 1, 2, 3, 4, 10, 200, 1000 같이 특별한 수를 나타내는 숫자만 있을 따름이다. 고전기 초기에 그리스인은 특수한 숫자를 추가로 도입했고 일종의 주판(abacus)을 사용하여 계산했다.[12]

그리스에서 수라는 말은 자연수에만 쓰였다. 그것도 수를 단위 1의 모임으로 여겼으므로 수는 통상 2 이상의 자연수였다. 1은 수도 아니고 홀수도 짝수도 아니었다. 1과 수를 구별하는 것은 플라톤의 〈국가〉에도 언급되어 있다.[13] 고대 그리스인이 2도 수로 여기지 않았던 때도 있었다. 2는 여럿을 나타내기에는 너무 작다고 생각하여 수를 3부터 시작했다.[14] 음수는 고려되지 않았다. 물론 영(0)을 나타내는 기호도 없었다. 그리스인에게 절대적인 1은 나눌(쪼갤) 수 없었기[15] 때문에, 수의 연쇄는 한없이 쪼갤 수 있는 연속체가 아니라 궁극적으로는 쪼갤 수 없는 이산적인 존재의 모임이었다. 그래서 그들은 우리가 분수라고 이르는 것을 단일 요소로 보지 않고, 수가 아닌 자연수의 비로 다루었다. 선분의 비라고 할 때도 그것은 자연수의 비를 뜻했다. 한 쌍의 수 사이의 관계에 관심을 둔 것은 수 개념의 이론적 측면을 분명히 하려는 것이었으나 계산의 도구로써 수의 역할은 약해질 수밖에 없었다. 하지만 고전기에도 상업에 종사하는 사람들은 분수를 실체가 있는 대상으로 사용하고 있었다.

그리스에서 쓰인 기수법에는 아티카식과 이오니아식(알파벳식)의 두 가지가 있는데, 모두 자리기수법 원리가 없는 10진법의 단순 묶음법이다. 기록으로 남아 있는 가장 오래된 아티카 숫자는 −450년 무렵에 새겨진 비문이다. I은 1, Π(→Γ)은 5, Δ는 10, H는 100, X는 1000, M는 10000을 나타냈다. 이 숫자 체계는 이집트의 신성문자 기수법이나 뒤의 로마 숫자처럼 단순히 기호를 되풀이한다. 이를테면 784는 ΓHHΓΔΔΔΙΙΙΙ이다. −4세기 초에 알파벳을 사용하는 이오니아식 숫자 체계로 바뀌었다. 상업의 발달이 영향을 끼쳤을 것이다. 이 체계는 이집트의 신관문자 숫자 체계와 본질에서 같다. 문화 접촉과 구조적 유사성에서 보면 이오니아 숫자 체계는 지중해 주변 무역이라는 상황에서 −6세기에 사용된 이집트의 신관문자든 민중문자의 숫자로부터 발전했다.[16] 이오니아식 체계는 헬레니즘기 그리스의 수학 저작에서 가장 흔히 볼 수 있다. 이오니아식은 지금은 쓰지 않는 페니키아 글자 세 개(ς, ϙ, ϡ)를 더 포함하여 27개 문자에 아래와 같이 수를 배정했다. 또한 1000의 배수에는 처음 9개의 문자 앞의 아래에 기호 ,를 붙였다. 이 체계는 혁신적이었다. 알파벳의 문자를 차례로 수 기호로 사용하는 것은 다른 곳에서는 없던 사례이고, 이 표기법은 이집트 신관문자의 표기법과 실질적으로 달랐다.[17] 알파벳 체계로 10,000보다 작은 수는 네 문자로 쉽게 나타낼 수 있다. 이를테면 5555는 $,\epsilon\phi\nu\epsilon$로 쓰는데, 앞뒤 관계가 분명하면 맨 앞의 기호(,)를 생략했다. 그러면 일과 천의 자리에 같은 문자가 쓰였으나 그리스인은 여기서 자리기수법을 떠올리지 못했다. 또한 그리스인은 10,000 이상의 수에는 곱셈의 원리를 적용하여 수 앞에 M을 놓고 10,000 아래의 수와 •으로 구분했다. 이를테면 555,555는 $M\nu\epsilon•\epsilon\phi\nu\epsilon$로 쓴다. 아티카식과 견주면 이 수 체계는 경제적으로 쓸 수 있었다. 그러나 이집트 신관문자보다는 덜하지만, 많은 기호를 익혀야 했다.

	1	2	3	4	5	6	7	8	9
1단위	α	β	γ	δ	ϵ	ς	ζ	η	θ
10단위	ι	κ	λ	μ	ν	ξ	o	π	ϙ
100단위	ρ	σ	τ	υ	ϕ	χ	Ψ	ω	ϡ
1000단위	$,\alpha$	$,\beta$	$,\gamma$	$,\delta$	$,\epsilon$	,ς	$,\zeta$	$,\eta$	$,\theta$

오늘날에는 큰 수를 곱할 때 낮은 자리의 수부터 시작하지만, 그리스에서는 높은 자리의 수부터 시작했다. 이때 숫자가 많아 곱셈표가 필요했다. 27개의 숫자가 있었으므로 729가지의 곱셈이 적힌 것이어야 했다. 그리스인이 나눗셈을 어떻게 했는지는 확실하지 않다. 나눗셈에서 나머지가 생길 때는 어림값을 생각하거나 분수를 이용했을 것이다.[18] 그리스 수 체계에는 분수를 다루는 데에도 약점이 있었다. 이집트처럼 일반적인 분수를 단위분수로 나타냈다.[19] 단위분수는 정수의 오른쪽 위에 기호 '을 붙여 그에 대응하는 정수와 구별했다. 이를테면 1/34은 $\lambda\delta'$으로 썼을 것이다. 물론 이것은 $3\frac{1}{4}$과 헷갈릴 수도 있지만 문맥과 말의 쓰임새로 구별했을 것이다. 이집트처럼 1/2에는 $\angle'$ and C', 그리고 2/3에는 ω'이라는 특별한 기호를 썼다. 그들은 단위분수의 덧셈, 뺄셈을 간단히 하려고 특별한 수표를 사용했다. 여러 시대에 걸친 많은 수표가 남아 있다. 한편 그리스 천문에서는 각도를 나타내거나 할 때 바빌로니아 기원의 60진법 분수를 사용했다. 이를테면 $\rho\gamma\,\nu\epsilon'\,\kappa\gamma''$과 같은데, 이것이 오늘날의 각도 표기 방식이 되었다.

그리스인은 기하에서 바빌로니아인보다 훨씬 앞섰지만, 산술에서는 뒤처졌는데 이는 자리기수법을 사용하지 않은 데 가장 큰 까닭이 있다. 수의 표현과 계산, 기호와 대수의 기법은 이집트인과 바빌로니아인과 견줘 발전된 것이 거의 없었다.

3 증명과 탈레스

그리스 수학의 전통은 자연발생적 유물론 철학을 창시한 탈레스(Θαλῆς 전640?-548?)부터 시작한다. −4세기 이후의 물질 현상은 법칙에 지배되고 있다는 인식을 포함하여 그리스 과학은 그에게서 시작된다고 보고 있다. 탈레스의 배경에는 에게 해 연안의 본토와 소아시아에 있던 식민 도시들의 중심지였던 밀레토스의 활기와 이전 두 문명의 천문, 수학이 있다. 그는 페니키아 출신으로, 일찍부터 장사를 하면서 넓은 시야와 개방적 태도를 지녔다. 그는 인생의 전반기를 상인으로 여러 곳을 널리 다녔다. 이때 바빌로니아에서 천문을, 이집트에서 기하를 비롯한 당시의 진보적인 학문을 익혔다. 밀레토스로 돌아와서는 연구와 교육에 전념한 것으로 보인다. 그는 정치에 관계하고 상거래로 재산을 쌓기도 했지만, 사물에 대한 인식은 결코 실용주의에 머물지 않았다.[20]

고전기 그리스인은 문명 초기부터 자연을 합리적으로 해석하고자 노력했다. 이오니아의 철학자들은 만물의 근원을 물질에서 확인하려고 했다. 탈레스는 이것을 물에서 찾았고 다른 사람들은 공기나 불에서 찾았다. 그는 그 이전 문명의 사고틀을 벗어나 자연 세계를 신들로부터 떼어내어 이성의 힘으로 이해할 수 있다고 생각했다.[21] 다른 사람들처럼 그도 자신이 내세우는 자연에 관한 사상에 대해 스스로 책임져야 하는 것이면서도 자신에게 명예를 가져다주는 지적인 자산으로 여겼다. 이것은 그리스 이전의 모든 문명에서 어떤 업적에도 그것을 찾아낸 사람의 이름이 남아 있지 않다는 사실과 매우 다르다.

탈레스 이전의 두 문명에서 수학 지식은 정당화나 근거 없는 계산의 형식뿐이었다. 이처럼 결과를 얻기까지의 사고 과정을 알 수 없던 상황에서 그가 아주 초보적인 정리나마 처음으로 논리 체계를 갖추어 다루었다. 그가 다음과 같은 것들을 증명했다고 한다. 원은 지름으로 이등분된다. 이등변삼각형의 두 밑각은 서로 같다. 두 직선이 서로 만날 때 그 맞꼭지각은 서로 같다. 두 각과 한 변이 서로 같은 두 삼각형은 합동이다. 수는 단위의 모음이다(이것은 증명이 필요한 명제가 아닌 수의 정의이다).

탈레스는 위의 명제들이 길이와 넓이의 성질과 관련된 더 기초적인 사실로부터 연역할 수 있음을 보여주었다. 이 때문에 그는 수학을 추상 학문으로 정립한 첫 번째 수학자로 여겨지고 있다. 그는 선을 땅의 경계선으로만 보지 않았다. 선으로 삼각형, 각, 원을 그려서 성질을 조사하고 닮음의 개념을 알아내어 실제 문제에 적용하기도 했다. 그렇지만 그가 일부 정리를 연역적으로 증명을 했음을 입증할 만한 문서는 남아 있지 않다. 그를 최초의 수학자라고 하게 된 것은 −4세기 말 에우데모스(Εΰδημος 전370?-300?)가 쓴 〈그리스 기하학〉에서 비롯되어, 5세기에 프로클로스가 쓴 〈유클리드 원론 제1권의 주석〉에 기술된 인용문에 따른 것이다.

탈레스가 원리를 적용하여 실생활 문제를 해결했다고 전해지는 것을 살펴보자. 이집트에 머물 때 그림자를 이용해서 대피라미드의 높이를 간접 측정한 것과 해안으로부터 바다에 있는 배까지의 거리를 구한 것이 있다. 두 가지 모두 닮

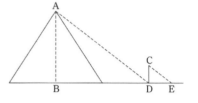

은 직각삼각형들의 대응하는 변들은 서로 비례한다(합동일 때는 같다)는 기하학적 명제를 이용했다. 그림과 같이 두 개의 삼각형 ABD와 CDE가 닮은꼴이므로 AB/CD=BD/DE, AB=(BD/DE)·CD로부터 피라미드의 높이 AB를 구했다고 한다. 이것은 이집트의 세케드와 매우 가까운 관계가 있다. 단위 길이의 막대 CD가 만드는 그림자의 길이 DE는 피라미드의 그림자가 만드는 삼각형 ABD에서 빗변의 세케드와 같게 된다. 아마 탈레스는 이집트에서 실제로 다루고 있던 이런 종류의 측정법에 이론적 기초를 부여했을 것이다.[22]

탈레스는 바다에 있는 배까지 거리를 재는 데 사용한 방법을 이집트로부터 배우고, 그것이 타당하다는 것을 에우데모스가 추측했듯이, 맞꼭지각의 정리와 한 변과 두 각이 같은 합동정리를 사용하여 증명했을 것이다.[23] 이런 이야기들로 탈레스가 논증 기하를 창시했다고 확정할 수는 없다. 그렇지만 그의 설명은 모두 일반적이기 때문에 그는 역사상 처음으로 수학에서 특정한 발견을 한 사람으로 여겨진다. 또한 그가 원리를 이용하여 문제를 해결했다는 것은 그 원리라는 명제를 추상화하여 이해하고 있었음을 보여준다.

사실 탈레스가 어떻게 증명했는지를 어느 명제에서도 정확히 알 수는 없다. 그러나 얼마간 논리적 논의를 진전시켰음은 분명하다. 그는 바빌로니아 수학과 관련된 명제 '원은 지름으로 이등분된다'를 처음으로 증명했다고 여겨진다. −18세기 무렵의 바빌로니아 찰흙 판 IM52916에는 '원을 두 개의 같은 부분으로 나누도록 작도할 것'이라고 하는 표현이 있다. 이것은 원의 중심을 지나는 선분을 그으라는 지시일 것이다.[24] 탈레스의 증명은 지름에서 원을 반으로 꺾어(또는 잘라) 그것들이 서로

포개지는 것을 보여주는 간단한 증명이었을 것이다.[25] 여기서 중요한 것은 정리 그 자체보다 자명하게 보이는 명제를 단순한 직관 대신에 자각적으로 고쳐 논리적 추론으로 입증했다는 데 있다. 곧, 일종의 원리로부터 끌어냈다는 것이다. '이등변 삼각형의 두 밑각은 서로 같다'는 명제의 증명도 구체적인 방식을 프로클로스의 주석에 있는 4세기의 파포스(Πάππος)의 증명을 실마리로 추론[26]해 보면, 포개어 합친다는 방법에 의존하고 있으나 탈레스는 이 명제를 자각적으로 정리하고, 일반 원리로부터 증명하고자 했다. 이것은 모든 것을 '물'이라는 원리로써 설명하려 했던, 그가 내세운 자연철학의 근본정신과 일치한다.

그렇지만 탈레스는 서로 포개어 합쳐지면 서로 같다는 원리를 공리의 하나로 삼지는 않았다. 곧, 근본 원리를 하나의 체계로 조직하지 못했고 그것들로부터 새로운 사실을 끌어내는 체계적인 연역 수학을 구성하지 못했다. 또한 추상적으로 도형 자체의 성질을 설명하는 진술도 없었다. 그렇더라도 그는 단순한 측정도 아니고 넓이와 부피의 계산도 아닌, 선과 각에 관한 논증 학문인 기하학으로 바꿔나가고 있다. 잘 알려진 사실을 기본적인 일반 원리로 환원하고 그것으로부터 끌어내고 있었다. 그는 이전의 두 문명처럼 구체적인 값이 주어진 낱낱의 문제를 다루지 않는다. 원의 반지름이나 이등변삼각형 한 변의 길이를 따지지 않았다. 정의를 바탕으로 일반적인 대상에 보편적인 방식으로 수행했다. 문제를 일반화된 차원에서 논증하는 방법으로 옮겨가고 있었다.

그리스인이 기하를 논리적 구조 위에 세운 것이 널리 인정되고 있다. 이 중요한 한 걸음을 탈레스가 내디딘 것인지는 여전히 의문으로 남아 있으나 그리스인이 맨 먼저 자각적으로 정리를 기술하고 그것을 증명하려고 했던 것만은 분명하다.

4 기하적 대수와 피타고라스

피타고라스(Πυθαγόρας 전572?-492?)도 탈레스처럼 오리엔트 수학에서 그리스 수학으로 옮겨가는 시기에 살았다. 피타고라스는 사모스 섬에서 태어났는데, 그도 탈레스에 버금갈 만큼 업적에서 진위가 의심스럽다. 그는 탈레스로부터 가르침을 받고 나서 이집트와 바빌로니아에서 많은 시간을 보냈다고 전해진다. 그는 그곳에서 수학과 천문 지식을 배웠고 신비주의적인 교의도 받아들였다. 피타고라스는 바빌로니아로부터 많은 새로운 학문을 가져왔는데, 수학에서도 바빌로니아의 수학을 소재로 사용하면서 새로운 것을 많이 발견했다.

니코마코스(Νικόμαχος 후60?-120?)의 〈산술 입문〉에서 보면 피타고라스는 도형수로 급수의 합을 생각했는데, 그것과 거의 비슷한 급수 이론이 바빌로니아에도 있었다. 또한 $x^2 + y^2 = z^2$을 만족하는 세 수에 대해 피타고라스가 제시한 공식도 바빌로니아의 경우와 실질적으로 같다.[27] 피타고라스는 바빌로니아에서 세 가지의 평균인 산술평균, 기하평균, 조화평균을 배웠다. 그 학파의 표식이었던 오각별도 바빌로니아에서 들여온 것이고 여기서 나오는 황금 분할은 $x^2 + ax = a^2$을 푸는 것이 되는데, 바빌로니아인은 이것을 푸는 방법도 이미 알고 있었다.

피타고라스의 업적이라는 말은 피타고라스가 활동한 때부터 -400년 무렵까지 그와 그의 집단이 이룬 성과를 일컫는다. 이 때문에 그가 수학에 관한 글을 썼는지도 확실하지 않다. 그가 썼다고 하더라도 그가 쓴 수학에 관련된 글은 아무것도 남아 있지 않다. 피타고라스학파의 수학에 관한 기술은 대부분 오랜 시간이 지난 뒤에 주석자가 쓴 기록에 근거하고 있다. 피타고라스와 수학을 연결한 맨 처음의 저자들이 글을 쓴 때는 -300년 무렵으로 피타고라스 때로부터 두 세기 이상이 지난 다음이다. 피타고라스의 수학적 명성은 이암블리코스(Ἰάμβλιχος 후245?-325?)나 프로클로스 같은 훨씬 뒤의 저술가들에 의해서 굳어졌다.[28]

피타고라스학파는 정치, 철학, 종교적인 목표를 동시에 추구했다. 그들은 나중에 소크라테스(Σωκράτης 전470?-399)에게서 정점을 이루는 자연에 대한 관념론적 견해의 씨앗을 뿌렸다. 그들은 자연에 대한 지식을 관찰이나 실험이 아니라 선험적인 논증으로 얻을 수 있다고 했다. 영구불변한 세계의 질서를 입증하고자 했고 그 기초를 수학에서 찾고자 했다. 소크라테스 사상을 가장 충실하게 이어받은 플라톤이 피타고라스학파의 수학에 기울였던 열정 덕분에 -4세기의 아테네는 수학의 중심지가 되었다.

피타고라스학파는 유심론적 세계관을 견지했다. 그들은 밀레토스학파와 에페수스학파의 유물론과 변증법을 공격했는데, 이것은 농업 귀족과 민중의 격렬한 정치 투쟁으로 발전했다.[29] 이 투쟁에서 민중이 승리하자 피타고라스는 이탈리아 남부의 크로톤으로 달아났다가 다시 메타폰툼으로 도망가 거기에서 죽었다고 한다. 이 과정에서 살아남은 사람들이 학파의 교의를 다른 곳들로 전파했다.

수에 대한 추상적 사고 피타고라스학파는 수 신비주의의 많은 기초를 쌓으면서 수론의 발전에도 첫걸음을 내디뎠다. 그들에게는 고전기 그리스 초기의 합리적 태도와 당시의 이집트나 바빌로니아에 퍼져 있던 신비주의와 종교적인 색채가 뒤섞여 있었다. 점성술이 천문에, 수 신비주의가 수론에 앞서 있었다. 수 신비주의자들은 도형과 수를 관련지으려 했다.[30] 모든 사물은 기본 입자들로 구성되는 도형에 대응하는 조합으로 이루어진다는 것이다. 정다각형과 정다면체를 나타내는 수는 쉽게 알 수 있어 남다른 의미가 부여됐다. 그렇더라도 피타고라스학파는 수비주의에 근거한 미학적 가치를 넘어 수량으로 자연 현상의 의미를 파악하고자 수론에 관심을 기울였다.

수학을 일반적인 학문으로 만든 추상적이고 지적인 견해는 피타고라스학파에서 비롯되었다고 할 수 있다. 그들은 관념론적이나마 처음으로 자연수의 성질을 연구하여 수의 개념을 정립했다. 그들이 사색으로 자연수와 자연수의 비(분수)에 관하여 얻은 결과는 일상생활의 도구가 아닌 과학의 도구로 쓰이는 수론이 발달하는 과정의 시작이었다.[31] 그들에게는 많은 현상이 양적인 관점에서 마찬가지의 수학적 성질을 지녔으므로, 수학적 성질은 물리 현상의 본질이었다. 이런 수학적 성질을 내포하고 있는 것이 바로 수였다. 그러므로 수는 세거나 순서를 매기는 도구이면서 모든 물리 현상의 바탕을 이루는 것이었다. 이 수로써 물리 현상을 설명하고자 했던 피타고라스학파는 수를 감각적인 물질과 독립된 추상 개념으로 이해했고, 그런 수의 구체적인 표현이 물질이라고 생각했다. 그들은 수 개념을 자연관의 중심에 놓고서, 관찰되는 현상을 이성으로 이해할 수 있다는 생각을 자연철학과 과학에 도입했다. 이렇게 해서 그들은 자연의 운행을 수와 수의 관계로 이해할 수 있다고 믿은 첫 번째 집단이 되었다.

그들이 세운 보편 명제는 '모든 것은 수이다'였다. 수를 다루는 수학의 도움을 받지 않고서는 우주가 작동하는 원인을 합리적으로 알아낼 수 없을 것이었다. 기본 단위는 물질적인 원자가 아니라 기하적인 점이었다. 기하적으로 수는 점이었다. 점 하나로 단위 1을 나타냈다. 더 이상 쪼갤 수 없는 이 점은 수학에서 원자였다. 모든 대상은 이 점들로 구성되어 있으므로 수가 우주의 질료이자 형상이었고 모든 현상의 근원이었다.

수론과 4과 피타고라스학파는 수론, 기하, 천문, 음악을 이집트와 바빌로니아의 신관으로부터 종교 의식과 함께 받아들여 발달시켰다. 그들은 천문과 음악을 수로 전환하여 기하와 수론에 연계시키고서 이 네 과목을 수학이라고 생각하고 4과라 일컬었다. 4과 각각은 순수한 수, 정적인 수, 동적인 수, 응용된 수로 기술될 수 있다는 점에서 그것들은 근본에서 같은 것이었다. 그렇지만 그들은 객관적 추론으로 얻는 지식(수론, 기하)과 관찰, 실험의 결과로 실증되는 지식(천문, 음악)을 구별하지 못했다. 이것들을 관념론적 형이상학 안에서만 다루었다.

피타고라스학파의 관념을 가장 잘 보여준 것은 음악이었다. 그들은 어울림음에 정수의 비가 존재하는 것을 발견하고서 음악을 두 양(수)의 단순한 관계로 환원했다. C음이 나는 어떤 현의 길이를 두 배로 하면 한 옥타브 낮은 C음이 나온다. 두 음 사이에 있는 음은 그 사이에 있는 비에 대응하는 길이의 현이 만들어낸다. 곧, D는 243:128, E는 27:16, F는 3:2, G는 4:3, A는 81:64, B는 9:8이다. 이것이 아마 양적으로 표현된 물리 법칙에서 가장 오래되었을 것이다. 그들은 이 가운데 C(2:1), F(3:2), G(4:3)라는 간단한 비가 가장 아름다운 화음을 이룬다고 생각하여 여기에 나오는 1, 2, 3, 4를 특별히 다루었다.

피타고라스학파는 질서 있게 운행하는 우주의 근본 원리를 이루는 수에 관심을 두었으므로 당연히 자연수의 성질을 연구하게 되었을 것이다. 그들은 천체의 운동을 관찰하고 기술하는 데에 머무르지 않고 그것을 수량 관계로 환원하여 천문 이론을 세우려 했다. 그들은 위의 화음 원리를 천체 운동에도 적용했다. 천체도 서로 조화를 이루고 있으므로 이 조화를 수학적 비로 나타내고자 했다. 더구나 하늘의 별자리는 기하적 형태로 특징지을 수 있고, 기하적 형태는 수로 표현되기 때문이었다. 그들은 추상 수학적으로 추론하여 기본음 C, F, G에 나온 네 수 1, 2, 3, 4의 합인 10에 특별한 지위를 부여했다. 10은 기하적 차원들의 모든 생성원(1은 점, 2는 선, 3은 면, 4는 입체)을 합한 이상적인 수로서 우주를 상징했다. 그러므로 하늘에는 10개의 천체가 있어야 했다. 그들은 해, 달, 여섯 행성에 중심불(central fire)과 반지구(counter earth)를 더했다. 이 신성한 수 10은 삼각수이다. 그들은 이런 식으로 기하와 수론을 강하게 관련지었다. 이렇게 하여 그들은 손가락이 열 개라는 인체의 특징보다 추상 수학적 논법으로 10진법의 밑수에 근거를 마련했다. 그들의 자연철학은 사실과 거리가 멀다. 수와 자연 현상을 관련지으려는 집착이 관측에 의한 근거를 무시함으로써 자연과 일치하지 않는 결과를 끌어내고 말았다. 그들의 사상 가운데 몇 가지가 중세 유럽에 전승되었고 종교와 결합하여 신성한 것으로 다루어졌다.

도형수 초기의 피타고라스학파가 기호를 사용해서 수를 나타냈다는 기록은 없다. 그들은 점이나 작은 돌로 특정한 기하적 규칙, 곧 도형을 나타내는 시각적인 방식으로 수를 생각했을 것이다. 그들이 자신들의 사상을 수와 엮어 설명한 것은 이러한 도형수와 관련되어 있다. 그들은 수를 도형처럼 분류된 점의 모임으로 나타내면서 수와 도형을 같은 것으로 여겼다. 어떤 수에는 그 개수만큼의 점으로 표현되는 도형이 대응하고, 거꾸로 도형을 구성하는 점의 개수에 수가 따른다. 그래서 삼각수(3, 6, 10, …), 사각수(4, 9, 16, …) 등의 이른바 도형수가 의미를 지니게 된다. 소수는 직사각형으로 표현될 수 없는 수로 받아들여졌다. 이렇게 하여 기하와 수론이 깊은 관련을 맺었다.

그리스 철학자에게 물질은 형태를 가질 때만 의미가 있는데 수는 형태가 없기에 의미가 없었다. 하지만 기하적 모양을 띠게 된 수는 그것이 도형 자체라는 사실 덕분에 의미가 부여됐다. 이제 피타고라스학파는 형태가 있는 도형을 이용해서 수를 다루게 됨으로써 기하적인 아이디어를 수론으로 변환시킬 수 있었다. 이를 바탕으로 수론의 많은 정리를 기하로 입증할 수도 있게 되었다. 점이나 작은 돌을 사용하여 얼마간의 단순한 정리를 검증하기는 쉽다. 이를테면 짝수를 어떻게 모아도 그 합은 짝수이고, 홀수를 짝수 개 모은 합계는 짝수이지만 홀수 개 모은 합계는 홀수이다. 짝수의 제곱은 짝수이고 홀수의 제곱은 홀수이다. 1과 그것에 잇따르는 홀수를 차례로 더하면 제곱수(정사각수)가 만들어진다. 1×2, 2×3, 3×4와 같은 직사각수는 삼각수의 두 배이고, 1이 아닌 제곱수는 이웃한 두 삼각수의 합이다. 그들은 이 사실들을 특정한 경우에만 보였다. 그들이 일반적인 경우를 증명했는지는 알 수 없다.

피타고라스 정리와 세 수 바빌로니아인에게서 배웠을 '직각삼각형에서 작은 두 변의 길이의 제곱을 더하면 빗변 길이의 제곱이 된다'는 성질을 피타고라스 정리라고 하는 까닭은 피타고라스학파가 처음으로 일반적으로 증명했기 때문일 것이다. 그렇다고 해서 그들이 처음부터 그것을 엄밀하게 연역적으로 추론하여 증명한 것 같지는 않다. 그 학파의 초기와 중기 구성원들이 내놓은 증명은 산술에서 그랬듯이 특별한 경우를 근거로 자신들의 결과를 주장하는 방식이었을 것이다. 그러다 −400년 무렵에 여러 학문이 발전하면서 증명의 의미가 바뀌었고, 이 시기의 후기 사람들이 제대로 된 증명을 선보였을 것이다.[32]

한켈[33]이 추측한 것처럼 피타고라스학파는 그림에서 보듯이 분할법으로 증명했을 것이다. 이 증명 방법은 기하적 추론에 바탕을 두고 있기는 하나, 정의와 공리에 바탕을 둔 논증적인 유클리드의 증명에 견주면 꽤나 직관에 호소하고 있다. 넓이가 같은 두 정사각형에서 세 변의 길이가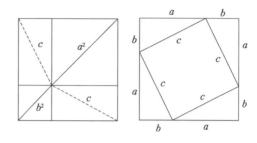
a, b, c인 네 개의 직각삼각형을 제거
하고 남은 도형의 넓이 a^2+b^2과 c^2은
같다는 것이다. 그러나 이때 오른쪽 가
운데 사각형이 정사각형임을 보여야
하고 그러려면 직각삼각형 내각의 합

이 2직각과 같다는 사실을 이용해야 한다. 여기서는 이 절차가 빠져 있다. 그렇더라도 피타고라스학파는 직각삼각형에 적용되는 규칙이 있음을 알아냈고, 그것이 모든 직각삼각형에서 타당함을 보였다. 증명이라는 개념을 처음 도입한 사람은 탈레스였으나 이것을 응용하여 '언뜻 보기에 분명하지 않은' 사실을 증명한 이들은 피타고라스학파였다.[34] 그들은 정리라는 결과는 입증되어야 한다는 것을 이해하고 정리를 정당화하는 수단으로 증명을 발전시켰다. 그들은 수학의 방향을 실용에서 순수 수론과 기하로 돌려놓으면서 수학을 엄밀하게 세우기 시작했다.

수론에서 가장 오랜 문제의 하나는 모든 변의 길이가 자연수인 직각삼각형, 곧 피타고라스의 세 수를 모두 찾는 것이었다. 피타고라스학파는 n이 홀수일 때 세 수 n, $(n^2-1)/2$, $(n^2+1)/2$가 직각삼각형의 세 변이 됨을 알고 있었다는 증거가 있다.[35] 이것은 그들이 피타고라스 정리를 알고 있었음을 뜻하지만, 바빌로니아에서 보이는 식과 관련이 있으므로 독립으로 발견한 것은 아닐 것이다. 먼저 모든 홀수는 연속하는 제곱수의 차라는 사실로부터 시작한다. 이때 어떤 홀수가 제곱수라면, 세 개의 제곱수에서 작은 두 개의 합이 가장 큰 수와 같음을 알 수 있다. 이 규칙으로는 피타고라스의 세 수의 일부밖에 구할 수 없다.

〈원론〉제10권에는 $a=2mn$, $b=m^2-n^2$, $c=m^2+n^2$ (m과 n은 $m>n$인 자연수)과 같은 취지의 기하적 표현이 있다. 알려져 있는 한 이것은 일반해에 관한 맨 처음의 기술이자 첫 번째 증명이다.[36] 유클리드의 증명은 기본적으로 산술적이다. 따라서 이 정리는 기하와 산술이 결합되어 있는 것이라 할 수 있다. 3세기에 디오판토스도 두 수 m과 n으로 앞의 식에 따라 직각삼각형을 얻을 수 있다고 했다.

통약불가능량의 발견 피타고라스학파에게 수란 자연수뿐이었다. 상거래에서 화폐나 도량형 단위의 부분을 나타낼 때 분수가 사용되었지만, 그들은 상거래에 관심을 두지 않았으므로 분수는 다른 종류였다. 점의 모임이 수였고, 직선은 유한개의 점으로 이루어진 도형이었다. 이 때문에 그들은 두 선분이 있을 때 그것들을 어떤

선분의 정수배로 나타낼 수 있는 그러한 선분, 곧 공통의 측정 단위가 존재한다고 믿었다. 따라서 두 선분은 자연수의 비로 견줄 수 있게 된다. 자연수의 비는 나눗셈 형식이 아니라 기하적으로 표현되었다. 이에 비의 정의는 같은 기준으로 잰다는 것이 전제되어야 했다. 따라서 길이와 넓이처럼 종류가 다른 양끼리는 비로 나타낼 수 없었다. 이런 기하의 영향으로 방정식의 모든 항은 같은 양으로 구성되어야 했다. 이차방정식의 모든 항은 넓이를 가리켰다.

자연수의 비 개념이 도입되면서 그리스의 기수법으로 유리수까지 표현할 수 있게 된다. 그러다 두 자연수의 비로 나타낼 수 없는 양, 곧 통약불가능량이 발견되었는데 그것을 언제, 누가, 어떻게 발견했는지 분명하지 않다. 피타고라스학파는 직각삼각형의 변이 될 수 있는 세 정수에 관심을 기울였는데, 역설적으로 그것에서 통약불가능량을 발견했을 가능성이 가장 높다. 보통 피타고라스 정리를 직각이등변삼각형에 적용한 데서 대각선과 변은 정수의 비로 나타내지 못함을 알게 되었다고 한다. 이것을 발견한 실마리가 아리스토텔레스의 저작에 있다. 그는 변과 대각선이 통약가능하다면 홀수가 짝수와 같다는 결론에 이르게 된다고 했다. 여기서 간접 증명을 구사하고 있는 것과 직관에 의존하지 않고 사고로만 증명하고 있음에 주목해야 한다.

서로소인 자연수 a, b에 대하여 $\sqrt{2} = b/a$, 곧 $\sqrt{2}$를 유리수라고 가정한다. 그러면 $b = \sqrt{2}\,a$, 곧 $b^2 = 2a^2$이 된다. 여기서 b^2이 짝수이므로 b도 짝수이다. 이제 $b = 2c$로 놓으면 $4c^2 = 2a^2$, 곧 $2c^2 = a^2$이다. 여기서 a^2이 짝수이므로 a도 짝수이다. 이제 a와 b가 모두 짝수가 되어 둘이 서로소라는 가정에 모순이다. 그러므로 $\sqrt{2}$는 통약불가능이다. 이 증명은 추상도가 매우 높아 통약불가능량이 발견되었을 때의 근거였을 가능성은 아주 낮다. 다른 방법으로 발견했을 수도 있다.

다른 설에 따르면 −5세기 중엽에 모든 면이 정오각형인 정십이면체의 구성과 관련되어 있던, 피타고라스의 제자인 히파소스(Ἵππασος 전530?-450?)가 통약불가능량을 발견했다고도 한다. 이것은 피타고라스학파가 상징으로 썼던 별꼴을 작도했다는 데서 추측할 수 있다. 정오각형에서 다섯 개의 대각선으로 작은 정오각형을 만드는 절차를 되풀이하여 바라는 만큼 작은 오각형(또는 별꼴)을 만들 수 있다. 이 절차를 한없이 되풀이할 수 있는데 이것은 정오각형의 대각선과 변의 비는 유리수가 아니라는 결론으로 이끈다. 이로부터 $\sqrt{2}$가 아니라 $\sqrt{5}$에서 통약불가능성을 처음으로 인지했을 것이라고 볼 수 있다. 실제로 정오각형의 대각선과 변의 길이를 각각 1, x라고 하면 비례식 $1 : x = x : 1 - x$이 나오고 이것으로부터 변과 대각선의 비(황금비) $(\sqrt{5} - 1)/2$이 나온다. 이것은 이차방정식 $x^2 + x = 1$의 근을 구하는 문제가 되는데, 이런 기본형의 풀이법은 바빌로니아에서 알려져 있었다. 어떤 방법으로든 통약불가능량의 존재를 증명할 수 있게 된 데는 증명의 개념이 있었기 때문이다. −5세기의 그리스인은 특정한 결과가 참이라는 결론을 내리려면 어떠한 형식을 갖추어 논리적으로 전개해야 함을 인식하고 있었음이 분명하다.

그리스인은 자연수도 자연수의 비도 아닌 양, 곧 무리수의 존재를 인식하게 되었으나, 무리수를 수로 받아들이지 못했다. $\sqrt{2}$와 황금비가 정수의 비가 아님을 알았으나 그것의 실체가 무엇인지를 알지는 못했다. 그들은 수와 크기 사이의 근본적인 차이, 곧 수라는 단위의 불가분성과 길이라는 크기의 무한 가분성을 구별하지 못했다. 어쨌든 이로써 만물이 자연수로 이루어져 있다는 피타고라스학파의 신조는 무너졌다. 두 크기의 비는 이제 반드시 자연수의 비로 정의되지 않게 됨으로써 그들은 닮음이라는 기하적 수단을 사용하지 못하게 되었다.[37] 이것은 역설적으로 산술적 비(자연수의 비)라는 개념과 기하에서 만들어지는 크기라는 개념을 분리함으로써 수학의 질문이 기하의 질문으로 대치되었다. 수로 자연을 설명하려는 시도는 막을 내렸다. 자연철학으로서 피타고라스 철학은 쇠퇴했다.

1과 $\sqrt{2}$를 선분(길이)으로 다루게 되면 둘의 차이는 사라진다. 수를 선분으로 나타냄으로써 기하적 논증이 모든 수학의 기초가 됐다. 수를 선분으로 표현하는 기하적 작도가 대수 연산을 대체했다. 이를테면 두 수의 곱을 직사각형의 넓이로 대체했다. 여기서 바빌로니아와 그리스 수학의 차이가 나타난다. 통약불능량의 발견이 계기가 되어 그리스인은 바빌로니아 수학의 제재를 바탕으로 이전 문명의 수학을 뛰어넘는 이론 수학을 세우게 된다. 어쩌면 그리스인은 기하로 수 계산을 비켜 감으로써 수치적 해결에 매몰되지 않았기 때문에 높은 수준을 이룰 수 있었을 것이다.

여기서 통약불가능량의 발견이 일으킨 문제를 해결하는 과정을 살펴보자. 3에서 15까지 완전제곱수가 아닌 정수 그리고 아마도 17의 제곱근이 무리수임을 가장 처음 증명한 사람은 플라톤의 스승이었던 테오도로스(Θεόδωρος 전5세기)라고 한다. 그러나 그가 어떻게 증명했는지는 알 수 없다. 테아이테토스(Θεαίτητος 전414?-369?)가 제곱수가 아닌 임의 자연수의 제곱근은 무리수라는 사실을 밝혔다.[38] 유독소스의 스승인 아르키타스(Ἀρχύτας 전435?-360?)는 기하가 아니라 산술만으로도 만족할 만한 증명을 할 수 있다고 했다.[39] 그러나 유독소스가 무리수를 처리하는 방식의 영향으로 기하학에 집중하게 되었다.

아르키타스는 정육면체의 배적 문제5)를 3차원 작도로 풀기도 했다. 그는 처음에 주어진 정육면체의 한 변이 a일 때, 공간의 점 $(a, 0, 0)$를 중심, a를 반지름으로 하는 x축에 수직인 원 A, xy평면 위에 놓인 원 B, zx평면 위에 놓인 원 C를 그렸다. A가 밑면이고 원점이 꼭짓점인 직원뿔, B를 단면으로 하는 원기둥, C를 z축을 둘레로 회전한 원환체를 만들었다. 그러고 나서 이 세 입체의 겉면이 만나는 점에서 xy평면 위에 내린 수선의 발과 원점 사이의 거리가 구하려는 정육면체 한 변의 길이($\sqrt[3]{2}\,a$)가 됨을 보였다.

무리량의 발견으로 일어난 위기를 유독소스(Εὔδοξος 전408?-355?)가 해결했다. 그는 크기의 비와 비례를 정의하고 이를 바탕으로 통약불가능량의 비도 나타낼 수 있는 수정된 비의 이론을 제시했다. 그는 모든 양을 기하적으로 생각했다. 그는 길이의 두 비 $a:b$와 $c:d$가 언제 같은지를 정의했다. 그 당시는 나눗셈으로 $a \div b$와 $c \div d$를 비교하는 방법은 없었다. 이런 한계를 유독소스가 극복했다. 그는 모든 양의 정수 m, n에 대하여 $na > mb$이면 $nc > md$이고, $na = mb$이면 $nc = md$이며, $na < mb$이면 $nc < md$가 성립하면 $a:b = c:d$이 된다고 했다.[40] 그는 이 방법으로 유리수의 비뿐만 아니라 이것을 확장한 무리수의 비도 알아냈다. 그의 이론 덕분에 통약불가능량을 다루는 데 필요한 논리적 기초가 확보되었다. 모든 것은 크기들의 비에 대한 정의에 근거했으나 크기를 정의하지 않음으로써 무리수를 수로 정의하는 문제는 묻혀버렸다. 이것은 유클리드에게서도 나타나는데, 이를테면 〈원론〉의 공리 '전체는 부분보다 크다'에서 크기를 정의했어야 했다.

기하만이 통약불가능량을 다룰 수 있었으므로 수 연구는 기하 연구와 분리되었다. 수에 관한 대부분의 중요한 발견들은 길이나 넓이의 측정과 무관해지고 그것도 자연수에만 국한되었다. 더욱이 기하적 방법으로 설명된 유독소스의 비례론은 받아들이기 쉬웠기 때문에 기하 분야가 크게 발전하면서 2천 년 동안이나 실수론은 발전하지 못하게 된다. 더구나 $\sqrt{2}$를 표현할 기호가 없던 시기에 소수나 연분수로 나타내면 수가 한없이 이어지게 되어 직관으로 다룰 수 없다. 이 때문에 수학자들은 산술보다 기하를 수학의 더 나은 기초로 생각했고 주로 기하 연구에 집중하게 되면서, 기하는 모든 엄밀한 수학적 추론의 기초로 사용됐다. +17세기가 되어서야 과학에서 수와 대수가 요구되어 이것들에 관심을 기울이기 시작했으며, 이 분야

---

5) 주어진 정육면체의 부피를 두 배로 하는 정육면체의 한 변의 길이를 구하는 문제

들도 기하만큼이나 논리적으로 구성될 수 있음을 인식하기 시작했다.

무리수와 기하적 대수 바빌로니아에서 기하는 공간에 적용된 수에 지나지 않았다. 피타고라스학파가 바빌로니아의 영향을 받았기 때문에 그들도 처음에는 그렇게 생각한 듯하다. 그러다 그들은 대수 연산조차 기하로 행할 정도로 정수론을 제외한 모든 수학을 기하로 바꾸어 다루었다. 무슨 그리스 정신이라는 독특한 경향이 있어서 그랬던 것은 아니다.[41] 그리스인이 기하적인 직관을 중시했다는 식의 관념론적 설명으로는 기하적 대수가 그다지 의미가 없을 뿐만 아니라 조작이 너무나 복잡하여 매우 성가시다. 대수적인 것을 기하적 조작으로 옮긴, 더욱 깊은 까닭이 있어야 한다. 그것은 무리수의 개념이 없었기 때문이다.

당시에는 수를 유리수 테두리 안에서만 다루었다. 과학과 공학에서 선분으로 방정식을 푸는 것은 필요한 자리까지의 소수로 계산한 어림값에 견줘 쓸모가 없다. 그런데 어림값으로는 무리수를 정확히 추론하지 못한다. 어림값이 아니라 대각선 자체를 받아들여야 했다. 곧, 모든 유형의 양을 다루려면 양을 선분으로 나타내야 했다. 이것은 피타고라스학파가 점으로 수를 나타내던 방법을 대체했다. 이렇게 해서 이산적인 수와 연속적인 크기를 구분하게 되었다. 이렇게 구분했으나 피타고라스학파가 이어받은 바빌로니아 대수를 새롭게 다룰 방법이 요구되었던 데다가, 이것에서 엄밀한 논리적 일관성을 유지하려면 대수가 기하의 옷을 입어야 했다. 이렇게 해서 그리스에서는 기하가 대수의 역할을 하게 되면서 독특한 기하적 대수가 만들어졌다. 그리스는 바빌로니아 대수를 기하적 대수라는 독자적인 방식으로 전개한 것이다.

문제를 기하적으로 구성하여 풀려면 복잡한 도형을 작도해야 해서 성가셨다. 그렇지만 연속량의 학문인 기하는 이산적인 수로 생각하는 것보다 적용 범위가 넓었기 때문에 기하로 더욱 기울게 되었다. 기하적 대수학은 바빌로니아로부터 이어받은 지식을 기하적인 꼴로 바꾼 것으로, 제곱근을 찾을 수 있는 경우에만 이차방정식의 근을 알려주는 바빌로니아의 계산법과 달랐다. 기하적 대수학은 방정식의 제곱근을 선분으로 나타내어 무리수의 사용을 피함으로써 언제나 답을 내주었다. 기하에 중심을 두게 된 데는 천문의 영향도 있었다. 기후와 지리적 조건이 대규모 관개농업을 주로 하던 지역과 달랐던 그리스에서는 해, 달, 행성들이 언제 어디에 있는지를 예측하는 측정과 계산은 중요하지 않았다. 고전기 그리스 학자들은 우주의 신비를 꿰뚫어 볼 수 있는 천체들의 형태와 경로, 태양계 전체의 구조에 관심이 있었다. 이 관심은 자연스럽게 기하와 연결되었다.

　기하적 대수가 적용된 예를 보자. 〈원론〉의 제2권에는 여러 개의 대수적 항등식을 기하 용어로 나타내고 있다. 명제2-1 "두 선분이 있고, 하나가 여러 개의 부분으로 나뉘어 있다. 그 두 개의 선분으로 둘러싸인 직사각형은 나뉘지 않은 선분과 나뉜 선분의 각 부분으로 둘러싸인 직사각형들의 합과 같다"고 하는 것은 $a(b+c+d+\cdots)=ab+ac+ad+\cdots$를 기하적으로 나타낸 것이다. 명제2-4 "선분을 임의로 둘로 나눈다. 전체 선분 위의 정사각형은, 두 부분 위의 정사각형과 두 부분으로 둘러싸인 직사각형의 두 배의 합과 같다"는 것은 $(a+b)^2=a^2+b^2+2ab$를 기하적으로 나타낸 것이다.

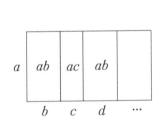
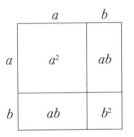

　그리스인은 방정식도 기하적 작도로 해결했다. 바빌로니아인은 곱 xy를 면이라 하고 x^2을 정사각형이라 하면서도 '곱하다, 제곱근을 구하다' 따위의 산술적 표현을 썼다. 그리스인의 기하적 대수에서는 후자의 표현을 전혀 쓰지 않고, 모두 기하적인 말로 바꿔 a^2을 선분 a 위의 정사각형, ab를 선분 a와 b로 둘러싸인 직사각형이라 하고, 그러한 말들로 대수 연산을 했다. 〈원론〉 제2권의 명제2-6은 만일 선분이 이등분되고 임의의 선분이 그것과 일직선을 이루며 더해지면, 더해진 선분을 포함한 전체와 더해진 선분으로 둘러싸인 직사각형과 처음에 주어진 선분 반쪽 위의 정사각형의 합은 처음에 주어진 선분의 반쪽과 더해진 선분을 합친 선분 위의 정사각형과 같다는 것이다. 이것은 $(x+a)x+(a/2)^2=(x+a/2)^2$을 기하적으로 기술한 것이다. 명제 2-9는 선분이 서로 같은 부분 및 다른 부분으로 나뉘면, 다르게 나뉜 부분 위의 정사각형의 합은 주어진 선분 반쪽 위의 정사각형과 두 구분점 사이의 선분 위 정사각형을 더한 것의 두 배가 된다는 것이다. 이것은 연립이차방정식 $x+y=a$, $x^2+y^2=b$를 푸는 것이다. 명제2-11은 주어진 선분을 둘로 나누고, 전체와 (나뉜) 한 부분으로 둘러싸인 직사각형을 남겨진 다른 부분 위의 정사각형과 같게 한다는 것이다. 이것은 방정식 $x^2+ax=a^2$을 푸는 것이다. 뒤의 두 방정식의 풀이법은 바빌로니아에 알려져 있었다. 바빌로니아 수학에 있는 거의 모든 표준 대수 방정식이 풀이와 함께 기하적 대수로 다시 나타나고 있는데 이것을 우연이라고 할 수 없다.[42] 피타고라스학파는 바빌로니아 대수를 기하적으로 처리했다는 뜻이다.

기하적 대수라는 기법으로는 삼차방정식을 거의 다룰 수 없었다. 더구나 선, 면, 입체 말고는 기하 도형이 없었으므로 네 수의 곱은 생각할 수도 없었다. 또한 선과 넓이, 넓이와 부피를 더할 수 없었으므로 방정식의 항마다 엄밀한 동차성을 유지했다. 이러한 여러 한계를 넘지 못한 그리스인이 기하로만 해결해야 한다는 전통을 세워놓음으로써 이후 세대의 발전도 가로막았다. 16세기 들어서 산술과 대수학의 연산이 차츰 기호화되면서 대수학은 기하학으로부터 분리되어 간다. 17세기에 동차성의 원리가 무너지고 무리수가 수로 받아들여진다. 19세기에 무리수 이론을 논리적 기초 위에 세우면서 대수학은 기하학의 영역에서 완전히 벗어난다.

피타고라스학파는 그리스 수학의 본질과 내용, 형식에 매우 많은 영향을 끼쳤다. 수학적 자연관은 피타고라스로부터 비롯되었다. 그의 시대 이후로 자연이 수학적으로 짜여 있다고 생각하게 되었다. 그를 이은 사람들은 자연의 수학적 설계를 찾는 일이 진리를 찾는 일이라고 생각했다. 고전기 그리스 이후로 유럽에서 이루어진 수학과 과학의 거의 모든 연구는 우주에 존재하는 법칙과 질서를 드러내는 열쇠가 수학이라는 믿음에서 비롯됐다.

5 무한과 제논

통약불가능량의 발견이 그리스인을 무한의 개념으로 이끌었다. 정수가 신성하다는 피타고라스학파의 신조가 무너지고, 그 자리에 무한과 연속의 개념이 들어왔다. 그러므로 무한의 개념은 제논(Ζήνων 전490?-429?)보다 약 한 세기 전에 피타고라스가 먼저 제기했다고 봐야 한다. 제논은 무한과 연속의 개념에 관련된 곤란함을 역설로 보여줌으로써 불연속과 연속 사이의 관계라는 문제를 실질적으로 제기했다.

제논이 역설을 제기한 목적은 수(점들의 모임)에 근거한 피타고라스학파의 주장에 맞서기 위해서였을 것이다. 그리고 운동이나 변화는 일어날 수 없다고 주장한 스승 파르메니데스(Παρμενίδης 전515?-450?)를 옹호하려는 의도도 있었을 것이다. 플라톤은 네 역설이 지닌 의의가 파르메니데스와 대립하는 학파의 주장에서 모순을 끌어냄으로써 오류를 지적하는 간접 증명에 있다고 보았다.[43] 피타고라스학파는 공간과 시간이 각각 이산적인 점과 순간으로 이루어져 있다고 가정하면서도 직관으로 쉽게 알 수 있는 연속성이라는 성질도 있다고 가정했다.[44] 전자는 공간과 시간은 더 이상 나눌 수 없는 미세한 간격으로 구성되어 있으며 운동은 연이은 미세한 도약으로 이루어져 있다는 주장이었다. 후자는 공간과 시간을 한없이 나눌 수 있고 운동은 연속이라는 주장이었다. 제논은 대립하는 두 주장을 겨냥했다. 제논이 고안한 네 역설은 이분할, 아킬레스, 화살, 경기장의 역설이다. 이 역설들은 공간과 시간을 어떻게 정의하든지 운동은 불가능하다고 주장한다.

이분할, 아킬레스의 역설은 공간과 시간을 무한히 쪼갤 수 있다고 가정하면 운동은 불가능하다는 것이다. 화살, 경기장의 역설은 공간과 시간을 더 이상 쪼갤 수 없는 것으로 이루어져 있다고 가정해도 운동은 불가능하다는 것이다.

이분할의 역설은 목적지를 향에 움직이는 물체는 그 목적지에 다다를 수 없다는 것이다. 어떤 물체가 일정한 거리를 지나 목적지에 이르려면, 목적지에 다다르기 전에 반드시 그 반이 되는 곳에 다다라야 한다. 그래서 운동은 불가능하다. 이 역설은 거리는 한없이 쪼갤 수 있지만 시간에는 쪼갤 수 없는 단위가 있다는 가정이 모순에 빠지는 것을 보여주고 있다. 아킬레스의 역설은 빠르게 달리는 아킬레스라도 느리게 달리는 거북이를 따라잡을 수 없다는 것이다. 아킬레스는 따라잡기 전에 거북이가 떠난 곳에 다다라야 하는데, 거북이는 그때마다 얼마씩이나마 앞서 있기 때문이다. 이 역설은 한없이 많은 짧아지는 거리, 시간의 무한항의 합은 반드시 무한이라는 생각에 근거하고 있다. 이것은 거리와 시간은 속성이 달라, 둘을 비(속력)로 나타내지 못함으로써 생긴 것이라고 할 수 있다.

화살의 역설은 특정한 순간에 화살은 하나의 고정된 곳에 있으므로 화살은 결코 움직일 수 없다는 것이다. 만약 시간이 더 이상 쪼개질 수 없는 아주 짧은 순간들로 이루어져 있다면 화살은 언제나 멈춰 있기 때문이다. 경기장의 역설은 다음과 같다. 왼쪽 그림처럼 같은 크기의 물체가 석 줄로 놓여 있다. A열은 정지해 있고, B열은 오른쪽으로, C열은 왼쪽으로 같은 속도로 더 이상 쪼갤 수 없는 순간(시간 t)에 움직인다. 시간 t가 지난 뒤에 오른쪽처럼 되었다. 그러면 C_1은 시간 t에 B의 물체를 두 개 지난 것이 된다. 앞서 이야기한 순간 t는 가장 작은 시간이 될 수 없다.

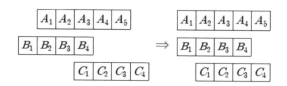

제논의 역설은 극히 작은 양이라도 무한 번 더하면 한없이 크게 되고 크기가 0인 양은 무한 번 더해도 0이 된다는 통상의 직관적 믿음과 관련되어 있다. 제논은 부정할 수 없는 운동의 실재성을 근거로 우리가 공간, 시간 같은 연속인 것에 대해 생각하고 있는 개념에 모순이 있음을 지적하고 있다. 수와 대응시키기 위해서 직선을 정지해 있는 무한소로 파악하는 것은 운동이라는 개념에 배치된다.[45] 만일 선분이나 시간이 한없이 잘게 나뉜 부분들이 한없이 이어진 것이라면 제논의 역설은 참이다.

제논의 역설들은 통약불가능량의 발견만큼이나 그리스인의 수학적 사고에 깊은 영향을 주었다. 먼저 역설들은 기하학에서 수를 배제하게 했다. 나중에 유독소스는 공간의 관계를 수와 완전히 독립적으로 기호화해 측정과 상관없이 연구할 수 있는 기하학을 고안했다. 양은 일반적으로 수나 조약돌이 아닌 선분과 관련지어졌다. 〈원론〉에서는 정수도 선분으로 나타내고 있다. 다음으로 제논의 역설은 무한과 관련된 방법을 수학에 사용하지 못하게 함으로써 무한소나 극한의 개념을 논증기하학에서 배제했다. 제논의 역설은 문제를 엄밀하게 증명하고 논리적으로 완전히 해결하고자 한다면, 무한을 사용하지 말아야 한다는 것이다. 그 결과 무한의 사용을 교묘히 피하는 착출법이 쓰이게 된다. 19세기 말에 가서야 수학적 무한을 확실히 다룰 수 있게 되면서 이 역설들은 해결된다.

6 삼대 작도 문제와 소피스트

-5세기 중반 아테네 동맹이 페르시아와 치른 전쟁에서 이긴 뒤에 평민 세력이 커지고 개인주의가 발달하면서 실제적 지식을 존중하는 분위기가 형성되었다. 이 시기에 한 무리의 철학자들이 자연의 본질보다 인간과 사회의 문제에 깊은 관심을 기울였다. 이들은 피타고라스학파와 사뭇 다른 자유주의적인 직업 교사들로 노예제와 그리스의 민족적 배타성을 비판했다. 이들이 소피스트이다. 이들은 윤리학과

논리학 같은 실용 과목을 가르쳤고 절대 진리의 가능성을 의심했다. 이것은 −500년 무렵에 활동한 헤라클레이토스(Ἡράκλειτος 전540?-480?)와 연계되어 있다. 그는 영구불변이란 환상에 지나지 않으며 변화만이 진리로서 어떠한 물질도 변하지 않는 것은 없다고 주장했다. 대표적인 소피스트 프로타고라스(Πρωταγόρας 전485?-410?)는 인간이 만물의 척도라고 주장하면서 진리와 정의에 관한 영구불변의 기준은 없다고 했다.

초기의 소피스트는 대부분 정해진 거처 없이 장소를 빌려 강연하면서 일정 기간 머물다 떠났다. 그러다 −4세기 초에 많은 소피스트가 아테네에 정착하여 일파를 이루었다. 그들이 얻은 수학적 결과 가운데 많은 것이 각의 삼등분 문제, 정육면체의 배적 문제, 원의 정사각형화 문제(원적 문제)라는 삼대 작도 문제를 해결하려는 과정에서 나왔다.

당시에 그리스인의 대부분은 직선과 원을 이상적인 기본 도형으로 삼았다. 그들은 기하학을 이 두 도형만을 고찰하는 것으로 제한하고 다른 도형을 그것들로부터 추론하고자 했다. 그래서 추론의 형식인 작도를 두 도형에 대응하는 도구인 (눈금이 없는) 자와 컴퍼스만 사용하도록 제한했다. 다른 도구가 문제를 해결하는 데 더 적합하더라도, 그것을 사용하는 것은 철학적으로 아무런 가치가 없었다. 이러한 제한은 작도를 아주 복잡하고 성가시게 했고, 직선과 원이 아닌 곡선을 필요로 하는 수학 이론을 배제하는 결과를 낳았다. 이렇게 된 까닭은 플라톤에게 있다.

플라톤이 이데아는 아무런 의구심 없이 받아들일 수 있도록 명징해야 한다고 주장했는데, 그리스인은 여기에 부합하는 도형이 직선과 원, 이것들로부터 나오는 도형뿐이라 여겼다. 다른 도형은 이데아보다 감각에 의존하기 때문에 명징함과 존재성을 해치기 때문이다. 하지만 두 특성을 확보해 주는 작도를 삼차원 도형에는 적용하지 않았다. 직관적으로 명확해 보이는 삼차원 대상(구, 원기둥, 직원뿔 같은 회전 도형)의 존재성은 그대로 받아들였다. 아르키타스가 정육면체의 배적 문제를 풀 때 직원뿔, 원기둥, 원환체를 이용한 데서 이것들의 존재성을 수용했음을 볼 수 있다. 플라톤의 주장을 확고하게 다져준 사람이 아리스토텔레스이다. 그가 어떤 개념을 도입할 때 존재성을 바탕으로 그 개념에 모순이 없는지 확인해야 한다고 함으로써 기하학 도형도 그 존재성이 확립되어야 했다. 그렇지만 작도 문제를 직선과 원만으로는 해결할 수 없다. 소피스트들이 다른 방향에서 그 문제들에 도전했다. 곧, 직선과 원이 아닌 곡선도 사용했다. 이것은 직선과 원을 절대적인 이상 도형으로 삼았던 당시의 경향과 결을 달리한 것으로, 그들의 철학적 신조에서 비롯된 것이다.

초기의 소피스트였던 아낙사고라스(Ἀναξαγόρας 전500?-428?)는 실험을 피하지 않고 과학의 대중화를 지향했다. 그는 해마다 일어나는 나일강의 범람은 상류 근처의 산에 있는 눈이 녹아서 일어나는 것이고, 달은 해로부터 빛을 받고 있으며, 일식과 월식은 달과 지구가 어떤 위치에 있느냐에 달려 있고, 해는 펠로폰네소스 전체보다 더 크고 빨갛게 뜨거워진 돌이라고 주장했다. 그는 해가 신이라는 것을 부정하는 주장을 펴다가 아테네의 감옥에서 생활하는 동안 원적 문제에 도전했다[46]고 하는데 남아 있는 기록은 없다.

각의 삼등분 문제를 다룬 히피아스(Ἱππίας)가 −425년 무렵에 직선과 원에서 직접 나오지 않는 곡선(원적곡선)을 처음 도입한 사람으로 여겨진다. 그것을 자와 컴퍼스로 그릴 수 없어 점을 하나씩 찍어서 그려야 했다. 정사각형 OABC에서 변 AB를 변 OC에 평행하게 하면서 등속도로 OC 쪽으로 움직인다. 그리고 변 OA는 점 O를 중심으로 시계방향으로 등각속도로 회전하여 OC 쪽으로 움직인다. 두 선분 AB와 OA는 동시에 변 OC에 닿는다. 여기서 어떤 시각에 두 선분이 놓인 위치를 각각 A′B′와 OD로 하고 P′을 A′B′와 OD가 만나는 점이라 하면 P′이 그리는 자취가 각의 삼등분선, 곧 그림에서 곡선 AP′Q가 된다. 이제 선분 A′O와 B′C의 삼등분점을 각각 점 A″과 A‴, B″과 B‴이라 하자. 그리고 선분 A″B″과 A‴B‴이 곡선 AP′Q와 만나는 점을 각각 P″, P‴이라고 한다. 그러면 선분 OD도 등각속도로 움직이므로 직선 OP′와 OP‴은 ∠DOC를 서로 같은 세 개의 각으로 나눈다.

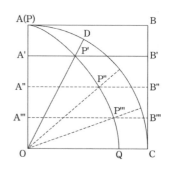

디노스트라토스(Δεινόστρατος 전390?-320?)가 각의 삼등분선의 종점 Q의 성질을 이용하여 원적 문제를 처음 해결했다고 여겨진다. 이로써 원적 문제는 단순한 것이 되었다. 그러나 각의 삼등분 문제와 원적 문제가 증명됐음에도 그리스인은 증명에 사용된 곡선이 자와 컴퍼스만으로 유한 번의 작도로 그어지지 않았다고 하여 두 증명을 자명한 것으로 인정하지 않았다. 두 증명 방법은 당시의 시각으로는 궤변이었다. 자와 컴퍼스가 아닌 다른 도구를 사용했다면 두 명제는 유클리드(전330?-275?)의 다섯 공준으로는 추론되지 않으므로 두 사람의 주장은 증명이 아니었다. 그렇지만 문제를 해결하려는 욕구는 계속해서 다른 방법을 찾게 했고, 그 결과로 새로운 곡선이 몇 가지 발견되었다.

　삼대 작도 문제와 관련하여 현재 남아 있는 수학적 추론에서 가장 실질적인 것으로 키오스의 히포크라테스(Ιπποκράτης 전470?-410?)가 시행한 원적 문제와 관련된 달꼴(두 원호로 둘러싸인 도형)의 구적 그리고 그와 아르키타스가 끌어낸 두 가지 비례중항의 결정이 있다.[47] 먼저 달꼴의 구적을 살펴보자. 에우데모스에 따르면 히포크라테스는 먼저 두 원의 넓이의 비는 지름을 한 변으로 하는 정사각형의 넓이의 비와 같음(원의 넓이정리)을 증명했다고 한다.[48] 이 증명에서 그는 비(례)의 용어와 개념을 사용했을 것이다. 크로톤 사건 이후 그리스 전역으로 흩어진 피타고라스학파 사람들이 아테네에도 들어왔을 것이므로 히포크라테스도 분명히 그들의 영향을 받았을 것이다. 원의 넓이정리를 히포크라테스가 정말로 증명했다면, 그는 비와 비의 상등을 다루는 어떤 방법을 알고 있었다고 해야 한다. 이런 정황 때문에 그가 간접 증명법을 처음으로 수학에 도입했다고 여겨지기도 한다. 두 비가 같지 않다고 가정하고서 귀류법(간접 증명법)으로 두 비가 같게 됨을 밝혔다는 것이다. 그런데 원의 넓이정리를 온전히 증명하려면 나중에 나온 유독소스의 착출법을 이용해야 했으므로 그의 증명은 불완전했을 것이다.

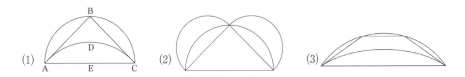

　히포크라테스는 원의 넓이정리로부터 달꼴을 사각형으로 만들어 넓이를 구하는 방법을 처음으로 보여주었다. (1) 반원 위의 달꼴을 선분의 제곱으로 나타낼 수 있었다. 호 ABC와 ADC는 각각 직각이등변삼각형의 두 변 AB와 AC를 변으로 하는 정사각형 외접원의 일부이다. 이때 반원 ABCE와 활꼴 ADCE의 차는 삼각형 ABC가 된다. 곧, 달꼴 ABCD의 넓이는 삼각형 ABC의 넓이이다. (2) 직각이등변삼각형의 밑변과 직각을 낀 두 변을 각각 지름으로 하는 반원을 그리면, 삼각형의 넓이는 작은 변 위의 두 활꼴의 합과 같다. 사실 이 둘은 같은 내용을 다루고 있다. (3) 세 변이 같은 등변사다리꼴에서 긴 변(밑변) 위의 정사각형 넓이를 짧은 변 위의 정사각형 넓이의 합과 같게 한다. 이때 사다리꼴 외접원의 짧은 변 위의 호와 닮은 원호를 긴 변 위에 그리면 달꼴의 넓이는 사다리꼴의 넓이와 같다. 이로써 히포크라테스는 곡선으로 둘러싸인 영역의 넓이를 처음으로 정확히 구했다. 아마 그는 자신의 결과가 반원과 넓이가 같은 정사각형을 작도하는 실마리가 될 것으로 바랐을 것이다. 그러나 모든 달꼴의 넓이를 구할 수 있는 것은 아니었다.

히포크라테스는 명제들을 적절히 배열하면 앞쪽의 명제들로 뒤쪽 정리를 증명할 수 있다는 생각을 구안한 사람으로도 평가받는다.[49] 이와 함께 그는 알파벳 글자로 기하학 도형에 있는 점과 선을 표시하는 혁신적인 방법도 도입했다.[50]

다음으로 두 비례중항을 살펴보자. 히포크라테스의 구적법은 당시 수학자들이 넓이와 비례의 변환을 잘 다루었음을 보여준다. 두 변이 a, b인 직사각형을 정사각형으로 바꾸는 것은 a와 b의 비례중항(기하평균)을 구하는 것이다. 곧, $a : x = x : b$인 x를 작도하는 것으로 이것은 당시의 기하학자에게는 쉬운 일이었다. 그러므로 정사각형의 배적 문제는 두 변이 a와 $2a$인 직사각형을 정사각형으로 바꾸는 것이 되어 $a : x = x : 2a$를 만족하는 x를 작도하는 것($x^2 = 2a^2$을 푸는 것)으로 쉽게 해결된다. 이것을 바탕으로 히포크라테스는 정육면체의 배적 문제를 푸는 데서 처음으로 실질적인 진전을 이루었다. 그는 앞선 비례식을 두 양 a, $2a$ 사이에 두 비례중항을 넣는 것으로 확장했다. 곧, $a : x = x : y = y : 2a$로 놓아 $a^3 : x^3 = (a : x)^3 = (a : x)$ $(x : y)(y : 2a) = a : 2a = 1 : 2$로부터 $x^3 = 2a^3$을 얻었다. 그는 자와 컴퍼스만을 사용한 작도로 이 비례중항을 찾지 못했다. 그렇지만 공간 기하의 문제를 평면기하학의 문제로 바꾼 것은 그 자체로 중요한 업적이었다.[51]

원적 문제에서 또 다른 중요한 아이디어를 소피스트와 같은 시대의 안티폰(Ἀντιφῶν 전480?-411?)이 내놓았다. 그의 생각은 원에 내접하는 다각형을 구하되, 변의 수를 늘려 가면 그 넓이는 원의 넓이에 다가간다는 것이었다. 이 이야기는 착출법과 관련지어 다룬다.

7 과학의 수학화와 플라톤

펠로폰네소스 전쟁이 끝나고 나서 아테네는 정치적 권력을 잃었으나 문화적 우위는 유지했다. 이에는 소피스트를 비롯한 여러 학자가 아테네에서 활동했고 플라톤이 커다란 역할을 했던 데에 있다. 플라톤은 이집트를 여행했고 이탈리아 남부에서 피타고라스학파 사람들과 만났다. 이때 플라톤은 피타고라스학파의 신조에 친숙하게 되었고 수학의 보편적 가치에 공감했다.[52] 이로써 그는 과학과 철학의 바탕에 수와 기하를 두게 되었다. 그는 −387년 무렵에 아테네로 돌아와서 아카데미아를 세웠다. 그는 그곳에서 철학과 과학을 체계적으로 탐구했다. 그의 이런 열정 덕분에 아테네는 수학계에서 우위를 차지하게 되었다. 그러다 프톨레마이오스 1세가 −300년 무렵에 교육과 연구를 할 수 있도록 알렉산드리아에 박물관을 세우면서 유능한 수학자와 과학자가 알렉산드리아로 자리를 옮겼고, 이에 따라 수학의 중심지도 알렉산드리아로 옮겨갔다.

플라톤은 창의적인 수학자는 아니었으나 과학을 수학화하는 데 많이 이바지했다. 그는 물질세계를 수학으로만 파악할 수 있다는 생각을 널리 깊게 퍼뜨렸다. 그에게 수학 연구는 추상적 사고를 준비하거나 훈련하는 것이었다.[53] 그는 수학교육을 받고 수학으로 단련되면 이전의 자기보다 한결 민감해지며 누구나 발전하게 된다[54]고 했다. 수학 학습이 최적의 정신 수양을 제공하기 때문에 철학자나 이상 국가를 통치하려는 사람에게 필수라고 확신했다.[55] 이런 확신으로 그는 수학을 아카데미아의 교육과정에서 중요한 자리에 놓았다.

자연이 수학적으로 설계되어 있다는 생각을 설명하고 전파하는 데 플라톤이 가장 많이 이바지했다. 그에 따르면 조물주가 세상을 합리적으로 설계하는 지적 체계를 마련함으로써 혼돈 상태에 있던 우주가 질서를 갖추었다. 천문학은 수학적 우주에 있는 천체의 운동 법칙을 다룬다. 이 운동 법칙은 시각이 아닌 정신으로 파악할 수 있다. 그에게 수학적 우주는 구형이어야 했다. 구는 대칭이고 완전하며 표면의 모든 점은 같기 때문이다. 플라톤에게 모든 행성은 각자 구면에서 하나의 원을 따라 움직이는데, 경로가 여럿으로 보이는 것은 겉보기일 뿐이었다. 천체가 원운동을 하는 것은 그것이 참된 완전한 운동이어서 어떠한 동인도 필요 없기 때문이다. 그는 원운동으로 천체의 겉보기 운동을 설명하면서 천문을 수학의 한 분과로 만들었다.

플라톤에게 진정한 의미에서 학문적 고찰의 대상이 되는 것은 낱낱의 사물과 떨어져 있는, 변함없이 참으로 존재하는 이데아였다. 이와 달리 물질과 그것들의 관계는 불완전하고 변화하며 사라지기 쉬우므로 궁극의 진리를 보여주지 못한다. 이데아야말로 이성의 움직임으로 파악되며 이데아로만 참 알 수 있다. 이와 달리 감각이 파악하는 현상은 이데아의 그림자이거나 이데아와 비슷한 모습일 뿐이다. 그에게 기하학의 참된 대상은 사람이 손으로 그리는 도형이 아니라, 머릿속에 그려지는 절대 개념으로서 본질적인 도형이었다. 기하학자는 눈에 보이는 형상을 사용하여 그 형상에 대해 논증하지만 그들이 알려는 것은 눈에 보이는 형상의 원형이다.[56] 이렇듯 그는 일상생활의 요구를 만족시키는 것으로써 실용상의 유용성과 지성을 훈련하는 데서 찾을 수 있는 유용성을 분명히 구별했다.[57] 이데아에 대하여 사고하는 법을 배우는 것이 수학 개념에 대하여 사고하는 법을 배우는 것이다. 눈앞에 그려 있는 사각형이나 대각선이 아니라 그것들 자체를 논증하는 것이다.

피타고라스에게 수는 사물에 내재했는데 플라톤에게 수는 사물의 너머에 있다. 수의 관계는 실체의 일부이며 사물의 모임은 수의 모방이다. 플라톤은 수학으로 자연을 이해하려는 피타고라스학파에서 한 걸음 더 나아가 자연 자체를 수학으로 대체하고자 했다.[58] 그에게 수학의 법칙은 실제의 본질이었다. 수학으로만 자연 세계를 파악할 수 있다. 수와 기하 개념은 물리적 대상물과 완전히 다르다. 그 개념은 경험에 의존하지 않으며 스스로 실체를 지니고 있다. 그러므로 그것은 발견되는 것이지 만들어지거나 구성되는 것이 아니다.

그리스인이 수학의 추상 개념을 선호하게 된 것은 플라톤의 영향이 가장 크다. 이데아 세계를 모방한 구체적인 물질세계는 사라져 없어지므로 추상된 관념의 세계만 탐구하게 된다. 이 추상 개념과 함께 이상화가 또 하나의 핵심이다. 이상화를 추구하는 지적 수단인 수학을 통해 증명에서 특정한 물리적 의미를 배제할 수 있다. 그래서 수학적 사고는 더 높은 사고의 형식을 갖추도록 해준다. 그렇지만 선험적 진리에 기반을 두고서 지식을 추구한 플라톤의 반경험주의적 접근이 이후 2천 년에 걸쳐 유럽에서 과학이 발달하는 데 장해가 되었다.

−6~5세기에 유물론적 성향을 띠고 있던 이오니아학파와 소피스트에 반대하는 철학 운동이 플라톤의 제자인 소크라테스에 의해 시작되었다. 피타고라스와 그 추종자들이 관념론에 기반을 두고 있었듯이 소크라테스 이전의 과학자들이 모두 유물론의 성향을 띠지는 않았다. 소크라테스의 영향력이 커진 −4세기 초 이후에는 정신을 물질에 우선하는 자연 해석이 인간의 사고를 지배했다. 소크라테스는 보편 진리, 절대적인 선을 상정하고 그것에 다다르는 방법으로 분석, 비교, 변증, 종합 등을 제시했다. 이러한 결과는 과학에 엄청난 부정적 영향을 끼쳤다.

수학이 실용 목적으로 쓰이는 것을 경멸했던 플라톤과 소크라테스의 영향으로 그리스 지식인은 계산술에 관심을 두지 않았다. 계산술을 페니키아 상인에게나 어울리는 연구로 깎아내렸다. 플라톤은 기하학에서도 직공이나 기술자들의 유물론적 견해를 무시하고 순수기하학을 옹호했다. 이러한 과학 엘리트주의는 그의 정치 철학과 깊이 엮여 있다.[59] 플라톤 시대에 지식인은 그들을 후원하던 귀족을 따라 드러내놓고 육체노동을 업신여겼다. 그런 태도는 지배 계급에 깊이 뿌리를 내린 이데올로기를 기반으로 하고 있었다. 플라톤은 고대 후반에 통용된 괴상할 정도로 비역사적인 견해, 곧 기술을 발명해 낸 사람은 철학자였고 그들이 이것을 노예에게 전해주었다는 생각[60]을 지어내어 엘리트주의 과학적 관점을 퍼뜨렸다.

이를 뒷받침하는 것이 플라톤의 아카데미아에서 운용하던 교육과정이다. 플라톤은 수학이 최적의 정신 수양을 제공하므로 철학자뿐만 아니라 철인왕(哲人王)에게도 수학이 반드시 필요하다고 했다. 기하학을 모르는 사람은 아카데미아에 들어오지 말라고 했듯이 그는 수학을 교육과정에서 특별히 대우했다. 수학은 이데아를 파악하도록 인간 정신을 훈련하는 학문이었다. 수학을 구성하는 4과에서 수론으로는 지성을 갈고 닦는다. 추상적이며 완벽한 것의 모범인 기하학으로는 무엇을 실제로 행하는 것이 아니라 이데아로부터 지식을 얻는다. 역법이 아닌 천문으로는 이상적인 원과 수로 표현되는 천체의 형태와 운동을 밝혀낸다. 음악으로는 물질적인 음을 뛰어넘는 추상의 조화를 파악한다. 플라톤은 4과에서 이데아와 실제를 구별하고, 귀족 계급은 궁극으로 이데아를 추구해야 하고 노예처럼 노동을 맡은 계급은 실제에 쓰이는 것을 배워야 한다고 했다. 이러한 플라톤의 엘리트주의는 유용성을 과학의 목표에서 제외했고, 직접 손을 써서 일하는 사람들을 과학의 실천에서 배제했다.[61] 플라톤의 의도를 제도적으로 단단하게 받쳐주었던 아카데미아가 900년 넘게 이어지면서 엘리트 과학의 이데올로기는 영향력을 꾸준히 확대 심화시켜 나갔다. 이런 점에서 소크라테스, 플라톤, 아리스토텔레스는 반민주적인 지식인이었다.

플라톤은 신이 이성으로 파악할 수 있는 것 가운데 최고인 기하학에 따라 물질의 근원을 만들었다고 했다. 신은 근원 입자인 불, 공기, 물, 흙(4원소)을 가장 훌륭하고 선한 것으로 만들었으므로 그것들은 가장 단순하고 기본적인 기하학 형상이어야 했다.[62] 그리스에서 기하학의 원리는 우주의 구조에 들어 있고, 그 구조의 주요 구성 요소는 공간이었다. 이 공간을 채우고 있는 물질은 이상적인 직각삼각형으로 이루어져 있다. 세 점을 정하면 삼각형이 결정되고, 이런 삼각형들로 둘러싸인 공간이 물체를 결정한다. 따라서 물체의 기본 요소는 삼각형이다. 그 가운데서도 정삼각형을 이등분한 것과 정사각형을 이등분한 것이 기본이다. 정삼각형으로 정사면체, 정팔면체, 정이십면체를 만들고 정사각형으로는 정육면체를 만든다. 전자의 셋은 각각 불, 공기, 물의 입자를, 정육면체는 흙의 입자를 구성한다. 모든 면이 정삼각형인 불, 공기, 물의 입자는 변화하기도 하고 다른 입자들 사이로 들어가기도 한다. 모든 면이 정사각형인 흙의 입자는 다른 원소로 변성되기 어려워 가장 불활성적이고 무거워 움직이기 어렵다. 불과 공기, 공기와 물, 물과 흙이 제각기 같은 비율로 우주에 존재하는데, 모든 물체는 그것이 포함하는 원소들의 비율을 나타내는 수로 규정될 수 있다.[63] 이처럼 플라톤은 4원소의 근원 입자가 기하적 존재이며 그 성질도 오직 기하적 형상에 따른다고 봄으로써 엠페도클레스(Ἐμπεδοκλῆς‘ 전490?-430?)의 4원소 이론과 데모크리토스의 원자론 사상을 통일했다.

하나 남은 정다면체인 정십이면체의 각 면을 이루는 정오각형은 두 종류의 직각삼각형으로 만들 수 없다. 그래서 플라톤은 정십이면체를 천구의 자료를 만드는 제5원소라고 했다. 피타고라스학파가 정십이면체에 기울였던 관심의 영향을 받은 플라톤은 정십이면체를 불, 공기, 물, 흙으로 채워진 물질세계를 에워싼 우주와 결합했다. 더욱이 정십이면체의 열두 면은 12궁(宮)으로 나뉘는 우주와 자연스럽게 결합된다. 이처럼 기하는 모든 물질 이론의 열쇠였으므로 플라톤의 우주관이 수학적인 것은 필연이었다. 정다면체는 17세기의 아주 초기에 행성의 거리에 관한 케플러의 이론에서 나타나고 19세기에 유한군과 갈루아 이론에서 다시 등장한다. 전자는 실패했고 후자는 대수학을 비롯한 여러 분야에 많은 영향을 끼쳤다.

플라톤학파는 추론과 증명 방법으로 두 가지를 제시했다고 전해진다. 첫째는 분석(법)이다. 플라톤은 전제에서 결론에 이르는 추론의 흐름이 분명하지 않을 때 그 과정을 뒤집어 보아야 한다고 자주 지적했다. 그렇지만 사물을 분석적으로 보는 것이 도움이 됨을 처음으로 인식한 사람이 플라톤은 아니었을 것이다. 어떤 문제를 미리 검토해 보는 것 자체가 분석이기 때문이다. 그가 처음으로 그 절차를 공식화했거나 그것에 이름을 붙였을 것이다. 둘째는 귀류법이다. 플라톤은 이데아로 이루어진 객관적이며 보편타당한 실체가 존재한다고 했다. 우리는 이러한 이데아를 변증의 과정을 거쳐 인지하게 되는데 이 변증법에서 귀류법이 흔히 쓰인다. 귀류법을 도입한 사람으로 히포크라테스를 들기도 한다.

플라톤이 지식을 연역적 체계 안에서 조직할 것을 강조함으로써, 이후로 특정한 원리들로부터 연역적으로 증명하는 방식이 요구됐다고 보아야 할 것이다. 하지만 원리, 곧 공리의 개념이 명확하지 않았다. 플라톤은 상기론으로 공리의 인정을 정당화했다. 그는 공리는 인간과 독립하여 객관 세계에 존재하는 것으로, 그것을 떠올리면 된다고 믿었다. 그래서 그는 연역적 증명을 강조했으나 한편으로 불필요하게 지나치다고도 생각했다. 왜냐하면 의심할 여지 없는 수학의 공리나 정리도 상기의 대상이었기 때문이다. 플라톤학파의 연역적 논증에 대한 강조는 유클리드가

〈원론〉에서 수학을 체계화하는 배경이 되었다.

⑧ 착출법과 유독소스

원의 넓이를 구하는 문제에 처음으로 이바지한 사람의 하나는 소피스트인 안티폰이다. 그는 원적 문제를 연구할 때, 원에 내접하는 정사각형부터 시작하여 그 정사각형의 각 변을 밑변으로 하는 이등변삼각형을 원에 내접시켰다. 이제 새로 생기는 정다각형마다 각 변을 밑변으로 하는 이등변삼각형을 내접시키는 절차를 계속한다. 그러면 다각형의 넓이는 원의 넓이에 가까이 가고 마침내 두 넓이의 차는 사라질 것이라고 했다. 이것은 그가 원을 한없이 많은 변으로 이루어진 다각형으로 여겼기 때문이다. 어떤 다각형도 넓이가 같은 정사각형으로 만들 수 있음은 알려져 있었으므로, 원과 넓이가 같은 가진 정사각형도 만들 수 있다고 주장했다. 그러나 안티폰의 주장은 크기를 한없이 분할할 수 있다는 원칙과 어긋난다. 그의 생각은 결코 원을 넓이가 같은 다각형으로 온전히 바꿀 수 없다는 비판에 맞닥뜨렸다. 원적 문제는 무한을 회피해서는 결코 해결될 수 없다. 이 논리적 결함을 교묘히 덮어 놓은 것이 착출법이다. 이 착출법을 싹틔운 것이 바로 안티폰의 주장이었다. 아리스토텔레스는 안티폰의 착출법을 고려할 가치가 없다고 했으며, 히포크라테스의 구적법에 반증을 제시하지 못했으면서도 그것을 틀렸다고 했다.

아르키메데스에 따르면 유물론적 원자론의 제창자인 데모크리토스(Δημόκριτος 전 460?-370?)는 임의의 다각형을 밑면으로 하는 각뿔의 부피는 같은 밑면과 높이를 가진 각기둥 부피의 1/3이라고 주장했다. 그는 삼각기둥을 밑면과 높이가 같은 삼각뿔 세 개로 나눌 수 있었다. 다음으로 밑면과 높이가 같은 두 삼각뿔의 부피는 서로 같다는 것을 끌어내고, 이것을 바탕으로 삼각뿔의 부피는 밑면과 높이가 같은 삼각기둥 부피의 1/3임을 확인했을 것이다. 이 사실로부터 그는 삼각뿔 두 개로 구성되는 사각뿔의 부피가 밑면과 높이를 곱한 것의 1/3이라는 이집트의 정리를 연역했을 것이다.

데모크리토스는 기하학적 원자론에 바탕을 두고 위의 결과를 끌어냈을 것이다. 그에게 점은 유한한 크기가 있는 기하학적 원자이다. 선분은 유한개의 점으로 이루어져 있으나 개수는 감각을 뛰어넘을 정도로 많다. 그는 기하학적 입체는 평행한

판으로 되어 있으며 이 판의 두께는 원자 하나의 크기와 같다고 생각했다.[64] 그는 밑면과 높이가 같은 두 삼각뿔에서 같은 높이에 있는 판끼리는 같다고 생각했을 것이다. 그러면 한없이 얇은 판이 수없이 많지만 개수는 같으며, 그것들이 일대일로 대응하는 두 삼각뿔의 부피는 같게 된다. 이 생각은 17세기 카발리에리가 주창한 불가분법의 첫 예가 될 것이다. 원뿔의 부피가 원기둥 부피의 1/3이라고 하는 정리도 데모크리토스가 발견했다고 하지만, 어떻게 발견했는가를 보여주는 기록은 없다. 그는 원을 각 변이 2개의 원자로 구성된 다각형이라는 생각을 적용하여 원뿔을 각뿔이라 여기고서 제시했을 것이다.

각뿔이 두께가 있는 얇은 판으로 이루어져 있다는 생각은 바로 이웃한 두 개의 판을 생각하면 역설이 생긴다. 이웃한 판의 넓이가 다르다면 각뿔 전체가 계단형으로 되어 겉면이 매끈하지 않게 된다. 한편, 이웃한 판의 넓이가 같다면 모든 판이 같으므로 입체는 각뿔이 아니라 각기둥이 될 것이다. 이것은 통약불가능량과 운동의 역설만큼이나 해소하기 어려운 문제이다. 제논의 역설과 통약불가능량의 존재가 무한소의 무한성을 근거로 한 논증을 받아들일 수 없게 만들었기 때문에 아르키메데스는 데모크리토스의 증명이 엄밀하지 않다고 생각했을 것이다. 유물론적 원자론학파는 −3세기까지 이어져 왔지만 플라톤에게 미움을 받던 데모크리토스는 역사로부터 매우 철저히 외면당했다.[65] 또한 관념론자인 역사학자 프로클로스는 데모크리토스가 수학 분야에서 이룬 업적을 묵살했다.[66]

통약불가능량으로 생긴 위기를 비례론으로 해결한 유독소스가 곡선 도형과 직선 도형을 비교하는 문제도 착출법이라는 간접 증명법으로 해결했다. 사실 그의 비례론의 일반화가 착출법이다. 착출법이라는 이름은 17세기에 붙여졌다. 그리스인은 이것을 곡선 도형의 넓이, 부피와 그 밖의 양에 관련된 정리를 증명하는 데 이용했다. 착출법은 아마 제논의 역설에 대한 플라톤학파의 답변으로 간주될 수 있을 것이다.[67]

극한 이론의 싹이라 할 수 있는 착출법은 양을 한없이 나눌 수 있다는 것을 전제로 한다. 어떤 양 a에서 그것의 1/2보다 큰 양을 빼고, 나머지에서 이것의 1/2보다 큰 양을 빼는 과정을 계속 되풀이할 수 있다면, 유한 번 조작하고 나서 생기는 나머지 a_n은 $a/2^n$보다 작다. 이것은 a_n의 극한이 0임을 보여준다.[68] 그렇지만 실제로 여기서는 무한소에 대한 논의를 비켜 갔다. 유독소스가 개발한 비례론과 착출법은 실무한을 배척했으므로 착출법에는 극한 개념이 없었다.

착출법은 곡선 도형을 직선 도형에 근사시켜 놓고 직선 도형에서 성립하는 관계가 문제의 곡선 도형에서도 성립하는 것을 보여주기 위해 귀류법을 사용한다. 이것을 원뿔의 부피를 구하는 데서 살펴보자. 밑면도 같고 높이도 같은 각뿔과 각기둥에서 각뿔의 부피가 각기둥 부피의 1/3이라는 결과를 원뿔과 원기둥의 관계로 확장한다. 같은 원을 밑면으로 하고, 높이가 같은 원뿔 C와 원기둥 K

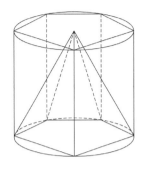

를 생각한다. 밑면인 원에 내접하는 같은 정다각형을 밑면으로 하면서 원뿔에 내접하는 각뿔 C_n과 원기둥에 내접하는 각기둥 K_n을 그린다. n을 늘리면 각뿔과 각기둥은 각각 원뿔과 원기둥으로 한없이 가까이 간다. 이때 각뿔의 부피는 각기둥 부피의 1/3이므로, 원뿔의 부피도 원기둥 부피의 1/3임은 직관으로 분명하다. 그러나 직관만으로는 충분하지 않으므로 유독소스는 이중귀류법으로 증명했다. 각뿔의 부피가 각기둥 부피의 1/3임은 이미 알고 있다($C_n = K_n/3$). 먼저 원뿔 C의 부피가 원기둥 K 부피의 1/3보다 크다고 가정한다. $C > K/3$. 변의 수 n을 늘리면 C와 C_n의 차이는 얼마든지 작게 되므로 $C > C_n > K/3$로 되는 각뿔 C_n을 만들 수 있다. 각뿔 C_n의 3배는 물론 각기둥 K_n이다. 그러므로 $K_n = 3C_n > K$로 되어 각기둥의 부피가 원기둥의 부피보다 크게 된다. 이것은 모순이다. 거꾸로 $C < K/3$라고 가정해도 마찬가지로 모순이 나온다. 원뿔의 부피가 원기둥 부피의 1/3임을 직접 끌어내지 못하고, 1/3보다 크다고 그리고 작다고 가정하여 모순을 끌어내어 결과를 얻었다. 곧, 귀류법을 두 번 사용했다. 이런 절차가 몹시 성가시기는 하지만 익숙해지면 착출법의 적용은 판에 박힌 일이 된다. 이렇듯 유독소스는 착출법으로 무한과 극한을 적용하지 않고서도 결과가 타당함을 보였다. 그는 착출법으로 원의 넓이가 지름의 제곱에 비례함도 증명했다. 나중에 유클리드가 여기에다 구의 부피가 지름의 세제곱에 비례한다는 정리를 보탰다. 그렇지만 여전히 무리수와 무한의 문제를 회피했기 때문에 그 방법이 독창적이기는 해도 체계적이지 못했다.

유독소스의 논의에는 근사의 과정은 있지만, 급수의 합을 구하는 과정은 없다. 곧, 원뿔과 원기둥이라고 하는, 같은 종류의 두 도형을 비교하여 부피를 구하지, 원뿔의 부피를 원기둥과 관련짓지 않고서 합을 계산하여 구하지 못한다. 그러니까 원뿔 부피가 원기둥 부피의 1/3이라는 사실을 보이기만 했지, 원기둥의 부피(결국 원의 넓이)를 수치로 나타내지 못했다. 이렇게 보면 유독소스가 착출법을 적용한 모든 예는 같은 종류의 도형을 비교하는 것이어서 참된 의미에서 구적은 없다.[69] 실질적인 구적으로 새로운 도형의 넓이나 부피를 처음으로 구한 사람은 아르키메데스이다.

⑨ 논리와 아리스토텔레스

초월적 세계를 내세우고 과학을 순수수학으로 환원하는 플라톤의 반(反)경험주의 유산을 아리스토텔레스가 완화했다. 그는 철학상의 논점에서 플라톤과 생각을 달리했다. 이데아만이 참된 실재라고 보는 플라톤과 달리 아리스토텔레스에게 실재란 초월적인 형상의 세계에 있지 않고 우리가 경험하는 구체적인 것에 있었다. 플라톤은 원소의 기하학적 형상으로 원소의 성질을 설명했으나 아리스토텔레스에게는 거꾸로 물질의 성질이 기본이고 원소는 그 성질이 물화(物化)된 것이었다.[70] 참된 지식은 직관과 추상화를 수단으로 하여 감각 경험을 통해 얻어진다. 그는 체계화, 일반화를 약한 기반 위에서 행했으나, 경험 자료에 바탕을 두었다. 그에게 과학은 물질세계를 연구하여 진리를 얻는 것이었다. 수학은 존재하는 현실의 사물을 독립으로 연구하는 것이 아니라, 물리적 사물의 수학적 성질을 연구하는 것이었다.[71] 이런 생각이 바탕에 놓인 그의 주장은 우리가 사는 세계에서 일상적으로 관찰하고, 경험하는 것과 일치했다.

다른 한편으로 아리스토텔레스는 두 가지 측면에서 플라톤을 이어받았다. 첫째로 그는 과학 엘리트주의를 적극 지지했다. 그는 지배자와 피지배자는 선천적으로 구별된다고 보아 노예의 존재를 합리화했고 인간 불평등을 당연히 여겼다.[72] 둘째로 그는 이오니아의 유물론적 자연철학에 맞섰던 소크라테스를 계승했다. 그는 궁극의 실재는 추상된 수학적 관계에 있다는 플라톤과 단절하긴 했으나 플라톤에 못지않은 관념론인 목적론적 자연관을 옹호했다. 그의 경험은 감각과 직관에 근거한 관념론에서 벗어나지 못했다. 그는 물리학과 역학에서 자명해 보이는 원리로부터 출발하지만, 자명해 보인다는 까닭으로 충분한 관찰과 실험을 거치지 않았다. 그는 초월적 존재가 필요하지 않는다고 했으면서도 자연 현상을 설명할 때 정신 과정과 유비를 주로 이용함으로써 플라톤 못지않게 정신을 물질보다 우위에 두었다.[73] 그는 자연의 법칙을 인간의 지성만으로 추론할 수 있다고 했다.

아리스토텔레스에게 수학은 형태나 양과 같은 형식적인 성질을 기술하는 데 도움을 주며, 물리 현상에서 관찰되는 사실을 논리적으로 설명해 주는 학문이었다. 그래서 그는 여러 방면에서 자신의 논점을 설명할 때 수학을 사용했다. 수학적 진리는 인간과 독립된 세계에 존재한다고 믿은 플라톤에게 추론은 정리의 올바름을 보장해 주지 않았다. 이와 달리 아리스토텔레스에게는 수학에서 연역적 증명이 진리를 확립하는 유일한 토대였다.

그리스인은 적어도 −6세기 이후에 논리적 추론의 개념을 발달시켰다. 도시국가의 활발한 정치 생활이 논의와 설득의 기술을 발달시켰다. 더욱이 탈레스 때부터 이전 문명과 다르게 일반화를 추구하는 증명이 수학에서 중심 역할을 하기 시작했다. 이런 배경에서 아리스토텔레스가 그동안 발전되어 온 여러 논의를 바탕으로 추론의 체계를 세웠다. 그는 완성된 공리적 수학을 전제로 논증 수학의 구조를 반성적으로 검토하면서 논리학을 세웠다. 곧, 아리스토텔레스는 수학에서 논리학을 끌어냈다. 그의 논리학으로부터 공리적 수학이 유래한 것이 아니다.[74] 그가 제시한 논리학의 기본 원리(동일률, 모순율, 배중률)는 수학적 간접 증명의 골자이기도 하다.

아리스토텔레스가 근거가 빈약한 경험으로부터 추론하는 도구로 사용했던 것이 삼단논법이다. 그는 증명 그 자체를 정의했는데, 증명은 어떤 전제로부터 연역적으로 추론하는 것이었다. 그는 삼단논법이라는 연역법의 기본 원리를 설명하고 정의, 공준, 공통 개념, 가설 등의 본질을 제시하여 증명을 포함한 추론에 엄밀한 기준을 제시했다. 그는 어떤 용어를 정의할 때 앞서 정의된 용어를 사용해야 하는데, 그러면 무한 절차를 밟게 되므로 이것을 피하기 위해서는 정의하지 않는 기본 개념(무정의 용어)을 받아들여야 한다고 했다. 또한 모든 것을 추론으로 얻을 수 없으므로 삼단논법이 제대로 적용되려면 논의 없이 참이라고 인정되는 것에서 시작해야 한다고 했다. 곧, 증명할 수 없는 몇 개의 원리(공준과 공통 개념)가 필요하다고 했다. 그는 정의와 공준, 공통 개념을 제외한 것들은 대상물이 무엇인지를 알려줄 뿐이지 그것의 존재성을 보장하지 않는다고 했다. 그러므로 그것들에 대응되는 것이 실세계에 있음을 보여야 했다. 이러한 존재성을 담보하기 위해 아리스토텔레스와 유클리드가 채택한 방식은 직선과 원을 이용한 작도였다.

아리스토텔레스는 증명이 시작되는 공준과 공통 개념이 참인지는 그것들로부터 나오는 결과가 현실 세계와 합치되는지로 알게 된다고 했다. 이때 개별성을 배제하고 공통 특성이나 속성을 추상함으로써 보편성이 확보된다. 그에 따르면 공준은 특정 과학에서 받아들여지는 원리이고 공통 개념은 사고의 모든 분야에 공통으로 적용되는 진리이다. 이를테면 공통 개념은 '같은 것들에 같은 것을 더하면 전체끼리는 서로 같다'와 같은 모든 학문에 공통되는 진술이다. 공준은 기하학 같은 특정한 학문에 적용되는 '임의의 점에서 임의의 다른 점으로 직선을 그을 수 있다'와 같은 진술이다. 공준과 공통 개념으로부터 논의를 시작하여 증명으로 결과를 끌어낸다는 아리스토텔레스의 사고방식은 수학에서 진리를 탐구하는 전형이 되었다. 이 방식을 유클리드가 받아들였다.

아리스토텔레스는 실무한을 불완전하고 결말이 없는 것이라 하여 그것의 존재 자체를 인정하지 않았다. 그가 사용하는 무한은 가무한(잠재적 무한)일 뿐이었다. 어떤 자연수이든 1을 더해 새로운 자연수를 계속해서 얻는다는 점에서 자연수는 가무한이지만, 자연수 전체의 집합 같은 무한집합 개념은 생각할 수 없는 대상이었다. 무리수를 부정한 것도 실무한을 받아들이지 못했기 때문이었다. 연속량인 크기를 둘로 나누는 분할을 필요한 만큼 되풀이할 수 있고, 분할하는 횟수를 셀 수 있으나 끝에 도달할 수는 없다. 게다가 끝없는 직선과 같은 무한량은 필요하지도 않았다. 임의로 긴 직선만으로도 충분했다. 이 때문에 철학도 무한을 회피했다. 무한의 역설은 넘을 수 없는 장벽이었다. 대부분의 수학자는 무한을 계속 진행하는 가능성으로만 모호하게 이해했다. 아리스토텔레스가 (실)무한은 필요하지도 않고 사용되지도 않는다고 했던 말은 19세기 후반까지도 수학자들의 확장된 사고를 가로막는 데 많은 영향을 끼쳤다. 제논의 역설과 아리스토텔레스의 논박에서 나타난 논의들은 무한과 무한소를 다룰 때 가정을 굉장히 신중하게 생각하도록 만들었다.

아리스토텔레스의 한계에도 불구하고 그에게는 플라톤보다 건설적인 잠재력이 있었다. 두 사람 모두 수학은 운동과 관계없다고 생각했지만, 초월적인 형상의 세계만 인정했던 플라톤과 달리 아리스토텔레스는 실세계의 운동과 변화에 일부 근거를 두었다. 이를테면 점과 수는 이산적 양이며 선이나 넓이는 연속적 크기라는 것은 경험과 같았다. 크기는 나눌 수 있는 요소로 구성되어 있으나, 수는 더 이상 나눌 수 없는 요소로 구성되기 때문이었다. 또한 구체적인 대상물을 배제한 수는 구체적인 대상물이 바로 연상되는 기하 개념보다 추상적이라는 것도 감각과 일치했다. 구형의 지구가 우주의 중심에 멈추어 있고 천체가 움직인다는 것도 감각 경험과 같았다. 천상 영역과 지상 영역의 운동을 각기 다른 법칙으로 설명하는 것도 관찰 결과와 일치했다. 아리스토텔레스 과학은 비잔틴, 아랍, 중세 유럽으로 넘어오면서 경직된 교의로 굳어졌다. 중세 유럽의 지식인들은 우주와 자연에 관한 모든 지식에서 아리스토텔레스를 궁극의 권위자로 여겼다. 과학 문제에 관한 논쟁을 관찰이나 실험이 아니라 그의 저작을 열심히 연구하여 해결하고자 했다. 이런 모습은 17세기 뉴턴이 보편중력에 바탕을 두고서 우주 전체의 운동을 하나의 통일된 법칙으로 설명할 때까지 이어졌다.

10 천문

그리스인에게 수학은 자연을 탐구하는 도구이자 우주를 이해하는 열쇠였다. 천문, 광학, 음악 등으로부터 제기된 문제와 다른 분야에 응용하려는 욕구가 수학을 연구하게 했다. 헬레니즘 시기에 천문이 수리과학으로 바뀌면서 구면기하학을 연구했던 것도 이를 뒷받침한다.

우주의 구조와 천체의 운동을 합리적으로 설명하려는 시도가 밀레토스에서 시작됐다. 고전기 그리스의 천문학자는 독자의 운동을 하고 있는 해, 달, 수성, 금성, 화성, 목성, 토성의 크기와 거리, 운동을 이해하려고 했다. 그렇지만 그들은 철학적인 의미를 지나치게 찾고 심미적인 원리에 더 치중했지, 관찰에 바탕을 두는 각도의 측정과 수치 계산에서는 소홀했다. 그렇다고 해서 바빌로니아의 천문과 점성술처럼 천체의 운동을 단순하게 파악하고 조작하거나 이론화하지 않았다.

플라톤은 바빌로니아와 이집트에 많은 천문 관측 자료가 있었으나 천체의 운동에 관한 일관된 이론이 없었다는 점을 강조하며 천문에 관심을 기울이도록 촉구했다. 그는 신성한 천체들은 영원하고 초월적이며 완벽한 순수 형상의 세계를 표현한다고 믿었다.[75] 신성한 천체에 적합한 운동은 지구를 중심으로 하는 등속원운동뿐이었다. 곡률이 일정한 원은 시작도 끝도 없는 완결성을 갖춘 완벽한 도형이었다. 지금은 직선 운동이 가장 단순한 운동이지만 가무한에 사로잡혀 있던 그리스인에게 직선은 끝이 없으므로 직선 운동은 결코 완결성을 갖추지 못한 것이었다. 근대에 이르기까지 천체가 등속원운동을 한다는 것은 의심의 여지가 없는 것이었다. 플라톤은 〈티마이오스〉에서 행성의 운동이 놀랄 만큼 복잡하다고 했으나 마지막 저작 〈법률〉에서는 각각의 천체는 하나의 등속원운동을 한다고 주장했다.[76] 아리스토텔레스에게도 천상의 우주는 변하지 않고 완전하므로 천상의 운동은 원운동 말고는 있을 수 없었다. 그리하여 등속원운동을 조합하여 행성의 복잡한 겉보기 운동을 보여주는 모형을 만들게 되었다.

아카데미아에서 공부하기도 했던 유독소스는 자연이 수학적으로 설계되어 있음을 보여주고자 했다. 그러면서 자연을 사변적으로 이해하는 생각과 점성술 따위의 신비적인 입장을 멀리했다. 그는 수량적인 천문과 사변적인 우주론을 통일하고, 천체의 위치를 결정할 때 처음으로 관측에 중점을 두어 현상을 과학적으로 해석하고자 했다. 그는 천문을 수학적 학문으로 바꾸는 데 크게 이바지했다. 그는 바빌로니아인이 천체의 복잡한 주기 현상을 여러 단순한 주기 운동으로 설명하는 방법을 발전시켜 천체의 운동을 산술 형식에서 기하학 형식으로 바꿔 설명했다. 그는 단순한 각각의 주기 운동에 원을 배정하고 원운동을 적절하게 조합하여 어떤 특정한 행성의 복잡한 주기 운동을 설명했다.[77]

그러나 유독소스의 저작은 없어져서 그가 행성의 운동을 어떻게 설명했는지는 분명하지 않다. 아리스토텔레스의 〈형이상학〉에 따르면 유독소스가 지구를 중심으로 하여 반지름이 다른 여덟 개의 구면이 둘러싼 동심천구 모형을 사용했고, 칼립포스(Κάλλιππος 전370?-300?)가 수정한 것으로 되어 있다.[78] 이 모형에서 해, 달, 행성은 회전하는 구면마다 하나씩 붙어 움직인다. 마지막으로 맨 바깥에 항성들이 붙어 있는 구면(항성 구면)이 움직인다. 그러나 그는 이 구면들을 움직이게 하는 힘을 설명하지 못했다. 하나의 현상으로서 천체의 운동을 그것에 맞게 설명하면 되었다. 운동이 물리적으로 가능한지는 염두에 두지 않았다. 항성 구면을 제외한 나머지 구면은 물리적으로 실재하는 대상이 아니고 계산상의 장치에 지나지 않는다고 생각했을 것이다.[79] 그는 수학적으로 설명하고자 했지 물리적으로 설명하려 했던 것은 아니었다.

유독소스는 아마도 이집트에서 외행성(화성, 목성, 토성)의 정류점, 역행, 회전 주기 같은 주요 현상만을 배운 것으로 보인다. 그 때문에 그것들의 크기와 거리들이 실제와 매우 달랐다. 또한 해의 속도 변화가 반영되지 않았고 궤도도 실제와 어긋났으며 화성과 금성의 움직임도 실제와 부합하지 않았다. 이런 결함에도 그의 이론은 질서가 없어 보이는 천체의 겉보기 운동을 기술하고 예측하는 수학적 틀을 제공하려고 했다는 데 의미가 있다. 유독소스의 동심천구계는 16세기에 코페르니쿠스가 태양중심설을 제창하기까지 거의 2000년 동안 유럽인의 우주관을 지배했다. 아리스토텔레스는 유독소스가 만든 기하학적 천구 체계를 물리적 실재로 받아들여 자신의 우주론인 투명 천구 체계에 통합했다. 어쨌든 그리스인에게서 시작된 지구중심설과 태양중심설 사이의 논쟁은 무한한 우주 속에서 구체적인 방위를 추구하려는 집념이었다.[80]

이 장의 참고문헌

[1] 민석홍, 나종일 2006, 34

[2] 민석홍, 나종일 2006, 35

[3] 孫隆基 2019, 352

[4] 孫隆基 2019, 447

[5] Conner 2014, 168

[6] 孫隆基 2019, 416

[7] Conner 2014, 151

[8] 伊東 1990, 13

[9] Boyer, Merzbach 2000, 74

[10] Eves 1996, 91-92

[11] Devlin 2011, 37

[12] Kline 2016b, 177

[13] Platon 2007, 289

[14] Stewart 2010, 221

[15] Platon 2007, 290

[16] Chrisomalis 2003

[17] Chrisomalis 2008, 508

[18] 안재구 2000, 116

[19] 中村, 室井 2014, 85

[20] 伊東 1990, 96

[21] McClellan, Dorn 2008, 102

[22] 伊東 1990, 110

[23] 伊東 1990, 107

[24] 中村, 室井 2014, 87

[25] 伊東 1990, 102

[26] 伊東 1990, 103-105

[27] 伊東 1990, 119

[28] Conner 2014, 169-170

[29] 안재구 2000, 121

[30] Dantzig 2005, 57

[31] Kline 2016a, 110

[32] Kline 2016b, 45

[33] Hankel 1874, 98

[34] Penrose 2010, 48

[35] Katz 2005, 59

[36] Stillwell 2005, 4

[37] Havil 2014, 43

[38] Burton 2011, 116

[39] Kline 2016b, 66

[40] Havil 2014, 74

[41] 안재구 2000, 171

[42] 伊東 1990, 135

[43] 김용운, 김용국 1990, 127

[44] Boyer, Merzbach 2000, 120-121

[45] Dantzig 2005, 146

[46] Beckmann 1995, 56

[47] Lloyd 2008, 11

[48] Katz 2005, 62

[49] Kline 2016b, 54

[50] Burton 2011 121

[51] Burton 2011, 125

[52] Burton 2011, 134

[53] Lloyd 2008, 10

[54] Platon 2007, 291

[55] Platon 2007, 290

[56] Platon 2007, 272

[57] Lloyd 2008, 10

[58] Kline 2016b, 207

[59] Conner 2014, 174

[60] Farrington 1969a, 106

[61] Conner 2014, 175

[62] 山本 2012, 40

[63] Mason 1962, 39

[64] 안재구 2000, 144

[65] 齊藤 2007, 81

[66] 안재구 2000, 147

[67] Eves 1996, 347

[68] Никифоровский 1993, 8

[69] 齊藤 2007, 90

[70] 山本 2012, 49

[71] Lloyd 2008, 11

[72] 장득진 외 2013, 92

[73] Conner 2014, 187

[74] 伊東 1990, 20

[75] McClellan, Dorn 2008, 112

[76] Lloyd 2008, 17

[77] Mason 1962, 39-40

[78] Lloyd 2008, 17

[79] Katz 2005, 160

[80] 孫隆基 2019, 267

제 2 장 고전기 그리스 수학

제 3 장

연역적 논증 수학의 기원과 전개

1 연역적 논증 수학의 형성 배경

1-1 수학 외적 배경

초기 그리스 수학이 오리엔트 수학으로부터 영향을 얼마나 어떻게 받았는지를 평가하기는 어렵다. 알려진 것보다 훨씬 많은 영향을 받았음은 틀림없다. 이것의 근거는 첫째로 그리스 초기 수학이 모두 그리스 본토가 아닌 소아시아, 이탈리아 남부, 아프리카에 있는 정착지로부터 나왔다는 점이다. 앞 장에서 기술했듯이 그리스와 바빌로니아의 천문이 깊은 관련이 있다는 것도 이를 뒷받침한다. 둘째로 그리스인 스스로 바빌로니아와 이집트에서 문화를 물려받았음을 인정했다는 점이다. 많은 그리스인이 상업 등의 목적으로 이집트, 바빌로니아, 소아시아를 여행했다. 일부는 그곳의 학문을 배우기 위해 가기도 했다. 바빌로니아나 이집트의 영향을 받아서 계산 위주의 경향이 짙었던 초기 그리스 수학이 거기에서 벗어나 기하학 위주의 수학으로 정착하게 된다.

그리스 수학자는 대수학을 기하학으로 해석하여 다룰 만큼 기하학을 체계적으로 이해하면서, 철학에서 처음 등장한 논리 추론의 체계를 기하학에서 가장 발전되고 명확한 형식으로 구축했다. 그리스인이 연역 추론을 선호하게 된 까닭은 분명하지 않지만, 수학의 증명 방식으로 그것을 처음으로 받아들였음은 분명하다. 이 보편적인 논증 수학이 −5~4세기에 확립되고, −300년 무렵에 나온 〈원론〉에서 전형적인 모습이 명료하게 완성된 형태로 나타나고 있다.

그리스 수학의 특성이 오리엔트 수학과 달라지기 시작한 것은 −600년 무렵부터인데 이것은 두 문명의 차이와 관련이 있다. 대규모 관개농업을 구축, 운영하기 위한 전제국가가 세워진 오리엔트와 달리 그리스의 자연 지리적 조건은 독립성이 강한 도시국가를 탄생시켰고 상공업 중심으로 나라를 운영하게 했다. 이러한 환경은 그리스인이 영역 밖의 문화를 망설이지 않고 받아들이게 했고, 이를 바탕으로 독자적인 논증 수학을 이룰 수 있게 했다. 상공업을 토대로 한 소규모 도시국가끼리의 경쟁이야말로 그리스의 과학 사상을 오리엔트의 그것과 구별해 주는 중요한 배경이다. 그 배경의 한 측면인 그리스 사회의 상부구조를 좀 더 살펴본다.

많은 사람이 논증 수학은 그리스의 민주주의라는 정치, 사회 제도에서 유래했다는 데에 동의한다. 중앙집권적인 정부가 나타나지 못한 그리스의 기본 정치 조직은 도시국가였다. 도시국가는 여러 곳에 흩어져 있었고 각 정부는 여러 정치 체제로 운영되었으나 어느 정부나 법으로 통치하고 있었다. 또한 지리적인 영향으로 자연관이 한결같지 않은데다가 학문을 연구하는 태도도 여러 가지여서, 시민들끼리 서로 토론하고 반대 의견도 공공연히 내세울 수 있었다. 이런 환경은 시민이 논의와 토론의 기술을 배우는 배경이 되었다. 러시아의 수학자 콜모고로프(A. H. Колмогоров 1903-1987)는 그리스에서는 정치적인 면에서나 일상생활에서나 사람들이 논의를 통해 스스로 권리를 옹호하고 토론으로 상황을 매듭지으려는 시민의 사회, 정치적 방식이 논증 과학을 낳았다고 한다.[1] 논증을 효과적으로 펼치기 위한 변증법6)이 생겨났고, 그 결과로 모든 학문에서 합리적 기반이 갖춰졌다. 수학에서 증명이 요구된 것도 이러한 분위기 때문이었을 것이다. 그리하여 민주정치가 가장 번성하던 ─ 5세기 중반의 아테네에서 논증 수학이 성립하였다.

정신사적인 측면에서 설명하기도 한다. 그리스인의 사유는 단순한 내적 의식이 아니라 아고라(공공장소, 광장)와 심포지엄 등에서 담화처럼 밖으로 드러내는 공동의 대화를 통한 사유이다.[2] 특히 아테네에서는 모든 것을 민회에서 논의하여 결정했다. 이러한 의사결정 과정에서는 변론이 매우 중요해진다. 다른 사람을 변론으로 설득한다는 생각은 수학의 증명에서 요구되는 기본 태도이기도 하다. 증명이란 개인이 혼자서 생각하는 데 머무는 것이 아니고 다른 사람들에게 공개하여 공적으로 승인을 받는 것이기 때문이다. 이 시기의 아테네에서는 내세우고자 하는 결론으로 이끄는 공인된 기본 전제를 찾고, 그것을 발판으로 상대를 설득하여 납득 시키려는 태도가 강조되었다.

고전기 그리스의 지식인은 대부분 철학에 몰두해 있었다. 그들은 지적인 것에 관심을 기울이면서 수학을 사고의 한 체계로 발전시켰다. 철학자들은 객관적 존재인 자연의 통일성과 공통성에 주목함으로써 원리를 찾으려 했다. 학문을 하는 방법으

---

6) 여기서 변증법이라는 것은 넓은 의미로 대화하는 방법으로써 오히려 문답법이라고 해야 할 것이다.

로도 참된 근원에서 시작하는 연역적 논증을 중시하게 되었다. 이러한 연역법은 계획적이고 일관되며 완전하여, 참된 근원에서 나온 결론도 참이기 때문이었다. 그래서 개인이 수행한 실험이나 관찰로 추론하기보다 추상 개념과 일반화된 개념에서 추론하기에 집중되었다. 고전기 그리스의 수학은 철학자들이 찾던 진리의 한 부분이었으므로 수학은 연역적이어야 했다. 이것을 구현한 사람이 플라톤이다. 그는 이데아론을 바탕으로 종래의 경험 기하학을 순수 기하학으로, 계산 수학을 체계적인 논증 수학으로 바꾸었다. 그는 연역적 논증으로 물리 세계와 인간에 관한 폭넓은 지식을 얻고자 했다. 논증의 모든 방법 가운데 연역 추론만이 확실하고 정확한 결론을 보장한다고 여겼기 때문에 연역적이며 추상적인 수학을 강조하게 되었다.

연역적 논증이 나오게 된 또 다른 까닭을 그리스 사회의 계급 구조와 조직에서도 찾을 수 있다. 고대 그리스의 노예제라는 토대 때문에 이론은 실천과 분리되었고, 실험과 실용적 응용은 가벼이 다루어졌다. 철학, 수학, 예술 활동은 지배 계급의 몫이었다. 이 계급은 상업과 육체노동을 업신여기거나 어쩔 수 없는 필요악으로 여겼다. 그들은 노동이 시민의 지적 활동과 토론에 들여야 하는 시간과 에너지를 빼앗는다고 생각했다. 아테네는 상업의 중심지였지만 상업의 실무뿐만 아니라 의료도 노예가 담당했다. 실용 문제를 업신여기던 사회에서 지식인들이 실험과 관찰을 멀리하고 연역적 논증을 선호했음은 자연스러운 모습이었다. 그리하여 그들은 과학과 수학의 사변적이고 추상적인 측면을 발달시켰다. 과학에서든 수학에서든 추론하는 능력이 있다면 실험과 관찰 같은 경험에 의존하지 않고도 지식을 얻을 수 있다고 생각했다.

1-2 수학 내적 배경

이전 사람들이 사용하던 수학적인 처방을 그리스인이 연역적 구조에 맞춰 다시 쓰게 된 수학 내적 배경으로는 세 가지를 들 수 있다. 먼저 탈레스가 이전 수학에서 보이는 불일치(이를테면 이집트와 바빌로니아에서 원의 넓이를 구하는 방법이 다른 것)에 주목하여 엄격한 합리적 방법이 필요함을 느꼈다.[3] 다음으로 −5세기 중반에 원적 문제와 정육면체의 배적 문제를 해결하려는 시도에서 수치 계산이 증명으로 바뀌게 되었다.[4] 이 두 문제는 얼마 뒤에 각의 삼등분 문제와 함께 그리스 수학의 중심을 기하학으로 추론하는 쪽으로 옮겨 놓았다. 마지막으로 같은 단위로 잴 수 없는 기하학적 양이 발견되어 수학의 기초를 다시 생각해야 했고 논리적 엄밀성에 더 많은 관심을 기울여야 했다. 통약불가능량의 존재는 직관적 요소를 배제하고 정의와 가정에서 시작하는 사유 차원으로 이행하면서, 이것과 필연으로 결부된 간접 증명이 등장하는 계기로 작용했다.

피타고라스 전에는 오늘날 정리라고 하는 것이 증명되어야 한다는 것을 인식하지 못했다. 피타고라스 때에 이르러 엄밀한 수학의 세계가 모습을 드러내기 시작했다. 그렇다고 해서 논증 수학이 신비주의 교단인 피타고라스학파에서 유래했다고 하기는 어렵다. 탈레스와 피타고라스가 살던 −6세기에는 아직 논증 수학이 존재하지 않았다는 설이 유력하다.[5] 구체적인 수치로 주어진 것이 아닌 일반적인 대상에 대해서 보편적으로 성립함을 보였다는 점에서 그들은 논증 수학으로 가는 한 걸음을 내딛기는 했다. 논증 수학을 마련하는 데 중요한 역할을 한 사람은 −440년 무렵에 아테네에서 활약했던 히포크라테스였다[6]고 본다.

통약불가능량인지를 확인하는 호제법의 끝없는 적용은 직관과 감각이 아닌 개념과 사유의 세계로 넘어가야만 가능하다. 아리스토텔레스가 정사각형의 한 변과 대각선의 비는 정수로 나타낼 수 없음을 증명한 방법은 그리스 수학이 사유의 세계로 넘어가고 나서 가장 오랜 것이다. 이때 쓰인 간접 증명법의 등장은 직관적, 경험적 방법으로는 증명할 수 없는 명제에 부딪히면서 다른 방법으로 해결하고자 노력한 결과이다.

1-3 이성에 의한 추상과 일반화

이집트와 바빌로니아의 수학은 구체적이고 실용적이었으나 이론의 씨앗이 들어 있었다. 이를테면 그들은 지금처럼 수와 연산을 추상적으로 인식하지 못했으나, 그들의 수와 연산은 물리적 대상과 멀어지고 있었다. 이러한 현상이 의식적으로 추구되지 않았더라도 이것이 추상화의 씨앗이 되어 그리스에 뿌려져 싹을 틔웠다. 그리스인은 수를 비롯한 수학적 대상을 일상적인 삶의 쓰임으로부터 더욱 멀리 떼어내어 추상적으로 만들었으며, 더 이론적으로 다루었다. 그들은 의식적으로 수를 추상 개념으로 인식했고 이를 바탕으로 수론을 발달시켰다. 점, 선, 삼각형과 같은 도형은 물리적 대상들의 일부 특징을 의도적으로 배제하거나 공통의 특성만 추출한 개념으로 이미 추상적이었다.

고전기 그리스인은 이전 문명에서 개발된 풍부한 제재를 완전히 소화, 흡수했고 이로부터 공통된 원리를 끌어내고 새로운 사실도 많이 발견했다. 이를테면 $\sqrt{2}$를 필요한 만큼의 어림값을 구하는 것과 $\sqrt{2}$의 본질을 찾는 것을 구분하여 이론 문제를 규명하는 수학을 지향했다. 그리하여 가능한 많은 문제를 포괄하여 보편적으로 다루는 바탕을 마련했다. 연역 추론을 도입하여 수학을 체계적이고 합리적으로 공략한 것이다. 이것은 매우 중요한 업적이다. 그들은 수학의 속성을 완전히 바꿨다. 그들은 진리를 얻는 방법으로 경험과 관찰보다 이성의 힘을 강조하면서 연역적 증명법을 사용함으로써 실용 수준을 뛰어넘었다. 이제 수학은 체계적인 사고의 학문이 되었다. 감각, 실험, 유추 같은 방법도 장점이 있음에도 그리스인은 왜 연역 추론으로 수학적 결론을 끌어내려 했을까?

감각이 받아들인 인상은 제한적이고 오류일 가능성이 높으며, 정확하더라도 반드시 해석을 거쳐야 한다. 게다가 감각은 어떤 종류의 지식을 얻는 데서 때로는 쓸모없거나 방해가 되기도 한다. 실험이나 측정으로도 많은 정보를 얻을 수 있다. 하지만 투사체의 높이는 도구를 써서 재는 것보다 추론으로 얻은 공식으로 구하는 것이 훨씬 낫고 간단하다. 그러므로 감각, 측정, 실험은 참된 지식을 얻는 방법으로는 여러 상황에 적합하지 않다. 더구나 실험이나 측정을 할 수 없는 경우도 많으므로 추론은 필수이다. 나아가 추론이 앞서고 관찰이나 실험이 뒤따르는 경우도 많다.

두 사물이 여러 면에서 비슷하다는 것을 근거로 그 둘의 속성이 비슷하다고 판단하는 유추에 의한 추론도 쓸모 있다. 그러나 어떤 상황에서는 전혀 유추할 수 없거나 유추해서는 안 되기도 한다. 사람과 침팬지는 DNA의 약 98.7%가 일치하지만 둘은 전혀 다르다. 실험 과학에서 자주 사용되는 추론 방법으로 귀납이 있다. 귀납 추론으로 많은 지식을 얻고 있지만, 모든 경우가 보장되지 않으므로 이 또한 한계가 있다. 귀납을 근거로 한 일반화로는 참일 개연성이 높은 지식을 얻을 뿐이다. 산출되는 결론이 참임을 보장하는 추론은 연역 추론이다. 연역은 전제가 참일 경우 참인 결과를 가져다준다. 이 점이 연역 추론의 한계가 될 수 있다. 그러므로 연역 추론의 시작점이라고 할 수 있는 전제는 구체적이어서는 안 된다. 구체적인 것은 개별적인 것이나 특수한 것에만 적용되기 때문이다. 추상적이어야 일반적인 것에 적용할 수 있게 된다. 그리스인은 수론이 아닌 산술과 대수학을 실용적인 것으로 여겨서인지 이것들에서는 연역적 증명에 관심을 기울이지 않았다. 이상화된 도형의 성질을 다룬다고 생각한 기하학에서 연역 추론을 추구했다.

지식은 특정한 대상을 넘어 일반적인 대상의 내용을 담아야 한다. 그러므로 참된 지식은 추상 개념을 다루게 된다. 사실 구체적인 대상보다 추상 개념을 생각하는 쪽이 분명 더 어려우나 추상의 한 가지 장점은 일반화하기 쉽다는 것이다. 수학을 폭넓게 적용할 수 있게 된 것은 바로 추상화라는 과정을 거쳤기 때문이다. 추상화의 결과로 부차적이거나 적절하지 않은 사항을 무시할 수 있어 사물의 본질에 주의를 기울일 수 있다. 기하는 가시적인 사물의 세계에 속하면서도 추상 개념을 다루기 때문에 강력한 응용력을 갖출 수 있었다. 수학 연구에서 사람은 구체로부터 추상으로 나아가는 법을 배우고 추상을 구체에 적용하는 법을 배운다.

수학은 기초적인 추상 개념들을 바탕으로 현실과 더욱 떨어진 개념(이를테면 음수, 허수)을 만든다. 그렇더라도 수학의 모든 추상 개념은 현실의 대상이나 현상으로부터 도출된 것이므로 거꾸로 추상된 개념으로 물질세계를 이해할 수 있게 된다. 수학적 실재는 우리를 둘러싸고 있는 물리적 세계에 존재하지 않지만 물리적 세계와 긴밀히 결부되어 있다.[7] 정신(이성)은 수학적 실재를 구성하는 데 이바지하지만 현실 세계와 독립하여 작동할 수 없다.

② 연역적 논증 수학의 전개

2-1 직관적 요소의 배제 과정

바빌로니아 수학의 짜임새를 보면 단순히 직관과 경험으로 얻은 지식을 아무렇게나 나열한 것이 아니고 기본이 되는 것부터 차츰 복잡한 내용으로 구성되었다는 점에서 증명된 명제라는 흔적을 보여준다고 노이게바우어는 밝히고 있다.[8] 그리스에서는 이 수준을 뛰어넘어 논리에 따라 조직하고 체계를 내재화시킨 수학, 곧 일반적인 증명을 구하는 연역적 방법으로 구성된 보편적인 논증 수학을 구축했다. 이전 문명의 수학과 그리스 수학 사이에 제재는 이어지고 있지만, 이 점에서 분명한 차이가 있었다. −600년의 탈레스 시대부터 −300년의 유클리드 시대에 이르는 동안 명확하게 서술된 공리로부터 논리적으로 엄밀하게 추론하는 방법을 완성했다.

탈레스와 피타고라스가 논증 수학으로 걸음을 내디뎠다고는 하지만 그들의 증명은 다분히 직관적이었다. 탈레스의 경우 거의 포개어 합침과 같은 직관/감각에 의존했고, 피타고라스학파도 초기에는 작은 돌을 늘어놓아 산술과 기하학을 증명하는 직관/경험에 의존했다.[9] 탈레스의 경우에는 2장에서 살펴보았다. 벡커[10]는 피타고라스학파가 〈원론〉 제9권 명제21(임의 개의 짝수를 더하면 전체는 짝수이다)을 작은 돌을 사용하여 증명했을 것이라고 하고 있다. (1) 각각의 짝수를 반은 흰 돌, 다른 반은 검은 돌로 놓는다. (2) 이 짝수들을 모아(더해) 한 줄로 놓는다. (3) 돌들의 위치를 바꾸어 놓고, 흰 것과 검은 것의 수가 같음을 확인하여 직접 증명한다. 여기에서 증명이란 분명히 가리키는 것이다.

(1) ○○○○○●●●●●　　○○●●　　○○○●●●　　○●
(2) ○○○○○●●●●●○○●●○○○●●●○●
(3) ○○○○○○○○○○
　　●●●●●●●●●●

이러한 초기의 수학적 증명의 예를 플라톤[11]의 〈메논〉에서도 볼 수 있다. 소크라테스는 메논의 노예에게 어떤 정사각형의 넓이의 두 배가 되는 정사각형 한 변의 길이는 주어진 정사각형의 대각선이 됨을 떠오르게(상기) 한다. 여기서도 가리키는 방법으로 증명하고 있다. 2장에서 기술한 피타고라스 정리의 증명도 직관적이고 도식적이며 소박한 것이었다. 추상화가 충분히 진척되지 않았더라도 수학이 원리에서 출발하는 보편적인 논증의 학문으로 나아가기 시작했다. 여기서 그리스 수학이 오리엔트 수학에서 질적으로 전화되는 모습이 보인다.

탈레스와 초기 피타고라스학파의 증명은 정의와 공리에만 바탕을 둔 이론적인 〈원론〉의 증명과 뚜렷하게 대조된다. 유클리드가 기하학에서 처음 다룬 주요 주제는 기하 도형들의 합동인 조건을 연구하는 것이었다. 이때 그는 다른 방식으로 증명할 수 있는 경우에는 포개기 방법이 더 간단하다 해도 이 방법을 사용하지 않았다. 여기서 그가 포개기 방법은 엄밀성이 떨어진다고 생각했을 것이다.

사실 〈원론〉 전에 공리의 초기 형태로 여길 수 있는 것이 나타났다. 플라톤[12]은 수론이나 기하학을 연구할 때, 누구에게나 분명하여 해명할 필요가 없는 것을 출발점으로 삼고 다른 것들을 적절하게 종합적으로 추구하여 처음에 고찰하려고 했던 것에 이르러야 한다고 했다. 이것은 공리를 바탕으로 한 연역 추론이 플라톤 시대에는 어느 정도 정착했음을 보여준다. 아리스토텔레스는 연역법의 기본 원리를 설명하고 정의, 공준, 공통 개념, 가설, 증명 등의 본질을 설명했다. 그러므로 탈레스부터 유클리드에 이르는 동안의 어느 단계에서 직관/감각으로 가리키는 것이 아니라 정의와 공리에 바탕을 두고서 개념/논리로 연역하는 증명으로 가는 질적 전화를 이루었다. 연역 추론의 단계로 옮겨가는 과정에 통약불가능량의 발견과 함께 간

접 증명이 등장한다. 이런 논증 수학을 이뤄나가는 데 엘레아학파가 매우 커다란 역할을 했다.[13]

플라톤[14]은 수는 오직 지성으로만 생각할 수 있을 뿐 다른 방법은 없다고 했다. 이것은 당시에 증명이 순수 사유의 영역으로 이행하는 경향이 강했음을 말하고 있다. 〈원론〉에 이르게 되면 직관적 증명은 많은 경우 정면에 나오지 않을 뿐만 아니라 오히려 직관을 피한다. 이를테면 제9권 명제21을 피타고라스와 달리 "임의 개의 짝수 AB, BC, CD, DE가 더해진다고 하자. 전체 AE는 짝수라고 나는 주장한다. AB, BC, CD, DE 각각은 짝수이기 때문에 반쪽 부분이 있다. 그러므로 전체 AE도 반쪽 부분이 있다. 그런데 이등분되는 수는 짝수이다(제7권 정의6). 따라서 AE는 짝수이다."라고 증명하고 있다. 여기서 선분들은 이전 문명이나 피타고라스학파처럼 4나 6, 10처럼 구체적인 개수가 배정된 수가 아니라 임의의 수이다. 곧, 모든 짝수에 적용되는 일반적인 증명을 시도하고 있다. 유클리드는 여기서 더 나아가 다음의 명제에서는 같은 선분 AE로 홀수를 나타내고 있다. 짝수와 홀수를 선분으로 구별하지 않았다. 곧, 유클리드는 이 증명들에서 직관을 피하고 있다. 그리고 〈원론〉 제7권 명제31 "모든 합성수는 어떤 소수로 나누어떨어진다"를 정의1(수의 정의), 정의12(소수의 정의), 정의14(합성수의 정의)에 바탕을 두고 증명한다. 여기서도 아직 합성수와 약수가 선분으로 표시되고 있지만, 선분은 이제 기하학 도형으로 기능하지 않는다. 게다가 이 명제를 앞선 정의로만 증명하고 있다. 유클리드는 단순히 가리키는 증명을 대신하여 논리적인 추론으로 증명하고 있다.

2-2 수학과 철학의 상호 침투

유클리드는 수에 관한 명제가 성립함을 크기가 있는 점을 이용하여 구체적인 개수를 떠오르게 하는 직관적 방식으로 보이던 것에서 벗어나 정의와 공리, 공준, 앞선 명제로부터 주어진 명제를 증명하고 있다. 이런 모습이 나타나게 된 배경을 철학적 측면과 관련지어 논의한 이토(1990)의 글을 중심으로 살펴본다.

이집트인과 바빌로니아인은 물론이고 피타고라스학파에서도 점은 아직 크기가 있는 대상이었다. 그들은 크기가 있는 점으로 이루어진 여러 기하학적 도형을 감성/직관으로 받아들였다. 그런데 유클리드는 〈원론〉의 첫 부분에 정의, 공준, 공통개념을 제시하는데, 크기가 없는 점, 너비가 없는 (길이인) 선, 두께가 없는(길이와 너비만 있는) 면처럼 관념적, 추상적으로 수학의 대상을 정의하면서 시작한다. 이 전환을 종래에는 플라톤의 업적으로 돌리고 있었다. 플라톤의 이데아론에 의하여 추상, 관념적인 것에 눈이 뜨여, 경험적인 지각에 바탕을 두는 기하학으로부터 이념적인 순수 기하학으로 전환되었다는 것이다. 그렇지만 이러한 순수 사유의 이념적 존재가 확립된 것은 엘레아학파의 사상과 결부되어 있다. 사실 공리적 논증 수학의 술어가 엘레아학파에서 시작된 변증법에서 유래하고 있기 때문이다. 엘레아학파는 감성적 인식을 부정하고 순수 사유의 세계로 향할 것을 주장하면서 그들의 주장을 증명하기 위하여 간접 증명을 처음으로 사용한 학파이다. 수학이 엘레아학파에게서 간접 증명을 끌어들였다고 할 수 있지만, 엘레아학파가 수학으로부터 이것을 배웠다고 할 수는 없다.

고전학자, 수학사가인 사보(Á. Szabó 1913-2001)는 유클리드 원론에 나오는 술어를 면밀히 분석하여 종래에 그다지 중시되지 않던 엘레아학파에게서 그리스의 공리적 수학의 기원을 찾았다.[15] 가정(전제)과 간접 증명을 중심으로 삼는 엘레아학파의 변증법은 한편으로는 소피스트의 논쟁술과 플라톤의 변증법을 거쳐 아리스토텔레스의 증명론으로 발전했다. 플라톤의 변증법 가운데 중요한 방법의 하나가 간접 증명이었다. 다른 한편으로는 −5세기의 논증 수학이 테아이테토스, 유독소스 등의 수학을 거쳐 〈원론〉에서 열매를 맺으면서 논증 수학의 골격을 이루었다.

엘레아 ↗ −5세기 논증수학 ⇒ 테아이테토스 의 수학 ⇒ 유클리드의 〈원론〉
변증법 ↘   유독소스
                                      ↓   ↘
        소피스트의 논쟁술 ⇒ 플라톤의 변증법 ⇒ 아리스토텔레스의 논리학 [16]

플라톤의 저작에 보이는 수학은 −5세기 이래로 발달해 온 공리적 논증 수학이다. 수학에서 존재를 관념론적인 개념으로 파악하는 데서 출발한 플라톤은 우리가 문제를 풀었든 아니든 상관없이 결과가 존재하는 한 수학의 정리는 진리라고 생각했다. 이와 달리 자연과학적 관점을 지닌 유독소스를 중심으로 한 사람들은 사변적인 방법으로 문제를 풀기만 한 것이 아니라 그것을 실제로 작도해서 풀었다. 이렇게 해서 나타나고 정리된 분석과 종합의 방법은 〈원론〉의 대부분을 차지하고 있다. 공리적 논증의 발견은 그리스의 수학과 철학에서 함께 이룬 성과였다. 플라톤과 아리스토텔레스가 수학의 논리적 성격을 파악했기 때문에 철학에 논리를 도입할 수 있었다. 거꾸로 〈원론〉의 논증 체계는 철학자들이 꾸준히 수학에 요구한 논리적 연

제3장 연역적 논증 수학의 기원과 전재

관성이 반영된 결과이다.[17]

　실제로 간접 증명에 바탕을 둔 논증 수학과 수학적 대상의 이데아는 모두 경험을 뛰어넘은 것이라는 점에서 결부되어 있다. 제논의 역설은 넓이가 없는 점이 전제되어 있다. 넓이가 없는 점처럼 순수하게 사유적인 이념적 존재는 모두 파르메니데스로 거슬러 올라간다. 연역적 논증 수학이 엘레아학파의 영향을 받아 발생한 것처럼 순수 수학의 대상인 이념적, 관념적 존재도 엘레아학파로부터 비롯되었다고 본다. 실제로 이러한 이념적인 수학적 존재가 정립되어야 엄밀한 논증적, 연역적 체계의 수학도 가능하므로 둘의 관계는 뗄 수 없을 것이다.

　공리적 논증 수학은 뒤에 이론 수학의 기반을 형성하고 근대에 엄밀한 수학으로 들어서는 길을 열었다. 17, 18세기에 걸쳐 유클리드 형식이 어느 정도 배격되었음에도 공리적 사고는 오늘날 수학의 거의 모든 분야에서 논리적 배경이 되고 있다.

3　유클리드의 〈원론〉과 연역적 논증 수학

　그리스에서 −600년 무렵부터 축적된 수학의 연구 결과들이 −4세기 초에 명확한 공리에 근거해서 연역적으로 조직되기 시작했다. 이것의 마지막 형태가 −300년 무렵에 유클리드가 쓴 〈원론〉에 제시됐다. 이것 이전에 히포크라테스를 비롯한 세 사람이 쓴 원론도 있었다고 한다. 이것들을 제치고 유클리드의 〈원론〉이 남았다. 유클리드는 〈원론〉뿐만 아니라 광학, 천문학, 음악, 역학, 원뿔곡선과 같은 여러 분야의 저작을 약 12권이나 썼다. 이런 점에서 본다면 그는 그때까지의 그리스 수학을 모두 모아 편집하려고 했던 것으로 생각된다. 〈원론〉에는 전체를 관통하는 구조가 부여되고 있는데, 이것은 그가 직접 했을 것이다. 몇 가지 명제와 증명은 그가 보충한 것 같다.

　유클리드는 두 가지 중요한 혁신을 일으켰다. 첫째로 그는 이전의 수학자와 달리 어떤 정리가 참이라고 주장만 하지 않고 수학적 증명의 개념으로 입증했다. 그는 이미 참으로 받아들여진 명제들로부터 일련의 논리적 과정을 거쳐 추론된 결과(명제)만 참으로 인정했다. 둘째로 그는 맨 처음에는 증명이 필요 없는(또는 증명할 수 없는) 어떤 명제들로부터 시작되어야 함을 알았다. 그는 정의, 5개의 공준, 5개의 공통 개념을 제시하고, 이어서 명제들이 논리적으로 유도되도록 체계를 갖춰 구성하고 차례로 증명했다. 또한 어떤 증명도 그 과정에서 증명하고자 하는 것을 이용해서는 안 된다는 것에 주의했다. 〈원론〉의 기술 형식은 현대 수학의 원형으로 여겨진다.

〈원론〉이 모든 기하학적 지식의 개요는 아니다. 유클리드는 실용적인 면을 염두에 두지 않고서 수론, 종합기하학, 기하학적 대수 영역에서 따로따로 있던 사실들을 일관된 연역 체계로 통합했다. 그는 ㈜산술과 원뿔곡선, 고등평면곡선은 다루지 않고 초등수학의 기초를 논리적으로 순서 있게 기술하는 것에 한정했다. 그런데 나중에 사본을 쓴 사람들이 써넣은 주석을 필경사들이 원본처럼 베껴 썼다. 그래서 유클리드가 쓰지 않은 내용이 그의 것으로 여겨지기도 한다. 현존하는 〈원론〉의 사본 가운데 남아 있는 대부분은 테온(Θέων 335-405)이 쓴 교정판이다.

유클리드는 〈원론〉에서 그림과 논리적 증명을 결합하는 새로운 관점을 도입했다. 그는 형식논리적 추론에 따른 결론에만 의지하지 않고 작도를 이용해서 독자들을 이해시키려고 했다. 그렇더라도 그는 수학 명제를 참이라고 판단하려면 도형을 제한적으로 이용하면서 논리적으로 증명해야 한다고 역설했다. 그가 기하학을 공리적인 방식으로 구성한 목적은 증명을 그림에 의존하는 것을 피하기 위해서였다.[18] 그에게서 논리적 증명은 필수 요소였고, 그것은 오늘날에도 새로운 시도를 하는 데에 기본 요소로 여겨진다.

〈원론〉이 귀납법을 쓰지 않고 순수하게 연역적으로 구성되어 있다고 하는데, 사실 연역의 바탕에는 귀납이 있다. 귀납하는 과정이 없고서는 정의, 공준, 공통 개념을 만들 수 없다. 이것들은 일반화되고 추상된 것인데, 바로 귀납이 수많은 개별에서 특수로, 많은 특수에서 일반으로, 구체적인 감각 경험에서 추상으로 나아가는 바탕이기 때문이다. 모든 수학 개념과 논리적 방법은 의식과 독립하여 존재하는 물질세계의 대상과 성질, 이것들의 관련성을 드러내고 통폐합하는 행위를 거듭함으로써 생긴다. 또 하나 〈원론〉에는 아직 모르는 것에서 이미 알고 있는 것으로 이끌어가는, 이른바 분석(법)이 분명하게 드러나 있지 않다. 그렇지만 분석법을 쓰지 않고 증명을 발견할 수는 없을 것이다. 더구나 유클리드는 귀류법을 이용한 증명에서 분석법을 분명히 이용하고 있다.

〈원론〉 전에 여러 문화권의 수학은 모두 수와 측정에 관련된 것이었다. 거기서 두드러진 것은 결과를 찾는 알고리즘이다. 이와 달리 〈원론〉에서는 때로 나타나는 작은 자연수 말고는 수가 나오지 않는다. 방정식도 기하학적으로 풀고 있다. 그러면서도 유클리드 기하학은 완전히 정적이다. 변화하는 도형의 성질과 도형을 변화시키는 성질을 연구하지 않았다. 도형은 완전한 것으로 주어져 있고, 있는 그대로의 형태를 다루고 있다.

〈원론〉 전13권의 주요 내용은 다음과 같다. 첫 여섯 권은 초등 평면기하학, 다음 세 권은 수론, 다음 한 권은 통약불가능량, 마지막 세 권은 주로 입체 기하학을 다루고 있다. 주요 내용을 바탕으로 좀 더 세분하면 제1권은 다각형과 피타고라스 정리, 제2권은 기하학적 대수학, 제3권은 원과 직선, 중심각과 원주각, 제4권은 원과 내외접하는 정다각형, 제5권은 크기의 비(例)를 포함한 크기의 일반 이론, 제6권은 닮은꼴 도형, 제7권은 수의 비(例)와 유클리드 호제법, 제8권은 등비수열, 제9권은 소수와 소인수분해, 등비수열의 합, 제10권은 통약불가능량의 분류, 제11권은 삼차원의 기하학적 대상, 제12권은 곡선 도형의 넓이와 곡면 도형의 부피를 다룬 착출법, 제13권은 정다면체와 구를 다루고 있다. 여기서 보듯이 〈원론〉은 기하학만을 다룬 것이 아니다. 제2, 5권은 대수를, 제7, 8, 9권은 수론을 다루고 있다. 그런데 많은 분량을 다룬 수론은 기하학만큼 체계화되어 있지는 않다. 〈원론〉의 내용 분류는 현재 우리가 사용하는 분류와 많이 다르다. 이런 점은 중국의 〈구장산술〉도 그러한데 당시 사회의 요구에 따른 것으로 보인다. 아래에서는 현재 우리가 다루는 수학과 관련된 내용을 중심으로 살펴본다.

제1, 2권은 대부분 피타고라스학파가 이룬 업적으로 생각된다. 제1권은 곧바로 점, 선, 면, 각, 원, 삼각형, 사각형, 평행선 등의 기본 개념 23개를 정의하면서 시작한다. 그런데 무정의 용어가 없어 일부 개념이 실제로 정의되지 않는(두 직선이 교차할 때 교점이 생기는지와 같은 것들) 결점이 있다. 정의되지 않은 개념으로 출발점을 삼아야 한다는 아리스토텔레스의 제안을 유클리드는 알고 있었을 텐데, 그는 모든 개념을 정의하려 했다. 그는 처음 나오는 개념의 의미를 물리적 개념을 끌어들여 설명했다. 물론 그것들은 물리적 대상 자체는 아니고 물리적 대상으로부터 추상된 개념이다. 이것은 정의된 용어가 무엇을 의미하는지만 직관으로 알게 하기 위한 것이고, 뒤에 제시하는 공준과 공통 개념이 실제로 옳은 진술임을 알아볼 수 있게 하려던 의도였다.[19] 그는 필요한 개념을 정의하고 나서 그것들에 관한 사실과 규칙을 제시한다.

유클리드는 순환 논리를 피하려면 다루는 내용의 본질을 담은 유한개의 사실을 정당화 없이 참이라 가정하고 출발점으로 삼아야 함을 알고 있었다. 다른 모든 명제는 이것들로부터 논리적으로 추론되어야 한다. 그래서 그는 정의에 이어서 5개의 공준과 5개의 공통 개념을 들고 있다. 이것들은 곧바로 받아들여지기는 하지만 피상적이지는 않다. 유클리드는 아리스토텔레스를 따라 공준과 공통 개념을 구별했으나, 요즘은 둘 사이에 본질적인 차이는 없다고 보고 공리로 통칭하고 있다. 그것들은 연역을 진행하는 기본 규칙과 같고 모든 정리를 이끄는 근본이다. 그는 그것들로부터 추론하여 정리들을 증명해 나갔다. 바로 이 방식이 이미 알려진 간단한 것으로부터 알려지지 않은 더욱 복잡한 것으로 나아가는 종합의 방법이다. 종합의 역과정으로서 분석은 많은 정리의 증명을 발견하는 데는 중요한 역할을 하지만 그 주제를 설명하는 데는 역할을 하지 못한다. 몇 증명에서 오류와 생략이 있다 하더라도 그의 공준과 공통 개념의 선택은 매우 적절했다.

공준

1. 임의의 점에서 임의의 다른 점으로 직선을 그을 수 있다.
2. 유한한 직선을 얼마든지 늘릴 수 있다.
3. 임의의 중심과 반지름으로 주어진 원을 그릴 수 있다.
4. 모든 직각은 서로 같다.
5. 한 직선이 두 직선과 만난다. 이때 어느 한 쪽에 있는 내각의 합이 두 직각보다 작을 때, 그쪽으로 이 두 직선을 한없이 늘리면 두 직선은 만난다.

공통 개념

1. 같은 것과 같은 것들은 서로 같다.
2. 같은 것들에 같은 것을 더하면 전체끼리는 서로 같다.
3. 같은 것들에서 같은 것을 빼면 남은 것끼리는 서로 같다.
4. 서로 포갤 수 있는 것은 서로 같다.
5. 전체는 부분보다 크다.

직선, 원이라는 기본 도형을 구성할 수 있어야 다른 도형의 존재가 보증된다. 그래서 유클리드는 이에 관한 것들을 공준 1, 2, 3으로 제시했다. 이 공준들은 당연하고 자명하게 보이지만 실은 '점의 운동'이라는 개념이 있어야 성립한다. 그런데 크기가 없는 점(정의 1)이 운동하여 길이가 있는 선을 만드는 것은 모순이다. 이것이 −5세기 엘레아학파의 논리에서 핵심이었다. 〈원론〉의 다섯 공준은, 운동을 부정하는 엘레아학파의 논리에 대응하여, 수학의 기초를 확보하기 위해서 들어간 것이다.

유클리드 기하학은 흔히 폐쇄적이며 유한하다고 한다. 자와 컴퍼스로 그릴 수 있는 도형과 한정된 공준, 공통 개념으로부터 연역되는 정리에 제한되어 있기 때문이다. 유클리드의 공준과 공통 개념은 기하학에서 가장 기본이 되는 작도를 눈으로 확인시켜 주는 것이었다. 그리고 자와 컴퍼스로 그리는 것이 기본 원리를 펼치는 데 필요한 모든 것이었다. 만일 다른 도구로 도형을 그리면 명제들이 결코 다섯 공준으로 추론되지 않는다. 이것은 결코 증명된 것이 아니었다.

공준에는 결점이 있다. 공준1은 서로 다른 두 점을 연결하는 직선의 유일성을, 공준2는 직선의 무한성을 보장하지 않는다. 전자는 단지 그런 직선이 적어도 하나 있고, 후자는 직선이 끝점을 갖지 않는다고 주장할 뿐이다. 무한 개념은 거의 이해되지 않아서 기피된 개념이었다. 유클리드 기하학은 무한을 기피한다는 의미에서도 유한하다고 할 수 있다. 선분은 어느 쪽으로나 필요한 만큼 늘일 수 있으나 한없이 늘일 수 있는 것은 아니었다. 2천 년이나 지나야 두 공준의 의미를 정확하게 표현하려는 움직임이 나타난다.

무한 개념을 언급하지 않으려는 모습은 공준5(평행선 공준)에서도 나타난다. 한없이 뻗어나가는 두 직선이 평행하기 위한 조건을 직접 기술하지 않고, 두 직선이 유한한 곳에서 만나게 되는 조건을 기술하고 있다. 공준은 공통 개념에 견줘 덜 명확하다. 그 가운데서도 평행선 공준은 앞의 것들보다 복잡한 데다가 '한없이'라는 표현 때문에 그것이 자명하다는 것을 객관적으로 파악하기 어렵다. 정수집합처럼 말 그대로의 무한이 아니고 경계 없이 연장하는 '한없이'는 그 본성이 명확하게 다가오지 않는다. 이 때문에 무한을 학문의 대상에서 배제했던 그리스인에게 평행선 공준은 기하학의 기본 명제로서 적절해 보이지 않았다. 그래서인지 유클리드는 정리를 증명할 때 되도록 늦춰서 평행선 공준을 사용하려고 애썼다. 매우 오랫동안 평행선 공준은 흠이었다. 여러 사람이 그것을 앞의 네 공준으로부터 추론하여 없애거나 다른 것들처럼 단순하고 명백한 문장으로 대체하고자 했다. 19세기가 되어서야 평행선 공준이 다른 네 공준으로부터 도출되지 않음이 밝혀진다.

공준, 공통 개념에 이어 48개의 명제가 나오는데 처음 세 명제는 작도이다. 명제 1-1은 주어진 선분 위에 정삼각형을 작도할 수 있다는 것이다. 이때 공준3, 공준1, 정의15(원이란 그 도형의 안쪽에 있는 한 정점으로부터 곡선에 이르는 거리가 모두 같은, 그러한 곡선으로 둘러싸인 평면도형이다), 공통 개념1을 이용한다. 여기서 유클리드의 가정이 현대의 기준에서 보면 매우 불충분하다는 것이 드러난다. 이를테면 두 원이 교차할 때 교점이 있다는 근거가 없음에도 교점의 존재를 보장하는 공준이 없다. 두 원이 교차할 때 교점이 없다면 이 명제 전체는 거짓이다. 암묵적으로 직선과 원의 연속성을 가정하고 있을 뿐이다.

명제1-4(두 삼각형에서 두 변이 각각 같고, 그러한 두 변에 끼인 각이 같다면 두 삼각형은 포개진다)의 증명에서는 공통 개념4를 바탕으로 모양이나 크기의 변화 없이 옮길 수 있음을 공준으로 가정하고 있다. 곧 합동 자체를 공준으로 삼고 있다. 그러므로 이 증명은 순환 논리에 빠져 있다. 오늘날에는 변-각-변 정리를 하나의 공리로 놓고, 다음에 이로부터 다른 합동정리를 유도하고 있다.

명제1-27(한 직선이 두 직선을 가로지를 때 엇각이 서로 같으면 두 직선은 평행이다)에서 비로소 평행선이라는 개념을 다룬다. 아직 평행선 공준을 사용하지 않았다. 유클리드는 같은 평면 위에 있고 아무리 늘여도 어느 방향에서도 만나지 않는 두 직선을 평행선이라고 한 정의23만 이용했다. 이 명제에 따르면 두 선이 같은 선에 수직이면 그 두 선은 평행이다. 이 사실로부터 주어진 직선 l 위에 있지 않은 임의의 점 P를 지나고 l에 평행한 직선 l'이 존재한다는 사실을 밝히는 것은 쉬운 문제이다. 명제1-28부터는 실질적으로 평행선 공준을 사용한다.

평행선 공준은 주어진 직선 위에 있지 않은 점을 지나면서 그 직선과 평행인 직선이 하나만 존재함을 보장하는 것이다. 이를 바탕으로 한 평행선에 관한 연구는 삼각형 내각의 합이 2직각과 같다(명제1-32)는 결과에서 정점에 이른다. 이 증명은 명제29(한 직선이 두 평행선을 가로질러 만드는 엇각은 서로 같고, 동위각도 서로 같으며, 동측내각의 합은 2직각과 같다)에 의존하는데, 이것은 묵시적으로 평행선 공준과 관련된다.

명제1-44(주어진 직선을 한 변으로 하고 주어진 각을 한 각으로 하되 주어진 삼각형과 넓이가 같은 평행사변형을 그릴 수 있다)는 처음으로 넓이가 관련된 문제이다. 주어진 각이 직각인 경우에 작도하는 도형은 직사각형이다. 주어진 삼각형의 넓이를 a, 직사각형에서 주어진 선분의 길이를 l이라 하고 다른 변의 길이를 x라고 하자. 그러면 이 명제는 길이가 l이고 나비가 x인 직사각형의 넓이가 a가 되도록 하는 것, 곧 방정식 $lx = a$를 푸는 것이다. 그런데 유클리드는 크기의 나눗셈을 다루지 않았고, 아직 비례론을 이용할 수 없었으므로 넓이를 이용한 복잡한 방법으로 해결했다. 이 명제는 나눗셈을 기하학 방식으로 한 것으로 기하학적 대수의 예이다. 고전기 그리스에서는 모든 양을 기하학의 공리와 정리를 만족하는 선분으로 보고 수치를 직접 다루는 문제를 피하고 있다. 곧, 수 대신에 선분을 사용했다. 적절한 대수학적 기호 체계가 없었으므로 기지수든 미지수든 모든 수를 선분으로 나타냈다.

명제1-47(직각삼각형에서 직각의 대변 위의 정사각형은 직각을 낀 두 변 위의 정사각형의 합과 같다), 1-48(삼각형에서 한 변 위의 정사각형이 나머지 두 변 위의 정사각형의 합과 같으면 그 나머지 두 변이 이루는

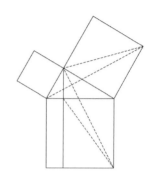

각은 직각이다)에서 피타고라스 정리와 그 역을 매우 뛰어난
방식으로 증명하고 있다. 이 방식은 현대의 여러 교과서
에서 다루기도 한다.

　제2권에서는 선분, 직사각형, 정사각형의 여러 관계를
다루는데, 대부분은 대수 개념을 이용하면 근대적으로
해석할 수 있다. 유클리드 시대에는 이차방정식을 기하
의 언어로 표현하고 자와 컴퍼스를 이용한 작도로 풀었
다. 곧, 방정식을 기하로 해석하고 작도로 풀었다. 이런 작도의 결과는 선분이고
이것의 길이가 근이었다. 이렇게 해서 현재 사용하는 기호 대수와 거의 같은 목적
을 띤 기하적 대수가 되었다. 가장 간단한 것은 주어진 수치를 넓이로 갖는 정사각
형을 작도하는 것이다. 이것은 정사각형의 한 변으로 제곱근을 구하는 것이었다.

　이차방정식을 전형적인 기하적 대수로 푸는 것을 명제2-9$(x+y=a, x^2+y^2=b)$, 명
제2-11$(x^2+ax=a^2)$에서 볼 수 있다. 바빌로니아인은 전자에서 $x+y=a$, $xy=c$의
꼴로 바꾸어 $x=(a/2)+\sqrt{(a/2)^2-b}$, $y=(a/2)-\sqrt{(a/2)^2-b}$를 얻고 후자에서
$x=\sqrt{(a/2)^2+a^2}-a/2$를 얻었다. 유클리드가 이 이차방정식을 기하로 풀고 있다
하더라도 그 방식은 바빌로니아인의 것과 같다. 이것을
명제2-11에서 살펴보자. 그림에서 AD×AG가 GD의 제
곱과 같게 되도록 점 G를 선분 AD 위에서 찾는 것이다.
이 문제를 대수로 번역하면 다음과 같다. 선분 AD= a라
하고 선분 GD= x라고 하자. 그러면 AG= $a-x$가 되고

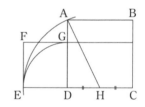

이 문제는 방정식 $a(a-x)=x^2$, 곧 $x^2+ax=a^2$을 푸는 것이 된다. 여기서 보듯이
기하로 표현한다고 해서 직사각형의 넓이가 길이와 너비의 곱은 아니다. 엄밀하게
말하면 넓이의 적용이라기보다 도형의 작도이다. 길이에 수(곧, 양의 정수)를 곱하기는
하지만 결코 두 개의 길이를 곱하는 것이 아니다. 그는 두 선분으로 둘러싸인 직사
각형이라는 방식으로만 쓰고 있다. 실제로 당시에는 임의의 길이끼리 곱하는 절차
를 정의하는 방법이 없었다.

　유클리드 저작에는 엄밀한 의미의 삼각법은 없으나, 특정한 삼각 법칙이나 공식
에 해당하는 정리는 있다. 이를테면 명제2-12(둔각삼각형에서 둔각의 대변 위의 정사각형은 둔
각을 사이에 끼고 있는 두 변 위의 정사각형의 합보다 둔각을 끼고 있는 변 하나와 그 변의 연장선에 내린 수선의
발과 둔각의 꼭짓점 사이의 선분으로 둘러싸인 직사각형의 두 배만큼 크다)와 명제2-13(예각삼각형에서 예

각의 대변 위의 정사각형은 예각을 사이에 끼고 있는 두 변 위의 정사각형의 합보다 예각을 끼고 있는 변 하나와 그 변에 내린 수선의 발과 예각의 꼭짓점 사이의 선분으로 둘러싸인 직사각형의 두 배만큼 작다)에서 삼각법 개념이 있었음을 보여주고 있다. 이 둘은 피타고라스 정리를 일반화하는 한 방향이라고 할 수 있다. 각각 둔각삼각형과 예각삼각형에서 성립하는 코사인법칙을 기하적 표현으로 공식화한 것이다. 각과 현 사이의 관계를 정면으로 다루어 그 관계식을 구한 사람은 −2세기에 활동한 사모스의 아리스타르코스(Ἀρίσταρχος 전310?-230)와 퀴레네의 에라토스테네스(Ἐρατοσθένης 전275?-194?)였다.

제3권과 제4권은 원의 기하를 다루고 있는데, 대부분 히포크라테스에게서 인용한 것으로 보인다. 제3권에서 명제3-16(원의 지름 끝에서 지름과 직각을 이루는 직선을 그으면 그 직선은 원 밖에 놓인다. 그리고 직선과 원 사이에 또 다른 직선을 긋지 못한다)은 귀류법으로 증명되고 있다. 여기서 언급된 곡선과 직선 사이에 어떠한 직선도 놓일 수 없다는 기술은 미분법이 도입될 때까지 접선의 정의였다. 제4권에서는 정오각형의 작도를 두 단계로 나누어 다루고 있다. 명제4-10에서는 밑각이 꼭지각의 두 배가 되는 이등변삼각형을 작도하고, 명제4-11에서는 실제로 원에 정오각형을 내접시키고 있다. 여기서도 유클리드는 어떻게 작도할 수 있게 되었는지는 보여주지 않는다. 그러나 작도를 주의 깊게 살펴보면 그가 이 문제를 해석한 실마리를 찾을 수 있다.

〈원론〉의 첫 네 권의 중요한 몇 가지 명제는 닮음이라는 개념을 이용하여 증명할 수도 있었다. 그러나 유클리드는 그렇게 하지 않으면서 되도록 많은 결과를 증명할 수 있도록 〈원론〉을 편집했다.[20] 닮음에는 먼저 크기 사이에 '비가 같음'이라는 개념이 필요한데, 이것이 상당히 미묘했기 때문이다. 일반적으로 무리수 개념 없이는 선분의 비, 나아가 두 도형의 닮음 따위를 생각할 수 없었다.

제5권은 크기에 대한 비의 일반 정리와 비례론을 다룬다. 크기는 연속량이다. 제7권에서는 자연수에 대한 비례론을 다룬다. 수는 이산량이다. 지금은 후자를 전자에 포함하여 다루는데, 당시에는 그렇게 하지 않았다. 크기와 수는 다른 개념이었다. 이집트인이 연구한 대상이던 비가 그리스인에게 전해져서 비의 이론으로 발전하다가 유클리드에 이르러 완성되었다.

앞서 보았듯이 비례가 쓰이는 증명에 의구심을 갖게 한 통약불가능량의 발견이 초래한 위기는 유독소스가 정리한 원리로 벗어났다. 그럼에도 그리스인은 비례를 피하고자 했다. 유클리드도 비례식을 가능한 한 뒤로 미루었고 길이로 $x : a = b : c$라는 관계도 넓이의 등식 $cx = ab$로 바꾸었다. 이처럼 비가 기하학적인 테두리를 벗어나지 못했던 까닭의 하나는 비를 이루는 대상이 길이면 길이, 넓이면 넓이처럼 같은 종류로 한정됐기 때문이었다. 그러나 비례가 필요했던 유클리드는 제5권에서 비례론을 중점적으로 다루었다. 그의 비례론은 방정식론, 분수의 특성, 실수 체계의 본성과 같은 여러 연구의 성격을 규정했다.[21] 그런 의미에서 그의 비례론을 이해하는 것은 유클리드 이후에 전개된 수학을 이해하는 데서도 중요하다.

유클리드는 크기의 곱셈을 하지 않은 것처럼 비의 곱셈도 하지 않았다. 그는 크기를 되풀이하여 더하는 것으로써 크기에 수를 곱할 뿐이었다. 또한 크기의 나눗셈도 하지 않았다. 유클리드의 비 $a:b$는 수직선에서 특정한 점에 대응하는 분수로, 통상적인 계산의 대상이 될 수는 없다. 그는 양의 '제곱'이라는 표현이 의미가 있는 경우에 한정하여, 두 양의 비의 이중비와 그 양들의 제곱의 비가 같음을 이용했다.[22] 기호로는 $a:b=b:c$이면 비 $a:c$는 $a:b$의 이중비라고 한다. 그리고 $a:c$ $=(a:b)(b:c)=(a:b)(a:b)=(a:b)^2=a^2:b^2$이 된다. 제7권에서는 비의 덧셈과 뺄셈은 연구되지 않았지만 그 뒤에 그리스 수학이 더욱 발전하면서 비의 이론은 계산 수학의 문제에 적용하게 되었고 보통의 분수를 수라고 하게 되었다.

제6권은 제5권의 비례론을 활용하여 닮은 직선 도형의 이론으로 명제를 증명한다. 닮음에는 비가 같다는 개념이 놓여 있고, 이것은 본래 모든 양을 수로 여길 수 있다는 것에 근거를 두고 있다. 아직 비를 수로 다루는 일이 없어 직관적으로 비가 같다는 개념이 형식적으로 정의되어 있지 않았다. 그렇지만 수학자들은 그것이 완벽하게 이치에 맞음을 알고 있었다. 주목할 만한 것으로는 명제6-27~30의 네 가지가 있다.

명제6-27은 처음으로 최댓값 문제를 다룬다. $x(a-x)$가 $x=a/2$일 때 최대가 된다고 하고 있다. 명제6-28과 6-29는 선분 AB의 길이를 a, 주어진 직선 도형의 넓이를 b라 했을 때 각각 $x(a-x)=b$와 $x(a+x)=b$를 만족하는 $x=BX$를 찾는 것에 귀착한다. 두 명제는 각각 AB 위와 AB의 연장선 위에서 점 X를 찾는 것이다. 어느 경우에나 점 C를 AB의 중점이라 하고 BC 위에 정사각형(넓이는 $(a/2)^2$)을 놓는다. 명제6-28에서는 X를 CX가 넓이 $(a/2)^2-b$로 되는 정사각형의 한 변이 되도록 선택한다. 이 BX를 결정하는 방법은 $x=BX=BC-CX=(a/2)-\sqrt{(a/2)^2-b}$를 의미한다. 명제6-29에서는 $x=BX=CX-BC=\sqrt{(a/2)^2+b}-(a/2)$가 된다.

명제6-28 · 명제6-29

이 명제들에서 기하로 푸는 절차와 대수 절차가 비슷하다. 그러므로 기하적 대수가 바빌로니아에서 가져온 결과를 기하로 번역한 데서 유래했다는 주장은 매우 설득력이 있다. 바빌로니아의 방법 자체가 소박한 기하적 형태로 표현되어 있어서, 더욱 정밀한 그리스 기하로 번역하는 데 알맞았을 것이다. 그렇지만 −4세기 이전에 바빌로니아 수학, 특히 수치로 계산되는 대수가 어떠한 형태이든 그리스에 전해졌다는 직접적인 증거는 없다.[23] −300년 전의 그리스인은 이차방정식의 무리수근을 나타내는 데 기하적인 표현 말고는 다른 수단이 없었기 때문에 크기를 나타내는 식을 조작하는 방법을 기하에 바탕을 두고 생각할 수밖에 없기도 했다.

명제6-30에서는 직선 $AB(=a)$가 주어졌을 때 $AB : AG = AG : GB$를 만족하는 $AG(=x)$를 찾고 있다. 이 문제는 비례식 $a : x = x : (a - x)$로 표현되고, 이것은 명제 2-11에서 나온 방정식으로 쓸 수 있다.

제7, 8, 9권은 앞의 여섯 권과 완전히 독립하여 이산량으로서 수의 이론만 다루고 있다. 여기서 수를 선분으로 나타내지만, 선분 말고는 나타낼 방법이 없어서 선분으로 나타냈을 뿐이다. 제7권은 정수를 처음으로 논리적으로 다루는데, 먼저 단위와 수를 정의했다. 정의1에서 단위를 '존재하는 것 각각의 그것으로 1이라 일컬어지는 것'으로 정의했다. 이 단위의 정의만으로는 수론은 성립하지 못하므로 정의2에서 '단위로 이루어진 많음'으로 수를 정의한다. 유클리드가 1부터 시작한 것은 수와 기하학적 크기를 명확하게 구별한 아리스토텔레스에 충실했기 때문이다.[24] 수의 정의를 보면 많음은 복수이고 단위는 복수가 아니므로, 피타고라스처럼 1을 수로 여기지 않았다. 단위의 여러 배로 수를 정의함으로써 1의 분할 불가능성이 유지됨과 함께 수의 분할이라는 문제가 과제로 되었다. 이로써 수론은 수의 분할이라는 문제를 둘러싸고 전개된다. 기본적으로 수는 단위만으로 나뉘는 소수와 수로 나뉠 수 있는 합성수로 나뉘었다.

현실 세계에서 구체적인 한 개는 분할되지만, 관념적인 수로서 1은 분할되지 않는다. 분할된 각각이 1이 되어 오히려 단위를 여러 배한 수가 된다. 그래서 유클리드는 분수도 수로 여기지 않았다. 공식적인 그리스 수학에서 분수는 통상 두 양의 비로 치환됐다.

수의 비례론을 다루는 제7권은 두 개의 명제로 시작하는데, 그것들은 합쳐져서 유클리드 호제법이라는 계산법의 하나가 된다. 이것은 최대공약수를 찾을 때 쓰인다. 이 호제법은 피타고라스 정리나 π의 개념처럼 진보한 문명에서는 통상 나타나는 것의 하나였다. 유클리드는 호제법을 두 경우에 응용했다. 먼저 정수에 응용하여 나누어떨어지는 성질과 소수에 관한 결론을 유도했다. 다음에 선분에 응용하여 무리량인지를 판정하는 조건으로 이용했다. 호제법이 끝나지 않으면 선분비는 무리수가 된다. 또한 제7권은 원의 넓이는 지름의 제곱에 비례하고, 구의 부피는 지름의 세제곱에 비례하며, 각뿔과 원뿔은 각각 같은 밑면과 높이를 가진 각기둥과 원기둥 부피의 1/3이라는 관계도 다루고 있다. 여러 수의 최소공배수를 구하는 것으로 마무리한다.

제8권에서는 제7권에서 끌어낸 비례하는 수에 관한 여러 표준적인 결과를 이용하고 있다. 주로 연속으로 같은 비를 이루는 수의 열, 곧 $a_1 : a_2 = \cdots = a_{n-1} : a_n$을 만족하는 수열(등비수열) a_1, a_2, $\cdots$, a_n을 다룬다. 이런 것의 한 부류로 주어진 두 수의 사이에 비례중항이 들어갈 수 있는 조건을 결정하는 명제들이 있다. 이를테면 명제8-11은 두 정사각수에는 사이에 하나의 비례중항이 있고, 정사각수는 정사각수에 대하여 변이 변에 대한 비의 이중비를 가짐을 보이고 있다. 명제8-12는 두 정육면체수 사이에는 두 개의 비례중항이 있고, 정육면체수는 정육면체수에 대하여 변이 변에 대한 비의 삼중비를 가짐을 보였다. 이것은 물론 정육각형의 배적 문제를 두 개의 비례중항을 찾는 문제로 환원한 것이다. 명제8-27은 닮은 입체수 $ma \cdot mb \cdot mc$와 $na \cdot nb \cdot nc$는 세제곱수끼리의 비 $m^3 : n^3$을 이룬다는 것이다.

제9권의 명제9-19에서 소인수분해의 유일성을 다루고 있다. 이 유일성을 보장하기 위해서 1을 소수에서 제외했다고 볼 수 있다. 그리고 명제9-20에서 소수의 개수가 무한하다는 사실을 귀류법으로 증명한다. 명제9-35(임의 개의 수가 차례로 비례하여 연비를 이룬다. 둘째 항과 끝항에서 각각 첫째 항을 뺀다. 그러면 둘째 항과 첫째 항의 차가 첫째 항에 대한 것처럼 끝항과 첫째 항의 차가 끝항부터 앞의 모든 항의 합에 대응한다)는 실질적으로 등비수열의 합을 다루고 있다. 조건을 만족하는 수의 열을 a, ar, ar^2, $\cdots$, ar^{n-1}으로 나타내고 끝항부터 앞의 모든 항의 합을 S_n이라 하면, $(ar^{n-1} - a) : S_n = (ar - a) : a$라는 뜻이다.

제10권은 통약불가능량 사이의 관계를 기하로 다루는데, 〈원론〉에서 가장 계통 있게 쓰였다. 명제 10-1은 제12권에서 이용되는 착출법의 기초가 되는 내용을 담고 있다. 곧, 두 개의 서로 다른 크기가 정해지고, 큰 쪽에서 그 반보다 큰 크기를 빼고, 남은 것에서 그 반보다 큰 크기를 빼고, 이것을 끊임없이 되풀이하면 맨 처음에 정해진 작은 쪽의 크기보다 작은 크기가 남는 데에 이르게 된다. 그리고 피타고라스 세 수를 만드는 공식이 실려 있기도 하다.

다음으로 통약불가능량을 분류하고 있으나, 유클리드는 자신이 전개하고 있는 기하적 대수에 등장하는 통약불가능량만 다루고 있다. 먼저 그는 제7권에서 수에 적용했던 호제법을 기하적 크기에 적용하여 별개의 개념이었던 크기와 수를 결부시켰다. 명제10-5, 6에서 두 크기의 비가 수가 수에 대한 비일 때에 두 크기는 통약가능임을 보이고 있다. 이런 의미에서 수와 크기는 독립된 개념임에도, 수에 대한 비례론 체계를 통약가능인 크기에 적용할 수 있었다. 유독소스에 의한 정의는 통약불가능인 크기에 쓰이게 된다. 이어서 유클리드는 제곱수가 아닌 모든 수의 제곱근이 단위 선분과 통약불가능임을 보이고 있다. 곧, 무리수의 일반화를 다루었다.

유클리드에 앞서 호제법을 양 일반에 적용하는 가능성을 탐구하여, 크기에 대한 비례의 정의를 발전시킨 사람은 테아이테토스일 것이다. 그는 수에 적용했던 것과 기본적으로 같은 방법으로 두 크기가 통약가능인가 아닌가를 판정하는 방법을 정리했다. 유클리드는 명제10-2에서 만일 호제법 알고리즘이 끝나지 않으면 두 크기는 통약불가능임을 보였다. 명제10-3에서는 호제법이 유한 번으로 끝나면 최대공약량을 얻게 됨을 보였다. 여기서 당연히 나오는 물음은 이 절차가 끝날지를 어떻게 알 수 있는가이다. 일반적으로 이것은 쉽지 않다. 특별한 경우에는 나타나는 나머지가 같은 모습을 되풀이하여 이 절차가 끝날 수 없음을 보여주기도 한다. 정사각형의 맞모금과 변의 길이가 통약불가능임을 이 절차로 맨 처음 발견하게 되었다고도 한다.

제11권은 주로 삼차원의 기하적 대상을 다루는데 제1권과 제6권의 평면에서 얻은 결과들 가운데 입체에 대응하는 것들을 많이 다루고 있다. 각뿔, 각기둥, 원뿔 등의 정의로 시작한다. 다면체에 관한 정리도 다루지만, 대부분 특별한 경우에 국한되어 있다. 제1권에서 원을 평면의 한 정점부터 거리가 같은 곡선이라고 정의한 것과 다르게, 구를 지름의 둘레로 반원을 회전하는 것으로 정의했다.

제12권에서는 다소 거친 극한의 절차인 착출법을 다루고 있다. 원의 넓이와 각뿔, 원뿔, 구의 부피를 구하는 공식은 훨씬 이전부터 알려져 있었으나 그리스인에게는 증명이 필요했다. 유독소스가 자신이 발전시킨 이 방법으로 증명했다. 명제 12-2는 원의 넓이는 지름을 한 변으로 하는 정사각형에 비례하고 있음을 기술하고, 이때 적용되는 비례상수를 근사시키는 방법을 보여주고 있다. 이 명제의 증명에 쓰인 주요한 사고방식은 원에 다각형을 내접시키고, 변의 수를 늘려가면서 넓이를 착출하는 것이다. 유클리드는 명제10-1에 바탕을 두고서 주어진 원 안에, 원과 넓이의 차이가 임의로 주어진 넓이보다 작게 되는 다각형을 내접시킬 수 있음을 보인다. 그는 명제12-5(높이가 같고 밑면이 삼각형인 두 각뿔끼리의 비는 밑면끼리의 비와 같다), 명제12-12(닮은 두 원뿔의 비는 밑면의 지름의 세제곱에 비례한다. 닮은 원기둥도 마찬가지이다), 명제 12-18(두 구의 비는 지름의 세제곱에 비례한다)을 귀류법으로 증명하고 있다. 여기서 초기의 그리스 수학에서 무한소를 이용하여 바라는 결과를 얻으려는 시도가 있었음을 보게 된다. 아리스토텔레스는 이러한 생각을 그리스 수학에서 배제했다.

제13권에서는 정다면체를 작도하고, 반원을 정다면체의 둘레로 회전하는 방법을 사용하여 구와 그것에 내접하는 정다면체의 관계를 다룬다. 여기에 실린 정리들은 다면체의 한 변에 대한, 외접하는 구의 반지름의 비를 구하고 있다. 정오각형과 다섯 가지 정다면체를 작도하고 정다면체 변의 길이의 특징을 분명히 하고자 거기서 나타나는 선분을 제10권의 틀로 분류하고 있다. 다섯 개의 정다면체 말고는 만들 수 없음을 증명하는 것으로 끝맺고 있다.

〈원론〉은 논리적, 수학적으로 자연에 접근할 수 있다는 생각을 분명히 보여주었다. 〈원론〉의 논리적 구조에 많은 결함이 있다 하더라도, 이것은 연역적 수학을 제대로 시작한 커다란 한 걸음이었다. 유클리드 이후로 〈원론〉 또는 그것의 일부를 배우는 것은 교양교육의 필수가 되었다. −3세기의 뛰어난 수학자인 아르키메데스와 아폴로니오스의 저작들이 공리 연역적으로 쓰였다는 데서도 그것의 영향을 볼 수 있다. 〈원론〉은 연역적 체계가 수립되지 않았던 분야에도 영향을 미쳤다. 정역학, 정수력학, 음악, 천문학에서도 공리와 연역적인 증명을 추구했다. 심지어 기원후 2세기의 의사인 갈레노스(Γαληνός 129-216?)도 의학에서 추론의 모델로 수학을 따르려 했다.[25] 〈원론〉은 연역적 논증 수학의 발전을 매듭지으면서 한 시대의 마지막을 장식하고 새로운 헬레니즘 시대를 열어 주는 역할을 했다.

이 장의 참고문헌

[1] 伊東 1990, 16

[2] 下村, 1941, 109

[3] Boyer, Merzbach 2000, 124

[4] Katz 2005, 61

[5] 齊藤 2007, 81

[6] 齊藤 2007, 39

[7] Connes 2002, 88

[8] 김용운, 김용국 1990, 123

[9] 伊東 1990, 146

[10] Becker 1965, 130

[11] Platon 2019

[12] Platon 2007, 272

[13] 伊東 1990, 174

[14] Platon 2007, 291

[15] 伊東 1990, 20

[16] 伊東 1990, 191

[17] 김용운, 김용국 1990, 486

[18] Devlin 2011, 226

[19] Kline 1984, 123

[20] Katz 2005, 92

[21] Katz 2005, 92

[22] Katz 2005, 96

[23] Katz 2005, 87

[24] Katz 2005, 100

[25] Lloyd 2008, 12

제 4 장

헬레니즘 시기의 그리스 수학

1 헬레니즘 문명의 전개

　페르시아와 치른 전쟁에서 승리한 아테네와 그 연합 세력은 그리스 전역에서 패권을 잡으려다 펠로폰네소스 전쟁(전431-404)에서 스파르타가 이끄는 보수 연합에 패배하자 해체되면서 그리스의 도시국가들은 정치적 갈등에 빠졌다. -338년에 북쪽에 자리 잡고 있던 마케도니아의 필리포스 2세에 의해 그리스 도시국가의 연합 군대가 패배한 뒤에 그리스 전체는 외국의 지배를 받게 되었고 고전기 그리스 문명은 쇠퇴했다. 페르시아도 -330년 알렉산드로스에게 점령되었다. 알렉산드로스 제국은 이집트부터 파키스탄에 이르렀다. 알렉산드로스 군대의 주요 구성원이 그리스인이었기 때문에 넓은 점령 지역에 그리스 문화가 퍼질 수 있었다. 그리스 문화는 도시국가 민주주의의 네트워크에서 전 세계적인 제국주의 체제로 전환되었다. 페르시아 문화가 융성하고 있던 당시에 알렉산드로스는 그리스와 페르시아의 문화를 융합하려고 많은 노력을 기울였다. 이에 따라 고전기와 성격이 전혀 다른 문명이 생겨난다.

　알렉산드로스는 출정할 때마다 학자들을 데리고 갔다. 그들은 정복한 지역에서 여러 분야의 자료를 엄청나게 모아들였다. 또한 그는 이집트에 알렉산드리아라는 도시를 세우고 최상의 항구를 갖추어 놓음으로써 고대 세계의 중심이 아테네에서 이 새로운 도시로 옮겨올 수 있는 기반을 닦았다. 이로써 알렉산드리아는 아시아, 아프리카, 유럽을 잇는 중심지가 되면서 자연히 많은 문물이 흘러들어왔다. 알렉산드리아 상인은 그리스 문화를 온 세계로 퍼뜨리고, 다른 지역에서 얻은 지식을 알렉산드리아로 가져왔다. 이 시기에 그리스 문화가 주축이었다고 해서 그리스인이 그리스 바깥 지역을 개화시킨 것으로 이해해서는 안 된다. 알렉산드로스의 군대가 오리엔트로부터 들여온 많은 자료는 그리스 과학을 사변적인 것에서 경험적인 것으로 전환하도록 수단과 자극을 함께 주었다.[1] 이렇듯 바빌로니아와 이집트의 옛 문명에 바탕을 두고 발전한 그리스의 과학, 수학, 철학은 알렉산드리아에서 다시 이론적인 정신과 관료적, 제도적 지원이 결합하면서 다시 황금기를 맞이하게 된다.

－323년에 알렉산드로스가 죽자 제국은 셋으로 나뉘었고 그리스는 한 지방으로 전락했다. 각 나라는 분리되었어도 그리스어를 사용하는 왕조들에 의해 계속 통치되면서, 알렉산드로스 정복 이후에 탄생한 새로운 문명의 틀 안에 있었다. 수학의 측면에서 볼 때 가장 중요한 곳은 프톨레마이오스 왕조가 다스린 이집트였다. 프톨레마이오스 1세는 －300년 무렵 알렉산드리아에 교육기관을 세웠다. 이 기관의 핵심인 도서관은 오랫동안 세계에서 가장 많은 학문적 저작을 갖춘 곳이었다. 300년쯤 이어진 프톨레마이오스 왕조 시대에 권력 다툼이 있기는 했어도 외부와 치른 전쟁은 거의 없었다. 이집트가 로마 제국의 일부로 될 때 짧은 기간의 전투가 있었으나, 로마의 지배를 받는 동안에도 평화로운 세월이 이어졌다. 이처럼 오랫동안 평화가 유지되면서 알렉산드리아는 학자들이 안정되게 연구할 수 있는 곳이 되어, 500년에 걸쳐서 많은 학문적 성과가 나왔다. 이 기간에서도 로마에 점령(전31년)되기 전까지의 약 300년 동안에 이루어진 새로운 문화를 헬레니즘 문화라 하여 고전기 그리스 문화와 구별한다. 헬레니즘 문화는 고전기의 폐쇄적이며 자족적인 도시 국가 중심의 문화를 벗어난, 지역의 특성이 있으면서도 개방적이며 보편성 있는 문화였다.

고전기 때에는 주로 독립적인 개인이 주도하는 자연철학적 사색이 주류였다. 헬레니즘 시대에는 새로운 연구 조직과 사회적 지원을 받는 실용적 연구가 대세를 이루었다. 헬레니즘 과학의 이런 추세는 부분적으로는 순수과학과 자연철학의 제도화에서 비롯되었다.[2] 수학이 발전하는 방향도 이러한 추세에 크게 영향을 받았다. 유클리드는 삼차원 공간을 전제로 하는 평면기하학을 연구했다. 아르키메데스는 기하학적 원리를 다른 과학 분야까지 적용하여, 이를테면 비중의 원리를 알아냈다. 아폴로니오스는 당시에 응용성이 떨어졌다고 볼 수 있는 원뿔곡선을 연구했다. 수학 밖의 분야에서도 많은 발전을 이루었다. 에라토스테네스는 지구의 지름과 해와 지구 사이의 거리를 계산했으며 경도와 위도를 그어 지도 제작을 개선했다. 아리스타르코스는 지동설을 내놓았다. 의학의 아버지라 불리는 코스의 히포크라테스(전460?-370?) 뒤를 이어 인체 해부학을 발전시킨 헤로필로스(Ηρόφιλος 전335?-280?)도 있었다. 이 밖에도 기체, 수력, 소리와 빛(굴절)과 같은 것들도 연구되었다.

헬레니즘 문화의 특징을 몇 가지 살펴보면 당시의 수학이 고전기와 왜 다른지를 알 수 있다. 나라에서 학문 연구를 지원하는 무세이온이라는 교육기관을 운영했다. 프톨레마이오스 1세는 그곳에 중요한 서적을 보관하는 것뿐만 아니라 일반 대중이 그곳의 시설과 서적을 이용하여 연구할 수 있도록 했다. 이 기관은 교육보다 종합 학술 연구에 더 가까운 역할을 했다. 이 기관 덕분에 두 세기 동안 여러 분야의 학자들이 이집트로 모여들었다. 왕조가 이 기관을 통해서 조직적이고 대규모로 연구를 후원함으로써 고전기 과학의 연구 방법과 내용에서 질적 전환이 일어났다. 유용성을 지향하는 관료적인 과학을 지원했던 오리엔트의 과학과 추상적인 사유를 추구한 독립적인 사상가들의 업적으로 이루어진 고전기 그리스 과학의 전통이 결합한 결과가 헬레니즘 과학이다.[3] 연구원들은 국가의 지원을 받으며 자율적으로 연구했다. 그렇더라도 후원의 주체인 왕조는 노동 생산성을 높이는 방법을 찾거나 인민의 생활 수준을 높일 방법을 찾는 것이 아니라, 일차로 군사 무기나 토목과 관련된 기술을 향상시키는 데 관심을 두었다.[4]

고전기 때보다 훨씬 먼 곳까지 가서 교역을 하게 된 알렉산드리아인은 자연스럽게 천문학과 지리학에도 많은 관심을 기울이게 되었다. 시간과 위치를 알아내고 육지와 바다에서 길을 찾고 도로를 놓으며 지역뿐 아니라 제국의 경계를 정하는 일이 중요해졌기 때문이다. 교역이 확장, 확대되면서 이에 종사하는 사람들은 새로운 제품의 개발, 생산 방법의 개선, 새로운 도전에 관심을 기울였다. 이러한 노동을 담당하는 계급에서 소양이 있는 기술자 집단이 등장하면서 헬레니즘 과학에서 새로운 경험적, 실제적 경향이 나타났다. 이들은 학자들과 분리되지 않은 시민들이었다. 게다가 학자들은 세계의 모든 지역에서 왔고 사회-경제적 지위도 천차만별이었다. 그들은 일반 사람이 맞닥뜨리는 문제를 인식하고 관심을 기울였다. 그들은 이론적 연구를 구체적인 과학적, 기술적 연구와 관련지었다. 산업, 공학, 항해, 지리와 관련된 과학과 기술에 두루 노력을 기울였다. 생산성을 높이기 위한 기술 개발과 기술의 숙련도를 높이는 것에도 관심을 기울였다. 고전기에는 기술을 얕보았으나 헬레니즘 시대에는 기술을 가르치는 학교가 생길 만큼 기술에 관심이 많아졌다.

알렉산드리아 문화가 새로운 방향에서 번영한 까닭의 하나로 파피루스 종이의 보급을 들 수 있다. 이집트의 파피루스는 재료를 구하고 만들기 쉬워 양피지보다 값이 쌌으므로 고전기보다 쉽게 책을 만들고 볼 수 있었다. 또한 이집트의 기후 덕분에 오래 보관할 수 있었다. 파피루스가 많이 생산되던 알렉산드리아는 필사 산업의 중심지가 되었다. 고대 이집트에서는 특정 집단이 보안을 유지하며 지식을 말로 전달하던 것과 달리, 헬레니즘 시대에는 책으로 지식을 자유롭게 전파할 수 있었다. 이로써 폭넓은 계층의 집단에서 학문을 연구할 수 있게 되었다.

헬레니즘 후기부터는 과학 연구가 더 이상 발전하지 못한다. 당시의 과학은 연구를 이어나갈 자극을 현실에서 얻지 못했다. 악성 팽창의 경향이 있던 헬레니즘 시대의 노예 경제는 시간이 지남에 따라 생산 도구를 개선할 필요가 없게 만들었다.[5] 노예 경제가 근간인 당대의 생산 양식은 현상을 유지하기에 충분했다. 생산력을 높이는 생산 도구를 개선하는 데 과학 연구가 쓰일 필요가 없었다. 더구나 알렉산드로스의 동서 융합 정책에도 불구하고 두 문화는 쉽게 융합되지 않았다. 헬레니즘 문화란 실상 알렉산드로스와 그를 따른 그리스인이 동서 문화를 뒤섞은 그리스풍 문화였다. 이러한 헬레니즘 문화도 로마에서 일어난 신흥 노예제 국가의 지배를 받게 되면서 쇠퇴의 길로 들어섰다. 그러다 로마가 영향력을 잃어가자, 서아시아 지역이 다시 자신의 세계로 돌아간 것은 헬레니즘 문화가 서아시아 사회의 근본을 바꾸지 못하여 문화의 융합을 이루지 못했기 때문일 것이다.

2 헬레니즘 수학의 개관

피타고라스학파와 함께 시작된 수론과 기하학도 헬레니즘 시대에 빠르게 발달해서 −3세기 동안의 비교적 짧은 시기에 매우 많은 연구가 이루어졌다. 이 시기를 그리스 수학의 '황금시대'라고 하는데 수학의 발달은 예술과 문학보다 조금 늦었다.[7][6] 그것도 그리스 본토가 아닌 알렉산드리아에 이주해 있던 사람들이 이루었는데 유클리드, 아르키메데스($Aρχιμήδης$ 전287?-212), 아폴로니오스($Aπολλώνιος$ 전240?-190?)의 연구로 절정에 이르렀다.

유클리드는 헬레니즘 시대에 속하나, 이 시대의 특징보다 고전기의 특징을 보이고 있다. 실제로 그는 그때까지 발전한 연역적 논증 방식의 수학을 완성하면서 그 이전까지 이룩된 수학을 집대성했다. 이 때문에 유클리드를 3장에서 다루었다. 고전기 그리스인은 원주율 π를 수(어림값)로 나타내어 사용하지 않고 지름에 대한 원의 둘레의 비라는 기하학적 의미로만 다루었다. 이 점에서 유클리드도 마찬가지였

---

7) 넓은 의미에서 그리스의 황금시대란 −5세기 중엽 아테네 중심의 페리클레스 시대이다.

다. 그는 원의 넓이가 A, 지름이 d라면 $A/d^2 = k$이고 이 k는 모든 원에서 같음을 보였으나 k의 어림값을 구하려 하지 않았다.

−3세기의 그리스 수학에는 두 사람의 위대한 수학자로 시라쿠사의 아르키메데스와 페르가의 아폴로니오스가 있다. 아르키메데스는 유독소스에게서 이어받은 착출법을 새로운 도형의 넓이나 부피를 결정하는 데에 적용했다. 게다가 그는 증명(결정)해야 할 결과를 미리 알고 있어야 했던 유독소스의 방법과 달리 새로운 결과를 찾아내는 방법도 알아냈다. 또한 그는 이론 물리학이라고 할 수 있는 어떤 종류의 수학적 원리를 제시하고, 그것을 여러 기계를 발명하는 데 응용하기도 했다. 아폴로니오스는 분석의 적용 범위를 넓히고, 새 기하학적 작도 문제를 해결하는 데에 역량을 발휘했다. 그는 이러한 새로운 접근의 기초라고 할 수 있는 원뿔곡선의 중요한 성질을 종합의 방법으로 증명했다. 그 성질들은 삼대 작도 문제를 푸는 데 중심 역할을 했다. −2세기의 천문학에서는 히파르코스(Ἵππαρχος 전190?-125?)가 두드러진다. 그는 천체의 크기와 거리를 계산했으며 당시로서는 가장 타당한 천문학을 내놓았다. 이 과정에서 삼각법이라는 중요한 도구를 개발했다. 삼각법은 알렉산드리아인이 바빌로니아의 전통에 따라 무리수를 사용하면서 길이, 넓이, 부피에 수치를 부여하려던 노력의 결실이었다. 더욱이 그들은 산술과 대수학을 되살리고 발전시켰다. 물론 정량적 지식을 얻기 위해서 정수론의 발전도 필요했다. 이처럼 그리스인은 다르게 발전된 수학의 두 분야인 연역적, 체계적인 기하학과 경험적인 산수와 이것의 확장인 대수를 연구했다.

과학 활동이 역사적으로 유례가 없을 만큼 활발했던 −3세기에 무세이온 학자들은 문학, 수학, 천문학, 의학의 네 분야를 중심으로 연구했다. 이 가운데 천문학은 수학이 바탕에 놓여 있었고 의학도 점성술에 의지했기 때문에 수학 이론이 필요했다. 따라서 수학의 비중이 가장 컸다. 그러나 헬레니즘 수학은 고전기 학자들이 알고 있던 수학과는 성격 면에서 매우 달랐다. 이 시기의 수학은 자연과학, 기술의 발전과 함께 알렉산드리아 시대의 사회적 요구를 반영하며 연구되었기 때문이다. 물론 이때에도 연역적으로 접근하고 자연의 법칙을 수학적으로 표현하고자 했지만, 실천적이며 계산 이론적인 수학으로 옮겨가면서 실험과 관찰도 중요하게 여겼다. 알렉산드리아 수학은 철학으로부터 멀어지고 공학 쪽으로 기울었다. 특히 기하학은 역학에서 응용이나 실용과 관련이 깊었다. 또한 아카데미아의 기하학이 정적이었던 데 견줘 헬레니즘의 기하학은 동적인 경향을 띠면서 고전기의 경향을 벗어났다. 헬레니즘 시대의 끝에 수학은 수론, 기하학, 천문학, 음악뿐만 아니라 역학(운동, 지레, 유체정역학), 광학, 측지학, 응용 산술도 포함했다.

알렉산드리아인은 이론화와 추상화의 노력을 계속하면서도 고전기에 중시되던 정성적인 성질에다 정량적인 측면을 결부시켰다. 그들은 기하학적으로 정확히 추론하여 나온 결과를 이용하기도 했지만, 실생활에서 길이, 넓이, 부피를 계산하는 데 도움이 되는 연구도 많이 했다. 이를테면 아르키메데스는 도형의 넓이와 부피를 구하는 공식을 여럿 유도했는데, 그것들은 유클리드의 결과와 달리 실제로 값을 얻게 해주었다. 특히 원의 넓이를 실제로 계산할 수 있는 원주율이 22/7와 223/71 사이에 있음을 보였다. 헬레니즘 시기에는 아직 수를 적고 다루는 효율적인 체계가 없었다는 사실에 비추어 보면 이 업적은 대단한 것이다. 또한 아르키메데스가 π가 유리수임을 증명할 수 없었기에 π는 유리수가 아닐지도 모른다고 가정했다[7]는 점은 실용성과 거리가 먼 정성적 성질에도 관심을 두었음을 보여준다.

헬레니즘기에 실용성과 거리가 있는 연구는 곡선 연구에서도 나타났다. 고전기에도 직선과 원이 아닌 곡선이 도입되기는 했으나 직선과 원으로 구성할 수 있는 도형만 인정됐기 때문에 다른 곡선들은 배척되었다. 하지만 알렉산드리아인은 직선과 원이 아닌 곡선을 적극 사용했다. 아르키메데스는 소용돌이선을 도입하여 각의 삼등분 문제와 원적 문제를 해결했다. 니코메데스(Νικομήδης 전280?-210)는 콘코이드[8]를 도입하고 작도 기구를 만들어 각의 삼등분 문제와 정육면체의 배적 문제를 해결하는 데에 사용했다. 디오클레스(Διοκλῆς 전240?-180?)는 질주선[9]이라는 곡선으로 정육면체의 배적 문제를 해결했다.

헬레니즘 수학은 정치적 쇠퇴가 시작되는 초기에 가장 번영했고 -3세기 말부터 내리막길을 걷기 시작하는데 이것은 정치적 위기의 심화와 결부되어 있다. 특히, -2세기 중반에 이집트에서 벌어진 정치적 갈등과 무법 상태는 알렉산드리아의 과학 연구를 질식시켰다. -146년의 권력 투쟁에서 승리한 프톨레마이오스 7세(전144년에 죽음)는 자신에게 충실하지 않은 학자들을 추방했다. 헬레니즘 후기에 들어서 계급 구조가 굳어진 사회적 조건이 작용하면서 실제에 응용하는 수학을 수공업자나 하는 것으로 차별하기 시작했다. 수학자를 배출하는 사회 계층이 생산 활동에서

---

8) 정점 O와 이것을 지나지 않는 정직선 l이 있다. O를 지나는 직선 m이 l과 만나는 점을 Q, Q와 일정한 거리에 있는 m 위의 점을 P라 한다. Q가 l 위를 움직일 때 P가 그리는 자취

9) 중심이 y축 위에 있고 지름의 한 끝이 원점 O인 원에서 지름의 다른 끝에서 접선 l(x축에 평행)을 긋는다. 원점을 지나는 직선 m이 원, 직선 l과 만나는 점을 각각 Q, R이라 할 때 직선 m 위의 점 P가 OP=QR을 이루면서 그리는 자취

분리되어 갔으므로 수학도 이론 측면의 수론과 기하학, 실제 측면의 계산술과 측지학으로 나뉘었다. 아르키메데스와 헤론은 이러한 차별을 반대했으나 1~2세기에는 이런 차별이 정당화되고 고착되었다. 계급의 구별이 뚜렷해지면서 지배 계급이 모든 노동을 경멸하는 기생 계급으로 되었기 때문이다.

헬레니즘 시대에 이론 수학도 발달했으나 이것이 자연과학과 실용에 적용되는 일은 비교적 드물었다. 사실 당시에는 과학과 기술의 수준이 높지 않아 수학을 응용할 필요도 그럴 수도 없었다. 그래서 아르키메데스나 아폴로니오스에서 높은 수준에 이르렀던 이론 수학은 더 이상 발전하지 못했다. 물리학은 생겨나지 않았고 천문학과 역학은 초보 단계였다. 이와 함께 길이, 넓이, 부피(들이)에 치우쳐 연구되던 고대 수학의 성격도 무시하지 못할 원인이었다. 기하적 대수의 방법이 자신을 제한함으로써 임의의 양으로 확장해 나갈 가능성을 가로막았다. 이것은 결국 그 방법의 적용 범위를 주로 이차방정식, 기껏해야 약간의 삼차방정식으로 좁혀버렸다.

명백한 공리 체계를 바탕으로 구성된 고전기 기하의 영향을 받았음에도 알렉산드리아의 수론과 대수학은 연역적 논리 구조를 갖추지 못했다. 무리수도 자유로이 사용하게 되면서 수 체계의 논리적 토대를 갖출 필요성은 커졌으나, 이집트와 바빌로니아의 전통에서 벗어나지 못했다. 여러 유형의 수를 분류하여 정의하지 않았고 연역 구조를 세울 만한 공리적 기반도 없었다. 이산량과 연속량을 통일적으로 이해하지 못하여 무리수를 수용, 개념화, 정의하지 못하여 결국 수는 이산량, 기하는 연속량에 대응시켜 다른 존재로 다루었다. 수에서 비롯된 경험적인 산술과 그것의 확장인 대수는 엄밀하고 체계적인 기하학과 분리되고 말았다. 결국 연역적 대수를 만들지 못했다. 게다가 기하학에서도 직선과 원으로 얻을 수 있는 도형을 다룬 기하학만 엄밀하다고 했던 까닭에 증명은 무척 복잡해졌는데, 입체기하에서 더욱 그러했다. 17세기까지도 엄밀한 수학은 기하학을 의미했다. 이것은 명제들을 기하로 증명한 뉴턴의 〈프린키피아〉에서도 볼 수 있다.

이러한 한계에도 불구하고 그리스인은 과학 연구에서 수학의 가치를 확립했다. 플라톤은 과학은 수학 이론을 포함하고 있어야만 진정한 과학이라고 주장했다. 그리스 시대에 자연이 수학적으로 짜여 있다는 많은 증거를 찾으면서 이 사상은 큰 힘을 얻었다. 수학과 과학의 결합은 17세기에 과학혁명을 거치는 동안 현실적인 힘을 발휘하면서 근대 과학을 이끌어가는 원동력이 되었다.

③ 아르키메데스

3-1 아르키메데스 업적의 개관

아르키메데스의 연구는 헬레니즘 수학의 특징을 가장 잘 보여준다. 그가 남긴 논문 가운데서 현재까지 발견된 것들은 〈평면의 평형〉, 〈부체〉, 〈원의 측정〉, 〈소용돌이선〉, 〈포물선의 구적〉, 〈구와 원기둥〉, 〈보조정리집〉, 〈방법〉, 〈모래를 세는 사람〉, 〈원뿔상체와 구상체〉가 있다. 이처럼 그가 오랫동안 연구하며 많은 저작을 남길 수 있던 것은 히에론 왕이 통치하던 시라쿠사가 평화와 번영을 누렸기 때문이다. 히에론이 로마와 강화를 맺지 않았다면 아르키메데스의 저작은 나타나지 않았을지도 모른다.

아리스토텔레스의 사변적인 운동학의 방법은 수학적이지 못했다. 이와 달리 아르키메데스는 실제 상황에서 유도되는 정역학적 법칙에 바탕을 두고서 이론을 얻었고, 이렇게 얻은 결론들을 유클리드처럼 몇 개의 공리들로부터 연역하여 구성했다. 아르키메데스가 유클리드와 다른 점은 종합에 의한 엄밀한 증명을 정연하게 기술하기에 앞서, 겉으로 드러내지는 않았으나 결과를 먼저 분석의 방법으로 얻었다는 것이다. 그가 〈방법〉[10]에서 넓이나 부피를 조사할 때 사고 실험을 했다는 것으로 보아, 그는 자신의 결과를 처음에 실험으로 얻고 나서 그 결과를 미리 상정한 공리로부터 연역했을 것이다.[8] 그가 끌어낸 결론들은 수학과 운동학을 밀접하게 관련지은 결과였다.

아르키메데스는 실용 학문과 순수 이론 분야를 가리지 않고 연구하면서 실용 지식이 천하다는 귀족 계급의 관념론적 편견을 극복하고자 했다.[9] 그는 책상 앞의 학자로 머물지 않고 수학의 방법을 자연과학과 기술에 유용하게 사용했다. 그는 일상에서 일어나는 물리 현상의 문제를 수학적 모델로 만들어, 곧 일반 원리를 찾아 특수한 기술 문제에 적용했다. 이를테면 지레의 원리를 처음으로 증명하고 무게중심을 찾는 데 응용했다. 또 정지수력학의 기본인 부력의 원리를 알아내어 여러 곳에 응용하기도 했다. 그는 정밀하고도 체계적인 연구의 전형을 만들어 공표함으로써 자연과학과 기술을 공공재로 쓸 수 있도록 했다.

---

10) 〈기계학적 정리에 관한 방법〉(The Method of Mechanical Theorems)

그렇더라도 아르키메데스가 남긴 기록이나 다른 사람이 그에 관해 남긴 기록은 그가 사고로 끌어낸 것에 견줘서 기술 분야에는 그다지 무게를 두고 있지 않았음을 보여준다. 지레나 그 밖의 장치를 다룰 때조차 그는 실제에 응용하는 것보다 일반 법칙에 훨씬 관심을 두었다.[10] 더구나 그는 자신의 기술적 발명을 기록으로 남기지 않았다. 이것은 일상의 기술을 노예의 일로 천시하던 당시 귀족 계급의 가치관에서 그가 벗어나지 못했기 때문일 것이다. 그가 여전히 고전기 그리스 때의 관심을 바탕에 두고서 증명과 수학적 결과를 추구했기 때문이기도 할 것이다.

아르키메데스는 유독소스의 착출법을 마무르고 그것을 많은 정리를 증명하는 데 이용했다. 거기서 처음 적분법의 기초가 등장했다. 착출법을 이용하여 발견한 대표적인 것은 다음과 같다. 포물선 활꼴의 넓이는 내접하는 삼각형 넓이의 4/3이다. 구의 부피는 대원을 밑면으로 하고 반지름을 높이로 하는 원뿔 부피의 4배($V=4\pi r^3/3$)이다. 구의 겉넓이는 대원 넓이의 4배($S=4\pi r^2$)이다. 손톱꼴의 부피는 반원이 내접된 직사각형을 밑면으로 하고 반원의 지름을 높이로 하는 직육면체 부피의 1/3이다. 지름이 같은 두 원기둥의 중심축이 직각으로 만날 때 생기는 공통 부분(모합방개 牟合方蓋)의 부피는 지름을 한 변으로 하는 정육면체 부피의 2/3이다. 이 밖에도 원주율의 근삿값과 크고 작은 수의 제곱근의 근삿값을 계산했다, 큰 수를 표현하는 새로운 방식도 개발했다.

3-2 착출법의 확립과 적용

착출법은 아르키메데스보다 100년쯤 앞서 유독소스가 개발했다. 두 사람은 넓이와 부피를 구하는 데 무한소를 이용했다. 이것은 제논의 아이디어를 이어받은 것이었다. 착출법을 사용할 때 곡선, 곡면 도형에 근사시키는 도형으로는 변의 개수가 매우 많은 다각형이나 수많은 아주 작은 도형을 다루게 된다. 이러한 기본 도형을 찾아 작도하기는 쉽지 않다. 이 방법을 어느 정도까지 일반화하여 착출법을 높은 수준으로 끌어올린 사람이 아르키메데스였다. 이미 알고 있는 결과를 확장(다각형에서 원으로, 각뿔로부터 원뿔로)한 유독소스와 달리 아르키메데스의 방법은 완전히 새로웠다. 그는 포물선 활꼴의 넓이를 그것과 생김이 전혀 다른 삼각형들을 내접시키고, 등비급수의 합 공식에 상당하는 방법을 이용하여 구했다. 유클리드도 착출법을 자주 사용했으나 아르키메데스의 방법은 획기적었다. 유클리드는 원의 넓이가 지름의 제곱에 비례함을 증명하는 정도였다. 아르키메데스는 근사 도형의 작도에 급수의 합이라는 다른 성과를 결합함으로써, 구적할 수 있는 도형의 종류를 늘렸다. 착출법은 아르키메데스에 의하여 완성됐다. 기하 문제를 대수 계산으로 처리하는 그의 방법은 17세기의 근대 수학으로 가는 한 걸음이었다.

〈방법〉을 보면 아르키메데스는 역학적인 방법을 사용하여 도형의 넓이와 부피를 발견했다. 하지만 이 방법이 엄밀하지 않다고 생각하여 엄밀한 증명을 수반하는 착출법으로 확인했다. 그는 이 과정을 거쳐서 넓이와 부피를 찾고 확정했다. 그는 엄격한 증명의 기준을 고집했기 때문에 자신이 발명한 방법을, 바로 '방법'이라고 이름을 붙인 저작에서 공표했던 것을 단순한 발견법이라고 생각했다.[11] 그에게 역학은 어떤 결과를 얻는 수단이었고 수학은 그 결과에 엄밀한 기초를 부여하는 수단이었다.

아르키메데스의 착출법은 직접 극한값을 구하지 않고, 착출을 일정 한도에서 그친 것으로 가무한의 개념을 적용한 것이다. 그러므로 그리스 수학은 유한의 수학이었다. 아르키메데스는 일정한 횟수에서 멈추는 착출의 한계를 극복하기 위해 이중귀류법을 사용하여 증명에서 무한이라는 표현을 사용하지 않을 수 있었다. 이중귀류법을 써서 간접으로 극한값을 구하는 계산 과정은 몹시 번거로웠다. 그렇다고 이것이 본질적인 곤란은 아니다. 더 근본적으로 귀류법은 결과를 미리 알아야 한다는 것이다. 그래야 그 결과를 부정하는 가정을 하여 그 결과를 확인할 수 있기 때문이다.

〈원의 측정〉이라는 짧은 논고에는 유클리드 저작에 없는 π의 어림값을 구하는 방법과 결과가 실려 있다. π는 둘레를 뜻하는 그리스어 $\pi\epsilon\rho\iota\phi\epsilon\rho\epsilon\iota\alpha$의 머리글자인데, W. 존스(W. Jones 1675-1749)가 1706년에 처음 도입하고 오일러가 1748년에 사용하면서 통용되었다.[12] 먼저 원의 넓이를 구하는 공식부터 끌어낸다. 명제1에서 임의의 원의 넓이는 직각을 낀 한 변이 원의 반지름과 같고 다른 한 변이 원둘레와 같은 직각삼각형의 넓이와 같음을 밝히고 있다. 이 결과는 지름을 d, 둘레를 C라고 했을 때 바빌로니아의 결과 $A = (C/2)(d/2)$와 같다. 그런데 이 결과를 이용하여 원의 넓이를 구하려면 원둘레의 길이가 필요하다. 이것을 얻기 위해 아르키메데스는 원의 둘레는 원에 내접, 외접하는 정n각형 사이에 있고 n이 커짐에 따라 다각형의 둘레와 원둘레의 차는 더욱 작아지는 것을 이용한다. 이런 방식의 논증이 바로 착출법이다. 그는 정육각형부터 시작하여 변의 수를 차례로 두 배씩 하여 96개가 될 때까지 늘렸다. 이렇게 하여 그는 임의의 원에서 지름에 대한 원둘레의 비는 3 + 10/71보다 크고 3 + 1/7보다 작다(명제3)는 결과를 얻었다. 이것은 π의 값을 계산한 방법으로는 첫 번째 기록이다. 원둘레의 길이를 결정하고 그것으로부터 명제1을 이용하여 원을 정사각형으로 만드는 데 완전히 새로운 방법을 이용한 사람은 니코메데스였다.[13] 그는 원적곡선, 콘코이드를 이용했다.

아르키메데스의 방법은 원을 내접, 외접하는 다각형의 변의 개수를 한없이 늘린 극한으로 생각하는 것 같지만, 극한에 직접 이르는 일은 없다. 그는 변의 개수를 두 배하는 과정을 유한 번 시행하여 바라는 만큼의 값을 얻었다. 그가 192개나 384개의 변을 가진 정다각형으로 더 나은 어림값을 제시하지 않은 것은 이오니아식 기수법으로는 계산하기가 너무 힘들기 때문이었을 것이다. 이와 달리 중국에서는 3세기 말에 유럽보다 훨씬 나은 표기법과 더 발전된 계산술인 할원술(割圓術)을 사용하여 정96각형과 정3072각형으로부터 3.14와 3.14159라는 근삿값을 얻었다. 이것은 수 체계도 그러하지만 이에 못지않게 수 기호의 중요성을 확인할 수 있는 좋은 예이다. 어쨌든 아르키메데스의 방법으로 π를 바라는 만큼 정확하게 계산하는 것은 이제 끈기의 문제가 되었다. 17세기에 들어서야 무한곱과 무한연분수로 π의 값을 나타낼 수 있게 되고, 미적분학이 탄생하면서 전혀 다른 방법으로 π의 값을 구하게 된다.

〈포물선의 구적〉 기하학자로서 아르키메데스의 특징은 포물선 활꼴의 구적에 잘 나타나 있다. 활꼴의 내부에 삼각형을 내접시키는 것을 되풀이하여(변의 수를 두 배 늘려나가) 이때 생기는 삼각형의 넓이를 모두 더한 값과 활꼴 넓이의 차를 주어진 어떠한 크기보다 작게 하는 것이다. 여기서도 변의 수를 계속 늘리면, 꺾인 선은 마침내 포물선의 호가 된다는 생각이 바탕에 있다. 그래서 모든 삼각형의 넓이의 합이 구하려는 활꼴의 넓이가 된다는 것이다. 이것은 직관적으로 타당해 보인다.

포물선 활꼴에 내접하고 밑변과 높이(현 AC와 이것에 평행인 접선의 접점까지의 거리)가 같은 △ABC의 넓이를 S라고 한다. 활꼴로부터 삼각형을 떼어내면 처음 것보다 작은 활꼴 두 개가 남는다. 여기에 가장 큰 △APB와 △BQC를 내접시킨다. 그러면 이 두 삼각형의 넓이는 모두 S의 1/8이 된다. 두 삼각형의 넓이의 합을 S_1이라고 하면 $S_1 = S/4$이다. 다시 △APB와 △BQC를 떼어내면 네 개의 활꼴이 남는데, 이것들에 가장 큰 삼각형을 내접시키면 각각의 넓이는 △APB 넓이의 1/8이다. 네 삼각형의 넓이의 합계 S_2은 $S_1/4$이고 이것은 $S(1/4)^2$이다. 마찬가지로 계속해서 삼각형을 내접시키면 새로 만든 삼각형들의 넓이의 합은 이전의 1/4이 된다. 이렇게 얻는 모든 삼각형의 넓이의 합과 실제 넓이의 차가 원하는 만큼 작게 될 때까지 이 과정을 계속할 수 있다. 이 방법으로 아르키메데스는

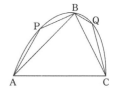

$$A = S + \frac{1}{4}S + \left(\frac{1}{4}\right)^2 S + \cdots + \left(\frac{1}{4}\right)^n S + \frac{1}{3}\left(\frac{1}{4}\right)^n S = \frac{4}{3}S$$

이라는 관계를 얻었다. 이것은 등비급수의 합에 상당하지만 무한급수는 아니다. 그는 무한급수의 합에 관하여 전혀 언급하지 않고 있다. 당시에는 임의의 개수의 수열을 표현하는 기호가 없었고, 더구나 무한급수의 합이라는 극한의 개념도 없었기 때문이다. 그는 다섯째 항까지의 합에 관한 결과를 이용하여 $A < 4S/3$와 $A > 4S/3$의 어느 쪽으로 가정해도 모순을 일으킨다고 하여 $A = 4S/3$임을 증명한다.

포물선 활꼴의 실제 넓이를 B, 내접삼각형들의 넓이의 합을 T라 한다. 먼저 $A < B$라고 가정하면 $B - T < B - A$가 되도록 삼각형을 내접시킬 수 있다. 그러나 그렇게 하면 $T > A$가 된다. 이것은 불가능하다. 다음에 $A > B$라고 가정하면 $A - B > (1/4)^n S$가 되는 n을 정할 수 있다. 그러면 $A - T = (1/3)(1/4)^n S < (1/4)^n S$가 성립한다. 그러면 $A - T < A - B$가 되어 $T > B$로 된다. 이것도 불가능하다. 따라서 $A = B$이다.

그는 타원과 쌍곡선의 일반적인 활꼴의 넓이를 구하지 못했다. 사실 현대의 적분법으로 구할 때 포물선 활꼴의 넓이는 다항함수로 표현되지만 타원과 쌍곡선 활꼴의 넓이는 초월함수로 표현된다. 〈원뿔상체와 구상체〉에서 타원 전체의 넓이를 구했다. 이것은 타원의 두 축을 두 변으로 하는 직사각형에 비례한다는 것, 곧 타원 $x^2/a^2 + y^2/b^2 = 1$의 넓이는 πab라는 것이다.

〈구와 원기둥〉 아르키메데스는 〈구와 원기둥〉 제1권에서 (1) 구의 겉넓이는 대원 넓이의 4배이고 (2) 구 조각의 (밑면을 뺀) 겉넓이는 꼭짓점부터 밑면의 둘레까지의 거리를 반지름으로 하는 원의 넓이와 같으며 (3) 구의 대원을 밑면으로 하고 지름을 높이로 하는 원기둥의 부피는 구 부피의 3/2이고 원기둥의 겉넓이도 구 겉넓이의 3/2임을 밝히고 있다. 이전에는 구의 부피가 지름의 세제곱에 비례한다는 것밖에 알지 못했기 때문에 이 성과는 획기적이었다. 여기서 (2)는 구를 임의로 자른 입체의 (밑면을 뺀) 겉넓이는 반지름이 구의 반지름과 같고 높이가 토막의 높이와 같은 원기둥의 옆넓이와 같다는 명제와 동치이다.

아르키메데스가 구의 부피를 추론하는 과정을 보자. 원의 넓이를 $(C/2)(d/2)$로

생각했듯이, 구의 부피는 구의 겉면과 넓이가 같은 원을 밑면으로 하고, 구의 반지름을 높이로 하는 원뿔의 부피와 같다고 생각할 수 있다. 그러면 구의 부피를 구하는 문제는 원의 넓이를 구하는 문제로, 이것은 다시 원둘레의 길이를 구하는 문제로 환원된다. 원둘레의 길이(곧, 원의 넓이)는 앞서 구했으므로, 여기서는 결국 구의 겉넓이를 원의 넓이로 나타낼 수 있느냐가 문제로 된다. 이를 사이토[14]에서 요약한다. 먼저 변의 개수가 짝수인 정다각형을 구의 대원에 내접시킨다. 그 정다각형의 대각선 가운데 지름인 것을 축으로 회전시켜 입체를 만든다. 이때 생긴 입체는 원뿔대와 원뿔을 이어 붙인 것이므로 그 입체의 겉넓이는 원뿔대와 원뿔의 옆면 넓이를 구하는 것이 된다. 이때 원의 넓이가 이용된다. 그러므로 결국 구의 겉넓이는 원의 넓이로 나타난다. 대원에 내접시키는 정다각형의 변의 수를 늘리면 구에 내접하는 입체와 구의 겉넓이의 차이를 원하는 만큼 작게 할 수 있다. 아르키메데스는 이 과정을 거쳐 구에 내접하는 입체의 겉넓이는 대원 넓이의 4배에 가까워진다고 결론을 내렸다.

포물선 활꼴이나 구의 구적은 모두 내접하는 도형을 적절히 작도하고 급수의 합에 상당하는 절차를 거친다는 점에서 요즘의 구분구적법과 공통되는 점이 있다. 그러나 아르키메데스는 근사 도형을 작도하는 것을 순수하게 기하적인 절차로 행하고 있다. 급수의 합에 상당하는 것을 다루고 있지만, 도형의 양적 성질을 검토하고 나서 알맞은 급수로 귀착되는 내접 도형을 만들지는 않는다. 이 상황이 후기의 저작 〈원뿔상체와 구상체〉에서는 상당히 달라진다.

아르키메데스는 제2권에서 구 조각의 부피를 구하는 공식을 증명하고, (밑면을 뺀) 겉넓이의 비가 주어진 비로 되도록 구를 평면으로 자르는 것은 구의 지름을 주어진 비로 나누는 내분점을 지나 지름에 수직인 평면으로 구를 자르는 것임을 보이고 있으며, 주어진 구를 평면으로 잘랐을 때 두 토막의 부피가 주어진 비가 되게 하는 방법을 보이고 있다. 마지막 것을 해결하는 과정에서 삼차방정식에 해당하는 것이 나오는데 아르키메데스는, 주석자 에우토키오스(Εὐτόκιος 480?-540?)가 찾은 아르키메데스의 분석이라고 믿을 만한 단편에서, 포물선 $ax^2 = b^2y$와 쌍곡선 $(a-x)y = ac$를 교차시켜 근을 구하고 있다.[15]

〈소용돌이선〉 아르키메데스도 기하학의 삼대 작도 문제에 관심을 두었다. 그는 소용돌이선으로 각의 삼등분 문제와 원적 문제를 풀었다. 이 곡선은 원점에서 시작하는 반직선이 등각속도로 회전할 때, 이 반직선을 따라 원점으로부터 등속도로 멀어지는 점의 자취이다. 이 곡선의 방정식은 현대의 극좌표로는, 반직선이 처음의 위치 OA로부터 각 θ만큼 회전했을 때 동경의 길이가 r라 하면 $r = a\theta$(a는 양의 상수)이다. 이 식에서 바로 알 수 있듯이, 각이 주어질 때 그 각의 동경을 삼등분하면 각을 삼등분하는 것이 된다. 주어진 각이 θ일 때 동경의 끝점을 P, OP를 삼등분한 점을 Q, R라 하고 OQ와 OR을 반지름으로 하여 원을 그려 소용돌이선과 만나는 점을 각각 S, T라 한다. 그러면 OS와 OT가 $\angle$AOP($= \theta$)의 삼등분선이다.

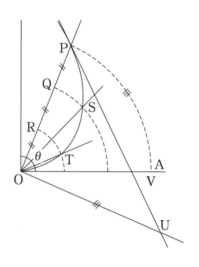

원적 문제는 다음과 같이 해결된다. 위와 같은 소용돌이선 위의 점 P에서 그 곡선에 접선을 긋는다. 점 O에서 OP에 수직인 직선을 그어 접선과 만나는 점을 U라한다. OP를 반지름으로 하는 원을 그려 반직선 OA와 만나는 점을 V라 한다. 그러면 $\overparen{PV} = \overline{OU}$이다. 아르키메데스는 이것을 이중귀류법으로 증명했다. 이때 점 P가세로축 위에 있으면 OP를 반지름으로 하는 원둘레의 1/4인 $\overparen{PV}$ 가 선분 OU가 되므로 원적 문제는 해결된다. 여기서 접선의 개념이 나오는데 그는 원점에서 등속도로 멀어지는 운동과 원점을 중심으로 하는 등속원운동을 합성하여 운동의 방향(접선)을 찾은 듯하다.[16] 이처럼 아르키메데스는 소용돌이선을 연구하면서 운동학적생각으로 곡선에 그은 접선을 발견했다. 이것이 변화에 거의 주의를 기울이지 않던, 본질적으로 정적인 고전기 수학과 다른 점이다. 또 하나 그가 이룬 수학적 업적의 하나는 $0 \le \theta \le 2\pi$일 때 그려지는 소용돌이선과 $\theta = 2\pi$일 때의 동경으로 둘러싸인 영역의 넓이 $A = \pi(2\pi a)^2/3$을 구한 것이다. 그는 착출법을 사용하여 해결했다.

〈원뿔상체와 구상체〉 원뿔상체는 회전포물체와 회전쌍곡체이고 구상체는 회전타원체이다. 세 입체의 부피를 결정하는 내용이 담긴 이 저작에는 착출법이 개량되어상당히 완성된 모습으로 사용되고 있다. 아르키메데스는 평행한 평면들로 잘라 얻은 조각의 부피를 더하는 방법으로 부피를 구하고 있다.

회전포물체의 부피를 구하는 과정을 살펴보자. ABC는 축이 AD인 회전포물체이다. BCFE는 AD가 축이고 ABC에 외접하는 원기둥이다. 축을 n등분한 길이를 h($= AD/n$)라 한다. 등분점을 지나고 밑면에 평행인 평면들로 회전포물체를 자르고,

그림처럼 원기둥 모양의 입체(원판)를 내접, 외접하게 한다. 원판은 높이가 모두 같으므로 부피는 밑면인 원의 반지름을 제곱한 값에 비례한다. 그리고 포물선의 성질로부터 반지름의 제곱은 꼭짓점부터 원판까지의 거리에 비례한다. 아르키메데스는 회전포물체의 부피를 포물선 활꼴의 넓이를 구할 때와 달리 부등식을 이용하여 유도한다. 그렇게 하는 쪽이 이중귀류법으로 증명할 때 사용하기 쉬웠기 때문일 것이다.

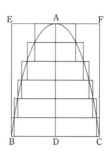

(내접 원판의 합)$<$(회전 포물체의 부피 V)$<$(외접 원판의 합)

$$\pi h^2 + 2\pi h^2 + 3\pi h^2 + \cdots + (n-1)\pi h^2 < V < \pi h^2 + 2\pi h^2 + 3\pi h^2 + \cdots + n\pi h^2$$

$$\pi h^2 \{1 + 2 + 3 + \cdots + (n-1)\} < V < \pi h^2 (1 + 2 + 3 + \cdots + n)$$

$$\pi h^2 \frac{(n-1)n}{2} < V < \pi h^2 \frac{n(n+1)}{2}$$

$$\frac{\pi n^2 h^2}{2} - \frac{\pi n h^2}{2} < V < \frac{\pi n^2 h^2}{2} + \frac{\pi n h^2}{2}$$

$AD = nh$이므로 원기둥 BCFE의 부피는 $\pi n^2 h^2$이다. 그리고 (외접 원판의 합)$-$(내접 원판의 합)은 맨 아래쪽 원판의 부피인 $\pi n h^2$인데 이 차는 어떤 정해진 양보다 작게 할 수 있다. 외접하는 입체의 부피는 언제나 원기둥 부피의 반보다 크고, 내접하는 입체의 부피는 원기둥 부피의 반보다 작다. 이제 회전포물체 부피는 원기둥 부피의 1/2이라고 할 수 있다. 이 결론을 착출법으로 증명한다. 여기서 중요한 것은 다른 입체에도 적용할 수 있는 방법으로 부피를 구하고 있다는 것이다. 포물선 활꼴과 구에서는 각각의 형태적 특징에 적절한 근사 도형을 작도하고, 그것이 잘 되면 구적을 했다. 이와 달리 여기서는 회전체의 축을 잘게 등분하고, 등분점을 수직으로 지나는 평면을 밑면으로 하는 얇은 원기둥으로 이루어진 내접, 외접 입체를 작도하여 부피의 합을 구하고 있다. 근사 도형을 작도하는 단계와 그것의 부피를 구하는 단계가 분리되어 있다. 후자는 도형과 독립된 급수의 계산일 뿐이다. 같은 방식으로 회전타원체와 회전쌍곡체의 부피도 계산할 수 있는데, 합을 구하는 수열에 차이가 있을 뿐이다.

아르키메데스는 띠 모양의 도형으로 평면도형을, 판 모양의 도형으로 입체도형을 가득 채운다는 데모크리토스의 생각을 완성했다. 그는 구분구적법의 본질이 되는 부분을 확립함으로써 근대의 적분법을 향한 중요한 걸음을 내디뎠다. 그렇다고 현대의 미적분학에서 나타난 개념이 그의 공적은 아니다. 극한의 개념이 가까운 곳에 있었지만, 그는 이것을 알아채지 못했다.

〈보조정리집〉 이 저작에서는 새로운 곡선을 이용하는 방법이 아닌 방식으로 각을 삼등분하고 있다. 각 ABC를 삼등분하려고 한다. B를 중심으로 임의의 원을 그리고 AB와 만나

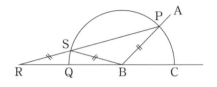

는 점을 P라 한다. 그 원과 CB의 연장선이 만나는 점을 Q라 한다. CBQ의 연장선에 점 R를 놓고 R와 P를 잇는 선분이 원과 만나는 점 S를 RS=SB=BP가 되도록 한다. 그러면 △RSB와 △SBP는 이등변삼각형이 되기 때문에 ∠SRB＝∠ABC/3임을 알 수 있다. 이 작도는 두 선 사이에 일정한 길이를 끼워 넣기를 사용하고 있어, 플라톤이 추구했던 정통적인 작도법은 아니다.

3-3 〈방법〉: 발견의 방법과 착출법

착출법에서 사용하고 있는 귀류법은 오늘날도 자주 사용하는 증명 방법이다. 그런데 이 방법은 그 결과를 알고 있어야 하는 결함이 있다. 이렇듯 착출법은 결과가 바르다는 것을 입증하는 도구는 될 수 있으나, 결과를 처음으로 발견하는 데는 쓸모가 없다. 아르키메데스는 증명하고자 하는 결과를 어떻게 발견했을까? 이에 대한 답은 콘스탄티노플에서 오랫동안 묻혀 있던 아르키메데스의 논문 〈방법〉의 사본이 1906년에 발견됨으로써 알게 되었다. 남아 있는 다른 그리스의 수학 문헌은 완성된 증명만 기술했지, 결과를 어떻게 발견했는지를 기술하고 있지 않다.

아르키메데스는 〈방법〉에서 그가 증명한 넓이와 부피를 역학 개념을 이용하여 발견했음을 보여주고 있다. 주어진 도형의 넓이나 부피를 구하기 위해서 먼저 이 도형을 매우 많은 얇고 평행한 선(넓이를 구할 때)이나 평면(부피를 구할 때)으로 자른 다음 양팔저울의 한 쪽에 올려놓는다. 저울의 다른 쪽에는 넓이나 부피를 알고 있는 도형의 조각들을 올려놓는다. 다음에 지레의 원리를 이용하여 주어진 도형의 넓이나 부피를 얻는다. 이런 방법으로 그는 포물선 활꼴의 넓이, 원뿔상체와 구상체 토막의 부피를 구하고 회전포물체, 반구, 반원의 중심 등을 찾았다. 그는 이 역학적 방법이 불완전함을 알고 있었으므로 정리를 발견하는 데만 이 방법을 이용했다. 그는 이 방법을 사용하여 밝히고자 하는 문제에 관하여 얼마간의 지식을 미리 얻으면, 아무런 지식이 없는 것보다 증명을 찾는 것이 훨씬 쉽다고 했다.[17] 이로써 그는 정역학적 구적법으로 결과를 구하고(물리적 추론) 착출법으로 증명하는(수학적 추론) 절

차를 확립했다.

포물선 활꼴의 넓이를 구하는 것을 살펴보자.[18] 아르키메데스는 지레로 무게의 균형을 잡을 때처럼 선분의 균형을 잡아 포물선 활꼴의 넓이를 구했다. HC는 포물선 높이의 끝점 B를 지나는 직선으로 HG=GC, EB=BD이고 AG와 BD는 평행이다. 포물선 활꼴의 무게중심이 H

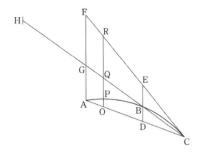

에 있다고 한다. 이제 활꼴 ABCD와 △AFC를 각각 BD에 평행한 선분의 모임으로 여긴다. 곧, 활꼴은 OP 같은 선분의 모임, 삼각형은 OR 같은 선분의 모임으로 이루어졌다. 여기서 OP와 똑같은 선분이 H에 있다면 이것은 G를 받침점으로 하여 선분 OR과 균형을 이룰 것이다. 이 생각을 삼각형 전체에 적용하면, 활꼴과 삼각형은 G를 받침점으로 하여 균형을 이루게 된다. 그런데 삼각형의 중심은 GC 위에 G에서 C 쪽으로 1/3인 곳에 있다. 그러므로 활꼴의 넓이는 △AFC 넓이의 1/3, 결국 활꼴에 내접하는 △ABC 넓이의 4/3가 된다.

이것이 〈방법〉에서 아르키메데스가 평면(입체) 도형의 넓이(부피)를 구하는 개념의 흐름이다. 어떤 넓이(부피)를 아주 작은 수많은 선분(평면)이 모인 것으로 여기는 생각은 많은 결과를 가져다주었다. 역학적 방법의 문제는 포물선 활꼴을 무한개의 평행인 선분으로 나누고, 가상의 무게중심에 대해 균형을 이루도록 하나씩 점 H로 옮기고 나서 다시 조립한다는 데 있다. △AFC도 움직이지는 않지만, 일단 뿔뿔이 되었다가 조립된다. 아르키메데스는 무한개의 선분으로 평면도형을 만든다는 것을 어떻게 보증할 것인지를 고려하지 않았다. 그는 삼각형과 포물선 활꼴이라는 도형이 선분으로 채워진다고만 하고 있을 뿐이다. 평면도형에 무게중심이 있어 그것들을 받침점에 대해 균형을 이루게 할 수 있다는 가정은 통상의 그리스적인 전제에 위반된다. 게다가 평면도형이 나눌 수 없는 선분으로 이루어진다는 가정은 그리스 기하학의 전제인 연속체 관념을 분명히 위반하는 것이다.[19]

다음으로 〈방법〉의 명제14에서 손톱꼴의 부피를 구하는 방법을 살펴보자.[20] 여기서 앞선 명제들과 다른 방법, 곧 나중에 근대 수학자가 사용했던 방법과 가까운 방법을 사용한다. 역학적인 방법으로써 지레의 원리가 아닌 수학적 방법으로써 단면의 개수를 비교하는 방법이다. 이것은 〈방법〉의 목적인 발견법을 보여주려는 것으로 생각된다. 한 변의 길이가 $2k$인 정육면체와 그것에 내접하는 원기둥을 생각하고, 정육면체의 한 변과 그것에 평행한 밑면의 지름 EG를 포함하는 평면으로 원기둥을 자른다. 그러면 이 평면, 원기둥의 밑면(반원)과 옆면으로 둘러싸인 입체인 손톱꼴 N 그리고 같은 평면으로 정육면체를 잘라 얻은 삼각기둥 T가 만들어진다. N의 부피가 T의 2/3라는 사실을 증명한다. 아르키메데스는 밑면에 정사각형의 반인 직사각형 Ta 안에 변의 중점 F를 꼭짓점으로 하고 점 E, G를 지나는 포물선 $y = k^2 - x^2$을 그렸다. 포물선 활꼴을 Nb라 한다. 이제 밑면의 지름 EG에 수직인 임의의 평면을 생각한다. 이 평면은 T, N, Ta, Nb를 모두 절단한다. T, N의 단면인 삼각형을 각각 A, B라고 한다. B의 넓이가 $k^2 - x^2$이다. Ta, Nb의 단면인 선분을 각각 a, b라고 한다. 그러면 T는 A로 채워지고 N은 B로 채워진다. 이때 일련의 삼각형 A와 선분 a의 개수가 같다. 삼각형 B는 삼각형 A와 개수가 같다. 선분 b는 선분 a와 개수가 같다. 따라서 '모든 a:모든 b = 모든 A :모든 B'가 되어 $Ta : Nb = T : N$이 된다. 포물선 활꼴의 넓이는 외접하는 직사각형 넓이의 2/3임을 이미 알고 있으므로 N의 부피도 T의 2/3가 됨을 알 수 있다. 따라서 손톱꼴의 부피는 정육면체 부피의 1/6이 된다.

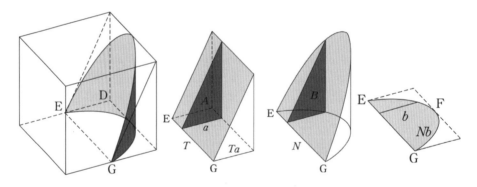

하나의 절단 평면으로부터 하나씩 생기는 네 종류의 단면 A, B, a, b의 개수는 같고, 유한이 전제되어 있다. 그런데 실제로는 그 개수가 한없이 많다는 것이 문제이다. 그런데도 아르키메데스는 개수가 유한으로 같을 때 얻은 결과를 무한일 때로 확장하여 결과를 얻고 있다. 여기서 무한개에도 '개수가 같음'을 적용한 것은 매우 대담한 행보이다. 유한개일 때 유효한 것이 무한개일 때도 유효한지는 분명하지 않기 때문이다.

〈방법〉에서 모합방개의 부피가 원기둥의 지름을 한 변으로 하는 정육면체 부피의 2/3라는 명제의 증명이 도중에 끝나고 있다. 아르키메데스는 이것을 손톱꼴과 마찬가지 방법으로 구했다고 여겨진다. 중국에서는 3세기 중반에 유휘가 이 도형과 구의 부피의 비가 $\pi : 4$가 됨을 발견했다. 5세기 말에 조환이 절단면의 수가 언제나 같으면 쌓는 방식을 바꿔도 부피는 달라지지 않는다는 방식을 적용하여 부피를 구했다. 이것은 17세기 전반에 카발리에리가 적용한 불가분량법과 같은 생각이다.

착출법, 〈방법〉에서 다룬 무한, 지레의 원리만큼 중요한 것은 아르키메데스가 탐구 대상을 도형 자체로부터 분리하여 추상도가 높은 양적 관계로 옮겨가고 있었다는 것이다. 특히 만드는 방법과 형태가 전혀 다른 손톱꼴과 모합방개의 부피를 구하는 데서 같은 방식의 양적 관계로 옮겨가고 있음을 보여준다. 후기 저작인 〈원뿔상체와 구상체〉에서는 논의의 대상이 분명히 기하적 도형에서 얻은 급수로 옮겨가고 있다. 이럼으로써 구체적인 도형이기는 하지만 같은 형식의 방법으로 여러 문제를 풀게 되었다. 이것은 이전보다 높은 수준의 추상화 단계에 이르렀음을 보여준다.

그렇더라도 아르키메데스가 〈방법〉에서 다룬 대상은 여전히 구체적인 도형이었다. 이것은 그가 아직 기하학에 머물러 있었지, 대수로 옮겨가지 못했다는 뜻이다. 회전포물체의 부피를 구할 때 아르키메데스에게 제곱수의 합이라는 정수의 문제, 정사각형 넓이의 합, 원기둥 부피의 합이라는 세 가지는 다른 문제였다.[21] 사실 이것들은 대수적으로 같은 방식으로 표현된다. 당시에는 원기둥의 부피와 그것들의 합을 간결하게 나타내고 계산하게 해주는 기호가 없었다. 그래서 도형에서 벗어나 급수로 이행하고 있었다고 하더라도 세 가지를 연계하여 하나로 여길 수 있는 여건은 마련되지 못했다. 그가 이용할 수 있던 기하학과 비례의 언어로는 양적 관계를 직접 나타낼 수 없었다. 그렇지만 그가 인식했던 양적 관계는 2000년 뒤에 그것을 담아낼 함수라는 개념이 등장하는 토양이 되었다.

3-4 그 밖의 업적

아르키메데스는 물리학 연구에서도 이론과 실용의 조화를 보여주었다. 그는 누구보다 역학에 기하학을 적극 활용했고 증명에도 연역적 논증기하의 논법을 매우 잘 사용했다. 이를테면 지레에 관한 정리도 공리로부터 출발해 증명했다. 또한 부체(浮體)를 비롯하여 여러 평면도형과 입체의 무게중심이라는 주제도 마찬가지 방식으로 연구했다.

〈평면의 평형〉 아리스토텔레스가 〈물리학〉에서 제시한 방법은 현상을 객관적으로 기술하는 양적 관계를 전혀 언급하지 않는 사변적인 진술일 뿐, 수학적이지 않았다. 이와 달리 아르키메데스가 〈평면의 평형〉에서 보여준 이론 전개는 유클리드가 접근하는 방법과 비슷했다. 이를테면 지레를 사용하는 상황에서 중요하지 않은 것은 무시하고 물리 현상의 본질적인 요인에만 집중하여 상황을 이상화한다. 균형이 유지되는 지렛대는 '눈금이 그려져 있지 않은 수직선'(무게가 없는 강체),[22] 받침점은 크기가 없는 점이라고 가정했다. 그러고 나서 7개의 공준을 제시하고 이것들로부터 삼각형의 무게중심이 중선 위에 있다는 사실을 비롯해서 포물선 활꼴, 반구, 원뿔상체 등의 무게중심 같은 것들을 결정했다. 그리고 각 경우를 귀류법으로 증명했다. 그것들은 수학과 역학이 밀접하게 관련되어 있음을 보여주었다.

아리스토텔레스는 지구 중심을 향하는 직선 운동만을 자연스러운 운동이라고 생각했다. 지레의 양끝은 원운동을 하는데, 받침점으로부터 먼 쪽은 가까운 쪽보다 더 큰 원을 그리므로 직선 운동에 더 가깝다. 그는 이런 관념을 바탕으로 지레의 양쪽에 놓인 두 추는 그것들의 무게중심이 받침점과 거리에 반비례 관계에 있을 때 균형을 이룬다는 지레의 원리를 끌어냈다. 이와 달리 아르키메데스는 좌우대칭인 물체는 평형을 이룬다는 정역학의 원리에만 바탕을 두어 이 원리를 찾았다. 첫 번째 공준 "같은 무게는 같은 거리에서 균형을 이룬다. 또 같은 무게는 거리가 같지 않으면 균형을 이루지 못하고 거리가 긴 쪽에서 기운다"에서 보듯이 운동학적 논의는 나오지 않는다.[23]

이런 공준들로부터 다음 명제를 끌어냈다. 같은 거리에서 균형을 이루는 무게는 같다(명제1). 같지 않은 무게가 같은 거리에 있으면 균형을 이루지 못하고, 무거운 쪽으로 기운다(명제2). 두 무게 A와 B가 A>B이면서 C에서 균형을 이룰 때 AC=a, BC=b라 하면 $a<b$가 성립하고 거꾸로 $a<b$이면 A>B가 성립한다(명제3). 다음에 같은 무게가 받침점에서 같은 거리에 놓이면 균형을 이루고, 다시 한 쪽은 그대로 두고, 다른 쪽에서 두 개의 추를 거리가 반이 되는 곳에 놓아도 균형을 이룬다는 것을 일반화한다. 다른 두 무게(통약가능, 통약불가능인 경우 모두)는 무게와 반비례하는 거리에서 균형을 이룬다(명제6, 7)는 것이다. 여기서 아르키메데스는 통약불가능량에 적용할 수 있는 유독소스의 비례론이나 유클리드 호제법에 바탕을 둔 테아이테토스의 비례론을 이용하지 않고, 본질적으로 연속성의 논의를 이용하고 있다.[24] 이 저작의 내용은 수학이 자연의 설계를 살피는 주된 역할을 한다는 믿음을 심어주었다.

〈부체(浮體)〉 아르키메데스는 액체 안에서 가벼운 물체는 떠오르고 무거운 물체는 가라앉으려고 한다는 아리스토텔레스의 자연철학을 따르지 않고 유물론자인 데모크리토스를 따라 모든 물체는 지구의 중심을 향하고 있다고 생각했다.[25] 그는 먼저 움직임이 없는 액체의 표면은 지구의 중심과 같은 중심을 갖는 구면임을 증명했다. 몇 단계를 거쳐 그는 물체의 무게는 액체 속에 잠긴 그 물체가 차지하는 부피에 해당하는 액체의 무게만큼 가벼워진다는 부력의 원리를 증명했다. 그는 이 원리를 이용하여 여러 형태의 물체를 물에 띄었을 때의 안정성을 연구했다. 여기에는 무게중심의 위치 결정이 깊이 관련되어 있다. 무게중심의 결정과 부력의 원리는 물체의 균형을 잡거나 자세를 똑바로 유지하기 위한 중요한 지식이었다. 이러한 연구들은 배를 만드는 기술이 발달하면서 필요하게 된 것이었다.

〈모래를 세는 사람〉 그리스의 기수법은 바빌로니아의 기수법과 견줘 보면 후퇴했다. 아르키메데스가 살았던 때는 아티카식에서 이오니아식으로 바뀌던 때이다. 이러한 현실을 반영하여 그는 당시에 노예의 일로 여겨지던 계산술을 개선하고자 했다. 아르키메데스 전, 그리스어로 나타낸 가장 큰 수의 단위는 대개 1만이었다. 그는 계산을 통해 얼마든지 큰 수라도 만들 수 있게 함으로써 그리스인의 수 개념 범위를 엄청나게 확장했다. 그는 당시 생각되고 있던 우주를 채우는 데에 필요한 모래알의 개수를 10^{63} 이하라고 예측하고, 이런 큰 수를 쉽게 나타내는 표기법을 제안했다. 그러나 이것이 큰 수를 표기하는 실용적 방법은 아니라는 데 한계가 있었다. 그의 성과는 수를 구성할 수 있다는 생각과 함께 수의 무한성이라는 사상을 제시했다는 데서 중요하다. 그는 여기서 수열이 한없이 계속될 수 있음을 보였다. 이것은 유한의 과정으로 도형의 넓이나 부피를 구하고, 무한의 과정이 숨어 있는 착출법으로 완성한 것과 연결된다고도 할 수 있다. 일상생활뿐 아니라 과학에서도 모래알의 개수만큼 엄청나게 큰 수는 필요 없었다. 이것은 현실과 다른 이론적인 세계관에서 나온 것이기는 했으나, 바다의 모래를 헤아릴 수 없다고 생각했던 당시의 보편 관념을 뛰어넘는 추상적인 사고의 힘을 보여주었다.

이 밖에도 아랍인이 아르키메데스의 업적이라고 하는 꺾인 현의 정리가 있다. 원 위의 두 현 AB와 BC(AB < BC)가 있다. 호 ABC의 중점을 M, M에서 현 BC에 내린 수선의 발을 F라고 하면, F가 꺾인 현 ABC의 중점이 된다는 정리이다. 이 정리는 지

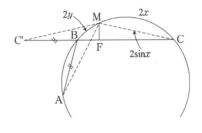

금의 $\sin(x-y) = \sin x \cos y - \cos x \sin y$ 와 비슷한 구실을 한다.[26] 삼각법의 그 밖의 공식도 꺾인 현의 정리로부터 유도할 수 있다. 그는 삼각형의 세 변의 길이를 a, b, c, 둘레 길이의 반을 s 라 하면 삼각형의 넓이는 $\sqrt{s(s-a)(s-b)(s-c)}$ 라는 이른바 헤론의 공식도 알고 있었다고 한다. 또한 그는 모든 면이 정다각형이지만 같은 도형

은 아닌 볼록다면체 열세 개를 모두 발견했다.

4 아폴로니오스

아폴로니오스가 쓴 저작으로는 〈빠른 계산법〉, 〈비례 절단〉, 〈넓이 절단〉, 〈정량 절단〉, 〈접촉〉, 〈기울기〉, 〈평면의 자취〉, 〈원뿔곡선〉이 있다. 지금은 없는 〈빠른 계산법〉에는 제목대로의 내용을 담고 있었고 π의 근삿값으로 3.1416을 계산했다고 하는데 그것을 어떻게 얻었는지는 알 수 없다. 〈비례 절단〉부터 〈평면의 자취〉까지 여섯 저작의 내용은 파포스(Πάππος 290?-350?)의 〈분석론 보전〉에 정리되어 있다.

이 가운데 〈빠른 계산법〉과 〈원뿔곡선〉을 제외하고 몇 가지 내용을 정리해 본다. 〈비례 절단〉에는 두 직선 l, l' 위에 각각 정점 A, B가 있고 두 직선 밖의 점 P를 지나는 직선 m이 두 직선 l, l'과 만나는 점을 각각 A′, B′이라 할 때, 선분 AA′과 BB′의 비가 주어진 비가 되도록 직선 m을 긋는 문제가 실려 있다. 〈넓이 절단〉에는 앞서 만들어진 두 선분 AA′과 BB′의 곱이 주어진 직사각형이 되게 하는 문제가 있다. 〈정량 절단〉에는 어떤 직선 위에 네 점 A, B, C, D가 있을 때 선분 AP, CP 길이의 곱과 선분 BP, DP의 길이의 곱의 비가 일정하게 되도록 그 직선 위에서 점 P의 위치를 결정하는 문제가 있다. 〈기울기〉에서는 아르키메데스가 각의 삼등분 문제를 해결하는 방법처럼 두 도형 사이에 일정한 길이의 선분을 끼워 넣는 문제를 아폴로니오스는 자와 컴퍼스만으로 해결하는 것을 다루고 있다. 〈평면의 자취〉에는 주어진 두 점으로부터 거리의 비가 일정($\neq 1:1$)한 점의 자취는 원이라는 명제와 주어진 두 점으로부터 거리의 제곱의 차가 일정한 점의 자취는 그 두 점을 지나는 직선에 수직인 직선이라는 명제가 있다. 앞선 저작들과 성격이 다른 〈접촉〉에는 점, 선, 원 가운데 임의로 고른 세 개의 요소에 모두 접하는 원을 그리는 문제를 다루고 있다. 점에 접하는 것은 점을 지나는 것을 뜻한다. 임의의 세 원에 접하는 원을 그리는 문제는 비에트, 오일러, 데카르트 같은 많은 수학자의 관심을 끌었다. 아폴로니오스의 또 다른 저작으로 언급되는 〈십이면체와 이십면체의 비교〉에서는 같은 구에 내접하는 정십이면체와 정이십면체의 오각형과 삼각형의 면은 구의 중심에서 같은 거리에 있다는 명제를 증명하고 있다.

4-1 아폴로니오스 이전의 원뿔곡선론

그리스에서는 곡선을 세 종류로 나누었다. 직선과 원을 가리키는 평면의 자취, 원뿔곡선을 가리키는 입체의 자취, 그 밖의 모든 곡선을 가리키는 선의 자취이다. 원뿔곡선을 입체의 자취라 한 것은 당시에는 원뿔곡선을 삼차원 도형인 원뿔과 그 것을 자르는 평면의 교선으로 정의했기 때문이다.

원뿔곡선을 세 가지 직원뿔로부터 도입한 사람은 메나이크모스(Μέναιχμος 전380?-320?)였다. 유클리드는는 원뿔을 〈원론〉 제11권에서 직각삼각형을 직각을 낀 변의 하나를 축으로 회전하여 만든 입체(직원뿔)로 정의하고, 꼭지각이 예각, 직각, 둔각인 것으로 분류했다. 각 원뿔을 모선에 수직인 평면으로 절단하여 원뿔곡선을 만들었다. 이렇게 절단한 까닭은 세 원뿔곡선이 원뿔의 단면에서 나오는 것을 보이기 쉬웠기 때문이다. 그것들을 예각원뿔의 절단면, 직각원뿔의 절단면, 둔각원뿔의 절단면이라 했다. 둔각원뿔의 절단면, 곧 쌍곡선도 한 쪽만 나온다. 이 곡선들이 발견되고 나서 약 한 세기 반 동안 이 이름을 그대로 사용했다.

원뿔곡선을 세 가지 직원뿔로부터 도입한 사람은 메나이크모스(Μέναιχμος 전380?-320?)였다. 원뿔곡선을 어떻게 발견하게 되었는가는 확실하지 않지만 다음과 같이 추측하기도 한다. 누군가가 한 점에서 접하는 원들의 그림을 어떤 원뿔의 등고선을 나타내는 그림으로 볼 수도 있음을 깨닫고, 그것으로부터 그 원뿔을 절단함으로써 포물선을 만들 수 있음을 알았을 것[27]이라고 한

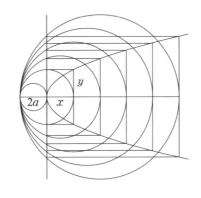

다. 해가 뜨고 질 때까지 해시계의 그노몬의 그림자가 만드는 자취로부터 쌍곡선을 인식했을 수도 있다. 원을 그 원의 중심에서 수직 방향이 아닌 곳에서 보면 타원으로 보이는 것에서 나왔을 수도 있다.

원뿔곡선 이론의 기원에 대한 대체적인 생각은 삼대 작도 문제, 그 가운데서도 정육면체의 배적 문제를 해결하려던 중에 원뿔곡선을 다루게 되었다는 것이다. −5 세기에 히포크라테스가 정육면체의 배적 문제를 a와 $2a$의 두 비례중항을 찾는 문제, 곧 $a : x = x : y = y : 2a$를 만족하는 x, y를 결정하는 문제로 환원했다. 메나이크모스는 이 대수 관계를 만족하는 곡선을 두 가지로 작도하고, 교점으로 문제를 해결했는데, 이 과정에서 그려지는 곡선이 원뿔곡선이었다.[28] 먼저 위 연비례식의 $a : x$

$= x : y$로부터 $x^2 = ay$와 $x : y = y : 2a$로부터 $y^2 = 2ax$라는 두 포물선이 나온다. 두 식으로부터 $x^3 = 2a^3$을 얻는다. 다음으로 $a : x = y : 2a$로부터 $xy = 2a^2$이라는 쌍곡선이 나온다. 이것과 앞선 포물선의 하나를 이용해도 같은 결과를 얻는다. 그는 문제를 푸는 데 필요한 포물선이나 쌍곡선을 찾는 과정에서 타원도 발견했을 것이다. 아르키메데스도 원뿔곡선을 구와 관련된 문제를 푸는 데 이용했다.

메나이크모스는 꼭지각이 직각인 원뿔과 그것의 모선에 수직인 절단면이 만나는 곡선은 꼭짓점에서 절단면까지의 거리를 l이라 할 때, $y^2 = lx$가 됨을 알아냈다. 이때 다른 방법이 좌표를 이용한 경우와 매우 비슷하여, 때로 그가 해석기하학을 발견했다고 이야기되기도 하나 그는 두 미지량을 갖는 방정식이 하나의 곡선을 결정한다는 것을 몰랐다.[29] 사실 당시의 그리스에는 체계적인 대수학이 없었으므로 미지량을 갖는 방정식이라는 개념이나 그것을 그래프와 관련짓는 생각 자체가 없었다. 더구나 대수 기호가 없었기 때문에 좌표기하학이 발달할 수 없었다. 또한 그리스에는 고차곡선에 관한 체계적인 이론도 없었다.

4-2 아폴로니오스의 원뿔곡선론

메나이크모스의 결과가 나오고 150년쯤 지나서 아폴로니오스가 쓴 원뿔곡선 저작이 나왔다. 그 사이에 유클리드를 포함하여 여럿이 원뿔곡선에 관한 개관을 썼다. 〈원론〉이 그랬던 것처럼 원뿔곡선을 체계적으로 깊이 있게 다룬 아폴로니오스의 〈원뿔곡선〉이 다른 상대들을 제쳤다. 아폴로니오스는 기하학 문제의 풀이에 원뿔곡선을 적용할 때 필요한 정리를 정비했다. 각의 삼등분 문제, 정육면체의 배적 문제의 작도와 함께 원뿔곡선과 관련된 또 하나의 문제는 17세기까지 영향을 끼친 세 선 및 네 선의 자취 문제이다. 네 직선이 주어져 있고, 점 P에서 주어진 각을 유지하면서 네 직선에 그은 선분의 길이를 p_1, p_2, p_3, p_4라고 하자. 세 선일 때에 $p_1 p_2 = k p_3{}^2$, 네 선일 때에 $p_1 p_2 = k' p_3 p_4 (k,\ k'$은 상수)이면 점 P의 자취는 원뿔곡선이 된다는 문제이다. 유클리드는 세 선의 문제를 부분적으로만 해결했다. 아폴로니오스는 〈원뿔곡선〉 제3권에서 새로운 결과를 이용하여 세 선이 어디에 있더라도 구하고자 하는 자취가 원뿔곡선임을 보일 수 있다고 했다. 또 원뿔곡선이 네 선 문제의 해가 됨도 증명할 수 있다.[30] 500년쯤 뒤에 파포스가 n개의 직선에 대해서 이 정리를 일반화했다. 17세기에 데카르트와 페르마가 파포스의 결과를 이용해 자신들이 고안한 해석기하학이 바르고 효과적으로 작동하는지를 알아보았다.

원뿔곡선을 결정하는 데에 원뿔을 절단하는 평면이 모선에 수직일 필요도 없고, 원뿔이 직원뿔일 필요도 없음을 아폴로니오스가 처음으로 알아냈다. 곧, 원뿔의 형태와 관계없이 절단면의 기울기를 바꾸는 것만으로도 하나의 원뿔에서 세 종류의 원뿔곡선을 모두 얻을 수 있었다. 덕분에 세 곡선을 일관된 방법으로 다룰 수 있게 되었다. 또한 그는 원뿔을 똑같은 원뿔 두 개가 꼭짓점이 맞닿아 있고 축이 한 직선을 이루는 형태인 이중원뿔로 이해함으로써 처음으로 쌍곡선의 두 부분을 모두 인지했다.

아폴로니오스는 먼저 축을 포함하는 평면으로 이중직원뿔을 잘랐다. 이때 생긴 절단면은 삼각형(축삼각형)이고 밑변은 밑면인 원의 지름이다. 다음에 축삼각형과 수직인 평면으로 축삼각형의 두 변과 모두 만나도록 원뿔을 자르면, 이때 생기는 교선은 타원이다. 축삼각형의 한 변과 만나고 다른 변하고는 평행한 평면으로 원뿔을 자르면 포물선이 생긴다. 축삼각형의 한 변과 만나고 다른 변하고는 꼭짓점을 넘어 연장된 쪽에서 만나는 평면으로 자르면 쌍곡선이 생긴다.

세 가지 원뿔에 타원, 포물선, 쌍곡선이라는 이름을 붙인 사람도 아폴로니오스이다. 그는 그 말들을 피타고라스학파가 이전에 넓이를 이용하여 이차방정식을 풀려고 했을 때 사용한 용어를 고쳐 만들었을 것이다.[31] 먼저 원점을 꼭짓점으로 하는 포물선, 타원, 쌍곡선이 $y^2 = lx$, $y^2 = lx - k^2x^2$, $y^2 = lx + k^2x^2$의 꼴로 나타남을 보였다. 그러면 포물선에서는 곡선 위의 어떤 점을 잡아도 세로좌표 y로 만든 정사각형의 넓이는 가로좌표 x와 매개변수 l로 만든 직사각형의 넓이를 넘지도 모자라지도 않으므로 직각원뿔의 절단면을 parabola(적용)라고 했다. 타원에서는 주어진 넓이의 직사각형을 주어진 선분에 적용했을 때 정사각형만큼 모자라($y^2 < lx$) 예각원뿔의 절단면을 ellipsis(모자람)라 했다. 쌍곡선에서는 타원과 달리 남기($y^2 < lx$) 때문에 둔각원뿔의 절단면을 hyperbola(남음)라고 했다.

아폴로니오스는 원뿔에서 세 곡선의 방정식을 구성하고 나서 절단이 아닌, 그 식들의 특성을 이용하여 원뿔곡선의 여러 성질을 끌어내고 있다. 이것은 오늘날 방정식에서 그러한 성질을 도출하는 것과 마찬가지이다. 나아가 그는 주어진 선분을 지름, 선분의 끝점을 꼭짓점으로 하고 주어진 파라미터(상수)를 갖는 포물선, 타원, 쌍곡선을 작도하는 방법도 보여주고 있다.[32] 이것은 중심과 반지름이 주어졌을 때 원을 작도하는 것과 마찬가지이다. 그는 언제나 기하학적인 언어를 사용하고 있지만, 그의 저작 대부분은 기하적 대수로 기술되어 있다. 아폴로니오스는 오늘날 정의로 삼고 있는 것을 정리로 두고서 증명하는 것이 있다. 쌍곡선에서 곡선 위의 임의의 점과 두 초점을 이으면 두 선분의 긴 쪽이 짧은 쪽보다 정확히 축만큼 길다(명제 51)는 것과 타원에서는 선분의 길이의 합이 축과 같다(명제 52)는 것이다. 곧, 곡선 위의 점이 P, 두 초점이 F, F′이고 축의 길이를 $2a$라 할 때 쌍곡선은 $PF - PF' = 2a$, 타원은 $PF + PF' = 2a$라는 뜻이다.

초점과 준선 원뿔곡선에서 초점은 오늘날 중요한 역할을 하고 있지만, 아폴로니오스는 그 점을 간접으로만 언급하고 있다. 그는 두 초점으로부터 타원 위의 한 점에 그은 두 직선과 그 점에서 타원에 그은 접선이 이루는 각의 크기가 같다는 것을 보여주고 나서 마찬가지의 결과를 쌍곡선에서도 보여주고 있다. 포물선의 초점에도 마찬가지의 성질이 있다는 것은 다분히 〈원뿔곡선〉보다 조금 앞서 쓰인 디오클레스의 〈화경〉(Burning Mirrors)에 언급되었을 것이다. 그 성질이란 초점과 포물선 위의 점을 잇는 직선과 그 점에서 그은 접선이 이루는 각이 그 점을 지나 축에 평행한 직선과 접선이 이루는 각과 같다는 것이다. 포물선의 초점은 여러 번 나오지만 준선의 성질을 알고 있었는지는 분명하지 않다.[33]

디오클레스는 포물선 위의 점은 초점과 준선으로부터 거리가 같다(이심률=1)는 성질을 이용하여 포물선을 작도하는 방법을 보였다. 곧, 초점과 준선의 성질을 파악하고 있었다. 아폴로니오스도 원뿔곡선을 초점과 준선으로 결정할 수 있음을 알았던 것 같으나 〈원뿔곡선〉을 비롯한 어디에도 남아 있는 기록은 없다. 4세기에 파포스는 타원이 초점과 준선부터의 거리의 비가 일정하고 초점부터 잰 거리 쪽이 작게 되는(0 < 이심률 < 1) 점의 자취이고, 이와 달리 비가 일정하고 초점부터 잰 거리가 더 큰 경우(이심률 > 1)는 쌍곡선이라고 하고 있다. 이것도 디오클레스와 아폴로니오스의 시대에 발견되었을 것이다.

접선과 법선 그리스 수학자들은 접선이란 곡선과 접선 사이에 어떠한 직선도 그을 수 없는 직선이라고 했다. 그리고 접선으로 법선을 정의했다. 곡선 C 밖의 점 Q에서 C에 그은 법선이란 점 Q를 지나는 직선이 C와 만나는 점 P에서 C에 그은 접선에 수직인 직선이다. 이러한 법선의 정의에 만족하지 않았던 아폴로니오스는 점 Q에서 곡선 C까지의 거리가 극대나 극소로 되는 직선을 법선이라고 했다.[34] 지금은 극대나 극소가 됨은 증명해야 하는 정리이다. 또한 그는 주어진 점으로부터 법선을 작도하는 방법을 다루고 있다. 이러한 법선이 하나만 있음을 간접증명법으로 밝히고, 이 법선이 점 P에서 그은 접선과 수직임을 증명하고 있다. 지금은 접선과 법선이 수직으로 만나는 것을 정의로 두고 있다. 원뿔곡선 위의 점에서 원과 직선만으로 충분히 작도할 수 있는 접선(평면의 문제)과 달리 곡선 밖의 점에서 법선을 작도하는 것은 자와 컴퍼스만으로는 할 수 없다(입체의 문제).

원뿔곡선에 접선 또는 법선을 긋는 방법은 다음과 같다. 〈원뿔곡선〉 제1권 명제 33은 포물선에 접선을 긋기이다. P를 포물선 위의 점이라 하고 P에서 축에 내린 수선의 발을 H라 한다. 축과 포물선이 만나는 점을 V라 하고 축의 연장선 위에 QV=VH가 되는 점 Q를 놓는다. 그러면 PQ가 P에서 그은 접선이 된다[왼쪽 그림]. 제2권 명제49는 타원(쌍곡선)에 접선을 긋기이다. 조화분할의 이론을 이용하고 있다. P를 타원(쌍곡선) 위의 점이라 하고 P에서 축에 내린 수선의 발을 H라 한다. 축과 곡선이 만나는 점을 V, W라 하고 축의 연장선 위에 점 Q를 QW : QV=HW : HV가 되도록 놓는다. 그러면 PQ가 P에서 그은 접선이 된다[가운데 그림]. 제5권 명제8, 13, 27은 포물선에 법선을 긋기이다. V를 꼭짓점, 포물선 $y^2 = px$의 축 위에 VG> $p/2$를 만족하는 G를 잡는다. HG= $p/2$를 만족하는 점 H에서 축에 수선을 그어 포물선과 만나는 점을 P라 하면 PG는 G로부터 곡선에 이르는 최소의 선이다. 거꾸로 PG가 G로부터 곡선에 이르는 최소의 선이고 P에서 축에 내린 수선의 발을 H라 하면 HG= $p/2$가 성립한다. 마지막으로 PG는 P에서 그은 접선에 수직이다[오른쪽 그림].

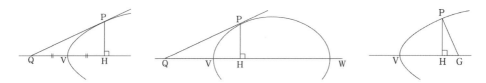

해석기하의 기원 주로 아폴로니오스의 논문으로 이루어진 파포스의 〈분석론 보전〉은 이른바 해석기하학의 색채가 짙다.[35] 이에 따르면 아폴로니오스는 좌표를 사용하지는 않았지만 〈원뿔곡선〉에서는 사교좌표, 〈소용돌이선〉에서는 극좌표 같은 생각이 적용됐다. 이 덕분에 그는 다른 수학자들과 달리 원뿔곡선을 꽤 일반화하여 다룰 수 있었다. 이런 점에서 그는 해석기하학의 선구자라고 할 수 있다.

아폴로니오스는 타원이나 쌍곡선의 한 지름(중심을 지나는 현)에 평행한 현의 중점의 자취도 지름이 되는데, 그것을 켤레 지름이라고 했다. 그는 원뿔곡선의 켤레 지름이 직각으로 만나든, 비스듬히 만나든 그것을 좌표축에 상당하는 것으로 사용했다. 켤레 지름으로 만든 좌표계는 원뿔곡선을 생각하는 데 매우 쓸모 있었다. 이를테면 타원이나 쌍곡선의 한 지름의 끝점에서 켤레 지름에 평행하게 그은 직선은 접선이 된다. 중심부터 지름(가로축)을 따라 잰 거리가 가로좌표, 지름과 곡선 사이에서 접선에 평행인 선분의 길이가 세로좌표다. 아폴로니오스는 이렇게 해서 현대의 해석기하학에서 정의하는 원뿔곡선의 방정식과 같은 방식으로 원뿔곡선의 성질들을 기술했다.[36] 그렇지만 둘 사이에는 커다란 차이가 있다. 그는 언제나 해당 곡선을 먼저 그리고 나서 좌표계를 덧그려 이용했다. 더구나 곡선이 방정식을 결정했지, 방정식으로 곡선을 정의하지 않았다고 봐야 한다.

곡선의 특성을 끌어내는 아폴로니오스의 생각은 지금의 방법과 매우 닮았으나 그는 해석기하학을 발전시키지 못했다. 당시에는 좌표 개념을 이용해서 다룰 수 있는 곡선의 수가 매우 적었던 데다가 기하적 대수밖에 없었기 때문일 것이다. 이 때문에 여러 경우를 따로 연구할 수밖에 없었다. 더 이상의 일반화를 이루지 못했다. 이를테면 타원뿔에서도 마찬가지로 원뿔곡선을 끌어낼 수 있었으나 그러하지 못했다. 아폴로니오스가 죽고 나서 그리스 수학은 쇠퇴했다.

의미 수학 안에서만 본다면 그리스인은 삼대 작도 문제를 해결하는 데 원적곡선, 소용돌이선, 원뿔곡선을 도입함으로써, 기하학 작도의 범위를 꽤 넓혔다. 수학 밖에서 응용되는 사례로는 빛이 흩어지지 않으면서 한 방향으로 나아가도록 하거나, 거꾸로 들어오는 빛이나 열을 한 곳으로 모으는 수단으로 포물선이 있었다. 모든 원뿔에서는 원 모양의 평면족이 생긴다는 아폴로니오스의 생각은 구면 위의 영역을 평면에 평사도법 방식으로 투영시켜 만드는 프톨레마이오스의 지도 제작에 응용되었다. 사실 이 곡선들, 특히 원뿔곡선은 현실의 현상에 뿌리를 두고 있으나, 그것이 처음 연구될 당시에는 당면한 문제와 거리가 먼 주제였다.

아르키메데스는 계량적인 원리를 들여와 구적법을 개선하고 아폴로니오스는 도형의 형태적 성질을 중시하는 위치의 기하학에 바탕을 제공함으로써 유클리드까지의 고전 기하학에서 벗어났다. 아폴로니오스도 아르키메데스처럼 유클리드의 기하학 체계를 따라 명백해 보이는 유한개의 명제를 공리로 택하고 이것으로부터 많은 정리를 엄밀한 연역적 방식으로 유도했다. 이들의 저작에 영향을 받아 공리를 출발점으로 하여 연역적 방법으로 증명하면서, 구체가 아닌 추상으로 논증을 이끌어가는 현재의 의미로서 수학이 이 시대에 탄생했다. 연역 추론은 이후에 과학이 발전하는 길을 열어 주기도 했다. 그렇더라도 과학은 물론이고 수학에서도 새로운 결과가 연역 추론만으로 얻어지는 것은 아님을 염두에 두어야 한다. 새로운 결과를 포함하는 발전을 제대로 보려면 세 가지 측면을 고려해야 한다.[37] 첫째로 통상의 목

적으로는 공리계가 필요 없다. 일반적으로 추론할 때는 공리의 기반 없이 계산하고
계측한다. 둘째로 수론과 기하학을 연구한 모든 그리스인이 유클리드의 유형을 채
용하지는 않았다. 음악과 천문학에서는 더욱 그러했다. −5세기에 삼대 작도 문제
를 탐구할 때는 공리계에 관심을 두지 않았다. 헤론(1세기) 같은 수학자는 대부분 직
접 계측하는 문제에 집중했다. 헤론의 절차는 아르키메데스로부터 확실히 벗어나
이집트와 바빌로니아 수학의 전통에 있는 것과 비슷했다. 셋째로 한 모둠의 공리가
내적 정합성을 지녀야 한다는 것만으로는 충분하지 않다. 보통 공리는 현실을 바르
게 표현하고 있다는 의미에서 참이어야 한다고 상정되고 있다. 수학이 아닌 분야에
서는 이것을 만족하기 어렵다. 수학 내부에서도 평행선 공준이 보여준 것처럼 어떠
한 원리가 자명한지는 많은 논의가 필요하다.

5 그 밖의 학문 분야

5-1 천문학

여러 천문 현상을 관련짓는 모형이 가장 먼저 생각된 때는 −4세기 초인 플라톤
의 아카데미아 시기였다. 대부분의 천문학 전통에서는 천체의 겉보기 운동 패턴을
순수하게 수치적인 풀로만 찾고 있었다(역법). 그리스에서는 설명과 연역의 힘을
지닌 증명 그리고 천체는 질서 있게 운동하고 있음을 보여주려는 우주의 목적론적
인 설명을 요구하고 있었다.[38] 이 때문에 그리스인은 기하학적 모형으로 그 패턴을
설명하려고 애썼다. 우주의 구조에서는 공간이 기본 요소였으므로 공간과 공간도형
의 연구는 필수였다. 따라서 기하학은 우주 연구의 한 부분이었다.

당시에 몇 가지 관찰로부터 지구가 완전한 구라고 믿게 된 것은 현상적, 미학적,
철학적인 논의에 바탕을 두고 있다. 다가오는 배는 돛대의 끝부터 보인다든지 월식
때 달에 비친 지구의 그림자가 원이라든지 하는 사실에서 지구는 구라고 생각하게
되었다. 더군다나 원이 어떤 지름에 대해서도 대칭이어서 가장 완전한 평면도형인
것처럼 입체도형에서는 구가 가장 완전한 것이어야 했다. 이로써 지구는 구가 되었
다. 원과 구에 대한 이러한 관념이 그리스 천문학 개념에서 기초였다. 하늘이 지구
라는 구의 모습을 반영하고 있으리라는 믿음과 천체는 일반적으로 지구에서 같은
거리를 유지하고서 뜨고 진다는 생각 그리고 약간의 논리적인 추론으로부터 하늘

도 구이어야 했다. -4세기에 구안된 기본 모형은 지구와 하늘이라는 두 개의 동심구로 구성되었다. 지구의 운동을 전혀 느낄 수 없으므로 지구는 움직이지 않으며 천구의 중심에 있었다. 또한 천체의 원운동은 천구가 회전해서 일어나는 것이었다. 이러한 원운동은 완전한 도형인 원을 따르므로 기본 운동이 되었다. 그리고 등속운동이 가장 단순하므로 천체는 등속운동을 한다고 믿었다. 따라서 천체는 등속운동과 원운동이 결합한 등속원운동을 해야 했다. 이렇게 고안된 동심천구계로 해, 달, 행성의 운동에 보이는 무언가의 불규칙성을 설명하고자 했다. 이후 기하학 모형이 그리스 천문학 이론의 대부분에서 공통의 기반이 되었다. 어느 모형이 좋은지에 관한 논쟁이 이어지면서 동심천구는 이심원과 주전원으로 바뀌었다.[39] 이러한 결과는 인간 정신에 의해 명백하다고 파악된 원리들로 자연에서 발견한 것을 분석해야 한다는 아리스토텔레스의 영향이 컸다. 이제 우주가 기하학적으로 짜여 있음을 확인하려고 직접 관찰할 필요가 없다. 유클리드 기하학의 의미만 알면 되었다.

　　최초의 위대한 알렉산드리아 천문학자는 수학자이기도 했던 아리스타르코스(Ἀρίσταρχ ος 전310?-230)였다. 그의 〈해와 달의 크기와 거리〉는 지구에서 해와 달까지의 상대적 거리를 실은 맨 처음의 저작이었다. 그는 반달일 때에 해(S), 달(M), 지구(E)가 직각삼각형을 이룬다고 가정했다. 이때 해와 달의 상대적 거리는 ES와 EM이 이루는 각을 재면 결정된다고 했다. 그는 이 각을 87°로 쟀고 이것을 바탕으로 ES는 EM의 19배라고 계산했다. 오늘날의 삼각법으로 나타내면 ES에 대한 EM의 비가 $\sin 3°$라는 것이다. 해와 달의 실제 크기와 ES, EM을 추산하려면 지구의 크기를 알아야 했다. 이것을 무세이온의 도서관장이었던 에라토스테네스(Ἐρατοσθένης 전275?-194?)가 처음으로 쟀다. 실제 거리나 크기를 얻으려던 이러한 시도는 정량 문제에 관심을 기울이던 헬레니즘 시기의 특징을 보여준다.

　　아리스타르코스는 처음으로 지구가 자전하면서 해의 둘레를 공전한다고 주장하기도 했다. 이 주장은 가장 위대한 천문학자들에게 받아들여지지 않았다. 고대인은 태양중심설을 본질적으로 받아들이기 어려웠다. 그리스 시대의 역학으로는 지구가 발밑에 고정되어 있는 것으로 느껴지고, 가벼운 물체가 공중으로 날아가지도 않으며, 위로 똑바로 쏘아 올린 물체가 서쪽의 먼 곳에 떨어지지 않는 현상을 설명하지 못했다. 아리스타르코스가 이런 질문에 무엇이라고 답을 했는지는 알지 못한다. 무거운 물체는 우주의 중심인 지구를 향하는 성질이 있다는 아리스토텔레스의 주장이 그 시대를 지배하고 있었다. 이것은 코페르니쿠스 시대까지도 정설이었다. 아리스타르코스의 지구 공전설을 반박하는 논거는 지구가 해의 둘레를 도는 동안 항성의 (상대) 위치가 달라져야 하는데 그러한 시차가 관측되지 않는다는 것이었다. 아르키메데스도 시차가 없다고 생각했다. 이에 대해 아리스타르코스는 별들이 놓여 있는 천구의 반지름이 엄청나게 크고, 지구의 공전으로 생기는 거리의 변화는 시차를 느끼지 못할 만큼 작다고 했다.[40] 더구나 지구가 천체의 중심이 아니라는 주장은 우주에서 사람이 최고의 자리에 있다는 믿음을 부정하는 것으로써 신에게 인간의 일이 다른 행성의 일보다 소홀히 되는 것이었다. 이 때문에 그는 무신론자라는 비난을 받고 아테네에서 쫓겨났다.

에라토스테네스는 〈지리학〉에서 구 모양의 지구에 대한 근거를 제시했고 지구의 둘레 길이를 재는 실용적인 방법을 고안하여 전보다 정확한 어림값을 얻었다. 그는 같은 날줄에 있다고 여겨진 알렉산드리아와 시에네(아스완)를 지나는 대원의 호의 길이에

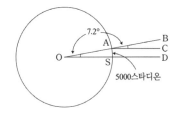

바탕을 두었다. 두 도시에 있는 특정한 두 곳이 5000스타디온 떨어져 있다고 계산했다. 그는 하지의 정오에 시에네의 어느 우물에 햇빛이 수직(SD)으로 비추고, 같은 시각에 알렉산드리아에서는 땅에 수직인 방향(AB)과 해를 가리키는 방향(AC)이 이루는 각이 4직각의 1/50(7.2°)이라는 사실을 알았다. 해는 멀리 떨어져 있으므로 두 직선 SD와 AC는 평행하다고 여긴다. 그러면 호 AS는 지구 둘레의 1/50이다. 호 AS의 거리가 5000스타디온이므로 지구 둘레의 길이는 25만 스타디온이다. 그가 157.5m라는 이집트의 1스타디온 값을 사용했다면 지구 둘레는 39,375km가 된다. 이것은 실제 값과 그다지 차이가 나지 않는다. 포시도니오스(Ποσειδώνιος 전 135?-51?)도 에라토스테네스와 비슷한 방법으로 지구의 둘레를 계산했다. 또한 그는 새로운 도구로 천체를 관측하여 한 달을 30일로, 열두 달을 한 해로 삼은 낡은 그리스 역법을 365일을 한 해로 삼는 이집트 역법으로 대체하면서 4년마다 하루를 추가했다.

그리스인은 등속원운동을 바탕으로 하는 동심천구설을 따르고 있었으나, 지구부터 해나 달까지의 거리가 일정하지 않으므로 단순한 원 궤도가 아님을 알고 있었다. 이것은 해의 겉보기 지름이 철마다 달라지는 것이나 보름달의 겉보기 크기가 달라지는 것을 보면 알 수 있는 사실이었다. 게다가 행성들이 원 궤도에서 벗어나는 정도도 관찰될 만큼 컸기 때문에 설명이 요구됐다. 이런 요구에 부응하는 새로운 기법

이 유독소스와 아리스타르코스의 천문학을 보강하며 대체했다. 저명한 천문학자이기도 했던 아폴로니오스가 천체의 운동을 설명하는 두 가지 강력한 수학적 기법인 주전원과 이심원을 도입했다. 그는 화성의 궤도가 대칭이 아니라는 사실로부터 화성은 지구에서 멀리 떨어진 어떤 점을 중심으로 원운동을 한다고 주장했다.

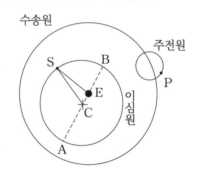

주전원 모형은 지구를 중심으로 하는 큰 원이 있고, 그 큰 원 위를 등각속도로 움직이는 점을 중심으로 하는 작은 원, 곧 주전원 위에 별을 놓는다. 이심원 모형은 지구가 아닌 곳을 중심(이심 離心)으로 하는 원 위에 별을 놓는다. 주전원은 행성의 역진 운동을, 이심원은 주로 계절의 변화와 길이를 설명하는 역할을 했다. 주전원과 이심원을 조합하면 여러 행성의 더욱 복잡한 운동도 만들 수 있어 겉보기 운동을 더 정확하게 설명할 수 있게 된다. 아폴로니오스는 이심원 모형을 주전원 모형으로 바꿀 수 있음을 알았다.

이심원 모형은 삼각법을 요구했다. 계절의 길이를 결정하는 선분 EC의 길이와 방향을 알려면, 특정한 날에 해가 어디에서 보이는지를 알아야 한다. 이 문제에 답하려면 ∠CES의 크기가 필요하다. 이것에 답을 하려면 △CES의 변과 다른 각을 알아야 한다. 이제는 삼각법이 필요하게 된다. 실제로 삼각법을 발명하도록 이끈 것은 EC의 거리 같은 천문 상수를 도입할 필요였다. 아폴로니오스에게는 이 문제를 완전히 해결하는 데에 필요한 삼각법이라는 도구가 없었다.

고전기 그리스인은 자연이 수학적으로 설계되어 있다고 가정했고 헬레니즘 그리스인은 정량적인 천문학으로 그것을 보였다고 할 수 있다. 이 일의 중심에 히파르코스가 있다. 그는 이집트인과 바빌로니아인이 관측했던 자료 가운데 상당수를, 35년 동안 로도스에서 직접 관측하여 고치고 새로 보강하여 정확도를 높였다. 그는 천문 관측 도구, 해시계, 물시계를 개량하여 관측이 이루어지는 시각을 더욱 정확하게 기록했다. 이를 바탕으로 그는 중요한 천문 상수인 한 해와 한 달의 길이, 달의 크기, 황도와 적도가 이루는 각 등을 개정했다. 또한 약 1000개의 별에 관한 일람표를 작성하고 달의 운동에서 불규칙한 성질을 알아냈다. 가장 중요한 업적으로 춘분과 추분이 일어나는 시기가 조금씩 변하는 세차운동을 알아냈다는 것이 있다.

히파르코스는 자신이 마련한 자료를 근거로 태양중심설은 천체 운동을 만족스럽게 설명하지 못한다고 했다. 그는 지구가 자전과 공전을 한다는 아리스타르코스의 이론을 사변적일 뿐만 아니라 불경스러운 것이라 하여 폐기했다. 그와 2세기의 프톨레마이오스는 지구가 우주의 중심에 정지해 있다고 믿고서 주전원과 이심원 체계로 해, 달, 행성의 크기와 거리를 알아낼 수 있는 수학적 방법을 고안했다. 히파르코스는 이심원과 주전원의 반지름, 주전원을 따라 움직이는 천체의 속력 등을 적절하게 선택함으로써 천체들의 경로와 위치를 더욱 정확하게 설명하고 예측할 수 있게 해주었다. 그의 이론으로 복잡해 보이는 행성의 운동을 이전보다 쉽게 이해할 수 있게 되었다.

5-2 삼각법

알렉산드리아 기하학에서 이룬 새로운 성과는 공간과 공간도형을 연구하는 데 필요한 구면삼각법을 도입한 것이었다. 알렉산드리아인은 정량적 천문학으로 천체의 궤도를 규정하고 위치를 특정하여 여행(특히 항해)할 때 시각과 자신이 있는 곳을 알아내는 데 사용하기 위해 삼각법을 도입했다. 이처럼 삼각법 연구는 실용적이면서도 지적인 관심으로 일어났다. 삼각법을 만든 이들은 히파르코스, 메넬라오스, 프톨레마이오스였다.

삼각법은 삼각형의 변과 각 사이의 양적인 관계를 다루는 것인데 기원은 분명하지 않다. 이집트의 아메스 파피루스에는 코탄젠트 값(세케드)과 관련된 문제가 있고 바빌로니아의 찰흙판 플림프톤322에는 시컨트 표가 실려 있다. 또한 두 문명에서 각의 개념이 없기는 했으나 닮음 삼각형 변의 비를 활용하기도 했다. 그리스에서 처음으로 원에서 원주각(또는 호)과 이에 대응하는 현의 길이 사이의 관계가 연구됐다. 헬레니즘 삼각법은 구면에서 세 변이 대원의 호로 이루어진 구면삼각형을 다루는 구면삼각법이다. 해, 달, 행성, 항성이 천구의 대원을 따라서 움직였으므로 이런 운동을 연구하려면 구면삼각법이 필요했다. 그리스인은 삼각비를 이용하여 천체를 관찰하고 기록함으로써 자연을 수학적으로 이해하는 데 커다란 한 걸음을 내디뎠다.

앞서 아르키메데스의 꺾인 현의 정리가 삼각법과 관계가 있음을 보았다. 그렇지만 각과 현 사이의 관계를 제대로 이용한 사람은 아리스타르코스와 에라토스테네스였다. 특히 아리스타르코스는 삼각법에 관련된 문제를 연구했다는 데 큰 의미가 있다. 그는 주어진 원에서 호의 현에 대한 비는 중심각이 180°에서 0°로 작아짐에 따라 원주율(당시는 아르키메데스의 어림값)에서 감소하여 1에 가까워짐을 알고 있었다. 그렇지만 에라토스테네스에 이르도록 현과 원 사이의 여러 관계를 연구하고 천문학에 응용했으나 체계적인 삼각법은 없었다.

−2세기 후반에 히파르코스가 항성 천구에 좌표 체계를 도입하고서 직각삼각형을 풀기 위해, 아폴로니오스가 이심원 모형에서 해결하지 못했던 문제를 다루기 위해 현의 표를 처음으로 각도마다 작성했다. 그가 현의 표에 실은 값들을 어떻게 얻었는지는 알 수 없으나, 그의 작업 덕분에 삼각법의 기초가 놓이게 되었다.

사실 천구 좌표계는 바빌로니아인이 처음 도입했다. 별의 위치는 황도를 따르는 좌표(황경)와 그것에 수직인 좌표(황위)로 측정된다. 이 좌표는 해, 달, 행성을 다룰 때 특히 편리하다. 해는 황도를 따라 움직이므로 해의 황위는 언제나 0°이다. 춘분점은 0°, 하지점은 90°, 추분점은 180°, 동지점은 270°이다. 바빌로니아든 그리스든 황경은 자주 12개의 별자리를 이용하여 30°씩 구분하여 황경을 나타냈다.[41] 히파르코스는 황도 좌표계 대신에 지구의 적도를 하늘로 연장한 적도 좌표계를 사용했다. 춘분점을 0°로 하여 하지점 방향으로 측정하는 각도를 적경, 적도로부터 남북으로 측정되는 각도를 적위라 했다. 천문학 문제를 풀려면 한 좌표계에 놓인 점의 좌표를 다른 좌표계의 좌표로 변환할 수 있어야 했고, 이때 구면삼각법이 필요했다. 그러나 구면삼각법을 다루려면 먼저 평면삼각법을 이해할 필요가 있었으므로, 이에 히파르코스는 평면삼각형을 푸는 현의 표를 작성하게 되었다.

히파르코스가 현의 표를 만들었던 관계로 수학에서 원을 360°로 보는 생각을 그리스에서 처음 체계적으로 받아들인 사람으로 생각된다. 그는 그 전에 하루를 360 등분하고 있던 히프시클레스(Ὑψικλῆς 전190?-120?)로부터 바빌로니아 천문학에서 사용된 분할의 사고방식을 배웠다고 생각된다. 그는 현의 표를 만들 때 지름을 120 등분한 단위를 사용했다. 또한 오늘날 구면 직각삼각형을 풀 때 이용하고 있는 여러 공식과 동치인 식을 알고 있었다는 증거도 있다.[42]

5-3 지리학과 그 밖의 성과

그리스 세계가 확장되면서 알렉산드리아인은 자연스럽게 지리학에 관심을 기울이게 되었다. 당시에 있던 지리학 자료들을 집대성했다고 전해지는 에라토스테네스의 〈지리학〉은 일부만 전해진다. 그는 여러 주요 지역들 사이의 거리를 재고 계산할 때 자신이 사용한 측량법과 그 결과를 이 책에 담았다. 그는 처음으로 날줄과 씨줄로 짜인 격자를 사용하여 당시에 알려진 세계의 지도를 제작했다. 날줄은 아리스토텔레스의 제자인 디카이아르코스(Δικαίαρχος 전355?-285?)가 알렉산드로스 원정대가 모은 자료를 바탕으로 지도를 만들면서 처음 사용했다.[43] 〈지리학〉은 수학에 근거해서 지리학을 연구한 첫 과학적 업적이었다. 이렇게 해서 지도 제작이 지리학 연구의 한 부분으로 자리를 잡았다. 〈지리학〉은 지구에서 일어나는 변화의 속성과 원인도 설명하고 있다.

수학자로서 에라토스테네스의 주요 업적으로는 정육면체의 배적 문제 풀이와 소수를 찾는 방법이 있다. 그는 평균을 찾는 도구를 고안하여 $a/x = x/y = y/2a$라는 관계를 유도했다.[44] 소수를 체계적으로 찾는 절차는 '에라토스테네스의 체'로 알려져 있다. 이 방법은 자연수를 2부터 n까지 차례로 적고 나서 $\sqrt{n}$보다 작은 소수 p의 배수 $2p$, $3p$, $4p$, …를 모두 지워서 모든 합성수를 차례로 없애는 방법이다.

히파르코스는 지구의 중심을 지나는 평면에 지구 표면을 수직으로 투사하는 방법인 정사도법을 만들었다. 그는 날줄과 씨줄을 체계적으로 사용하여 육지에서 장소를 정하는 방법을 발전시켰고, 지도를 만들려면 주요 도시나 바닷가 지점의 경도와 위도를 수집해 두어야 한다고 했다. 경도와 위도로 위치를 정하는 것은 17세기의 좌표 개념과 비슷하다. 바다에서 경도를 정확하게 재는 문제는 18세기 중반이 되어서야 풀렸다.

유클리드의 다섯 공준 가운데 평행선 공준은 가정과 결론이 있는 단 하나이다. 이 때문에 이 공준이 필요한지에 대한 의문과 그것을 증명하려는 시도가 그리스 시대부터 있었다.[45] 프로클로스의 글에서 안재구[46]는 두 사람을 언급하고 있다. 포시도니오스는 평행선을 하나의 평면에 있고 서로 다가가지도 않고 멀어지지도 않는 두 직선으로 한 직선 위에 있는 점에서 다른 직선 위에 내린 수선은 모두 같은 직선이라고 정의한다. 그런데 실제로 하나의 직선에서 같은 간격으로 취한 점의 자취는 제5공준과 동치이다. 그는 지구 둘레를 180,000스타디온(28,350km)으로 계산했다. 이것을 프톨레마이오스가 이용했다. 포시도니오스의 제자인 게미노스(Γεμῖνος 전110?-40?)는 유클리드가 제5공준의 역을 증명(제1권 명제 29)한 데에 주목했다. 그는 포시도니오스와 마찬가지로 평행선을 같은 간격을 가지고 있는 직선이라고 정의했다. 그는 이 정의에서 시작하여 먼저 유클리드의 평행선에 관한 명제를 끌어내고 그 다음에 제5공준을 증명하고 있다.

그리스인은 속도(력)의 변화에도 관심을 보였는데, 이에 대해서 카츠[47]는 다음과 같이 쓰고 있다. 그리스인은 낙하하는 물체가 등속도로 운동하지 않음을 관찰하고 여기서 가속도의 원시 개념을 도출했다. 이에 대한 언급은 자연학자 스트라톤(Στρά των 전335?-269?)의 잃어버린 논문 〈운동에 관하여〉의 6세기의 주석으로 남아 있다. 그는 낙하하는 물체는 잇따르는 각각의 공간을 더욱 빠르게 지나고, 마지막 부분을 지나는 시간이 가장 짧다고 주장했다. 그가 낙하하는 물체의 속도는 거리에 비례한다고 말하고자 했는지는 알 수 없다. 아리스토텔레스의 3세기 주석자는 물체는 위로부터 거리에 비례하여 빠르게 아래로 운동한다고 주장하고 있다. 그리스인이 운동학의 기본 개념을 알고 있었으나 천문학 분야처럼 그 개념을 사용하여 수치 계산을 했다는 증거는 없다.

이 장의 참고문헌

[1] Mason 1962, 48
[2] McClellan, Dorn 2008, 131
[3] McClellan, Dorn 2008, 131
[4] Conner 2014, 193
[5] 孫隆基 2019, 569
[6] Boyer, Merzbach 2000, 229
[7] Stewart 2016, 47
[8] Mason 1962, 51
[9] 안재구 2000, 248
[10] Boyer, Merzbach 2000, 196
[11] Lloyd 2008, 14
[12] Cajori 1928/29, 396-397항
[13] Katz 2005, 128
[14] 齊藤 2007
[15] Boyer, Merzbach 2000, 214-215
[16] Boyer, Merzbach 2000, 205
[17] Katz 2005, 129
[18] Boyer, Merzbach 2000, 221-222
[19] Lloyd 2008, 14
[20] 齊藤 2007, 140-147
[21] 齊藤 2007, 126-127
[22] Barry 2008, 69
[23] Katz 2005, 122
[24] Katz 2005, 124
[25] 안재구 2000, 239
[26] Boyer, Merzbach 2000, 219
[27] Katz 2005, 135
[28] Katz 2005, 134
[29] Boyer, Merzbach 2000, 152
[30] Katz 2005, 147
[31] Boyer, Merzbach 2000, 238
[32] Katz 2005, 140
[33] Boyer, Merzbach 2000, 253
[34] Boyer, Merzbach 2000, 248
[35] Boyer, Merzbach 2000, 231
[36] 안재구 2000, 257
[37] Lloyd 2008, 12-13
[38] Lloyd 2008, 17
[39] Lloyd 2008, 17
[40] Kline 2016b, 216
[41] Katz 2005, 163
[42] Eves 1996, 163
[43] Mason 1962, 48
[44] Burton 2011, 185
[45] Sesiano 2000, 156
[46] 안재구 2000, 278-279
[47] Katz 2005, 182-183

제 5 장

로마 시대의 그리스 수학

1 로마 시대 문명의 전개

그리스의 도시국가는 외부인에게 시민권을 주지 않는 배타적, 폐쇄적 정책을 폄으로써 대립과 분쟁을 겪었다. 이와 달리 로마는 다른 지역 이탈리아인에게 시민권을 주고 동맹을 맺어 −3세기 중반에는 이탈리아 전체를 하나의 공동체로 엮었다. −2세기에는 이를 바탕으로 포에니 전쟁을 치르면서 지중해를 장악했다. −31년에는 무세이온과 도서관이 있어 문화의 중심지 역할을 했던 알렉산드리아의 이집트도 점령했다. 하지만 당시에 로마인은 정치적 힘을 넓히는 데만 관심을 기울였지, 자신들의 문화를 풍성하게 하는 데는 그렇지 않았다.

−1세기는 로마 노예제 사회가 가장 번영했던 시대였다. 로마의 안정과 번영은 다른 지역을 침략하여 공급받는 노예 노동과 전리품에 의존했다. 침략 전쟁으로 들여오는 수많은 노예를 혹독하게 착취하여 잉여 생산을 만들어 냄으로써 로마 시민은 수준 높은 생활을 누렸다. 로마는 점령지에서 빼앗아 오는 만큼만 내부의 착취가 완화되는 사회였다.[1] 곧, 평화는 제국주의적 잉여로 유지되었다. 이것은 침략 전쟁을 이어나갈 수 없게 되면 평화가 유지될 수 없음을 뜻한다. 로마의 군사 제국주의의 확장은 1세기 초부터 빠르게 둔화하다가 2세기에는 거의 멈췄다. 그 결과 전리품이 공급되지 않고 영토 안에서 생산되는 자원에만 의존하게 되었다. 한편으로 역설적이게도 로마를 유지하는 전리품과 노예 노동은 자유민의 일거리를 없앰으로써 그들을 가난으로 내몰았다. 또한 주변부 농민들에게 세금과 부역, 군사 징집을 더욱 강제했기 때문에 그들의 삶은 피폐해졌다. 과세의 기반이 줄어들면 세금을 올렸고, 이것은 일거리를 잃은 자유민과 농민들을 벼랑으로 내몰았다. 계급의 양극화가 깊어지면서 새로운 갈등과 충돌이 일어났다. 로마 제국이 건설된 토대 자체의 한계 때문에 로마는 무너져 갔다.

새로 들어오는 노예가 끊기면서 노예의 값이 올라가자 일부 지주는 생산비를 줄이려고 높은 지대를 받고 소작을 주는 방식을 채택했다. 이런 식의 변화가 쌓이면서 새로운 종류의 질서가 나타났다. 바이킹족 같은 침략자들이 들여온 새로운 농업 기술은 새로운 형태의 사회 조직과 결합되었다. 로마의 농업은 농노제에 기반을 둔 지역적이고 거의 자급자족하는 새로운 경제로 바뀌어 갔다. 무인(武人) 영주들은 자기 영지의 농민들을 착취하는 동시에 보호하기 시작했다.

콘스탄티누스(306-337)가 죽은 뒤 약 반세기 동안 로마는 동서로 나뉘고, 두 명의 황제가 공동으로 통치했다. 395년에 로마는 결국 두 개의 나라로 나뉘고 그리스는 동로마에 편입되었다. 두 나라의 경제 구조는 아직 본질적으로 노예의 노동력을 이용한 농업에 근간을 두고 있었다. 노예 시장이 쇠퇴하자 두 나라의 경제도 피폐해지고 과학의 수준도 함께 낮아졌다.

4세기 말부터 훈족의 공격을 받은 게르만족이 서쪽으로 이동하기 시작했다. 여기에는 인구 증가에 따른 농지 부족, 물질적 부의 추구, 로마 문화에 대한 동경도 작용했다. 이를 계기로 서로마는 빠르게 쇠망의 길로 접어들었고, 결국 476년에 멸망했다. 서유럽은 독립된 여러 나라로 나뉘었다. 이 과정에서 서유럽은 농노제 기반의 농업 사회가 되어 갔다. 라틴화된 서로마는 멸망했지만 그리스어를 쓰는 헬레니즘화된 동로마(비잔틴)은 살아남았다. 유럽이 야만적인 행동과 문맹으로 온통 뒤덮여 학문의 흔적마저 보이지 않을 때 그리스 학문은 비잔틴에서 살아남았다.

비잔틴도 7세기에 이르러 아랍인에 의해 쇠퇴했다. 아랍인이 640년에 이집트를 점령했을 때 기독교인의 만행에도 남아 있던 책들이 불태워졌다. 이집트가 점령되는 과정에서 많은 학자가 비잔틴의 수도인 콘스탄티노플로 옮겼다. 그런데 비잔틴이라 해서 유럽보다 낫지 않았다. 적대적인 기독교가 활개를 치던 환경에서 그리스의 사상을 잇는 활동은 많이 위축되었다. 비잔틴과 이슬람 국가인 스페인 학자들은 독창적인 연구를 거의 하지 못했다. 그래도 보존되어 오던 그리스 문헌 그리고 새로 들어온 학자들과 그들의 연구 덕분에 양질의 지적 성과가 나타났다. 그렇긴 했으나 고대 연구서의 복제와 보존이 주된 활동이었다. 서유럽이 그리스의 학문을 본격적으로 들여다보기까지는 800년이 지나야 했다.

로마는 각 지역을 연결하고 행정을 원활히 하기 위해 도로, 상하수도 같은 시설이 필요했고, 이 때문에 토목학, 건축학, 수력공학, 지리학, 군사 기술이 발달했다. 이것들과 결부된 수학 지식이 적지 않게 필요했을 것이다. 그런데 공화제든 제정이든 어느 시대에도 로마인은 산술과 기하학의 바탕을 이루는 이론 연구에 거의 관심을 보이지 않고 응용할 뿐이었다. 과학, 철학에서 로마인의 새로운 업적은 거의 없었고, 수학에서는 한층 더했다. 실용성을 동기로 하는 추상적 사고를 무시했다. 그들은 예술, 문학, 법학 등에서는 성과를 이루었으나 그리스 수학, 과학에 어떤 것을 추가하기는커녕, 이것을 배우고 익히려는 노력을 하지 않았다.

　로마는 고도의 사회적, 기술적 수준을 지닌 문명이 수백 년 동안 이론과학 없이 번영할 수 있음을 보여주는 실례이다.[2] 이집트의 피라미드나 로마의 수도교가 높은 수학 수준을 보여준다고 가끔 이야기되기도 하나, 이를 뒷받침하는 근거는 없다. 로마인도 서양 문명에 이바지했으나 수학, 과학 분야에서는 그러지 못했을 뿐만 아니라 심지어 부정적이었다. 로마의 주된 공헌이라 한다면 라틴어를 매개로 하여 이전 문명을 유럽 전역으로 퍼뜨린 것이었다. 이 덕분에 라틴어는 여러 유럽 언어의 모태가 되었다. 이로써 근대 과학 초기에 공통의 언어로 소통할 수 있게 해줌으로써 학문이 발달하는 데 간접적인 토대가 되었다.

2　로마 시대 수학의 개관

　그리스 수학은 −6세기에서 6세기까지 이어오면서 이오니아부터 이탈리아 남부까지 그리고 다른 문명 세계로도 널리 퍼졌다. 그리스 세계의 시공간적 간격이 그리스의 수학 활동에 깊이와 규모에 변화를 주었다.[3] 바빌로니아나 이집트 수학과 달리 그리스 수학에는 여러 세기를 변하지 않고 이어지는 동일성이 없다. 헬레니즘 수학이 고전기 수학과 구별되듯이 로마 시대의 수학도 이전의 두 시대와 다르다. 이를테면 헤론의 수학은 아르키메데스, 아폴로니오스의 것과 전혀 달랐고, 디오판토스의 저작도 고전기의 전통과 단절되어 있다. 이런 차이가 생긴 주요 원인은 다음과 같다. 첫째, 로마는 실용을 우선시했다. 그들은 자신들이 이룬 구체적이며 특정한 응용 말고는 생각하지 않았다. 둘째, 그리스 수학 이외에 바빌로니아 수학과 천문학의 전통을 널리 받아들였다. 이러한 경향은 로마가 알렉산드리아를 침략하기 전부터 있었으나 점령하고 나서 강화되었다. 셋째, 앞선 결과로 로마는 알렉산드리아라는 수학의 중심지가 있었다. 로마인은 그리스인에게 기대어 필요한 것들을 가져다 쓰면 되었다. 로마의 경제, 정치, 사회 체제는 고전기나 헬레니즘 시대의 수준을 넘는 수학을 요구하지 않았다. 헤론, 니코마코스, 디오판토스의 저술도 이집트인과 바빌로니아인처럼 풀이법을 기술하는 데 머물렀다.

그리스 과학과 자연철학은 −200년 무렵부터 쇠퇴했다고도 하며 로마 시대인 200년부터 쇠퇴했다고도 한다. 알렉산드리아 수학이 로마의 통치와 함께 바로 쇠퇴하지는 않았고 2세기 전반의 프톨레마이오스(Πτολεμαῖος 85?-165?)에 이르러 어느 정도 회복하기도 했기 때문이다. 어쨌든 히파르코스에서 프톨레마이오스까지 300년에 걸친 기간에 물신숭배와 신비주의가 널리 퍼지면서 수학도 그 풍조에 갇히고 응용수학이 우위를 차지했다. 그리스어로 남아 있던 이전의 과학 지식이 라틴어를 사용하는 유럽에서 사라지면서 이론 연구로부터 멀어졌다. 이 기간에 천문학, 지리학, 광학, 역학은 어느만큼 진보했다. 수학은 일상과 가까운 관계를 맺고 있었으면서도 −3세기의 수준으로 회복하지 못했다. 삼각법은 발전했으나 기껏해야 천문학의 요구에 부응하는 정도였다. 더구나 프톨레마이오스의 삼각법이 히파르코스의 것보다 낫다고 할 수도 없었다. 유독소스에서 아폴로니오스까지의 시기에 이루어진 이론적 고찰을 특징으로 한 수학은 2세기 후반에는 끝났다. 이렇게 된 까닭으로 여러 해석이 제시되었다.

먼저 로마는 드넓은 영토를 통치하는 현실의 과업을 수행해야만 했기 때문에 이론적인 분야를 권장하고 연구할 여유가 없었다. 로마의 지배자들은 전통을 지키기 위해 멀리 떨어진 알렉산드리아의 박물관을 지원은 했으나 과학, 수학을 비롯한 그리스 학문을 중요하게 여기지 않았다. 과학과 수학 연구를 뒷받침하는 이데올로기적, 물질적 기반이 거의 없어지고 제도화가 제대로 이루어지지 못했다. 헬레니즘 과학, 자연철학과 철학 자체가 분리되면서 과학의 사회적 역할은 더욱 작아졌고 개인이 과학이나 수학에서 능력을 발휘할 여지가 사라졌다.[4] 이런 상황은 경제와 과학을 분리했다. 더구나 값싼 노동력인 노예가 풍부했으므로 과학자를 고용하거나 과학에 투자하지 않게 되는 것은 당연했다. 이것은 로마의 백과사전 편찬에서 뚜렷이 드러난다. 대부분의 필자는 자신이 읽었거나 들은 내용을 베껴 썼을 뿐이며, 자신이 기술하고 있는 내용을 제대로 이해하지도 못한 경우가 흔했다.[5] 백과사전 편찬의 문제는 과학 지식을 새롭게 창출하지 못했다는 것만이 아니었다. 과학 지식을 옮겨 적으면서 빈약하게 만들고, 아무런 방법론도 덧붙이지 않은 채 그것을 거스를 수 없는 사실로 전수하는 경향을 보였다.[6]

다음으로 여러 종교, 특히 기독교가 그리스 과학 전통의 활기를 매우 약화했다.

종교는 과학적 탐구의 정신과 거리가 먼데, 교리는 논리적으로 증명되는 것이 아니라고 믿었기 때문이다. 로마 제국이 세워지고 나서 바로 기독교도가 알렉산드리아에서 포교 활동을 시작했는데, 제국의 다른 많은 지역에서도 전개되었다. 지배 계급은 모든 사회, 정치적 사상을 억압했고 속주로부터 엄청난 세금을 거두어들였으므로 대다수 사람은 매우 모진 삶을 살았다. 이 비참한 사람들 사이에서 형제애와 내세의 보상을 강조하는 기독교는 빠른 속도로 퍼져나갔다. 노예를 비롯한 민중들의 이해를 반영하던 기독교는 313년 공인되고 380년에는 국교가 되었다. 원래 반(反)로마, 반권력적이던 기독교가 지배 계급에까지 침투한 것은 포교 과정에서 변질된 탓도 있지만, 학대받고 멸시당하던 하층계급이 기독교에서 구원을 바랐던 것처럼, 멸망의 예감에 떨고 있던 말기의 로마 제국도 기독교에서 구원을 찾았기 때문이다.[7]

기독교는 공인되자 로마의 지배 계급에 봉사하는 종교로 바뀌었고, 신비주의 사상과 결합하여 다른 종교와 문화를 배척하는 광신적인 종교가 되었다. 기독교도는 자신들의 신만이 진리를 계시한다는 독단에 빠져 이교도 문화에 대하여 무관심, 회의적 태도를 넘어 적대감을 드러냈다. 그들은 그리스 학문으로 자신을 더럽히지 않아야 했다. 아테네의 아카데미아나 다른 철학 학교에서 가르치던 이교도의 학문을 위협으로 여겼다. 기독교를 믿는 모든 곳에서 고전을 반대하는 태도가 강화되었다. 이성을 배척하는 상황이 확산되자 고대 지식을 파괴하는 것은 대수롭지 않은 일이 되었다. 알렉산드리아의 문화 유산을 닥치는 대로 파괴하고 많은 과학자와 수학자를 국외로 내쫓거나 죽였다. 이런 일들이 4세기 말 절정에 이르렀다. 알렉산드리아의 교황 테오필로스(Theophilus ?-412?)가 이끄는 기독교도들이 세라피스 신전을 파괴(389년)하면서 그곳에 있던 30만 남짓의 두루마리의 원고를 불살라버렸다. 그들은 이에 그치지 않고 무세이온의 많은 학자를 학살했다. 최초의 여성 수학자로 일컬어지는 히파티아도 그때 학살되었다. 교회의 조직 체계와 행정은 과거라면 과학 일반에 종사했을 사람들로 하여금 모든 지적인 관심과 정열을 신학에 쏟게 만들었다. 기독교 때문에 서유럽에서는 학문이 쇠퇴하고, 아랍으로 지식이 옮겨가 발전하게 된다. 이를테면 431년 이단 판정을 받은 네스토리우스파는 박해를 피해 시리아로 옮겨가면서 고대 그리스의 저작들을 가지고 갔고, 그것이 아랍에서 연구되었다.

한 가지 원인을 덧붙인다면, 로마의 원로원 의원은 상업을 하지 못하게 되어 있었고 상인들은 농토를 소유할 수 있게 되기를 간절히 바랐기 때문에 사회의 가치관에 순종했다. 그러므로 로마인에게는 무엇보다도 상업에 종사하는 여행자에게 요구되는 계량적, 공간적인 사고가 없었는데, 이것은 수학에서 큰 약점으로 작용했다.[8] 더욱이 로마 왕들은 수학을 매우 부정적으로 생각했다. 디오클레티아누스(Diokletianós 284-305 재위)는 기하학과 수학을 구별하면서 기하학은 공공의 이익을 위해 배우고 활용해야 하지만 수학, 곧 점성술은 마땅히 비난받아야 하며 철저히 금지되어야 한다고 했다.[9]

사회의 생산력이 발전하면 그에 따라 제기되는 문제를 해결하는 데 필요한 학문(이론)을 요구하게 된다. 이후에 생산력이 나아지지 않으면 이때부터는 이론을 효과적으로 적용하는 기법이 발전하게 되고, 이론과학이나 수학은 발전을 멈추게 된다. 이처럼 학문은 생산력에 따른 사회의 발전과 정체, 쇠퇴의 뒤를 따른다. 로마 시대에 수학이 응용으로 흐른 경향은 생산력이 정체된 결과라고 생각된다. 창조적인 사고는 사라지고 학자들은 편집과 주석에 매달렸다. 250 ~ 350년에 디오판토스와 파포스가 그리스 수학을 부흥시켰으나 이 시기에 로마의 관심은 수학으로부터 아주 멀어졌기 때문에 이들의 연구는 많지도 않았고 일시적인 것에 지나지 않았다.

기독교도의 박해에도 버티어 오던 플라톤의 아카데미아를 비롯하여 여러 학교가 529년 말에 유스티니아누스(Ioustinianos 527-565 재위)에 의해 문을 닫게 되면서 고대 유럽에서 수학은 발전을 멈추었다. 이 사실은 국가에 의해서 학문이 말살되는 분명한 증거가 되었다. 기본 학술 용어인 그리스어로 발전하던 비기독교적인 수학의 역사는 6세기에 에우데모스의 주석자인 심플리키오스(Σιμπλίκιος 490?-560?)에서 끝났다.[10] 라틴어로 쓴 수학도 역시 이때 더욱 쇠퇴했다. 심플리키오스를 비롯한 여러 철학자, 과학자는 페르시아로 피신했고, 거기서 아카데미아를 세웠다. 그리스 과학이 페르시아에 옮겨지고 그 뒤에는 무슬림의 후원을 받으면서 새로운 모습으로 발전하게 된다.

3 로마 시대의 수학

로마 제국의 시대가 본격적으로 시작된 1세기 무렵부터는 실용 위주의 수학이 주요 흐름을 이루었다. 이런 점을 반영하여 여기서는 헤론부터 히파티아까지 다룬다. 그리스 문명과 오리엔트 문명을 혼합한 헬레니즘 수학의 특징을 잘 보여주는 헤론은 이론적인 완전성보다 실용적인 이용에 목적을 많이 둔 〈측량술〉을 비롯하여 여러 저작을 썼다. 100년 무렵에 활동한 니코마코스는 피타고라스학파의 수 철학에 바탕을 두고서 〈산술 입문〉을 썼다. 이것은 〈원론〉 제7, 8, 9권을 제외하면 수론을 다룬 유일한 고대 그리스 저작이다. 3세기 중반에 디오판토스는 대수에 관한 저작인 〈산술〉을 썼다. 대부분은 부정방정식이라고 볼 수 있는 문제들을 체계적으로 다루었다. 중국이나 바빌로니아의 문제집 방식을 취했다. 4세기 초반의 파포스는 그리스 수학의 여러 측면을 다룬 주석서 〈수학 집성〉 등을 썼다. 그리스의 기하학적 분석법을 논의한 것이 특징이다. 마지막으로 최초의 여성 수학자라고 할 수 있는 히파티아가 있는데 그녀의 죽음은 알렉산드리아에서 그리스 수학의 전통이 사실상 끝났음을 가리킨다. 이 시대의 수학과 관련된 사람은 여기서 언급한 사람 정도이고 각자 특징이 다르므로 분야별로 기술하기보다 수와 연산을 잠시 언급하고 사람을 중심으로 기술한다.

수와 연산 헬레니즘 시기 전반기에 0을 나타내는 기호가 등장한다. 이오니아 숫자 체계를 사용한 프톨레마이오스의 연구 성과를 담은 비잔틴 문헌에 수의 안쪽과 맨 끝에 0의 기호가 쓰였다. 그렇지만 0의 기호는 바빌로니아 시대처럼 그 자리에 숫자가 없음을 나타내는 데만 쓰였지 연산에는 쓰이지 않았다.

알렉산드리아인은 분수를 수로 여겼다. 그들은 분수의 개념을 언급하지는 않았으나, 분수를 받아들여 사용할 만큼 분수는 직관적으로 명확한 대상이었다. 그리스나 이집트의 분수 표기 방식은 천문학 계산에 사용하기에는 너무 불편했으므로 천문학자들은 바빌로니아 60진법 분수를 사용했다. 이를테면 프톨레마이오스는 정수를 이오니아식으로 나타냈으나 분수는 60진 자리기수법으로 나타냈다. 요즘에도 각도를 나타낼 때 도는 10진 자리기수법으로, 분과 초는 60진법으로 나타내고 있다. 일상의 로마 분수는 12진법으로 되어 있는데, 이것은 한 해를 12달로 나누었다는 사실과 관련이 있는 듯하다.[11]

계산법으로는 이집트의 방식도 사용했으나, 대체로 오늘날과 비슷하게 계산했다. 이를테면 더할 때는 단위마다 같은 열을 이루도록 숫자들을 쓰고 나서 맨 오른쪽 열에 있는 수를 더하고 그런 다음 왼쪽 열로 옮겨갔다. 이집트의 방식과 견주면 꽤 발전했다.

아르키메데스, 아폴로니오스, 프톨레마이오스가 연구한 산술은 기하학과 독립된 방향으로 나아가는 한 걸음이었다. 기하학적 크기를 수로 나타냈고, 그것을 계산하기 위해서 산술을 사용했다. 그러고 나서 기하학적 대수로 논거를 마련했기 때문에 그들에게 수는 의미 있는 대상이었다. 그러나 헤론, 니코마코스, 디오판토스는 산술과 대수학 문제를 그 자체로 연구했으며 논거를 내세울 때도 기하학에 의존하지 않았다.

헤론 이론적인 완성보다 주로 실제 이용에 목적을 둔 헤론(Ήρων 10?-70?)의 저작은 알렉산드리아 수학과 오리엔트 수학을 혼합한 특징을 잘 보여주고 있다. 그가 수행한 연구에는 무척 합리적인 이론 기하학과 아주 실용적인 측지학이라고 할 것이 섞여 있다. 바빌로니아인은 기하학의 능력은 떨어졌으나 측지학의 역량은 뛰어났다. 이런 뜻에서 헤론의 수학은 바빌로니아의 전통을 잇는다고 할 수 있다. 그의 저작에는 상당수 공식이 증명되어 있기는 하지만 증명이 없는 것도 많고 근삿값만을 얻게 하는 공식도 적지 않다. 기사, 건축가, 직공을 위해 연구했던 그는 엄밀한 수학에 이집트인의 근사 과정과 공식을 넣었다. 정확한 공식에는 제곱근과 세제곱근이 사용되는데, 측량사는 이런 것을 처리하기 어려웠으므로 이를 피하려는 방편으로 이집트 공식을 실었을 것이다. 그는 문제를 풀 때 실제 쓰이는 구체적인 수치를 얻을 때까지 기하학적 대수를 사용하여 뛰어난 계산 수학을 만들었다.[12] 그는 증명할 때도 목적은 언제나 계산이었다.[13]

제곱근을 구하는 알고리즘은 실용수학의 예이다. 정확한 제곱근을 구할 수도 없을 뿐만 아니라, 실제 적용할 때는 알맞을 만큼의 근삿값만 있으면 되었기 때문이다. 측량사들에게는 근삿값을 구하는 간단한 방법이나 근삿값 자체가 필요했다. 사실 알렉산드리아인은 π, $\sqrt{2}$, $\sqrt{3}$과 같은 무리수(량)를 전해 받은 대로 사용했고 필요할 때면 어림값을 얻었다. 헤론은 〈측량술〉(Metrica)에서 바빌로니아의 방법으로 무리수의 근삿값을 구하고 있는데, 계산 방법만 기술했다. 이보다 더 중요한 것은 계산술 절차를 써서 대수 문제를 형식화하여 풀었다는 것이다. 이 절차는 헤론이 이집트와 바빌로니아 문헌에서 많은 영향을 받았음을 보여준다. 두 문명에서 대수는 기하와 별개의 영역이었으며 헤론에게도 산술의 확장이 대수였다.

헤론이 바빌로니아 수학의 대부분을 배워 익혔다고 하지만, 그는 소수에서 자리 기수법이 중요한 역할을 한다는 것을 깨닫지 못했던 것으로 보인다.[14] 60진 소수는 천문학자에게 기본 도구였으나 일반인에게는 익숙하지 않았다. 그리스인도 분수를 쓰기는 했는데, 처음에는 분자를 분모 아래에 쓰다가 나중에 자리를 바꾸었다(둘을 가르는 가로금은 없었다). 그러나 실제 상황에서는 이집트 방식의 단위분수를 썼다. 헤론은 제곱근을 구할 때는 바빌로니아의 방법을 썼고 분수를 쓰거나 분수 연산의 법칙을 설명할 때는 이집트의 방법을 썼다. 이집트의 단위분수는 헤론 이후에도 1000년 이상 이어졌다.

〈측량술〉에는 평면도형의 넓이와 입체도형의 겉넓이를 계산하는 절차가 실려 있다. 그중 부등변삼각형의 넓이를 구하는 방법을 두 가지로 보여주고 있다. 첫째는 현대식으로 나타내서 $c^2 = a^2 + b^2 - 2ab \cos C$(〈원론〉 명제2-12, 13)에서 피타고라스 정리를 거쳐 꼭짓점 A에서 변 BC에 내린 높이 h를 구한 뒤 $ah/2$로 구하고 있다. 둘째는 $s = (a+b+c)/2$일 때 $\sqrt{s(s-a)(s-b)(s-c)}$로 구하고 있다. 그는 이 공식을 기하학으로 증명하고 있는데, 공식 자체는 네 개의 길이를 곱하고 있으므로 전혀 기하적이지 않다. 고전기나 헬레니즘기의 그리스인은 세 개보다 많은 길이의 곱은 기하적으로 의미가 없다고 여겼는데 헤론은 그것에 개의치 않은 듯하다. 그는 길이를 수로 여기고서 곱했다. 이리하여 그는 기존 그리스 수학의 기하적 틀에서 상당히 벗어났다. 더욱이 그는 기하적 대수의 많은 것을 산술과 대수적인 과정으로 바꾸었다. 그가 넓이와 길이의 합을 말하더라도 이것은 기하적 의미로 쓴 것이 아니라 바빌로니아인처럼 미지수의 의미로 사용했을 뿐이다. 수는 대상물의 양을 나타냈고 더 이상 수를 선분으로 나타내지 않았다. 그러므로 그는 바빌로니아와 이집트 수학을 헬레니즘 문화와 결합하여 발전시켰다고 보아야 할 것이다.

헤론은 〈기계학〉(Mechanica)에서 비(닮음)를 이용하여 운동이나 측량을 다루었다. 대각선이 운동하는 점의 경로라는 운동의 평행사변형이라고 일컫는 것이 있다. 벡터의 개념이 적용되었다고 볼 수 있다. 하지만 그리스인은 속도 벡터를 생각하지는 못했다. 더욱이 비는 같은 종류(이를테면 길이는 길이끼리) 사이에서만 다룰 수 있었으므로 'km/시'라는 속도는 잴 수 있는 독립된 양도 아니었다. 어떤 점이 같은 시간에 같은 거리를 움직일 때 그 점의 속도는 일정하고, 그 점이 t_1 시간에 거리 s_1을 가고, t_2 시간에 거리 s_2를 간다면 $s_1 : s_2 = t_1 : t_2$로 나타내야 했다. 다른 저작을 보면 헤론은 현의 표에 정통해 있던 것으로 생각되는데, 여기서도 역시 닮음 삼각형을 이용하고 있다. 그는 다가갈 수 없는 두 곳 사이의 거리, 탑의 높이, 골짜기의 깊이 등을 결정할 때 닮음의 방법을 사용했다. 또 그는 산을 관통하는 곧은 터널을 뚫을 때, 양쪽에서 파는 방향을 어떻게 결정하면 되는지도 보여주고 있다.[15]

니코마코스 수론을 기하학과 독립된 분야로 처음 다룬 체계적인 연구로 니코마코스(Νικόμαχος 60?-120?)가 쓴 〈산술 입문〉('Αριθμητικὴ εἰσαγωγή)이 있다. 니코마코스는 수학의 4과를 다음과 같이 구별했다. 수론과 음악은 이산적인 것을 다룬다. 순수한 수가 대응하는 수론은 절대적으로 다루고, 응용된 수가 대응하는 음악은 상대적으로 다룬다. 기하학과 천문학은 연속량을 다룬다. 정적인 수에 대응하는 기하학은 정지하고 있는 연속량을 다루고, 동적인 수에 대응하는 천문학은 운동하는 연속량을 다룬다. 4과 가운데 수론이 맨 처음 배워야 하는 것이었다. 자연수에 관련된 기본 개념을 다룬 이 저작은 계산이나 대수에 관한 저작이라기보다 수에 관한 피타고라스학파의 철학을 다룬 해설서라고 할 수 있다. 이 책에서 그는 증명을 제시하던 유클리드와 달리 일반적인 결과만 단순히 기술하고 나서 증명 없이 구체적인 예를 실었다. 어떤 경우에는 특별한 예들로부터 일반적인 결과를 추측하도록 구성하기도 했다. 그는 증명할 만한 수학적 능력이 거의 없던 데다가, 당시에 알려져 있던 중요한 발견을 초보자에게 알려주는 데 목적을 두었기 때문이다.[16] 이를테면 곱셈표도 ι곱하기 ι, 곧 10×10까지만 실려 있던 데서 수준을 알 수 있다. 1세기에는 유클리드 원론을 포함하여 수준 높은 저작이 전혀 연구되지 않았다.

〈산술 입문〉은 수론을 다룬 〈원론〉 제7, 8, 9권과 비슷하지만 접근 방법이 다르다. 이 저작에서 수는 기하학적 양이 아닌 그 자체의 고유한 성질을 지닌 양이었다.[17] 유클리드는 수를 문자가 붙은 선분으로 나타내면서 특정한 값이 아니라 일반적인 수로 다루었다. 이와 달리 니코마코스는 수를 명확한 값을 갖는 문자로 표현했다. 물론 이전의 전통을 이어받기도 했다. 이를테면 그는 연속적인 크기인 길이와 이산적인 많음인 수라고 하는 아리스토텔레스의 구별을 따랐다. 또 전자의 크기는 한없이 분할될 수 있어서 무한이고 후자의 많음은 한없이 증가할 수 있어서 무한이라고 했다.

〈산술 입문〉은 먼저 정수와 그 관계를 분류한다.[18] 이를테면 짝수를 2^n, $p \cdot 2^n$, $2p$로 분류했다. $n(>1)$은 자연수이고 $p(>1)$은 홀수이다. 1과 2는 수 체계를 생성하는 근원이므로 수의 처음은 3이었다. 이어서 두 수의 최대공약수를 찾고, 두 수가 서로소인지 아닌지를 결정하는 유클리드 호제법을 논하고 있다. 다음으로 상세하나 증명하지 않는 채로 평면수, 입체수를 다룬다.[19] 그는 평면수로 삼각수부터 칠각수까지 다루는데 이 계열을 어떻게 한없이 확장하면 되는지를 보였다. 입체수로는 밑면이 삼각형, 사각형인 각뿔수와 정육면체 수를 다루었다. 마지막 주제는 비례(수열)이다. 세 항의 산술비례는 a, $a+d$, $a+2d$와 같은 꼴이다. 이 비례에서는 가장 큰 항과 가장 작은 항의 곱은 가운데 항의 제곱보다 그 차의 제곱만큼 작다. 곧 $a(a+2d) = (a+d)^2 - d^2$이다. 엄밀한 의미에서 참된 비례라고 할 수 있는 기하

비례 a, ar, ar^2에서는 가장 큰 항과 가장 작은 항의 곱이 가운데 항의 제곱과 같다. 곧 $a \cdot ar^2 = (ar)^2$이다. 조화비례에서는 가장 큰 항의 가장 작은 항에 대한 비가 가장 큰 항에서 가운데 항을 뺀 값의 가운데 항에서 가장 작은 항을 뺀 값에 대한 비와 같다. 곧 a, b, $c(a<b<c)$가 조화비례를 이룬다면 $c : a = (c-b) : (b-a)$이다. 1, 2를 제외하고 조화비례를 이루는 가장 작은 세 수는 3, 4, 6이다. 이 비례에서는 가장 큰 항과 가장 작은 항의 합에 가운데 항을 곱한 값은 가장 큰 항과 가장 작은 항을 곱한 값의 두 배이다. 곧 a, b, c가 조화비례이면 $b(a+c) = 2ac$이다. 여기서 $1/a + 1/c = 2/b$이므로 $1/a$, $1/b$, $1/c$는 산술비례이다. 니코마코스가 조화라는 말을 쓴 까닭은 3, 4, 6이 기본 화음에서 나오기 때문이었다. $6 : 4 = 3 : 2$는 F음, $4 : 3$은 G음이 되며 $6 : 3 = (4 : 3)(3 : 2) = 2 : 1$은 C음이 된다.

〈산술 입문〉의 영향을 받은 스미르나의 테온(Θέων 70?-135?)은 〈해설〉(Expositio)을 썼고, 훨씬 뒤에 보에티우스(Boethius 477-524)가 고대 후기에 인기 있던, 비슷한 안내서를 수학에 초점을 맞춰 번역, 개작, 편집하여 라틴어로 〈산술〉(Arithmetica)을 썼다. 두 사람이 글을 쓴 목적은 니코마코스처럼 그것을 음악과 플라톤 철학에 응용하는 데에 있었다. 니코마코스 이후로 기하학보다 수론을 널리 학습하게 되었다.

디오판토스 무리수가 발견된 뒤부터 그리스 수학은 산술적 접근법에서 벗어나 발전했다. 간단한 방정식의 풀이도 경직된 기하의 형태로 제시됐다. 그러다 디오판토스(Διόφαντος 201?-285?)에 의해 대수학은 이런 상황에서 벗어났다. 그의 〈산술〉은 처음으로 대수학만 다룸으로써 전통적인 그리스 수학과 결을 달리했다. 유클리드의 연구에서 기하적으로 표현되던 정수론의 개념들이 이제 수학의 한 분야로 발전했다.

〈산술〉은 이전의 그리스 수학에서 인정하지 않았던 계산술을 받아들였다. 디오판토스의 연산은 기하적인 방법을 배제하고서 순전히 산술의 절차로만 이루어졌다. 이 의미에서 그의 수학은 바빌로니아 대수 쪽에 가깝다. 실제로 〈산술〉의 풀이에는 바빌로니아의 흔적이 곳곳에 보인다. 그러나 그와 바빌로니아의 연관성을 보여주는 직접 증거는 없으며,[20] 둘 사이의 차이도 상당하다. 그가 다룬 수는 아주 추상적이다. 이집트나 바빌로니아의 대수처럼 곡물의 양, 논의 크기, 화폐 단위 같은 것을 언급하지 않는다. 또한 그는 정, 부정방정식의 정확한 유리수 근을 구했다. 반면에 바빌로니아인은 삼차까지의 정방정식에서 근이 무리수이면 어림값으로라도 구했다.

디오판토스는 생략 기호이기는 하지만 기호 체계를 사용하여 방정식을 풀었다는 점에서 바빌로니아인보다 우수했다. 이것은 대수학에서 커다란 진전이었다. 이 점에서 그를 대수학의 아버지라 일컬을 만하나, 기호를 사용하게 된 동기와 기호의 쓰임새를 보면 그 말은 그다지 적절하지 않다. 그가 사용한 생략 기호는 지금 쓰는 것 같은 추상 기호라기보다는 자주 쓰이는 수량과 연산을 빠르게 나타내려던 것에 더 가깝다. 더욱이 그의 해석은 초등대수학이라기보다 수론의 일부이다.[21] 인도를 제외한 곳에서는, 기호나 약어를 사용하지 않고 말로만 기술하는, 수사적 대수가 수백 년 동안 계속되었다. 유럽에서는 16세기가 되어서야 대수 기호가 등장했으나 17세기 중엽까지도 널리 쓰이지 않았다.

남아 있는 〈산술〉 여섯 권에는 미지수, 여섯제곱까지 미지수의 거듭제곱, 뺄셈, 등식, 역수 등에 생략 기호가 체계적으로 쓰이고 있다. 그렇지만 지수, 덧셈, 곱셈, 나눗셈 같은 연산과 관계를 나타내는 기호는 없었다. 덧셈의 경우에는 항들을 잇따라 써서 나타냈다. 대수 식에서 계수는 구체적인 수였고, 계수 일반을 나타내는 기호는 없었다. 이런 상황이 16세기 비에트 전까지 이어진다. 〈산술〉의 원본은 남아 있지 않아서 생략 기호 가운데 어느 것이 디오판토스가 발명한 것인지는 분명하지 않다. 2세기 초의 문제집에도 그가 사용한 몇 가지의 기호가 있다. 미지수로는 ς를 사용했는데, 이것은 미시간 파피루스620을 쓴 사람에게서 물려받은 것으로 생각된다.[22] 그런데 그는 ς만을 미지수 기호로 사용했으므로 미지수가 두 개 이상인 방정식을 미지수가 하나인 방정식으로 바꾸어 풀어야 했다. 〈산술〉에 있는 문제들이 대부분 여러 미지수의 값을 구하는 것이어서 많은 어려움을 겪었을 것이다. 그리고 0제곱은 $\dot{M}$, 제곱은 Δ^Y, 세제곱은 K^Y, 네제곱은 $\Delta^Y\Delta$, 다섯제곱은 ΔK^Y, 여섯제곱은 K^YK로 나타냈다. 뺄셈은 $\wedge$, 상등은 $\iota\sigma$를 사용했다. 그가 나타낸 식 $K^Y\alpha\,\varsigma\iota\,\wedge\Delta^Y\beta\,\dot{M}\alpha\,\iota\sigma\,\dot{M}\epsilon$를 현대식으로 나타내면 $x^31\,x10-x^22\,x^01=x^05$이다. 이것은 $(x^31+x10)-(x^22+x^01)=x^05$, 곧 $x^3-2x^2+10x-1=5$이다. 여기서 보듯이 그는 꽤 복잡한 표기법을 사용했다.

디오판토스는 세제곱을 넘는 거듭제곱을 다룸으로써 전통적인 그리스의 개념과 단절했다. 근대 이후에 기호를 사용하면서 차원의 문제를 극복했듯이 그에게서도 기호 사용이 커다란 역할을 했을 것이다. 네 개 이상의 인수(길이)를 곱하는 것은 기하학에서는 의미가 없으나 산술에서는 의미가 있다. 그는 바로 이러한 산술의 관점에서 곱을 다루었다.

〈산술〉은 부정방정식의 풀이에 중점을 두었기 때문에 부정방정식이라고 하면 디오판토스를 떠올리게 된다. 부정방정식은 미지수의 개수가 방정식의 개수보다 많은 연립방정식이다. 그렇지만 그는 정방정식과 부정방정식을 분명하게 구별하지 않았다. 또한 부정방정식에는 자주 한없이 많은 근이 있으나 명시적으로 양의 유리수 근 하나만 받아들이고 그 밖의 근은 유리수라 할지라도 무시했다. 이런 의미에서 그는 특정 문제를 푼 것이지 지금과 같은 부정방정식을 푼 것은 아니었다. 하나의 근만 구했다고 해도 의미는 있다. 근이 하나 정해지면 다른 근을 찾는 것은 어렵지 않은 경우가 많기 때문이다. 한편 〈산술〉에 있는 문제들을 여러 유형으로 분류할 수 있었을 텐데 그는 그러하지 않았다. 이런 여러 가지 점에서 〈산술〉은 응용 대수 문제집이라고 해야 할 것이다.

디오판토스는 음수에 대한 관념이 없었으므로 음수는 방정식의 근이 될 수 없었다. 하지만 계산에서는 음수가 아닌, 빼는 항으로는 자유롭게 사용했다. 곧, 그는 더하는 항과 빼는 항에 관한 덧셈과 뺄셈의 규칙을 알고 있었다. 이를테면 $x^2 + 4x + 1$에서 $2x + 7$을 빼면 $x^2 + 2x - 6$이 나온다. 이것은 그가 -6을 수학적 대상으로는 받아들이지 않았지만 어떤 수준에서는 $1 - 7 = -6$이란 점을 알고 있었다는 의미이다.[23] 그는 빼는 항에 빼는 항을 곱하면 더하는 항이 되고, 빼는 항에 더하는 항을 곱하면 빼는 항이 된다는 곱셈의 규칙도 알고 있었다. 이런 규칙은 음수의 개념과 전혀 관계가 없었다. 음수라는 개념이 수학적 대상으로 자리 잡기까지 이러한 인식 단계를 여러 번 거쳐야 했다.

디오판토스는 미지수가 하나인 정방정식도 다룬다. 그는 $ax^n = bx^m$ 꼴의 방정식도 다루는데 처음 세 권에서 m, n은 2 이하이다. 그는 $ax^2 + c = bx$ 꼴의 이차방정식을 푸는 방법도 알고 있었다. 풀이법의 보편성을 의도하기는 했으나, 계수가 특정한 문제를 풀었고 문제마다 특별한 방법으로 근을 구했다. 게다가 전제를 밝히면서 논리적으로 엄밀하게 진행하지 않았다. 근도 양수, 그것도 큰 것만 구했다.

디오판토스의 저작은 헤론이나 아르키메데스의 것하고도 다르다. 헤론은 측량에서 제재를 가져왔으므로, 찾으려는 기하학적 크기는 흔히 무리수였다. 그래서 그는 무리수를 근으로 받아들이면서 실제로는 근삿값을 썼다. 아르키메데스는 정확한 답을 얻고자 했는데 그것이 무리수일 때는, 어차피 근삿값밖에는 추정할 수 없으므로 그 값을 범위로 주었다. 두 사람과 달리 디오판토스는 대수에서 무리수를 인정하지 않던 당시의 한계에서 벗어나지 못해, 양의 유리수 근이 나오지 않는 방정식을 배제했다. 발전된 측면은 분수를 두 정수의 비가 아닌 수로 받아들였다는 점이다.

디오판토스는 근대의 수론에도 커다란 영향을 미쳤다. 그가 생각의 실마리만 남긴 수론에서 17세기의 페르마가 많은 일반적 성과를 이루었다. 특히 '마지막 정리(대정리)'에 도달한 동기는 하나의 제곱을 두 개의 제곱으로 분할하는 문제를 일반화하려던 데서 비롯된다. 덧붙여서 〈산술〉이 대수학 저작으로서 사실상 문제의 분석을 보여주고 있다는 점이 특기할 만하다. 그는 각 문제를 처음에 근이 찾아졌다고 가정하는 데서 시작한다. 이것의 끝은 방정식을 풀어서 근을 결정하는 것이다. 이 경우 종합은 답이 주어진 조건을 만족함을 보여주는 증명인데, 그가 이 증명을 제시한 적은 없다. 이 증명은 단순한 계산이기 때문일 것이다. 이리하여 〈산술〉은 유클리드의 종합적 연구의 반대쪽에 놓이게 되었다.

디오판토스의 시대에 이르러 그리스 수학은 마지막 단계에 다다른다. 알렉산드리아 수학에서 창조의 시대는 지나갔다. 그의 뒤를 이은 사람들은 이전 학자들의 책을 번역하고 주석을 다는 데에 머물렀다. 주석을 거듭하는 가운데 알렉산드리아 수학의 전통은 옅어져 갔다.

파포스 유클리드, 아르키메데스, 아폴로니오스 이후에 사라져 가던 그리스 기하학에 관심을 기울인 파포스(Πάππος 290?-350?)가 4세기 전반에 활동했다. 그는 여덟 가지 저작을 모은 〈수학 집성〉(Συναγωγή 340?)을 썼다. 이것은 그 뒤의 주석가들에게 많은 영향을 끼쳤다. 대부분의 제재는 유클리드, 아르키메데스, 아폴로니오스, 프톨레마이오스가 쓴 저작으로부터 모은 논제를 해설한 것이다. 그러면서도 다른 방식의 증명을 소개하고 보조정리를 추가하여 모호한 부분을 명확히 했다. 이것을 통해 지금은 잃어버린 여러 자료의 내용뿐만 아니라 이전 내용을 개정, 확장, 일반화한 것과 이전의 저작에는 없던 많은 독창적인 명제들을 알 수 있다. 전체 여덟 권 가운데 제1권 전체와 제2권 앞부분은 없어졌다. 제2권의 없어진 부분은 명수법에 관한 것으로 아르키메데스의 〈모래를 세는 사람〉에서 내용을 알 수 있다.

제3권에서는 이전에 곡선을 분류하던 기준을 이어받아 원과 직선만으로 작도할 수 있는 '평면의 문제', 원뿔곡선을 사용하여 풀 수 있는 '입체의 문제', 그 밖의 다른 곡선이 필요한 '선의 문제'로 분류하고 있다. 이 구별에 따르면 정육면체의 배적 문제와 각의 삼등분 문제는 입체의 문제이고 원적 문제는 선의 문제가 된다. 이 말은 이 문제들을 자와 컴퍼스로 해결할 수 없다는 뜻이다. 파포스는 평균의 이론을 서술하면서 반원 안에서 산술평균, 기하평균, 조화평균을 함께 나타내 보였다. 점 O를 중심으로 하는 반원 ACB에서 지름 AB 위에 O가 아닌 점 D에 대해서

CD⊥AB, OC⊥DE이면 세 선분 OC, CD, DE는 두 양 AD, DB의 산술, 기하, 조화평균이다. 그리고 그의 말에 따르면 알렉산드리아에서는 여성이 수학에 참여하고 있었음을 알 수 있다.[24] 제4권에서 삼대

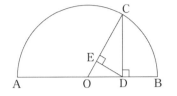

작도 문제 각각에 고대의 해법을 기술하고 나서 자신의 해결책을 보여주고 있다. 이를테면 각의 삼등분 문제에는 각의 이등분선과 쌍곡선을 이용하거나 직각쌍곡선과 두 선 사이에 주어진 길이의 선분을 끼워 넣기를 이용했다. 피타고라스 정리를 초등적으로 일반화한 것도 싣고 있다. 임의의 직각삼각형에서 직각을 낀 두 변에 닮은 평행사변형을 작도하고, 그것들의 넓이의 합과 같은 넓이를 갖는 닮은 평행사변형을 남은 변 위에 작도하는 것이다. 제5권에서는 둘레의 길이가 같을 때 변의 수가 많은 정다각형의 넓이가 적은 쪽보다 넓다는 것과 원의 넓이는 어느 정다각형보다 넓다는 것을 증명했다. 제6, 8권에서는 수학을 천문학, 광학, 역학에 응용하고 있다. 특히 제8권에서는 역학을 주로 다루는데 알렉산드리아 시대의 생각을 따라 역학을 수학의 일부로 여겼다.[25]

　제7권은 해석기하학에 가까이 다가갔다는 의미에서 중요하게 평가된다. 그리스인에게 평면곡선은 한 점의 운동이 두 방향 운동의 합성으로 생기는 것과 원뿔, 구, 원기둥 같은 입체를 평면으로 잘랐을 때 생기는 것으로 매우 한정되었다. 이런 상황에서 파포스가 새로운 곡선을 암시하는 문제를 제기했다. 이것은 아폴로니오스가 다루었던 세 선 및 네 선의 자취 문제의 일반화이다. 아폴로니오스는 모두 풀었던 것으로 보이나 n개($n>4$)일 때로 나아가지 못했다. 파포스가 그 자취가 모두 원뿔곡선이 됨을 처음 보였다. 그는 삼차원에서 해결된다고 생각한 여섯 선의 자취 문제를 고찰했다.[26] 세 선으로부터 거리의 곱이 남은 세 선으로부터 거리의 곱과 일정한 비를 이루도록 하면 하나의 곡선이 정해진다는 것이다. 그는 직선 하나하나의 서로에 대한 비를 합성하여 직선의 곱의 비를 나타낼 수 있으므로 실제로 직선이 여러 개여도 문제를 생각할 수 있다고 했다. 그러나 선이 여섯 개보다 많아져서 곱이 삼차원을 넘게 되면 그것에 대응하는 도형이 없다고 생각하여 더 이상 나아가지 못했다. 그렇지만 여기에 디오판토스의 대수적 분석과 다른 여러 저작의 의사(pseudo) 대수적 분석이 합쳐져서 16~17세기 유럽에서 대수의 개념이 확장되고, 이것으로 기하학 문제도 푸는 주요 동인을 제공했다.[27] 해석기하학의 출발점으로 된 것이 바로 파포스의 문제였다.

　제7권에는 문제를 푸는 데 이용하는 분석이라고 하는 것과 〈분석론 보전〉으로

알려진 논문이 들어있다. 분석과 종합은 그리스의 주요한 모든 수학자가 사용했으나 파포스가 비로소 그 방법을 체계적으로 명확하게 다루었다. 그는 분석을 요청되고 있는 것을 인정하고 그것에서 시작하여, 연역적으로 도출되는 결과가 주어져 있는 것에 다다르기까지 고찰하는 것이라 했다. 곧, 그는 분석을 풀이의 역으로 이해했다. 그리고 그 절차를 거꾸로 하면 증명이 된다고 생각했다. 이 역의 방법은 자주 논란을 일으켰다. 모든 정리의 역이 언제나 성립하지 않기 때문이다. 그렇기는 하지만 유클리드와 아폴로니오스가 다룬 대부분의 정리는 적어도 부분적으로는 역이 성립했다. 그러므로 많은 경우에 분석법은 증명이나 풀이를 제공했고, 부분적으로만 역이 성립하는 경우에는 적어도 문제를 풀 수 있는 조건을 주었다. 분석이 적용된 것들에는 각의 삼등분 문제, 정육면체의 배적 문제, 평면으로 구를 분할하는 문제도 있다. 디오판토스의 〈산술〉에 있는 어느 문제라도 파포스 자신의 방법으로 해결되는데도, 그는 〈산술〉을 분석의 주요한 예로써 다루지 않았다. 아마 그는 고전 기하학 저작의 수준에는 이르지 못하여 디오판토스의 〈산술〉을 언급하지 않았을 것이다.[28]

제7권에서는 이전에 언급되지 않았던 정리들도 다루고 있다. 파포스는 나중에 사영기하학에서 새롭게 조명되는 결론을 언급하고 있다. 그는 한 점에서 뻗어나간 네 개의 반직선이 두 횡단선과 만날 때 대응하는 교점을 각각 A, B, C, D와 A′, B′, C′, D′이라고 하면 두 복비 $\dfrac{AB/BD}{AC/CD}$와 $\dfrac{A'B'/B'D'}{A'C'/C'D'}$은 같음을 증명

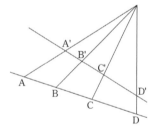

했다. 다음으로 세 가지의 원뿔곡선이 초점과 준선으로 결정된다는 것도 가장 오래된 기록으로 남아 있다. 이때 이심률의 개념이 이용되었다. 그리고 평면 위에 놓인 폐곡선을 곡선 밖에 있는 직선의 둘레로 회전시켜 만든 입체의 부피를 구하고 있다. 곡선 도형의 넓이에 그 도형의 무게중심이 회전한 거리를 곱했다. 이 정리에는 굴딘 (P. Guldin)의 이름이 붙어 있다.

덧붙여서 파포스는 구체적인 수를 소문자로, 일반적인 수를 대문자로 나타내기도 했다. 이것은 대수의 출현을 촉진하는 진보일 수도 있었다. 그렇지만 이런 기호를 체계 있게 사용하지 않았다. 당시에는 문자사용이 대수적 방법의 효율성과 일반성을 엄청나게 높일 수 있다는 사실을 누구도 깨닫지 못했다.

파포스는 과거의 저작에 생략된 단계를 보완하여 독자들이 좀 더 쉽게 이해할

수 있게 함으로써 수학을 활용하거나 연구하는 사람을 늘리고자 했다.[29] 이를 통해 그리스 수학을 부활시키려 했으나 성공하지 못했다. 이로써 그는 그리스의 마지막 수학자가 되었다. 그 이후의 그리스 수학은 몇 저자나 주석가가 이전의 저작을 기껏해야 유지하는 정도에 머물렀다.

히파티아 테온의 딸이라 알려져 있는 히파티아(Ὑπατία 360?-415)를 명확히 언급하고 있는 자료는 그녀의 강의를 들었던 시네시오스(Συνέσιος 370?-413?)가 그녀에게 학문적 조언을 구했던 편지뿐이다. 근년의 그리스어와 아랍어, 중세 라틴어 문헌을 연구한 바에 따르면 많은 수학적 저작이 그녀의 것이라고 한다.[30] 그녀는 수학, 의학, 철학에서 뛰어났으며 디오판토스 〈산술〉의 처음 여섯 권의 주석서와 함께 아폴로니오스의 〈원뿔곡선〉에 관한 연구서를 썼고 프톨레마이오스의 〈알마게스트〉를 편집했다고 한다. 신플라톤주의학파의 지도자로 비기독교도였던 그녀는 기독교 폭도들에 의해 415년 비참하게 죽었다. 그녀가 죽음으로써 알렉산드리아 수학은 완전히 막을 내렸다고도 한다. 한편 520년 무렵의 심플리키오스 때까지 유지되었다고 보기도 한다.

프로클로스 마지막으로 언급할 수학자는 프로클로스(Πρόκλος 410?-485?)로서 그는 플라톤 아카데미아의 책임자였다. 그에게 수학은 보편 지식의 습득을 가로막는 감각의 오류를 제거하여 영혼의 눈을 맑게 해주므로 가장 먼저 배워야 할 학문이었다.[31] 기하학 역사를 다룬 그의 〈유클리드의 원론 제1권의 주석〉은 탈레스부터 유클리드까지의 그리스 기하학에 대한 주요 정보를 담고 있다. 여기에 그는 평행선 공준을 증명하려고 노력했던 초기의 결과물을 싣고 있다. 포시도니오스와 게미노스의 것을 기술하고, 중요한 시도로 평가되는 프톨레마이오스의 방법을 설명했다. 프톨레마이오스는 두 직선은 공간을 가두지 않는다고 가정했고, 두 직선이 평행하면 그 둘을 가로지르는 직선의 한 쪽에 만들어지는 내각에 대해 성립하는 것은 다른 쪽 내각에 대해서도 성립한다고 했다. 프로클로스는 이 내용을 검토하고 나서 오류를 지적한 다음, 평행선 공준을 아래와 같이 증명하면서 플레이페어 공리라고 일컬어지는 것을 끌어냈다. 그는 증명에서 두 평행선은 모든 곳에서 같은 거리만큼 떨어져 있다는 가정을 암묵적으로 사용한다. 〈원론〉의 공준1~4에는 이것을 정당화하는 내용이 없다. 사실 두 평행선이 일정한 거리에 있다는 가정은 실제로 증명해야 할 평행선 공준과 동치이다. 그러므로 그의 추론은 처음부터 오류를 안고 있다.

직선 l과 이것 밖의 점 P에서 l에 수선의 발 Q를 내린다. P를 지나고 선분 PQ에 수직인 l'을 긋는다. l과 l'은 PQ에 대해 엇각이 같으므로 평행이다. 이제 l과 l' 사이의 또 다른 점 R을 지나는 직선 PR을 긋는다. R에서 l'에 내린 수선의 발을 S라 하자. R이 P로부터 멀어지면 선분 RS는 차츰 길어지고, 마침내 평행선 사이의 거리 PQ보다 길어진다. 이제 R은 l의 다른 쪽으로 넘어가게 되고, 결국 l과 직선 PR은 만난다. 그러므로 l'이 P를 지나는 l에 평행한 유일한 직선이 된다.

이 밖에도 아폴로니오스의 연구를 이해하고 〈원뿔곡선〉의 주석서를 쓴 에우토키오스의 업적을 이어받은 안테미오스(Ἀνθέμιος 474?-533?)는 실의 두 끝을 고정하고 연필로 팽팽하게 잡아당기면서 돌리면 타원이 그려지는 것을 보이고, 〈화경〉(Burning Mirrors)에서 포물선 초점의 성질을 다루었다. 이시도로스(Ἰσίδωρος 5세기 중반)는 T자와 실을 사용하여 포물선을 작도했다고 한다.

4 그 밖의 학문 분야

4-1 천문학

그리스 수학을 언급할 때는 천문학의 발전도 고려해야 한다. 천문학은 수학을 바탕으로 완성되는 과학 분야이다. 그리스인은 수학을 천문학에 응용하면서 평면삼각법과 구면삼각법을 만들고 우주의 수학적 모형을 구성했다. 이 모형은 플라톤부터 프톨레마이오스 시대까지 5세기 동안 여러 차례 수정되었다. 프톨레마이오스의 모형은 코페르니쿠스가 등장하기 전까지 약 1400년 동안 태양계의 모형으로 인정받았다. 다른 한편 바빌로니아, 이집트부터 프톨레마이오스까지의 천문학은 일종의 실용에 응용하는 것으로써 점성술에서 줄곧 중요하게 사용되었다. 점성술은 근대에 이르기까지 모든 문명에서 천문학을 연구하게 하는 역할도 했다. 점성술의 예언이 들어맞지 않는 것은 천문학의 오류 때문에 빚어진 것으로 여겼기 때문이다. 이것은 천문학이 역(曆)에 관련된 계절의 구분, 일식과 월식의 예측, 태음월이 시작되는 때를 결정하는 것에서 시작되었다는 데서 알 수 있다.

히파르코스의 연구 결과를 확대, 발전시킨 사람은 모든 천체의 운동을 수학으로 더욱 정밀하게 기술한 이집트 사람 프톨레마이오스였다. 그는 해와 달, 행성의 운동을 설명하는 데 필요한 상수를 찾아 적용하면서 우주의 모형을 완전히 수학으로 기술하고 있다. 자연이 합리적으로 설계되었다고 확신했던 고전기 그리스인의 확신을 그의 이론이 일관되고 구체적인 증거로 뒷받침했다.

프톨레마이오스는 설명되어야 할 천체 현상을 먼저 간결하게 정성적으로 묘사하고, 여기에 어떠한 기하학 모형이 요청되는가를 기술한다.[32] 그는 유독소스의 주전원과 이심원을 조합한 모형을 발전시켰다. 과거의 자료와 자신이 관측한 자료로부터 주전원의 반지름 같은 상수를 적절하게 끌어냈다. 그러고 나서 이 모형과 상수를 이용하여 행성의 위치를 예측하고, 그것을 관측으로 확인했다. 그는 평면기하학, 구면기하학의 개념을 이용했고 방대한 수치 계산에 삼각법 같은 것을 사용했다. 이로써 그는 수학 모형을 사용한 첫 수리과학자가 되었다. 그의 이론은 후기 그리스인의 관측 능력이 향상되는 동안에도 관측 결과와 일치했다.

프톨레마이오스의 대표 저작은 13권짜리 〈알마게스트〉(Almagest)이다. 이 저작에는 천문학과 삼각법이 섞여 있는데 제1권은 구면삼각형을 주로 다루고 나머지 권들은 주로 천문학을 다룬다. 이 저작은 16세기까지 가장 많은 영향을 끼친 천문학 저작이다. 이슬람 세계의 것을 포함하여 심지어 코페르니쿠스의 저작까지도 모두 여기에 근간을 두고 있다. 아리스토텔레스의 물리학으로 아리스타르코스의 지동설을 반박하는 부분을 제외하면 이 저작은 수학적 엄밀성을 견지하고 있다. 프톨레마이오스는 여기서 수학에 자연학과 신학을 대비시키고 있다.[33] 자연학과 신학은 둘 다 추측에 바탕을 두고 있다. 자연학에서는 자연의 대상물이 불안정하기 때문이고 신학에서는 대상을 잘 알 수 없기 때문이다. 이와 달리 수학에서는 수론과 기하학이 반론의 여지가 없는 방법을 이용하므로 확실함을 확보할 수 있다. 그러므로 수학으로만 믿을 만한 지식을 얻게 된다.

프톨레마이오스는 우주의 중심에 지구를 두었다. 왜냐하면 지구가 움직인다고 하면 항성 시차가 눈에 보이지 않는 것이나 지구에서 일어나는 역학 현상을 설명하지 못하는 상황에 부딪히기 때문이었다. 이와 달리 항성이 놓여 있는 구면이 회전하는 것이 많은 현상을 설명하기에 훨씬 적절하고 편리했다. 구면의 거대한 속도 따위는 그다지 문제가 되지 않았다. 프톨레마이오스의 지구 중심론은, 전혀 관련 없어 보이는 사상가들에게 바로 이용되었다. 그의 모형으로 가장 먼 궤도 바깥에 천국과 지옥을 설정할 수 있었기 때문에 기독교도가 이것을 받아들였다.[34] 기독교에서는 신이 창조한 피조물 중에서 사람이 가장 중요하므로, 사람이 우주의 중심에 살아야 했다. 이러한 종교적 결론에 따라 우주의 모형을 설명하는 기반인 수학적 증거는 기독교에 종속되었다. 이렇게 되어 그의 이론은 약 1400년 동안 사람들에게 절대적인 불변의 진리로 여겨졌다.

프톨레마이오스는 태양중심설을 무시하지는 않았다. 그는 자신의 전제에 따라 천체의 운동을 설명하는 수학적 방법을 세웠으나, 자신의 이론을 진리라고 주장하지 않았고 신이 우주를 그렇게 설계했다고 공언하지 않았다.[35] 단지 그는 태양중심설을 반박하는 글을 짧게나마 적었는데 이로써 여러 세대를 거치면서 그것을 숙고하게 되었고 코페르니쿠스가 이를 전개할 수 있게 되었다.[36] 코페르니쿠스도 여전히 각 행성의 특정한 움직임을 주전원 체계로 설명했다. 이 문제는 케플러가 행성이 타원 궤도로 움직인다는 사실을 관찰한(1609년) 뒤에야 해결됐다.

4-2 삼각법

그리스 수 체계는 계산 결과를 기록하기 데는 그나마 적절했지만, 계산에는 매우 마땅치 않았다. 그래서 프톨레마이오스를 비롯한 천문학자들은 숫자로는 그리스 문자를 사용했으나 정확하게 계산하는 데는 바빌로니아의 60진법을 사용했다. 이것이 당시의 삼각법을 어렵게 했던 요인의 하나였다.

고대의 삼각법은 지표면 같은 좁은 영역에서 쓰는 평면삼각법이 아니었다. 천문학에서는 구면에서 움직이는 천체의 위치를 예측해야 했으므로 구면기하학과 구면삼각법이 필요했다. 이것들은 평면기하학이나 평면삼각법보다 복잡했다. 구면기하학은 −300년에 이미 연구되고 있었지만, 이에 관한 가장 오래된 저작은 메넬라오스(Μενέλαος 100년 무렵)의 〈구면학〉(Sphaerica)일 것

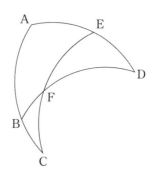

이다. 그의 등장과 함께 그리스 삼각법은 상당한 발전을 이루었다. 그는 제1권에서 구면삼각형을 정의하고 나서 구면삼각형에서 두 변의 길이를 더하면 나머지 한 변보다 길고, 같은 변의 대각은 서로 같으며, 내각의 합이 2직각보다 크고, 두 개의 구면삼각형은 대응하는 각의 크기가 같으면 합동임을 비롯하여 여러 명제를 증명했다. 제2권은 주로 천문학을 다루고 구면기하학은 간접적으로 다룬다. 제3권에서는 구면기하학의 주요 성과인 메넬라오스 정리를 다루고 있다. 그는 처음에는 평면위에 그려진 도형으로 증명하고 나서 평면에 구면 그림을 투영하여 증명했다.[37] 이 정리는 대원의 호가 그림과 같이 구면 위에 놓여 있을 때 그것들 사이의 관계이

다. 두 호 AC와 AD는 점 F에서 만나는 두 호 BD와 CE로 잘린다. 이때 $\sin AE$ $\cdot \sin BC \cdot \sin FD = \sin ED \cdot \sin BF \cdot \sin AC$가 성립한다. 이 정리는 구면삼각법과 천문학에 중요한 역할을 했다.

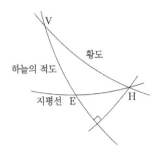

중세에 이르기까지 가장 깊고 많은 영향을 끼친 삼각법에 관한 저작은 〈알마게스트〉였다. 이 저작에서 프톨레마이오스는 삼각법을 개발하고 천문학에 응용하는 데서 최고의 업적을 이루었다. 연구하게 된 동기나 결과의 쓰임새 등을 언급하지 않은 이전 학자들과 달리 그는 천문학을 연구하려고 삼각법을 만들었다고 말하고 있다.[38] 그는 우주 개념의 기본을 소개하고 나서 행성의 위치를 계산하는 데 필요한 평면삼각법, 구면삼각법을 다루는 수학 내용을 상세하게 싣고 있다. 그는 앞의 정리를 포함한 구면삼각형에 관한 정리들을 해의 황경이 주어질 때 그 적위와 적경을 구하는 문제에 처음 적용했다. 그가 다룬 많은 문제는 황도를 따라 상승하는 시간을 결정하는 것과 관련되어 있다. 이를테면 그는 어떤 위도의 한 곳 H에서 길이가 주어진 황도의 호 VH에 대해 그것과 같은 시간 동안에 지평선을 E 지점에서 가로지르는 적도의 호 EV를 결정하고자 했다.[39]

프톨레마이오스는 히파르코스로부터 많은 도움을 받았는데, 특히 히파르코스가 남긴 항성의 위치 일람표가 그러하다. 그렇지만 현의 표를 작성하는 데서는 얼마나 영향을 받았는지 알기 어렵다. 그는 히파르코스보다 완성도 높은 현의 표를 작성하면서 계산할 때 사용한 방법을 보여 주었다. 그 방법을 끌어내는 출발점은 이른바 프톨레마이오스 정리로 '원에 내접하는 사각형 ABCD에서 $AB \cdot CD + BC \cdot DA = AC \cdot BD$이다'라는 것이다. 이 정리에서 나온 더 쓸모 있는 것은 사각형의 한 변, 이를테면 AB가 원의 지름일 때 얻게 되는 공식이다. $AB = 2r$, $BD = 2\alpha$ $BC = 2\beta$

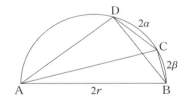

라 놓고 프톨레마이오스 정리에 적용하여 $\sin(\alpha - \beta) = \sin\alpha\cos\beta - \cos\alpha\sin\beta$를 얻고, 이것을 이용하여 다른 사인 덧셈정리 $\sin(\alpha + \beta) = \sin\alpha\cos\beta + \cos\alpha\sin\beta$와 코사인 덧셈정리 $\cos(\alpha \pm \beta) = \cos\alpha\cos\beta \mp \sin\alpha\sin\beta$를 유도할 수 있다. 그가 현의 표를 작성할 때 두 공식과 함께 반각 공식에 상당하는 반호의 현에 대한 공식을 사용했다. 먼저 $(1/2)°$의 현에 대한 근삿값을 구하고 나서 $180°$까지 $(1/2)°$마다 현의 길이를 60진법으로 소수 둘째 자리까지 계산했다. 이런 점에서 본다면 〈알마

게스트〉는 구면삼각형을 다루었다고는 하지만 현을 계산하면서 평면삼각법의 이론적 토대도 제공했다고 보아야 한다.

현의 표를 작성할 때 제곱근을 계산해야 할 필요가 있었다. 프톨레마이오스는 제곱근을 어떻게 계산했는지 전혀 언급하지 않고 결과만 제시했다. 4세기에 그의 저작에 주석을 쓴 테온이 제시한 방법은 중국의 알고리즘과 매우 비슷했다. 그는 히파르코스보다 좀 향상된 기하학으로 표에 실린 값을 보간하는 방법을 발견했다. 그는 계산을 쉽게 하려고 원의 반지름으로 60진법의 밑수인 60을 채용했다. 그의 표에는 현대의 것과 커다란 차이가 하나 있다. 그것은 표에 적혀 있는 것이 비가 아니라 원에서 구한 현의 길이라는 것이다. 그래서 문제를 풀 때는 실제 반지름의 길이에 맞추어 표의 값을 조정해야 했다. 이상의 내용을 갖추면서 삼각법이 확립되었으나 1500년 가까이 삼각법은 천문학과 지리학의 부속품에 지나지 않았다. 17세기에 들어서서 빛살의 굴절 같은 물리학 분야에 응용되기 시작했다.

프톨레마이오스는 평면삼각형보다 구면삼각형을 푸는 알고리즘을 더욱 상세히 다루고 있어, 〈알마게스트〉의 삼각법을 구면삼각법이라고 하지만 당시의 상황에서 둘의 구별은 그다지 의미가 없었다. 천문학이 주요 관심사였고 천체는 하늘이라는 구면에서 등속원운동을 했기 때문에 구면삼각법을 사용했을 뿐이다. 지상에서 하는 측정과 측량에 평면삼각법을 사용하는 일은 없었다. 측량에 관심을 기울인 헤론 같은 수학자가 평면삼각법을 만들고 적용할 수 있었을지 모르나, 그도 유클리드 기하학을 응용하는 데 머물렀다. 교육을 받지 못한 측량사들은 삼각법을 만들 능력이 없었다.

4-3 지리학과 기타

구면 위의 영역을 평면으로 옮기면 필연적으로 장소들 사이의 상대적인 방향이나 거리가 왜곡될 수밖에 없다. 그래서 히파르코스와 프톨레마이오스가 제작한 여러 지도는 각각 특정한 목적에만 쓸 수 있었다. 프톨레마이오스는 〈지리학〉(Geography)을 썼는데, 이것은 당시의 지리학자에게 필독서가 되었다. 그는 이 저작에서 지리학 지식을 요약하고 지도를 제작하는 방법을 소개하였으며, 사람이 살고 있다고 생각한 세계의 크기를 추산했다. 그는 평평한 종이 위에 둥근 지구를 지도로 그리는 데서 생기는 문제점을 분석하고 두 종류의 투영도법을 사용했다. 하나는 히파르코스가 사용했던 정사도법이다. 다른 하나는 한 극에서 다른 극에 접하는 평면 위로 투사시키는 직선으로 구면 위의 점을 접평면에 투영시키는 평사도법이다. 이 변환에서 극을 지나지 않는 원은 원으로 투영되고 극을 지나는 원은 직선으로 투영되며 각도가 보존(등각 사상)된다.

프톨레마이오스는 지구의 둘레를 360부분으로 나누고 표면을 날줄과 씨줄로 구획한 다음, 이것들을 평면에 곡선으로 나타내고서 각 구역에 지표면을 재현하려고 했다. 그는 날줄을 극에 수렴하도록 했으나 천문학적으로 측정한 것은 아니었다. 당시는 날줄을 정하는 만족할 만한 방법이 없었기 때문이다. 씨줄도 아주 조금만 천문학적으로 측정했다. 그는 대부분의 지점을 자신이 설정한 기준 날줄과 씨줄로부터 거리와 위도를 환산하여 추정한 듯하다. 그러나 그보다도 많은 영향을 끼친 것은 그가 지구의 둘레로 에라토스테네스의 250,000스타디온을 받아들이지 않고 포시도니오스가 주장한 180,000스타디온(28,350km)을 받아들인 것이다. 그리하여 유럽인은 서유럽과 동아시아가 그리 멀지 않을 것으로 생각하게 되었다. 이 때문에 콜럼버스(C. Columbus)를 비롯한 항해자들이 대서양을 서쪽으로 가로질러서 인도로 가는 것이 그리 대단하지 않을 것이라고 믿게 되었다.

로마 시대에는 광학도 연구되었는데 헤론의 〈반사 광학〉(Catoprics)에는 빛살이 거울에 부딪칠 때 입사각과 반사각은 같다는 내용이 있다. 유클리드와 아리스토텔레스도 이미 알고 있었지만 헤론은 자연은 헛된 일을 하지 않는다는 가정에 바탕을 두어 증명했다.[40] 프톨레마이오스는 빛살이 한 매질에서 다른 매질로 진행할 때 입사된 빛살이 두 매질이 이루는 경계면의 수직선과 이루는 각(입사각)과 굴절된 빛살이 이루는 각(굴절각) 사이의 관계도 다루었다. 이때 입사각이 커지면 굴절각도 커지는데, 이것이 단순한 방식으로 일어나지 않았다. 더구나 특정한 입사각에 대응하는 굴절각은 매질마다 달랐다. 그는 수학적 방법을 하나 내놓았지만 작지 않은 각일 때는 정확도가 떨어졌다. 11세기 아랍의 하이삼을 거쳐 17세기에 스넬과 데카르트가 정확한 굴절 법칙을 내놓았다. 알렉산드리아 그리스 시대의 의사들은 점성술로 치료 방법을 결정했는데 점성술은 천문학과 깊은 관계에 있었고, 이 천문학을 하려면 수학을 알아야 했다.

이 장의 참고문헌

[1] Faulkner 2013, 115
[2] McClellan, Dorn 2008, 152
[3] Boyer, Merzbach 2000, 291
[4] McClellan & Dorn 2008, 153
[5] Leicester 1971, 38
[6] Peters 1995, 9
[7] 山本 2012, 131-132
[8] Mason 1962, 61
[9] Kline 2016b, 246
[10] 안재구 2000, 323
[11] Kline 2016b, 245
[12] 안재구 2000, 296
[13] Katz 2005, 183
[14] Boyer, Merzbach 2000, 285
[15] Katz 2005, 180
[16] Burton 2011, 94
[17] Stewart 2010, 68
[18] Katz 2005, 194
[19] Katz 2005, 195
[20] 室井 2000, 93
[21] Boyer, Merzbach 2000, 298
[22] Derbyshire 2011, 54
[23] Derbyshire 2011, 59
[24] Katz 2005, 209
[25] Kline 2016b, 174
[26] Boyer, Merzbach 2000, 309
[27] Katz 2005, 213
[28] Katz 2005, 213
[29] Katz 2005, 212
[30] Katz 2005, 214
[31] Kline 2016b, 175
[32] Katz 2005, 178
[33] Lloyd 2008, 17
[34] Smith 2016, 81
[35] Kline 2016a, 301
[36] Burton 2011, 189
[37] Katz 2005, 174
[38] Kline 2016b, 200
[39] Katz 2005, 176
[40] Katz 2005, 181

제 6 장

중국의 수학

1 중국 문명의 형성 배경

황하 유역에서 일어난 중국 문명은 메소포타미아와 이집트에서 번영한 문명과 시대적으로나 자연 지리적으로 견줄 수 있다. 이 문명은 전형적인 관개 문명이었고 경작지는 황하를 비롯한 그것의 지류와 호수를 따라서 동쪽으로 확장되었다. 중국 문명은 따뜻하고 비의 양도 풍부한 남쪽 양자강이 아닌 홍수와 매우 심한 여름의 무더위와 겨울의 추위가 찾아오는 황하 유역에서 일어났다. 양자강 유역의 기후는 숲을 무성하게 만들어 금속 도구를 이용할 줄 몰랐던 때는 밀림 지대를 개간하기 어렵게 했다. 황하 유역은 규칙적이지 않은 비와 가뭄으로 치수와 관개에 대단히 많은 노력을 들여야 하는 대신에 이곳의 기름진 흙은 높은 생산성을 보장해 주었다. 이렇듯 중국 문명은 그리스 문명과 대비되는 치수와 관개의 산물이다. 수많은 사람을 동원하고 관리하면서 수행되는 치수와 관개 사업은 규모가 커지게 마련이어서 지방 세력을 강력하게 지배하는 관료주의 성격의 전제국가를 출현시켰고, 이것은 1900년 무렵까지 이어진다. 이것이 수학에도 영향을 끼쳐 현재 우리가 다루는 수학의 방향, 형식과 다르게 전개되었다.

－2000년 무렵에 이르면 중국에서 노예제 사회가 나타난다. －1600년 무렵에는 황하 하류 유역에 상(商 전1600-1046)나라가 세워졌다. 이때 일어난 문명의 확실한 증거로는 황하 근처의 안양(安陽)에서 발굴된 것이 가장 오래되었다. 이것이 바로 당시의 신관이 점술에 사용한 문자가 새겨진 뼛조각, 곧 갑골(甲骨)이다.

황하의 중류, 서쪽 유역의 서안(西安)에서 일어난 주(周 전1122-770)나라는 씨족제도의 바탕 위에 세워진 문명국가로, 이때 노예제 경제는 한 걸음 더 발전했다. 주나라에서는 상나라의 주술적 신앙이나 이것과 결부된 전제주의적인 사조에서 벗어나 어느 정도 합리적이고 민족주의적인 원리가 작동되었다. 넓은 영역을 효율적으로 다스리기 위한 봉건제의 개념이 적용되었다.

춘추전국(春秋戰國) 시대(춘추: 전770-403, 전국: 전403-221) 시대가 시작된 −770년 무렵에 농민들이 철기를 이용하기 시작하면서 생산 방식에 변화가 나타나고 생산력이 높아졌다. 춘추 시대는 기술이 진보하던 시대였다. 이를 바탕으로 각 지역에서 제후들이 나라를 세우고 세력을 넓히기 위해 싸웠다. 서로 대립하는 상황에서 여러 사상이 싹트고 경쟁하는 분위기가 만들어졌다. −6세기에 지적 활동의 최성기를 맞았다. 여러 나라에서 학자들이 무리를 이루었다. 이 시대 가장 저명한 철학자는 공자(孔子 전552-479)이다. 이어서 전국 시대라는 혼란스러운 시대가 펼쳐졌음에도 문화적으로는 제자백가가 출현하여 자신의 사상을 자유로이 펼치는 백가쟁명의 전성기를 맞았다. 춘추전국 시대는 경제, 정치, 사회적으로 많은 변화가 일어나던 때로 씨족 사회는 차츰 해체되고 농민은 사유지를 갖게 되었다. 이에 각 나라의 정부는 세수 확보를 위해 논밭을 측량하여 조세를 부과할 필요가 생겼다. 상공업의 발달에 따른 생산, 유통 활동과 나라의 행정 업무를 원활히 수행하려면 수학 지식과 계산 기능이 필요했다.

−221년 진(秦)나라가 황하 유역 전체를 통일하고 나서 고도로 중앙집권적인 관료 국가 체제를 도입했다. 지방에 군, 현을 두고 중앙에서 관리를 파견하여 다스리는 세련된 관료 조직을 갖춘 정치체제를 갖췄다. 이를 바탕으로 나라 전체를 원활히 통치하기 위하여 문자를 비롯한 각종 문물을 일치시켜 나갔다.

진의 임금이 −210년에 죽고 나서 곧 한(漢 전한: 전202~후8, 후한: 25~220)나라가 들어섰다. 전한 때부터 중국과 중앙아시아 각 나라 사이에 문화가 교류되면서 불교가 중국으로 전래되었다. 불교도의 왕래와 함께 의학, 천문학, 수학, 예술, 음악 등도 교류되면서 중국과 인도의 문화가 풍부해졌다.

한나라가 패망한 뒤 삼국(위, 오, 촉) 시대를 거쳐 서진(西晉 265-316) 때인 4세기에 황하 유역은 자연재해와 내전으로 농업이 황폐해져 제국은 분열했고 농민들이 남쪽으로 떠나면서 인구가 줄어 피폐해졌다. 황하 유역에서는 외부에서 침입한 왕조들이 지배권을 놓고 다투었다(5호 16국 시대). 이 왕조들은 기존의 문화를 받아들였고, 제국의 엄청난 과세와 전통에 짓눌리지 않은 덕분에 여러 기술을 개발할 수 있었다. 말안장과 등자, 다리와 산길을 놓는 법, 약초와 독초에 관한 지식이 그러했다. 이러한 기술과 지식은 부와 잉여를 늘릴 수 있는 길을 열었다. 또한 이전의 지적 전통이 약화되면서 새로운 전통이 탄생할 여지가 생겼다.[1]

6세기 말에 중국은 다시 수(隨 581-618)나라로 통일되었는데, 첫 임금 때는 생산을 발전시키는 일련의 조치를 시행하면서 사회 경제는 발전했다. 그런데 2대 임금이 대사업을 일으키고 사치를 추구한 데다 세 차례나 고구려를 정벌하려다 실패하면서 각지에서 농민 반란이 일어났다. 수 왕조는 37년 만에 무너졌다. 길지 않은 통치 기간이었으나 나라가 운영하는 학교로 국자감을 설치하고 관료를 채용하는 과거 시험을 실시하는 등 이후에 많은 영향을 끼친 제도를 시행했다.

이어서 세워진 당(唐 618-907)나라는 문신 관료가 운영하는 행정 구조를 갖췄다. 수나라 때 시작된 과거 제도로 문신 관료의 일부를 충원하여 지주 호족 세력을 견제했다. 과거 제도가 단단히 자리를 잡으면서 부와 권력을 보장하는 사회의 고위직을 모두 중앙 권력이 통제했다. 과거 제도에 교육과정이 종속되면서 학자들은 유학과 고전을 연구, 해석하는 데에 역량을 집중하는 교육 체계가 굳어졌다. 국가만이 교육을 인증했고, 과거 시험에 합격하는 것이 성공하는 길이었다.

중국 문명은 기본적으로 보수적이었다. 왕조가 수립되고 나면 궁전, 운하, 도로를 건설한다. 국가는 북방 유목 민족의 위협에 대응하기 위해 북쪽과 서쪽 국경에 성을 쌓고 정복에 나선다. 여기에 들어가는 엄청난 비용 때문에 농민들은 끔찍한 가난으로 내몰린다. 이런 모순이 쌓이면 결국 반란이 일어나 왕조는 멸망한다. 그런 뒤에는 그 나라의 장수였던 자나 반란 지도자가 새로운 왕조를 수립하고 지난 과정을 되풀이한다. 중국은 여러 나라가 흥망했지만 깊은 사회적, 정치적 변화 없이 수천 년 동안 문화적으로 연속성을 이어왔다. 그렇지만 왕조가 세워지고 무너지는 과정에서도 변화는 쌓였다. 새로운 기술이 생산에 도입되어 생산력이 증대됐고 동시에 상인의 수가 늘어나면서 사회 집단들의 관계에도 변화가 일어났다.

당나라가 875년 황소의 난 이후 대규모 농민 반란으로 907년 무너지고 5대(황하 유역) 10국(남쪽 지역)의 혼란기를 거쳐 960년에 송(宋 북송: 960-1127, 남송: 1127-1279)나라가 세워졌다. 송나라는 사회 질서의 안정과 경제의 발전에 상당히 적극 나섰다. 초기의 100년 정도는 농업과 수공업이 두드러지게 발전했다. 이것은 과학이 활성화되는 물적 조건을 제공했다. 화약, 나침반, 활자 인쇄술의 발명은 대표적인 성과였다. 이 가운데 인쇄술은 학문의 확산과 발전에 커다란 영향을 끼쳤다. 목각판(木刻板) 인쇄[11]는 이미 8세기부터 실행되어 있었고 11세기에는 활판(活版) 인쇄[12]가 선

제6장 중국의 수학

---

11) 현존하는 가장 오랜 목판본은 751년 신라(한국) 때의 〈무구정광대다라니경〉(無垢淨光大陀羅尼經)이다.
12) 북송 때 찰흙으로 만든 교니활자(膠泥活字)로 인쇄한 것이 처음이다. 현존하는 가장 오랜 금속 활판본은

을 보였다. 인쇄술 덕분에 중간 계급에도 서적들이 대량으로 보급됐다. 이제 문자는 더 이상 지배 계급의 전유물이 아니었다. 또한 나라 경제의 새로운 중심이 된 양자강 남쪽 지역에 학교(관학과 사학)가 늘어났다. 그렇지만 14세기까지 대규모 인쇄에서 활자를 사용하지 않았다. 한자가 너무 많아서 활판 인쇄라 해도 나무에 새기는 것보다 시간과 비용이 절약되지 않았다.

13세기에 들어서서 몽골족이 모든 부족을 통합하여 몽골 제국을 세운 뒤, 유럽까지 진출하고 남송을 정벌하고서 원(元 1271-1368)나라를 세웠다. 이 시기에 동아시아, 남아시아, 서아시아, 유럽 사이에 교역이 확대되고 문화 교류가 두드러지게 늘었다. 지배층인 몽골인 스스로 동서 문화를 잇는 다리 역할을 했다. 이리하여 인쇄술, 나침반, 화약이 유럽에 전해지고 천문학, 점성학 지식은 사람, 글, 기구의 형태로 중앙아시아와 페르시아로부터 몽골 제국의 수도 칸발리크(베이징)로 흘러 들어갔다.[2]

원나라의 끄트머리에 일어난 홍건적의 난을 계기로 남경을 수도로 하는 명(明 1368-1644)나라가 세워졌다. 1411-1415년에 대운하 보수 작업이 이루어지고 1417년에 새로운 수문들이 건설되어 황하와 양자강 사이에서 한 해 내내 배를 운항할 수 있게 되었다. 나라 안에서 모든 경제적 필요가 충족되었으므로 강력한 해군이나 원정의 필요성이 사라졌다. 15세기 말부터 16세기 초에는 농업 생산의 발전이 일반적으로 매우 완만했던 것에 비하여 수공업의 발전은 전반적으로 상당히 활발했다.[3] 경제가 안정되자 정부가 내부로 눈을 돌리면서 기술이 정체되기 시작했다.

2 중국 수학의 개관

2-1 상나라부터 한나라까지

중국에서 수학은 줄곧 전제국가의 관료 정부가 나라를 다스리는 데 필요한 실용 문제를 해결하기 위한 것이 대부분이었다. 강력한 중앙 집권 체제에서 운하, 관개 시설, 도로 건설과 같은 토목 공사와 야금, 병기 따위의 대형 수공업이 펼쳐졌다. 또한 각 왕조의 통치자는 권력을 굳히는 과정에서 각기 다른 조세 제도를 채용했

───────────

1372년 고려(한국) 때의 〈직지심체요절〉(直指心體要節)이다.

다. 이리하여 각 시기의 수학책에는 당시의 토목, 건설, 제조, 조세를 제재로 삼은 응용 문제가 수록되었다. 이 때문에 중국 고대의 수학에서는 산술과 대수학이 두드러지면서 기하학은 길이, 넓이, 부피(들이)를 계산하는 것에 머물렀다. 더구나 양의 대소와 수의 다소를 계산하는 것으로 일관하면서도 이 둘을 구별하지 않았다.[4]

상나라 이전에 있었다고 전설로 전해지는 하(夏 전2070-1600)나라 때는 사유제도가 나타나고 굳어지는 시기이다. 농업과 수공업이 나뉘면서 기하학적 구조와 수량에 관한 인식이 높아지기 시작했다. 상나라 때는 원시공동체가 해체되고 노예제를 바탕으로 한 사유제도와 물물교환이 일어났다. 이러한 물물교환을 순조롭게 하려면 기수법의 일치와 간단한 계산 기능이 필요했다. 남아 있는 갑골문자에서는 모든 (자연)수가 10진법으로 표기되어 있다. 가장 큰 수는 30000이었다. 십간십이지(60갑자)로 날짜의 앞뒤를 기록했고 농업에 일정한 역법을 적용하고 있었다. 전국시대에 쓰였다고 추정되는, 주나라의 제도가 기술되어 있는 〈주례〉(周禮)에 따르면 수학은 사대부의 자제를 가르치는 육예13)의 한 학과였고, 전국 범위의 통계 계산을 담당하는 관원인 사회(司會)가 있었다. 전한 시대에 쓰인 〈사기〉(史記)에 따르면 천문 역법을 전문으로 담당하는 주인(疇人)이 있었으며, 병서인 〈육도〉(六韜)에 따르면 군영에서 들고나는 군량의 계산을 담당하는 법산(法算)이 있었다[5]고 한다.

〈주례〉의 '고공기'(考工記)에는 각종 수공업 제품의 규격이 기술되어 있는데 분수, 각도, 양을 재는 도구에 관한 내용이 있다. 보통 간단한 분수로 공업 제품의 각 부분의 비를 나타냈다. 각의 개념인 거구(倨句)는 원호의 크기를 이용하여 각을 재는 방법이었다. 중국 수학에서 각의 개념은 중시되지 않았다. 들이의 단위가 되는 표준 그릇의 척도에 관한 기록이 있다.[6] 이러한 그릇을 만들고 이것의 들이를 계산하기 위해서는 계산이 불가피하다. 아직 도량형은 통일되지 않았다.

중국에서는 일찍부터 산가지로 수를 체계적으로 나타내고 사칙계산을 해왔다. 이 사실을 뒷받침하는 가장 오래된 문헌은 아마도 전국시대 노자(老子 전571-470)의 〈도덕경〉(道德經 전300년 무렵)일 것이다. 여기에는 훌륭한 수학자는 산가지를 사용하지 않는다고 쓰여 있을 만큼 산가지에 대한 초기의 반응은 상당히 회의적[7]이었으나 그것은 곧 널리 받아들여져 명나라 말기까지 중국 수학의 기본으로 쓰였다.

춘추전국 시대에는 학파끼리 논쟁하는 것이 성행했고, 각 학파는 자신의 논리에 어울리는 사유 법칙을 논쟁의 주요한 무기로 삼았다. 그들은 같은 시대의 그리스

---

13) 六藝: 예(禮 예법), 악(樂 음악), 사(射 활쏘기), 어(御 말타기), 서(書 글씨 쓰기), 수(數 계산)

철학자와 달리 거의 도덕론, 정치론, 인생론으로 일관했다. 자연과학에 대한 논의는 곁가지에 지나지 않았다.[8] 수학 전문가는 없었고 저작도 전해지는 것이 없다. 여러 학파 가운데 그나마 묵가(墨家)와 명가(名家)가 얼마간의 자연과학 지식을 다루었다. 그들이 제출한 논고에는 몇 가지 수학 개념의 정의도 있고, 이론 수학의 실마리도 들어 있다. 그러나 진나라가 황하 유역을 통일하면서 봉건사회의 질서가 자리를 잡자마자 학파들 사이의 토론은 압박당하여 흐름이 끊겼다. 전한 시대에 응용 산술은 발전했으나 묵가와 명가가 계발한 수학 이론 쪽에서는 더 나아가지 못했다.

도시의 상공업 분야에 종사하는 계층에 뿌리를 두고 있던 묵가는 자연과학 지식을 추출하고 소박한 유물론적 세계관을 제시했다.[9] 경험이 지식의 가장 확실한 기초라고 하던 묵가에서 원인을 구명하는 자세는 사실에 근거하여 진리를 탐구하는 실증적, 과학적 태도였다. 묵자(墨子 전470?-391?)와 제자들의 주요 저술을 집대성한 〈묵자〉의 '묵경(墨經)'에는 각 독립된 조문으로 하나하나의 개념이나 명제를 서술하고 있는데 이 가운데 논리학, 수학, 물리학과 관련된 명제가 적지 않게 들어있다. 이를테면 기하학에 관한 것으로 '평(平)'은 같은 높이를 이루는 것이고, '직(直)'은 세 점이 한 직선을 이루는 것이며, '점'은 넓이가 없는 선의 맨 끝에 있는 부분으로 정의한다. 원을 '중심에서 같은 거리(-中同長)'로 정의하는데 이것은 유클리드 〈원론〉의 정의와 무척 비슷하다. 그리고 전체와 부분, 덧셈과 뺄셈에 관한 개념을 내포하는 조문도 보인다. 논리학에 관한 것으로는 물건 하나를 정확히 둘로 나누고, 다음에 그 반을 정확히 둘로 나누는 절차를 계속해 가면 필연적으로 다시 나누지 못하는 하나의 '끝'에 다다른다고 하고 있다. 만일 앞뒤의 부분을 버리고 가운데를 남겨 가면 나눌 수 없는 그 '끝'이 가운데 있을 것이라고도 한다. 이러한 사고방식은 그리스의 데모크리토스의 원자론과 조금 비슷하다.[10]

명가의 혜시(惠施 전370년?-310?)는 〈장자〉(莊子)의 '천하(天下)'편에서 공간이나 시간의 전체는 그것을 넘어서는 것이 없는(至大無外) 대일(大一)이라 하고, 공간의 점이나 시간의 순간은 아주 작아서 안이 없는(至小無內) 소일(小一)이라 했다.[11] 수학의 실무한을 직관적으로 표현했다고 볼 수 있다. 또 그는 기하학의 선과 면은 모두 '두께 없이 긴(巨)' 것이라 하면서 선분을 쌓아도 면은 되지 않고, 면을 쌓아도 입체는 되지 않는다고 기술하고 있다. 선과 면에 대해서는 〈묵경〉보다 한 걸음 더 나아갔다. 공손룡(公孫龍 전320?-250?)은 한 자짜리 막대를 날마다 반씩 잘라내도 영원히 없어지지 않는다는 명제와 날고 있는 화살은 움직이지도 않고 멈추지도 않는 때가 있다는 명제를 제시했는데 각각 제논의 '이분할'과 '화살'의 의미에 가깝다. 그렇지만 그는 선분의 연속성을 부정하지도 않고 또한 운동의 실재성도 부정하지 않아 제논의 주관적인 유심론과 조금 다르다.[12] 첫 번째 명제는 수식 $1/2 + 1/2^2 + 1/2^3 + \cdots + 1/2^n + \cdots \to 1$로 나타낼 수 있다. 이것은 유한인 선분을 한없이 많은 선분으로 나타낼 수 있다는 것으로 3세기 유휘가 할원술(割圓術)을 이것으로부터 추론했을지도 모른다.

전국시대는 각 나라가 정치를 달리했고 도량형, 화폐, 문자의 형태도 나라마다 달랐다. 진나라가 황하 유역을 통일한 뒤 엄격한 법률을 제정하고 균등세를 부과했다. 이러한 행정을 효율적으로 집행하기 위해서 화폐와 도량형을 일치시키고 문자를 통일했다. 이로써 지배 체제를 강고히 하면서 전국을 경제적으로 하나로 묶고 문화 발전을 꾀했다. 도량형의 표준화는 넓이와 부피의 계산에 관심을 기울이게 했다. 또한 공자의 유교 사상이 국가 경영의 근간이 되면서 해마다 정해진 날에 의례를 지낼 수 있으려면 달력이 필요했다. 이에 부응하여 19년 7윤법의 태음력을 만들었다.

진나라 전에 쓰인 수학서는 전해지지 않는다. 가장 큰 원인은 대나무처럼 썩기 쉬운 물질에 기록했다는 데 있다. 또 다른 요인은 책들이 궁궐이나 정부 도서관에 집중되는 경향이 있어 왕조가 바뀌는 큰 혼란 속에서 없어졌다는 데 있다. 이를테면 진나라 왕은 새로운 정책을 반대하는 근거로 삼던 고대부터 내려오던 책자를 불태우고(분서 焚書), 그런 반대 의견을 강하게 주장하던 유생들을 처단하라(갱유 坑儒)고 명령했다고 한다. 이것이 실제로 실행되었는지는 의심되기도 한다. 그랬더라도 문서의 일부는 필사본이나 구두로 전해져 학문은 지속되었을 것이다. 수학은 상업과 역법의 문제에 기울었다. 전제 군주의 독재 아래서 최초의 대규모 농민 폭동이 일어나 순식간에 진나라는 무너졌다.

농민 폭동 뒤에 세워진 한나라는 농지세, 부역 등의 조세 부담을 가볍게 했다. 철제 공구가 널리 사용되고, 농사짓는 기술이 개량되어 생산성이 향상되면서 수공업과 상업도 발전하여 사회, 경제가 번영했다. 이에 따라 각종 기술과 과학도 발전했고 이는 수학의 발전을 촉진했다. 이를테면 농업에는 비교적 정확한 계절의 예보가 요구되어 천문학과 역법을 연구하게 되었다. 이 천문학과 역법은 수학 지식을 요구했다. 하늘을 연구하는 한 분야는 '천문'을 다루는데 주로 전조를 해석하는 데 쓰였다. 다른 분야인 '역법'은 주기적 순환의 양적 해석을 포함하는데 특정한 때를 예측하는 데 쓰였다. 또한 국왕의 권위를 보여주기 위해서도 정확한 역법 지식이 필요했다. 정치의 지배를 받는 천문학은 천체 현상을 관측하고 기록하여 역법을 정비하고 일월식을 예측하는 업무가 중심이었다. 과학적인 관측이나 이론 연구가 다루어지고는 있었으나 가벼이 여겨졌다. 〈주비〉(周髀)에 나오는 '도(道)'에 대한 이야기는 수학의 힘과 적용 범위에 대한 인식을 보여주는 초기의 진술이다. '도'는 해의 높이와 크기, 햇빛이 비치는 영역의 최대와 최소 거리, 하늘의 길이와 나비를 결정할 수 있는 것이라 하고 각각의 값을 기술하고 있다.[13]

 -1세기부터 1세기 사이에 한나라의 서지학자인 유향(劉向 전77-6)과 유흠(劉歆 전50?-후23)이 궁정 도서관의 모든 책자를 여섯 가지 표제어로 분류했다. 그 가운데 수술(數術 계산과 방법)이 있고 그것은 다시 여섯 종류로 나뉘는데 거기에는 천문과 역법, 오행(五行)과 예언의 연구가 있다. 이것은 중국인이 자연의 연구와 수학을 기본적으로 구별하지 못했음을 보여준다.[14] 그렇기는 하지만 천문학과 결부된 역서(曆書)를 작성하기 위해 발달한 수학 그리고 행정과 결부된 실용적인 토목, 건축, 과세 등에 필요한 계산을 하기 위한 수학으로 나눌 수 있다. 전자에 관련된 가장 오래된 수학서가 〈주비〉이고 후자에 관련된 것이 〈구장산술〉이다.

2-2 〈주비〉, 〈산수서〉, 〈구장산술〉

 개천설14)을 주장하는 천문학 저작임과 동시에 번거로운 수 계산과 구고정리15)가 실린 가장 오랜 수학 저작이 〈주비〉이다. 현재 전해지는 판본을 -1200년 무렵의 기록으로 여기는 사람도 있고, -300년 무렵에 쓰인 것으로 보는 사람도 있으며, -1세기부터 1세기 사이(전한 말부터 후한 초)에 작성되었을 것이라는 사람도 있다. 이처럼 연대 추정은 약 1000년의 차이가 있다. 〈주비〉는 아마 시대가 다른 몇 사람이 보완하며 쓴 책이라고 여겨진다. 이 때문에 연대 결정이 어렵다. '주(周)'는 나라를 가리키거나 하늘의 원 궤도를 가리킨다. '비(髀)'는 그림자를 재는 막대(그노몬)를 의미한다. 당나라의 이순풍(李淳風 602-670) 등이 수학 교과서를 선정할 때 〈주비〉를 '십부산경'의 맨 앞에 두고 '주비산경(算經)'이라는 이름을 붙였다.

 〈주비〉는 구고정리를 이용한 천체의 측정과 분수를 이용한 계산법을 싣고 있다. 〈주비〉는 중국의 기하도 측량에서 시작되었고, 바빌로니아와 마찬가지로 기하가

---

14) 하늘은 원형이고 땅은 평평한 정사각형(천원지방 天圓地方)이라는 관념을 바탕으로 하는 일종의 우주 구조에 관한 이론
15) 피타고라스 정리를 일컫는다.

산술이나 대수의 연습에 지나지 않았음을 보여준다.[15] 〈주비〉에는 수학의 대상, 방법, 수학을 배우는 태도를 기술한 부분이 있는데 여기에서 수학의 응용 범위가 매우 넓음을 이야기하고, 수학의 추상성 그리고 귀납과 추리의 사고 훈련이 중요함을 강조하고 있다.[16]

〈구장산술〉(九章算術)보다 앞선 −180년 전후에 제작된 것으로 보이는 〈산수서〉(算數書)가 있다. 내용은 정수, 분수의 사칙연산, 각종 비례 문제, 여러 넓이와 부피의 계산이 담긴 구체적인 문제와 답, 풀이법을 다루고 있다. 이 덕분에 중국 수학의 초기 발전을 살필 수 있다. 〈산수서〉가 구체적인 수학 문제를 모아 놓았다는 점과 〈구장산술〉과 매우 비슷한 문구가 있다는 점에서 둘 사이에 전승 관계가 있는 것으로 추정된다.[17]

중국 수학에서 가장 영향력이 컸던 책은 〈구장산술〉일 것이다. 한나라 초기에는 상업이 활발해짐에 따라 여러 계산 기술이 많이 요구되면서 이에 부응하여 수학적 창의성이 발휘되고 있었다. 〈구장산술〉은 이런 환경에서 쓰인 책으로 실용을 추구했고 〈주비〉의 신비론적인 우주론 같은 것은 전혀 다루지 않았다.

〈구장산술〉에는 진나라 이전부터 전해져온 문제만이 아니라 편찬될 당시의 사회적 수요를 다룬 새로운 문제도 실려 있다. 주나라 이래로 발전해 온 수학이 한나라에 이르러 어느 정도 완성된 체계를 갖추었음을 보여준다. 늦어도 1세기에 이르면 지금의 것과 그다지 다르지 않았을 것으로 추정된다.[18] 〈구장산술〉에서 '구장'은 −1세기 후반에 방전, 속미, 차분, 소광, 상공, 균수, 방정, 영부족, 방요로 구성되었고 1세기 중반에 차분은 쇠분으로, 방요는 구고로 바뀌었다. 각 장을 나눈 방식은 상당히 어수선하고 그 장의 주제와 부합하지 않는 문제도 있다. 그리고 '산술'이라는 제목은 산가지로 계산하는 방법으로 이해해야 한다. 모든 수 계산에는 산가지가 필요했기 때문에 '산술'은 당시의 수학 지식과 계산 기능을 모두 포함한다. 이런 지식과 계산에는 분수를 계산하고 넓이와 부피를 구하며 연립방정식을 풀고 제곱근과 세제곱근을 구하는 공식이나 절차가 들어있다. 〈구장산술〉은 그리스의 연역적 논증 수학과 달리 바빌로니아나 이집트처럼 개별 문제들을 모아서 구성하는 형식으로 편찬되었다. 이 저작은 행정을 집행하는 관리들이 마주칠 문제들을 다루는 실용적인 안내서를 지향했기 때문일 것이다.

〈구장산술〉은 246개의 문제와 풀이를 싣고 있다. 그것들은 독자에게 일반해를 이해시키기 위한 예제의 역할을 하기도 하고, 일반해를 통해 실제 문제를 해결하는 예제로 기능하기도 했다.[19] 이를테면 특정한 크기의 도랑을 파는 데 필요한 노동자의 수를 구하는 문제에서 답으로 $7\frac{427}{3064}$ 명을 제시하고 있다. 분수 부분을 보면 실용보다 방정식의 정확한 일반 풀이에 관심을 두고 있었음을 알 수 있다. 원주율에 관한 논의도 이 점을 잘 보여준다. 실용적인 목적으로는 3이나 22/7라는 값이면 충분하고 실제로 자주 사용되었다. 그런데 유휘(劉徽 220?-280?)의 〈구장산술주〉(九章算術注 263)에서는 원에 내접하는 정192각형의 넓이를 이용하여 계산하고 있다. 중국인도 이집트인처럼 정확한 결과와 정확하지 않은 결과를 함께 적었다. 그들은 대수 조작과 문제 풀이를 숙달하는 데 목적을 두었기 때문에 효율적이라고 판단된 절차를 바꾸려고 하지 않았다. 이론적인 연구는 거의 중시되지 않았다.

〈구장산술〉은 중국 수학의 전통이 시작되는 지점이다. 후세의 수학자들은 자신이 살던 사회가 요구하는 문제를 해결하려고 도입한 새로운 개념과 방법이 〈구장산술〉의 범위를 넘어선다 해도 이 저작의 바탕 위에서 '재실천, 재인식'하는 과정으로 발전시키는 데 그쳤다.[20] 이를테면 주석서를 편찬하면서 그 틀과 내용을 그대로 유지했다. 이를테면 〈구장산술주〉를 보더라도 〈구장산술〉의 각종 계산법에 간결하고 개괄적인 증명을 덧붙이면서 그것이 정확함을 보장하는 데 머물렀다. 이것은 뒤에도 그다지 달라지지 않았다.

전한 때 비단길이 열리고 나서 중국은 중, 서아시아뿐만 아니라 유럽과 상업적, 문화적으로 교류했다. 수학도 내용을 주고받았을 것이다. 이를테면 10진 자리기수법과 음수는 중국에서 인도로 전해졌을 것이다. 1세기에 불교가 중국에 전해졌으므로 이 과정에서 인도 수학이 중국에 영향을 끼쳤을 것이다. 〈구장산술〉이 가치법을 사용하고 있다는 점에서 이집트의 수학과 비슷하다. 그러나 그리스 수학이 중국에 영향을 끼쳤다는 증거는 거의 없다.[21]

2-3 진(晉)나라부터 송나라까지

서진부터 수나라까지의 산술서에서 지금 남아 있는 〈손자산경〉16)(孫子算經 3세기 말), 〈장구경산경〉(張邱建算經 475?), 〈오조산경〉(五曹算經) 등은 모두 당시의 일상생활에서 나오는 수학 문제를 모은 것이다. 4~5세기에 쓰인 〈오조산경〉에 산가지로 수를 나타낸 가장 오래된 기록이 남아 있다. 중국의 전통 수학은 거의 행정을 맡고 있는

---

16) 이 책을 쓴 사람은 −6세기 무렵에 〈손자병법〉을 쓴 손무(孫武)와 다른 사람이다.

관리의 요구를 충족하기 위한 것이었다. 이 저작 같은 관청의 실무에 쓸 수학서를 펴낸 것은 관료 기구가 정비되었기 때문이다.

고대 중국에서는 농업이 나라의 근간이었기 때문에 농사를 때에 맞춰 지으려면 천체의 움직임에 맞게 역법을 개정하여야 했다. 이에 수학이 필요했으므로 천문학의 진보도 수학의 발전을 촉진했다. 이를테면 상원적년(上元積年)을 계산하려면 일차합동식을 풀어야 했다. 또 일곱 천체의 시운동을 계산하는 방법을 개선하기 위하여 등간격과 부등간격으로 된 이차의 차를 이용한 보간법을 만들게 되었다. 유작(劉焯 544-610)이 이차보간법을 고안했다. 왕효통(王孝通 580?-640?)은 토목 기술이 발전하면서 제기된 공정상의 문제를 삼차방정식으로 해결했다.

중국의 왕조는 실용수학이 필요했으므로 여러 시대에 걸쳐 관리에게 그것을 교육하는 관립학교를 두었다. 수나라 때에 설치한 국자감의 교육과정에 수학도 있었다. 당나라도 이것을 이어받아 656년에 국자감에 산학관을 두어 학생들에게 수학을 가르쳤다. 그러나 산학관은 있기도 하고 없어지기도 했다. 후자일 때는 천문학연구소나 기록국의 일부로 있었다. 일반적으로 관학이나 연구소에서 사용한 수학교과서는 '산경' 같은 풀이법을 갖춘 문제집이었다.

수나라 때에 관료를 등용하는 제도로 과거를 시행했는데, 당나라는 이것도 이어받았다. 이 과거 시험으로 중소 지주의 지식인도 정치 무대에 등장할 수 있었다. 과거 제도는 몇 번인가 짧은 기간 동안 끊기기도 했지만 20세기에 이르기까지 이어졌다. 시험 과목은 주로 중국의 고전이었지만, 측량, 징세, 달력의 제작 같은 행정 업무도 필요했으므로 여기에 요구되는 수학의 특정 분야도 시험 과목에 있었다. 당나라 초기에는 명산(明算)과를 두어 수학 시험을 치렀는데, 이 시험에서는 교과서의 관련된 부분을 외우는 것, 교과서 방식대로 문제를 풀 것을 자주 요구했다. 수학적인 창조성을 자극하는 동기 부여는 없었다. 그마저도 당나라 후기에 명산과는 시험에서 없어졌다. 중국에서 고전과 문학, 역사가 높은 지위를 제도적으로 보장해주는 분야였으므로 과거 제도 자체가 수학, 과학의 발전을 저해했다. 당나라 때 과거 시험에 수학을 추가해도 사람들은 그 시험을 보려 하지 않았는데, 그것은 관료제 사회에서 높은 자리를 보장하지 않기 때문이었다.

당나라 초기에는 수학 교육(산학)을 중시했는데, 이것도 이전 시기에 발전한 수학을 가르치는 것에 지나지 않았다. 산학의 목적이 행정에 필요한 실용수학을 익히게하는 것이었지, 수학을 연구하는 학자를 양성하려는 것이 아니었다. 이러한 상황에서는 고전 수학의 수준을 유지하면 되었으므로 높은 수준의 수학은 필요 없었다. 이리하여 300년 이상 수학은 발전하지 못했다. 당나라 중기에 일어난 안사(安史)의 난(755-763) 이후에 장원제가 발전하면서 토지를 점유하는 형식이 달라지고 780년에 조세 제도가 바뀌면서 수공업과 상업이 발전했다. 이러한 변화가 계산 기능을 널리 보급했고, 이것은 산가지 셈을 개선했다. 곱셈과 나눗셈을 개량하여 절차를 간략하게 함으로써 계산에 드는 노력을 줄였다.

한나라 때에 서역 각 나라와 접촉하기 시작했고, 당나라 때에 해당하는 600~750년에 인도 사상과 함께 수학, 점성술, 천문학, 의학이 중국으로 들어와 번역되었다. 그렇지만 인도의 천문 산법을 중국이 받아들이지 않음으로써 당시의 천문 역법과 수학에는 변화가 일어나지 않았다.[22]

중국 수학은 송나라 때에 대수학에서 빠르게 성장했다. 이것은 아마도 당에서 송으로 왕조가 바뀌는 사이에 사회 질서와 황실의 통제가 무너졌기 때문일 것이다.[23] 그렇지만 산가지로 자릿수를 나타내고 계산하는 방법이 성가시고 복잡해서 대수의 발전에 장애가 되었다. 게다가 북송 시대에 국자감 안에 산학과가 설립되었으나 세워지고 없어지기를 되풀이하여, 지속해서 발전하지 못했다. 남송 때는 아예 산학과를 폐지하고 나서 다시는 설립하지 않았다. 산학과에서는 이름을 남길 만한 수학자를 배출하지도 못했다. 관료 체제에 들어온 수학자를 위한 보상 체계가 없었기 때문이다.

한편 부유한 상인층이 형성되면서 수학 애호가들의 자발적인 연구 활동이 일어나고 이에 따라 민간 수학자가 나타났다. 실제로 활동하던 수학자들은 심괄을 빼고는 대부분 평민이거나 하급 관리였다. 그들은 달력과 관련된 천체 관찰 같은 일이 아니라 인민이나 기술자에게 필요한 실용 문제에 더 많은 관심을 두었다. 그들은 제도권 수학자 같은 기능인이 아니라 폭넓은 교양을 지닌 지식인으로서 이전과 다른 사상을 받아들여 새로운 문화의 한 분야로서 수학을 창출했다. 북송 때인 11세기에 가헌(賈憲 1010?-1070?)의 〈황제구장산법세초〉(皇帝九章算法細草)와 심괄(沈括 1031-1095)의 〈몽계필담〉(夢溪筆談)은 많은 새로운 수학 개념과 계산 기술을 보여주고 있다.

목판 인쇄업은 북송 때에 빠르게 발전하여 11세기부터 많은 서적이 인쇄되어 전국 각지에서 유통되었다. 1084년에는 최초로 인쇄된 수학책이 나왔고 1115년에는 〈구장산술〉의 목판본이 나왔다. 한과 당나라 때의 각종 산서가 인쇄되어 교과서로 사용되었다.

북송 시기에 신비주의와 관련되어 그릇된 설이 나돌기 시작했다. 이른바 낙서(洛書)가 3×3 마방진으로 구성되었다고 하여 신비화하면서 이것을 수학의 탄생과 밀접하게 관련짓기 시작했다. 16세기 말에 정대위도 비교적 완비된 응용 산술서인 〈산법통종〉(算法統宗 1592)에 하도(河圖)와 낙서를 싣고, 그것에 수의 근본이 있다고 함으로써 수의 신비주의 사상에 얽매여 있음을 드러냈다.[24] 심지어 18세기 초의 〈수리정온〉(數理精蘊)에서도 낙서를 수학의 기원으로 여기는 오류를 저질렀다.[25]

남송 초기에 계산 기술을 설명하는 방법으로 시가 형식이 유행하기 시작했다. 이를 반대하는 의견이 표출되기도 했으나, 시가 형식이 학습의 흥미를 높이고 풀이법을 설명하고 기억하는 데도 도움이 되었으므로 남송 말부터는 모든 수학서에 시가 형식의 산법과 응용문제가 실렸다.

남송 시대에 금(金 1115-1234)나라가 지배하던 북쪽에서 한족(漢族)은 관리가 되기 쉽지 않았던 데다가 13세기 초에 북방에서 일어난 몽골의 잦은 침입은 사람들로 하여 금 속세를 등지게 했다. 금나라가 몽골에 멸망하면서 속세를 떠나 학문을 연구하는 경향이 늘었다. 이리하여 관료로 나서지 않는 학자나 세상을 떠돌아다니는 교사들 가운데서 수학에 전념하는 사람도 생기면서 수학은 더 발전했다. 매우 불안정한 시기였으나 이 덕분에 관료주의의 제약을 받지 않은 이들은 실용적인 응용의 속박에서 벗어나 새로운 수준의 추상화로 옮겨갔다.[26] 이를테면 수계수의 고차방정식을 푸는 방법인 천원술 같은 새로운 수학이 만들어지는 중요한 변화가 일어났다. 천문학의 발전에 자극을 받아 13세기 중반에 일차합동식의 풀이법이 계통적인 이론으로 높여졌고 후반에는 삼차보간법이 발명되었으며 1300년 무렵에는 고계등차수열의 합을 구하는 문제가 해결되었다. 귀중한 수학책들도 나왔고 전문 수학자로 이야(李冶 1192-1279), 진구소(秦九韶 1208-1261), 양휘(楊輝 1238?-1298?), 주세걸(朱世傑 1249-1314)이 있었다. 그들은 같은 시기를 살았지만, 서로 멀리 떨어져 알지 못했고 다른 기법을 사용했다. 그렇지만 연역적 체계, 논리적인 증명은 나타나지 않았다. 또한 인도-아랍의 기수법과 숫자 '0'도 도입되지 않았고 등식의 형태도 쓰이지 않았으며 천문학에 필요한 삼각법도 생각해 내지 못했다.

몽골이 유목 민족을 통일하고 서아시아를 정복한 13세기에, 아랍 문명이 몽골 제국에 강한 영향을 끼쳤다. 두 지역의 천문학자들이 서로 방문하면서 아랍 천문학자들은 유럽식의 관측기를 중국에서 제작하고 이란 북서쪽, 카스피해 서쪽의 마라가에 세워진(1259) 천문대에서 교류도 했다. 남송을 정벌하고 원(元)나라를 세운 쿠빌

라이(1260-1294 재위)는 아랍의 역법을 편찬하여 사용했다. 때로 중국도 인도나 아라비아에 영향을 끼쳤다. 이를테면 백계 문제, 산술삼각형 같은 제재뿐만 아니라 고차방정식 풀이법, 소수, 나눗셈, 제곱근과 세제곱근 구하기 같은 일반적인 내용이 중국의 방법과 매우 비슷하다.[27] 당시에 중국인은 유클리드와 프톨레마이오스를 전혀 몰랐다. 17세기가 되어서야 두 사람의 저작을 번역하게 된다. 중국의 수학에서 그리스나 라틴 수학의 흔적은 거의 찾을 수 없다. 중국 수학은 아랍 수학과 아주 다른 길을 걸었다. 특히 대수학은 아랍이나 서양의 언어로 거의 번역할 수 없는 형태로 되었다.[28] 13세기에 수학자들은 셈판을 널리 이용했는데, 그것이 만들어진 목적인 계산에서도 한계를 극복하지 못했다. 방정식은 여전히 수치적이어서 몇 세기 뒤의 서구에서 전개된 것과 견줄 만한 방정식론은 전개되지 않았다. 이상에서 볼 수 있는 수학 내적인 한계와 함께 몽골 왕조와 명(明)나라 사이에 정치 상황이 뒤섞이면서 수학 활동은 침체로 내몰렸다. 혁신적이고 개방적이었던 송나라나 국제적으로 열려 있던 원나라와 달리 명나라는 내향적, 고립주의적, 보수적인 정책을 폄으로써 중국의 과학, 의학, 기술은 유연성을 잃고 쇠퇴했다. 13세기의 몇몇 위대한 저작조차 연구되지 않았다. 그러다 1582년에 M. 리치(M. Ricci 1552-1610)를 필두로 예수회 선교사들이 들어온 이후 중국 과학사는 세계 과학에 통합되면서 중국의 전통 수학은 소멸하기 시작했다.

14세기 말과 15세기 초에 명나라의 사회, 경제가 발전하고 해외 무역이 확대되면서, 짧은 기간에 상업 산술이 발전하기는 했다. 그 발전은 오경(吳敬)의 〈구장산법비류대전〉(九章算法比類大全 1450)에도 반영되어, 상업과 관계가 있는 응용 문제가 적잖게 수록되면서 수 계산 측면에서 송, 원 산술의 성과를 매듭지었다.

2-4 중국 수학의 쇠퇴

송, 원나라 때의 중국 수학에서 이룬 커다란 발전이 명나라(1368~1644) 때에는 더 높은 수준으로 나아가지 못하고 도리어 쇠퇴했다. 명나라는 비교적 주변국의 위협을 받지 않은 까닭에 안정을 유지했고 이에 따라 지배층인 유교 관리들은 극단적인 보수 성향을 띠었다. 중국인은 옛 문헌의 해석과 전통의 지혜를 매우 강조한 까닭에 문화는 균질했으며 내향적이었다. 1500년대 이후 유럽에서 일어난 고대의 권위적인 지식에 의문을 제기하고 시험하는 회의론은 중국에서는 좀처럼 일어나지 않았다.[29] 자연을 인간 사회와 독립시켜 보지 않는 유학의 세계관은 서양식 과학과 양립할 수 없었다. 우주의 조화와 도(道)에 기초한 도교의 세계관은 자연에 대립하는 행위를 하지 말 것을 강조했다. 이에 중국의 수학자들은 행정을 처리할 때 제기되는 문제를 푸는 데 중점을 둘 수밖에 없었다. 게다가 더욱 나은 풀이 방법을 찾더라도 과거를 숭배하는 태도 때문에 진보는 가로막히곤 했다.

송나라 이후에 국가 차원에서 수학을 연구하도록 끌어당기는 요소가 없었다. 과거 시험에 나오는 고전 인문학과 윤리학에 정통한 사람에게만 보상이 주어졌다. 더욱이 13세기에 펼쳐진 성리학은 사람과 도덕의 영역에 치우쳐 연구하게 했다. 이렇듯 과학이 제도적으로 배제되면서 수학, 특히 이론 수학에는 관심을 두지 않았다. 제품의 효율적인 생산과 유통을 위한 과학, 기술적 사고방식을 촉진하는 역할을 하게 되는 상인 계층은 주변에 놓이면서 그런 역할에서 멀리 떨어져 있었다. 상인과 시장은 일원적인 관료 체제의 통제에서 벗어나지 못했다. 게다가 부유한 상인조차 관리보다 신분이 무척 낮았으므로 그들은 신분 상승을 위해 자식 교육에 재정을 쏟았지, 과학 연구에는 관심을 두지 않았다. 또한 성리학은 유학자들을 관직에 얽매이게 함으로써 중국 수학은 쇠퇴하고 말았다.

중국인의 사고방식은 음양오행설에 기초한 유비 추리나 연합적, 연상적 사고여서 논리적, 객관적, 과학적 추론에 불리했을 것이다.[30] 서양의 과학적 태도와 비슷한 성향을 보였던 학파인 묵가나 법가(法家)를 탄압했다. 묵가와 비슷한 성향의 명가는 논리, 경험과 함께 지식을 얻는 방편으로 연역과 귀납을 강조했으므로 서양 과학의 발전 경로를 거칠 수 있었으나 이 방향으로 나아가지 못했다. 보편적인 법전을 만들려고 했던 법가도 정치적으로 성공하지 못했다. 그리하여 근대 과학의 기초를 마련했을지도 모를 분류와 수량화의 노력은 빛을 보지 못했다. 이로써 중국의 수학자들은 추상화와 일반화를 추구하는 이론 문제에 관심을 덜 두게 되었고 계산가, 산술가로서만 유능하게 되었다.

중국의 전통 사상에는 자연 법칙이라는 개념이 없었다. 이슬람이나 기독교와 달리 중국 문명은 인간과 자연에게 절대적 명령을 내리는 전능하며 신성한 조물주를 거론하지 않는다. 그러므로 자연의 법칙을 탐구하거나 신의 작품에 깃든 질서를 찾으려 하지 않았다.[31] 중국인은 사물의 존재 양식을 설명할 때 법이나 물질적 과정에서 찾지 않고 전체가 유기적으로 통일된 단일 구조에서 찾았다.[32] 두 개의 근본이 되는 힘(음陰 양陽)과 다섯 가지 현상(쇠金, 나무木, 물水, 불火, 흙土)이 끊임없이 순환하는 음양오행설로 설명한다. 특히 음양의 조화가 기본을 이룬다. 중국인은 세상을 이원체로 보고 이 둘을 관련지어 생각한다. 밝음과 어둠, 남자와 여자, 하늘과 땅은 서로 대가 되지만 적대관계에 있지는 않다. 오히려 이 둘은 서로에게 꼭 필요한 상대이다. 중국인은 이런 사고에서 벗어나지 못했고, 인과관계로 생각하는 태도를 기르지 못했다. 나라를 통치하는 이념인 성리학은 자연 현상을 연구하는 적절한 방법론을 만들지 못하도록 방해했다.[33]

수학이 쇠퇴한 가장 중요한 까닭의 하나는 송, 원 시대에 발전한 수학이 사회적 실제 수요로부터 동떨어져 있었다는 점이다. 이를테면 천원술, 사원술에 관한 문제의 절대 다수가 직각삼각형 각 변 사이의 관계를 조건으로 하여 엮어 만든 것이다.[34] 이것들을 당시 생산 활동에 응용하는 경우는 매우 드물었다. 또한 내용을 해석하기도 어려워 이해하기 힘들다는 것도 주요한 원인이다. 이러한 근본적인 결함이 천원술과 사원술을 더 이상 일반화와 추상화로 나아갈 수 없게 했다. 또한 주산을 고수해서 적절한 기호 체계를 마련할 생각을 하지 않았다든지 셈과 방법의 여러 단계를 제대로 기록하지 않았던 데에도 그 원인이 있을 것이다.

중국의 수학자들은 기하학 문제에서도 언제나 경험적이고 비논증적인 방법을 사용했다. 주로 일상생활과 관련된 넓이와 부피(들이)를 구하는 문제를 다루었다. 더구나 기하 도형을 수치 정보를 대수적인 꼴로 바꾸는 데만 사용할 만큼 중국 수학은 매우 대수적이었다. 중국 수학은 기하학에서 뒤떨어지게 되었다. 물론 대수나 기하 문제에서 이론적인 문제를 다루고, 기하 문제를 기하 자체로 다룬 저작도 있었다. 문제는 연역적 논증이 바탕에 놓여 있지 않았고 제도를 비롯한 환경이 그러한 수학을 뒷받침하지 않았다는 데 있었다. 중국에는 진리를 얻는 방법으로 도(道)를 깨쳐야 한다는 것이 있는데, 간결하게 표현되면서도 널리 응용되는 것이야말로 이해의 범주를 가장 분명히 하는 것이고, 만일 하나의 범주를 찾고 이것을 수많은 일에 적용하면 도를 알고 있다고 할 수 있다.[35] 그렇지만 이런 사고방식은 외삽과 유추에 의한 논의를 발전시키는 데는 장점이 있으나, 모든 것이 유사성을 포착하는 것에 의존하는 약점이 있다.[36]

3 수와 연산[17)

3-1 세기와 수 체계

중국인은 처음부터 10진법 수 체계를 사용했는데 곱셈의 원리와 자리기수법이 사용되었다. 전자는 단순 묶음법에서 발전한 10을 밑수로 하는 곱셈식 묶음법이다. 처음 아홉 개의 수를 통상적인 기호 一(1), 二(2), 三(3), 四(4), 五(5), 六(6), 七(7), 八(8), 九(9)로 사용하고 10의 거듭제곱에 대해서는 특별한 기호 十(십), 百(백), 千(천), 萬(만), 億(억), 兆(조) 등을 사용하여 나타낸다. 이를테면 五千六百二十五＝5千6百2十5＝5625이다. 아마 이 기수법은 셈판과 관련되어 발달했을 것이다.

상나라의 갑골문에서는 3만 이하의 모든 자연수를 10진법으로 나타내고 있다. 십, 백, 천, 만의 배수는 모두 두 자를 겹쳐서 하나로 표기하는 합문(合文) 형식으로 나타낸다. 이를테면 600은 6을 위에, 100을 아래에 적고 50은 10을 위에, 5를 아래에 적었다. 그리고 자리를 구별하는 우(又)자를 자리 사이에 넣었다.

주나라 때는 갑골문 말고도 청동기 겉면에 주조된 문자로 금문(金文)이라는 것이 있었다. 금문에서 기수법은 상당수가 갑골문과 비슷하다. 복합수를 나타내는 방법은 갑골문과 달랐다. 50의 경우 5를 위에, 10을 아래에 적었다. 또한 '억'이라는 글자가 있어 '만'까지였던 수 단위가 확장되었다. 당시에는 10만이 1억이었다. 춘추시대가 되면 하늘을 연구하는 데 큰 수가 필요했으므로 이러한 수를 나타내기 위해 억, 조, 경, 해 등의 문자를 사용했는데 앞 단위의 10배가 뒤의 단위였다. 이

---

17) 중국 수학에 관한 내용은 錢寶琮(1990)과 李儼, 杜石然(2019)에 상당 부분을 기대고 있다.

를테면 10억＝1조이다. 후세에 앞 단위의 만 배가 뒤의 단위가 되거나 그 밖의 방법으로 바뀌었다. 이 시기에 이런 큰 수를 다루면서 사칙연산을 자유롭게 할 수 있는 관리를 두었다. 한나라 이후에는 수의 자리가 여럿인 경우에도 더 이상 又자를 넣지 않고 합문도 사라졌다. 글자의 형상도 현대 상용한자 모양과 거의 일치하게 된다.

한나라	一	二	三	四	五	六	七	八	九	十
현대	一	二	三	四	五	六	七	八	九	十

산가지가 계산의 도구로써 언제 쓰이기 시작했는지는 정확히 알 수 없다. 기원전 수백 년부터 사용했음은 분명하다. 이엄과 두석연[37]은 춘추전국 시대에 산가지를 사용하는 10진 자리기수법이 생겼다고 보고 있다. 성가신 수 계산을 하기 위하여 만들어진 산가지는 사회의 생산력이 끊임없이 향상된 결과이다. 산가지 기수법은 문자로 나타내는 것에 대응하여 10진 자리기수법을 따르는데, 쓰는 형식이 일반 문자와 다르다. 중국 고대의 문자 단위는 세로 방향으로 쓰고, 열 단위는 오른쪽에서 왼쪽으로 쓴다. 그러나 산가지 기수법은 현대 필산 기수법처럼 큰 수부터 왼쪽에서 오른쪽으로 쓰며 행 단위는 위에서 아래로 쓴다. 1부터 5까지는 Ⅰ Ⅱ Ⅲ Ⅲ Ⅲ처럼 산가지의 개수로 그 수를 나타냈고, 6, 7, 8, 9의 네 수는 Ⅰ Ⅱ Ⅲ Ⅲ처럼 앞의 것 네 가지에 5를 나타내는 산가지 하나를 올렸다. 이것들의 10배수는 一 ＝ ≡ ≣ ≣ ⊥ ⊥ ⊥ ⊥라는 꼴로 나타냈다. 이처럼 숫자를 나타내는 방식에는 세로, 가로의 두 가지가 있다. 이 18개의 숫자를 번갈아 사용하여 원하는 크기의 수를 나타냈다. 이 때문에 10진법이라기보다 오히려 100진법이라고도 볼 수 있는 중국의 자리기수법은 셈판을 쓰는 계산에 편리했다. 이웃한 10배수가 구별되어 빈자리가 있는지를 쉽게 알아볼 수 있으므로 셈판에 열을 나타내는 세로금이 없어도 되었다. 물론 셈판의 빈자리는 0을 나타냈다. 고대의 산가지 계산법을 알 수 있는 자료로 3세기의 〈손자산경〉이 있다. 이 저작은 산가지를 세로와 가로로 번갈아 놓는 방식과 산가지로 자연수를 곱하고 나누기, 분수 계산하기, 제곱근 구하기를 설명하고 있다.[38] 산가지를 놓는 방식은 원나라에 이르기까지 변화가 없었다. 자리기수법을 따르는 산가지 계산법 덕분에 중국의 고대 수학은 수 계산에서 뛰어났다.

8세기 중엽부터 14세기 중엽에 이르는 약 600년 동안 실용 산술은 수 계산이 상당히 개량되는 두드러진 성과가 있었다. 10진 소수의 개념이 발전하고 자리 개념이 생겨났으며 나눗셈을 기억하기 쉽도록 지은 노래 형식의 글이 갖춰지고 산가지보다 편리한 도구인 주판(珠板)이 발명되었다. 산가지를 이용한 셈은 꽤 효율적이었으므로 주판은 일반적인 생각보다 일찍부터 사용되지 않았다. 가장 이른 문헌상의 기록은 14세기 중엽으로 거슬러 올라간다.[39] 상업과 무역이 발전하면서 여기에 종사하는 사람들에게 복잡한 계산이 요구되었다. 큰 수의 계산이 많아지면서 계산을 더 빠르고 간편하게 처리해야 했다. 이러한 필요에 부응하여 산가지로 나타내는 형식을 본뜬 계산 도구와 계산법이 주판과 주산(珠算)이다. 이것은 어느 특정인이 발명한 것이 아니라 시대의 산물이다. 16세기에 상업 때문에 주산을 소개하는 산술서가 많이 나오면서 주산은 전국으로 퍼졌다. 이를테면 정대위는 〈산법통종〉(1592)에서 문제를 풀 때 모든 수 계산을 주판으로 했다.[40] 주산은 17세기에 산가지 셈을 완전히 대체했다. 산가지 셈과 주산은 자리기수법을 사용하여 자연수와 소수를 나타내고 덧셈, 뺄셈, 곱셈을 계산하는 순서도 기본적으로 같으나 주산이 더 능률적이었다. 이 덕분에 중국의 수학은 수 계산과 대수에서 뛰어난 성과를 올렸다. 그러나 산가지와 주판에 집착함으로써 필산을 너무나 오랫동안 외면했다. 이것이 대수에서 기호 도입을 강하게 가로막았다.

산가지나 주판을 사용함으로써 수를 종이에 써서 계산하지 않게 되면서 영을 가리키는 기호는 오랫동안 생기지 않았다. 그렇다고 해서 계산하는 데 불편함은 없었다. 바빌로니아인처럼 수의 빈자리는 산가지를 놓지 않으면 되기 때문이었다. 빈자리를 나타내는 기호는 꽤 뒤에 나타났다. 1247년에 진구소가 〈수서구장〉(數書九章)에서 독립된 기호 O로 수의 빈자리를 나타냈다. 이를테면 130,773이라는 수를 ─〣O〼〧〣으로 썼다.

인도-아랍 숫자가 중국에 전래되었음을 보여주는 첫 기록은 1278년에 제작되었을 것으로 여겨지는 6행 6열의 마방진이 그려진 철판이다. 당시 아랍에서 통용되던 격자(格子)셈과 대나무나 철로 만든 가는 막대를 이용하여 모래판이나 흙판 위에서 필산을 행하는 계산법도 중국에 전래되었다.[41] 그러나 연필로 종이에 써서 계산하는 것은 17세기에 예수회가 중국에 들여오면서 시작되었다.

중국은 음수를 처음으로 계산에 도입한 나라이나 그것을 독립된 수로 인식한 것은 아니었다. 〈구장산술〉의 방정장에는 계산에서 음수의 의미와 양수, 음수의 덧셈과 뺄셈의 법칙이 기술되어 있다. 〈구장산술주〉(263)에는 음수와 양수의 정확한 의미가 제시되고 있다. 양수, 음수의 곱셈과 나눗셈의 법칙은 비교적 늦게 주세걸의

〈산학계몽〉(算學啟蒙 1299)에 처음으로 명확하게 기술되었다. 인도에서는 620년 브라마굽타(Brahmagupta)의 저작에서 음수 개념이 등장하고, 유럽에서는 봄벨리(R. Bombelli)에 의해서 1572년에 음수에 대해 비교적 정확한 인식이 나타났다.

　중국인은 검은 산가지를 음의 계수에, 붉은 산가지를 양수에 대응시켜 계산하고 있었으므로, 음수의 개념을 그다지 어렵게 느끼지 않았던 듯하다. 그러다가 진구소가 〈수서구장〉에서 음수는 붉은색으로, 양수는 검은색으로 적는 전통을 세웠다. 사실 붉은색과 검은색 표시는 음수와 양수를 구분하려는 것이 아니라 뺄셈인지 덧셈인지를 나타내려는 것이었지만, 음수 개념의 바탕이 되었다. 이야는 '수'가 객관 존재의 반영임을 분명하게 지적하면서[42] 수 표기법에 독창적으로 이바지했다. 그는 〈익고연단〉(益古演段 1259)에서 음수를 산가지(선분)로 나타낼 때 일의 자리에 있는 숫자에 빗금을 그어서 나타냈다. 이를테면 − 3827은 ‖ ⊤ ꞊ꞡ이다. 이것은 색깔로 구분하던 표기법을 개선한 것으로 인쇄물에 쓰이는 표기법이 됐다.

　−14세기의 중국에서 분수를 10진법으로 나타내고 있었다. 바빌로니아에서 도량형이 60진법으로 분수를 표기하게 했듯이 중국에서도 도량형이 분수를 10진법으로 표기하게 했다. 중국인은 일반적으로 분수가 필요할 때는 언제나 분모가 공통인 분수로 나타냈다. 그들은 실제로 통분이라고 하는 방법을 포함하여 요즘에 분수를 계산하는 규칙을 이용했다.[43]

　이른 시기부터 셈판에서 열을 추가하는 것만으로 10진 소수를 이용했다는 증거가 있다. 이것은 특히 길이, 무게, 화폐 단위에 이용됐다. 3세기에 유휘가 10진 기수법의 법칙을 발전시키고 제곱근과 세제곱근의 1보다 작은 부분을 10진 소수로 나타낼 것을 제안했다. 시대를 많이 앞선 이 의견은 받아들이지 않았다. 견란(甄鸞 535-566)은 지방 행정관원을 위해 쓴 응용산술서인 〈오조산경〉에서 10진 소수의 개념에 중요하고도 새로운 전개를 시도했다. 여기에서 처음으로 '분(分)', '리(釐)'가 화폐 최저 단위인 일문(一文) 아래의 10진 소수의 이름으로 사용됐다.[44] 당나라가 중국을 통일하고 나서 사회가 안정되고 농업, 수공업, 상업이 번성하면서 수학 지식과 계산 기능도 발전했는데 관청의 실무에 적합해야 했음은 물론이다. 이런 배경에서 10진 소수는 차츰 폭넓게 사용되어 갔다. 705년에 남궁설(南宮說)이 신룡력(神龍曆)을 만들면서 처음으로 100진 소수를 사용했다. 1일=100여(余), 1여=100기(秒)라 하여 한 해를 365일 24여 48기라 했다. 곧 365.2448일이다. 8세기 중엽의 〈한연산술〉(韓延算術)에서는 일문 이하의 10진 소수를 분, 리, 호(毫), 사(絲), 홀(忽)의 다섯

자리까지 확장됐다.[45] 13세기 중반에 진구소는 〈수서구장〉의 복리를 계산하는 문제의 답안에서 '촌(寸)'이라는 글자를 정수의 일의 자리 밑에 붙이고, 일의 자리 오른쪽에 10진 소수를 나타냈다. 이를테면 15.92를 $\begin{array}{c} -\,||||\,\equiv\,|| \\ \text{寸} \end{array}$ 로 나타냈다. 같은 시기의 양휘는 〈상해구장산법〉(詳解九章算法 1261)에서 오늘날 쓰이는 방법대로 소수를 기록했다.

이러한 소수 체계의 발달과 함께 방정식에서도 계수가 10진 소수인 방정식을 다루게 되었는데 풀이법은 정수 계수일 때와 완전히 같았다. 이야의 〈익고연단〉, 곽수경(郭守敬 1231-1316)의 〈수시력〉(授時曆 1281), 주세걸의 〈사원옥감〉(四元玉鑑 1303)에서 10진 소수 계수의 방정식을 풀고 있다.

3-2 연산(산술)

고대 중국의 실제 계산은 문자 기수법이 아닌 산가지를 이용했다. 춘추 시대에 생산과 결부되어 곱셈, 나눗셈이 이미 알려져 있었다.[46] 전국 시대에 이리(李悝 전 455?~395?)가 편찬한 법률 서적인 〈법경〉(法經)에서 덧셈, 뺄셈, 곱셈뿐만 아니라 나눗셈을 이미 하고 있었음을 알 수 있다.[47] 〈주비〉에서는 분수와 그것의 곱셈, 나눗셈, 공통분모 찾기를 설명하고 있다. 1200년 이전에 산가지로 셈하는 방법을 그려놓은 것은 전해지지 않는다. 13세기가 되어 수학이 많이 발전하면서 계산 절차가 복잡하게 되자 그것을 주요 단계마다 보여줄 필요가 생겼다. 그렇더라도 덧셈과 뺄셈을 하는 기록을 남겨놓은 수학책은 없다. 곱셈 과정에서 곱을 더하고 나눗셈 과정에서는 곱을 나뉘는 수에서 빼는데, 이것들이 덧셈과 뺄셈이기 때문이다. 산가지로 하는 사칙연산은 모두 높은 자리부터 낮은 자리로 계산한다.

고대의 곱셈 외우기는 지금과 달리 '구구팔십일'에서 시작하여 '이이는사'로 마치는데, 외우기가 '구구'에서 시작되는 것에서 구구단이라 하게 되었다. 산가지의 곱셈과 나눗셈은 모두 이 구구단을 이용한다. 곱셈과 나눗셈은 〈손자산경〉과 〈하후양산경〉(夏侯陽算經 8세기)에 상당히 상세히 서술되어 있는데 후자에는 개량된 방식이 기술되어 있다. 11세기의 기록에는 특정한 경우의 산가지 곱셈과 나눗셈 방법이 있다.[48] 곱하는 수의 첫째 자리가 1인 경우에는 곱하는 대신에 덧셈을, 나누는 수의 첫째 자리가 1인 경우 나누는 대신에 뺄셈을 했다. 이러한 계산은 한 줄로 이루어져 곱하거나 나누는 작업을 줄여 주었다. 첫째 자리가 1이 아닐 때는 곱하거나 나누는 수를 반으로 하든지 두 배하여 1로 고치고, 그것에 대응하여 곱해지거나 나뉘는 수를 바꾸어 마지막에 곱하거나 나누는 대신에 덧셈이나 뺄셈을 했다.[49]

산가지 나눗셈은 명나라 말에 서양에서 전해진 필산의 '범선법 (galley method)'과 비슷하다. 범선법은 계산하는 모든 단계가 기록으로 남는 것과 달리 산가지 셈은 계산의 단계마다 결과만 남는다. 이것은 계산 도구가 지닌 특성의 차이 때문이다. 산가지 나눗셈에서 나누어떨어지지 않을 때는 나머지가 나오는데 그 나머지를 분자, 나누는 수를 분모로 하여 각각 위, 아래에 놓았다. 또 구해진 정수 부분 (몫)을 함께 놓으면 그것은 대분수가 된다. 이를테면 $\frac{425}{18} = 23\frac{11}{18}$. 여기서 대분수를 가분수로 고치는 것은 나눗셈의 역연산이다.

〈주비〉는 당시에 분수 계산이 상당한 수준에 이르렀음을 보여준다. 이를테면 하지 때 해가 지구를 한 바퀴 도는 길이가 714000리이고 둘레를 365 1/4도라 하여 1도의 호의 길이를 $714000 \div 365\frac{1}{4} = 714000 \div \frac{1461}{4} = 714000 \times \frac{4}{1461} = 1954\frac{1206}{1461}$ (리)로 풀고 있다. 한 해의 평균 달 수, 한 달의 평균 날 수를 바탕으로 하여 한 해 뒤 달의 위치 등을 계산하기도 했다. 절차가 매우 복잡한 분수 계산을 하고는 있지만 분수 계산을 체계적으로 설명하고 있지는 않다. 분수 계산의 체계적인 설명은 〈구장산술〉에 처음 나타나는데, 이것이 세계에서 가장 이른 것이다.

〈원론〉의 호제법과 관련 없이 중국에서는 전한 때에 그 방법의 초기 형태가 있었다. 이것을 분자와 분모의 최대공약수를 구할 때, 일차방정식의 정수해를 찾을 때 사용했다. 호제법은 〈구장산술〉의 방전장에 나온다. 방전장에서는 분모가 다른 분수를 더하거나 뺄 때 분모끼리 서로 곱하여 공통분모로 하고 있다. 소광장에서는 몇 문제의 풀이에서 최소공배수를 공통분모로 삼고 있다. 방전장에서 분수의 곱셈은 지금처럼 분모끼리, 분자끼리 곱하고 약분한다. 분수의 나눗셈은 분모를 통분한 다음에 분자끼리 나누거나 나누는 수의 역수를 곱하기도 한다. 균수장은 많은 분수 응용 문제를 다루고 있다. 5세기 중엽의 〈장구경산경〉은 전편에 걸쳐 최대공약수, 최소공배수의 개념을 이용하는 문제를 포함하여 분수의 응용 문제를 많이 다루고 있다.

상업을 적대시하는 관료주의 정치에서 농업 중심의 경제 구조는 일부 상업 도시를 제외하고는 물물교환 사회의 수준에 머물렀다. 이런 상황에서 행정을 맡은 관료는 농민들의 물물교환뿐만 아니라 조세를 관리하기 위해 비례계산을 필수로 알아야 했다. 〈구장산술〉의 속미, 쇠분, 균수, 구고장에는 많은 유형의 비례 문제가 들어 있다. 쇠분장에는 차이를 두어 물품을 비례 분배하는 문제가 있다. 현마다 속미의 값이 다르고 지정된 곳까지의 수송비도 다르다는 사정을 고려하여 각지에 할당된 조세미의 양을 계산하고 그것을 운반하는 데 동원되는 사람 수, 경비 등을 공평하게 분배하는 데 쇠분법을 사용했다. 속미장에는 주로 당시의 주식인 좁쌀을 기본으로 한 곡물 교환의 문제가 실려 있는데, 이집트의 빵 문제와 비슷한 것들로 계산은 비례식으로 간단히 할 수 있었다. 이런 문제들은 쇠분장의 문제와 함께 군사적으로도 매우 필요한 문제였다.

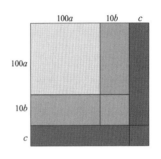

  –200년 무렵부터 어떤 수의 제곱근, 심지어 세제곱근을 구하는 절차가 있었다. 이 절차가 기술되어 있는 책은 유휘의 〈구장산술주〉 소광장이다. 여기에 기술된 기본 원리는 $(a+b)^2 = a^2 + (2a+b)b$ ⋯(*)와 $(a+b)^3 = a^3 + \{3a^2 + 3(a+b)b\}b$를 이용하는 것이다. 제곱근 구하기는 이차방정식의 일반 풀이법으로 여길 수도 있다. 유휘는 기하학적 논법으로 제곱근을 구했다. 이것을 $\sqrt{55,225}$를 구하는 문제(소광장 12제)로 살펴본다. 답이 $100a + 10b + c$가 되도록 a, b, c의 값을 구한다. 먼저 $55,225 > (100a)^2$가 되는 가장 큰 a를 구한다. 이 경우 $a=2$이다. 가장 큰 정사각형(55,225)과 $100a$가 한 변인 정사각형(40,000)의 차이는 그림에서 그노몬 전체가 된다. 가장 바깥쪽의 좁은 그노몬(더 어두운 부분)을 무시하면 b는 $55,225 - 40,000 > 2(100a)(10b)$, 곧 $15,225 > 4,000b$를 만족해야 한다. 이것을 만족하는 가장 큰 b는 3이다. 이어서 한 변이 $10b$인 정사각형을 포함하는 그노몬이 아직 $15,225$보다 작다는 것, 곧 $2(100a)(10b) + (10b)^2 < 15,225$임을 확인한다. 이것은 올바르므로 같은 절차로 c를 구한다. $15,225 - 30(2 \times 200 + 30) > 2 \times 230c$, 곧 $2325 > 460c$이므로 $c < 6$이다. $c=5$가 바른 제곱근 $\sqrt{55,225} = 235$를 준다. 이 절차에서는 (*)을 두 번 적용했다. 제곱근 풀이가 언제나 자연수에 도달하지는 않는데 이 절차를 거듭하면 소수를 구할 수 있다. 이때 $\sqrt{n} = (\sqrt{n10^{2k}})/10^k$를 이용하기도 했다. 이를테면 $\sqrt{172225}/100 = 415/100 = 4.15$, 곧 $\sqrt{17.2225} = 4.15$를 얻을 것이다. 제곱근을 구해야 하는 수가 분수일 때 분모 b가 완전제곱수이면 $\sqrt{a/b} = \sqrt{a}/\sqrt{b}$로 계산하고, 그렇지 않으면 $\sqrt{a/b} = \sqrt{ab}/b$로 고쳐서 구했다.

  〈구장산술주〉에는 이것과 비슷하게 세제곱근을 구하는 알고리즘도 있다. 소광장

19제는 $1,860,867$의 세제곱근을 구하고 있다. 앞서 소개한 절차가 정사각형으로부터 유도되었듯이 세제곱근을 구하는 절차는 정육면체를 고찰하는 것으로부터 끌어냈다. 13세기에 나온 천원술은 아마 소광장의 이 방법을 바탕으로 발달했을 것이다.

소광장에는 정수 n의 제곱근을 구하는 방법으로 제곱근의 정수 부분이 a일 때 $\sqrt{n} = a+(n-a^2)/2a$이 있는데 이것은 정확한 방법이 아니다. 또 $a+(n-a^2)/(2a+1)$을 이용하기도 했다고 한다. 유휘는 이것들에 대해서 분모를 $2a+1$로 하면 조금 작고 $2a$로 하면 조금 크다고 했다. 〈장구건산경〉(張邱建算經 475?)에서는 정수 n의 제곱근의 정수 부분이 a일 때 $\sqrt{n}=a+(n-a^2)/(2a+1)$으로, 세제곱근은 정수 n의 세제곱근의 정수 부분이 a일 때 $\sqrt[3]{n}=a+(n-a^3)/(3a^2+1)$으로 구하고 있다. 늦어도 11세기 중엽에 가헌이 개방작법본원도(산술삼각형)를 사용하여 제곱근, 세제곱근을 구하는 방법을 임의의 고차 거듭제곱근을 구하는 데까지 확장했다. 여기서 보듯이 중국에서 지수가 정수인 이항정리는 거듭제곱보다 오히려 거듭제곱근 구하기와 관련되어 발견됐다. 〈상해구장산법〉(1261)은 남아 있는 기록으로는 처음으로 산술삼각형을 싣고 있다. 〈사원옥감〉(1303)에는 8차 거듭제곱까지의 표가 있다.

양휘는 문제와 계산법을 남기고 있어 당시 수학의 발전상을 이해하는 데 중요하다. 이를테면 가헌에게서 영향을 받은 그는 〈구장산법찬류〉(九章算法纂類 1261)에서 〈구장산술〉의 소광장에 있는 방법과 다른 절차(증승개방 增乘開方)로 세제곱근을 구하고 있다.[50] $x^3 = 1860867$의 양의 근을 구하는 것을 예로 든다.

$x=100x_1$로 하여 $1000000x_1^3 = 1860867$로 변형한다. 그러면 $1 < x_1 < 2$
$1000000(x_1-1)^3 + 3000000(x_1-1)^2 + 3000000(x_1-1) = 860867$
$x_2 = 10(x_1-1)$로 놓고
$1000x_2^3 + 30000x_2^2 + 300000x_2 = 860867$로 변형한다. 그러면 $2 < x_2 < 3$
$1000(x_2-2)^3 + 36000(x_2-2)^2 + 432000(x_2-2) = 132867$
$x_3 = 10(x_2-2)$로 놓고
$x_3^3 + 360x_3^2 + 43200x_3 = 132867$로 변형한다.

그러면 여기서 $x_3 = 3$을 얻고 이어서 $x = 1 \times 100 + 2 \times 10 + 3 = 123$을 얻는다. 양휘는 〈상해구장산법〉에서 증승개방으로 $x^4 = 1336336$ ($x=4$)를 풀었다. 증승개방을 이용하면 어떤 임의의 고차전개식의 계수라도 구할 수 있고, 이렇게 얻은 계수로 어떤 임의의 고차거듭제곱근이라도 구할 수 있다. 증승개방은 이른바 호너법과 기본적으로 같다.

4 대수학

4-1 일차방정식과 연립일차방정식

한나라 때 발견된 연립일차방정식을 푸는 방법이 〈구장산술〉에 실려 있다. 방정식이라는 용어는 〈구장산술〉의 방정장의 제목에서 비롯되었다. 여기서 방정은 연립일차방정식이다. 산가지로 나타낸 각 항의 계수가 방진을 이루기 때문에 방정이라 했다. 그러므로 이때의 방정과 지금의 방정은 의미가 다르다.

방정식을 푸는 방법으로 영부족술을 사용했다. 이것을 미지수가 하나인 방정식에서 보면 다음과 같다. $x = a_1$일 때 구한 $f(x)$의 값 b_1은 문제에 제시된 값보다 크고, $x = a_2$일 때 구한 $f(x)$의 값 b_2는 작다고 하자. 이때 $x = \dfrac{a_1 b_2 + a_2 b_1}{b_1 + b_2}$을 주어진 방정식의 답으로 한다. 이렇게 얻은 x의 값은 $f(x)$가 일차식일 때는 정확하지만 $f(x)$가 일차식이 아니면 근삿값일 뿐이다. 이 절차를 어떻게 얻었는지는 설명되어 있지 않으나, 당시의 중국인이 선형 관계를 이해하고 있었음을 알 수 있다. 이 절차는 천 년 이상 뒤에 이슬람 세계에서 나타나고 나서, 다음에 서유럽에 나타난다.

미지수가 두 개인 연립일차방정식의 경우에는 간단한 방정식에서 임의로 하나의 답을 가정하고 다른 방정식에 대입하여 계산한 결과를 문제에 제시된 값과 비교하면 크든지 작든지 할 것이다. 이어서 전자의 두 번째 답을 후자에서 얻는 결과가 전과 반대로, 제시된 값보다 작거나 크게 되도록 한다. 이제 가정한 두 값에 위의 계산식을 적용하여 근을 얻는다.

중국인은 계수를 방진(행렬) 형태로 배열하여 셈하는 체계적인 절차를 맨 처음 사용했다. 미지수가 세 개 이상인 경우에도 쓰이는 이 풀이법은 3세기의 〈구장산술주〉에 실려 있다. 이 방법의 원리는 가우스 소거법이라 일컫는 것과 같다. 산가지로 계수를 행렬처럼 제시하고, 행렬을 계산할 때와 비슷하게 조작한다. 어떤 방정식을 몇 배인가 하여 다른 방정식으로부터 빼서 생기는 새로운 연립방정식도 본래의 연립방정식과 같은 해를 갖는다는 것을 이용한다. 이를테면 연립일차방정식 $3x + 2y + z = 39$, $2x + 3y + z = 34$, $x + 2y + 3z = 26$의 계수를 먼저 맨 왼쪽처럼 나열하고 그것의 열끼리 연산하여, 오른쪽과 같은 행렬들로 변환해 간다. 이때 행렬의 성분을 소거하는 방법은 오늘날과 같다. 이 방법으로 성분(계수)을 소거하는 경우, 빼는 수가 빼어지는 수보다 클 수도 있으므로 음수의 개념이 필요하다. 그래서 방정장에서 음수를 나타내는 방법과 양수와 음수를 더하고 빼는 법칙이 언급됐다. 계수가 0일 때는 빈칸으로 두었다.

$$\begin{pmatrix} 1 & 2 & 3 \\ 2 & 3 & 2 \\ 3 & 1 & 1 \\ 26 & 34 & 39 \end{pmatrix} \quad \begin{pmatrix} 0 & 0 & 3 \\ 4 & 5 & 2 \\ 8 & 1 & 1 \\ 39 & 24 & 39 \end{pmatrix} \quad \begin{pmatrix} 0 & 0 & 3 \\ 0 & 5 & 2 \\ 4 & 1 & 1 \\ 11 & 24 & 39 \end{pmatrix} \quad \begin{pmatrix} 0 & 0 & 4 \\ 0 & 4 & 0 \\ 4 & 0 & 0 \\ 11 & 17 & 37 \end{pmatrix}$$

여기서 $x = 37/4$, $y = 17/4$, $z = 11/4$이다.

〈수서구장〉(1247)은 두 방정식에서 특정 미지수의 계수를 서로 다른 방정식에 곱하고 한 번의 뺄셈으로 그 미지수를 소거했다. 이렇게 함으로써 되풀이하여 여러 번 빼는 성가신 절차를 줄임으로써 풀이법을 개선했다. 양휘는 〈양휘산법〉(楊輝算法 1275)에서 많은 연립방정식을 풀고 있으나 풀이법이 앞선 것들보다 나아지지는 않았다. 그는 진구소의 업적을 알지 못했던 것으로 보인다.[51] 이 책에는 〈손자산경〉에 있는 초기의 부정 문제와 '백계 문제'가 있다.

1300년 무렵에 활동한 주세걸은 최초의 전문 수학자이자 직업 수학 교육자이기도 했다.[52] 그는 〈사원옥감〉에서 행렬 방법을 이용하고 소거법이나 대입법을 사용하면서 중국의 산술-대수적 방법을 가장 잘 설명했다.[53] 그가 이바지한 것의 하나는 다항방정식을 풀던 진구소의 방법을 연립방정식을 푸는 절차에 적용한 것이다. 그 방법을 〈사원옥감〉의 첫 번째 문제 "직각삼각형에 내접하는 원의 지름과 빗변이 아닌 두 변의 길이의 곱은 24이다. 또 직각삼각형의 직각을 낀 변 가운데 긴 변과 빗변의 합이 9이다. 이때 직각을 낀 짧은 변의 길이는 얼마인가?"에서 볼 수 있다. 직각을 낀 변 가운데 긴 변을 a, 짧은 변을 b, 빗변을 c, 내접원의 지름을 d라고 하면, 문제는 $dab = 24$, $a + c = 9$로 나타난다. 주세걸은 여기에 이미 알고 있는 $a^2 + b^2 = c^2$, $d = b - (c - a)$를 적용하고 있다. 유감스럽게도 단순히 b에 관한 오차방정식을 구성하고 있을 뿐이고 풀이 없이 답(b=3)만 쓰여 있다. 그는 연립일차방정식의 행렬식 풀이를 19세기 실베스터처럼 미지수가 여러 개인 고차방정식으로 확장하기도 했다.[54] 다른 저작 〈산학계몽〉은 곱셈, 나눗셈에서 시작하여 제곱근 구하기와 천원술 등에 이르기까지 당시 다루어지던 각 방면의 내용을 거의 모두 담았다. 대체로 문제와 풀이법을 되풀이하거나 〈구장산술〉을 조금만 수정했다.[55] 그렇지만 쉬운 문제부터 차츰 어려운 문제를 배치하는 식으로 체계를 갖추었다. 이렇게 한 것은 '계몽'이라는 제목에서 볼 수 있듯이 초보자를 대상으로 하거나 계산 기술이 필요한 관공서에서 참조하게 하려고 했기 때문이었을 것이다.

4-2 부정방정식과 합동식

고대 중국에서는 바빌로니아와 마찬가지로 대개 방정식과 미지수의 개수가 일치하는 연립방정식만 다루고 있으나 부정방정식도 일부 다룬다. 〈구장산술〉에는 미지수가 여섯 개이고 방정식은 다섯 개인 $2x+y=s$, $3y+z=s$, $4z+u=s$, $5u+v=s$, $x+6v=s$가 있다. 행렬을 조작하는 방법으로 $v=76s/721$를 끌어내고 $s=721$일 때만 근을 구했다. 그래서 중국인이 s의 다른 값을 생각했는지, 근이 수없이 있다는 것의 의미를 생각했는지는 알 수 없다.

〈장구건산경〉(475?)에는 수열과 수치방정식의 풀이법과 같은 흥미로운 내용들이 들어있고, 백계(百鷄)문제가 처음으로 나온다. 이 문제는 나중에 인도, 아랍, 유럽에서 여러 다른 모습으로 나타난다. 장구건이 제시한 문제는 "수탉 한 마리는 5전, 암탉 한 마리는 3전, 병아리 3마리는 1전이다. 100전으로 이것들을 100마리를 산다. 수탉, 암탉, 병아리를 각각 몇 마리씩 살 수 있는가?"이다. 수탉을 x, 암탉을 y, 병아리를 z라고 하면, 이 문제는 미지수가 세 개인 두 방정식 $5x+3y+z/3=100$, $x+y+z=100$이 된다. 세 값이 모두 양수인 답 (4, 18, 78), (8, 11, 81), (12, 4, 84)를 제시하고 "수탉이 4의 배수로 늘면, 암탉은 7마리씩 줄고 병아리는 3마리씩 는다"라고만 적었다. 어떻게 4, 7, 3의 수를 얻었으며 첫 번째 조합을 어떻게 구했는지를 설명하지 않았다. 이미 알려져 있던 이른바 가우스 소거법으로 풀었을 것으로 보인다. 먼저 두 번째 식에서 계수를 모두 정수로 고쳐 $\begin{pmatrix} 1 & 1 & 1 & 100 \\ 15 & 9 & 1 & 300 \end{pmatrix}$로 놓고 $\begin{pmatrix} 1 & 1 & 1 & 100 \\ 14 & 8 & 0 & 200 \end{pmatrix}$, $\begin{pmatrix} 1 & 1 & 1 & 100 \\ 7 & 4 & 0 & 100 \end{pmatrix}$으로 만들면 둘째 행에서 $7x+4y=100$을 얻는다. 이때 7과 4는 서로소이므로 x, y가 모두 자연수이려면 x는 4의 배수, y는 7의 배수이어야 한다. 여기서 원본의 답이 나왔을 것이다. 다음 세기에 몇 사람이 이 문제를 다루었지만, 누구도 풀이를 합리적으로 설명하거나 일반화하는 방식을 제시하지 않았다.

부정해석에 관한 문제는 〈손자산경〉에 처음 나온다. "지금 개수를 알지 못하는 물건이 있다. 셋씩 세면 나머지는 2이다. 다섯씩 세면 나머지는 3이다. 일곱씩 세면 나머지는 2이다. 물건의 개수 가운데 가장 작은 값은 얼마인가?" 이것이 일차합동식에 관한 가장 오래고 유명한 기록으로, 여기에 중국의 나머지 정리의 기원이 있다. 손자는 풀이 방법과 함께 답으로 23을 주고 있다. 이 문제를 정수론의 합동식 기호를 사용하여 나타내면 $n \equiv 2 \pmod 3$, $n \equiv 3 \pmod 5$, $n \equiv 2 \pmod 7$을 만족하는 n을 구하는 것이고 답은 $n = 23$이다. 이 문제에 관해 〈손자산경〉에 기술된 부분의 앞쪽에서는 근이 $n = 70 \times 2 + 21 \times 3 + 15 \times 2 - 2 \times 105 = 23$임을 보여주고 있으며 뒤쪽에서는 $n \equiv s_1 \pmod 3$, $n \equiv s_2 \pmod 5$, $n \equiv s_3 \pmod 7$의 근이 $n = 70s_1 + 21s_2 + 15s_3 - 105k$, $k \in \mathbb{Z}$ 임을 보여주고 있다. 만일 손자가 3, 5, 7이라고 하는 수 대신에 정수 p, q, r를 사용하여 일반식을 생각했다면 p로 나눌 때에 나머지가 1이 되는 qr의 배수 $m(qr)$이 있음을 알 필요가 있다. 그가 이것을 알고 있었는지는 확인할 수 없다. m은 $\bmod p$일 때의 qr의 역원이다. 손자의 문제는 처음으로 역원을 다룬 문제라고 할 수 있다. 연립일차합동식은 역법을 추산하는 문제와 매우 가까운 관계가 있다. 〈손자산경〉에는 합동식 말고도 도량형의 단위 이름도 실려 있다.

중국의 천문학자들은 농사의 때를 알기 위해서 오랜 기간에 걸친 천문관측 기록을 바탕으로 해, 달, 다섯 행성의 운동 주기를 추산하고 운동의 기점을 정해야 했다. 합동식은 이러한 역법 계산에 필수 지식이었다. 중국인은 역법 계산의 기점을 상원[18]이라고 했다. 어느 해에 a는 그 해의 몇 번째 날, b는 삭망월의 날수, 동지가 갑자일로부터 r번째 날이자 초승달 뒤 s번째 날이라면, 그 해는 상원으로부터 x번째 해가 된다고 하자. 그러면 x는 연립합동식 $ax \equiv r \pmod{60}$, $ax \equiv s \pmod b$을 만족한다. 중국의 천문학자들이 이 문제를 어떻게 풀었는지를 보여주는 기록은 없다. 이 식에서 a, b, r, s는 모두 대분수이어서 공통분모를 합동식에 곱하여 모든 수를 정수로 고쳐놓고서 나머지 정리를 이용하여 x를 계산해야 한다. 실제 상황에서는 여러 개의 합동식이 나오게 되어 상원적년의 값을 구하는 계산은 매우 복잡해진다. 어쨌든 〈손자산경〉의 합동식 풀이법은 근거 없는 허구가 아니다. 당대 천문학자가 상원적년을 계산하던 방법에 따르던 풀이법이었을 것이다. 8세기 초에 일행(一行 683-727)이 설명한 역법의 계산에는 몇 가지 천문학상의 주기에 관한 다음의 연립합동식을 푸는 부정해석이 이용되고 있다.[56]

$n \equiv 0 \pmod{1110343 \times 60}$, $n \equiv 44820 \pmod{60 \times 3040}$,
$n = 49107 \pmod{89773}$

---

18) 上元: 역법의 기점. 60일이라는 주기(10간 12지의 조합)의 첫날인 갑자(甲子)일, 동지, 그믐이 동시에 일어나는 때. 또는 해, 달과 다섯 행성(수성, 금성, 화성, 목성, 토성)의 주기가 동시에 발생하는 때. 여기서는 전자를 사용한다.

이것의 해는 $n = 96961740 \times 1110343$이다.

이러한 문제를 일반적인 형태로 푸는 방법이 〈수서구장〉에 처음으로 체계 있게 제시된다. 이 저작은 복잡한 연립일차합동식 문제를 푸는 방법(대연구일술 大衍求一術)을 계통적인 수학 이론으로 올려놓으면서 상원적년 이외의 문제도 다룬다. 이를테면 갑부터 경까지[19]의 일곱 마을에서 거두는 세금이 제재이다. 현대의 기호로는 $n \equiv s_i \pmod{m_i}$로 나타낼 수 있다. 여기서 $i = 1,\ 2,\ \cdots,\ 7$이다. 풀이는 법(mod)을 서로소인 것으로 환원하는 것에서 시작하여 마지막으로 연립합동식, 특히 p_i와 m_i가 서로소가 되는 $p_i x_i \equiv 1 \pmod{m_i}$라고 하는 연립합동식을 풀게 된다.[57] 여기서 실질적으로 유클리드 호제법이 이용된다. 문제의 수치가 〈손자산경〉의 문제처럼 간단하면 시행착오로 풀 수도 있다. 그러나 조건이 복잡하다면 그럴 수 없다. 진구소는 나름 논리적으로 풀었을 테지만 당시의 중국에는 소인수분해 개념이 없었기 때문에 그가 기술한 풀이는 어수선할 수밖에 없었다.

유럽에서는 18세기에 오일러와 라그랑주 등이 연립일차합동식을 연구했고 가우스가 1801년에 〈수론 연구〉에서 위 내용을 다루었다. 1874년에 마티센(L. Matthiessen)이 손자의 풀이법과 가우스의 정리가 부합함을 지적하고 나서 이 정리를 '중국의 나머지 정리'라 했다.[58]

4-3 이차 이상의 방정식

고대 중국에서는 방정식의 수치해법을 개방술(開方術)이라 했다. 방정식 풀이가 제곱근, 세제곱근을 구하는 방법(개평방, 개립방)과 일맥상통하기 때문이다. 〈구장산술〉 구고장에 이차방정식으로 해석할 수 있는 문제가 몇 개 있다. 이를테면 $x^2 + 34x = 7100$으로 표현되는 것이 있는데 답만 250이라고 적어 놓았다. 〈구장산술주〉에서는 고차방정식의 근의 근삿값을 호너법과 비슷한 방법으로 얻고 있다. 이것은 중국에서 흔히 사용하는 방법으로 12~13세기에 진구소, 이야, 양휘 등이 사용했다. 〈장구경산경〉에는 $x^2 + ax = b(a,\ b$는 양의 유리수) 꼴의 두 문제가 있다. 나중에 이런 이차방정식의 양의 근을 구하는 방법을 대종개평방(帶從開平方)이라 했다. 제곱근과 세제곱근을 구하는 산가지 셈의 절차는 상세히 적어 놓았으나 일반 이차방정식의 풀이법은 설명하지 않았다.

수나라는 중국을 통일하고 나서 만리장성을 쌓고 운하를 개통하는 등 대규모 토

---

19) 십간인 갑甲, 을乙, 병丙, 정丁, 무戊, 기己, 경庚, 신辛, 임壬, 계癸의 앞쪽 7개

목 공사를 했다. 당연히 이에 따른 계산 기술이 필요했다. 그 때문인지 왕효통은 625년 무렵에 쓴 〈집고산경〉(緝古算經)에서 $x^3 + ax^2 + bx = c$ (*a*, *b*, *c*는 양의 유리수, 때로 $b = 0$) 꼴의 삼차방정식 풀이법(대종개립방 帶從開立方)을 도입하여 작업 공정과 관련되는 문제를 해결했다. 세제곱근을 구하는 방법에 바탕을 두어 풀고 있다고만 짧게 기술했다.[59] 근은 모두 양수에 한하며 게다가 하나만 구하고 있다. 남아 있는 삼차방정식에 관한 가장 오래된 수학서이다.

11~13세기에 중국 수학은 이전의 개방술을 개량하여 방정식의 풀이에서 많이 진보했다. 방정식을 표현하는 적절한 방법을 만들고 계수도 양수에 한정하지 않고서 임의의 고차방정식의 근을 구하는 수치해법을 구성했다. 현재 남아 있는 사료에 따르면 고차방정식의 수치해법을 맨 처음 기술한 사람은 가헌(賈憲 1010?-1070?)이다. 양휘(1261)에 따르면 가헌은 〈황제구장산법세초〉에서 산술삼각형을 6행까지 썼고, 그것을 구성하는 방법도 기술했다.[60] 가헌은 이 방법을 이용하여 제곱근과 세제곱근을 산출하는 증승개방을 도입하고 개량하여 고차 거듭제곱근까지 확장했다.

중국 고대의 이차방정식부터 왕효통이 다룬 삼차방정식에 이르기까지 방정식에서 최고차항의 계수는 모두 1이었고 다른 항의 계수도 음수가 아니었다. 유익(劉益 12세기)이 이러한 제한에서 가장 먼저 벗어났다. 그는 〈의고근원〉(議古根源)에서 $-5x^4 + 52x^3 + 128x^2 = 4096$ ($x = 4$)라는 사차방정식을 다룬다. 여기서 주목할 것은 이 방정식의 근이 한 자리 수이기는 하지만, 처음으로 증승개방을 일반 고차방정식으로 넓혀 적용했다는 것이다. 증승개방은 가헌과 유익을 거치면서 개선되고 진구소의 〈수서구장〉(1247)에 이르러 임의의 유리수 계수 고차방정식의 근을 구하는 보편적 수치해법으로 발전했다. 13세기에 수학자들은 이 방법을 이용하여 현실적 의미가 있는 응용 문제를 많이 해결했다.

이야는 〈측원해경〉(測圓海鏡 1248)에서 직각삼각형의 내접원이나 방접원의 특성을 이용하여 대수방정식을 세우고 푸는 방법을 기술했다. 이 저작에는 사차방정식 문제도 있다. 그의 풀이법은 주세걸의 것과 그다지 차이가 없다. 또 하나의 저작 〈익고연단〉에서는 원, 정사각형, 직사각형, 사다리꼴의 기하학적 형상으로부터 만들어지는 이차방정식을 구성하는 방법을 다루고 있다. 이를테면 "정사각형 꼴의 밭 가운데 원 꼴의 못이 있다. 못의 바깥 넓이는 3300제곱보이다. 정사각형의 둘레와 원의 둘레를 합하면 300보이다. 두 도형의 둘레의 길이를 구하라"는 문제가 있다. 이야는 현대 교과서에서 볼 수 있는 것과 같은 방식으로 기술하고 있다. 그는 원의 지름을 x로 놓고 원 둘레를 $3x$라고 한다($\pi = 3$). 그러면 $300 - 3x$가 정사각형의 둘레 길이가 된다. 계수를 정수로 두기 위해 정사각형 넓이를 16배하여 $90000 - 1800x + 9x^2$으로 둔다. $3x^2/4$이 원의 넓이이므로 $12x^2$은 원 넓이의 16배이다. 이 두 식의 차인 $90000 - 1800x - 3x^2$이 못 바깥쪽 넓이의 16배, 곧 $16 \times 3300 = 52800$이 된다. 그러면 구하는 방정식은 $37200 - 1800x - 3x^2 = 0$이다. 이야는 원의 지름은 20이고 둘레는 60, 정사각형의 둘레는 240이라는 답만 주고 있다. 이야는 대수 조작으로 끌어낸 것을 거의 언제나 기하학적으로도 이끌어내고 있다.[61]

중국인은 셈판에서 계산되는 패턴을 수치 알고리즘으로 발전시켰다. 동시에 그들은 셈판의 칸들을 수의 자리 관계로 추상했던 데서 더 나아가 각 칸을 미지수를 거듭제곱한 것의 자리라는, 대수적 대상으로 추상하기 시작했다. 이야는 방정식을 나타낼 때 계수를 나열하면서 상수항을 가장 위에 놓고 차수가 높아지는 항의 순서로 계수를 그 아래에 놓았다. 이를테면 앞의 이차방정식을 그림처럼 나타냈다. 이렇게 셈판에서 칸의 자리에 방정식의 각 항을 대응시키는 추상 단계로 접어들면 고차방정식을 고찰하는 데에 장애가 사라진다.

가헌이 시행한 증승개방을 진구소가 〈수서구장〉에서 처음 상세히 설명했을 것이다.[62] 그는 대다수 문제에 대해 산가지 셈의 그림을 단계별로 싣고 있어 계산 절차를 쉽게 이해할 수 있다. 이전의 방정식은 $a_0 x^n + a_1 x^{n-1} + \cdots + a_{n-1} x = A\,(A > 0)$ 꼴이었는데, 진구소는 $a_0 x^n + a_1 x^{n-1} + \cdots + a_{n-1} x + a_n = 0$과 같이 썼다. a_n은 언제나 음수로 썼으나 다른 계수에는 양, 음의 제한이 없었다. 이 저작에 처음으로 $-x^4 + 763200x^2 - 40642560000 = 0$과 같은 3차보다 더 큰 고차(4차와 10차)의 수치 방정식이 나온다. 이것은 뾰족한 모양의 사각형 밭의 넓이를 구하는 기하학적 문제에서 만들어지는 방정식이다. 진구소의 방정식은 현실적이고 게다가 기하학적인 문제에 바탕을 두고 있으나, 기하학적으로는 의미가 없는 미지수의 거듭제곱을 망설이지 않고 이용했다.[63] 그는 문제를 풀 때, 답이 몇 자리로 되는지와 첫 자리를 시행착오의 경험을 바탕으로 적절하게 추측했다. 이 예에서는 먼저 800을 선택한다. $x = 800 + y$로 놓고 이것을 방정식에 대입하여, 근이 두 자리의 수가 되는 새로운 y의 방정식으로 고친다. 다음에 y의 첫 자리의 수를 선택하고 같은 절차를 되풀이한다. 그는 몇 문제에서는 소수 한두 자리까지의 근을 구하고 있는데, 다른 경우에는 나머지를 분수로 나타내고 있다. 물론 요즘처럼 $x = 800 + y$를 주어진 방정식에 대입하지는 않는다. 이 문제에서는 먼저 셈판에 고차항의 계수부터 상수항까지 놓는다. 근의 첫 번째 어림근을 800으로 놓고 $x-800(=y)$으로 주어진 방정식을 거듭해서 나누는 절차(조립제법)를 거듭하여 $y^4+3200y^3+3076800y^2+826880000y$ $-38205440000=0$을 구하고, 그것을 다시 $y-40(=z)$으로 거듭해서 나누어 근으로 $x=840$을 구하고 있다.

진구소는 제곱근을 구하는 방법을 일반화하여 고차방정식의 수치해법을 구성했다. 그렇지만 그는 자신의 방법을 이론적으로 정당화하지도, 산술삼각형을 언급하지도 않으면서 이 알고리즘으로 다른 방정식을 풀기만 했다. 이 방법은 그로부터 500년 이상 지난 뒤에 유럽에서 중국과 별도로 발견되었다. 진구소의 방법에는 다음과 같은 특징이 있다.[64] 첫째로 근의 각 자리의 값을 추측하는 데 이용하는 거듭제곱표가 있었을 것이다. 둘째로 방정식을 이론적으로 다룬 적이 없어서 그런지 복수의 근에 관한 기술이 없다. 셋째로 음수를 다룰 수 있었으므로 음수를 동반한 연산을 양수의 연산과 마찬가지로 다루고, 바빌로니아나 아랍과 달리 방정식을 $f(x)=0$의 꼴로 표현했다. 넷째로 방정식이 실제 상황으로부터 세워졌기 때문인지 음수 근을 인정하지 않았다. 마지막으로 바빌로니아인은 수치 알고리즘을 이차방정식에만 적용했으나 중국인은 임의의 차수의 방정식에도 적용되도록 발전시켰다.

진구소는 방정식을 푸는 방법을 체계적으로 서술하고 있지만 방정식을 세우는 방법을 언급하지 않았다. 대수학이 미지수를 기호로 나타내어 식을 세우고 푸는 것이라고 한다면, 이것은 13세기 초에 금나라에서 시작되었다고 해야 할 것이다. 이 시기에 미지의 값을 특정 지시어로 나타내어 방정식을 세우는 방법으로 천원술이 나왔다. 천원(天元)이 바로 미지수를 가리키는 말이다. 예전에 한동안 방정식의 미지수를 '원'이라 했는데, 천원술이라는 이름에서 비롯된 것이다.20) 천원술은 지금 x를 미지수로 하여 방정식을 세우는 절차와 대체로 일치한다. 이후에 미지수가 네 개인 연립고차방정식을 세우고 푸는 사원술(四元術)로 발전했다.

진구소는 수학과 실천의 밀접한 관계를 인식했으면서도 수학을 신비화하고 수학과 실천의 관계와 수학의 폭넓은 사용을 '작은 것'으로 깎아내렸는데, 그의 수학은 역경(易經), 상수(象數), 복서(卜筮)와 뒤섞여 있었다. 그는 역법과 밀접한 관계가 있는 일차합동식의 풀이법을 복서의 예제와 관련지어 전개하면서 〈주역〉과 결부 짓고 있다.[65]

---

20) 이를테면 '미지수가 두 개인 연립이차방정식'을 이원이차연립방정식이라고 했다.

남아 있는 수학 저작에서 천원술을 체계적으로 서술한 것으로는 이야가 쓴 〈측원해경〉(1248)과 〈익고연단〉(1259)이 가장 오래되었다. 〈측원해경〉에서는 충분히 발전된 천원술을 볼 수 있다. 이 저작은 천원술을 이용하여 방정식을 세우는 것에 중점을 두었고, 풀이법은 그다지 상세히 다루지 않았다. 당시 천원술로 나타낸 방정식은 모두 유리수 계수 다항방정식이었다. 무리식이 있으면 제곱하여 근호를 없애고 분수식이 있으면 통분하여 다항식으로 고쳤다. 이를테면 원 모양의 성곽이 있는데 갑이 남쪽 문을 나서서 곧장 135보를 가서 서 있고, 을이 동쪽 문을 나서서 16보 갔더니 갑이 보였을 때 성곽의 지름을 구하는 문제에서

$$(x+135)(x+16)/x = \sqrt{2x^2 + 302x + 18481}$$

라는 방정식을 세우고 있다. 이 방정식의 양변을 제곱하고 x^2을 양변에 곱하여

$$\{(x+135)(x+16)\}^2 = x^2(2x^2 + 302x + 18481)$$

로 고쳤다. 또한 다항식의 가감승제(나눗셈은 단항식으로 나누는 것에 한함) 방법을 충분히 이해하고 있었다. 그리고 상수항이 음수여도 되었다.

위의 예에서도 볼 수 있듯이 〈측원해경〉에서 문제의 내용은 〈구장산술〉 이래의 전통인 실용과 거리가 멀어졌다. 이런 내용들을 바탕으로 방정식을 세우는 수단으로 천원술이 발전한 것은 시대성과 지역성을 반영한다. 당시 수학 저자의 대부분이 살았던 하북성과 산서성은 금나라와 원나라 때에 상업이 번창한 지역이었다. 이 시기의 한족은 관료 체제의 중심에 있기 어려웠는데, 이는 중앙 권력의 제약을 받지 않는 환경을 제공함으로써 자신만의 세계를 구축할 수 있게 해주었다. 이것은 수학만을 집중적으로 연구할 수 있게 해주어 수학이 추상화할 수 있는 계기가 되었다. 천원술은 사상적으로는 도교와 밀접한 관계에 있는데 속세를 등지고 살았던 사람들이 추구하던 사상의 방향과 부합했다. 과학과 마술 사상의 공존은 세계 어디서나 있었듯이 중국에서는 수학을 비롯한 과학은 유교보다 도교에 가까웠다.

양휘는 〈양휘산법〉(1275)에서 이야와 마찬가지로 이차방정식을 다루었다. 그는 이야와 달리 자신의 방법을 상세히 설명하고 있다. 일반적으로 양휘는 진구소의 방법을 이용하고 있는데, 그는 또 하나의 더욱 오랜 중국식 제곱근 구하기, 곧 두 번째의 보조방정식을 구할 때 첫 번째 근사를 두 번 사용하는 방법도 제시하고 있다.[66] 덧붙여서 그는 거기서 이용한 여러 수치해법을 기하학적 도식으로 보여주고 있다. 그의 〈상해구장산법〉(1261)에는 남아 있는 것으로는 가장 오래된 산술삼각형에 대한 설명이 실려 있다. 여섯제곱까지의 이항계수를 배열하고 있는데, 한자로

쓰고 있어 0을 나타내는 기호는 사용되지 않았다.

주세걸의 두 저작에도 천원술로 방정식을 세우는 문제가 있다. 특히 〈사원옥감〉에서는 제목에 있듯이 미지수가 여러 개인 고차방정식을 세우는 방법인 이원, 삼원, 사원술도 기술하고 있다. 조이(祖頤 1300년 무렵 활동)는 〈사원옥감〉 서문에서 평양의 이덕재(李德載)는 지원(地元)을, 관산의 윤부(潤夫)는 인원(人元)을, 연산의 주세걸은 물원(物元)을 보태어 천, 지, 인, 물에 의거해 사원을 완성했다고 했다.[67] 이처럼 사원술에서는 사원을 기호가 아닌 글자(天, 地, 人, 物)로 나타냈다. 사원술에서 각 항을 기재하는 방법은 상수항(c)을 가운데 놓고 천(x)은 아래쪽, 지(y)는 왼쪽, 인(z)은 오른쪽, 물(u)은 위쪽에 놓고 각 항의 계수를 그림의 해당 칸에 놓는다. 그림에서 보듯이 이 방법으로는 미지수가 다섯 개 이상인 문제로 발전할 수 없다.

$$\begin{array}{ccccc} y^2u^2 & yu^2 & u^2 & zu^2 & z^2u^2 \\ y^2u & yu & u & zu & z^2u \\ y^2 & y & c & z & z^2 \\ xy & xy & x & xz & xz^2 \\ x^2y^2 & x^2y & x^2 & x^2z & x^2z^2 \end{array}$$

〈사원옥감〉은 거듭제곱 지수가 8인 이항식을 전개했을 때의 산술삼각형으로 시작하는데, 산가지 형식으로 쓰면서 0을 나타내는 동그라미를 쓰고 있다. 이 저작은 연립방정식과 14차라는 고차방정식을 다루면서 중국 대수의 발전을 보여주고 있다. 주세걸은 방정식을 푸는 데 호너법을 사용했다. 그는 $x^2 + 252x - 5292 = 0$에서 근의 근삿값을 19(근은 19와 20 사이에 있다)라 하고 $y = x - 19$로 치환하여 $y^2 + 290y - 143 = 0$을 얻는다. 그러면 y값은 0과 1 사이에 있다. 이때 근의 근삿값을 $y = 143/(1 + 290)$으로 하고서 x의 값을 $19\frac{143}{291}$으로 했다. 또 방정식 $x^3 - 574 = 0$에서는 $y = x - 8$로 하여 $y^3 + 24y^2 + 192y - 62 = 0$으로 고치고서 $y = 62/(1 + 24 + 192)$를 얻은 다음 근의 근삿값을 $x = 8\frac{2}{7}$로 했다.

4-4 수열

유휘의 〈구장산술주〉에는 첫째 항부터 제n항까지의 등차수열의 합 S_n을 구하는 공식이 있다. 첫째 항이 a, 공차가 d일 때 $S_n = \{a + (n-1)d/2\}n$으로 구했다. 〈장구건산경〉에도 몇 개의 등차수열 문제가 있다. 첫째 항이 a, 끝항이 l일 때 $S_n = (a + l)n/2$이라 하고 있다. 첫째 항이 1이고 공차가 1인 등차수열 n개 항의 합을 $n(n+1)/2$로 구하고 있다. a, n, S_n이 주어질 때 공차를 $d = \{(2S_n/n) - 2n\}/(n-1)$으로 구하고 있다. a, d와 n개 항의 평균이 주어질 때 항의 수 n을 구하고 있다.

11세기에 들어서서 심괄을 시작으로 하여 많은 수학자가 고계등차수열의 합을 구하는 문제를 연구했다. 그는 〈몽계필담〉에서 같은 크기의 공을 직사각뿔대 모양으로 쌓아놓았을 때, 공의 개수를 구하는 일반 공식을 제시하고 있다. 맨 위층

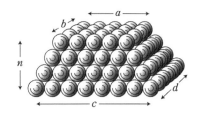

에는 가로로 a개, 세로로 b개, 맨 아래층에는 가로로 c개, 세로로 d개가 놓여 있고 높이는 n층을 이루고 있다. 공의 총 개수는

$$S = ab + (a+1)(b+1) + \cdots + cd = \frac{n}{6}\{(2b+d)a + (2d+b)c\} + \frac{n}{6}(c-a)$$

이다. $c = a + (n-1)$, $d = b + (n-1)$을 대입하여 정리하면 $\sum_{i=0}^{n-1}(a+i)(b+i)$와 같음을 알 수 있다. 이때 각 개수를 길이로 여기면, 곧 윗면의 가로를 a, 세로를 b, 아랫면의 가로를 c, 세로를 d, 높이를 n이라 하면 직사각뿔대의 부피는 S의 맨 우변에서 첫째 항이 된다. 심괄은 식 S를 얻은 방법을 설명하고 있지 않다. 여러 번 실험을 되풀이하여 귀납적으로 얻었을 가능성이 매우 높다.[68]

주세걸의 〈사원옥감〉에는 여러 급수의 합이 있는데 고계등차급수의 합을 구하는 연구에서 한 걸음 더 나아갔다. 그는 합을 구하는 한층 복잡한 문제의 풀이를 계통적으로 보편성 있게 제시하고 있다. 고계등차급수의 총합으로부터 항수를 구하는 문제도 있다. 이때는 수열의 합을 구하는 공식으로부터 고차방정식을 끌어내야 한다. 그가 제시한 많은 문제는 일련의 중요한 공식으로 귀결되는데, 그것은

$$\sum_{i=1}^{n} \frac{1}{k!} i(i+1) \cdots (i+k-1) = \frac{1}{(k+1)!} i(i+1) \cdots (i+k) \ (k=1, 2, \cdots, 6)$$

로 표현된다. 오늘날에는 이 식을 수학적귀납법으로 증명하지만 그는 증명을 제시하지 않았다. 그가 그 식들을 어떻게 얻었는지는 자료가 부족하여 알기 어렵다. 엄밀하지 않다고 하더라도 귀납법으로 구했을 가능성이 높다.[69]

원나라 때의 왕순(王恂 1235-1281)이나 곽수경은 보간식을 써서 급수의 합을 구하는 방법인 차분법으로 삼차보간법을 새로 도입했는데 그 원리의 일부가 중국에서는 7세기부터 있던 듯하다. 주세걸도 차분법으로 고계등차급수의 합을 구하는 문제를 해결했다. 그의 차분법은 현재 쓰이는 뉴턴의 보간법 공식과 같다. 이 방법을 이용하면 어떤 유형의 고계등차급수의 합도 구할 수 있다.

5 기하학과 측량

5-1 원과 활꼴

　기하에서는 어느 분야보다 관영 수학의 성격이 잘 드러난다. 춘추 시대에 이랑을 기준으로 삼은 조세 제도가 시작되고 나서 밭의 넓이를 계산하는 방법은 매우 중요했다. 〈구장산술〉에서 방전(직사각형 모양의 밭)장을 맨 앞에 놓은 까닭이 여기에 있다. 곡식 창고는 원형으로 많이 지었기 때문에 원의 넓이를 계산하는 방법도 중요했다. 그래서 방전장에는 원, 고리(두 동심원으로 둘러싸인 도형), 활꼴의 넓이를 구하는 방법도 있다. 성벽을 세우고 도랑을 파는 등의 공사에서는 부피(들이)를 계산하여야 했는데, 이런 제재를 다루는 곳이 상공장이다. 방전과 상공장에서 원이 관련된 도형의 넓이를 제외하면 직선 도형의 넓이와 부피 계산법은 모두 올바르다. 그렇지만 도형은 수의 관계를 대수적 공식으로 일반화하는 것을 돕는 수단이었지, 도형 자체가 수학적 대상이 되어 그것의 성질이 탐구된 적이 거의 없었다.

　평면의 직선 도형의 넓이에 관해서는 한 가지만 살펴본다. 진구소가 〈수서구장〉에서 주어진 삼각형의 세 변의 길이 a, b, c를 알고 있을 때, 넓이를 구하는 일반적인 계산법으로 $\sqrt{\dfrac{1}{4}\left\{a^2b^2 - \left(\dfrac{a^2+b^2-c^2}{2}\right)^2\right\}}$ 을 제시했다. 이는 그리스 헤론의 공식과 같다.

　이집트인은 원의 넓이를 원둘레와 독립으로 계산했다. 바빌로니아인과 중국인은 원의 넓이, 둘레, 지름 사이의 관계를 알았다. 두 문명에서는 원의 넓이를 원둘레의 반과 반지름을 곱하여, 곧 둘레 c, 지름 d에 대하여 $(c/2)(d/2) = cd/4$로 계산했다. 또 $\pi = 3$으로 하여 d를 $c/3$로 치환한 $c^2/12$이라는 식도 이용했다. 이론은 정확하나 π를 3으로 하고 있어, 이렇게 구한 원의 넓이는 정밀하지 않았다. 중국인은 때로 $cd/4$에서 c를 $3d$로 놓은 $3d^2/4$이라는 식도 사용했다. 그리고 원에 내접, 외접하는 두 정사각형의 넓이를 평균하여 구한 것도 있다.[70]

　바빌로니아인과 중국인이 어떻게 원둘레와 넓이가 결합된 $(c/2)(d/2)$라는 공식을 발견했는지를 보여주는 자료는 남아 있지 않다. 가능한 설명의 하나는 1장에서 살펴보았다. 다른 가능성은 중세

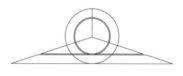

유럽의 자료에 있는 것으로, 주어진 원을 그림처럼 한없이 가는 실 같은 동심원으로 만든 뒤, 이 원을 반지름으로 자르고 나서 펼치면 밑변은 주어진 원의 둘레 c, 높이는 반지름 $d/2$인 삼각형이 된다는 것이다.

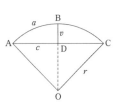

〈구장산술〉 방전장에서는 원의 호와 현으로 둘러싸인 활꼴의 넓이를 현 $\mathrm{AC} = c$, 화살 $\mathrm{BD} = v$(현의 중심에서 호에 수직으로 그은 선분의 길이)라고 할 때 $(cv + v^2)/2$으로 구했다. 이것은 $\pi = 3$으로 가정해도 반원일 때를 빼고는 정확하지 않다. 사실 이 공식은 윗변이 v, 아랫변이 c, 높이가 v인 사다리꼴의 넓이이다. 이 공식은 사다리꼴에 근사시켜 얻은 것일 수도 있다. 3세기 때 유휘는 할원술을 바탕으로 활꼴의 넓이를 정확히 구하는 방법을 제시했다. 여기서 좀 더 나아가 심괄은 활꼴의 현, 화살, 호의 관계식을 처음으로 고찰했다. 그는 같은 그림에서 원의 지름 d, 반지름 r, 호 $\mathrm{ABC} = a$일 때 $c = 2\sqrt{r^2 - (r-v)^2}$과 $a = c + 2v^2/d$이라는 결과를 끌어냈다. 그러나 공식만 써 놓고 증명하지 않았다. 그는 나침반을 다루는 방법을 개량했고 자극이 남북을 정확히 가리키지 않는다는 것, 곧 편각을 세계 처음으로 발견했다. 그는 자연 현상이 객관 법칙에 지배되므로 사람은 그 법칙에 영향을 끼칠 수 없으며, 그 법칙을 인식하여 자신을 위해 쓸 수 있을 뿐이라 했다. 그는 합리주의자이며 경험주의자였던 반면에 관념적인 자연철학의 일종인 음양오행설을 믿었다.[71]

5-2 원주율

원주율에 관한 연구는 후한 때에 아르키메데스와 관계없이 이루어졌다. 〈구장산술〉에서는 원의 넓이를 구할 때 $\pi = 3$을 사용했다. 1세기 초부터 좀 더 정확한 값을 사용하기 시작했다. 유흠(전50?-후23)은 원통형의 표준 그릇을 만들고 단면의 지름을 1.4332척, 넓이를 1.62제곱척이라 했다. 여기서 원주율은 $4 \times 1.62 \div 1.4332^2$에서 약 3.1547이다. 2세기 초에는 장형(張衡 78-139)이 구의 부피를 구하는 공식에서 $\sqrt{10}$을 썼으며 〈영헌〉(靈憲)에서는 $730/232 (\approx 3.1466)$을 이용했다. 왕번(王蕃 228-266)은 혼천의(渾天儀)[21]를 다루는 데서 $142/45 (\approx 3.1556)$를 채용했다. 이러한 원주율의 근삿값에는 이론적 근거가 없었다. 중국에서 처음으로 이론적 근거를 갖춘 방법을 사용하여 원주율의 계산을 연구한 사람은 유휘였다.

---

21) 천체의 운행과 위치를 관측하던 장치

유휘는 〈구장산술주〉(263)의 방전장의 주석에서 아르키메데스와 비슷한 방법으로 더욱 정확한 값을 얻을 수 있게 했다. 이때 그가 사용한 방법이 할원술이다. 그는 원에 내접하는 정다각형의 넓이는 원의 넓이보다 작은데, 변의 수가 늘수록 원의 넓이에 가까워지는 것을 이용했다. 그는 내접하는 정육각형에 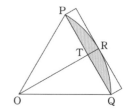 서 시작하여 변의 수를 두 배씩 늘려갔다. 게다가 그는 원에 내접하는 정n각형의 한 변의 길이를 알면 내접 정$2n$각형의 넓이를 구할 수 있다는 사실을 알아냈다. S_n을 원에 내접하는 정n각형의 넓이, S를 원의 넓이라고 하면

$$n\mathrm{PQ} \cdot \mathrm{TR} = 2(S_{2n} - S_n), \ \ S_n + 2(S_{2n} - S_n) = S_{2n} + (S_{2n} - S_n) > S.$$

그러면 부등식 $S_{2n} < S < S_{2n} + (S_{2n} - S_n)$을 얻게 된다. 그는 S_{96}을 이용하여 $314\frac{64}{625} < 100\pi < 314\frac{64}{625}$를 얻었다. 양끝에서 분수 부분을 버리면 $100\pi \approx 314$, 곧 π의 어림값으로 $157/50$을 얻는다. 그는 다시 원에 내접하는 정3072각형의 넓이를 구하여 $3927/1250 = 3.1416$을 얻었다. 실용 산술에서 그는 $\pi = 157/50$을 이용하여 원의 넓이를 계산했다. 그는 이 방법을 사용하여 원주율 연구의 새 시대를 열었다.

유휘의 할원술은 고대 그리스의 아르키메데스가 이룬 성과보다 수백 년 늦었지만, 그가 이뤄낸 성과는 그때까지의 수학자들을 뛰어넘었다. 그의 부등식은 원에 내접하는 정다각형의 넓이만 있으면 되었다. 원에 내접, 외접하는 정n다각형의 둘레 길이를 모두 이용했던 아르키메데스보다 훨씬 적은 노력으로 더욱 나은 성과를 올렸다. 이러한 성과는 자리기수법으로 거듭제곱근을 빠르게 계산할 수 있던 것도 한몫을 했다.

유휘는 원에 내접하는 정다각형의 변의 개수를 늘려 가면 잃는 것은 차츰 작게 되고, 늘릴 수 없을 정도까지 늘리면 마침내는 원과 일치하여 잃는 것은 없게 된다고 했다.[72] 이것은 그에게 극한의 개념이 있었음을 보여준다. 그는 또한 활꼴의 넓이도 할원술과 비슷한 방법으로 계산했다. 주어진 활꼴의 현을 c_0, 화살을 v_0이라 하고 호를 $1/2$, $1/4$, …로 나눈 활꼴의 현과 화살을 각각 c_1, c_2, …, v_1, v_2, …라고 하면 주어진 활꼴의 넓이는 $(c_0v_0 + c_1v_1 + c_2v_2 + \cdots)/2$가 된다고 했다. 이로써 그는 중국에서 극한 개념을 적용한 첫 수학자가 되었다. 유휘의 절차와 그리스의 방법에는 다음의 차이가 있다. 그리스인은 이중귀류법으로 그들이 구한 결론이 올바름을 보여준다. 이와 달리 유휘는 직접 증명, 곧 원에 내접하는 정다각형의 변의 길이를 두 배씩 늘리는 절차를 한없이 계속할 수 있고, 그러면 내접다각형과 원 사이의

차이가 계속 작게 된다는 것에서 정다각형의 넓이로 원의 넓이를 결정하고 있다. 유휘가 다루고 있는 것은 수렴하는 수열임이 자명한데, 그에게는 수열의 극한에 대한 명확한 관념은 없었다.[73] 그가 무한소를 직접 적용하기 위해 극한의 개념을 끌어들였지만 그의 극한이나 무한은 이론적으로 체계화된 개념은 아니었다.

5세기 중반에 하승천(河承天)이 사용한 원주율 22/7는 〈수서〉(隋書) '율력지'에 실려 있다. 5세기 말에 조충지(祖冲之 430-501)는 22/7, 355/113를 제시했다. 그는 355/113를 다음 방법으로 구했을 것이다. π가 하승천의 22/7는 π보다 크고 유휘의 157/50은 π보다 작다는 것으로부터 새로운 분수 $(157+22)/(50+7)=179/57$를 만든다. 이 값은 3.14035로 π보다 작다. 다시 179/57와 22/7로 분모끼리, 분자끼리 더하여 201/64을 만든다. 이런 과정을 아홉 번 되풀이하면 $(157+9\times22)/(50+9\times7)=355/113$가 나온다. 이 값은 3.1415929로 원주율에 매우 가깝다. 이후에 그는 아들 조환(祖暅)과 함께 작은 값으로 3.1415926을 큰 값으로 3.1415927을 제시했다. 조충지가 결과를 어떻게 얻었는지는 그가 지은 〈철술〉(綴術)이 없어진 데다가 '율력지'에 매우 간단히 기록되어 있어 상세히 알기 어렵다. 유휘의 할원술 말고는 새로운 방법이 있었을 것 같지는 않다.[74] 이렇게 얻은 값은 이론적 통찰보다 끈기 있게 계산하여 얻은 것이다. 조충지 이후에 800년 이상이나 지난 뒤에야 조우흠(趙友欽 1271-1335)의 〈혁상신서〉(革象新書)에서 원주율에 관한 연구가 나온다. 그는 유휘와 달리 내접 정사각형에서 시작하여 정$4\times2^{12}(=16384)$각형의 변의 길이로부터 3.141592를 구하여 $\pi=355/113$가 충분히 좋은 어림값임을 입증했다.

5-3 닮음비의 응용

〈구장산술〉의 구고장에서는 성의 길이, 산의 높이, 우물의 깊이 등을 재는 측량에 관한 여덟 문제가 있다. 풀이는 모두 닮은 직각삼각형에서 대응하는 변끼리 비례를 이룬다는 원리를 이용하고 있다.[75] 이 문제들은 초등 수준이었다. 유휘는 좀더 복잡한 문제들로 보완하여 〈구장산술주〉에 실었다. 그는 이 문제들에서 전해오던 중차술(重差術)을 보완하여 측량술을 한 걸음 더 발전시켰다. 이 부분을 사람들이 7세기 초에 따로 엮어 책으로 만들었다. 책 이름은 첫 번째 문제가 바다에 있는 섬(海島)까지의 거리와 섬의 높이를 구하는 문제여서 〈해도산경〉(海島算經)이라고 했다. 이 저작에 있는 문제들은 긴 막대와 이것에 붙어 있는 겨냥대를 사용해서 다가갈 수 없는 곳까지의 거리를 재는 것이다. 여기에도 문제와 답을 구하는 계산 절차만 기술되어 있다.

중차술은 전한 때에 개천설을 주장한 천문학파가 해까지의 거리를 측량할 때 사용한 방법이다. 구면인 지표면을 평면으로 가정하고서 측량한 해까지의 거리는 정확한 값에 가깝기 어렵다. 중차술로는 가까우나 다가갈 수 없는 곳에 있는 대상의 높이와 거리를 계산할 수 있을 뿐이다. 중차술을 지표면에 적용했음을 보여주는 사례로는 −168년에 조성된 무덤 마왕퇴에서 출토된 지도가 있다. 이 지도는 중차술을 이용하지 않으면 만들 수 없을 개연성이 크기 때문에 −2세기 초에는 중차술이 알려져 있었을 것으로 추정된다.[76]

'중차'는 직각삼각형의 닮음비에 두 개의 차를 사용하기 때문에 붙여졌다. 〈해도산경〉에 처음 나오는 문제의 풀이에서 살펴보자. 바닷가 어느 곳 K에서 멀리 떨어진 섬 I까지의 거리 $IK = x$와 섬의 높이 $DI = y$를 재려고 한다. K와 IK의 연장선에 있는 G에 길이가

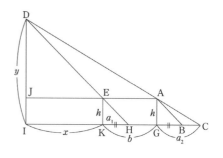

h인 막대를 수직으로 세운다. K와 G에 세운 막대의 끝을 각각 E, A라 한다. DE와 DA의 연장선이 지면과 만나는 점을 각각 H, C라 한다. 마지막으로 B를 GC 위에 KH=GB가 되도록 놓는다. 그러면 △DJE∽△AGB, △DEA∽△ABC이므로 $\dfrac{DJ}{AG}$ $= \dfrac{JE}{GB} = \dfrac{DE}{AB} = \dfrac{EA}{BC}$이다. 이때 KG= b, KH= a_1, GC= a_2라 하면 $\dfrac{y-h}{h} = \dfrac{x}{a_1}$ $= \dfrac{b}{a_2 - a_1}$가 된다. 그러면 $x = \dfrac{b}{a_2 - a_1} \times a_1$과 $y = \dfrac{b}{a_2 - a_1} \times h + h$가 된다. 여기서 b는 IG−IK이고, $a_2 - a_1$은 GC−KH이다. 이처럼 이 계산에서 두 차를 이용하고 있다. 이 밖에도 유휘는 몇 가지 방법으로 공식을 끌어내고 있다. 13세기 중반에 양휘는 이 특별한 문제에 주석을 남기면서 단지 합동삼각형과 넓이의 관계를 이용하여 증명했다.

여기서 보듯이 유휘는 탈레스와 달리 보통 두 번을 관측하는데, 때로는 더 많이 관측하기도 했다. 〈해도산경〉에 나오는 관측과 계산은 모두 닮은 삼각형에 바탕을 두고 있어 문제의 형식은 기하적이지만 실제 풀이는 대수적이다. 닮은 삼각형을 이용한 유휘의 풀이에 탄젠트를 곱하는 조작이 나타나 '삼각법' 계산처럼 보이기도 한다. 하지만 유휘만이 아니라 그 뒤의 어느 주석자도 각을 그러한 것으로 언급하고

있지 않다.[77] 이런 측량 계산에는 아직 삼각법의 개념은 없었다고 해야 할 것이다.

5-4 입체

〈구장산술〉에서 구의 부피는 소광장에서 다루고 이것을 뺀 입체의 부피 계산은 대부분 상공장에서 다룬다. 구의 부피 말고 다른 입체의 부피는 바르게 구하고 있다. 〈구장산술〉에서 부피나 들이를 구하는 문제는 모두 당시의 성이나 둑 쌓기, 운하나 개천 파기 따위의 토목 공사와 각종 형태의 창고 등을 세우는 건축 공사를할 때 측량과 관련된 사례들이다. 공사의 일정과 공사에 동원되어야 할 사람의 수를 계산하는 등의 실제 수요와 밀접하게 결합되어 있었다.

각뿔의 부피를 논의하는 장에서 유휘의 주석은 기하학적 추론의 정교함을 보여준다.[78] 유휘는 각종 입체의 부피를 구하는 공식을 자신이 기본 입체도형이라고 한 것으로 설명한다. 직육면체를 한 면의 대각선

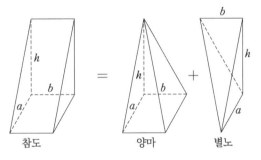

참도   양마   별노

을 지나 그 면에 수직인 평면으로 잘라 두 개의 참도(塹堵 삼각기둥)를 만든다. 참도를 만들 때 생긴 절단면의 대각선과 본래의 직육면체 옆면(직사각형)의 대각선을 지나는 평면으로 잘라 양마(陽馬 사각뿔)와 별노(鱉臑 삼각뿔)를 만든다. 두 개의 별노를 합치면 하나의 양마가 되고, 양마 셋을 합치면 하나의 직육면체가 된다. 그러므로 직육면체의 가로, 세로, 높이가 각각 a, b, h일 때 참도, 양마, 별노의 부피는 각각 $abh/2$, $abh/3$, $abh/6$이다. 전보종[79]은 직사각기둥의 부피가 abh인 것은 증명이 필요 없는 공리로 인정될 수 있다고 한다. 그러나 이것은 평면으로 둘러싸인 도형의 부피를 구하는 데 한정된 것이지 도형 자체의 성질을 다룰 수 있게 해주는 근본적인 규정은 아니다. 어느 자료에도 수학에 공리적 기초를 주는 모습은 없다.[80]

평면으로 둘러싸인 입체의 부피는 직육면체를 포함한 네 가지 기본 도형의 부피를 조합하여 계산할 수 있다. 유휘는 정사각뿔대를 기본 도형으로 쪼개어 구한 부피 공식 $V = abh + (b-a)^2 h/3$를 제시하고 있다. 그는 이러한 방법을 평면도형의 넓이를 구하는 데 적용하기도 하여 여러 문제를 직관적으로 해결했다. 이를테면 직각을 낀 두 변의 길이가 a, b인 직각삼각형에서 내접하는 정사각형 한 변의 길이 $x = ab/(a+b)$ (왼쪽)나 내접하는 원의 지름 $d = 2ab/(a+b+c)$ (오른쪽)를 구하는 것이

그러하다. c는 빗변의 길이다. 그는 $d=\sqrt{2(c-a)(c-b)}$와 $d=a+b-c$라는 두 가지를 덧붙이고 있다. 이처럼 도형을 이용하여 조각을 맞추는 방법은 단순한 설명과 해석처럼 여겨지나 일종의 증명이다.[81] 하지만 이것은 연역적 논증이 아닌 설득으로 이해시키고 있을 뿐이다.

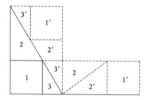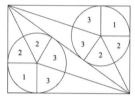

〈구장산술〉 상공장에 있는 직원뿔과 직원뿔대의 부피 공식은 $\pi=3$이라 하면 정확하다. 그렇지만 그 공식마저도 계산만 기술했을 뿐 그것을 어떻게 끌어냈는지 설명하지 않았다. 유휘는 '원뿔대 : 외접 정사각뿔대＝원의 넓이 : 외접 정사각형의 넓이＝π : 4'라는 비례식을 이용해서 원뿔대의 부피를 구하고, 마찬가지 방법으로 원뿔의 부피를 구했다. 이리하여 밑면인 정사각형의 한 변이 a, 높이가 h인 정사각뿔은 부피가 $a^2h/3$이므로 밑면인 원의 지름이 a, 높이가 h인 원뿔의 부피는 $\dfrac{\pi}{4}\cdot\dfrac{1}{3}a^2h=\dfrac{\pi a^2 h}{12}$가 된다. 덧붙여서 방전장 주에서는 직원뿔 밑면의 지름이 a, 모선의 길이가 l일 때 겉넓이를 $\pi al/2$로 하고 있다.

〈구장산술〉의 소광장에서는 지름이 d인 구의 부피를 $V=(9/16)d^3$이라 하고 있다. 이것은 구의 부피와 외접하는 원기둥 부피의 비를 3 : 4로 하고, 원기둥 부피와 외접정육면체 부피의 비를 3 : 4로 하여 구의 부피와 외접하는 정육면체 부피의 비를 9 : 16으로 계산한 것이다. 이것들은 원주율을 3이라 하여도 정확하지 않다. 이에 대하여 장형(78-139)은 지름을 d라 할 때 $(5/8)d^3$으로 하여야 한다고 생각했다. 유휘는 장형의 공식이 그릇되었다고 비판했다. 그리고 구의 부피와 외접 원기둥의 부피의 비가 구의 중심을 지나는 단면(원)의 넓이와 외접 정사각형의 넓이의 비(π : 4)와 같다고 기술된 것의 오류도 지적했다.[82] 그러나 유휘도 아직 구의 부피를 구하지 못했다.

유휘는 모합방개의 부피를 다루었다(−3세기 아르키메데스는 착출법으로 구했다). 그는 반지름이 r인 두 원기둥으로 만들어진 모합방개에 반지름이 r인 구를 내접시킬 수 있으므로 구의 부피와 모합방개의 부피의 비는 원 넓이와 외접정사각형 넓이의 비인 π : 4이어야 함을 발견했다. 유감스럽게도 유휘는 모합방개의 부피를 구하지 못했다.

조충지는 〈철술〉에서 반지름이 r인 원기둥으로 만든 모합방개의 1/8인 D-OABC로 고찰했다. 모합방개에서 OP=z라 하고 P를 지나는 평면 PQRS는 평면 OABC와 평행하다고 하자. OS=OQ=OA=r이므로 PS=PQ =$\sqrt{r^2 - z^2}$ 이어서 정사각형 PQRS의 넓이는 $r^2 - z^2$이

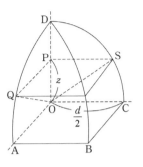

다. 따라서 모합방개 반쪽의 수평 단면의 넓이는 $4(r^2 - z^2)$이다. 이것으로부터 모합방개 부피의 반은 밑면의 한 변이 $2r$인 정사각형이고 높이는 r인 각기둥 부피에서 같은 치수의 각뿔의 부피를 뺀 것이라는 결론을 끌어냈다. 이로부터 모합방개의 부피로 $(2r)^3$ $-2 \cdot (1/3) \cdot (2r)^2 \cdot r = 8r^3 - (8/3)r^3 = (16/3)r^3$을 얻는다. 이것과 앞서의 비 $\pi : 4$를 이용하면 구의 부피는 $\dfrac{\pi}{4} \cdot \dfrac{16}{3}r^3 = \dfrac{4}{3}\pi r^3$이 된다. 여기서 조충지는 절단면의 개수가 같으면 쌓는 방식을 바꿔도 부피는 달라지지 않는다는 원칙을 제시한 것으로 보인다.[83] 중국에서는 이것 이상으로 나아가지 못했으나 유럽에서는 이러한 생각을 17세기에 카발리에리가 적용하면서 적분법이 발전하는 계기가 된다.

왕효통의 〈집고산경〉(625?)에는 달의 방위를 계산하는 문제, 둑을 쌓고 물길을 내는 문제, 창고를 짓는 문제, 직각삼각형과 관련된 구고 문제가 실려 있다. 가장 눈길을 끄는 내용은 윗면은 직사각형이나 바닥은 양쪽 끝의 나비가 다르고, 높낮이도 다르며 둑 방향에 직각으로 자른 단면은 사다리꼴인 둑을 쌓는 문제이다. 곧, 두 밑면이 사다리꼴인 사각

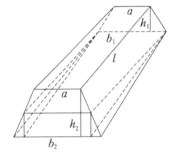

뿔대의 부피를 구하는 문제이다. 왕효통은 이 둑을 그림처럼 네 조각으로 나누었다. 윗부분은 둑 방향에 직각으로 자른 단면이 사다리꼴인 사각기둥 모양의 일반적인 둑이다. 아랫부분의 가운데 조각은 삼각기둥이고 양쪽 조각은 삼각뿔이다. 작은 사다리꼴의 윗변을 a, 아랫변을 b_1, 높이를 h_1, 큰 사다리꼴의 아랫변을 b_2, 높이를 h_2, 둑의 길이를 l이라 하자. 그러면 사각기둥의 부피는 $(a+b_1)h_1 l/2$, 삼각기둥의 부피는 $b_1(h_2 - h_1)l/2$, 두 삼각뿔의 부피는 $(b_2 - b_1)(h_2 - h_1)l/6$이므로 이 셋을 더하면 둑의 부피가 된다. 한편 둑의 부피가 주어졌을 때 작은 사다리꼴의 높이를 x라 하면 주어진 조건으로부터 $x^3 + px^2 + qx = r$과 같은 삼차방정식이 나온다. 왕

효통은 세제곱근을 구하는 방법(개립방)에서 직접 확장된 대종개립방으로 이 삼차방정식을 풀었다.

5-5 피타고라스 정리

피타고라스 정리를 넓이의 합으로 증명하는 것은 고대 문명마다 있었다. 바빌로니아와 그리스 문명의 영향을 받지 않은 중국 문명에는 그리스보다 더 오래되었을 수도 있는 증명을 〈주비〉에서 볼 수 있다. 개천설에 입각하여 천체의 크기와 위치를 재는 관측 기구인 비(髀 그노몬)와 결부된 구고현(句股弦)에 대한 기술(피타고라스 정리)이 〈주비〉의 시작 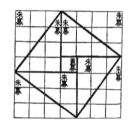 부분에 나온다. 저자는 여러 곳에서 닮은 직각삼각형과 구고정리를 응용하여 높이, 깊이, 거리를 재기도 했다. 이렇듯 구고정리를 임의의 길이(거리)에 사용했다는 것은 그것의 일반성을 알았다는 것이다. 그들은 구고정리를 일반적으로 나타내는 적절한 기호가 없었을 뿐이다. 〈주비〉의 도입부에서 구고정리의 한 예로써 가늘고 긴 막대를 꺾어 구(밑변)를 3, 고(높이)를 4, 현(빗변)을 5로 한다는 기술이 있다. 딸린 그림은 고대 중국인이 직각삼각형에서 직각을 낀 변들(a, b)과 빗변(c) 사이의 관계 ($a^2 + b^2 = c^2$)를 이해하고 있었음을 보여준다.

조상(趙爽 300년 무렵 활동)은 1세기부터 3세기 초에 나온 구고산술의 뛰어난 성과를 〈주비〉의 첫째 장에 주석으로 넣으면서 간결하게 총괄했다. 그는 직각삼각형 세 변 사이의 관계를 네 종류로 나누어 정리했다. 하나는 오른쪽 그림과 관련된 것이 다. 그가 보여주는 증명은 일반적이나 연역적인 방법을 갖추  지 못하여 설득력 있는 논의일 뿐이었다. 또한 조상은 이차방정식의 새로운 풀이법도 제시했다. 그것은 인도나 아랍에서 통용되던 기하 도형에서 출발하는 방법과 비슷하다.[84] 그는 이 방법으로 이차항의 계수가 음수인 $-x^2 + ax = b$를 풀고 있다. 기하 도형을 이용한 직관적인 문제 해결 방식은 같은 시대의 유휘도 널리 이용했다.

구고정리의 이용은 〈구장산술〉의 구고장 1제부터 14제의 응용 문제에서 상세히 볼 수 있다. 일부 문제가 나중에 인도와 유럽에서 다시 다루어졌다. 이를테면 6제는 "한 변이 10척인 정사각형 꼴의 못이 있다. 이 못의 한가운데 갈대가 자라고 있다. 갈대의 끝이 물 위로 1척 솟아 있다. 갈대를 못가로 끌어당기면 그 끝이 정확하게 못가에 닿는다. 못의 깊이와 갈대의 길이는 얼마인가?"이다. 요즘은 먼저 $y^2 = x^2 + b^2$으로 놓고 $y = x + a$를 대입하여 x의 방정식으로 만들고 정리해서 $x = (b^2 - a^2)/2a$을 얻는다. $b = 5$, $a = 1$을 대입하여 못의 깊이를 구한다. 중국인은 다음과 같이 구했다. "못의 한 변의 반을 제곱하고, 물 밖의 1척의 제곱을 뺀다. 나머지를 물밖 1척의 길이의 두 배로 나누어 물의 깊이를 얻는다. 물 밖의 길이를 더하여 갈대의 길이를 얻는다." 물의 깊이를 식으로 나타내면 앞의 식과 같다. 그런데 중국의 저자가 이 근을 대수적으로 구했는지, 기하학적 방법으로 구했는지는 확실하지 않으나[85] 피타고라스 정리를 이해하고 사용했음은 분명하다.

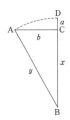

6 천문학과 기타

어느 문명이든 수학과 과학은 자극을 주고받으면서 발전했다. 중국의 경우는 특히 역법이 그 역할을 했다. 역법 계산으로부터 제기된 많은 문제가 수학의 발전을 촉진했다. 거꾸로 수학에서 나온 새로운 방법은 계산 기법을 개선하여 더욱 정밀한 값을 산출해 주었다.

중국 역사에서 수학의 가장 중요한 역할의 하나는 달력 제작이었다. 일식, 월식과 같은 천문 현상을 미리 알고자 하는 왕조의 욕구와 맞물린 달력의 보급은 국왕의 특권이었다. 새로운 역법의 반포는 왕조의 정당성을 내세우는 주요 수단이었다. 동중서(董仲舒 전179?-104?) 같은 영향력 있는 사상가가 발전시킨 정치 이론은 하늘의 권한을 위임받은 황제가 하늘과 땅의 사이에 존재하는 감응을 중재한다고 했다.[86] 중국에서 수리천문학을 중요하게 여긴 것은 정치가 점성술, 천문학과 단단히 엮여 있었기 때문인데, 그 결속은 1900년 무렵까지 유지되었다. 이 결과로 중국의 수리천문학은 역법 계산에 한정되었다. 역설적이게도 우주의 구조에 바탕을 둔 천체의 운동에 관심을 두지 않음으로써 역법을 정확하게 계산하는 방법도 만들지 못했다. 그래서 역법은 자주 개정되었고 이것은 중국 문화의 한 특징이 되었다. -104년부터 1911년까지 거의 50번, 약 40년마다 개정되었다.[87]

천문학 책인 〈주비〉는 가장 오랜 수학 책이기도 하다. 〈주비〉의 수학적 장치는 직각삼각형의 닮음비, 구고정리와 그것의 변형이다. 〈주비〉는 태양년을 같은 시간 간격으로 나눈 24절기마다 선형보간법으로 얻은 그노몬의 그림자 길이(등차수열)의 이론적인 표를 싣고 있다. 이런 표가 우주의 구조와 관련된 기하학적이고 논리적인 연역에 바탕을 두었다는 증거는 없다. 별자리 체계인 28수(宿)가 쓰인 상황을 보면 공간보다 시간의 질서를 기본으로 생각했음을 알 수 있다.[88] 그러니까 중국인은 공간에는 관심이 없었고, 그들의 역법은 '공간적으로 통합된 전체라기보다 때를 맞춰 일어나는 사건들의 원천인 하늘'로서 시간과 천체의 각도 위치에 중점이 놓였다.[89]

전한까지는 해가 황도를 등속도로 날마다 1도씩 움직인다고 하여 황도 전체(원둘레)를 365와 1/4도로 구분했다. 해, 달, 다섯 행성이 등속도로 운행한다는 생각은 후한에 이르러 가규(賈逵 30-101)가 92년에 달이 때로는 빠르고 느리게 운행함을 발견하면서 바뀌기 시작했다. 206년에 유홍(劉洪 ?-?)은 건상력(乾象曆)을 만들면서 처음으로 달의 부등속운동에 주목하고 그믐과 보름의 시각을 추산하는 공식을 만들었다.[90] 그는 한 근점월[22] 동안 달이 날마다 움직이는 각을 측정하여 근지점[23]을 지나고 나서의 날수 n(정수)과 그날까지 달이 움직인 각 $f(n)$의 대응 관계를 정리했다. 또 공식 $f(n+s)=f(n)+s\Delta$(여기서 $\Delta=f(n+1)-f(n)$, $0<s<n$)를 사용하여 근지점을 지나고 나서 $n+s$일 동안 달이 움직인 각도를 계산했다. 물론 달의 속도는 변동이 큰 데다 선형보간으로 $f(n+s)$를 구했으므로 이 값은 오차가 클 수밖에 없다.

장자신(張子信)은 527년에 해도 등속도로 운동하지 않음, 곧 해가 동지점 앞뒤로는 조금 빠르고 하지점 앞뒤로는 느린 것을 알아냈다. 6세기 말이 되면 천체의 황경을 관측하는 기술이 발전하면서 그믐과 보름의 시각을 더 정확히 추산하게 됐다. 이 때문에 이전보다 정밀한 보간법인 등간격 이차 보간공식이 나오게 된다. 이것을 유작(劉焯 544-610)이 600년에 〈황극력〉(皇極曆)을 편제하면서 처음 도입했다. 유작은 해나 달이 움직인 거리를 경과 시간의 이차함수로 간주하고 이를 바탕으로

$$f(n+s)=f(n)+s\frac{(d_1+d_2)}{2}+s(d_1-d_2)-s^2\frac{(d_1-d_2)}{2}$$

$(d_1=f(2n)-f(n),\ d_2=f(3n)-f(2n),\ 0<s<n)$

을 찾아냈다. 이것은 $f(n)+sd_1+\dfrac{s(s-1)}{2}\cdot(d_2-d_1)$이 되어 뉴턴의 보간법에서

---

22) 달이 근지점에서 다시 근지점으로 돌아오는 기간
23) 지구 둘레를 도는 위성이 지구와 가장 가까워지는 곳

이차항까지와 같게 된다. 사실 천체의 운행은 이차함수로 나타낼 수 없어, 이렇게 얻은 결과도 실제와 부합하지 않는다. 따라서 유작의 보간공식으로도 근삿값을 얻을 뿐이지만 유흥의 공식과 견주면 훨씬 나아졌다. 중국의 천문학자들은 해와 달의 운동을 완전하게 이해하지 못하여 일월식 현상을 예보하는 데 대개 실패했다.

인도의 천문학자는 기하학 모형에 바탕을 둔 그리스 천문학의 영향을 받아 천체의 운행을 더욱 성공적으로 예측했다. 이에 당나라는 새로운 전문 기술을 갖추고자 인도의 학자를 초청했다. 이리하여 구면삼각법을 이용하는 인도 천문학과 수학이 중국에 들어오기 시작했다. 많은 인도 천문학자가 국가 천문대인 사천감(司天監)에서 활동했는데, 구담실달(瞿曇悉達)이 가장 많은 역할을 했다. 그는 718년에 인도의 〈구집력〉(九執曆)을 한문으로 번역했다. 이 저작에는 수학에서 중요한 세 가지가 담겨 있다. 첫째로 영(0)을 나타내는 작은 원을 포함한 인도-아랍 숫자와 자리기수법 체계를 소개했다. 중국에서는 이것을 전혀 중시하지 않았다. 중국인은 산가지를 사용하는 계산에 너무 익숙해 있어 이러한 수 체계의 뛰어남을 이해하지 못했다. 둘째로 원둘레를 360도로 나누고 1도를 60분으로 나누는 그리스인의 각도 측정법을 소개했다. 그러나 중국 천문학자는 황도를 여전히 한 해의 날짜와 관련지어 365와 1/4이라 했다. 더구나 이런 분할을 기하의 원에 적용한 적이 없었다. 셋째로 구면삼각법을 이용하여 월식 때에 달이 황도를 벗어난 도수를 계산할 때 그리스의 현의 표를 개선한 사인표를 사용했다. 0°에서 90°까지를 24등분하여 3°45′마다 사인값을 제시했다. 중국 수학자는 이것에도 관심을 두지 않음으로써 구면삼각법을 응용하는 천문 연구는 중국에 전혀 영향을 끼치지 못했다. 어떤 뜻으로는 현상의 예측에만 관심을 두었던 중국의 천문학은 기상학과 더 비슷하다. 플라톤과 프톨레마이오스의 우주는 영원하고 변함이 없으며 완전하다는 가정과 달리 중국인의 우주는 끊임없이 진화하는 상태에 있었다.[91] 천체의 운동 법칙과 규칙을 구조적으로 추구하지 않는 계산 위주의 역법은 천체의 운행을 정확하게 예측하지 못했다.

724년 당나라의 국립 천문대는 폭넓은 측지 사업을 시행했다. 일행(一行)은 이때 얻은 관측값과 그 밖의 자료 그리고 보간법을 이용하여 그노몬이 만드는 그림자의 길이를 계산한다든지, 낮과 밤의 길이를 결정한다든지, 관측자의 위치와 관계없는 일월식 현상을 결정하려고 했다. 그는 지구가 구형이라고 생각하지 못했으므로 고대 그리스의 모형과 같은 것을 떠올릴 수 없었다. 그는 1°부터 79°까지 정수값의 각 α에 대하여 8척의 그노몬 그림자의 길이인 $8\tan\alpha$의 표를 실었는데, 이것은 가장 초기에 기록된 탄젠트의 예이다.[92] 그가 이 표를 어떻게 작성했는지는 분명하지 않다. 일행 이후로 중국에서 삼각법은 17세기에 서구 세계와 접촉할 때까지 다시 나타나지 않았다. 일행은 727년에 〈대연력〉(大衍曆)의 초안을 쓰면서 유작의 등간격 이차 보간공식을 기초로 하여 부등간격 이차 보간공식을 만들었다. 822년에 서앙(徐昂)이 〈선명력〉(宣明曆)을 만들면서 일행의 식보다 간편한 보간공식을 개발하여 사용했다.

진구소는 〈수서구장〉(1247)에서 상원적년을 추산하는 경험을 정리하여 일차합동식의 풀이법을 계통적인 수학 이론으로 높였다. 왕순과 곽수경 등의 〈수시력〉(1281)에서는 고차방정식의 수치 해법(천원술)과 고계 등차급수의 지식을 이용하여 삼차보간법을 발명하고 해와 달의 방위표를 편제했다. 이때 모든 계산을 1일은 100각(刻), 1각은 100분(分), 1분은 100초(秒)로 하는 100진법 분수를 쓰는 혁신적인 방법으로 간단히 했다.[93] 왕순과 곽수경은 심괄의 회원술(會圓術)24)을 적용하여 계산하는 과정에서 새로운 관계식을 끌어냈다. 그렇지만 계산법 자체의 오차와 원주율을 3으로 하여 생긴 오차가 작지 않았다. 새 산법의 발견은 구면삼각법으로 들어서는 계기였으나 그 뒤에 한 걸음도 나아가지 못했다. 중국인은 천문학의 약점을 보완하기 위해 13세기부터 아랍 천문학자를 영입했으나 〈수시력〉에서는 이러한 아랍 수학과 역법(회회력)의 영향이 전혀 보이지 않는다. 17세기에 서양 수학이 전래되고 나서야 구면삼각법이 전면적으로 사용된다.

중국인이 수학(특히 대수학)과 천문학에서 많은 발전을 이룬 것은 사실이지만 이 성과들은 근대 천문학으로 나아가지 못했다. 우주론과 역법에 관한 개념은 천체의 운동을 관측하고 그 결과로써 천체 모형을 만들고 그것을 다시 일반 현상에 적용함으로써 성장한다. 중국도 실증적인 관찰을 바탕으로 천체의 위치를 계산했으면서도, 우주의 구조에 기반을 둔 행성의 궤도를 생각하지 않고 관측에 합치하도록 수치를 맞췄을 뿐이다. 천체 모형이라고 해야 북극성을 중심으로 천구 적도 근처에 고리를 이루며 자리 잡은 별자리의 구역인 28수(宿)가 방사상으로 뻗어나가는 식으로 조직되어 있다는 정도이고, 천체 관측의 주된 목적은 천체 운동의 규칙성을 발견하고 그것을 달력의 숫자 범주로 표현하는 것이었다.[94]

---

24) 원호 꼴인 곡선의 길이를 어림으로 구하는 방법

이 장의 참고문헌

[1] Harman 2004, 156

[2] Livesey, Brentjes 2019, 130

[3] 錢寶琮 1990, 237

[4] 錢寶琮 1990, 29

[5] 李儼, 杜石然 2019, 40-42

[6] 李儼, 杜石然 2019, 36

[7] Chrisomalis 2008, 505

[8] 錢寶琮 1990, 4

[9] 錢寶琮 1990, 18

[10] 錢寶琮 1990, 22

[11] Needham 1986, 271

[12] 錢寶琮, 1990, 24

[13] Lloyd 2008, 21

[14] Lloyd 2008, 19

[15] Boyer, Merzbach 2000, 322

[16] 李儼, 杜石然 2019, 48-50

[17] 李儼, 杜石然 2019, 87

[18] 李儼, 杜石然 2019, 60

[19] 李儼, 杜石然 2019, 56

[20] 錢寶琮 1990, 31

[21] Struik 2020, 126

[22] 錢寶琮 1990, 237

[23] Huff 2008, 490

[24] 錢寶琮 1990, 152

[25] 李儼, 杜石然 2019, 230

[26] Burton 2011, 259

[27] 李儼, 杜石然 2019, 238

[28] Huff 2008, 92

[29] Mokyr 2018, 454

[30] McClellan, Dorn 2008, 217

[31] McClellan, Dorn 2008, 218

[32] Huff 2008, 399

[33] Bodde 1991, 307

[34] 李儼, 杜石然 2019, 240

[35] Cullen 1996, 177

[36] Lloyd 2008, 25

[37] 李儼, 杜石然 2019, 24

[38] 錢寶琮 1990, 83

[39] 李儼, 杜石然 2019, 254

[40] 錢寶琮, 1990, 151

[41] 李儼, 杜石然 2019, 236-237

[42] 李儼, 杜石然 2019, 167

[43] Katz 2005, 18

[44] 錢寶琮 1990, 137

[45] 錢寶琮 1990, 137

[46] 錢寶琮 1990, 139

[47] 李儼, 杜石然 2019, 25

[48] 錢寶琮 1990, 140

[49] 錢寶琮 1990, 140

[50] 錢寶琮 1990, 156

[51] Katz 2005, 240

[52] 李儼, 杜石然 2019, 169

[53] Eves 1996, 193

[54] Struik 2020, 127

[55] Katz 2005, 239

[56] Katz 2005, 228

[57] Katz 2005, 230

[58] 錢寶琮 1990, 85

[59] Katz 2005, 232

[60] Katz 2005, 232

[61] Katz 2005, 237

[62] Katz 2005, 233

[63] Katz 2005, 238

[64] Katz 2005, 236

[65] 錢寶琮 1990, 175

[66] Katz 2005, 238

[67] 李儼, 杜石然 2019, 197

[68] 錢寶琮 1990, 197

[69] 錢寶琮 1990, 207

[70] Katz 2005, 26

[71] 김용운, 김용국 1996, 208

[72] 錢寶琮 1990, 72

[73] Lloyd 2008, 23

[74] 李儼, 杜石然 2019, 122

[75] 錢寶琮 1990, 49

[76] 李儼, 杜石然 2019, 116

[77] Katz 2005, 224

[78] Wagner 1979

[79] 錢寶琮 1990, 71

[80] Lloyd 2008, 24

[81] 李儼, 杜石然 2019, 105

[82] 李儼, 杜石然 2019, 109

[83] 錢寶琮 1990, 96

[84] 李儼, 杜石然 2019, 96

[85] Katz 2005, 39
[86] Martzloff 2000, 380
[87] Martzloff 2000, 381
[88] Cullen 1996, 40
[89] Martzloff 2000, 376

[90] 錢寶琮 1990, 112
[91] Martzloff 2000, 380
[92] Katz 2005, 226
[93] Martzloff 2000, 393
[94] Harper 2019, 93

제 7 장

인도 수학

 인도 문명의 형성 배경

인더스강 유역에서 발생한 농업혁명은 나일강이나 메소포타미아 지역과 거의 같은 시기에 일어났다. 이 문명은 지금의 파키스탄 펀자브주의 하라파에서 가장 먼저 발견되어 하라파 문명으로 일컬어진다. 헨조다로가 중심 도시였다. 하라파 문명은 −1800년 이후 쇠퇴했다. 쇠퇴의 원인은 아직 명확하게 밝혀지지 않았으나 아리아인의 침입 때문은 아니다.[1] −1800년 전후에 당시 전체 계절풍 체계가 약화되면서 인더스강 유역의 기후가 갈수록 건조해지고 차가워졌다. 이러한 생태환경의 변화가 쇠퇴의 원인이었을 것이다.

하라파 문명은 처음으로 면직물을 방직하고 도량형을 제정했으며 10진법을 사용했다.[2] 그러나 인도의 수학이 바빌로니아나 이집트, 그리스보다 뒤처져 보이는데, 이것은 인도의 고대 역사가 잘 밝혀져 있지 않기 때문이다. 하라파 문명이 성숙한 문자 체계를 갖고 있었더라도 그 당시 구하기 쉬운 종려나무 잎이나 면직물처럼 쉽게 썩는 유기물에 글씨를 썼던 탓에 긴 세월을 거치면서 사라졌을 것이다. 이 문명의 뒤를 이은 사회는 도시 문명이 아니라 분산된 농업 공동체로 구성되었고 그것들은 왕과 성직자가 맨 꼭대기에 있는 부족적인 조직체였다.[3]

지리적인 영향으로 인도는 중국보다 외세의 영향을 더 많이 받았으므로 인도의 과학과 기술도 열려 있었다. −326년에는 알렉산드로스가 북서 인도를 정복했고, 이때 과학자와 역사가가 함께 갔으므로 그리스의 영향력이 인도에도 미치기 시작했다. 알렉산드로스가 죽고 나서 그가 정복했던 지역을 마가다의 왕이었던 찬드라굽타 마우리아(전320-298 재위)가 −316년까지는 다시 정복했다. 마우리아 왕조(전327-180)는 거대한 관개농업 국가를 세우고 고도의 관료 체제로 통치했다. 찬드라굽타는 서아시아의 셀레우코스와 우호 관계를 맺었다. 이때 얼마간의 사상 교류가 일어났다. 나라를 통치하기 위해서는 글과 계산이 필요했을 텐데 남아 있는 가장 오래된 인도의 문자 체계는 −3세기의 브라흐미 문자이다. 아소카(전273?−232? 재위)는 이 문자로 자신의 업적을 돌기둥에 새겨 주요 도시에 남겼다. 그것들 가운데 몇 개에 지금 쓰이고 있는 수 기호의 가장 오래된 원형이 있다. 그렇지만 브라흐미 문자를 최초의 인도 문자로 보아서는 안 되는데 아직 해독되지 않은 인더스강 문명의 문자가 그 이전에 있었기 때문이다.[4]

마우리아 왕조는 아소카가 죽고 나서 쇠퇴했고, 인도는 다시 수많은 작은 왕국과 영토로 분열되었다. 그로부터 500년이 지난 뒤인 4세기에 굽타(Gupta) 왕조(320−550)가 인도를 다시 통일했다. 굽타 왕조는 두 세기 조금 넘게 이어졌지만, 인도의 문화는 높은 수준에 이르렀다. 고등교육 기관도 세워지고 예술과 의학이 번성했다. 647년에 북인도는 마지막 통일왕조의 왕이었던 하르샤(606−647 재위)가 죽은 뒤에 많은 작은 나라로 쪼개졌다. 이때 남인도에도 많은 수의 작은 나라가 있었다. 그럼에도 인도 전역에서 어느 정도의 문화적인 일체성이 유지되었는데 이것은 산스크리트어를 공통으로 사용했기 때문일 것이다. 산스크리트어와 베다는 모든 학문의 기초였다. 베다와 브라만교 문헌의 일부는 천문학과 수학 내용을 담고 있다. 이 덕분에 7세기 이후의 인도 수학을 살펴볼 수 있다. 8세기가 시작되면서 아랍인이 북부에 이따금 쳐들어오면서 힌두교도와 무슬림 사이에 전쟁이 벌어졌다. 마지막으로 12세기 말에 북인도는 무함마드 골리가 이끄는 아랍 군대에 의하여 정복되었다.

인도에서 자연과학 연구는 중국이나 아랍과 견줘도 덜 활발했다. 전형적인 관료 체제와 초월적이고 내세적인 종교가 자연을 직접 연구하는 것에 부정적인 영향을 끼쳤다. 게다가 초월적 실재가 있다고 믿었으나 이것과 현상 세계를 이어주는 플라톤의 이데아 같은 연결 고리가 없었다. 인도의 전통 사상가들은 자연 세계 자체나 자연 운행의 규칙이나 법칙에는 관심을 두지 않았다.

② 인도 수학의 개관

−3000년기(紀)에 하라파 문명이 생겼으나 이 문명이 남겨놓은 수학에 관한 직접적인 자료는 없다. 인도에서 수학 자료가 남아 있는 가장 오래된 문명은 아리아인이 −2000년기 후기에 구축한 것이다. 그렇더라도 −800년 이전의 수학 관련 사

료는 거의 확인되고 있지 않다. −8세기에는 여러 왕권 국가가 인더스강 유역에 세워지고, 이 나라들은 축성 공사와 행정상의 문제, 대규모의 관개 사업 등의 복잡한 국가 체계를 관리할 필요가 있었다. 이런 여건에서는 마땅히 수학이 요구되므로 일정 수준의 수학은 있었을 것이다.

천문 연구는 농업과 제사에 깊이 관련되어 있었으므로 천문 계산에 필요한 수학이 당연히 연구되었을 것이다. 누가 나라를 다스렸더라도 천문학자들은 역학과 관련된 물음에 답을 하고, 점성술과 관련된 조언을 해야 했다. 처음에 인도 수학은 천문학의 부산물로 발달한, 천문학을 뒷받침하는 수단이었다. 전해지는 수학은 천문학 책에 일부로만 들어가 있지 독립된 수학 문헌은 없다. 그럼에도 여기서도 다른 지역과 마찬가지로 수학자들은 실용 문제가 요청하는 범위와 수준을 뛰어넘는 새로운 수학을 개발했다.

인도에 남아 있는 자료의 연대를 결정하기는 매우 어렵다. 인도의 저자는 앞선 사람을 언급하는 일이 드물었고, 수학을 연구하는 데서 놀랄 만큼 독립성을 발휘했기 때문이다.[5] 여기에 글씨를 쓰는 재료가 썩기 쉬워서 쉽게 사라졌다는 것도 연대 추정을 더욱 어렵게 한다. 그래서 인도인이 발전시킨 방법의 흐름을 알려면 상당한 정도로 추정해야 한다.

−8세기 이전에 이집트처럼 인도에도 측량사가 있었다. 그들이 사원을 설계하고 제단을 측정하여 세우는 일과 관련하여 얻은 초기의 기하 지식이 −8~−6세기에 쓰였다고 전해지는 종교 문헌인 술바수트라(Śulvasūtra)[25]에 담겨 있다. 이 수학은 하라파 문명에서 창조되었을 가능성이 있는데 이것이 어떻게 후대로 전달됐는지를 아직 알 수 없다.

인도의 고전 산스크리트 학문에서 표준적인 기술 양식은 구전을 바탕에 둔 운문이 '기초 텍스트'였고 그것에 산문의 주석이 따랐다.[6] 이러한 운문과 산문을 섞어 구성한 학문에는 천문학과 수학도 포함된다. 대수 기호가 없었으므로 문제들을 운문의 문체로 표현했다. 이것은 독자에게 흥미를 주었으며 쉽게 기억할 수 있도록 했다. 논증을 거의 강조하지 않고, 자주 예시하는 그림을 보고 이해하도록 했다.[7]

인도 수학의 역사는 크게 두 시기로 나누는데 제1기인 −800년부터 200년에 이르는 술바수트라 시기에 원시 형태의 수학이 만들어졌다. 피타고라스가 활동하던

제7장 인도의 수학

---

25) 술바는 측정용 끈, 수트라는 종교 의식이나 그에 딸린 과학 지식의 법칙이나 격언을 적은 책

-6세기에 쓰인 것으로 추정되는 술바수트라는 새끼를 꼬아 제단을 세우는 기하학적 법칙을 구체적으로 설명하고 있고 피타고라스 세 수도 알고 있었음을 보여준다. 실제로 (3, 4, 5), (5, 12, 13), (8, 15, 17), (12, 35, 37)과 같은, 바빌로니아의 법칙에서 쉽게 얻을 수 있는 세 수가 있는 것에서, 여기에 실린 수학 내용은 바빌로니아의 영향을 받은 것으로 보인다.[8]

알렉산드로스가 인도를 침략하고 나서 인도 내부와 경계에 세워진 그리스 국가들은 아시아와 지중해 세계 사이에서 지식을 전달하는 역할을 했다. 이 국가들을 거쳐 -3세기쯤부터 그리스 천문학이 들어오면서 인도 천문학은 더욱 발전했다. 이때 인도 수학도 그리스의 영향을 받으면서 그 자체로 중요성을 지니게 되었다. 사회가 차츰 복잡해지고 계급 제도가 더욱 여러 갈래로 나누어지고 나서 천문, 수학 등의 자연과학 분야의 지식은 승려 계급(브라만)이 장악했다.

인도 수학의 제2기는 대략 200년부터 1200년 사이다. 200년 무렵부터 인도의 수학 연구는 이전보다 더욱 활발했다. 헬레니즘의 영향 때문일 것이다. 인도인은 알렉산드리아와 바빌로니아 양쪽으로부터 적지 않은 내용을 전해 받았으나 그리스의 기하학 전통보다 바빌로니아의 대수학 전통을 더욱 계승했고 스스로 많이 발전시켰다. 중국으로부터도 얼마간 영향을 받은 것도 확실하다.[9] 이를테면 조상(趙爽)의 〈주비〉 주석서(2세기)에 있는 피타고라스의 증명이 바스카라II의 저서(1150)에 보이고, 〈구장산술〉에 있는 활꼴의 넓이 공식이 마하비라의 저작(9세기)에 보이며, 〈해도산경〉의 첫 번째 문제와 같은 측량 문제를 브라마굽타가 다루고(7세기) 있다.

500년 이후의 인도 수학은 세계 수학에서 매우 중요한 위치를 차지한다. 인도에서 발전한 산술, 대수, 삼각법 등이 여러 나라를 거쳐서 유럽으로 전해져 유럽 수학의 발전에 디딤돌이 되었다. 인도인은 일찍부터 수의 추상화에 성공하여 산술과 대수학을 발달시켰다. 6~7세기의 기록에 따르면 당시에 사용된 수 체계는 이미 빈자리를 나타난 데 쓰이는 영(0)을 포함해서 10개의 기호를 갖는 10진 자리기수법이었다.[10] 이 수 체계를 바탕으로 인도인은 오늘날과 거의 같은 방식으로 덧셈과 곱셈을 했다. 그들은 기하학을 제외하고 일반적인 산술 연산에 관한 것이든 일반적인 정, 부정방정식의 풀이법에 관한 것이든 그리스보다 뛰어난 체계를 발전시켰다. 또한 인도의 수 체계는 이전까지의 수를 적고 계산하는 어려움을 획기적으로 개선하면서 계산가나 수학자가 아닌 일반인도 수를 쉽게 계산할 수 있게 해주었다.

1200년 무렵에 인도의 과학 연구는 쇠퇴했고 수학 분야도 정체되었다. 바스카라

II(Bhāskara II 1114-1185) 이후 몇 세기 동안 남인도의 케랄라(Keḷallur)에서 나온 것을 빼고는 몇 개의 주석서만 있을 뿐이다.[11] 이러한 상황을 초래한 원인을 몇 가지로 정리해 본다. 인도의 수학은 계량적 결과를 요구하는 실용적 필요에 부응하는 산술과 대수가 위주였다. 인도인은 연역적 패턴보다 계산에 관심을 두었으며, 그것도 일반해보다 구체적인 풀이를 선호했다. 그들은 효율적인 계산 방법과 풀이 기법으로써 규칙은 있었으나 증명이라는 논리적 근거를 제시하지 않았다. 산술의 논리적 기초를 마련할 방도를 몰랐다.[12] 산술은 기하학과 완전히 독립되어 있었다. 인도의 수학자는 계산가로는 뛰어났으나 기하학자로는 평범했다. 이것이 논리를 공리로부터 연역하여 전개하는 능력을 키우는 데 장애가 되었을 것이다. 인도인은 수학도 운문 형식으로 쓰고 모호하고 신비스런 말을 자주 사용했다. 이것이 수학의 엄밀한 추상화를 방해했을 것이다. 인도의 수학 저작에는 뛰어난 것과 수준이 낮은 것, 단순한 것과 복잡한 것, 정확한 것과 부정확한 것이 섞여 있다. 정확한 것을 추구하지 않음으로써 논리적인 타당함도 추구하지 않게 되었을 것이다. 다른 학문과 마찬가지로 수학 연구도 카스트 제도 때문에 거의 승려 계급에게만 허용되었다. 이것은 생산으로부터 자극을 받지 못하는 상황을 만들면서 수학이 접근할 수 있는 영역을 매우 제한했다. 수학자는 자신을 천문학자로 생각했으므로 수학은 천문학의 도구로만 역할을 했다. 수학은 천문학 저작의 일부로만 기술되었을 뿐이다.

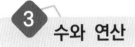

3 수와 연산

3-1 10진 자리기수법 체계

인도에서 수학이 일찍부터 발전했던 요인은 간편한 숫자로 나타내는 기수법을 발명한 데서 찾을 수 있다. 바로 이것이 우리가 사용하는 10진 자리기수법이다. 이것은 계산이라는 측면에서 수량에 중점을 둔 환경에서 발명되었다. 1부터 9까지의 숫자, 자리의 개념, 0이 언제 어디서 어떤 형태로 쓰이게 되었는지를 알려주는 역사적 기록은 상당히 없어졌다. −500년부터 −100년에 걸쳐 쓰인 자이나교의 저작들은 커다란 수를 10진법 체계로 나타냈다. 인도인은 힌두교와 불교의 거대한 윤회사상에 부합하는 엄청나게 큰 수를 탐구하기도 했다. −1세기의 불교 저작 라리타 비스타라(Lalita Vistara)에서 10^7부터 10^{63}까지 100배씩 커지는 수 체계를 설명

하고 있다.[13]

　현대의 수 체계로 이어지는 최초의 흔적이랄 수 있는 10진 기수법의 9개의 수 기호는 브라흐미(Brāhmī) 기수법에 기원을 두고 있다. 이것은 늦어도 아소카 때까지 거슬러 올라간다. 마우리아 왕조의 3대 왕인 아소카 때에 돌에 새긴 비문이 현대의 인도-아랍 수 체계와 어느 정도 비슷한 체계를 사용했음을 보여준다. 브라흐미 숫자는 10의 배수와 100의 배수에 다른 기호를 사용했기에[14] 그리스 이오니아식 기수법과 비슷했다. 다른 점은 알파벳 대신에 특수한 기호를 사용했다는 점이다. 숫자의 형태보다 더 중요한 것은 자리의 개념이다. 그동안 여러 문명이 일어나고 사라지면서도 수 표기법이 너무 조악하여 계산을 포함한 산술 전체가 거의 나아질 수 없었다. 이런 점에서 볼 때 인도에서 1세기 무렵에 발견된 자리표기법 원리는 아주 대단한 것이었다. 일반적으로 이보다 뒤인 400년 무렵부터 자릿수 개념이 사용되었다고 본다. 아르야바타(Āryabhaṭa 476-550?)가 어떻게 계산했는지를 정확히 모르지만, 각 자리의 수는 앞자리 수의 10배라는 말은 그가 자리의 원리를 알고 썼음을 보여준다.[15] 600년 무렵에 인도인은 9보다 큰 수를 나타내는 기호를 버리고, 1부터 9까지의 기호만으로 자리기수법 원리를 적용하여 10 이상의 수를 나타내기 시작했다. 인도에서 현재 남아 있는 최초의 10진 자리기수법의 사용은 595년의 동판 비문에서 찾아볼 수 있는데 연도 346을 이 체계로 표기했다.[16] 이것은 이보다 전에 이 기수법이 상당히 보급되어 있었음을 보여준다. 8, 9세기의 화폐와 문서에도 이 기수법으로 기재되어 있는 것이 얼마간 남아 있다.[17]

　자리기수법이 쓰이려면, 가장 낮은 자리에 쓰이는 아홉 개의 기호를 그것들의 10, 10^2, 10^3, …의 배수를 나타내는 기호로도 쓸 수 있음이 인식되어야 한다. 그 변화를 일으킨 원인은 물론 인도 사회 내부에서 나타났을 것이다. 여기에 외부의 영향을 두 측면에서 보탤 수 있다.[18] 첫째로 바빌로니아인이 60진법에서 사용한 자리기수법의 개념이 페르시아로부터 알려지면서 브라흐미 10진 기수법이 수정되었을 것이다. 그렇지만 인도인은 바빌로니아와 달리 새로운 정수 기수법으로 소수를 나타내지는 않았다. 둘째로 중국과 교류하면서 중국의 산가지 방식에 영향을 받았을 수도 있다. 시기적으로 10진 체계와 자리 체계의 결합이 중국에서 먼저 나타났다. 중국에서는 계산 과정에서 잠깐 자리를 나타내는 산가지 셈이 기호를 아홉(실질적으로는 18개) 개로 줄였을 것이다. 산가지 셈의 바탕인 10진 자리기수법 체계는 비단길 같은 장삿길을 따라 서쪽으로 퍼져나갔다. 인도인은 중국의 산가지 셈에서 9개의 숫자만 사용한다는 것에 영향을 받았을 것이다. 그러나 기호는 자신들이 사용하고 있던 것을 썼고 산가지를 가로, 세로의 두 가지로 사용하는 방식을 개선하여 각 자리에 한 가지 기호를 사용했다. 자리기수법은 바로 셈판을 이용하여 수를 나타내는 방법과 같은 원리를 그대로 따른 것이다.[19]

숫자를 기호화한 브라흐미 문자에서 현대의 기수법에 이르려면 두 단계를 거쳐야 했다. 첫 단계는 지금 기술한 자릿수를 정하는 원리를 갖춰야 하는 것이고 둘째 단계는 자릿값으로서 영의 기호를 도입해야 하는 것이다. 숫자의 의미가 그것이 놓인 자리에 따라 정해진다고 할 때 자리를 분명하게 정해주는 것은 엄청나게 중요하다. 이것이 자리표기법의 핵심이다. 오늘날은 기호 0이 그러한 역할을 확실히 해주고 있다. 0이 없이 1부터 9까지만 사용해서는 의미가 모호해진다. 17, 107, 170 등은 모두 17로 표기된다. 17로 적힌 수가 실제로 얼마인지를 알려면 그것이 쓰인 맥락을 알아야 한다. 이런 문제점을 인식해 자리(수)의 개념으로 영의 기호를 도입하기까지 매우 오랜 시간이 걸렸다. 이렇게 된 데에는 수는 사물의 양을 가리키는 것인데, 어떻게 없는 것이 양이 되고 그것이 수가 될 수 있는가라는 철학적인 이유가 있었다.

-4세기 후반에 바빌로니아인이 수 안쪽에서 숫자가 빠진 자리를 표시하던 특별한 기호를 인도인이 다시 발견했다. 바빌로니아인의 단순한 분리 기호를 인도인은 지금의 0의 구실을 하는 기호로 바꾸었다. 인도에서 언제 누가 0을 발견했는지는 정확히 알 수 없다. 0이 인도 수학에 등장한 것은 종교적인 없음(無)의 개념과 관련이 있을 수도 있다. 처음에는 셈판의 빈칸을 나타내는 기호로 수냐(śūnya)라는 낱말을 사용했다. 그러다 빈자리를 점으로 나타내다가 뒤에는 동그라미 기호를 썼다. 한편 그런 기호가 그리스, 아마 알렉산드리아에서 사용되기 시작하여 인도에서 10진법의 자리기수법이 확립된 뒤에 전파되었을 것[20]이라고도 한다.

작성 연대가 3~4세기로 추정되는 바크샤리(Bakshāli)에서 발견된 문서에는 0을 나타내는 기호로 큰 점 •을 사용하고 있다. 많은 학자는 6세기 무렵에는 영(0)이 자릿값으로 사용되었다고 추정하고 있다.[21] 연대를 알 수 있는 0을 포함한 가장 이른 사례는 캄보디아에서 발견된 683년의 것이다. 여기서는 605년이라는 연도 표기에서 가운데 점을 찍어 나타냈고, 608년은 지금과 같은 식의 0으로 나타냈다. 10진 자리기수법과 함께 0의 기호로 점을 찍는 것은 중국의 천문대(사천감)에 고용되어 있던 인도인 구담실달이 718년에 쓴 천문학서 〈구집력〉에도 있다. 영(0)을 일의 자리에 사용한 최초의 확실한 증거는 876년에 인도 그왈리오르의 비문에서 나타난다. 그것에는 270이라는 숫자가 오늘날 우리가 쓰는 것처럼 새겨져 있다. 초기에는 영의 기호로 ○을 썼으나 그 뒤 0의 모양이 갖춰졌고 13세기쯤 지금과 같은 모양이 되었다. 그렇지만 이런 상황에서 후퇴하여 9세기의 마하비라(Mahāvīra)는 특정 낱말로 숫자를 나타내기도 했다. 달이 1, 눈이 2, 불이 3, 빔이 0이다. 따라서 '불빔달눈'이라는 말은 왼쪽이 가장 낮은 자리여서 2103이다.[22]

어쨌든 0이 자릿수로 처음 쓰인 곳은 인도이고, 이것이야말로 인도 기수법의 핵심이면서 인류 문화의 발전에서 커다란 한 걸음이었다. 셈판으로 계산했다고 전해지는 다른 문명은 영(0)을 발견하지 못했다.[23] 0을 수로 인식하고 사용하게 되면서 마침내 오늘날처럼 수를 나타내는 체계가 완성되었다. 이로써 10진 자리표기법이 표준이 되었다. 0은 일반화된 수 개념을 낳는 받침돌이 되어 수학의 모든 분야에서 근본 역할을 했다. 0을 사용하게 됨으로써 음수의 개념이 나왔다. 또한 방정식을 표준 형태, 곧 이항을 거쳐 한 변을 0으로 놓는 형태로 변형할 수 있었고 그에 따라 인수정리를 얻을 수 있었다.[24] 더욱이 0을 사용하는 10진 자리기수법은 수학에만 국한되지 않고 근대 과학이나 산업, 무역을 가능하게 했다.

곱셈과 나눗셈에서도 0은 일반적으로 다른 수와 마찬가지로 다뤄졌다. 7세기의 브라마굽타는 '0'이란 두 개의 값이 같고 부호가 반대인 수를 합한 것이라고 정의했다. 그는 어떠한 수에 0을 곱해도 결과는 언제나 0이 되고 어떠한 수에(서) 0을 더하거나 빼도 그 값에 변화가 생기지 않는다고, 곧 0에는 $a \times 0 = 0$, $a + 0 = a$, $a - 0 = a$라는 성질이 있다고 했다. 그러나 그는 $0 \div 0 = 0$이라고도 했으며, 양수이건 음수이건 0으로 나누면 0을 분모로 하는 분수가 된다고도 했다. 9세기의 마하비라도 어떤 수이든 그 수에(서) 0을 곱하면 0이 되고 0을 빼면 바뀌지 않는다고 했다. 하지만 어떤 수이든 그 수를 0으로 나누면 불변의 값이 된다는 그릇된 주장을 했다. 바스카라II는 1150년에 〈시로마니 싯단타〉(Śiromaṇi Siddhānta)를 썼다. 그것은 '릴라바티'(Līlāvati), '대수학'(Bījagaṇita), '구면기하학'(Golādhyāya), '행성 수학'(Grahagaṇita)의 네 부로 이루어졌다. 첫째는 본질적으로 산술을, 셋째와 넷째는 천문학을 다루고 있다. 그는 '대수학'에서 0과 무한대를 다룬다.[25] 여기서 0이 수로서 어떤 의미인지를 분명히 언급하고 있다. 그는 분모가 0인 분수는 무한량이되고, 이 양은 다수의 양이 들어가거나 빠져도 변화가 없다고 기술하고 있다. 이것은 임의의 양수를 0으로 나눈 몫은 무한대임과 $\infty \pm n = \infty$임을 말하고 있다. 또한 그는 무한대는 유한수로 나누어도 무한대임을 보여주었다. 그는 0으로 곱하고 나누는 것을 필요에 따라 이용하고 있는데, $(a/0) \cdot 0 = a$라고 주장했다는 사실로 미루어 그는 0으로 나눈다는 것의 의미를 명확하게는 이해하지 못했다.

10진법을 사용하고, 자리기수법을 채택하며, 자릿값으로서 영(0)을 사용하고, 열 개의 숫자 각각에 기호를 부여하는 것은 따로따로 여러 시기에 다른 문명에서 나타났다. 이 가운데 어느 것도 인도인이 처음 도입했다고 인정하기 어렵다. 인도의 10진 자리기수법 체계는 이것들을 하나로 엮어 놓은 것에 지나지 않는다. 그렇지만 이것은 질적 전화, 곧 계산을 매우 쉽고 효율적으로 만든 획기적인 사건이었다. 현대 수학이 발전하는 데 필수 기수법이 완성된 것이다. 이것은 후대에 어떤 연산에서 닫힘, 결합 법칙의 성립, 항등원, 역원의 존재라는, 따로따로 존재하던 네 요소가 하나로 엮여 수학의 새로운 지평을 연 군(group)과 같은 역할을 했다고 여겨진다.

0에 의한 10진 자리기수법의 완성은 산술을 민주화했다는 데 그 가치와 의의가 있다.[26] 상인, 선원, 장인을 포함해 사회의 모든 계층에서 수 계산을 이해하고 편하게 쓸 수 있게 되었다. 그렇지만 인도의 10진 자리기수법이 전파되는 것을 저지하려는 반동 세력의 저항도 만만치 않았다. 이것이 유럽에 전해졌을 때 엘리트 수학자의 상당수는 자신들의 지위를 위협한다고 생각해서 그것을 사용하지 못하게 하여 여러 세기 동안 수용되지 못했다. 그렇지만 신흥 상인 계층이 이 수 체계를 이용하기 시작하면서 이것은 확고히 자리를 잡았고 수학이 발전하는 길을 활짝 열었다.

인도 바깥에서 인도의 자릿값 체계를 언급한 가장 오래된 것은 시리아의 세보크트(S. Sēbōkht 575-667)가 662년에 기록한 글이다. 인도의 수 체계가 아랍에 본격적으로 알려지기 시작한 것은 파자리(al-Fazārī ?-777)가 5세기 초의 천문학서인 〈수르야 싯단타〉를 아랍어로 번역하고 나서다. 아직 60진 소수가 쓰이는 그리스의 수 체계가 다른 체계들과 함께 남아 있기는 했으나 인도의 10진 자리기수법은 아랍과 지중해 세계로 퍼져나가기 시작했다.

어쨌든 인도에서 완전히 전개된 10진 자리기수법은 중국을 비롯해 아랍의 바그다드에도 들어갔다. 8세기에 아랍 국가가 북부 인도에 쳐들어가고 그곳의 문화를 받아들이면서 아랍 세계에 널리 퍼졌다. 그러나 중국에서는 셈판 위의 자리로서 소수를 사용하고 있던 것과 달리 인도에서는 소수를 이용했다는 증거는 없다. 아랍인이 소수를 도입함으로써 10진 자리기수법이 마침내 완성된다. 이 수 체계는 한 세기 정도 뒤에 아랍이 점령하고 있던 스페인에 전파되고, 그 뒤에 이탈리아와 다른 유럽 국가로 퍼져갔다.

3-2 분수, 음수, 무리수

5세기 이후 인도의 천문학서와 수학서는 분수로 수의 끝수 부분을 나타내고 있었다. 보통의 분수 표기법은 가운데 금을 긋지 않고 분모를 분자의 아래에 썼다. 대분수일 때는 정수 부분을 분자의 위쪽에 썼다. 이를테면 $\frac{2}{7}=\frac{2}{7}$, $\begin{smallmatrix}3\\1\\2\end{smallmatrix}=3\frac{1}{2}$ 이다.

이것은 중국 산가지 셈의 분수 표기와 같다.[27]

인도인은 0을 포함하는 10진 자리기수법을 완성하고 나서 음수를 인식했다. 인도의 자이나교도는 400년에 음수의 초보 개념을 발전시켰는데, 힌두교도는 이 새로운 수로 빚을 나타냄으로써 양수만큼 쓸모가 있음을 보여주었다. 브라마굽타가 음수를 0, 양수와 함께 계산에 사용하면서 음수와 0에 대한 체계화된 산술을 처음으로 제시했다. 정리하면 "두 양수의 합은 양수이다. 두 음수의 합은 음수이다. 양수와 음수의 합은 양(절댓값)들의 차이다. 만일 그것들이 같다면 0이다. 양수에서 양수, 음수에서 음수를 빼는 경우 큰 쪽의 양으로부터 작은 쪽의 양을 덜어낸다. 그러나 작은 쪽에서 큰 쪽을 빼는 경우라면 그 차는 반전된다. 음수에서 양수를 뺄 때와 양수에서 음수를 뺄 때, 양들을 모두 합쳐야 한다. 음수와 양수의 곱은 음수이다. 두 수가 모두 음수이거나 양수이면 양수이다. 양수를 양수로, 음수를 음수로 나누면 양수이다. 양수를 음수로 나누면 양수이고 음수를 양수로 나누면 음수이다.26)"[28] 그는 대수 방정식을 세울 때도 음수를 사용했다. 또한 그리스의 뺄셈에 관한 기하학적 정리를 통해 알려진 공식을 양수와 음수에 관한 수치 공식으로 바꾸었다.

바스카라II 같은 인도인은 음수의 근도 허용했는데, 이것이 바빌로니아 천문학에서 비롯된 것이기는 하지만 음수 근을 인정하지 않던 디오판토스를 뛰어넘는 것이다. 음수는 아무 의미가 없을 때도 있었고 빚을 의미할 수도 있었으며 앞으로 가는 운동의 반대로 가는 것을 뜻하기도 했다. 해석이야 어떻든 음수를 이용한 계산이 완벽하게 들어맞았으므로 계산 수단으로는 매우 쓸모 있었다.[29] 이 때문에 음수를 자연스럽게 사용하게 되었다.

인도인은 계산에 관심을 집중하게 되면서 유리수와 무리수를 구별하지 않았다. 더구나 유리수에 사용되는 절차를 무리수에 적용하여 바라는 결과를 얻자, 그들은 무리수를 정수처럼 다룸으로써 산술에서 쓸모 있는 결과를 얻으면서 커다란 발전

---

26) 여기서 "양수를 음수로 나누면 양수"라는 부분은 오역인 듯하다.

을 이루었다. 그 결과가 왜 나오는지를 알고자 하지는 않았다. 사실 고대 인도인에게 무리수는 제곱근과 관련된 말이 아니라 단지 완전제곱수가 아닌 양의 정수였다.[30] 원인에 대한 무관심에도 불구하고 쓸모 있는 결과를 얻은 것은 0을 포함한 10진 자리기수법 덕분이다.

남아 있는 일곱 개의 술바수트라 가운데 셋(Bodhayama, Āpasthamba, Kātyāyana)에 실려 있는 $\sqrt{2}$의 어림값은 $1 + \frac{1}{3} + \frac{1}{3 \cdot 4} - \frac{1}{3 \cdot 4 \cdot 34} = 1.4142156 \cdots$로 소수 다섯 자리까지 맞다.[31] 여기서 우변은 $\frac{17}{12} - \frac{1}{12 \cdot 34}$인데 이것은 $\sqrt{a^2 - b} \approx a - \frac{1}{2} \cdot b \cdot \frac{1}{a}$에서 $a = \frac{17}{12}$, $b = \frac{1}{144}$로 놓으면 구해진다. 인도인은 이 어림값을 어떻게 구했는지 언급하지 않았다. 이 값은 주어진 정사각형 넓이의 2배가 되는 정사각형을 만드는 것과 관련하여 기술되고 있다.[32] 인도인은 $\sqrt{2}$, $\sqrt{61}$ 등이 정확하게 결정될 수 없음을 알고 있었는데, 이 사실은 무리수 개념으로 이끈다. 인도에서 가장 오래된 현존하는 수학 원고라고 일컬어지는 바크샤리 문서에는 제곱근을 구하는 공식 $\sqrt{n} = \sqrt{a^2 + b} \approx a + \frac{b}{2a} - \frac{(b/2a)^2}{2(a + b/2a)}$이 실려 있다. 이 공식을 어떻게 알아냈는지 기술하지는 않았다. 이것은 분명히 1세기 후반의 그리스 수학자 헤론이 사용했던 $\sqrt{n} = \sqrt{a^2 + b} \approx a + \frac{b}{2a}$를 다듬은 것이다.[33]

아르야바타는 그 전의 천문학과 수학의 발전을 요약하고 집대성한 〈아르야바티야〉(Āryabhaṭīya 510?)에서 그리스인과 달리 세제곱근을 구하는 절차도 기술하고 있다. 제곱근과 세제곱근을 구하는 절차는 〈구장산술〉 소광장의 방법과 조금 다르다.[34] 그는 측량, 수치 계산, 대수를 포함하는 여러 분야의 수학 문제를 푸는 절차의 규칙도 기술하고 있는데, 그런 규칙을 증명하지 않았다.

3-3 사칙연산

인도인은 고운 모래를 얇고 넓게 깔아 놓은 판 위에서 자리기수법을 사용하여 계산했다. 독일의 역사학자 H. 한켈에 따르면 지우기 쉬운 묽고 흰 물감을 묻힌 막대 펜으로 작은 흑판 위에 쓰기도 했다.[35] 어느 경우든 쓸 곳이 매우 좁았고, 읽기 쉽도록 글씨를 크게 써야 했다. 따라서 공간을 효율적으로 쓰려면 계산하는 동안에 잠깐 나오는 숫자는 지워야 했다. 이 때문에 계산의 결과만 기록되었고, 계산 절차는 이런 상황에 맞게 개발되었을 테지만 후대에 남겨질 수 없었다.

인도인의 수 계산은 우리가 계산하는 방법과 매우 비슷했다. 〈아르야바티야〉에 는 10진 자리기수법 체계를 바탕으로 사칙연산과 제곱근, 세제곱근을 구하는 방법 이 실려 있다. 7세기 초의 브라마굽타는 계산하는 방법을 전혀 기술하지 않았는데, 이러한 계산법을 이미 사람들이 잘 알고 있어 특별히 설명할 필요를 느끼지 못했기 때문일 것이다.[36] 인도에서 사칙연산의 절차는 원칙적으로 중국 산가지 셈법과 일 치하지만 곱셈은 현대와 꽤 비슷한 여러 형식을 사용했다. 인도인은 계산 결과를 검산하는 방법인 구거법[27]도 발명했다고 여겨진다. 초기 인도 덧셈은 지금과 달리 왼쪽에서 오른쪽으로 더했다. 346과 597을 더하는 경우는 [그림1]처럼 계산하여 943을 얻는다. 바스카라Ⅱ는 '릴라바티'에서 [그림2]와 같은 방법도 소개하고 있 다. 뺄셈에서 받아내림이 있을 때, 이를테면 53-28의 경우는 28(=30-2)로 생각하 여 (53-30)+2로 계산하거나 28=23+5로 생각하여 (53-23)-5로 계산했다.

$$
\begin{array}{ll}
\begin{array}{l}
9\,4 \\
8\,\cancel{3}\,\cancel{3} \\
3\,4\,6 \\
5\,9\,7
\end{array}
&
\begin{array}{l}
\text{일} \quad 6+7= \ 13 \\
\text{십} \quad 4+9=13\,. \\
\underline{\text{백} \quad 3+5=8\,.\,.} \\
\text{전체} \qquad =943
\end{array}
\end{array}
$$

[그림1]   [그림2]

곱셈은 여러 방식이 쓰였다. 먼저 379와 4을 곱하는 경우처럼 간단한 것은 [그 림3]처럼 왼쪽에서 오른쪽으로 계산하여 1516을 얻는다. 격자 곱셈으로 일컬어지 는 방법도 있었다. 572×48을 셈할 때 곱해지는 수를 격자 위에 쓰고 곱하는 수를 왼쪽에 쓴다. 각 자리의 곱을 사각 틀 안에 쓴다. 대각선 방향으로 놓인 수를 더하 고 그 결과인 27456은 아래 왼쪽에서 오른 위쪽으로 읽는다[그림4]. 격자 곱셈은 늦어도 12세기에 인도에서 사용되었고 중국과 아랍으로 전해지고, 14~15세기에 아랍을 거쳐 이탈리아로 건너간 것으로 보인다. 바스카라Ⅱ는 분배법칙도 알고 있 었다. 그는 135×12를 앞선 방법으로 구하기도 했으나 $135 \times (4+8) = 135 \times 4 + 135 \times 8$, $135 \times (10+2) = 135 \times 10 + 135 \times 2$ 또는 $(135 \times 4) \times 3 = 540 \times 3$처럼 구하기도 했다.

---

27) 각 자릿수의 합을 9로 나눈 나머지는 본래의 수를 9로 나눈 나머지와 같다는 성질을 이용하는 방법

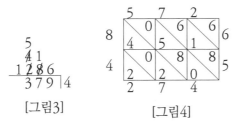

[그림3]　　　　　　　　[그림4]

나눗셈에서 장제법의 형태도 인도에서 시작된 것 같다. $53629 \div 487$에서 나누어지는 수를 가운데 놓고 나누는 수는 왼쪽, 몫은 오른쪽에 쓴다[그림5]. 그리고 빼는 수는 아래에, 뺀 값은 위쪽에 쓰는데 빼는 수나 뺀 값에 있는 숫자들이 같은 행에 놓이지는 않는다. 그렇지만 각 숫자의 열에서 위치는 반드시 지켜야 한다. 인도 수학의 비례 문제 풀이법은 중국 〈구장산술〉의 방법과 꽤 비슷하다. 인도의 수학자는 그것을 삼항법(三項法)이라 했다. 분수로 나눌 때는 나누는 수의 역수를 나누는 수에 곱했다. 다른 분수의 사칙연산도 우리가 하는 것과 마찬가지로 $\dfrac{a}{b} + \dfrac{c}{d}$

$= \dfrac{ad+bc}{bd}, \ \dfrac{a}{b} - \dfrac{c}{d} = \dfrac{ad-bc}{bd}, \ \dfrac{a}{b} \times \dfrac{c}{d} = \dfrac{ac}{bd}$로 계산하고 있다.

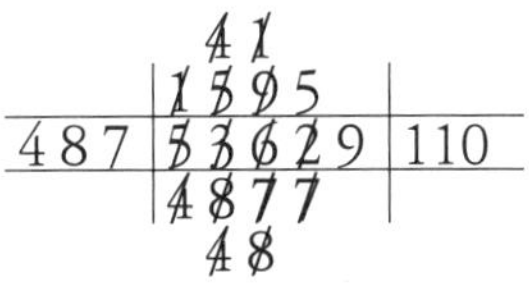

[그림5]

제7장 인도의 수학

4 대수학

인도의 수학은 사원에서 필요했던 천문학과 관련이 깊었으나, 또 다른 실용상의 필요인 일반 상거래나 무역에서도 많은 자극을 받았다. 이에 수량과 관련된 대수가 발전했다. 등차수열과 등비수열의 합, 단리와 복리, 할인, 조합과 같은 상업에 관련된 문제, 현대 교과서에 나오는 것과 비슷한 혼합물, 물통 문제를 다루었으나 해결 절차에 정당성을 부여하지 않았다.

인도인은 수와 양 사이에 분명한 경계를 세우고 양에 관한 실제의 문제를 모두 수 계산으로 해결했다.[37] 수학자 가운데 가장 잘 알려진 두 사람인 아르야바타(476-550?)와 브라마굽타(598-668?)의 수학은 그리스, 바빌로니아, 중국의 수학에 깊은 영향을 받았다고 추측되나 동시에 놀랄만한 독창성도 보였다. 그들의 특징은 산술-대수적이라는 점이다. 부정방정식에 관한 그들의 관심에서 볼 때 산술-대수적 부분은 디오판토스와 매우 비슷하다.[38] 여기에 또 하나 중요한 것은 이 둘을 포함한 인도 수학자들이 끌어낸 규칙과 방법이 옳다는 것이다.

그렇지만 답을 얻는 과정만을 적어 놓았을 뿐 그 방법이나 규칙을 어떻게 유도했는지, 왜 그것이 옳은지를 밝히지 않았다. 그런 정당화를 기술하지 않은 까닭의 하나는 표절 시비를 두려워하여 그것으로부터 자신을 지키기 위해서라는 것이 시사되고 있다.[39] 또한 운문으로 기록하는 산스크리트 전통도 영향을 끼쳤을 것으로 생각된다. 인도의 여러 문화에서는 말하기 언어인 산스크리트어가 존중되어 이야기와 문학뿐만 아니라 수학과 과학에 최적화된 구술식 학습이 생겼다.[40] 외워 학습할 수 있도록 운문으로 기록할 때 언어(용어)나 형식의 제한 때문에 풀이의 방법이나 규칙 말고는 담기 어려웠을 것이다. 산스크리트 운문은 그것의 이점을 살릴 수 있더라도 그 틀을 벗어나는 것을 방해했을 것이다.

인도 수학의 특징으로 사칙연산을 비롯한 셈의 규칙을 나타내는 일종의 문법과 효과적인 지시어(낱말의 약자와 기호)의 사용을 들 수 있다. 연산과 미지수를 이름의 첫 음절로 나타내는 원시 기호법이라고 할 만하다.[41] 덧셈이나 뺄셈은 두 수를 디오판토스처럼 나란히 적는데, 뺄 때는 빼는 수 위에 점을 찍었다. 곱할 때는 곱하는 수 다음에 भ(bha)를 붙이고 나눌 때는 분수 표시처럼 나뉘는 수 밑에 나누는 수를 썼으며 제곱근을 나타낼 때는 수 앞에 क(ka)를 붙였다.[42] 연립일차방정식의 풀이법을 기술한 브라마굽타의 책에서는 미지수를 या(yā)로 나타내고 기지수는 रू(rū)로 나타냈으며 추가되는 미지수들은 검정, 파랑, 노랑, 빨강 등의 색깔을 나타내는 여러 말의 첫음절로 나타냈다.[43] 인도 대수학에서 기호 체계는 완전하지 못했지만 디오판토스의 생략형 대수학보다 낫다고 평가될 수 있다. 물론 문제와 풀이를 온전히 기호만으로 나타내지는 못했다.

4-1 이차방정식

인도의 수학자들은 기본적으로 대수학자였다. 바크샤리 문서에 다음의 대수 문제가 실려 있다. "어떤 사람이 첫째 날 a요자나(yojana)를 걷는다. 이튿날부터 하루에 b요자나씩을 늘려 걷는다. 또 다른 사람은 t일 앞서 출발하고, 하루에 c요자나씩 걷는다. 첫 번째 사람이 두 번째 사람을 언제 따라잡을까?" 첫째 사람이 둘째 사람을 따라잡는 날을 x일이라고 하면, $(t+x)c = a+(a+b)+(a+2b)+ \cdots$ $+\{a+(x-1)b\}$가 된다. $(t+x)c = x[a+\{(x-1)/2\}b]$의 근은 문서에 실려 있다. 이 문서의 저자는 이차방정식을 푸는 방법뿐만 아니라 등차수열 지식도 알고 있었음을 보여준다.[44] 브라마굽타는 천문학 문제에서 일차부정방정식을 풀거나 이차방정식의 한 근을 구하는 등의 일반적인 대수학 방법을 응용하고 있다. 음수를 도입한 브라마굽타는 이차방정식에서 양의 근이 둘 있는 경우만이 아니라 음의 근이 하나 있는 경우를 포함하여 두 근을 구하는 풀이법, 곧 실질적인 근의 공식을 제시했다. 이를테면 그는 방정식 $x^2 - 10x = -9$의 풀이를 다음과 같이 기술하고 있다.[45] "상수[-9]의 4배에 2차(의 계수)를 곱하고[-36] 미지수(의 계수)의 제곱[100]을 더하여[64] 제곱근을 구하고[8], 그것으로부터 미지수(의 계수 -10)를 빼면 18이 되고, 이것을 2차(계수)의 2배[2]로 나누면 미지수의 값 9를 얻는다." 이것을 현대의 기호로 나타내면 $ax^2 + bx = c$에서 b, c가 음수일 때 $x = (-b+\sqrt{4ac+b^2})/2a$이다. 이 방정식은 또 다른 양의 근이 있다. 이것은 $(-b-\sqrt{4ac+b^2})/2a$에 해당하는데, 그는 이 근을 언급하지 않았다. 그는 양수, 그것도 큰 값만 근으로 인정했다. 물론 문제를 푸는 알고리즘만 제시했다.

인도인은 많은 산술 문제를 가치법으로 풀었으나, 주어진 정보로부터 거꾸로 계산하는 역산법으로 풀기도 했다. 이를테면 '릴라바티(1150)'에는 다음과 같은 문제가 있다.[46] "어떤 수에 3을 곱하고 그 곱의 3/4을 증가시켜 7로 나눈 다음, 나눈 것의 1/3을 빼고 그 자신을 곱한 뒤 다시 52를 빼고 그것의 제곱근을 구하고 8을 더한 뒤 10으로 나누면 2가 된다. 그 수는 얼마인가?" 그 수를 x로 나타내고 문제에 주어진 순서를 따라가면 $\dfrac{\sqrt{\{(2/3)(7/4)\cdot 3x/7\}^2 - 52} + 8}{10} = 2$이다. 이것을 푸는 절차가 바로 역산법이다. 2에서 시작해서 되짚어가 네 단계로 나누어 개술하면 $(2\cdot 10 - 8)^2 = 144$, $144 + 52 = 196$, $\sqrt{196} = 14$, $14\cdot\dfrac{3}{2}\cdot 7\cdot\dfrac{4}{7}\cdot\dfrac{1}{3} = 28$. 나누라는 때에는 곱하고 더하라는 때는 빼고 제곱근을 구하라는 때는 제곱을 하여 답을 얻었다. 이것은 우리가 그 문제를 푸는 방법과 같다. 이 문제에서 보듯이 바스카라II 시대에 인도의 수학은 실용적인 기능에서 벗어난 지 오래됐다. 그는 문제를 수학 자체를 다루기 위한 목적으로도 제시했다.

인도인은 그리스인과 달리 무리수 근도 수로 여겼다. 그들은 이차방정식이 실근을 갖는 경우 두 개의 근이 있다는 사실을 알았다. 이것은 대수에 상당히 큰 도움이 되었고, 대수학에서 한 걸음을 더 나아가게 해주었다. 그러나 무리수도 근으로 여긴 것은 수학적 통찰력으로 이룬 것이라기보다 논리적 무지의 결과였다. 그들은 통약가능량과 통약불가능량의 차이를 뚜렷하게 알아차리지 못했기 때문에 자연스럽게 무리수를 받아들일 수 있었다.

인도 수학에서 음수를 받아들이고 나서, 곧 음수 계수가 허용되면서 방정식을 나타내고 푸는 방법에 커다란 변화가 일어났다. 디오판토스가 따로 다룬 세 가지 유형의 이차방정식 $ax^2 + bx = c$, $ax^2 = bx + c$, $ax^2 + c = bx$ (여기서 a, b, c는 양수)를 인도인은 한 가지 유형 $px^2 + qx + r = 0$으로 다루었다. 이를테면 인도인은 $x^2 + 3x + 2 = 0$과 $x^2 - 3x - 2 = 0$을 한 가지 유형으로 처리했던 반면에 유럽인은 르네상스 시대에도 두 번째 것을 $x^2 = 3x + 2$로 다루었다. 바스카라II는 양, 음의 제곱근이 있음을 분명히 하면서 완전제곱식을 이용하여 이차방정식을 푸는 방법도 사용했다. 이런 방식의 풀이는 바빌로니아 시대부터 알려져 있었으나, 1500년까지 인도만이 이 분야에서 발전을 이루었다.[47] 바스카라II는 $ax^2 + bx = c$의 양변에 $4a$를 곱한 다음 b^2을 더하고 $(2ax + b)^2 = 4ac + b^2$을 유도하여 근이 $x = \left(\pm \sqrt{ac + (b/2)^2} - b/2 \right) / a$가 됨을 글로써 설명했다.

두 개의 근을 얻고 나서 실제 근으로 인정하는 값은 상황에 따라 달랐다.[48] "원숭이 무리가 있는데 그것의 1/8의 제곱한 마리 수가 숲에서 놀고 있고, 나머지 12마리는 언덕 위에서 지껄여대며 쉬고 있다. 모두 몇 마리인가?" 여기서 바스카라II는 방정식을 $(x/8)^2 + 12 = x$로 쓰고 $x^2 - 64x = -768$로 정리한다. 이것을 풀어 얻은 48과 16을 모두 답으로 받아들인다. 그러나 다음 문제에서는 상황이 달라진다. "무리의 1/5보다 3마리 적은 수를 제곱한 원숭이가 동굴에 있다. 한 마리만 나뭇가지에 올라가 있는 것이 보인다. 원숭이는 모두 몇 마리인가?" 바스카라II는 방정식 $(x/5 - 3)^2 = x - 1$을 세우고 $x^2 - 55x = -250$로 정리한다. 두 근 50과 5를 얻고 나서 두 번째 근은 사리에 맞지 않기 때문에 채택하지 않았다. 원숭이 5마리의 1/5로부터 3마리를 뺄 수는 없기 때문이다.

더구나 응용 문제를 풀 때 음수 근을 불합리하다고 생각하여 버렸다. 실생활 문제에서는 양수의 답이면 충분했기 때문이다. 바스카라 II도 50과 -5가 근인 문제 $x^2 - 45x = 250$에서 양의 근만 선택했다. 그는 두 개의 음수 근이 있거나 실근을 전혀 갖지 않는 예를 들지 않았다. 모든 예에서 공식 안의 제곱근 부분은 양의 유리수였다.

4-2 부정방정식

인도인은 부정해석에서 처음으로 일반적인 방법을 고안하여 디오판토스를 뛰어 넘었다. 부정방정식에서 분수의 근을 포함해서 하나의 근을 구했던 디오판토스와 달리 인도인은 근을 정수로 국한하면서 가능한 근을 모두 찾고자 했다. 그들이 살펴본 부정방정식은 천문학에서 유래되었다. 그들은 부정방정식을 풀어서 특정한 별자리가 나타날 때를 알아냈다.

3~4세기의 바크샤리 문서에는 $xy - bx - cy = d$라는 부정방정식을 $(x-c)$ $(y-b) = bc + d$로 고치고 $y - b = z(z \neq 0)$로 놓아 $x = \dfrac{bc+d}{z} + c$로 변형하는 방식으로 풀고 있다.[49] 두 정수의 최대공약수를 구하는 호제법을 쿠타카(Kuṭṭaka 분쇄산)라는 방법으로 바꾸어 일차부정방정식을 풀 때 사용했다. 쿠타카는 '가루로 만들다'라는 뜻인데 풀이로 채택된 호제법의 잇따른 쪼개기 과정 때문에 이 이름이 붙었다.[50] 이 문제와 씨름했던 첫 수학자는 아르야바타로 a, b, c가 각각 정수일 때 $ax + by = c$ 꼴의 디오판토스 방정식의 정수해를 찾는 방법을 찾았다. 7세기에 브라마굽타가 그것의 일반해를 쿠타카로 처음 제시했다. 한편 유클리드 호제법을 사용한 풀이법은 17세기부터 18세기에 걸쳐서 유럽에서 확립됐다.[51] 쿠타카는 직접 일반해를 찾는 방법이고 유클리드 호제법은 특수해를 하나 찾고, 그것을 이용하여 일반해를 찾는 방법이다. 쿠타카를 방정식 $5y - 7x = 1$을 만족하는 정수 x, y를 구하는 것에서 살펴보자.

$5y - 7x = 1$로부터 $y = x + (1 + 2x)/5$ …①. y는 정수이므로 $1 + 2x$는 5의 배수이어야 한다. $1 + 2x = 5t(t$는 정수)로 놓는다. 이것을 x에 관하여 풀면 $x = 2t + (t-1)/2$ …②. x가 정수이므로 $1 - t$는 2의 배수이다. $t - 1 = 2s(s$는 정수)로 놓는다. 그러면 $t = 2s + 1$. 이것을 ②에 대입하여 얻은 $x = 5s + 2$를 ①에 대입하면 $y = 7s + 3$. 따라서 $5y - 7x = 1$의 근은 s를 임의의 정수라 할 때 $x = 5s + 2$, $y = 7s + 3$이 된다.

a, b, c가 정수인 일차부정방정식 $ax + by = c$가 정수해를 가지려면 a와 b의 최대공약수가 c의 약수이어야 한다. 여기에다 브라마굽타는 만일 a와 b가 서로소라면 이 방정식의 모든 해는 한 쌍의 근 $x = p$, $y = q$를 알고 있을 때 임의의 정수 m에 대해서 $x = p + mb$, $y = q - ma$로 됨을 알고 있었다. 이 점에서 보건대 일차부정방정식을 디오판토스 방정식이라 하는 것은 잘못이다.

9세기의 마하비라는 〈수학의 요지〉(Gaṇitasārasaṅgraha 850?)에서 부정방정식 문제의 하나인 중국의 '백계 문제'의 변형을 다루면서 상당히 복잡한 규칙을 풀이법으로 제시했다. 12세기에 바스카라II는 같은 문제에 대해 절차를 제시하고 왜 근이 여러 개가 있는지를 명시했다. 인도인의 부정방정식 연구는 서유럽에 매우 늦게 알려져 영향을 끼치지 못했다.

특별한 형태의 방정식, 곧 $x^2 = 1 + ny^2$과 같은 이른바 펠 방정식이라는 부정방정식도 다루고 있다. 이 방정식의 특정한 경우를 그리스인도 풀었다고 하지만 −4~3세기에 인도에서 연구되었다. 주로 무리수의 어림값을 얻기 위해서였을 것이다. 이를테면 두 양의 정수 x, y에 대하여 $x^2 = 2y^2 \pm 1\,(y \neq 0)$이 성립할 때 양변을 y^2으로 나누면 $\dfrac{x^2}{y^2} = \dfrac{2y^2 \pm 1}{y^2} = 2 \pm \dfrac{1}{y^2}$이 되어 $\dfrac{x}{y} = \sqrt{2 \pm \dfrac{1}{y^2}}$이다. y의 값이 커질수록 $\dfrac{x}{y}$는 $\sqrt{2}$에 가까워진다.

브라마굽타가 펠 방정식의 일반형 $x^2 = ny^2 \pm b$를 푸는 기록을 처음으로 남겼다. 그의 방법은 옳지만 증명이 없어, 어떻게 그 방법을 찾았는지는 알 수 없다. 왜 이 문제에 흥미를 두었는지도 아직 모른다. 그의 몇 가지 예는 변수 x, y로 천문학적인 것을 이용하고 있지만, 그것이 현실 상황에서 나온 문제였음을 보여주는 근거도 없다.[52] 바스카라II가 '릴라바티'에서 $x^2 = 1 + ny^2$의 일반 정수해를 구하는 방법을 보여주었다. 그는 브라마굽타의 절차를 정리하면서 이른바 순환법을 논의했다. 요점은 $x^2 = 1 + ny^2$에서 상수항이 1이 아닐 때를 만족하는 한 쌍의 근을 선택하고, 쿠타카법을 사용하여 상수항이 1일 때의 값을 얻는다. 그런 다음 순환법으로 정수근을 찾는다. 펠 방정식을 포함해서 이차부정방정식을 푸는 방법을 순환법이라 하는 까닭은 다음과 같다. $x^2 = 1 + ny^2$, 곧 $x^2 - ny^2 = 1$을 만족하는 두 쌍의 근을 $(x_1,\ y_1)$, $(x_2,\ y_2)$라고 하면 $(x_1^2 - ny_1^2)(x_2^2 - ny_2^2) = 1$, $(x_1 x_2 + ny_1 y_2)^2 - n(x_1 y_2 + x_2 y_1)^2 = 1$이므로 또 하나의 쌍 $(x_1 x_2 + ny_1 y_2,\ x_1 y_2 + x_2 y_1)$도 주어진 방정식의 근이 된다. 이 절차를 되풀이할 수 있다. '릴라바티'에는 간단한 구적법, 등차수열과 등비수열, 무리수, 피타고라스의 세 수와 그 밖의 것들도 실려 있다.

순환법을 바스카라II가 '대수학'에 실은 $x^2 = 1 + 61y^2$의 풀이에서 살펴본다. 이것은 17세기에 페르마가 제안한 예의 하나이다. 1767년에는 라그랑주가 일반적인 펠 방적식의 근을 결정하는 것에 관한 완전한 이론을 상세히 설명했다. $n = 61$인

$x^2 = 1 + 61y^2$에서 먼저 상수항을 3$(=k)$이라 하고 $x=8$, $y=1$을 선택한다. 곧, $8^2 = 3 + 61 \cdot 1^2$이다. 이제 k가 $x+my$를 나누어 떨어뜨리고 $|m^2 - 61|$이 최소가 되는 $m(>0)$을 찾는다. 그러면 $8+m$이 3으로 나누어떨어지고 $|m^2 - 61|$이 최소가 되는 양의 정수 m은 $3t+1$($t \geq 0$인 정수)에서 7이다. 그리고 나서 x, y, k를 각각 $(mx+ny)$ $/|k|$, $(x+my)/|k|$, $(m^2-n)/k$으로 대체하면 $x=39$, $y=5$, $k=-4$가 된다. 그러면 $39^2 = -4 + 61 \cdot 5^2$. 양변을 4로 나누면 $(39/2)^2 = -1 + 61 \cdot (5/2)^2$. 곧, $(39/2, 5/2)$는 $x^2 = -1 + 61y^2$의 근이다. 이제 $(39/2, 5/2)$와 $(39/2, 5/2)$에 순환법을 적용하여 얻은 $(1523/2, 195/2)$와 $(39/2, 5/2)$에 순환법을 적용하고, 이때 나온 $(29718, 3805)$와 $(29718, 3805)$로부터 마지막으로 $x^2 = 1 + 61y^2$을 만족하는 $x = 1,766,319,049$, $y = 226,153,980$을 얻는다.

5~6세기 인도의 천문학은 그리스의 주전원, 이심원 체계로부터 상당한 영향을 받았다. 또한 그리스처럼 위치를 계산하는 데 삼각법을 적용했다. 그러나 인도 천문학은 그리스에서는 거의 중시되지 않던 거대한 천문학적 시간의 주기라는 개념을 고대 중국만큼이나 중시했다. 이것은 해와 달, 행성들이 상원에서 시작하여 되돌아가는 시간의 주기였다. 그러므로 천체의 위치를 계산하려면 평균 운동을 알아야 했다. 그러려면 관측을 해야 했고, 이렇게 얻은 관측값으로 천체가 상원에서 얼마의 세월이 지나 어느 위치에 있는지를 알려면 일차합동식을 풀어야 했다. 브라마굽타와 아르야바타가 중국과 마찬가지로 천문학에 이용하려고 합동식 문제를 다루었다. 그렇지만 브라마굽타가 일차의 연립합동식을 푸는 방식은 중국과 달랐다. 그가 언제나 두 합동식으로 구성된 연립합동식을 다루는 것과 달리 중국인은 많은 수의 합동식을 다루었다. 그가 '중국의 나머지 정리'와 비슷한 문제를 다룬다고 하여도 그는 합동식들을 두 개씩 풀었다.[53] 인도와 중국의 비슷한 점은 유클리드 호제법을 이용했다는 것이다. 그렇지만 인도나 중국이 그리스로부터 이 방법을 알았는지, 이 세 문화가 그에 앞선 문화로부터 배웠는지, 서로 독립으로 찾았는지는 알 수 없다.

4-3 조합론과 수열

순열과 조합에 관한 규칙의 가장 오랜 기록을 인도에서 볼 수 있는데 자이나교에 기원을 두고 있다. 여기서도 정당화는 없다. 이를테면 −6세기에 쓰인 의학서 〈수쉬르타〉(Suśruta)에는 다음과 같은 기록이 있다. "63가지 조합이 여섯 종류의 다른 미각으로부터 만들어진다. 곧, 쓴맛, 신맛, 짠맛, 떫은맛, 단맛, 신맛으로 그것들을 한 번에 하나씩, 한 번에 둘씩, 한 번에 셋씩, …과 같은 식으로 만든다." 이것은 현대 기호로 $_6C_1 + _6C_2 + \cdots + _6C_6 = 63$이다. 거의 같은 시기의 다른 저작들에도 철학적 범주와 감각 같은 제재를 다루는 마찬가지의 계산이 들어 있다. 그러나 이 모든 예에서는 다루는 수가 작으므로 답을 얻는 데는 단순히 세는 것만으로도 충분 했을 것이다. 이것으로는 공식을 세웠는지를 알 수 없다. 한편 바라하미히라 (Varāhamihira 505?-587?)가 〈수르야 싯단타〉에 기초하여 쓴 〈판챠 싯단티카〉(Pañca Siddhāntikā 575?)에서는 더욱 큰 값을 다루고 있다. 모두 16가지의 성분으로부터 4가지를 이용하여 향수를 만들려고 한다고 하고, $1820 (= _{16}C_4)$가지의 방법이 있음을 계산하고 있다. 실제로 이 값을 헤아린다는 것은 생각하기 어려우므로 저자는 조합의 수를 계산하는 방법을 알고 있었다고 여겨진다.[54] 9세기에는 마하비라가 조합의 수에 관한 명확한 알고리즘을 세계에서 처음으로 제시했다. 현대 기호로는 $_nC_r = \dfrac{n(n-1)(n-2)\cdots(n+r-1)}{1\cdot2\cdot3\cdots r}$로 표현된다. 그러나 마하비라는 이 알고리즘에 전혀 증명을 제시하고 있지 않다. 12세기의 바스카라II는 서로 다른 n개인 순열의 수를 $n!$로 계산하고 있다. 또 n개 가운데서 같은 것이 각각 r_1, r_2, … 개씩 있을 때 n개를 한 줄로 놓는 순열의 수는 $n!/r_1!r_2!$ …이라 하고 있다.

〈아르야바티야〉에는 첫째 항 a, 공차 d인 등차수열에서 첫째 항부터 n항까지의 합 S_n을 구하는 공식 $n\left(\dfrac{n-1}{2}\cdot d + a\right) = \dfrac{n}{2}[a + \{a + (n-1)d\}]$가 실려 있다. 등차수열에서 a, d, S_n이 주어졌을 때 항의 수 n을 구하는 계산법도 있다. 여기서도 이 계산법을 만든 동기나 증명은 없다. 이차방정식의 풀이법에서 그것을 얻었다고는 하나, 바빌로니아나 그리스에서 유래되었을 것이다.[55] 또한 $\sum_{i=1}^{n} n^2 = n(n+1)(2n+1)/6$이라는 것과 $\sum_{i=1}^{n} n^3 = (1 + 2 + \cdots + n)^2$이 된다는 내용도 들어 있다.

남인도의 케랄라에서 니라칸타(Nilakantha S. 1444-1544)가 삼각함수의 무한급수와 대수학, 구면기하학을 다룬 〈아르야바티야〉의 주석서 〈과학 집성〉(Tantrasaṅgraha 1501?)에 산스크리트어 운문으로 $\tan^{-1}x = x - x^3/3 + x^5/ - x^7/7 + \cdots$이라는 급수가 실려 있다. 케랄라학파는 사실상 인도에서 유일하게 결과를 끌어내는 방법과 증명을 제시했다.[56] 이 급수의 결과는 상세하게 케랄라의 언어로 쥬예슈타데바 (Jyesthadeva 1500?-1575?)가 쓴 〈수학 해명〉(Yuktibhāṣā 1550?)에 들어있다. 그는 이 급수가 $x = \tan y \leq 1$일 때만 수렴함을 분명히 이해했다. 그는 $\tan^{-1}x$의 급수를 끌어내는 데 '월리스 정리'인 $\lim\limits_{n \to \infty} \dfrac{1}{n^{p+1}} \sum\limits_{i=1}^{n-1} i^p = \dfrac{1}{p+1}$ 이 성립하는 것을 보일 필요가

있었다. 그는 이 결과를 일반적으로 기술했으나 모든 p에 관하여 도출할 수는 없었다. 그는 p가 작은 값일 때 이것을 확인했고 임의의 값일 때도 바르다고 가정했다. 그는 월리스 정리가 $p = 1$에 관하여 성립한다는 명백한 사실로부터 시작하여 귀납적으로 논의했다.[57] 그 결과들은 미적분의 방법과 관련되어 있다. 이 급수는 $1 + x + x^2 + x^3 + \cdots = 1/(1-x)$과 같은 등비급수를 제외하면 함수를 x의 거듭제곱으로 전개한 것으로는 첫 번째 것으로 보인다.

〈아르야바티야〉에는 근거는 언급되지 않은 채, 100에 4를 더하고 8배하여 62,000을 더하면 지름이 20,000인 원둘레의 어림값이 된다고 했다. 여기서 π의 근삿값은 3.1416이 된다. 이 값은 프톨레마이오스가 썼던 것이어서 그리스의 영향을 받았을 가능성이 높다.[58] 7세기의 바스카라 I (600?-680?)은 정확한 원주율로 3927/1250을, 부정확한 원주율로 22/7를 사용했다. 전자는 유휘의 〈구장산술주〉로부터 얻었을 가능성이 높다.[59]

인도인은 원둘레의 길이를 계산하기 위해 $\tan^{-1} x$ 급수에 흥미를 두었던 것으로도 보인다. 이 급수는 천문학에 필요했던 원둘레를 계산할 수 있게 해주었다. $x = 1$을 대입하면 $\pi/4 = 1 - 1/3 + 1/5 - 1/7 + \cdots$을 얻는다. π와 관련된 급수는 아르키메데스의 방법이 아닌 것으로는 처음으로 만족스러운 답을 주었다. 그러나 이 급수는 무척 천천히 수렴하므로 여러 가지로 수정될 필요가 있었다. 〈과학 집성〉에는

$$\frac{\pi}{4} = \frac{3}{4} + \frac{1}{3^3 - 3} + \frac{1}{5^3 - 5} + \frac{1}{7^3 - 7} - \cdots$$

를 포함하여 상당히 빠르게 수렴하는 다른 급수도 들어 있다.

5 기하학

인도 기하학은 자주 직관적이라고 이야기된다. 주로 경험에 의존했고 대개 측량과 관련을 맺고 있다. 길이와 넓이, 부피를 구하는 방법이 몇 가지가 있으나 인도인은 도형의 성질을 다루는 기하학에 능숙하지 못했다. 인도인은 그리스의 삼각법을

받아들인 것과 달리 그리스의 기하학에는 관심을 두지 않았던 듯하다. 그들은 넓이나 부피를 구하는 간단한 방법만 알았고, 결과가 어림값으로 나오는 여러 공식을 설명하면서도 결과가 어림값임을 언급하지 않고 있다. 더구나 올바른 규칙이 실려 있는 곳에서도 그것이 왜 옳은지를 정당화하는 증명은 기술하지 않았다. 어림 공식과 올바른 공식을 대등하게 받아들인 것으로 보인다. 어쩌면 둘을 구별해야 한다는 인식이 없었을 수도 있다. 엄밀한 논증은 드물고 공리에서 시작하는 논리 전개는 없었다.

힌두교 저작의 일부로 쓰인 술바수트라에는 어떤 조건을 만족하는 정사각형, 직사각형, 삼각형, 마름모 등을 작도하는 방법이 기술되어 있다. 그리고 다음 몇 가지 정리가 증명되어 있다.[60] 직사각형의 대각선은 직사각형을 똑같은 두 부분으로 나눈다. 직사각형의 두 대각선은 서로 이등분하고 마주보는 부분끼리 넓이가 같다. 이등변삼각형의 꼭짓점에서 밑변에 내린 수선은 삼각형을 이등분한다. 밑변이 같고 평행선 사이에 있는 직사각형과 평행사변형은 넓이가 같다. 마름모의 두 대각선은 직각을 이루며 서로 이등분한다. 인도에는 원이 아닌 곡선을 연구한 기록이 거의 없고, 원뿔곡선을 전혀 다루지 않았다.

〈아르야바티야〉(510?)에는 그림자 몇 개의 길이를 재어 기둥의 높이를 구하는 방법이 있다. 이 문제의 형식이나 풀이법은 유휘의 〈해도산경〉 첫째 문제와 아주 비슷하다. 브라마굽타는 〈브라마스푸타 싯단타〉(Brahmasphuta Siddhānta 628?)에서 여러 기하학 문제를 다루고 있는데 이전 사람들처럼 옳은 답과 틀린 답을 함께 적었다. 그는 이등변삼각형 넓이의 어림값으로 밑변의 반에 옆 변을 곱했다. 밑변이 14이고 다른 변이 13과 15인 삼각형 넓이의 어림값으로 밑변의 반에 다른 두 변의 산술평균을 곱했다. 삼각형의 정확한 넓이는 헤론의 공식으로 구했다. 그는 사다리꼴의 넓이를 구하는 일반 공식도 제시했다.[61] 또한 일반 사각형의 넓이를 헤론의 공식을 일반화한 $\sqrt{(s-a)(s-b)(s-c)(s-d)}$ (여기서 a, b, c, d는 변의 길이, s는 둘레 길이의 반)로 구하고 있다. 이것은 원에 내접하는 사각형에서만 옳다. 그는 내접 사각형에서 대각선의 길이를 $\sqrt{\dfrac{(ab+cd)(ac+bd)}{ad+bc}}$, $\sqrt{\dfrac{(ac+bd)(ad+bc)}{ab+cd}}$로 구했다. 9세기의 마하비라는 활꼴의 넓이를 $a=(c+v)v/2$로 구했다(여기서 c는 현의 길이, v는 화살의 길이). 또 지름이 d인 구의 부피 공식으로 $V=9d^3/16$을 제시했다. 이 두 공식은 〈구장산술〉의 것과 같아, 중국의 산법을 가져다 썼을 가능성이 높다.[62] 직사각형이나 원에 내접하는 사각형의 작도를 다루고 있다.[63] 이를테면 넓이가 주어진 내접 사각형의 작도, 외접원의 지름이 주어진 값이 되는 내접 사각형의 작도, 넓이가 둘레나 대각선의 배수이거나 변과 대각선의 선형 결합이 되는 사각형 구하기가 있다. 12세기의 바스카라Ⅱ는 구의 겉넓이는 대원 넓이의 4배이고 구의 부피는 (대원의 넓이) × (지름) × 2/3라고 기술했다.

술바수트라에는 피타고라스 정리와 피타고라스의 세 수 (5, 12, 13), (7, 24, 25), (8, 15, 17), (12, 35, 37)도 들어 있다. 주어진 두 정사각형의 넓이를 더한 것과 같은 넓이의 정사각형을 작도하는 방법도 제시되어 있는데, 이 작도에는 피타고라스 정리가 명시적으로 드러나 있다. 직사각형의 대각선은 길이와 나비로 주어지는 넓이의 합과 같은 넓이를 갖는다고 기술하고 다음과 같이 증명한다.[64] 정사각형 ABCD의 각 변에 BF= BK=CG=CL=DH=AE가 되도록 점들이 놓여 있다. 이제 정사각형 ABCD=DL 위의 정사각형+ FB 위의 정사각형+4(△AEF), 곧 ABCD= AF^2 + AE^2+4(△AEF). 그리고 ABCD= EF^2+4 (AEF). 따라서 $AF^2 + AE^2 = EF^2$이다. 바스카라 Ⅱ도 '대수학'에 피타고라스 증명을 기술하고 있는

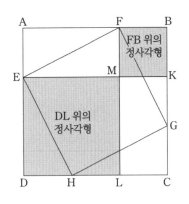

데, 이때 사용한 도형은 3세기에 중국의 조상이 사용한 현도와 같다.[65] 브라마굽타는 변의 길이가 정수인 직각삼각형 세 변의 길이를 찾는 공식 $2mn$, $m^2 - n^2$, $m^2 + n^2$ (여기서 m, n은 다른 정수)을 제시하면서 몇 가지 변형도 싣고 있다. 이를테면 m, $\{(m^2/n) - n\}/2$, $\{(m^2/n) + n\}/2$ ($n \neq 0$인 정수)이 있다. 이것은 바빌로니아 공식의 변형이다. 마하비라는 빗변 c가 주어졌을 때 직각삼각형의 세 변으로 c, $\dfrac{2mnc}{m^2 + n^2}$, $\dfrac{c(m^2 - n^2)}{m^2 + n^2}$을 제시했다. 바스카라 Ⅱ는 c, $\dfrac{2qxc}{q^2 + 1}$, $\dfrac{c(q^2 - 1)}{q^2 + 1}$을 제시했는데 $q = \dfrac{m}{n}$으로 놓으면 마하비라의 것과 같다.

6 천문학과 삼각법

특정한 날짜에 브라만교 예식과 제사를 지내기 위해 달력을 만들고, 방향을 맞춰

제단을 짓는 일은 매우 중요했다. 이것들은 모두 천문 현상을 알아야 할 수 있던 것이다. 이러한 천문학의 수요에 응하기 위해 인도 수학자는 삼각법을 연구했다. 삼각법은 천문학의 도구였다. 그리스 천문학의 구면삼각법이 1~6세기에 쿠샨 왕조(45-320년), 굽타 왕조(320-520년) 시대에 로마의 교역로를 따라 인도로 들어왔다. 이런 상황이 반영되어 −8세기부터 이어져 오던 술바수트라의 시대는 2세기 무렵에 막을 내리고 '싯단타'(Siddhanta), 곧 천문학 체계가 인도인의 주된 관심사가 되었다. 인도의 천문학은 대략 여섯 지역의 학파가 경쟁함으로써 여러 한계와 분열에도 불구하고 굽타 시대에 고도로 전문적이고 수학적인 형태로 발전했다.[66]

5세기 초에 다섯 싯단타가 나왔는데 〈파울리사〉(Paulisa), 〈로만카〉(Romaka), 〈수르야〉(Surya), 〈바시쉬타〉(Vasishtha), 〈피타마하〉(Pitamaha) 싯단타이다. 태양신에 관한 〈수르야 싯단타〉는 중요한 천문학 저작으로 이것만 온전히 남아 있다. 인도에서 맨 처음으로 삼각법을 포함하는 저작으로 알려진 것은 〈피타마하 싯단타〉이다. 이 싯단타에는 천문학과 그에 관련된 수학을 다룬 비슷한 책 가운데 가장 이른 것으로 구면삼각법을 다루는 데 필요한 반현의 표(사인표)가 불완전하나마 실려 있다. 이때부터 인도 수학이 종교보다 천문학에 공헌하게 된다.[67]

인도 천문학은 주전원과 60진법 분수에 바탕을 두었다.[68] 주전원 체계의 사용은 인도 천문학의 바탕이 그리스의 것임을 말해 주고 있다. 도, 분, 초를 사용하고 있는 것도 이를 뒷받침한다. 그렇지만 유감스럽게도 프톨레마이오스가 아니라 히파르코스를 비롯한 앞선 사람들의 천문학과 수학이 들어왔다. 인도인은 프톨레마이오스의 기하학적 논법 대신에 대수 관계를 바탕으로 산술 계산을 했다. 다른 한편 60진법 분수의 사용은 인도가 바빌로니아 천문학을 받아들였다고도 할 수 있다. 게다가 꽤 오래전부터 민간에서 전승되어 온 여러 가지 특성도 보인다. 그러니까 인도인은 바빌로니아에서 유래된 역법을 헬레니즘 문명으로부터 받아들였다고 할 수 있다. 천체가 운행하는 속력의 평균을 알고, 그것이 궤도의 특정한 곳에 있게 되는 시각을 구하는 문제가 중요했기[69] 때문이다. 인도 천문학은 우주의 구조 같은 이론을 추구하지 않았고 천체 운동의 물리학을 다루려 하지 않았으므로 이론적 성과를 내지 못했다.

인도인이 그리스에서 삼각법을 들여왔으나 형식에 아주 중요한 변화를 주었다. 그리스의 삼각법은 원에서 현과 중심각의 대응 관계를 사용했으나, 인도인은 이것을 현의 반과 중심각의 반 사이의 대응 관계로 바꾸었다. 이것이 우리가 인도로부터 물려받은 커다란 유산의 하나인 사인함수의 원형이다. 이 사인함수도 정확한 산술 계산을 추구하던 노력의 산물이다.

초기의 사인표 구성을 싣고 있는 〈아르야바티야〉(510?)는 천문학과 구적법에 이용되는 계산 방법을 보충하려고 쓴 것이다. 상세한 작업 안내서가 아니라 단순히 짧게 서술되어 있을 뿐이다. 아르야바타가 이 표를 스스로 작성했는지, 그의 시대에 손에 넣을 수 있던 싯단타로부터 빌려 왔는지는 분명하지 않다.[70] 일련의 싯단타와 〈아르야바티야〉에는 90°까지 각을 $3\frac{3}{4}° = 3°45'$로 등분한 사인이 실려 있다. 원둘레를 $360 \times 60 = 21{,}600$으로, 반지름을 3438로 함으로써 같은 길이 단위로 원호와 사인을 나타냈다. 인도의 삼각법에서 첫 번째 사인 s_1은 $3\frac{3}{4}°$인 호의 사인이다. 이때 값으로 $60 \times 3\frac{3}{4} = 225$를 취했다. 이것은 $\sin 3\frac{3}{4}° = 3\frac{3}{4}$으로 여긴 것으로 작은 각의 사인이 그 각을 호도로 잰 값과 거의 같다는 뜻이다. 이는 인도인이 호도를 사용한 것과 사실상 같다. n번째$(n \times 3°45')$의 사인은 $a_n = a_{n-1} + a_1 - S_{n-1}/a_1$이라는 점화식으로 구했다(여기서 $S_n = a_1 + a_2 + \cdots + a_n$)고도 하는데 실제로는 히파르코스가 했던 것과 같은 방법으로 사인을 계산했다고 생각된다.[71] 90°의 사인은 반지름 3438′과 같고 30°의 사인은 반지름의 반인 1719′이다. 45°의 사인은 $3438/\sqrt{2}$ $= 2431'$이다. 그 밖의 호의 사인은 피타고라스 정리와 반각 공식을 사용하여 계산하면 된다.

6세기에 바라하미히라는 〈판챠 싯단티카〉에서 초기 인도 삼각법의 개요를 기술하고 프톨레마이오스의 현의 표로부터 만들었다고 생각되는 사인표를 싣고 있다. 그는 반지름 120인 사인과 코사인을 표로 만들고, 둘 사이의 표준 관계를 보여주었다. 그는 사인표를 만들 때 $\sin 30° = 1/2$로부터 출발하여 15°, 7°15′, 3°45′의 사인을 구하고 있는데 공식 $\sin^2(\alpha/2) = (\sin^2\alpha)/4 + (\text{versin}^2\alpha)/4$를 사용했다.[72] 인도인은 이러한 공식들을 도입하거나 표현할 때 기하학보다 대수학을 훨씬 많이 이용했다.

브라마굽타는 〈브라마스푸타 싯단타〉에서 반지름으로 3270을 사용했다. 삼각형에 외접하는 원(반지름 R)에서 삼각법으로 $2R = a/\sin A = b/\sin B = c/\sin C$에 해당하는 것을 얻었다. 이것은 현에 대해서 프톨레마이오스가 얻은 결과를 재구성한 것이다. 브라마굽타 전에는 간격이 $3\frac{3}{4}°$보다 작은 호의 사인은 이웃한 두 값을 선형 보간법으로 구했다. 브라마굽타는 2차의 차를 이용하여 더 나은 보간법을 개발했다. 현대의 기호로 나타내면 d_n을 n번째 사인, x_n을 n번째의 호, $h = 3\frac{3}{4}°$(호의 간격)이라고 할 때

$$\sin(x_n + \theta) = \sin x_n + \frac{\theta}{2h}(d_n + d_{n+1}) + \frac{\theta^2}{2h^2}(d_n - d_{n+1})$$

이다. 이것을 정당화하는 기술은 없다. 그는 또 사인을 어림하는 대수 공식으로 같은 시대 사람인 바스카라 I 이 쓴 〈마하바스카리야〉(Mahābhāskarīya)에 처음 나오는 것으로 보이는 것도 이용했다. 그 공식은 $r\sin\theta = \dfrac{4r\theta(180-\theta)}{40500 - \theta(180-\theta)}$ 에 해당한다.[73]

12세기의 바스카라II에 이르러 천문학 책에 $3\frac{3}{4}°$보다 작은 호의 사인표가 실리기 시작했다. 그는 '구면기하학'에

$$\sin\frac{A-B}{2} = \frac{\{(\sin A - \sin B)^2 + (\cos A - \cos B)^2\}^{1/2}}{2}$$
$$\sin(A \pm B) = \sin A \cos B \pm \cos A \sin B$$

를 제시하고 반지름이 r인 원에서 $\sin 18° = \dfrac{\sqrt{5}-1}{4}r$, $\sin 36° = \left\{\dfrac{5r^2 - \sqrt{5r^4}}{8}\right\}^{1/2}$

임을 보였다. 바스카라II는 미분계수에 해당하는 예를 처음 들고 있다. 그는 행성의 하루 운동을 정확하게 계산하려고 하루를 아주 많은 작은 구간들로 나누고, 잇따르는 구간들의 끝에 있는 행성의 위치를 비교하는 방법을 '행성 수학'에 실었다. 만일 x, x_1이 잇따르는 구간들의 끝에서 행성의 평균 근점이각28)일 때 $\sin x_1 - \sin x = (x_1 - x)\cos x$라고 썼다. 이것은 $d(\sin x) = \cos x\, dx$를 말하는 것이다. 그는 미분 계산으로 좀 더 나아갔으나 미분계수는 함수의 극값에서 사라진다고 했다.[74]

부기: 마야 문명의 수 체계

중앙아메리카에도 유카탄 반도를 중심으로 일어난 마야 문명에서 수로서 0을 포함한 자리기수법 체계를 사용했다. −2000년 무렵 시작된 것으로 여겨지는 마야 문명이 가장 번성했던 시기는 3세기 중반부터 9세기 중반 사이였다. 남아 있는 기록으로는 마야인은 1000개 정도의 상형문자를 사용해서 글을 썼다.

마야인은 한 해 365일을 20일씩 18달로 나누고 닷새를 남은 기간으로 두었다.

---

28) 근점이각: 행성이 근일점으로부터 떨어져 있는 각도

이에 따라 그들은 달력의 날짜를 나타내기 위해서 20에 근거하는 진법을 채택하게 되었다.[75] 그들은 점으로 1을, 선으로 5를 나타내면서 통상적으로 기본 밑수를 20, 보조 밑수를 5로 하는 20진 자리기수법을 사용했다. 이것들은 바빌로니아인의 60진 자리기수법에서 각각 60과 10에 대응한다.

1	2	3	4	5	6	7	8	9	10
•	••	•••	••••	—	•	••	•••	••••	—
11	12	13	14	15	16	17	18	19	0
•	••	•••	••••	—	•	••	•••	••••	🥖

더구나 마야인은 맨 처음으로 영(0)을 나타내는 데 사용되었다고 알려진 기호인 🥖를 인도-아랍의 수 체계처럼 자릿수로 사용했다. 그런데 이 기수법은 날짜를 세기 위해 구안된 것이었으므로 세 번째 자리에는 20·20의 배수가 아닌 18·20의 배수를 놓았다. 이것은 360이 400보다 한 해의 길이에 더 가깝기 때문이었다. 그러니까 마야에서 각 자리의 자릿값은 1, 20, 18·20, $18·20^2$, $18·20^3$, …이다. 수는 세로로 쓰면서 높은 자릿수를 위에 썼다. 이를테면 그림은 $17·(20·18·20)+0·(18·20)+9·(20)+0$을 뜻했다. 한편 5를 보조 밑수로 하는 20진법을 채택한 것은 한 손의 손가락이 다섯 개이고, 손가락과 발가락을 모두 더하면 스무 개인 것에서 유래했다는 설도 있다.[76]

마야인은 오늘날 우리의 표기법과 매우 비슷한 방법을 사용함으로써 엄청나게 큰 수를 계산할 수 있게 되었다. 그들은 계산 능력에서는 다른 문명, 심지어 르네상스 시대까지의 유럽인보다 뛰어났다.[77] 자리기수법에서 자릿값을 나타내는 기호로서 0의 개념이 매우 이른 시기에 마야 문명에서 독립으로 등장했다는 사실 때문에, 0의 역사에 대한 해석에 어려움을 겪게 된다. 마야인은 분수를 개발하지 못했지만 바빌로니아인처럼 계산을 돕는 곱셈표를 만들었다.[78]

16세기에 스페인이 중앙아메리카를 침략하여 마야 문명을 비롯한 여러 문명을 파괴했다. 그들은 자신들이 옮긴 질병으로 엄청난 원주민을 죽음으로 내몰았을 뿐만 아니라 야만적인 살육과 약탈을 저지르며 혹독한 노동을 강요하여 인구수를 회복할 수 없게 만들었다. 또한 중앙아시아의 여러 문명이 쌓아올린 성과들을 깡그리 없애버림으로써 어떤 문명이 있었는지 살펴볼 수 없게 만들었다. 이로써 중앙아메리카에 있던 문명을 자세히 논하기는 어려워졌다.

이 장의 참고문헌

[1] 孫隆基 2019, 132
[2] 孫隆基 2019, 116
[3] McClellan, Dorn 2008, 222
[4] 孫隆基 2019, 139
[5] Boyer, Merzbach 2000, 356
[6] Plofker 2008, 521
[7] Burton 2011, 225
[8] Boyer, Merzbach 2000, 339
[9] Needham 1985, 267
[10] Sesiano 2000, 138
[11] Puttaswamy 2000, 420
[12] Kline 2016b, 273
[13] Puttaswamy 2000, 410
[14] Stewart 2016, 63
[15] Boyer, Merzbach 2000, 345
[16] Struik 2016, 115
[17] 吉田 1979, 21
[18] Boyer, Merzbach 2000, 346
[19] 吉田 1979, 11
[20] Boyer, Merzbach 2000, 348
[21] 吉田 1979, 20
[22] Katz 2005, 264
[23] 吉田 1979, 12
[24] Dantzig 2005, 200
[25] Puttaswamy 2000, 418
[26] Conner 2014, 101
[27] 錢寶琮 1990, 119
[28] Colebrooke 1817, 339-340
[29] Stewart 2016, 74
[30] Havil 2014, 91
[31] Puttaswamy 2000, 411
[32] Katz 2005, 34
[33] Puttaswamy 2000, 412
[34] 錢寶琮 1990, 121
[35] Eves 1996, 198
[36] 吉田 1979, 21
[37] 錢寶琮 1990, 122
[38] Struik 2020, 112-113
[39] Katz 2005, 258

[40] Plofker 2008, 519
[41] Plofker 2008, 533
[42] 김용운, 김용국 1990, 35
[43] 錢寶琮 1990, 120
[44] Puttaswamy 2000, 413
[45] Katz 2005, 259
[46] Eves 1996, 200
[47] Kline 2016b, 367
[48] Katz 2005, 260
[49] Puttaswamy 2000, 412
[50] Puttaswamy 2000, 414
[51] 水上 2005
[52] Katz 2005, 255
[53] Katz 2005, 252
[54] Katz 2005, 261
[55] Boyer, Merzbach 2000, 344
[56] Katz 2005, 263
[57] Katz 2005, 559
[58] Boyer, Merzbach 2000, 344
[59] 錢寶琮, 1990, 121
[60] Puttaswamy 2000, 410
[61] Mason 1962, 91
[62] 錢寶琮 1990, 120
[63] Puttaswamy 2000, 417
[64] Puttaswamy 2000, 411
[65] 錢寶琮 1990, 120
[66] McClellan, Dorn 2008, 228-229
[67] Eves 1996, 196
[68] Struik 2016, 112
[69] Plofker 2008, 522
[70] Puttaswamy 2000, 414
[71] Katz 2005, 244
[72] 錢寶琮 1990, 121
[73] Katz 2005, 245
[74] Puttaswamy 2000, 418
[75] Burton 2011, 7
[76] McClellan, Dorn 2008, 246
[77] Beckmann 1995, 50
[78] McClellan, Dorn 2008, 246

아랍 문명의 수학

1 아랍 문명의 형성 배경

바빌로니아 문명은 헬레니즘의 영향에도 불구하고 사라지지 않았다. 알렉산드리아 학문에는 그리스의 영향과 함께 오리엔트의 영향도 남아 있었다. 콘스탄티노플은 폭넓은 지역의 행정 중심지로서 동서양이 만나는 중요한 장소였다. 이 두 도시가 있던 비잔틴 제국은 그리스 문화의 안내자이자 동서양을 잇는 다리였다. 비잔틴 동쪽의 메소포타미아 지역은 로마 제국의 전진 기지였는데 파르티아조(전3세기 중-후 3세기 초)에 복속되었다가 사산조 페르시아(3세기 초-7세기 중) 때 무역로를 따라서 중심 지위를 되찾았다. 페르시아가 이집트, 소아시아, 콘스탄티노플을 빼앗으며 900년을 이어온 그리스-로마의 지배를 끝냈다. 6세기 말에 페르시아는 인더스강 유역, 콘스탄티노플, 알렉산드리아를 동서의 끝에 두고 있었으므로 여러 문화가 교류하는 지역이 되었다. 7세기에 접어들면서 비잔틴과 페르시아는 혼란에 빠지게 된다. 내부의 계급 모순에 따른 갈등과 대립, 생산력의 정체, 이웃 나라들과 치르는 전쟁 때문에 두 사회는 극복하기 힘든 상태에 놓이게 된다. 이 두 지역은 빠르게 성장한 아랍 제국의 지배를 받게 된다.

7세기 아랍 세력이 융성하게 된 직접 원인은 무함마드(Muhammad ibn Abdullah 570-632)가 이슬람교를 발흥시킨 것이었다. 그는 유대교와 기독교의 신화, 관행에서 많은 것을 끌어왔는데 그의 가르침은 신앙과 행동 규범만이 아니었다. 그것은 사회를 개혁하려는 정치 강령이기도 했다. 이전의 유목민들은 부족마다 다른 신을 섬기고 있었다. 이런 상황은 특히 정착 생활을 하게 된 일부 유목민들 사이에서 일어나는 긴장과 갈등을 해결해 주지 못했다. 그는 경쟁하는 부족들을 하나의 법전에 바탕을 둔 체제로 엮고자 했다.

무함마드가 메카를 손에 넣은 630년부터 한 세기도 지나지 않아 무슬림 군단은 동쪽으로는 중앙아시아와 인도, 서쪽으로는 북아프리카와 스페인까지 차지했다. 이 과정에서 아랍은 관개 시설을 다시 구축/확장하고, 경작할 수 있는 땅과 기간을 늘려 농업의 생산성을 높였다. 이 결과로 전례 없는 인구 팽창, 도시화, 사회의 계급화, 정치적 중앙집권화, 지식인에 대한 국가의 후원 등이 나타났다. 그렇지만 약 100년 동안 이어진 내부 투쟁과 정복 전쟁이 끝나고 나서 영토는 크게 모로코의 서아랍과 바그다드의 동아랍으로 나뉘었다.

아랍 제국 초기에 아랍인은 이슬람교를 전파하는 데만 몰두했다. 유목 생활을 하던 아랍인에게는 언어 말고는 정복한 곳에 전할 만한 문화는 거의 없었다. 다른 나라의 학문에도 관심이 매우 적었기 때문에 과학적 성과는 보잘것없었다. 그들의 예술과 마찬가지로 과학, 철학도 정복지에서 나왔다. 아랍 제국의 첫 100년 동안에는 지적 활력이 생기지 않았다. 그러다 아바스(Abbasids 750-1258) 왕조가 들어선 동쪽에서 정복 전쟁이 마무리되고 부가 쌓이면서 새로운 문화가 싹틀 조건이 마련되었다. 아랍인은 제국을 세우기 전에도 야만적인 유목민은 아니었다. 아랍 상인은 인도의 우자인에서 아덴을 거쳐 알렉산드리아에 이르는 해상무역의 항로를 거의 독점하고 있었다. 그리고 변방의 아랍인은 로마인이나 비잔틴의 그리스인에게 고용되어 고용주들의 방식을 어느 정도 배우고 있었다. 기독교로 개종한 일부 아랍인은 비잔틴, 특히 시리아에서 공무원으로 일하기도 했다. 그러므로 이슬람교가 출현하기 전에도 교육을 받은 아랍인이 있었고, 이것이 나중에 무슬림이 그리스 과학을 쉽게 받아들이게 된 배경이 되었다.[1]

아바스 왕조는 대중의 불만을 이용해 국가의 지배 체제를 재편하면서 아랍 민족주의에서 벗어나 민족 차별을 없앴다. 아랍계 무슬림과 비아랍계 무슬림은 갈수록 동등한 대우를 받았다. 이윽고 이슬람교는 출신 민족을 따지지 않는, 진정으로 보편적인 종교로 거듭났다. 아랍 제국은 관용을 베풀고 모든 지적 활동을 받아들이는 사회가 되었다. 아랍인은 기독교와 유대교를 포함한 이방인의 사상과 학문을 인정했고 고대 그리스와 인도의 학문도 받아들였다.

아랍인은 자신들의 종교를 굳건히 믿었음에도 종교적 교리로 수학, 과학의 탐구를 제한하지 않았다. 그 결과 이슬람교를 바탕으로 페르시아, 그리스, 아랍 등 여러 요소를 종합한 문명 복합체를 실현할 수 있었다. 이슬람교가 아랍이 통치하던 지역의 주요 종교로 바뀌면서 아랍 문자가 공식 문자로 되었다. 수학을 포함하여 과학 저작은 거의 아랍어로 쓰였다. 그렇다고 해서 학문에서 높은 통일성을 갖추지는 못했다. 아직 이슬람교에서 단일한 정통 해석이 확립되지 않았던 9~10세기에는 빠른 사회 변화로 촉발된 가치관의 충돌이 지적 탐구를 자극했다. 여러 학파가 사람들의 마음을 얻으려고 서로 다투었다.

아랍의 과학, 문화는 더 발달된 문명의 지식을 흡수하려는 노력에서 발생했다. 첫걸음은 다른 문명의 문서들을 아랍어로 번역하는 것이었다. 아랍은 경제적으로 가까운 관계가 있던 인도에서 수학과 천문학을 배워 아랍어로 번역했다. 또한 일찍이 인도 과학자를 바그다드로 초빙하여, 인도의 유산을 이른 시기에 받아들임으로써 아랍의 과학은 처음부터 인도의 산술과 천문학에 의해 특징 지어졌다.[2] 뒤에는 번역의 초점이 그리스 과학으로 옮겨가면서 비잔틴을 통해서 그리스의 철학, 의학, 과학 등을 배우게 되었고 아랍의 엘리트 과학은 그리스의 토대 위에서 형성되었다.[3] 콰리즈미, 부즈자니, 비루니 같은 수학자들은 그리스와 인도의 유산을 결합해 발전시켰다. 철학자들은 플라톤과 아리스토텔레스의 사상에 바탕을 두고 세계를 합리적으로 설명하려 했다. 물론 바빌로니아 학문의 전통도 흡수했다. 8세기 중반에 중국에서 들어온 종이의 제조법 덕분에 번역 작업은 더욱 활발히 이루어졌다. 이렇게 해서 고대 문헌이 충분히 다시 만들어짐으로써 기독교도의 파괴와 로마 제국이 무너지면서 일어난 많은 전쟁에도 불구하고 남겨질 수 있었다.

아랍 문화의 발전에는 궁정이 세운 도서관, 종이, 궁정과 민간에서 널리 이용한 점성술이 커다란 역할을 했다. 유럽의 도서관과 달리 아랍의 도서관은 자연과학을 육성한 주요 기관이었다. 칼리프와 부유한 후원자들이 많은 장서를 수집하는 데 비용을 지원했다. 8세기에 종이가 대량 생산되어 책값이 싸진 것도 도서관이 번창하는 데 이바지했다. 그렇다고 도서관이 아랍인이 학문에 기울인 관심 때문만으로 번창한 것은 아니다. 마문(al-Ma'mun 786-833)은 왕조에 유용하다고 여겨진 지식, 특히 의학, 응용수학, 천문학, 점성술, 연금술, 논리학의 실용성 때문에 번역자들과 지혜의 집(Bayt al-Hikma)을 지원했다. 이를테면 아리스토텔레스의 논리학이 법과 행정에 쓸모 있었으므로 이것을 먼저 번역했고 나중에 과학, 철학 저작을 번역했다. 점성술과 그에 수반되는 천문, 기하, 산술, 자연철학도 당시의 과학을 이끌었다. 후자가 사원이나 고등 교육기관인 마드라사에서 교육되기도 했던 것과 달리 점성술은 정규 교육으로 채택되는 경우가 드물었다.[4] 그런데 철학과 의학, 고등 수학, 광학, 연금술, 천문학이 장려되기도 했으나 시간이 지날수록 자주 제도권 밖에 놓이다가 마침내는 금지된다. 점성술은 천문학의 목표였던 때가 많았으므로 천문학자 대부분이 점성술도 연구했다. 그렇지만 점성술은 그것의 성격 때문에 철학자, 천문학자, 신학자, 하디스의 전도자로부터 변호를 받기도 했고 심한 반대에 부딪히기도 했다. 점성술과 관련될 수밖에 없던 수리과학자들도 그들에게 강한 권한을 행사하던 후원자와 후원 제도의 변덕에 고통을 받고 추방, 투옥, 살해되기도 했다.[5] 과학 탐구와 발전의 문제는 당대의 종교적 견해가 허용하는 테두리 안에서 과학자들의 역할이 어떻게 규정되느냐에 달려 있었다.

10세기부터 국가가 사회의 생산 기반을 유지하는 데 써야 할 잉여마저 빼앗자, 엄청난 수의 농민들이 계속 일하기조차 어려울 정도로 가난해졌다. 그 결과 총생산이 줄었다. 국가는 상업에서 나온 이윤도 갉아먹기 시작했다. 그러자 시장이 축소되면서 기술 발전은 억제됐다. 수공업에서 초보적이나마 공장 생산으로 옮겨갈 수 있는 길마저 막히게 되었다. 11세기에 제국은 분열했다. 이 때문에 아랍은 끔직한 대가를 치렀다. 1095년 유럽의 교황 우르반 2세의 선동으로 십자군 전쟁이 시작되었다. 12세기에는 이집트의 일부가 십자군에 함락될 정도였다. 십자군은 잔인한 착취자였을 뿐, 한 가지를 빼고는 아랍에 전혀 도움이 되지 않았다. 그 한 가지는 십자군의 폭압적인 침략에 맞서 아랍인에게 단합하여 싸워야 한다는 것과 정체성을 깨닫게 해주어 아랍을 부흥시키게 해주었다는 것이다.

13세기 중반에 아랍은 몽골의 공격을 받았으나 여전히 경쟁하는 왕실들이 학자를 후원한 덕분에 아랍 문화는 번성했다.[6] 13세기 후반과 14세기 전반에 궁정이 수리과학을 후원함으로써 예배 시각, 메카의 방향, 새달의 시작을 결정하는 것에 관련된 천문학, 수학 문제를 해결하는 방법이 폭넓게 발달하면서 그 방법은 수리과학에서 독립 분야로 인식되었다. 그것은 구면기하학, 시계, 천문 기구의 사용법, 그노몬, 예배의 방위각 결정, 연대학, 새달의 시작을 예보하는 것을 통합하는 내용으로 확장되었기 때문이다.[7] 이 분야는 배우고 싶어 하는 수학의 전문 분야가 되었다.

아랍 문화와 과학의 번영도 13세기에 사그라지기 시작한다. 마드라사에서 하나의 정통을 가르치고 지배 계급이 그 정통을 사회 전체에 강요하게 되자 합리적인 논쟁은 지난 일이 되었다.[8] 철학, 논리학, 과학 연구는 사람들이 이슬람법을 존중하지 않게 될 수 있으므로, 그 연구가 종교를 따르지 않으면 쓸모없다는 까닭으로 금지되었다. 학문은 세계를 더욱 깊고 넓게 이해하는 것이 아니라 쿠란과 하디스를 외우는 것으로 됐다. 지배 계급은 고대 그리스의 과학과 철학이 자신의 지배 이데올로기에 끼칠 부정적 영향력을 잘 알고 있었으므로, 이것을 학교에서 가르치지 못하게 했다. 이 때문에 과학과 철학은 개인 집에서 잘 아는 사람들끼리만 숨어서 다루게 되었다. 사상과 과학 연구는 갈수록 억눌렸다. 과학, 기술은 특정 분야에 국한됨으로써 발전의 여지가 사라져갔다.

8~15세기까지 아랍 과학은 고대 그리스 지식을 많이 흡수하여 유럽과 중국을 훨씬 앞서 있었음에도 기술은 로마나 동방의 국가들과 비슷한 상태를 유지했다. 과학과 기술이 서로 영향을 주고받지 못함으로써 두 영역 모두 정체에 빠졌다. 이 때문에 아랍인은 수학, 과학, 의학에서 독창적인 내용을 그다지 보태지 못했다. 아랍 문명은 과학과 기술이 함께 발전할 씨앗을 마련했으나 낡은 상부구조 때문에 그 씨앗은 싹트지 못하고 말았다. 그 씨앗은 그런 상부구조가 없던 미개한 유럽에 이식되어 거기서 싹트게 되었다.

2 아랍 수학의 개관

아랍 문화 초기에는 일반적으로 세속의 지식을 신성한 지식으로 가는 길로 여겼다. 이리하여 학문은 널리 장려되고, 자신의 생각을 추구하는 것이 허용되었다. 통치자는 일상생활에서 제기되는 문제에 민감했으므로 아랍의 수학자는 이론을 비롯해 실제적 응용도 연구했다. 특히 기도 시간과 방향을 정하는 것은 매우 중요한 일로써 대수와 기하학(삼각법), 천문학을 이용해야 했다. 대수는 상속 재산을 나눌 때도 필요했다. 이 학문들은 종교와 깊이 관련된 사람들에 의해 발전했다. 모스크의 무와키트29)들이 이것을 널리 활용했다. 그래서 대개의 종교학자는 이 분야들에 긍정적이었다. 코페르니쿠스 체계의 핵심이라고 할 수 있는 행성 운동의 수리 모형을 개발한 사람들이 바로 무와키트였다.[9]

아랍에서 왕궁과 사원이 수학을 포함한 과학 지식의 연구를 후원했다. 이 후원의 역사는 둘로 나눌 수 있다. 첫째 시기는 아바스 왕조 시기인 8세기부터 12세기 후반까지이다. 처음 200년 동안은 바그다드를 중심으로 번역이 활발하게 전개되었다. 제2대 군주인 만수르(754-775 재위)는 바그다드로 과학자들을 불러들였다. 제5대 하룬 라시드(786-809 재위)는 800년 무렵에 바그다드에 도서관을 세우고 서쪽의 곳곳에 있던 고등교육기관에서 그리스어 원전을 비롯해서 많은 원고를 모아들였다.

---

29) muwaqqit 아랍의 전통 의례와 종교 관습에 따라 시간을 기록하는 사람

제7대 마문(813-833 재위) 때인 823년 무렵 지혜의 집이 완공되었고 200년 이상 존속했다. 이것은 알렉산드리아의 무세이온 같은 학술원이었다. 주로 세속적인 외래 과학을 번역, 연구했다. 특히 수학에서는 바빌로니아, 그리스, 인도에서 가져온 자료들을 번역하고 주석을 다는 것이 9세기에 이루어졌다. 이 덕분에 9세기 말까지 그리스의 수학은 아랍에 잘 알려졌다. 9세기의 전반에 콰리즈미가, 후반에 사비트가 활동했다. 콰리즈미가 기초를 마련한 사람으로서 유클리드와 비슷하다면 사비트는 수준이 높은 주석자로서 파포스에 견줄 만하다.[10] 사비트의 노력으로 많은 그리스 수학책이 오늘날까지 남겨졌다. 9세기는 아랍 수학이 높은 생산성을 띠는 기간이었다. 그것은 15세기까지 이어지는데 10~12세기가 절정기였다. 이렇게 해서 모인 유산과 아랍인이 개선하고 확장한 성과가 나중에 유럽으로 들어갔다.

둘째 시기는 아랍의 대부분 지역에서 기부로 세워진 교육 시설이 학문 활동의 일부가 된 12세기 후반부터 19세기에 이르는 600년 동안이다. 새로운 체계는 후원의 범위가 넓어지면서 복잡해졌으나, 대부분의 교육은 법학, 하디스, 쿠란 연구와 어학이었다. 몇 지역에서는 의학, 시계도 다루었다. 모든 지역에서 법학과 관련되어 유산 분배에 관한 문제를 다루는 분야를 가르쳤다. 강력하게 통제되기는 했으나 기하학, 삼각법, 천문학도 정확한 기도 시간과 메카의 방향을 아는 데 필요했으므로 교육되었다. 한정된 수의 마드라사에 수리과학을 가르친다든지 가르칠 생각이 있는 교수가 있었다. 12, 13세기에 아랍이 외래 과학을 완전히 습득했다고 하더라도 당시의 자연과학 연구는 근대 과학으로 전환하는 데 필수 조건인 제도적 자치권을 확보하지 못했다. 13세기 후반부터 14세기 초반에 무와키트들은 기하학을 활용했으며, 메카가 있는 방향을 알아낼 수 있도록 도와주는 삼각법을 고안했다. 이 시기에 무와키트는 아니지만 모스크와 마드라사에서 비슷한 위치에서 비슷한 일을 하는 사람들도 있었다. 그들은 자신의 종교적 신조와 별개로 이 문제에 수치적, 기하학적 해답을 찾기 위해 애썼다.[11]

아랍인은 8세기 중반부터 인도의 수학과 천문학 서적을 번역하면서 그들의 삼각법도 배웠다. 8세기 말에는 브라마굽타의 저작이 아랍어로 번역되었다. 그 뒤 인도의 수학은 계속해서 아랍 여러 곳으로 전파되었다. 9세기 중엽부터 10세기 초에는 그리스의 주요 수학 저작이 아랍어로 번역되었다. 이러한 번역을 바탕으로 아바스 왕조는 바그다드를 비롯한 각 도시에서 학문상의 대사업을 실시했다. 강력한 통치자, 지방의 지배자 그리고 여러 독립된 아랍 왕조가 폭넓은 범위에서 후원했다. 이 시기에 가장 큰 생산성과 혁신성을 보여준 사비트, 부즈자니, 쿠히, 비루니, 하이삼

(알하젠), 카이얌과 같은 수리과학자 다수가 군주의 후원을 받았다. 후원이 없었다면 아랍의 수학이나 과학은 꽃을 피우지 못했거나 적어도 훨씬 낮은 수준에 머물렀을 것이다.

아랍에서는 그리스인이 사용하던 수학적 증명이라는 개념을 알게 되었으므로 수학, 과학을 연구하기 좋은 여건이 갖추어져 있었다. 그런데 아랍인은 자연을 지배하려 했고 이것은 왕조에게든 개인에게든 쓸모 있는 결과를 얻으려는 것으로 연결되었다. 그들은 연금술, 마술, 점성술로 자연을 지배할 수 있다고 생각했다.[12] 이 것들은 당시 사회의 삶에 중요한 부분이었다. 수학, 과학은 이것들에 복무했다. 수학 자체가 아니라 후원자가 관심을 기울이던 실용 분야에 도움이 되는 수학이 연구됐다. 아랍 수학자가 천문학에서 각과 원호를 다루는 데 편리한 삼각법을 개발하고 쓰기와 셈하기 쉬운 10진 자리기수법을 도입한 것도 실용적 경향성을 반영한 것이었다.[13] 아랍인은 필사와 번역 과정에서도 수학의 계산과 실용의 측면을 강조하고 이론의 측면을 소홀히 했다.[14] 그들은 그리스인의 추상적인 논증 수학을 검토하고 이해했으면서도 방정식의 풀이법에는 이를 뒷받침하는 대수적 추론은 내놓지 않았다. 실은 산술과 대수의 논리적 기초를 어떻게 마련해야 할지 몰랐다. 그들은 산술과 대수, 삼각법의 대수적 관계식을 중시했고 실용성을 기하학과 거의 동등하게 여겼다. 아랍인의 이러한 실용적인 경향은 수량적 결과를 요구했고, 산술과 대수가 이러한 요구에 부응했다. 어떤 면에서 아랍에서 산술에 바탕을 둔 대수학이 장려된 것은 유산 분배에 관한 법률이 복잡했기 때문일 수도 있다.

아랍 수학은 당시까지의 수학 내용과 성격을 몇 가지 바꿔놓았다. 수로서 0을 포함한 10진 자리기수법을 발전시켜 소수까지 다룸으로써 라틴 세계의 산술에 견줘 엄청나게 앞서 나갔다. 또한 음수를 도입하고 무리수를 자유롭게 사용함으로써 산술을 크게 발전시켰고 대수학을 탄생시켰다. 대수학과 기하학을 관련지어 대수학을 체계 있게 구축했다. 인도로부터 받아들인 조합의 규칙을 추상적인 체계로 정리했다. 유클리드, 아르키메데스, 아폴로니오스의 기하학 연구를 진전시키고 개량하여 일반화했다. 천문학에 사용하려고 삼각법을 개발했는데, 프톨레마이오스가 사용한 각의 현이 아니라 지금과 같은 삼각비를 사용하여 평면삼각법과 구면삼각법을 더욱 개량했다. 아랍인은 인도의 실용적인 기수법, 산술, 대수학 그리고 그리스의 기하학, 역학, 천문학을 융합시켜 그 뒤의 세계 수학 흐름에 커다란 영향을 미쳤다.

한편 아랍이 과학과 철학에서 독창적으로 이바지한 것이 없다고 한다. 그리스와 인도에서 발생한 지식을 잘 간수했다가 나중에 유럽에서 라틴어 등으로 번역할 수 있게 해줌으로써 중세 시대에 잊혔을지도 모르는 그리스와 인도 과학을 이어받을 수 있게 했을 뿐이라는 것이다. 이것은 아랍의 과학에서 중요한 일이 전혀 일어나지 않았다는 말이다. 이것은 서유럽 중심의 역사관에 파묻혀 현실을 완전히 오도하고 있음이다. 아랍은 바빌로니아, 그리스, 인도의 성취를 그저 반영하는 데 머물지 않았다. 아랍 수학은 알렉산드리아와 인도의 여러 영향을 융합되어 발전함으로써 12~13세기에 유럽으로 전해진 내용은 아랍인이 받아들였던 내용보다 훨씬 풍부해졌다. 아랍인은 그리스 지식의 폭넓은 토대 위에 페르시아와 인도의 중요한 내용을 보태어 과학적, 철학적인 사고의 틀을 확립했다.[15] 아랍인은 정의, 정리, 증명을 포함하는 그리스 과학의 틀을 채택했다. 그러면서도 산술은 실용 목적에만 쓰이는 도구로 낮춰본 그리스인과 달리 아랍인은 수로서 0을 포함하는 10진 자리기수법 체계를 받아들여 그리스인이 결코 상상하지 못했던 방식으로 수학을 발달시켰다. 대수학에서 기하학적인 증명의 사용, 이차부정방정식의 풀이, 정수의 수론적 성질의 연구, 대수학적으로 삼차 이상의 방정식으로 이끄는(자와 컴퍼스만으로는 해결할 수 없는) 문제에 대한 기하학적 풀이의 확대와 심화 연구를 이루었다.[16] 12세기 무렵의 아랍인은 이성을 중시하는 과학을 상당 부분 받아들여 매우 높은 창조성을 지닌 수준에 올랐다.[17] 이로부터 아랍인은 새로운 과학적, 철학적인 사고의 틀을 세웠다.

1000년 무렵에 최고의 번성기를 누린 아랍의 과학은 11세기 후반부터 차츰 쇠퇴의 길을 걷는다. 이 쇠퇴를 설명하는 몇 가지 주장을 살펴본다. 첫째로 전쟁과 그로 인한 사회, 문화적 분열에서 찾을 수 있다. 투르크족이 1055년에 바그다드를 점령하고 아랍의 동부 지역을 차지하면서 그 도시는 지적 중심으로서 지위를 잃어갔다. 또한 11~15세기까지 서부의 스페인에서 일어났던 기독교도의 국토 회복 운동, 11세기 말부터 13세기 말 사이에 일어난 십자군의 아랍 침략, 13세기 초부터 1400년 무렵까지 있던 몽골군의 아랍 침탈이 있었다. 이후에 아랍은 이런 침략의 상처에서 벗어났으나 종교적 보수주의가 힘을 얻으면서 과학 연구의 필수 조건이 모두 무너졌다. 둘째로 초기에 사회, 문화적인 측면에서 다원적이던 아랍 문명이 그 모습을 잃어간 데서 찾을 수 있다. 시간이 지남에 따라 이슬람교를 믿는 사람이 늘면서 종교의 다양성이 사라졌다. 그렇더라도 여전히 이슬람교 분파들 사이에 인간 이성과 합리성의 가치들이 인정되었으나 종교적 보수주의자가 최종 승리하면서 사회, 문화적으로 균일, 엄격해졌다. 이에 따라 불관용이 확산, 심화되면서 아랍 과학의 창조성은 사라졌다. 그래도 15세기까지 그럭저럭 이어졌으나 카시(al-Kāshī 1380-1429)의 시대를 끝으로 아랍 과학은 더 이상 연구되지 않았다. 셋째로 스페인의 국토 회복 전쟁 이후에 일어난 아랍의 경제적 쇠퇴에서도 찾을 수 있다. 1492년 이후에 유럽의 상선들이 아프리카를 돌아 인도양을 횡단한 뒤부터 아랍은 아시아 상권에 대한 독점권을 잃었다. 경제 환경이 악화되자 정부의 지원에 의존하던 과학은 쇠락하게 되었다. 이런 결과들로 인해 학문적 고찰은 종교, 철학, 법 연구에 더욱 집중됐다. 종교적 보수주의자들은 외래 과학을 의심했고, 마침내 그것은 아랍 문화에서 배제되었다. 이런 까닭으로 아랍 과학은 높은 수준에 이르렀음에도 과학 혁명으로 나아가지 못했다. 그래도 학문은 여전히 아랍의 서부, 특히 코르도바, 톨레도, 세비야 등과 같은 도시에서 유지되어 서유럽의 과학혁명으로 이어지는 다리 역할을 했다.

3 수와 연산

무함마드가 나타나기 전에 아랍 반도에 살고 있던 아랍인은 모두 수를 언어로 나타내고 있었다. 그러다 드넓은 정복지를 관리하려면 간단한 기호법을 도입해야 했다. 그때에도 각 지방에서 사용하던 숫자를 그대로 쓴다든지, 아랍 수사의 머리글자를 쓰기도 했다. 뒤에 이오니아 방식의 그리스 수 체계를 흉내 내어 아랍어의 28문자로 숫자를 나타내기도 했다.[18] 무함마드가 메카를 차지하고 나서 두 세기 정도에 걸쳐서 여러 기수법을 경험한 아랍인이 마침내 9세기 초에 다른 어떠한 기수법보다 나은 인도 기수법을 채용했다.

인도에서 비롯된 0이 있는 10진 자리기수법은 773년 무렵 바그다드의 궁정을 찾은 인도의 천문학자가 칼리프에게 천문표를 바쳤다고 전해지는 시기에 소개된 것이 거의 분명하다.[19] 지혜의 집이 세워진 823년 무렵까지는 확실하게 알려져 있었다. 아랍인은 인도의 숫자와 자리기수법을 개선했다. 콰리즈미(al-Khwārizmi 780?-850?)는 인도의 10진 자리기수법을 다룬 〈인도 산술〉30)(825)에서 영의 쓰임새를 기술했다. 킨디(al-Kindi 801?-873)가 830년에 쓴 저작31) 덕분에 열 개의 숫자만으

---

30) 〈인도 산술에서 덧셈과 뺄셈〉(kitab al-jam' wa'l-tafriq al-ḥisāb al-hindī)

로 모든 수 계산을 할 수 있다는 인식이 더욱 높아졌다. 부즈자니(al-Būzhjānī 940-998)와 카라지(al-Karaji 953?-1019?)는 저서의 어느 곳에서는 인도 숫자를 이용하고, 다른 곳에서는 아랍어 28개 문자로 수를 나타냈다. 인도식 표기법을 쓰던 집단에서도 숫자의 형태가 다르기도 했다. 지금 우리가 사용하는 숫자도 아랍 문화권의 숫자(**۱۲۳٤٥٦٧٨٩٠**)와 상당히 다르다. 사실 숫자의 형태보다 기수법을 구사하는 법칙이 같다는 사실이 중요하다. 이것과 우리가 사용하는 숫자가 아랍에서 유래되었을 것이라는 데서 지금의 숫자를 인도-아랍 숫자라 하고 있다.

아랍인은 분수를 인도의 표기 방식에 가로금을 그어 오늘날과 같은 형태로 표기했다. 아랍 대수학자는 일찍부터 방정식에서 무리수를 다루었다. 그들은 수와 크기를 구별한 그리스인과 달리 인도인처럼 무리수를 수로 받아들여 자유로이 사용했다. 몇 주석자는 이런 관습을 이론화하고 유클리드가 세운 이론적 틀과 모순이 생기지 않도록 했다.[20] 그러나 그들은 인도인에게서 음수와 그것의 연산 규칙을 알았으면서도 음수를 배격하여 산술에서 후퇴했다.

유럽인이 인도의 수 체계와 아랍의 대수학을 알게 된 것은 콰리즈미의 연구 덕분이었다. 그의 기수법 체계는 인도에서 유래했음이 틀림없다. 천문학자이기도 했던 그는 천체를 관측하는 기구와 해시계에 관한 논문과 대수와 인도 숫자에 관한 두 저작 〈대수학〉32)과 〈인도 산술〉을 썼다. 〈인도 산술〉은 아홉 개의 기호로 인도의 수 세기와 연산 방식을 본떠서 만든 계산 규칙을 설명하고 있다. 빈자리를 나타내는 기호로 쓰기는 했으나 아직 수로 받아들여지지 않았던 영(0)은 작은 원으로 나타냈다. 콰리즈미는 뺄셈에서 남는 것이 없을 때 그 자리가 비어 있지 않도록 반드시 작은 원을 적어 놓아야 한다고 했다.[21] 다음에 그는 덧셈, 뺄셈, 곱셈, 나눗셈, 이분법, 이배법, 제곱근 계산법을 보이고 구체적인 예를 덧붙였다. 이 계산을 셈판에서 하는 것으로 설명했다. 그렇지만 자리기수법에서 가장 중요한 것의 하나인 소수는 아직 없었다. 이 책은 〈대수학〉과 함께 12세기에 라틴어로 번역되어 유럽에 엄청난 영향을 끼쳤다. 영을 기반으로 하는 10진 자리기수법을 사용하는 사칙연산을 로마 숫자로는 도무지 해낼 도리가 없었기 때문이다. 〈인도 산술〉은 인도-아랍 수 체계를 유럽의 수학, 산업 그리고 마침내 일상 속으로 퍼뜨렸다.[22] 참고로 로마

---

31) 〈인도 숫자의 사용〉(Kitāb fī Isti`māl al-'A`dād al-Hindīyyah)

32) 〈복원과 축소의 간략한 계산법에 관한 책〉(al-Kitāb al-mukhtaṣar fī ḥisāb al-jabr w'al-muqâbalah) 알 자브르(al-jabr)는 등호의 한 쪽에 있는 항을 다른 쪽으로 옮기면서 부호를 바꾸는 조작이며, 알 무카바라(al-muqābalah)는 동류항을 합치는 조작이다. al-jabr로부터 algebra(대수학)라는 이름이 나왔다.

숫자의 기본은 I=1, V=5, X=10, L=50, C=100, D=500 M=1000이고 이것들을 늘어놓아 수를 나타냈다. 이를테면 2,473=MMCDLXXIII이다. 연산법도 이 체계에 바탕을 두었는데, 매우 복잡하여 셈판을 이용할 수밖에 없었다. 그래서 당시에는 아주 적은 수의 사람만 계산법을 교육받았다.

사비트(Thābit 836?-901)의 〈우애수〉33)는 완벽하게 독창적인 첫 아랍어 수학책으로 여겨진다. 이 책에는 10개의 명제가 실려 있는데 그 가운데 하나가 우애수를 만드는 이론이다. 고전기 그리스인은 한 쌍의 우애수 220, 284밖에 찾지 못했다. 니코마코스(60?-120?)는 〈산술 입문〉에서 우애수의 쌍들을 보여주고 있으나 어떠한 이론도 세우지 못했다. 사비트는 $n > 1$일 때 $p = 3 \cdot 2^n - 1$, $q = 3 \cdot 2^{n-1} - 1$, $r = 9 \cdot 2^{2n-1} - 1$이 모두 소수이면 $2^n pq$와 $2^n r$은 우애수임을 보였다. 약수를 이용하는 또 다른 규칙은 완전수, 부족수, 과잉수를 찾는 것이다. 그는 n이 자연수이고 p가 소수일 때 $2^{n-1}p$는 $p = 2^n - 1$이면 완전수, $p > 2^{n-1}$이면 부족수, $p < 2^{n-1}$이면 과잉수임을 보였다. 이처럼 그는 자신이 번역한 그리스 수학책의 내용을 완전히 이해하고 수정과 일반화를 제시할 정도였다. 13세기 말에 파리시(al-Fārisī 1267-1319)는 조합론을 다루면서 17,296($=2^4 \cdot 23 \cdot 47$)과 18,416($=2^4 \cdot 1151$)을 발견했다. 17세기에 데카르트와 페르마가 사비트의 규칙을 다시 발견했다. 사비트는 그리스어와 시리아어를 번역하는 사람들을 위한 학교를 세웠고, 자신도 유클리드, 아르키메데스, 아폴로니오스, 니코마코스, 프톨레마이오스, 유독소스의 저작을 아랍어로 번역했다.

카밀(Kāmil 850?-930?)은 콰리즈미 연구의 자세한 주석서로 〈대수학 책〉(Kitāb fī al-jabr wa al-muqābala)을 썼다. 여기서 그는 무리수가 방정식의 근이든 계수이든 그것을 수처럼 다루었다.[23] 이를테면 $(10 - x)(10 - x) - \sqrt{8}\,x = 40$이라는 방정식을 다루기도 했다. 그는 독특한 거듭제곱근 셈법도 개발했다. 이를테면 등식 $\sqrt{a} \pm \sqrt{b} = \sqrt{a + b \pm 2\sqrt{ab}}$를 이용해서 제곱근의 덧셈과 뺄셈을 처리했다.

남아 있는 가장 오랜 아랍어로 쓰인 산술서는 우크리디시(al-Uqlīdisī 950년대 활동)가 쓴 〈인도식 계산 책〉(Kitab al-Fusul fi al-ḥisāb al-hindī 952?)이다. 그는 인도 숫자가 지배적인 것이 되리라 확신하고 그 까닭을 써놓았다.[24] 그는 콰리즈미처럼 수 계산법을 모두 다루고, 두 가지를 크게 개선했다. 종이와 잉크를 사용하여 필산하는 방

33) 〈우애수의 결정에 관한 책〉(Maqāla fīistikhrāj al-aʻdād al-mutaḥābba bi-suhūlat al-maslak ilā dhālika) 우애수(친화수)는 자신을 제외한 약수들을 더했을 때 서로 다른 수가 되는 두 수이다.

제8장 아랍 문명의 수학

법을 설명하고 아랍에서는 처음으로 소수를 사용했다.[25] 소수는 중국 말고는 가장 오랜 기록이다. 그는 소수의 주요 개념을 명확히 했다. 소수를 정수와 완전히 같은 방식으로 다루고, 계산이 끝난 뒤 소수 자리를 생각했다. 그런데 그가 다룬 것은 2나 10으로 나누었을 때뿐이어서 그가 소수의 의미를 어느 정도 파악했는지는 분명하지 않다.[26] 그는 14/3와 같은 값의 소수 계산은 하지 않았다. 10진법 소수는 카시의 저작이 나오기 전까지는 드물게 쓰였다.

디오판토스의 뒤를 이어 정교한 대수학 책을 저술한 카라지는 수를 정의하지는 않았으나 무리수를 수로서 인식했다. 그는 카밀의 업적을 뛰어넘어 무리수에 기하학의 기법이 아니라 산술 조작을 적용하여 무리수의 연산을 한 단계 올려놓았다. 이를테면 그는 카밀의 공식에 $\sqrt[3]{a} \pm \sqrt[3]{b} = \sqrt[3]{a \pm b \pm 3\sqrt[3]{a^2 b} + 3\sqrt[3]{ab^2}}$ 이라는 공식을 보태어 $\sqrt[3]{54} - \sqrt[3]{2} = \sqrt[3]{16}$ 처럼 무리수를 계산했다. 또 공식 $\sqrt{a+b} = \sqrt{(a + \sqrt{a^2 - b^2})/2} + \sqrt{(a - \sqrt{a^2 - b^2})/2}$ 도 이용했다. 그렇다라도 그는 그리스 수학을 선호하는 경향이 있었다.[27]

바그다디(al-Baghdādī 980?-1037)는 수와 선분(무리량을 포함) 사이에 대응 관계가 있음을 근의 개념을 사용하여 보였다. 그는 기하학적 양으로서 선분의 제곱근이 선분이고, 선분의 제곱도 선분으로 나타난다는 것에 주목했다. 곧, 크기의 제곱근이나 제곱이 모두 기하학적으로 같은 유형의 크기라는 것이었다. 이리하여 그는 그리스인이 강조한 동차성의 관념에서 벗어나, 모든 크기를 본질적으로는 수로 나타낼 수 있다는 생각에 한 걸음 가까이 갔다. 나아가 그는 임의의 두 유리 기하량 사이에 무리 기하량이 한없이 존재함을 증명했다.[28] 그의 연구는 아랍 수학이 크기와 수의 영역을 구별하면서도 이원론에서 벗어나, 무리수의 사용을 정당화하려 했음을 보여준다.

카이얌(al-Khayyāmī 1048-1131)은 〈대수학 문제의 논증〉(Maqāla fi al-jabr wa al-muqābala)에서 비례에 관한 유독소스의 이론을 수치적으로 전개하는 데서 데데킨트가 제시한 무리수의 엄밀한 정의에 매우 가까울 정도로 비약적인 변화를 가져왔다.[29]

우크리디시와 대조되는 사람인 사마와르(Al-Samaw'al 1130?-1180?)는 소수를 온전히 이해했다. 그는 여러 자리의 수를 아직 언어로 기술하고 있으나 우크리디시와 달리 유리수와 무리수의 값을 얻는 데 소수가 편리함을 이해했다. 이를테면 210을 13으로 나누는 셈에서, 그는 이것은 나누어떨어지지 않는데 바라는 만큼 계속 계산할 수 있다고 했다. 그는 수를 소수로 한없이 나타내는 것이 적어도 이론으로는

가능함을 알고 있던 것으로 보인다. 그렇기는 하지만 그는 자리기수법을 완성하지 못했다.[30]

카시가 10진 소수의 사용법을 설명한 〈원둘레〉(al-Risāla al-muhītīyya)는 10진 소수의 역사에서 꽤 중요하다. 그는 이것을 중국에서 배운 것 같다. 그는 소수의 개념을 완전히 이해하여 정수 부분과 소수 부분을 수직인 금으로 구분하는 표기법도 개발했다. 이로써 지금 쓰이는 10진 자리기수법이 완성되었다. 그는 이 저작에서 원에 내접, 외접하는 정다각형의 변의 개수를 $3 \cdot 2^{28}$개까지 늘려가면서 넓이를 계산하여 2π의 근삿값을 10진법으로 소수 16자리까지 결정했다. 이때 그는 60진법으로 소수 9자리까지[31] 병기하여 10진법 소수도 마찬가지로 편리하다는 것을 보였다. 그럼에도 거듭제곱근을 구하는 계산에서는 여전히 60진법 소수를 사용했다. 10진 소수가 유럽에 처음 나타난 것은 펠로스(F. Pellos)의 1492년 저작이었고[32] 실제로 쓰이기 시작한 것은 한 세기 남짓 뒤인 스테빈과 네이피어의 저작이었다.

4 대수학

4-1 다항식과 방정식

아랍 수학자는 대수학에서 가장 중요하게 이바지했다. 아랍에서 대수학이 본격적으로 전면에 나온 때는 830년으로, 초기에는 기호가 전혀 없는 수사적 단계에 있었다. 수들도 기호가 아닌 언어로 썼고 계산도 언어로 했다. 아랍 대수의 기원으로 인도의 영향, 바빌로니아의 전통, 그리스인의 영감 가운데 하나를 강하게 내세우는 세 가지 논점이 있다. 그러나 아랍어 수학책 가운데 처음으로 용어, 알고리즘, 시각적 증명을 사용해서 일차, 이차방정식을 체계적으로 다룬 콰리즈미의 〈대수학〉은 세 지역의 영향을 모두 받았음[33]을 보여준다. 콰리즈미의 대수학은 브라마굽타의 연구 성과에 바탕을 두고 있으나 바빌로니아와 그리스의 영향도 보인다. 방정식의 체계적인 대수학적 풀이법은 바빌로니아의 전통에서 배운 것 같다. 이 풀이법을 뒷받침하기 위하여 기하학으로 정당화하는 방식도 바빌로니아의 영향이다. 여기에 그리스의 기하학을 결합하여 새로운 대수학을 만들고 더욱 확장했다. 풀이에 대한 콰리즈미의 논리적인 기하학적 구성은 그리스의 영향이다.

아랍인이 그리스로부터 배운 것 가운데 가장 중요한 것은 증명이다. 그들은 풀이의 정당함을 보일 수 없다면, 문제는 온전히 해결되지 않은 것이라는 생각을 받아들였다. 대수적으로 진행하는 법칙은 선언적으로 제시됐는데 증명은 기하학적으로 수행되었다. 곧, 근거와 증명을 기하학적 논증으로 기술했다. 그렇지만 기하학적 증명 부분은 그리스 수학이 아닌 처음 대수 계산이 발생한 바빌로니아의 것과 매우 비슷하다. 그리스의 영향은 풀려고 하는 문제를 체계적으로 분류하고 사용하는 방법을 상세하게 설명하는 데서 볼 수 있다.[34] 그리스인은 이차방정식의 근을 찾을 때 풀이 자체를 기하학의 언어로 표현했다. 콰리즈미에게 기하학적 설명은 대수적 추론을 보조하는 것이었다. 그리스인은 기하학을 다루었지 대수학을 다루지 않았으나, 아랍인은 대수적으로 구한 풀이에 기하학적 증명을 붙였다.

아랍 대수에서 두 가지의 전통이 세워진다. 첫째는 긴밀히 관련된 수론과 계산술이고 둘째는 기하학 저작과 결부된 것이다. 첫째 것의 목적지는 대수의 산술화였다. 카라지와 후계자들은 콰리즈미 이래 발전되어 온 대수의 지식을 이용하여 수론과 계산술을 개선했다. 한편으로 초등 산술 연산을 대수식(미지량의 식)에 체계적으로 적용하고, 다른 한편으로 수에 쓰이는 일반 연산을 적용하기 위하여 대수식을 독립된 존재로 여겼다. 카라지가 이룬 성취를 한 세기 뒤의 사마와르가 추상적 대수 계산으로 확장하고, 다른 산술 연산을 차례로 적용하면서 추상적으로 설명하는 데까지 이르렀다.[35] 이러한 추상화가 방정식을 다루는 데로 확장되었다. 아랍 수학자는 때로 실제 문제에서 벗어나 추상화로 나아가면서 자신들이 관심을 두고 있던 주제를 다루었다. 사실 이미 콰리즈미가 이차방정식을 다루는 방법을 보여줄 때, 실생활의 장면과 관련짓지 않았다. 이것은 르네상스와 근대 초기로 전해져 삼차와 사차방정식의 일반 풀이법을 찾는 대수적 관심으로 이어졌다. 카라지의 〈대수의 영광〉(al-Fakhri fi'l-jabr wa'l-muqabala)과 사마와르의 〈대수의 경탄〉(al-Bahir fi'l-jabr)은 실수의 대수 구조에 관한 많은 성과를 담고 있다. 그런데 이 결과들이 자주 슈케(15세기)와 슈티펠(16세기)의 업적으로 여겨져 왔다. 카라지와 후계자들이 대수 계산을 유리식까지 확장하고 이어서 무리 대수량에 어떻게 사칙연산과 (세)제곱근 구하기가 이용되는지를 보여주었다. 이렇게 확장하여 얻은 수학적인 성과를 바탕으로 〈원론〉 제10권을 대수적으로 해석하는 등의 많은 연구가 이루어졌다.

둘째 전통은 대수학과 기하학이 양립할 수 있다는 사실을 깨닫는 상황이 전개되면서 나타났다. 아랍인은 인도의 수 체계를 사용하고 무리수를 받아들이면서 모든 선분(길이), 평면도형(넓이), 입체도형(부피)에 수치를 부여함으로써 대수학을 발전시켰다. 곧, 기하학 문제를 대수의 방법으로 풀어 대수와 기하를 결합했다. 또한 이차방정식의 근을 대수적으로 구하고 기하학적 방식으로 정당성을 부여했다. 이 방식에서 형성된 대수와 기하 사이의 대응 관계가 해석기하학으로 가는 길을 열었다. 콰리즈미의 〈대수학〉에서 대수는 처음부터 이론적인 학문으로 등장하고, 수 분야와 계량 기하학 분야에 모두 적용할 수 있도록 확장되었다.[36] 또한 아랍인은 대수학을 기하학으로 진전시키고자 했다. 이 전통을 대표하는 카이얌과 샤라프 딘 투시(Sharaf al-Din al-Tusi 1135-1213)는 곡선을 고전 대수로 연구했다.

이집트인과 바빌로니아인이 시작한 대수학의 토대는 본래 산술이었으나 그리스인이 기하학을 강조하면서 상황이 바뀌었다. 인도인과 아랍인은 다시 산술의 기초 위에서 방정식과 부정방정식을 다루어 대수학을 본래의 토대로 되돌리고 여러 면에서 발전시켰다. 이를테면 점근 근사의 방법을 처음 사용하여 수치해법의 기초를 닦았다. 카이얌이 여전히 기하학에 의존하기는 했으나 아랍인은 과감하게 삼차방정식을 다루었다. 인도인이 기호 체계를 강화했고 부정방정식에서 진전을 이룬 반면에 아랍인은 기호를 사용하지 않았고 수사적이었다는 점에서 한 단계 퇴보했다.

콰리즈미(780?-850?)는 방정식으로 표현되는 수 또는 기하 문제를 표준형으로 나타내고서, 각 표준형을 일반적인 방법으로 계산하고 증명할 수 있는 근의 공식으로 이끄는 연산 절차를 세움으로써 근대 대수의 선구자로 되었다. 그 뒤에 아랍과 르네상스 시기의 유럽이 대수에서 이룬 성과는 그의 업적을 바탕으로 하고 있다.

콰리즈미는 〈대수학〉 서론에서 산술, 상거래, 유산 분배, 토지 측량 등에서 사용되는 방법을 소개한다고 했다. 이런 점에서 이 저작은 이론적인 교과서가 아니다. 제1장은 대수와 이항으로 계산하는 방법과 용어법, 개념을 다룬다. 그가 사용한 주요 개념은 일차, 이차방정식에 나오는 이항식과 삼항식, 그것들의 표준형, 알고리즘34)으로 근을 구하기, 근의 공식의 증명 가능성이다. 제2장은 방정식을 기본형으로 변환하여 계산하는 표준적인 절차의 기초를 제시하고 있다. 일차와 이차방정식을 푸는데, 이차방정식은 산술과 함께 기하학으로도 풀고 있다. 제3장은 표준적인 계산 절차를 상거래와 상속 문제 등에 적용하고 기하학적 측정에 응용하는 방법을 다룬다. 곧, 완전히 실용적인 내용을 싣고 있다. 그리고 기하를 이용해서 기본 도형의 넓이와 부피를 구하고도 있다.

제8장 아랍 문명의 수학

---

34) 콰리즈미가 쓴 〈인도 산술〉의 라틴어 번역본에서 기수법을 'al-Khwārizmi의 기수법'이라 했는데, 그 기수법을 이용한 계산을 알고리즘(algorithm)이라 하게 되었다.

〈대수학〉은 부정해석 같은 어려운 문제를 다루지 않고 일차, 이차방정식 풀이법의 기본을 간단하게 해설하고 있어 지금의 초등 대수학에 더 가깝다. 콰리즈미의 대수는 대수적 형식주의를 추구하지는 않는다. 19세기 중반까지 대수가 방정식의 학문이었듯이 콰리즈미에게도 대수는 계산이었다. 그는 계산을 수, 미지수, 미지의 제곱이라는 대수의 원시 용어로 정식화하여 산술이나 기하학의 여러 대상에 적용할 수 있게 했다.

콰리즈미는 디오판토스처럼 여러 개의 미지수가 있는 방정식에서 미지수를 하나로 줄여 근을 찾았고, 미지수나 그것의 거듭제곱을 일컫던 디오판토스의 용어를 사용하기도 한 데서 그리스의 영향을 언급[37]하기도 한다. 그러나 디오판토스의 〈산술〉이 10세기 말에야 번역되었기 때문에 대수적 기법에 관한 콰리즈미의 지식이 디오판토스로부터 유래했다고 보기 어렵다[38]는 의견도 있다.

콰리즈미의 대수학에는 세 가지 특징이 있다. 첫째로 디오판토스와 브라마굽타에게서 보이는 약어나 기호를 쓰지 않았다. 숫자를 포함해서 모든 것을 말로 썼다. 등식을 나타내는 문자도 없고, 미지수와 그 거듭제곱의 기호도 없었다. 단, 미지수의 거듭제곱도 일반 언어로 썼으나 특별한 이름을 부여했다. 그것($shay'$)은 x, 합계($m\bar{a}l$)는 x^2, 정육면체(ka^cb)는 x^3을 뜻했다.[39] 미지수는 뿌리라고도 했는데,[40] 여기서 근(根)이라는 말이 나왔다. 디오판토스의 역사적 전환의 발걸음이 되돌려졌다. 게다가 콰리즈미는 인도의 숫자와 계산법을 아랍 세계에 소개했으면서도 기호의 사용이란 측면에서는 인도인보다 뒤떨어졌다.

둘째로 미지수가 하나인 일차와 이차방정식을 여섯 가지의 유형으로 분류했는데 이것은 르네상스 후기까지 이어졌다. 이런 유형화는 인도인과 달리 음수 계수를 허용하지 않았고 적어도 하나의 양수 근이 있는 방정식만 다루었던 데서 비롯되었다. 콰리즈미가 이차방정식을 표준형으로 고치는 과정에서 개별 문제를 푸는 바빌로니아의 기교와 방법이 일부 보인다.[41] 그는 미지수의 제곱, 미지수, 상수라는 세 종류의 수량으로 세 개의 이항방정식 $bx = c$, $ax^2 = bx$, $ax^2 = c$와 세 개의 삼항방정식 $ax^2 + bx = c$, $ax^2 + c = bx$, $ax^2 = bx + c$로 분류했다. 모든 등식을 대수적 절차와 치환, 환원을 적용하여 이런 표준형으로 바꾸고 유형에 따라 알고리즘을 마련했다. 지금의 표준형 $ax^2 + bx + c = 0$은 아무런 의미도 없었다. 계수가 모두 양수라면 근은 양수가 아니기 때문이다. 그래도 그의 연구에서 고대의 수학적 관행이 개선되었고 일반화가 더욱 진전되었다.

콰리즈미의 설명은 체계적이었고 철저했다. 이런 점에서 그는 디오판토스와 구별되기도 한다. 일반적으로 아랍인은 정연하게 조직하고, 전제에서 결론을 체계 있게 끌어냈다. $ax^2 + bx = c$ 꼴의 방정식 풀이를 보자.[42] '어떤 합계에 10개의 뿌리를 더하면 전체가 39로 되는가?'라는 문제($x^2 + 10x = 39$)를 다음과 같이 푼다. "뿌리(의 개수)를 반으로 나눈다. 그것은 5이다. 그것을 제곱하면 25가 된다. 그것에 39를 더한다. 그러면 64가 된다. 이것의 제곱근을 구한다. 그것은 8이다. 그것으로부터 뿌리의 반, 곧 5를 뺀다. 그러면 3이 남는다. 그것이 구하는 값이다." 이 풀이를 현대식으로 나타내면 $\sqrt{(10/2)^2 + 39} - (10/2)$이다. 이 풀이는 바빌로니아의 것과 본질적으로 다르지 않다. 문자식으로 쓰면 $ax^2 + bx = c$의 근은 $x = \sqrt{(b/2)^2 + c} - b/2$라는 것이다.

셋째로 대수의 계산 규칙이나 방정식을 푸는 방법을 설명할 때 기하 도형을 이용했다. 콰리즈미는 몇 가지 유형의 방정식을 대수만이 아니라 넓이가 같다고 하는 기하 개념을 이용하여 증명한다. 이것은 〈원론〉의 영향일 것이다. 그렇더라도 그는 유클리드의 이름을 전혀 언급하지 않았다.[43] 도형에 의한 설명이 적정하게 발전한 데서 콰리즈미와 바빌로니아의 것이 구분된다. 유클리드를 분명히 언급하는 사람은 890년 무렵의 카밀이다.

앞선 문제의 풀이에 대한 기하학적 정당화를 보자. 콰리즈미는 먼저 x^2을 나타내는 정사각형을 그리고 그것에 너비가 5인 직사각형을 두 개 붙인다. 정사각형과 두 직사각형의 합이 39이므로 $x^2 + 10x = 39$가 된다. 다음에 넓이 25인 정사각형 하나를 덧붙이면 전체 넓이가 64인 정사각형이 만

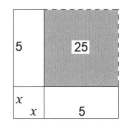

들어진다. 한 변의 길이가 8이므로 이제 근인 $x = 3$은 간단히 구해진다. 이와 같은 기하학적인 설명은 바빌로니아에서 수행하던 과정의 설명에 대응하고 있다.

콰리즈미의 풀이는 기하학에서 대수학으로 옮겨갔음을 보여준다. 곧, 정사각형의 변의 길이를 구하는 것으로부터 일정한 조건을 만족하는 수를 구하는 것으로 초점이 옮겨갔다. '제곱'과 '곱'을 각각 정사각형과 직사각형이라 하면서 풀이를 기하학적 언어로 기술하고 있지만, 완전히 대수의 표준적인 풀이이다. 〈대수학〉에는 대수식에 산술의 초등 법칙을 적용하는 연구도 실려 있다. 먼저 그는 사칙연산과 제곱근 구하기를 다룬다. 이를테면 곱셈과 관련해서 $(a \pm bx)(c \pm dx)$ (a, b, c, d는 양의 유리수)라는 유형의 곱을 보여주고 있다. 이러한 주제의 산술이 비교적 독립된 곳에서 제시되어 있으므로 문제를 풀 때 생각했다기보다, 초보적이기는 해도 대수

계산 자체를 목적으로 삼은 시도로 보인다.[44]

콰리즈미의 대수에서는 차수가 제한되고 용어가 세련되지 않았으나 그것은 풀이와 증명의 개념이 따르는 새로운 모습이었다. 그는 바로 대수의 산술화를 이루었다. 그 이후로 대수의 대상은 임의의 문제를 표준형의 하나로 고치고 그것에서 대수 계산으로 근을 구하는 조작이 되었다. 기하학은 형상을 제공하여 대수학을 지각하도록 도와주고 있을 뿐이다. 기하가 대수를 보조하는 역할을 했더라도, 그도 아직 기하에 의지하는 데서 완전히 벗어나지 못했다. 기하학에서 나오는 일반 명제를 대수로 표현하지 못했다.

콰리즈미는 양수 근만 다루었으나 이전에는 생각하지 못했던 두 양수 근이 있는 방정식을 다루었다. 이를테면 식 $x^2 + b = ax$ 꼴의 방정식에서 $x = a/2 \pm \sqrt{(a/2)^2 - b}$ 로 번역되는 두 근을 말로 기술했다. 아랍인은 그리스인이 무시했던 무리수 근도 인정했다. 또한 그들은 이차방정식의 (유클리드나 바빌로니아인은 결코 알지 못했던) 음수 근의 존재를 알았으나 음수 근의 실재성을 인식하지 못하여 양수 근만 제시했다. 음수 근의 존재와 정당성을 인도의 바스카라(1114-1185)가 처음으로 확언했다. 유럽인은 16, 17세기에야 인정했다.

콰리즈미는 세제곱을 알고 있었음을 짐작하게 해주는 문제를 다루고 있다. 9세기 말까지 아랍인은 몇 가지 기하학 문제가 삼차방정식의 풀이법과 관련됨을 알았다. 10 ~ 11세기에 사비트, 하이삼, 카이얌 같은 사람들이 원뿔곡선의 교점이라는 그리스 기원의 사고방식을 이용하여 특별한 형태의 몇 삼차방정식을 대수적으로 풀었다.

〈대수학〉의 원제목에 '간략한(mukhtaṣar)'이라는 말이 있다. 이로부터 당시에 대수 계산과 기하학적 정당화를 상세하게 기술한 저작이 있었을 것이라고 짐작할 수 있다. 그러한 저작 가운데 현재까지 투르크(ibn-Turk 830 무렵 활약)가 쓴 '혼합방정식에서 논리적 필연성'이라는 제목의 단편만 전해지고 있다.[45] 이것은 〈대수학〉의 일부와 거의 같은 내용의 이차방정식을 콰리즈미보다 훨씬 상세하게 기하학적으로 설명하고 있다. 두 사람의 글에 실린 내용이 당시에 이미 널리 알려져 있었음을 보여준다.

콰리즈미와 투르크의 저작 이후의 50년 동안, 이차방정식을 대수로 푸는 방법에 알맞은 기하학 기초가 없었으므로 아랍인은 유클리드의 저작에서 가져와야 할 것이라고 생각했다.[46] 사비트(836?-901)가 유클리드에 바탕을 둔 정당화를 가장 먼저 시행했을 것이다. 그는 〈원론〉의 명제2-6에 보이는 기하학적 과정이 콰리즈미가 $x^2 + ax = b$ 꼴의 방정식을 푸는 방법과 거의 같다고 말했다. 따라서 기하학적 과정은 콰리즈미의 계산법을 정당화하는 것으로써 충분하다는 것이다. 또 그는 같은 명제가 $x^2 = ax + b$를 푸는 데도, 〈원론〉의 명제2-5는 식 $x^2 + b = ax$를 푸는 데도 사용될 수 있음도 보였다. 사비트는 기하학적 방법으로 $x^3 + a^2 b = cx^2$ 꼴의 삼차방정식의 근도 구했다.

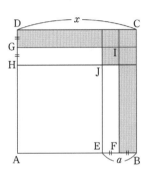

콰리즈미의 영향을 받은 카밀은 〈대수학 책〉에서 〈원론〉 제2권에 근거하여 이차방정식의 풀이를 정당화했다.[47] 그는 콰리즈미가 다룬 많은 문제를 다시 소개하면서 다른 풀이를 보탰다. 카밀이 다룬 기하학적 증명의 예를 $x^2 = ax + b$로 살펴보자. 정사각형 ABCD는 x^2, EB는 a, F는 EB의 중점이다. GD=GH=$a/2$이다. 그러면 직사각형 GC와 CF는 모두 $(a/2)x$이므로 DI+

IB+2·IC=ax가 된다. IC=IJ이므로 방정식으로부터 GJ+AJ+JF=b이다. 그러면 AI=IJ+(GJ+AJ+JF)이므로 $(x - a/2)^2 = (a/2)^2 + b$가 나온다. 하나의 양의 근 $x = \sqrt{(a/2)^2 + b} + a/2$를 얻는다. 콰리즈미는 주로 유산 문제를 다루고 일부에서 상업 수학과 기하를 다루었는데, 카밀은 실용 기하학과 토지 분배 문제를 다루었다.[48] 카밀의 저작은 13세기 초에 피보나치의 연구에 토대가 되었고 이를 통해서 유럽 수학의 발달에 많은 영향을 끼쳤다.

카밀은 이차보다 높은 차수의 방정식에 대입(또는 치환)을 이용하여 문제를 이차방정식의 형태로 귀착시켜 다루었다.[49] 다음 문제가 그러하다. "10을 두 부분으로 분리하고 각각을 다른 쪽으로 나눈다. 각각의 몫을 자신에게 곱하고 큰 쪽에서 작은 쪽을 뺐을 때 남은 것이 2가 되도록 하라." 식은 $\left(\dfrac{x}{10-x}\right)^2 - \left(\dfrac{10-x}{x}\right)^2 = 2$이다. 그는 여기서 $\dfrac{10-x}{x}$를 y로 두고서 새로운 식 $\dfrac{1}{y^2} = y^2 + 2$를 이끌어낸다. 양변에 y^2을 곱하여 $(y^2)^2 + 2y^2 = 1$로 놓고 y^2을 구한 뒤, x에 관한 식으로 환원하고서 근을 구한다. 또 지름이 10인 원에 내접하는 정오각형의 한 변의 길이를 어림값으로 구할 때 방정식 $x^4 + 3125 = 125x^2$을 이용했다. 이것도 $x^2 = z$로 두면 $z^2 + 3125 = 125z$로 된다. 그는 다른 글에서 양의 정수근이 있는 연립일차부정방정식도 다루었다. 이것은 고대부터 알려진 것인데, 아랍의 여러 곳에서 중세 시기에 보편화되었다.

현대의 기호로 $\sum_{i=1}^{n} x_i = k$, $\sum_{i=1}^{n} p_i x_i = l$ $(k, l, p$는 주어진 수$)$ 꼴로 제시된, 이를테면 $x_1 + x_2 + x_3 + x_4 + x_5 = 100$, $2x_1 + \dfrac{x_2}{2} + \dfrac{x_3}{3} + \dfrac{x_4}{4} + x_5 = 100$을 들 수 있다.[50]

카밀은 전의 저자들에 견줘 더욱 복잡한 항등식이나 방정식을 다룬다. 특히 무리수가 계수인 방정식도 있다. 이를테면 $(10-x)(10-x) - \sqrt{8}\,x = 40$으로 정리되는 문제가 있다. 이 방정식의 근의 하나를 $x^2 + b = ax$의 계산법으로 $x = 10 + \sqrt{2} - \sqrt{42 + \sqrt{800}}$ 이라 하고 있다. 여기서 그가 처음으로 무리수를 계수와 근으로 받아들여 체계적으로 사용했음을 볼 수 있다. 카밀은 콰리즈미 무렵까지의 대수 계산법을 어떠한 양수에도 적용함으로써 한 걸음 더 나아갔다. 그는 2, $\sqrt{8}$, $\sqrt{\sqrt{2}-1}$ 을 다룰 때 어떠한 차이도 두지 않았고 어떤 양수의 제곱, 네제곱, 제곱근, 네제곱근에도 아무런 제한을 두지 않았다.[51] 그가 수를 선분으로 해석하던 〈원론〉에 근거하여 이차방정식의 풀이를 정당화했을지라도, 그에게 이차방정식의 근은 선분이 아니라 수였다. 그가 수를 적절하게 정의하지 않았더라도 상관없었다. 그가 풀이에 나오는 여러 양을 같은 규칙을 사용하여 다루는 것은 수 개념을 혁신하는 길을 열었다.

또한 카밀은 $ax^2 + bx + c = \square$ 꼴이나 그것들을 연립한, 디오판토스에게는 없던 유형의 부정방정식을 풀고 있는데, 몇 가지 경우에서 제시된 근이 유리수이기는 하나 양수가 아니어서 고대의 요건에 따르면 그 풀이는 타당하지 않을 수도 있었다.[52] 디오판토스에서 보이지 않는 또 다른 문제는 주어진 정수 k가 있는 $x^2 \pm k = \square$와 같은 방정식에서 정수 x를 구하는 것이다.[53] 그는 연립이차방정식 $x + y + z = 10$, $xz = y^2$, $x^2 + y^2 = z^2$에서 무리수를 다루는 방식도 보여주고 있다. 여기서 먼저 근을 추측하고 이후에 고쳐 나가는 '가치법'을 사용하고 있다.[54]

10세기 말에 활동했던 유명한 수학자는 〈대수의 영광〉을 쓴 카라지이다. 이 저작은 다항식의 대수학을 처음으로 상세히 설명했다는 점에서 중요하다. 그의 목표는 '기지의 조건으로부터 미지의 것을 결정하는 것'[55]으로, 주어진 식을 변형하여 이미 알고 있는 양으로부터 알고자 하는 양을 어떻게 결정하는지를 보여주고자 했다. 이것은 분명히 분석의 과제로써 대수가 방정식에 관한 학문으로 인식되었음을 보여주고 있다. 그는 이 목표를 이루기 위하여 미지의 것을 다룰 수 있도록 모든 산술적 기법을 고쳤다.

〈대수의 영광〉에서 비로소 완전한 대수 계산의 정리가 제시됐다. 카라지는 대수학이 이차방정식을 풀어 근을 확정하는 규칙의 모임이라는 견해를 접었다. 대신에 대수를 산술의 규칙과 절차를 x^n과 $1/x^n$이라는 형식을 띠는 미지수와 다항식에 체계 있게 적용하는 학문이라고 했다.[56] 그는 대수 조작을 무리량으로 확장했다. 이것을 정당화하기 위해 그는 수와 통약불가능량을 규정했다. 그는 〈원론〉 제7권에 기술된 단위와 수의 정의를 채용하는 한편 〈원론〉 제10권에 합치되도록 통약불가능성과 무리성의 개념을 정의했다.[57] 그는 대수 계산의 정리를 제시하는 데서 완전히 새롭게 접근했다. 이 정리를 제시하는 목적은 대수 조작의 기하학 표시를 없애는 것이었다. 콰리즈미와 카밀이 산술을 대수와 결부시키기 시작했고, 카라지에게서 비로소 변화가 일어났다. 카라지와 그를 이은 사마와르가 산술 연산법이 대수학에서도 유효하게 적용될 수 있고, 거꾸로 대수학에서 나온 사고방식도 수를 다룰 때 중요하게 될 수 있음을 보여주었다.[58]

디오판토스도 4차 이상의 거듭제곱을 고찰했으나 카라지가 처음으로 거듭제곱이 한없이 확장될 수 있음을 이해했다. 그는 미지량을 거듭제곱한 두 열 x, x^2, x^3, … 과 $1/x$, $1/x^2$, $1/x^3$, … 의 성질을 살피는 것에서 시작한다. 각 항은 바로 앞의 항에 x나 $1/x$을 곱해서 얻게 되므로, 통상의 산술 연산을 다항식으로 확대 적용할 수 있게 된다. 그는 $n = 2$, 3, …, 9일 때만 $x^n = x^{n-1}x$를 보여주고 있으나, 이 곱은 한없이 다음 거듭제곱이 된다고 했다. 2 이상의 자연수 n에 대하여 $x^n = x^{n-1}x$를 정의하고 있는 셈이다. 그것으로부터 카라지는 거듭제곱의 개념을 확장한다. 이를 위해 거꾸로 수학적 귀납법으로 정의된 거듭제곱을 이용하여 $(1/x^n) \cdot (1/x^m) = 1/x^{n+m}$ (단 m, $n = 1, 2, 3, \cdots$)이라는 결과를 얻었다. 나중에 사마와르가 0거듭제곱 $x^0 = 1$(단 $x \neq 0$)의 정의를 이용하여 $x^n x^m = x^{n+m}$(단 m, $n \in \mathbb{Z}$)에 상당하는 일반화된 법칙을 기술하게 된다.[59]

카라지는 산술 연산을 식에 적용할 때 다항식에 앞서 단항식에 적용했다. 먼저 곱셈에 대하여 $(a/b) \cdot c = ac/b$와 $(a/b) \cdot (c/d) = ac/bd$ (a, b, c, d는 단항식)를 증명하고 일반적인 법칙을 세우기 위하여 다항식의 곱셈을 다뤘다. 그는 단항식과 다항식의 덧셈, 뺄셈, 곱셈에 관한 일반적인 규칙을 세웠다. 나눗셈에서는 분모에 단항식만 사용했다. 이것은 음수에 관한 규칙을 이론화할 수 없었음과 언어 표현의 한계 때문이었을 것이다.[60] 그래서 아직 다항식 대수는 제대로 갖춰지지 않았다.

카라지는 방정식 풀이에서 기하학적으로 증명하는 전통을 따랐으나 이차방정식에 머물지 않았다. 이를테면 $n = 1$, 2, 3, … 에 대해 $ax^{2n} + bx^{2n-1}$을 다룰 때

x^{2n-2}으로 나누어 $ax^2 + bx$로 고쳤다. 또한 그는 $ax^{2n} + bx^n = c$ 꼴의 방정식에 수치해법을 처음으로 제시했다. 이처럼 3차 이상의 방정식을 거듭제곱근의 관점에서 대수적으로 푸는 것이 르네상스 시대의 유럽에서 수학이 연구되는 초기의 진행 방향이었다. 카라지는 삼차로 환원할 수 있는 다항식도 다루었다.

한편 계수가 양인 경우로 한정되긴 했으나 카라지는 다항식의 제곱근을 구하는 일반적인 방법을 처음 제시하기도 했다. 그는 전개식 $(x + y + \cdots + w)^2 = x^2 + (2x+y)y + \cdots + (2x + 2y + \cdots + w)w$에 의거하는 두 가지 방법을 제안하고 있다. 카라지의 방법은 사마와르의 〈대수의 경탄〉에서 일반화되었다.[61] 이를테면 한 가지는

$$B = 25x^6 - 30x^5 + 9x^4 - 40x^3 + 84x^2 - 116x + 64 - \frac{48}{x} + \frac{100}{x^2} - \frac{96}{x^3} + \frac{64}{x^4}$$

의 제곱근을 구하기 위해

$$B = 25x^6 + (10x^3 - 3x^2)(-3x^2) + (10x^3 - 6x^2 - 4)(-4)$$
$$+ \left(10x^3 - 6x^2 - 8 + \frac{6}{x}\right)\frac{6}{x} + \left(10x^3 - 6x^2 - 8 + \frac{12}{x} - \frac{8}{x^2}\right)\left(-\frac{8}{x^2}\right)$$
$$= \left(5x^3 - 3x^2 - 4 + \frac{6}{x} - \frac{8}{x^2}\right)^2$$

로 쓰고 있다. 카라지는 카밀에 이어서 연립일차방정식을 연구하기도 했다. 이를테면 $x/2 + w = s/2$, $2y/3 + w = s/3$, $5z/6 + w = s/6$를 풀었다. 여기서 $s = x + y + z$, $w = (x/2 + y/3 + z/6)/3$이다.

$x^3 - cx + a^2 b = 0$ 꼴의 삼차방정식 문제를 그리스의 에우토키오스(480?-540?)가, 다음으로 하이삼(Ibn al-Haytham 965?-1040?) 같은 아랍 수학자가 포물선 $x^2 = ay$와 쌍곡선 $y(c-x) = ab$가 만나는 것을 이용하여 풀었다. 그렇지만 마하니(al-Māhānī 860무렵 활동)만이 이러한 문제와 정육면체의 배적 문제($x^3 = 2$)를 대수식으로 환원하려고 했다. 10세기에 이차방정식 이론의 발전과 천문학의 요구로 삼차방정식을 대수적으로 풀어야 할 필요성이 강하게 제기되었다. 먼저 이차방정식 풀이에서 얻은 근을 사용한 대수 풀이의 전형을 삼차방정식에도 적용하려고 했다. 한편 천문학에서 많은 삼차방정식 문제가 나오고 있었다. 비루니(al-Biruni 973-1048?) 등에 이르러 사인표를 만들려고 어떤 각도에 대한 현을 정하려고 할 때 삼차방정식 $x^3 - 3x - 1 = 0$ (x는 80°의 현), $x^3 - 3x + 1 = 0$ (x는 20°의 현)이 나왔는데, 두 식을 모두 시행착오로 풀었다.[62]

카이얌이 처음으로 삼차방정식을 깊게 살펴봄으로써 대수학에 많이 이바지했다. 그는 콰리즈미의 방식을 따라서 양수 근이 있는 모든 삼차방정식을 분류하고 교차하는 원뿔곡선을 이용해서 일반적으로 풀었다. 물론 모든 내용을 말로 썼다. 삼차방정식의 경우 아르키메데스가 구를 주어진 비율의 부피가 되도록 두 부분으로 나누는 문제를 해결하려는 과정에서 나온 적이 있었고 디오판토스도 몇 가지를 다루었다. 카이얌에게도 모든 수는 양수였으므로, 수의 부호를 무시하면 같다고 여겨지는 방정식들을 다른 것으로 분류했다. 물론 음수 근을 인정하지 않았으며 양수 근도 모두 구하지 않았다. x 또는 x^2으로 나누어 일차나 이차방정식으로 만들 수 없는 14가지 형태의 삼차방정식을 이항식, 삼항식, 사항식으로 분류했다[35]. 이전의 카라지나 이후의 사마와르와 달리 카이얌은 그리스에 유래하는 동차성의 사고방식을 지키려고 하여 삼차방정식을 입체들로 이루어진 방정식으로 생각했다.[63]

카이얌은 수치 해법을 사용하지 않았고, 산술적 풀이와 기하학적 풀이를 구분했다. 전자는 디오판토스의 전례를 따른 것으로 양의 유리수 근이 있을 때만 적용했다. 후자는 풀이법을 기하학 도구를 이용하여 특정한 길이, 넓이, 부피로 나타낼 수 있음을 의미한다. 그는 일반 삼차방정식에는 산술적 풀이법이 없다고 잘못 생각하면서 기하학적 풀이를 제시했다.[64] 이 방법은 기하학의 발전을 저해하던 자와 컴퍼스를 넘어서야 했다. 그는 만나는 두 원뿔곡선을 이용했다. 현대의 대수학에 따르면 두 원뿔곡선이 만날 때 생기는 교점이 삼차방정식이나 사차방정식으로 결정되므로 자연스럽게 떠올릴 수 있다. 이를테면 삼차방정식 $x^3 = bx + c$는 $x(c/b + x) = y^2$(쌍곡선)과 $x^2 = \sqrt{b}\,y$(포물선)라는 방정식을 연립하면 된다. 그리스인은 이런 방식을 몇 삼차방정식에 적용했으나 카이얌은 유형마다 일반화된 기하학적 풀이법으로 발전시켰다. 이것은 아랍인이 대수학에서 이룬 가장 큰 성과이다.

원뿔곡선을 사용했어도 미지의 양을 길이로만 얻은 점에서 이것은 그리스의 기하학적 대수와 다르지 않다고 볼 수 있다. 그러나 그리스에서 계수는 선분이었으나 카이얌에게서는 수 자체였다는 점에서 커다란 차이가 있다. 실제로 카이얌은 삼차방정식의 대수적 풀이를 보이고자 했다. 그는 방정식 $x^3 + 200x = 20x^2 + 2000$인

---

35) 이항식: $x^3 = c$; 삼항식: $x^3 + bx = c$, $x^3 + c = bx$, $x^3 = bx + c$, $x^3 + ax^2 = c$, $x^3 + c = ax^2$, $x^3 = ax^2 + c$; 사항식: $x^3 + ax^2 + bx = c$, $x^3 + ax^2 + c = bx$, $x^3 + bx + c = ax^2$, $x^3 = ax^2 + bx + c$, $x^3 + ax^2 = bx + c$, $x^3 + bx = ax^2 + c$, $x^3 + c = ax^2 + bx$

경우를 보간법과 삼각함수표를 이용하여 산술적으로 그리고 쌍곡선과 원의 교점을 이용하여 기하학적으로 풀었다.[65] 또한 그는 유클리드의 비례론을 수치 방법으로 바꾸면서 무리수를 정의하는 문제를 진지하게 살펴보았다. 카이얌과 그의 대수를 이은 샤라프 딘 투시에게서 기하 도형은 보조 구실만 했다. 두 원뿔곡선의 만남을 대수적으로, 곧 곡선식을 이용하여 보였다. 카이얌은 14가지 경우를 모두 같은 방식으로 다루었다. 이럼으로써 그는 수치적 대수와 기하학적 대수 사이의 간극을 메우려고 노력했다. 양의 근이 언제나 있다고 할 수 없는데 근이 없는 경우와 1개, 2개 있는 경우의 조건을 살폈다. 그것은 사용되는 원뿔곡선이 만나지 않는가, 한 점이나 두 점에서 만나는가로 결정된다. 그는 $x^3 + cx = bx^2 + d$는 세 근이 있음을 깨닫지 못했다. 또한 근이 하나나 둘이 있는 경우를 계수의 조건과 관련지어 생각하지는 못했다. 이것은 음수 계수를 생각하지 못했기 때문으로 보인다.

사마와르는 음수 계수를 도입하여 대수 연산을 더욱 진전시켰다. 그로 대표되는 카라지의 후계자들은 부호에 관한 일반 법칙을 기술하고 있다.[66]

$$x \leq 0, \ y \geq 0 \Rightarrow xy \leq 0 \qquad x \leq 0, \ y \leq 0 \Rightarrow xy \geq 0$$

$$x \leq 0, \ y \geq 0 \Rightarrow x - y \leq 0 \qquad x \leq 0, \ y \leq 0, \ |x| \geq |y| \Rightarrow x - y \leq 0$$

$$x \leq 0, \ y \leq 0, \ |x| \leq |y| \Rightarrow x - y \geq 0$$

$$x \geq 0 \Rightarrow 0 - x \leq 0 \qquad x \leq 0 \Rightarrow 0 - x \geq 0$$

사마와르는 대수 계산과 수 계산에서 한 쪽에 해당하는 기법을 조금 개량하면 대부분 다른 쪽에도 적용할 수 있다는 인식을 형성함으로써 대수의 산술화에 매우 크게 이바지했다. 여기에는 기하학적 증명을 산술적 증명으로 대체하는 것도 관계된다.[67] 그는 동류항끼리 짝을 지어 다항식을 더하거나 뺄 수 있었다. 다항식의 곱셈에서는 지수 법칙이 필요한데 앞서 카라지는 이 법칙을 실질적으로 사용하고 있었다. 카라지는 제곱과 세제곱의 곱을 '제곱-세제곱'이라고 했으므로, 지수를 더한다는 것이 분명하게 보이지는 않았다. 사마와르는 이 법칙을 표현하기 위해 열로 구성된 표를 사용했다. 표에는 하나하나의 열이 상수와 미지수의 거듭제곱을 나타내고 있다. 그는 $1/x$의 거듭제곱도 x의 거듭제곱처럼 간단히 다룰 수 있음을 알았다.

7	6	5	4	3	2	1	0	1	2	3	4	5	6	7
x^7	x^6	x^5	x^4	x^3	x^2	x	1	x^{-1}	x^{-2}	x^{-3}	x^{-4}	x^{-5}	x^{-6}	x^{-7}
128	64	32	16	8	4	2	1	1/2	1/4	1/8	1/16	1/32	1/64	1/128

사마와르는 표를 사용하여 지수 법칙 $x^m x^n = x^{m+n} (m, \ n \in \mathbb{Z})$을 설명한다. x^2에

x^3을 곱할 때는 2열에서 왼쪽으로 세 칸을 옮기고, x^{-3}을 곱할 때는 오른쪽으로 세 칸을 옮기면 된다고 했다. 그는 표와 이 규칙을 사용하여 x와 $1/x$의 다항식끼리 곱한다든지 나누고 있다. 다항식끼리의 나누기는 중국의 산판으로 계산하는 것과 비슷한 모습으로 수행된다. 이때 거듭제곱의 열이 자릿수의 열과 같은 역할을 한다. 사마와르는 다항식끼리의 나누기를 $1/x$까지 확장하고, 나누어떨어지지 않는 몫을 어림값으로 생각했다. 여기서 그는 x를 10으로 치환하여 정수의 나눗셈도 했다. 사실 그는 계산된 소수의 자리가 많아질수록 분수의 더 정확한 소수 어림값을 얻을 수 있음을 처음으로 인식했다.[68] 그는 부호의 법칙과 지수 법칙을 사용하여 계수가 유리수인 다항식의 제곱근 풀이와 사차방정식 이론, 부정해석, 연립일차방정식도 연구했다.

카이얌의 방법을 샤라프 딘 투시가 개량했다. 그도 카이얌처럼 삼차방정식을 분류하면서 시작하는데, 목적은 근이 몇 개인지를 결정하는 계수의 조건을 분명히 하는 데 있었다.[69] 첫째 모둠은 이차방정식으로 환원할 수 있는 것과 $x^3 = c$이다. 둘째 모둠은 적어도 하나의 양수 근이 있는 $x^3 + bx = c$, $x^3 = bx + c$, $x^3 + ax^2 = c$, $x^3 = ax^2 + c$, $x^3 + ax^2 + bx = c$, $x^3 = ax^2 + bx + c$, $x^3 + ax^2 = bx + c$, $x^3 + bx = ax^2 + c$이다. 셋째 모둠은 나머지 것들로 계수에 따라 양수 근이 있거나 없는 5개이다. 샤라프 딘 투시는 둘째 모둠에 있는 방정식의 근을 카이얌처럼 알맞게 선택한 두 원뿔곡선이 만나는 점에서 구하고 있다. 그러나 그는 카이얌을 넘어서 두 곡선이 만나는 까닭을 기술했다. 셋째 모둠에서 삼차방정식과 그것의 근과 계수의 관계를 이해했음을 보여주고 있다. 그는 방정식 $x^3 + c = bx$ (b, $c > 0$)에서 $x^3 \le bx$, $x^2 \le b$이므로 양의 근이 $b^{1/2}$ 이하여야 하고 이때 $bx - x^3 = c$를 만족해야 한다면서, 이 방정식이 근을 가지는지는 $bx - x^3$과 c의 크기 관계로 결정된다고 했다. 그러니까 $bx - x^3$의 극댓값을 알 필요가 있다. 그는 $x = (b/3)^{1/2}$에서 극댓값을 갖는다고 했다. 극댓값은 $2(b/3)^{3/2}$이다. 그러므로 $c \le 2(b/3)^{3/2} \Leftrightarrow b^3/27 - c^2/4 \ge 0$일 때만 양의 근이 존재하게 된다. 여기서 그가 왜 $x = (b/3)^{1/2}$을 선택했는지를 언급하지 않았으나 $2(b/3)^{3/2}$이 실제로 극댓값임을 증명하는 기하학적 절차에는 오류가 없다.[70] 이제 삼차방정식에서 판별식(여기서는 $b^3/27 - c^2/4$)이 양수 근의 존재 여부를 결정하는 역할을 부여받고 대수적으로 표현되고 있다. 그렇지만 그것이 대수적으로 근을 결정하는 데 사용된 적은 없어 그것의 역할은 일반화되지 않았다. 극댓값과 관련하여 일계도함수를 이용하는 것이 몇 문제에 산발적으로 사용되기도

하여 새로운 현상은 아니었으나, 특히 그에게 도함수의 개념은 대수식을 푸는 연구에 중요한 부분이었다.[71]

선행자들과 달리 샤라프 딘 투시는 삼차방정식의 여러 형태가 서로 관련되어 있음을 알고 있었다. 그는 x를 $x+a$나 $a-x$로 치환하여, 풀고자 하는 방정식을 다른 방정식으로 변환하고 있다. 또한 그는 삼차방정식의 근$(x=r)$을 하나 찾으면, 다른 근을 찾고자 그 방정식을 $x-r$로 나눈 몫인 이차방정식을 살피기도 했다.[72] 한편 비루나 카이얌은 방정식 $x^n=q$를 푸는 데에 호너법을 이용했다. 샤라프 딘 투시 덕분에 호너법을 이 유형의 방정식만이 아니라 일반적인 경우에도 사용할 수 있음을 알게 되었다. 그가 삼차 이하의 방정식에만 이 방법을 적용했으나, 일반적으로 이해하고 있었다고 봐야 한다.

카시는 수치 연구에서 다방면에 뛰어났다. 그는 삼차방정식을 반복과 삼각법으로 풀었다. 그리고 호너법으로 일반 고차방정식을 푸는 방법을 알고 있었다. 이것 말고도 중국의 영향을 받았음을 보여주는 것으로 사칙연산, 제곱근 구하기, 세제곱근 구하기, 가치법, 백계 문제 등을 들 수 있다.

4-2 조합론

아랍에서는 대수학의 발달과 함께 수학적 귀납법의 흐름이 존재했다. 수학적 귀납법의 초기 형태를 볼 수 있는 조합 문제를 이미 8세기에 다루었다. 1000년 무렵 카라지는 $(a+b)^3$과 $(a+b)^4$을 전개했을 때 나오는 계수의 규칙성을 관찰하고서 이항 전개식의 계수표, 그것을 구성하는 법칙 $C_k^n = C_{n-k}^{n-1} + C_k^{n-1}$, 지수 n이 자연수일 때의 $(a+b)^n = \sum_{k=0}^n C_k^n a^{n-k} b^k$을 제시했다.[73] 이 계수들을 삼각형 모양으로 배열했는데, 이것이 17세기 때 유럽에 알려졌다. 이 두 공식과 $(ab)^n = a^n b^n$ (단, n은 자연수이고 $ab=ba$)을 사마와르가 소급이라는 소박한 수학적 귀납법으로 증명했다.

13세기 초에 문인(Mun'in ?-1228)은 10가지 색실로 만들 수 있는 색 묶음의 가지수를 구했다. 그는 $C_k^n = C_{k-1}^{k-1} + C_{k-1}^k + C_{k-1}^{k+1} + \cdots + C_{k-1}^{n-1} = \sum_{i=k-1}^{n-1} C_{k-1}^i$ 라는 개념을 이용했다. 그리고 나서 아랍어 알파벳으로 얼마나 많은 낱말을 조합할 수 있는지를 살폈다. 그는 산술삼각형을 이용하여 여러 계산을 간단히 할 수 있음을 보여주었다.[74] 순열의 문제도 다루었는데, 모두 다른 문자의 순열은 1부터 그 낱말을 이루는 문자의 개수까지 곱하여 얻는다고 했다. 그는 같은 것을 포함한 순열도 다루고, 발음과 모음을 고려하기도 했다.

13세기 말에 파리시가 자연수의 인수분해와 우애수를 관련지어 조합론을 다루었다.[75] 주어진 수의 소인수를 조합함으로써 그 수의 모든 약수를 모두 결정할 수 있기 때문이었다. 그는 산술삼각형도 만들고 여기서 나타나는 열들과 조합의 수, 나아가 삼각수, 각뿔수, 더 고차의 입체 수 사이의 관계를 기술했다. 15세기에 카시가 산술삼각형 형태로 이항정리를 다시 다루는데, 유럽보다 약 한 세기 전에 해당된다.

조합에 관한 표준적인 곱셈 공식을 발견한 사람은 반나(al-Bannā' 1256-1321)였다. 그는 먼저 늘어놓는 방식으로 시작하여 $C_2^n = n(n-1)/2$임을 보인 다음, C_{k-1}^n에 $(n-k+1)/k$을 곱하면 C_k^n이 된다는 규칙을 얻었다.[76] 이 절차를 잇따라 적용하여 $C_k^n = \dfrac{n(n-1)\cdots(n-k+1)}{k(k-1)\cdots\cdot2\cdot1}$을 얻었다. 이것이 서로 다른 n개에서 k개를 꺼내는 경우의 수를 구하는 표준 공식이다. 반나의 C_k^n와 순열의 수에 관한 증명은 카라지와 사마와르의 증명과 마찬가지로 귀납적이다. 그들은 이미 알고 있는 작은 값에 대한 결과부터 시작하여 하나씩 더 큰 값으로 올라간다. 그러나 그들은 이것을 증명 방법으로 정식화하지 못했다. 14세기에 서유럽의 게르손(ben Gerson)이 처음 시도했다.

4-3 수열과 수학적 귀납법

자연수의 합과 제곱의 합은 바빌로니아에, 세제곱의 합은 그리스에 알려져 있었다. 네제곱의 합을 구하는 방법

$$\sum_{i=1}^n i^4 = \frac{n}{5}(n+1)(n+\frac{1}{2})\{n(n+1)-\frac{1}{3}\}$$

은 10세기에 카비시(al-Qabīsī ?-967)가 다른 규칙들을 설명하는 곳에서 함께 제시하고 있는데, 그는 자신이 그것을 발명했다고 하지 않았다.[77] 카라지는

$$\sum_{i=1}^n i = n(n+1)/2, \quad \sum_{i=1}^n i^2 = \sum_{i=1}^n i(2n+1)/3, \quad \sum_{i=1}^n i^3 = \left(\sum_{i=1}^n i\right)^2$$

을 다루었다. 인도의 아르야바타는 이미 499년에 이것들을 모두 다루었다. 그러나 특정한 n에 대하여 단순히 합을 구하는 것보다 중요한 생각을 카라지가 도입하고 사마와르와 그 밖의 수학자가 이어받았다. 바로 수학적 귀납법의 사고방식이다. 카라지가 세제곱수의 합을 도형을 이용하여 증명하는 것에서 살펴보자.

한 변이 $1+2+3+\cdots+10$인 정사각형 ABCD를 만든다. $BB'=DD'=10$으로

두고 그노몬 BCDD′C′B′을 그린 뒤 그것의 넓이를

$$2 \cdot 10(1+2+ \cdots +9)+10^2 = 2 \cdot 10 \cdot \frac{9 \cdot 10}{2}+10^2$$

$$= 9 \cdot 10^2 + 10^2 = 10^3$$

으로 계산한다. 정사각형 ABCD의 넓이는 이 그노몬과
정사각형 AB′C′D′의 합이므로

$$(1+2+ \cdots +10)^2 = (1+2+ \cdots +9)^2+10^3$$

이 될 것이다. 마찬가지로 $(1+2+ \cdots +9)^2 = (1+2+ \cdots +8)^2+9^3$도 보일 수 있다. 끝으로 넓이가 $1^2 = 1^3$인 마지막의 정사각형 AB*C*D*까지 이어진다. 이로써 정리가 증명된다. 카라지는 임의의 n에 관한 일반적인 결과가 아니라, 10인 경우를 살폈다. 그렇지만 이 증명은 분명히 어떤 자연수로도 확장할 수 있다. 그의 논의는 수학적 귀납법의 두 가지 기본 요소를 실질적으로 포함하고 있다. $n = 1$ $(1^2 = 1^3)$일 때 주어진 명제가 성립한다는 것과 $n = k-1$일 때 성립한다면 $n = k$일 때도 성립한다는 것이다. 그런데 그가 두 번째 것을 거꾸로 논의하고 있어 그것이 분명하게 드러나지 않고 있다. 어쨌든 $\sum_{i=1}^n i^3$을 구하는 공식에 관한 이 증명은 현존하는 가장 오랜 것이다.

네제곱수의 합을 11세기 초에 하이삼이 다루었다. 그는 더 고차인 거듭제곱수의 합으로 일반화하지 않았다. 이것은 회전포물체의 부피를 구할 때 제곱수와 네제곱수의 합만 있으면 되기 때문이었을 것이다. 그가 합의 공식을 생각할 때 중심으로 삼은 것은 $(n+1) \sum_{i=1}^n i^k = \sum_{i=1}^n i^{k+1} + \sum_{j=1}^n \left(\sum_{i=1}^j i^k \right)$이다.[78] 그는 이것을 구체적인 자연수 $n = 4$, $k = 1$, 2, 3인 때에 카라지처럼 증명하고 있는데, n과 k가 어떠한 값일 때로도 일반화할 수 있다.

사마와르가 $\sum_{i=1}^n i^2 = n(n+1)(2n+1)/6$, $\sum_{i=1}^n i^3 = \left(\sum_{i=1}^n i \right)^2$을 포함하여 소박한 수학적 귀납법으로 증명했다. 귀납적인 논의는 이항정리와 산술삼각형을 관련시키는 데도 사용됐다.[79] 앞서 카라지가 제시한 공식 $(a+b)^n = \sum_{k=0}^n C_k^n a^{n-k} b^k$과 $(ab)^n = a^n b^n$을 증명하는 데도 수학적 귀납법을 이용했다. 두 공식을 증명하기 앞서 $(ab)(cd) = (ac)(bd)$, $(a+b)c = ac+bc$가 성립하는 것을 보였다.[80] 카라지와 하이삼의 논의처럼 사마와르의 귀납적 증명도 두 가지 기본 요소를 포함하고 있다. 그는 먼저 $n = 2$일 때 성립함을 보이고, 이것을 이용해 다음의 정수일 때도 성립함을 보였다. 곧, $(a+b)^n$과 $(ab)^n$일 때 성립함을 보이기 위해 각각

$(a+b)^{n-1}$의 전개식과 $(ab)^{n-1}=a^{n-1}b^{n-1}$을 이용했다. 그는 특정한 n까지의 규칙을 어떻게 일반화하는가를 보여주었다.[81] 그러니까 위 정리들을 완전히 일반적인 방식으로 기술한다거나 증명하지 못했다. 그럼에도 그는 오늘날의 수학적 귀납법으로 증명하는 것의 바로 앞까지 갔다고 볼 수 있다. 알려져 있는 한에서 맨 처음의 본격적인 수학적 귀납법의 시작일 것이다. 사마와르의 방법은 17세기에도 꽤 사용되었다. 덧붙여서 중국에서 그랬듯이 산술삼각형을 수의 거듭제곱근을 계산하는 데에 이용했다.

 기하학

5-1 기하학 일반

아랍의 수학자는 이른 시기부터 실용 기하학을 연구했는데, 그것이 측량, 천문학 등에 응용되었고 대수와 물리학 연구에도 도움이 되었기 때문이다. 아랍의 기하학 저작은 산술 분야와 이론 분야로 나눌 수 있다. 산술 분야는 9세기 초에 그리스에서 들어온 기하학과 인도의 대수학이 결합한, 대수 계산을 바탕으로 한 기하학이다. 그리스의 방식과 개념을 수정하여 새로운 정리, 절차, 제재로 바꾸었다. 여기서 산술과 대수를 기하학에 응용하거나 기하학으로 대수 문제를 푸는 데서 그리스와 인도를 뛰어넘어 독자적인 면모를 보여주었다. 이를테면 메넬라오스 정리를 비롯하여 평면, 구면기하학의 새로운 정리를 다룬 것들이 그러하다. 이론 분야는 그리스의 연구를 이어받아 도형의 성질을 원리적으로 연구한 것이다. 아랍 기하학은 〈원론〉에서 출발하였고 주로 따르거나 모방한 대상은 아르키메데스와 아폴로니오스였다. 아랍인은 대수학에서는 엄밀함에 관심을 기울이지 않았으나 기하학에서는 이와 달랐다. 유클리드의 평행선 공준, 무리량 개념, 입체의 부피를 구하는 착출 원리 등을 다루었다. 그렇더라도 아랍의 이론 기하학은 새로운 결과나 증명을 찾기보다 그리스 원전의 내용을 보존한 역할이 훨씬 컸다. 더구나 이론 기하학은 절대 진리를 내세웠으므로 12세기가 되면 신앙을 위협하는 것으로 여겨지기 시작했다. 이와 달리 계산술, 대수학, 측량술, 천문학은 유산 상속과 세액의 결정, 토지의 측량, 일월식의 예측에 쓸모 있는 지식으로 평가되었다. 그렇다고 후자를 깊이 있게 다루는 것도 경계했다. 그것에 지나치게 몰두하는 것도 종교인의 지성과 영혼의 균

형을 깨뜨릴지 모르기 때문이었다.[82]

현존하는 가장 오랜 아랍의 기하학 저술은 콰리즈미의 것으로, 대수학 저작의 일부에서도 기하학을 다루고 있다. 그의 연구는 전반적으로 그리스보다 오리엔트의 영향을 더 받은 듯한데, 의도한 바일 수 있다.[83] 기하를 다룬 부분이 측량사가 사용하는 측량의 기본 규칙을 모아놓은 것일 뿐이고 그리스의 이론 수학이 끼친 영향이 보이지 않기 때문이다. 직각이등변삼각형에서 피타고라스 정리를 증명하는 곳을 빼면 그는 공리도 증명도 제시하지 않는다는 점에서 유클리드 전통을 거의 따르지 않았다고 보아야 한다.

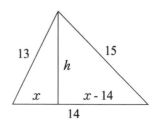

콰리즈미의 문제 가운데 몇 개는 바빌로니아 수학의 흐름을 따르고 있음이 분명하다. 그런 문제의 하나는 헤론에게서 직접 가져왔다고 생각되는 '변의 길이가 10이고 밑변의 길이가 12인 이등변삼각형에 내접하는 정사각형의 한 변의 길이를 구하라'는 문제이다. 그는 정사각형의 한 변의 길이를 $4\frac{4}{5}$라고 하고 있는데 헤론은 $4\frac{1}{2}\frac{1}{5}\frac{1}{10}$로 단위분수를 사용했다. 세 변이 13, 14, 15인 삼각형의 넓이를 계산하는 문제도 그러하다. 콰리즈미는 길이가 14인 변에 마주보이는 꼭짓점에서 수선을 내리고 이 수선의 발부터 그 변의 한쪽 끝까지의 거리를 x로 놓고서 피타고라스 정리를 두 번 적용하여 삼각형의 높이 h를 계산하고 있다. 헤론의 공식을 이용하지는 않지만 이것도 바빌로니아의 흐름에서 벗어나지 않았다.

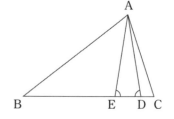

사비트는 그리스 저작을 여럿 번역했으며 〈원론〉의 아랍어 번역본의 하나를 검토했는데, 이것을 12세기에 제라르드가 라틴어로 번안하여 유럽에 들여왔다. 사비트는 검토할 때 수정과 일반화를 제시할 만큼 내용을 완전히 이해했다. 이를테면 그는 파포스와 마찬가지로 모든 삼각형에 적용할 수 있는, 일반화된 피타고라스 정리를 제시했다. 삼각형 ABC의 꼭짓점 A를 지나는 두 직선이 변 BC와 만나는 두 점을 D, E라고, ∠ADB = ∠AEC = ∠A라고 하자. 그는 $AB^2 + AC^2 = BC(BD + CE)$가 성립한다고 했다.

또한 사비트는 피타고라스 정리에 독창적인 분할 증명을 몇 가지 제시했다. 그는 이런 방식의 접근을 축소와 합성의 방법 또는 삼각형의 변형과 병치에 의한 재배열

이라고 했다.[84] 이 밖에도 그는 포물선 활꼴과 회전포물면
의 연구, 마방진, 각의 삼등분 같은 천문학 이론에도 이바지
했다.

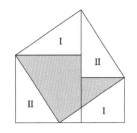

카밀은 정다각형의 작도를 대수적으로 연구했다. 유클리
드가 정오각형을 작도할 때 사용하고 나중에 아르키메데스
가 어떤 각의 삼등분을 조작하기 위해 확장한 방법은 아랍에서 변의 수가 2의 거듭
제곱인 것을 제외한 모든 정다각형으로 일반화되었다. 이 방법은 이등변삼각형의
밑변 x와 이등변 a 사이의 관계와 그에 대응하는 대수방정식을 세울 수 있게 해줄
것이다.[85] 꼭지각을 θ, 밑각을 $k\theta$(k는 자연수)라고 하면 $(2k+1)\theta = 180°$가 되는데,
$k=1$일 때는 $x=a$, $k=2$일 때는 $x^2+ax=a^2$, $k=3$일 때는 $x^3+a^3=ax^2$
$+2a^2x$, $k=4$일 때는 $x^3+a^3=3a^2x$가 나오는데, 이 결과는 정칠각형과 정구각형
의 한 변을 자와 컴퍼스로는 작도할 수 없음을 보여준다. 정칠각형의 경우에는 원
뿔곡선을 사용하여 얻을 수 있었다. 정십일각형을 작도하는 데 필요한 방정식 x^5
$+3a^3x^2+3a^4x=ax^4+4a^2x^3+a^5$도 구했다.

하이삼은 〈원론〉의 주석서를 썼고 회전체의 부피를 계산하는 방법과 원적 문제
에서 새로운 개념을 제시했다. 또한 그리스인이 문제를 해결하는 데 사용한 두 가
지 방법인 분석과 종합을 체계적으로 논의했다.[86] 비루니는 삼각형의 넓이를 구하
는 헤론의 공식을 증명하고 사각형의 넓이를 구하는 브라마굽타의 공식이 원에 내
접하는 사각형에만 적용될 수 있음을 증명했다. 원에 정구각형을 내접시키는 문제
에서 그는 이 문제를 $\cos3\theta$의 삼배각 공식을 써서 방정식 $x^3=1+3x$를 푸는 문제
로 바꾸고 60진 소수 네 자리까지의 어림값을 구했다.

13세기에 몽골이 동유럽까지 진출하고 나서 아랍에서는 천문학 이론에 관한 논
의와 함께 고대 후기 이래로 수집되고 9세기 이후의 새로운 문헌들로 강화된, 수학
에 관련된 자료들을 새롭게 편집하고 해석하는 활동이 이루어졌다. 나시르 딘 투시
(Nasir al-din al-Tusi 1201-1274)는 이런 활동을 선도했다. 그가 새롭게 해석한 〈원론〉과
프톨레마이오스의 〈알마게스트〉 사이에 공부할 책으로 집필한 〈가운데 책〉은 모로
코부터 인도에 이르기까지 많은 아랍 사회에서 19세기 후반까지 평면, 입체, 구의
기하학을 가르치는 주교재로 사용되었다.[87]

제 8 장 아랍 문명의 수학

5-2 비유클리드 기하학

아랍인은 기하학보다 대수학과 삼각법에 관심이 있었다. 기하학은 대수와 아주 가까운 관계를 맺고 있었다고는 하나, 그들은 대수방정식을 푸는 데 기하학을 응용하는 정도에 그쳤다. 이런 점에서 아랍의 기하학은 분명히 실용적이었다. 그러나 그들은 유클리드 등으로부터 영향을 받아 순수 기하학이라고 할 수 있는 유클리드의 평행선 공준을 증명하는 데 관심을 기울였다. 9세기 후반부터 13세기 사이에 평행선 공준을 증명하려고 노력했다.

사비트는 유클리드의 제5공준을 나머지 네 공준으로 증명하고자 했다. 그는 밑변 AB에 수직인 두 변 AD와 BC의 길이가 같은 사변형(사케리의 사변형)을 처음으로 도입했다. 사비트는 $\angle D$가 예각이면 AD > BC이고 $\angle D$가 둔각이면 AD < BC이므로 모순이 되어 $\angle D$는 직각이 되고, 마찬가지로 $\angle C$도 직각이 된다고 주장했다.

하이삼은 먼저 평행선은 결코 만나지 않는 두 직선이라는 유클리드의 정의는 충분하지 못하다고 했다. 그는 운동의 개념을 도입하여 언제나 같은 간격으로 있는 직선으로 평행선을 정의하면서 그러한 직선을 작도할 수 있다고 했다. 어떤 선분이 주어진 직선에 한 쪽 끝을 두고 수직을 이루어 움직이면 선분의 다른 쪽 끝이 주어진 직선에 평행한 직선이 된다는 식이다. 그는 이 정의를 바탕으로 세 각이 직각인 사각형(람베르트의 사각형)에서 출발하여 네 번째 각도 직각이어야 함을 증명했다. 그런데 그는 출발점으로 삼은 정의가 평행선 공준을 포함하고 있음을 알지 못했다. 그가 제시한 증명은 순환논법의 오류에 빠졌다. 그의 결과로부터 평행선 공준과 사각형 내각의 합이 네 직각이라는 것은 보완 관계임이 명확히 되었다. 다른 한편 카이얌을 비롯한 여러 사람은 주어진 직선에 수직을 유지하면서 운동하는 선분이 과연 존재하는가라는 의문을 제기했다. 그들은 이 생각을 증명의 기초로 사용할 수 없다고 생각했다. 유클리드가 운동에 기댔던 것은 이미 있는 대상으로부터 새로운 대상을 얻을 때뿐이었다. 이를테면 반원을 그것의 지름을 중심축으로 회전하여 구를 만드는 경우였다. 하이삼은 이러한 관념을 평행선 공준을 증명하는 데 사용했던 것이다.

카이얌은 두 직선은 가까이 가는 방향을 향하면서 떨어져 있을 수 없다는 아리스토텔레스의 직관적인 원리로부터 출발했다. 이 공준을 사용하여 사케리의 사변형에서 위쪽의 두 각을 조사하여 평행선 공준을 증명하고자 했다. 그 두 각이 같음을 어렵지 않게 끌어내고 나서 두 각을 예각, 직각, 둔각 가운데 어느 하나라고 가정했다. 여기서 그는 가까이 가는 직선은 만나야 한다는 공준에 바탕을 두고서 예각과 둔각 가능성을 제외하고서는 평행선 공준을 증명했다고 생각했다. 그는 유클리드와 다른 새로운 공준을 사용함으로써 어떤 의미에서 하이삼보다 한 걸음 더 나아갔다.[88] 하이삼과 달리 새로운 원리 안에 제5공준이 암묵적으로 전제되어 있지는 않았다.

1250년 무렵에 나시르 딘 투시는 사케리의 사변형을 사용하여 예각과 둔각의 가정으로부터 모순을 끌어내고자 했다. 그가 어떻게 생각했는지는 그의 아들이 썼다고 추정되는 원고에 남아 있다. 이 원고는 1594년에 라틴어로 출판되었고, 17세기에 윌리스도 이것을 번역했다. 이것들은 사케리가 비유클리드 기하학을 연구하는 출발점이 되었다는 점에서 중요하다.[89] 나시르 딘 투시는 평행선 공준을 다음과 같은 논법으로 증명하려고 했다. 두 직선 AB와 CD가 있고 CD에 잇따라 세운 수선들이 그림처럼 AB와 서로 다른 예각으로 만난다고 하자. AB와 CD가 B와 D의 방향에서 만나지 않으면 오른쪽 수선은 왼

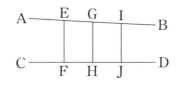

쪽 것보다 끝없이 짧아지고 왼쪽 수선은 오른쪽 것보다 끝없이 길어질 것이다.

5-3 구적법

9세기에 아랍인은 착출법을 습득하여 전부터 알고 있던 결과와 새로 발견한 것을 증명하는 데 사용했다. 이것은 그들이 그리스 수학을 이해하고 넘어서려 했음을 보여주는 또 하나의 사례이다. 그들은 아르키메데스의 〈구와 원기둥〉을 읽었으나 〈원뿔상체와 구상체〉는 손에 넣지 못했다. 원뿔곡선은 곡선으로 둘러싸인 평면도형이나 회전포물체의 넓이, 부피, 무게중심을 결정할 수 있게 해주었다. 이런 주제를 다루고 있던 아르키메데스의 저작이 전해지지 않았기 때문에 그들은 그러한 결과를 다른 방법으로 발견했다.[90] 사비트는 변형된 아르키메데스의 방법으로 포물선 활꼴의 밑변을, 17세기에 페르마가 사용한 방법인, 부등간격으로 분할하여 활꼴의 넓이를 계산했다. 그는 다른 저작에서 포물선을 지름의 둘레로 회전하여 얻은 입체의 부피를 독자적인 방법으로 구했는데, 상당히 길고 복잡했다.[91] 그 뒤 쿠히 (al-Qūhī 940-1000)는 사비트의 증명을 단순화하고 그 밖에 몇 가지 구적 문제와 무게중심 문제를 해결했다. 하이삼은 여기에 더하여 포물선을 임의의 지름이나 포물선 축에 수직인 직선 둘레로 회전시켜 만든 입체의 부피를 착출법으로 구했다. 그

는 포물선 $x = ky^2$ 을 축에 수직인 직선 $x = ka^2$ 둘레로 회전시켰을 때 생기는 입체의 부피가 반지름이 ka^2 이고 높이가 a 인 원기둥 부피의 8/15임을 증명했다. 그의 증명에서 요점은 회전체를 n 개의 원판으로 얇게 써는 것이었다. i 번째 내접원판의 반지름

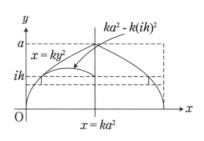

은 $ka^2 - k(ih)^2$ 이고 높이는 h 이므로 부피는 $\pi k^2 h^5 (n^2 - i^2)^2$ 이다. 이런 식으로 내접하는 원판 전체의 부피의 합 $\pi k^2 h^5 \sum_{i=1}^{n-1} (n^2 - i^2)^2$ 과 외접하는 원판 전체의 부피의 합을 구한 뒤, 자연수의 제곱과 네제곱의 합 공식을 이용하여 $\dfrac{8}{15}(n-1)n^4 < \sum_{i=1}^{n-1}(n^2-i^2)^2 <$ $\dfrac{8}{15}n \cdot n^4$ 을 구했다. 이것으로부터 회전체의 부피가 원기둥 부피의 8/15임을 끌어냈다. 또한 그는 포물선과 축, 축에 수직인 직선으로 둘러싸인 부분을 포물선의 꼭짓점에서 그은 접선 둘레로 회전한 입체의 부피를 구했다. 그렇지만 이것들은 아르키메데스가 만든 방법을 조금밖에 발전시키지 못했다.

6 천문학과 삼각법

6-1 천문학

칼리프나 술탄이 후원한 천문대가 영토 전역에 공식적으로 세워졌다. 그것은 여러 실용적인 기능을 수행했다. 과학에 관심이 많았던 칼리프 마문은 다마스쿠스에 천문대를 세웠다. 그 뒤 829년에 훨씬 더 큰 천문대를 바그다드에 세웠다. 비잔틴에 대항하는 새로운 이데올로기와 강하게 엮여 있던 것이 828~833년에 마문이 조직한 측지와 천체 관측이다.[92] 천문대가 세워지고 그리스의 천문학이 들어오면서 아랍 수학자들도 천문학에 관심을 기울였다. 천체 관측과 측량은 궁정의 권위를 보여주는 후원의 상징적 존재였다.[93]

아랍 수학자는 인도처럼 실질적으로 모두 천문학자였다. 히파르코스의 천문학을 받아들인 인도와 달리 아랍은 프톨레마이오스의 천문학을 이어받았다. 주로 종교 행사 때문에 연구했고 부분적으로는 과학적 흥미 때문이었다. 지금 있는 곳에서 해

의 방향과 높이로 기도하는 시각을 알아내고, 메카 쪽으로 기도할 수 있도록 해야 했다. 또한 모스크를 메카를 향하도록 짓는 데 필요한 천문학 표도 제작해야 했다. 아랍의 태음력은 한 해가 삭망월의 12달로 이루어져서 태양력보다 약 11일이 짧았다. 이런 상황에서 천문 현상을 미리 알려면 정밀하게 시각을 기록한 표가 필요했다. 이때 정확한 관측값이 있어야 했으므로 아랍인은 아스트롤라베나 육분의(六分儀) 같은 관측 도구를 만들었다. 그들은 이것들로 차츰 더 정확한 달력과 천문학 요약서(zij)를 만들어 기도 시간과 라마단 같은 종교적 계율을 지키는 데 이바지했다. 천문학과 밀접하게 관련된 것에 지리학도 있었다. 이것은 사막이나 바다를 여행하는 데 필요했기 때문이었다.

그 뒤 몇 세기가 지나는 동안 아랍의 천문학 활동은 자주 부침을 겪었다. 많은 천문대는 짧은 기간만 유지됐는데, 후원자가 죽거나 종교 당국이 반대하면 폐쇄되거나 사라졌다. 13세기와 15세기에 두 개의 주요한 천문대가 부활했다. 나시르 딘 투시는 몽골에 의해 바그다드가 함락된 뒤 훌라구(Hūlākū) 칸의 과학 고문이 됐다. 이 통치자는 1259년에 마라가에 웅장한 천문대를 세웠다. 관측소를 세운 목적은 부분적으로 점성술의 예언력을 나아지게 하는 것이었다. 이때 몽골의 천문학자를 초빙했고 스페인 같은 유럽의 학자들과 교류했다.[94] 점성술도 부분적이나마 천문학 연구를 활성화했고, 그에 따라 수학도 활성화되었다. 마라가의 천문대에는 꽤 커다란 도서관이 있었고, 정부의 지원을 받아 과학도 교육했다. 그렇지만 몽골 지배자들은 마라가에 있는 것을 비롯한 천문대를 불경스러운 점성술을 연구한다는 까닭으로 폐쇄했다. 마라가 천문대가 설립되고 150년쯤 뒤에 티무르(Timur) 왕조의 후원으로 우즈베키스탄의 사마르칸트에서 천문학 연구가 다시 짧게 부활했다. 사마르칸트 천문대의 책임자가 된 카시의 지휘로 이곳은 천문학뿐만 아니라 거의 모든 분야의 과학을 가르치는 고등 학술 기관이 됐다. 이런 관측소들 덕분에 아랍 문명은 필적할 상대가 없던 정밀한 관찰을 바탕으로 이론 천문학의 전통을 세웠다.

사비트는 처음으로 프톨레마이오스의 〈알마게스트〉에 있는 오차와 오류에 관심을 기울였다. 특히 관심을 둔 문제는 프톨레마이오스가 행성이 등속원운동을 하는 중심이라고 가정한 동시심이라는 개념 때문에 생기는 것들이었다. 그는 프톨레마이오스가 설정한 여덟 개의 동심천구에 하나를 더 보태고 한 방향으로 한정된 히파르코스의 세차 운동 대신에 왕복 운동에서 보이는 춘분점과 추분점의 움직임을 제안했다.[95] 그가 그리스 천문학에 던진 이런 의견은 코페르니쿠스가 시작한 천문학 혁명에 받침돌이 되었다.

바타니(al-Battānī 855?-929?)는 프톨레마이오스의 것보다 정확한 황도의 기울기와 세차의 값을 얻었다. 그가 얻은 황도의 기울기는 23°35′이며 세차는 한 해에 54.5초였다. 또한 그는 태양의 이심률이 달라지는 것, 곧 지구 궤도가 타원이라는 것도 알아냈다.[96] 이러한 것들을 담은 그의 천문학 저작은 아랍뿐만 아니라 중세와 르네상스 초기의 유럽 천문학과 구면삼각법의 발전에 영향을 끼쳤다.

하이삼은 기하학을 광학 연구에 널리 응용하여 광학에 커다란 변화를 일으켰다. 그의 광학 이론은 천문학과 삼각법의 발전을 추동하고 중세 유럽의 학문에 기초를 제공했다. 이 연구가 다빈치, 갈릴레오, 뉴턴 등에 많은 영향을 끼쳤다. 그는 원 안쪽의 두 점 A, B에서 원 위의 한 점 P에 그은 두 선분 AP, BP가 P에서 그은 법선(지름)과 이루는 각이 같게 되는 원 위의 점 P를 찾는 문제를 다루었다. 이 문제는 광원에서 나온 빛살이 구면에 반사되어 관찰자에게 오게 되는 구면 위의 지점을 찾는 것이었다. 이것은 고대 그리스에서 입체의 문제라 하던 것으로, 사차방정식이 나오는데 원과 쌍곡선의 교점을 이용하여 해결했다. 하이삼은 어두운 방에서 창문의 작은 구멍을 통해 보는 해나 달의 이미지(카메라 옵스큐라), 천체나 다른 물체의 광학적 환영 현상 따위를 발견했다.[97] 프톨레마이오스의 반사와 굴절에 관한 연구에 영향을 받은 그의 〈광학의 책〉(Kitāb al-Manāzir)은 아랍 과학 문헌 가운데 가장 영향력이 있는 저작이다. 여기에는 벽에 던진 작은 구형의 고체 물질의 운동, 속도, 밀도, 저항, 반발, 충격을 이용해 빛의 굴절과 반사를 연구한 내용이 실려 있다.[98] 하지만 굴절 법칙을 찾지는 못했다. 그는 입사광과 반사광, 반사 지점에서 그은 법선이 모두 한 평면에 놓여 있다는 사실을 포함해 온전한 반사 법칙을 서술했다. 그는 포물면 거울, 무지개, 눈의 구조, 수평선 가까이 있는 달이 크게 보이는 현상, 태양이 수평선 아래 19o가 되기까지 희미한 빛이 계속 관측되는 것으로부터 대기의 두께를 추정하는 것들도 다루었다.[99]

비루니는 갈릴레오보다 약 600년 전에 지구의 자전 가능성을 생각했으며 측지선 개념을 도입했고 지구의 둘레 길이를 계산했다. 일종의 검산법인 구거법을 발명했다고 여겨지는 시나(ibn-Sina 980-1037)는 수학을 천문학과 물리학에 응용했다. 카이얌은 1079년 무렵에 축제와 라마단 시기를 지키게 하기 위한 달력을 개정하는 일을 맡았다. 이로부터 잘라리(Jalali) 달력이라는 뛰어난 성과를 얻었는데 이것은 매우 정확해서 5000년마다 하루만 수정하면 된다.[100] 나시르 딘 투시는 주전원을 작도하는 과정에서 두 개의 등속원운동을 조합하여 왕복 직선 운동을 만들었다.

13~14세기에 마라가 천문대에서 연구하던 학자들이 만든 행성 체계를 코페르니쿠스가 사용했다. 사비트와 바타니만큼이나 그리스 천문학을 한 단계 올려놓은 사람이 샤티르(al-Shatir 1304-1375)였다. 그는 프톨레마이오스의 것과 다른 해와 달의 모형을 제안했는데, 특히 달에 관한 이론은 작은 차이를 빼고는 코페르니쿠스의 것과 거의 같다. 그의 모형에는 태양 중심의 개념은 없으나 많은 점에서 코페르니쿠스의 것과 비슷하다. 사실 아랍인의 수학 연구가 근대 천문학으로 가는 길을 열었다고 보아야 한다. 그러나 아랍인은 이 수리 모형을 태양 중심 체계로 설명하지 못함으로써 자신들이 이룩한 성과의 열매를 맺지 못했다.

6-2 삼각법

아랍 수학자도 천문학에 필요해서 삼각법에 많은 관심을 기울였다. 특히 구면삼각형을 다루는 데 쓰이는 삼각법에 관심을 쏟았다. 예배 시각과 방향을 해가 뜨고 지는 때의 방향, 해가 떠 있는 시간의 길이, 해의 고도를 관련지어 결정하는 데에 평면삼각법과 구면삼각법 지식이 필요했다. 삼각법은 천문학과 밀접했기 때문에 그 내용을 천문학 책의 일부로 실었다.

아랍 삼각법은 두 가지 유산으로부터 성장했다. 인도의 사인에 바탕을 둔 산술, 대수적 형식과 그리스의 현에 바탕을 둔 기하학적 형식이다. 8세기 말에 바그다드에 전해진 싯단타가 아랍인이 인도의 삼각법을 다루게 된 계기였다. 9세기 초에 우세했던 인도 삼각법은 프톨레마이오스의 〈알마게스트〉의 번역과 연구로 차츰 약화되었다.[101] 하지만 프톨레마이오스가 현을 사용한 곳에서 사인(반현)을 쓰면서 훨씬 뛰어난 결과를 얻었다. 사인의 도입은 등식을 다루고 삼각법을 계산하는 데 사용되는 산술과 대수적 기법이 바로 만들어지는 이점이 있었다. 이를테면 사인값에서 코사인값을 구할 때 등식 $\sin^2 A + \cos^2 A = 1$을 사용했다.

아랍에서 삼각법이 천문학으로부터 분리되면서 더욱 폭넓게 응용할 수 있게 되었다. 여섯 개의 기본 삼각함수표를 확충하고, 사인법칙을 포함한 삼각함수들 사이의 기본 관계를 세웠다. 그럼으로써 아랍 수학자는 여러 구면삼각형을 전보다 쉽게 풀고, 천문학과 종교적인 목적에도 도움을 주었다. 이처럼 중요한 역할을 한 사인함수는 인도에서 아랍을 거쳐 서구로 전해졌다.

사인 이외의 함수를 누가 도입했는지 정확하게 알 수 없지만 그것들은 9~10세기에 등장했다. 그것의 가장 이른 사례는 하시브(al-Ḥāsib 830년 무렵)가 사인과 코사인에 독립된 삼각법으로 탄젠트와 코탄젠트를 보탠 것이다. 중국에서는 8세기부터 탄젠트가 사용되고 있었다. 바타니가 90°의 여각의 사인(코사인)을 사용했고 구면삼 각형에서 코사인법칙을 끌어냈다. 음수를 사용하지 않았으므로 바타니는 90°의 호까지만 코사인을 정의했다. 90°부터 180°까지의 호에는 $\mathrm{ver}\sin\theta (=1-\cos\theta)$를 이용 했다. 그는 해의 앙각($\theta$)을 구하는 $b = a\dfrac{\sin(90°-\theta)}{\sin\theta}$ (a는 막대의 높이, b는 막대 그림자의 길이)를 포함하여 몇 가지 공식을 내놓았다. 그는 각도마다 코탄젠트 표를 만들었으나 탄젠트를 사용하지는 않았다.

100년쯤 뒤의 부즈자니 때에는 탄젠트가 알려졌으므로 앞의 관계식을 $a = b\tan\theta$로 나타낼 수 있었다. 그는 탄젠트를 단위원에서 접선으로 표현하여 다루면서 삼각법에 좀 더 체계적인 형식을 부여하여 현대 삼각법에 다가갔다.[102] 그는 배각공식과 반각공식 같은 정리를 증명했고 구면삼각형의 사인법칙 $\dfrac{\sin a}{\sin\alpha} = \dfrac{\sin b}{\sin\beta} = \dfrac{\sin c}{\sin\gamma}$($a$, b, c는 변이고 α, β, γ는 대각)를 공식화했다. 그는 15′ 간격으로 사인과 탄젠트 표를 만들었고 시컨트, 코시컨트를 소개했으며 일정하게 벌어진 컴퍼스를 사용한 기하 작도를 연구했다.[103] 유누스(ibn-Yunus 950?-1009)가 공식 $2\cos x\cos y = \cos(x+y) + \cos(x-y)$를 유도했는데, 이것은 16세기 유럽에서 로그를 발견하기 전에 곱을 합으로 바꿀 때 사용했던 공식의 하나이다.

비루니는 근대 삼각법의 기초를 닦은 사람의 하나로 여겨진다. 그는 탄젠트나 시컨트를 지평면에 평행한 그노몬을 이용하여 정의하고 $\csc\theta = 1/\sin\theta$, $\csc^2\theta = \cot^2\theta + 1$과 같은 삼각함수 사이의 관계를 증명했다. $\tan\theta = \sin\theta/\cos\theta$와 $\tan^2\theta + 1 = \sec^2\theta$에 상당하는 규칙도 사용했다. 탄젠트와 코탄젠트의 표를 만들 때는 $\cot\theta = \tan(90°-\theta)$라고 하는 관계를 사용하고 사인표를 거꾸로 읽어서 θ를 결정했다. 그렇지만 비루니도 아직 삼각법을 천문학에만 적용했다.[104] 지상에서 높이와 거리를 구할 때는 닮음 삼각형을 적용했다. 그러다 카비시(?-967)가 사인을 이용하여 다가갈 수 없는 물체의 높이와 그것까지의 거리를 구했다. 이런 시도가 몇 가지 있었으나 삼각함수는 천문학에서 구면삼각형을 푸는 데 주로 사용되었다. 학문의 또 다른 중심지였던 스페인의 코르도바에서 자르칼리(al-Zarqālī 1029-1087)는 이른바 톨레도 행성표를 편집했다. 이 연구의 삼각비 표는 라틴어로 번역되어 르네 상스 시대에 삼각함수가 발달하는 데에 영향을 끼쳤다.[105]

13세기 중반에 활약한 나시르 딘 투시가 처음으로 천문학과 관계없이 평면과 구면삼각법을 통합한 〈사변형에 관한 책〉(Kitāb al-Shakl al-qattā)을 썼다. 이로써 삼각법은 천문학을 보조하던 데서 벗어났다. 그는 통상의 여섯 삼각함수로 평면과 구면삼각형의 여러 문제를 푸는 기본 공식들을 내놓았다.[106] 평면이나 구면삼각형의 여섯 요소를 결정하는 데 삼각법을 사용하게 됨으로써 삼각법이 완전히 발달했다. 그는 평면삼각형의 사인법칙 $a/\sin A = b/\sin B = c/\sin C$를 증명하고 그것으로 평면삼각형을 풀었다. 그러나 두 변과 그 가운데 한 쪽의 대각이 주어질 때, 두 삼각형이 작도될 수 있음을 언급하지 않았다. 그는 코사인법칙을 적용할 수 있는 경우에도 삼각형을 두 직각삼각형으로 나누어 풀었다. 구면삼각형에서는 세 변을 알고 있는 경우에 푸는 방법을 보여주고, 세 각을 알고 있는 경우도 처음으로 논의했다.[107] 유럽인은 1450년까지도 그의 연구를 알지 못했고 삼각법을 천문학의 종속물로만 여겼다.

천문학과 지리학의 문제를 빠르게 풀기 위해서는 삼각형을 푸는 공식과 함께 아주 정확한 수치표도 필요했다. 이러한 표는 차츰 개량되었다. 이를테면 비루니가 계산한 15′ 간격의 사인표는 60진법으로 네 자리까지 정확했다. 이런 표가 정확하려면 무엇보다 $\sin 1°$를 정확히 계산해야 했다. 이 계산에는 여러 방법이 사용되었는데, 가장 눈에 띄는 것이 15세기 초에 카시가 사용한 방법이다.[108] 그는 먼저 삼배각 공식 $\sin 3\theta = 3\sin\theta - 4\sin^3\theta$를 사용했다. $\theta = 1°$로 놓고 $x = \sin 1°$라 두면 $3x - 4x^3 = \sin 3°$라고 하는 삼차방정식을 얻는다. 카시는 반지름이 60인 원을 사용했으므로 $y = 60\sin 1° = 60x$로 놓고, 식을 $3y - \dfrac{4y^3}{60^2} = 60\sin 3°$로 고치고, 차의 공식과 반각공식을 이용하여 $\sin 3°$를 구한 다음 되풀이 조작하여 y의 어림값을 구했다. 그러면 $\sin 1°$의 값이 나온다. 카시는 1분 간격으로 더욱 정확한 사인과 탄젠트 표를 작성했다.

이 장의 참고문헌

[1] Mason 1987, 95

[2] Sesiano 2000, 138

[3] Conner 2014, 199

[4] Livesey, Brentjes 2019, 125-126

[5] Bentjes 2008, 311

[6] Harman 2004, 186

[7] Charette 2006, 129

[8] Harman 2004, 187

[9] Huff 2008, 146

[10] Boyer, Merzbach 2000, 381

[11] Brentjes 2008, 324

[12] Kline 2016b, 271

[13] McClellan, Dorn 2008, 178

[14] Struik 2020, 120

[15] Burton 2011, 273

[16] Sesiano 2000, 138

[17] Huff 2008, 146

[18] 吉田 1979, 9

[19] 吉田 1979, 9

[20] Katz 2005, 309

[21] Burton 2011, 239

[22] Livesey, Brentjes 2019, 148

[23] Havil 2014, 96

[24] Katz 2005, 274

[25] Sesiano 2000, 140

[26] Katz 2005, 276

[27] Struik 2020, 121

[28] Katz 2005, 310

[29] Havil 2014, 100

[30] Katz 2005, 277

[31] Luckey 1953

[32] Cajori 1928/29, 278항

[33] Livesey, Brentjes 2019, 147

[34] Katz 2005, 279

[35] Rashed 2004, 36

[36] Rashed 2004, 12

[37] Kline, 2016b, 265

[38] Burton, 2011, 239

[39] Rosen 1986

[40] Cajori 1928/29, 115항

[41] Burton 2011, 241

[42] Katz 2005, 279

[43] Sesiano 2000, 146

[44] Rashed 2004, 17-18

[45] Katz 2005, 281

[46] Katz 2005, 283

[47] Katz 2005, 284

[48] Sesiano 2000, 148

[49] Katz 2005, 285

[50] Sesiano 2000, 149

[51] Katz 2005, 285

[52] Sesiano 2000, 159

[53] Anbouba 1979

[54] Havil 2014, 97

[55] Woepcke 1853, 63

[56] Brentjes 2008, 322

[57] Rashed 2004, 27

[58] Katz 2005, 286

[59] Rashed 2004, 36

[60] Katz 2005, 286

[61] Rashed 2004, 38-39

[62] Rashed 2004, 45-46

[63] Katz 2005, 296

[64] Boyer, Merzbach 2000, 391

[65] Havil 2014, 101

[66] Rashed 2004, 37

[67] Rashed 2004, 20

[68] Katz 2005, 289

[69] Katz 2005, 297

[70] Katz 2005, 298

[71] Rashed 2004, 50

[72] Rashed 2004, 50

[73] Rashed, Ahmad 1972

[74] Katz 2005, 300-301

[75] Katz 2005, 302

[76] Djebbar 1997

[77] Sesiano 1987

[78] Katz 2005, 291

[79] Katz 2005, 293

[80] Rashed 2004, 29

[81] Katz 2005, 293

[82] Rebstock 1992, 22-26

[83] Struik 2016, 119

[84] Burton 2011, 245

[85] Sesiano 2000, 150–151
[86] Livesey, Brentjes 2019, 128
[87] Livesey, Brentjes 2019, 134–135
[88] Katz 2005, 308
[89] Katz, 2005, 308
[90] Sesiano 2000, 156
[91] Никифоровский 1993, 35
[92] Gutas 1998, 83–95
[93] Brentjes 2014, 320
[94] Needham 1985, 274
[95] Boyer, Merzbach 2000, 383
[96] Mason 1962, 96

[97] Livesey, Brentjes 2019, 129
[98] Livesey, Brentjes 2019, 129
[99] Boyer, Merzbach 2000, 390
[100] Burton 2011, 248
[101] Sesiano 2000, 157
[102] Sesiano 2000, 157
[103] Struik 2020, 121
[104] Katz 2005, 314
[105] Struik 2020, 125
[106] Stewart 2016, 110
[107] Katz 2005, 318–319
[108] Katz 2005, 319

제8장 아랍 문명의 수학

중세 유럽의 수학

1 중세 유럽의 개관

5~7세기에 유럽과 아시아의 서쪽에 영향력이 매우 컸던 두 움직임이 있었다. 서유럽으로 밀어닥친 게르만족(5-6세기)의 이동과 이슬람교로 새롭게 통일된 아랍의 발흥(7세기)이었다. 이를 계기로 지중해를 가운데 두고 라틴 유럽, 비잔틴(동로마), 아랍이라는 세 문명이 대립하게 되었다. 여기서는 라틴 유럽, 곧 서유럽의 흐름을 중심으로 살펴본다. 비잔틴 문명은 이후 유럽 전체에 포섭되므로 가볍게 언급하고, 아랍 문명은 앞서 다루었다.

로마에서 경제와 문화가 진보된 지역은 언제나 비잔틴이었다. 동쪽에는 학문을 발달시키는 자극이 여전히 남아 있었다. 수도 콘스탄티노플은 비잔틴이 존속한 1천 년 동안 서유럽 기독교 세계의 특징이었던 가난, 문맹, 미신, 계속되는 전쟁 등과 대비되는 문명의 보루였다.[1] 비잔틴에서는 성직자뿐만 아니라 일반 학자도 학문을 연구했다. 그러다 529년에 유스티니아누스가 아테네에 있던 기독교에 반하는 아카데미아를 폐쇄했을 때 학자들은 흩어졌는데 주로 페르시아에 정착했다.

비잔틴은 규모가 크고 잘 훈련된 군대로 과거보다 좁아진 전선에서 15세기까지 아랍의 공격을 견뎌냈는데, 이것은 역설적이게도 모든 영역에서 로마와 −5세기의 그리스 지식에 의존하게 했다. 이 때문에 라틴 유럽은 문화적으로 더욱 고립되었다. 한편 비잔틴은 공식 언어로 그리스어를 사용함으로써 그리스-로마의 문화와 학문을 보존할 수 있었다. 비잔틴의 문학과 사상은 대체로 그리스 것의 연장에 지나지 않았고 심지어 독창성을 의도적으로 배격했다. 수학에서 이룬 성과가 초등 수준일 만큼 수학, 과학에서는 한정된 진보조차 일어나지 않았다. 그리스 알렉산드리아의 수학적, 천문학적 발견을 기록한 필사본이 남아 있었으나 극소수의 학자만이 이 문서들을 다루었다. 비잔틴의 과학, 수학은 서유럽이 받아들일 준비를 갖출 때까지 고전을 많이 보존해 두는 역할을 했을 뿐이다. 이것으로 15세기 이후 이탈리아에서 그리스 학문을 연구할 수 있었다.

서유럽은 봄과 여름에 고르게 내리는 충분한 비 덕분에 관개 농업에 의존하지 않았다. 이런 환경에서는 강력한 중앙정부보다 장원 체계가 어울렸다. 이러한 상황에서 봉건주의가 싹트고 자랐다. 모든 지역의 경제 조건, 사회 제도, 지적인 삶은 쇠퇴한 로마와 비슷했다. 도시들은 몰락했고, 아랍이 지중해의 교역로를 차지한 뒤로는 유럽에서 교역은 쇠퇴하고 거래는 좁은 지역에 국한된 물물교환으로 되돌아갔다. 이와 함께 지주 귀족의 정치가 부상했다. 이런 상황은 과학과 수학의 연구를 자극하지 않았다. 실제로 최소한의 천문학 지식, 소규모 상업과 측량에 필요한 약간의 실용 산술과 측정법만 있어도 되었다. 수학은 실생활에 그다지 필요 없었다. 자급자족으로 유지되던 장원에서는 교역이랄 것이 없었기 때문이다. 더욱이 정치적으로 로마가 동서로 분리되자 서로마에는 그나마 동로마를 거쳐 들어오던 자극마저도 거의 사라졌다. 중세 전반기 서유럽의 문명은 거의 변화가 없었다. 이미 있는 낮은 수준의 지식을 짜깁기하는 데 머물렀다.

476년 서로마 제국이 무너지고서 지배 세력이 글을 아는 로마인에서 글을 모르는 게르만인으로 바뀌었다. 이때부터 봉건 시대가 시작되었다고 본다. 국왕들은 기독교를 공식 종교로 채택하면서 기독교와 관련된 것 말고는 어떤 것도 허용하지 않았다. 기독교가 서유럽을 뒤덮었다. 유럽은 맹목적인 신앙심만 가득한 봉건 사회가 되어 이교도와 그 사상을 반대하고 고전을 탄압했다. 신학이 모든 지적인 관심과 정열을 흡수하여 다른 학문을 연구할 에너지는 쪼그라들었다. 기독교의 도덕과 관련되거나 문법을 예시하는 책 말고는 더 이상 읽히지 않았다. 라틴 문화마저도 라틴어를 쓰기 위해 학생을 가르치는 도구로만 연구됐다. 천 년 동안 지중해 세계에서 융성했던 문명은 7세기 초에 이르러 라틴 유럽에서는 거의 남지 않았다. 이로써 11세기에 이르기까지 유럽은 지적으로 완전히 정체되었다.

교회는 글을 쓸 줄 아는 성직자를 공급하고 게르만족을 기독교로 교화하기 위해서 학교를 세우고 능력 있는 지도자를 지원했다. 학교의 목표는 교회의 지도자를 길러내는 것이었으므로 교육은 교부들의 가르침에 중점이 놓였다. 학문은 전적으로 교부들이 퍼뜨리고 주입하는 신의 말을 이해하는 것이었다. 이러한 가르침을 받은 야만인들은 기독교 교리와 함께 글쓰기, 정치 조직, 법, 윤리학을 알게 되었다.

미약한 학문의 기운이 몇 수도원에 유지됐다. 교회의 교역자, 수도원의 수도사,

몇 지식인들에 의해 그리스와 라틴 학문의 명맥이 이어졌다. 수도원에서 필경사들은 자신이 베끼는 문헌의 의미를 이해하지 못했으나 이전 세계의 가치 있는 것들을 라틴어로 보존했다. 이에 라틴어가 교회의 공식 언어로 자리를 잡으면서 유럽 전체의 언어가 되었다. 수학과 과학 분야도 라틴어를 공용어로 삼았다. 이로써 라틴어는 17세기 초에 편지 공화국을 형성하는 중요한 고리가 된다.

중세 전반기에 어떤 왕들은 교육 측면에서 중요한 사업을 시행하기도 했다. 대표적으로 8세기 말부터 9세기에 카롤링거 르네상스라고 하는 학문의 부활이 있었다. 프랑크의 샤를마뉴(742-814)는 통치 초기에, 끔찍할 정도로 무지한 성직자와 궁정 관리들의 문해 능력을 키우고자 했다. 이를 위해 알퀸(Alcuin 735?-804)을 교육 고문으로 채용하여 새로운 교육 체계와 교육과정을 도입했다. 개혁 초기에 적절한 상황과 뛰어난 개인들의 노력이 합쳐져 그런 조치들이 수행되었다. 이러한 개혁의 동기에는 부활절을 정확히 계산하려는 의도도 있었다. 하지만 개혁의 시도는 오래가지 못했다. 9~10세기에 북쪽에서 바이킹이, 남쪽에서 사라센인이 침략했고 내부적으로 왕위 계승 문제로 카롤링거 왕국이 쪼개졌기 때문이다. 개혁의 시도가 실패했어도 이때 시도된 교육 체제는 계속해서 기능했고, 덕분에 학문을 보존하는 중심지가 남아 있게 되었다.

10세기까지 대부분의 제품을 장원에서 자급했고 상거래는 거의 없었다. 장원의 농민은 겨우 생계를 꾸려갔다. 10세기가 지나면서 사회가 안정됨에 따라 장원 경제에서도 생산성이 차츰 높아졌다. 소보다 속도와 지구력이 뛰어난 말이 끄는 무거운 쟁기로 땅을 깊게 갈 수 있어 농토를 넓힐 수 있었으며, 세 단계 돌려짓기를 도입하면서 생산성이 높아졌다. 그런 쟁기와 여러 마리의 소나 말은 매우 비쌌으므로 공동 소유, 공동 경작, 공동 사육 양식이 등장했다. 여기에 바람과 물을 이용하여 에너지를 생산하는 방식도 나타났다. 이러한 변화들은 인구 증가와 농토 부족으로 생긴 문제들을 해결해 주었다. 1100년 무렵에 농업 생산이 늘어나 상공업과 도시가 발달함으로써 많은 독립 상인이 등장했다. 큰 규모의 농업, 제조업, 광업, 은행업, 축산업이 일어났고 아랍, 근동 지역과 교역이 이루어졌다. 이에 따라 군주, 교회 지도자, 상인들이 부를 축적했다. 그러자 학문과 예술 등 문화 활동에도 새로운 모습이 나타나기 시작했다.

이렇게 유럽의 정치가 안정되고 경제가 성장하기 시작하자 사회 내부에 가득 찬 힘이 바깥으로 분출되기에 이르렀는데 이것이 11세기 끄트머리에 십자군 전쟁

제9장 중세 유럽의 수학

(1096-1272)으로 나타났다. 십자군 전쟁이 일어나게 된 요인으로 봉건 영주층의 확대, 교회의 세속화, 도시와 상업의 부흥, 셀주크 투르크 세력의 대두를 들 수 있다. 첫째로 왕의 권력은 봉토의 양과 기사의 수에 달려 있으므로 치열하게 영토 전쟁을 벌여야 했다. 영주들도 기사들을 지원할 봉토를 유지하려면 상속자를 제한해야 했으므로 맏아들에게 상속하는 풍습이 생겼다. 이에 차남 이하는 치열하게 경쟁해야 했다. 이러함에도 거둘 수 있는 수보다 많은 기사가 생기면서 영지가 없는 기사도 늘어났다. 둘째로 교회는 유럽 전역에 영지를 차지한 거대한 봉건 세력이었다. 교회는 권력과 부를 놓고 군주와 경쟁했다. 주교들도 군주처럼 전쟁을 이용해서 자기가 다스리는 지역을 유지, 확대하고자 했다. 셋째로 생산력의 향상에 따른 잉여생산물과 인구의 증가에 따른 사회적 유동성의 증대로 상업 활동이 일어났다. 10세기 후반부터 상인이 늘어났으며, 상업 활동의 근거지로서 도시가 널리 발달했다. 이러한 상황이 확대되면서 새로운 시장으로 동쪽을 주목하게 되었다. 1100년 무렵에 유럽인은 아랍인과 자유롭게 교역하고 있었음에도 상권을 넓히려 팔레스타인 지역을 아랍으로부터 뺏으려 기회를 노렸다. 넷째로 11세기 말 비잔틴은 동쪽으로는 셀주크 투르크족이, 서쪽으로는 이탈리아와 시칠리아가 침입하여 큰 곤란을 겪었다. 투르크족은 콘스탄티노플을 위협했고, 1071년에는 팔레스타인 지역의 예루살렘을 점령하기도 했다. 이런 상황에서 비잔틴 황제는 로마 교황에게 원조를 요청했고, 이것을 계기로 십자군 전쟁이 일어났다.

십자군 전쟁의 영향은 다음과 같이 정리될 수 있다. 첫째로 십자군은 서유럽인의 견문을 넓혔고 동방 무역을 빠르게 성장시킴으로써 상업과 도시 활동이 더욱 촉진되어 장원 경제를 무너뜨리는 결정적인 영향을 끼쳤다. 이런 상황에서 새로운 사회 세력인 시민 계층이 생겼다. 둘째로 성지를 회복하지 못하고 십자군이 실패함으로써 로마의 교황은 군주보다 우월한 입장에 서지 못하게 되었고 유럽인의 종교적 열정이 식으면서 교황권은 쇠퇴하기 시작했다. 게다가 사회 일부에서 교회의 권위에 도전하기 시작했다. 셋째로 십자군 전쟁에 참여했던 구성원들 사이에 지역 감정이 드러나면서 국민국가가 대두되는 상황이 전개되었다. 넷째로 전쟁에서 가장 많은 희생을 치른 기사 계층이 몰락하면서 영지 관리가 소홀해짐으로써 경제력이 약해진 봉건 제후의 세력이 후퇴하고 군주권이 강화된 국가가 나타나는 정치적 변화가 일어났다. 다섯째로 문화적으로 뒤떨어져 있던 서유럽인은 동쪽의 아랍 문화와 그 안에 보존되어 있던 고전 그리스의 문화 유산을 전달받았다.

마지막 기술에 덧붙여서 십자군이 문화 전체 측면에서는 그랬더라도 학문의 전파에서도 그랬다고 말하기는 쉽지 않다. 학문의 경우는 서쪽의 스페인과 시칠리아를 거치는 경로가 12세기에 가장 중요했고, 그 경로는 전쟁 내내 끊임없던 십자군의 약탈 행위로도 그다지 피해를 입지 않았다. 유럽인이 아랍 세계와 접촉한 것이 지적, 사상적 측면에서 자연에 대한 견해와 태도를 바꾼 결정적인 계기였다. 이것은 위로부터 개혁이 강제되던 카롤링거 왕조 때와 매우 다른 물적 조건을 바탕으로 형성되었다.

유럽은 십자군 전쟁으로 힘을 과시하려 했으나 스스로 무너지는 결과로 나타났다. 변화는 사회 안에서 이미 일어나고 있었을지라도 십자군 전쟁은 그 변화를 더욱 촉진시켰다. 십자군 전쟁 기간에 기독교 세계는 자신의 문화를 아랍에 강요했으나 우수한 아랍 문화를 받아들이는 결과를 낳았다. 실제로 중세 문화의 전성기는 11세기 후반부터 200년 남짓 동안이었다. 13세기는 그 이전 중세의 어느 시기보다 눈에 띄게 진보했다. 이를 입증하는 것으로 12세기 말과 13세기 초에 세워진 대학을 들 수 있다. 스페인의 국토 회복 전쟁과 십자군 전쟁 덕분에 유럽인이 고대 그리스의 저작과 아랍인이 추가한 내용을 알게 된 것이 이런 진보에 큰 영향을 끼쳤다. 전쟁은 낡은 문화를 해체하는 주요 원인으로 작용했고 나중에 르네상스가 일어나는 데에 직접 영향을 미쳤다.[2] 여기에 13세기 몽골이 유럽에 진출한 것을 계기로 유럽과 아시아가 육로로 직접 교류할 수 있게 되면서 유럽은 인도나 중국에 대해서 사실에 입각한 정보를 얻게 되었다는 것도 변화의 중요한 요인이었다. 파급력이 컸던 발명인 화약, 나침반, 안경, 기계 시계도 13세기에 유럽에 알려졌다. 그러나 이것보다 유럽의 과학적 성취에 훨씬 더 중요했던 것은 인도-아랍 수학을 채택한 것이었다.[3]

13세기 말엽부터 교회 세력이 쇠퇴하고 자본주의 형태를 띤 상업 활동이 전개되면서 봉건 영주들의 힘이 약해지고 왕권이 강화되기 시작했다. 도시 인구가 늘고 상공업이 발달함과 함께 화폐가 활발히 유통되면서 장원을 기반으로 하던 농촌 경제가 변화했다. 토지가 아닌 새로운 형태의 부를 추구하는 현상이 나타났다. 영주도 소비재를 사들이려면 화폐가 필요했으므로 부역을 없애고, 직영지를 농민에게 빌려주고서 생산물이나 화폐로 지대를 받기도 했다. 농민에게 환금작물을 재배하게 하고 그것을 팔아 얻은 화폐로 품삯을 주기도 했다. 봉건주의는 차츰 자본주의로 옮겨갔다. 농민이 부역에서 해방되는 과정이 이탈리아에서 가장 빨라 13세기 말에 거의 끝났다. 이것이 이탈리아에 르네상스가 가장 먼저 나타난 까닭의 하나다. 지리적 여건 덕분에 무역으로 경제가 번영하여, 원체 봉건 체제의 발달이 미약했던 북부 이탈리아에서는 13세기 이전에 정치적으로 독립된 여러 도시국가에서 신흥 부르주아 계층이 주도권을 장악한 사회가 형성되고 있었다.[4] 교회 세력이 약화된 것도 사람들이 기독교 문화가 아닌 다른 문화를 찾는 계기가 되었다. 이에 기독교로 덧칠되지 않은 본래의 고전을 그 자체로 바라보고 연구하기 시작했다. 기독교 전통이 적절하지 않음을 깨닫고 고대 그리스와 로마의 문헌에서 새로운 해답을 찾았다. 거꾸로 새로운 답을 찾는 과정에서 기독교 세계관을 이겨냈다. 이것은 자신과 세계를 새롭게 인식하게 했다. 개인에게 관심을 두고 경험을 강조하는 인간 중심의 태도가 나타났다. 이 새로운 태도를 이탈리아 북부의 인문주의자들이 발전시켰다.

2 중세 유럽 수학의 개관

정치사에서는 유럽에서 고대의 끝을 서로마가 무너진 476년으로 보고 있으나 수학에서는 6세기 초로 보는 것이 좋을 듯하다. 524년에는 유클리드, 프톨레마이오스, 니코마코스의 저작을 바탕으로 라틴어로 된 입문서를 썼던 보에티우스가 죽었고, 529년에는 유스티니아누스가 아테네에 있던 비기독교 교육기관이던 아카데미아와 철학 학교들을 폐쇄했다. 중세의 끝은 정치사적 관점에서 콘스탄티노플이 함락된 때(1453)나 수학사에서는 1436년으로 보기도 한다.[5] 이 해는 카시가 죽음으로써 아랍 수학이 더 이상 연구되지 않는, 아랍어로 글을 쓰던 시대에서 라틴어로 글을 쓰는 유럽의 수학자들이 활동하는 시대로 접어드는 것을 상징적으로 보여주는 해이다.

500년부터 1400년까지 기독교 세계에서 자연에 관한 저작의 두드러진 특징은 독창적이지 않고 이전 시대의 저작에서 파생된 것이라는 점이다.[6] 주목할 만한 수학자는 나오지 않았고 창의적인 결과도 없었다. 로마 시대부터 르네상스 전까지의 유럽 수학은 바빌로니아 문명이 다다랐던 수준에 머물렀다. 수학에서 주류는 교회였다. 지식을 독점한 교회에서 달력을 보존하려면 수학이 필요했기 때문이다. 그렇더라도 부활절 같은 축일을 확정하기 위한 교회력을 계산하는 데 필요한 산술 연산을 넘어서지 못했다. 이렇듯 수학은 거의 행해지지 않았으나 고대부터 전해지던 수론, 기하학, 음악, 천문학의 4과가 교양인에게 필요한 소양이라는 생각은 남아 있었다.

글을 읽고 쓸 줄 아는 기초 능력을 키우기에도 벅찼던 1100년 이전에는 수학과 과학이 그다지 필요하지 않았다. 더구나 교회가 그리스 학문을 탐탁하게 여기지도 않았다. 내세를 지나치게 강조하는 기독교 영향으로 세속의 문제에 관심을 기울이지 않았으므로 수학은 발전하지 못했다. 중세 유럽인은 진리를 물적 세계가 아닌 계시와 성경에서 찾았다. 9세기의 카롤링거 르네상스가 교육을 발전시키기는 했으나 수학을 바라보는 시각은 그다지 달라지지 않았다. 더구나 교황 이노첸시오 3세(1198-1216 재위)가 종교재판을 시행하여 기독교에 어긋나는 사상을 매우 잔인하게 억압했다. 1400년까지 몇 대학이 생겼지만 교회가 대학을 강하게 관리했으므로 교육 과정은 기독교에 종속되었다. 흑사병이 유행하여 심각한 혼란에 빠지고 도덕이 상실됨으로써 상황은 더욱 나빠졌다.

중세 유럽에서 수도원 학교와 대학은 산술과 기하학, 복잡한 미신으로 구성된 수에 관한 관념을 제공할 뿐이었다. 이렇게 낮은 문명 상태에서도 수학은 몇 가지 역할을 했다. 첫째로 수학은 당시에 미신으로 여기지 않았던 점성술에 정보를 제공하여 예언력을 높여주는 역할을 했다. 점성술은 탐구해야 하는 원리를 지닌 학문으로서 천문 현상을 바탕으로 하고 있었다. 그리고 헬레니즘 시대 이후로 의사들은 천체가 건강에 영향을 끼친다고 생각(일종의 점성술)했으므로 천문 지식이 필요했다. 따라서 얼마간의 수학도 필수였다. 둘째로 수학이 철학을 하는 마음을 훈련하는 역할을 한다는 플라톤의 사상이 계승되었는데, 중세 때는 철학이 신학으로 대체됐다. 여기서 관심은 수학 자체가 아니라 추론을 이해하는 것이었다. 교역자는 신학을 옹호하고 자신의 주장을 논리적으로 펴야 했는데, 수학이 이 일에 도움이 된다고 여겨졌다. 셋째로 수학은 교회력을 계산하는 데도 중요했다. 부활절 같은 날의 날짜를 정하는 도구로 로마의 태양력과 유대인의 태음력을 두고 선택하거나 두 방법을 조정해야 했는데 그러려면 어느 정도의 수학 지식이 필요했다. 교회는 기하학이 필요 없었으므로 도형 자체를 다루는 기하학을 무시했다.

중세 초기의 학교에서 수학을 그래도 중요하게 여겼으나 교재로 사용할 만한 수학책은 매우 적었다. 당시의 교재로는 유클리드 〈원론〉의 처음 세 권, 100년 무렵에 니코마코스가 쓴 〈산술 입문〉의 라틴어역 조금, 보에티우스(Boethius 477-524)가 쓴 〈수론〉(De arithmetica)이 있었다. 〈수론〉은 전해오는 사실을 정리했을 뿐 그것의 근거를 살피지 않았다. 1050년 이전 중세의 과학 지식에 보이는 이러한 특성은 〈원론〉의 축약본에서 잘 드러나는데, 명제들만 기술했지 원전에 있던 증명 과정을 뺐다.[7] 〈원론〉의 일부를 번역하여 담은 보에티우스의 〈기하학〉에는 셈판과 분수에 대한 내용도 담겨 있다. 이것은 천문학을 공부하는 데 필요한 준비 과정이었다. 그는 〈산술 입문〉의 일부도 번역했지만, 자신이 번역한 내용을 모두 이해하지 못했던 듯하다.[8] 중세 초기의 수학책에는 거의 정수의 사칙연산만 사용했다. 분수가 쓰이기는 했어도 기호 대신에 말로 나타낸 로마 분수가 쓰였다.

카롤링거 르네상스 시기에 알퀸이 산술, 기하학, 천문학에 관해서 쓴 낮은 수준의 일부 저작을 빼면 9~10세기의 프랑스와 영국에는 수학이라고 할 만한 것은 거의 없었다. 그의 책에는 이후의 교과서 저자들에게 영향을 미친 문제가 선별되어 실려 있는데 많은 것이 바빌로니아와 이집트에 기원을 두고 있다.[9] 알퀸보다 50년쯤 뒤에 독일의 마우루스(H. Maurus 784-856)가 이전의 수학과 천문학에 대한 약간의 연구, 특히 부활절의 날짜 계산과 관련한 지식을 정리했다. 이보다 150년쯤 뒤에 프랑스의 제르베르(Gerbert d'Aurillac 945?-1003)가 등장함으로써 변화가 일어났다. 그는 999년에 교황 실베스터 2세(Silvester II)가 되었다. 제르베르는 아랍 과학이 앞서 있음을 깨닫고 아랍의 천문학과 수학 지식을 받아들이는 데 힘을 쏟으면서 서유럽이 수학에 관심을 두도록 매우 노력했다. 그는 아랍에 전해진 프톨레마이오스 천문학을 배우고 그것을 바탕으로 천구의(天球儀)를 작성했다.[10] 그는 근대적 의미의 시계를 처음으로 발명했다고도 알려져 있다. 시계는 수도원을 벗어나 도시로 퍼져나가 노동자와 상인의 행동을 통제하는 수단이 되고, 사람의 습관을 기계화하기에 이른다. 이러한 기계화는 기계적 모방의 길을 열었다는 점에서 시계가 근대 산업 사회와 관련이 깊다고 할 수 있다. 또한 시계는 인간의 경험에서 시간을 떼어냄으로써 수학적으로 측정할 수 있는 독립된 세계가 있다는 믿음을 싹틔웠다.[11]

아랍 수학이 12세기에 기독교가 지배하는 유럽으로 전해졌다. 13세기 중엽까지 우수한 수학 문헌이 라틴어로 번역되었다. 중세 시대에 수학 활동의 방향과 범위는 거의 이때의 번역에 바탕을 두고 있다. 12세기 전반에 스페인의 군디사르보(D. Gundisalvo 1115?-1190?)와 호안(Juan of Seville 1135-1153에 활동)이 가장 일찍 번역을 시작했다. 그들이 번역한 것 가운데 콰리즈미의 산술에 붙인 주석이 가장 중요하다. 프톨레마이오스에 붙인 주석도 있다. 영국의 아델라드(Adelard of Bath 1080?-1152?)는 아랍어로 쓰인 〈원론〉을 처음으로 라틴어로 번역했다. 그가 1126년에 콰리즈미의 천문표를 번역함으로써 비로소 라틴어로 된 사인표와 코사인표가 나왔다. 여러 해 동안 스페인에 살았던 로버트(Robert of Chester 12세기 활동)는 콰리즈미의 〈대수학〉을 번역(1145)해 유럽에 이차방정식의 대수적 풀이법을 들여오면서 유럽에서 대수학을 출발시켰다. 이 기간에 제라르드(Gerard of Cremona 1114-1187)가 가장 활발히 활동했는데, 그는 사비트가 검토한 아랍어 번역본인 〈원론〉을 포함해서 80가지 이상의 아랍 저작을 라틴어로 번역했다. 여기에는 1175년에 번역한 프톨레마이오스의 〈알마게스트〉도 있다.

이렇게 해서 유럽인은 12세기 말까지 그리스의 주요 수학과 아랍 수학의 일부를 라틴어로 읽게 됨으로써 발전된 수학을 받아들이게 되었다. 13세기에도 번역은 이어졌는데 대표적으로 캄파누스(Campanus of Novara 1220-1296)를 들 수 있다. 그가 여러 종류로 번역된 〈원론〉을 참조하여 번역한 것이 널리 보급되었다. 이것이 1482년에 중요한 수학책으로는 처음 인쇄된다. 수학책의 인쇄가 늦어진 것은 그림을 조판하기 어려웠기 때문이다. 한동안 라틴어 번역본들로 읽는 기간을 거치고 나서 유럽인은 새로운 수학을 시작하게 되었다. 그러나 이전에도 스페인에 살던 유대인이 아랍어로 쓰인 저작을 읽고, 히브리어로 독자적인 연구를 남기기도 했다.

중세 수학이 오랫동안의 침체에서 벗어나 13~14세기에 피보나치(Fibonacci 1170?-1240?)나 오렘(N. Oresme 1323?-1382) 등이 성과를 내기 시작했다. 상인이었던 피보나치는 서아시아 지역을 널리 여행하면서 아랍의 지식을 배웠다. 서유럽 수학의 르네상스가 그로부터 시작됐다고도 할 수 있다. 그가 산술, 대수, 기하에서 이룬 성과가 이탈리아 수학의 원천이 되었기 때문이다. 14세기에 유럽 수학은 그리스, 아랍의 수학을 넘어 더 높은 수준으로 발전하는 단계로 들어선다. 중세 유럽의 관심과 요구가 반영되면서 고대 그리스나 아랍과 다른 길을 걷게 된다. 그러나 주로 철학자들이 수학을 연구했으므로 사색적인 수학은 완전히 사라지지 않았다. 여기에 플라톤과 아리스토텔레스에 관한 연구는 신의 본성에 대한 묵상과 결합되어 운동, 연속체, 무한의 성질을 민감히 생각하게 되었다.[12]

3 수와 연산

12~13세기 유럽의 과학적 성취에서 0을 포함한 10진 자리기수법, 삼각법이 중요한 역할을 했다. 유럽인은 새로운 수학의 원천으로서 중국이나 바빌로니아, 중재자인 아랍보다 인도에 더 기댔다. 인도 수학과 함께 유럽은 인도 천문학의 몇 가지 요소를 배웠고, 또한 끊임없는 운동에 대한 인도의 사고도 받아들였다.[13] 인도-아랍 수 체계가 유럽으로 들어오게 된 경위는 분명하지 않다. 아랍이 711년에 이베

리아 반도를 점령하고 나서 전해졌을 개연성이 크다. 이것은 피보나치보다 몇 세기 앞선 9세기에 바그다드로부터 서방으로 전해지기 시작했다.[14] 이 수 체계는 10세기 스페인 사본에서도 발견된다. 프랑스의 제르베르도 인도-아랍 수 체계를 사용한 기록을 남겼다. 그는 970년 무렵에 머물던 톨레도에서 아랍 수학을 배웠을 것이다.[15] 그는 산술과 기하학의 초급, 로마 시대의 계측법과 천문학의 초급, 셈판의 사용법을 다루었다. 그는 인도-아랍 10진 자리기수법을 사용했으나 그것의 의미를 충분히 이해하지 못하여 0의 기호를 사용하지 않고 계산의 적절한 절차도 없었다.[16] 그 이후에 두 세기 동안 유럽에서 이 기수법을 계속 쓰고 있었는지를 기록으로는 알 수 없다. 12세기 중반에 조합의 수를 구하는 내용을 담은 점성술의 저작 말고도 산술서(1146)를 쓴 에즈라(A. ibn Ezra 1092?-1165?)가 유대인 사회에서 처음으로 10진 자리기수법을 사용했다. 그는 히브리어 알파벳의 첫 아홉 문자로 1부터 9까지의 숫자를 나타내고, 자리의 뜻과 영(동그라미로 나타냄)의 사용법을 설명하고, 인도-아랍 기수법을 사용한 여러 계산법을 해설했다.[17] 제라르드가 인도-아랍 기수법을 스페인에서 이탈리아로 들여오면서 처음으로 로마 기수법보다 인도-아랍의 것이 뛰어남을 풍부한 예를 들어서 보여주었다.

이탈리아는 유럽의 다른 지역보다 아랍에 가까웠으므로 아랍 수학이 이탈리아를 거쳐 유럽으로 들어가는 것은 필연이었다. 베네치아, 제노바, 피사를 중개지로 하는 교역이 늘어나면서 물물교환 대신에 화폐를 이용하게 되었고, 거래에 따르는 계산이 복잡해졌다. 이에 상인에게는 빠르고 정확하게 계산해 주는 간편한 숫자 표기법이 필요했다. 셈판으로 계산하고 그 결과를 로마 숫자로 적는 것은 너무 느렸다. 로마 숫자로 하던 곱셈과 나눗셈은 오늘날의 연산과 공통점이 거의 없다. 이를테면 곱셈은 이집트처럼 2배법으로, 나눗셈은 2분법으로 했다.[18] 인도-아랍의 수 체계가 정착되기 전까지 제곱근 구하기는 고사하고 곱셈이나 나눗셈을 제대로 할 수 있는 사람이 매우 드물었다.

인도-아랍의 기수법은 12세기에 라틴어로 번역된 콰리즈미의 저작을 통해 본격적으로 알려졌다. 피보나치가 1202년에 쓴 〈셈판의 책〉(Liber abaci)을 통해서 인도-아랍 기수법을 사용하는 지필 계산이 유럽의 계산가들에게 널리 퍼지기 시작했다.[19] 이후에 많은 사람의 노력으로 유럽에서 널리 쓰였다. 그렇다 해도 로마 기수법으로부터 빠르게 벗어나지 못했다. 실제로 로마 숫자는 계산 결과를 쓸 때 여전히 압도적으로 사용되었다.

〈셈판의 책〉은 제목과 달리 인도-아랍 수 체계를 사용해야 한다고 주장하는 대수적 방법과 문제를 다루고 있다. 이 책은 아랍의 수학 자료를 비롯해서 그 시대의 거의 모든 산술 지식을 구체적으로 담으면서 소재를 독창적으로 해석했다.[20] 피보나치는 이집트, 시리아, 그리스, 시칠리를 포함한 아랍 문화권을 여행하는 동안 무슬림에게서 배웠으므로, 그는 자연스럽게 아랍의 대수적 방법을 받아들이게 되었다. 그는 거의 오늘날에 가까운 개념과 계산법을 사용했는데, 먼저 인도-아랍 숫자를 읽고 쓰는 방법으로 시작한다. 뒤이어 정수와 분수의 사칙연산, 제곱근과 세제곱근을 구하기, 가치법과 대수적 절차로 일차와 이차방정식을 푸는 방법 등을 설명하고 있다. 그 가운데 가치법은 이집트에도 있었으나 중국에서 아랍을 거쳐서 유럽에 들어온 것 같다. 아랍인이 처음 도입한 것으로 여겨지는 가로금을 사용하는 분수 표기법도 있다. 이뿐만 아니라 이윤의 계산, 통화의 환산, 계측에 관한 실제 문제도 많이 수록되어 있다. 여기서 다루는 문제들에는 초기 바빌로니아와 헬레니즘 시대의 두 가지 쐐기글자 자료에 있던 것들이 그대로 실려 있기도 하다. 문제와 함께 이론적인 기술도 보인다. 이를테면 수열의 합을 구하는 방법과 이차방정식의 기하학적 증명에 관한 기술이 그러하다.[21] 이런 내용을 인도-아랍 기수법으로 기술했는데, 유럽인이 이것에 친숙해진 것은 주로 1228년에 이 책의 제2판이 출간되고 나서였다. 여기서 그는 무리수의 수치적 근삿값을 제시함으로써 무리수를 기하학으로부터 완전히 떼어놓았다.[22]

인도-아랍 기수법에 관한 저술이 많이 나오고 나서도 반동의 저항이 한동안 진보와 발전을 가로막았다. 로마 기수법은 매우 천천히 사라졌다. 먼저 물적 요인을 살펴보자. 셈판으로 계산하는 것이 뿌리를 깊게 내리고 있던 데다 종이와 펜으로 계산하는 새로운 기수법의 장점이 확실히 드러나지 못했다. 인도-아랍 기수법을 사용한 상인들의 장부가 익숙해지지 않아서 읽기 어려웠다. 숫자 영(0)이 보통 사람들을 혼란과 불안에 빠뜨렸다. 아무것도 없는 것을 뜻하는 기호를 이해할 수 없어 0의 사용을 피했다. 게다가 계산이 끝난 뒤에 버릴 수 있을 만큼 종이가 대량으로 싸게 보급되지 않았다. 다음으로 인도-아랍 기수법의 채용을 둘러싼 논란에는 효율만이 아닌 이데올로기도 작용했다.[23] 지배 계급의 반동이 공식 문서에 그것을 사용하지 못하게 한 곳도 있었고, 나아가 어느 경우에도 쓰지 못하게 한 곳도 있었다. 이를테면 1299년에 피렌체에서는 '교환 기술'(Arte del Cambio)이라는 법령을 제정하여 환전 상인에게 인도-아랍 기수법을 부기에서 사용하는 것을 금지했다. 심지어 이것이 피렌체의 상업 경제에서 교황파와 황제파 사이에 오랜 세월에 걸쳐 진행된 싸움의 주요 원인의 하나였다.[24] 손으로 책을 쓰던 당시에 어느 숫자는 모양이 여럿이어서 오해를 일으키는 데다 쉽게 바꿔 쓸 수 있어 대놓고 사기를 칠 수 있다는 것을 구실로 인도-아랍 기수법을 사용하지 못하게 했다. 이것은 동방의 것을 싫어한다는 표현이었을지도 모른다. 값싼 종이가 대량 생산되고 인쇄술이 활성화된 15세기에 숫자 모양이 고정되면서 본질적으로 오늘날의 것과 같은 모습이 되었다.

셈판 계산에서는 셈판과 함께 기억용 도구가 필요했지만, 인도-아랍 기수법을 사용하는 계산에서는 필기구와 종이만 있으면 되었다. 더욱이 셈판으로 계산할 때는 계산 절차가 없어졌으나 지필로 계산할 때는 계산 기록이 남아 오류를 쉽게 찾을 수 있었다. 계산과 그 결과를 써서 남기는 일상의 관습은 근대의 토지 소유자, 상인, 관리에게 정보를 제공하고 경제 정세를 관리할 수 있게 해주었다.[25] 이 이점이 새로운 기수법을 받아들이게 했다. 셈판파와 필산파의 여러 세기에 걸친 다툼 끝에 16세기에 후자가 승리했다. 필산법이 채택되는 데 독일의 리제(A. Riese 1492-1557)가 가장 많은 역할을 했다. 산술 교과서의 집필자로 뛰어난 능력을 발휘한 그는 1524년에 〈미지수〉(Die Coss)를 출판했다.

인도-아랍 기수법이 등장한 이래 1000년 동안 이것을 소수에도 사용한다는 생각을 사람들이 거의 떠올리지 못했는데, 피보나치도 마찬가지였다. 화폐를 비롯한 도량형에 여전히 분수 체계를 이용했다. 상거래에서는 그것이 편했기 때문이다. 그는 상거래에 관련된 경우 60진 분수나 단위분수를 이용했다. 천문학으로 대표되는 자연과학에서는 60진 분수를 서둘러 바꿀 필요가 없었으므로 그는 이론 수학의 연구에서는 60진 분수를 사용했다. 그가 아랍의 대수적 방법에 인도식 기수법을 쓴 것은 다행이었으나, 아랍인을 따라서 기호가 아닌 말을 사용하고 산술 방식으로 대수학을 전개한 것은 불행이었다.

13세기 중반의 유럽 대학에서는 과학으로서 산술을 가르쳤지만 실용 부분은 거의 다루지 않았다. 이 때문에 실용 수학에 관심이 많은 학생은 대학이 아니라 계산의 대가, 곧 상업 계산에 뛰어난 사람에게 갔다. 유럽은 상업이 눈에 띄게 성장하면서 능력 있는 계산가들이 빠르게 늘어났다.[26] 〈셈판의 책〉과 함께 피보나치의 〈실용 기하학〉(Practica Geometriae 1220)에 보이는 실용 수학을 측량술사와 산법 교사들이 연구했다. 그들 덕분에 오랫동안 이탈리아에서 수학에 대한 관심이 유지되었다. 그러나 새로운 수학이 생겨나려면 300년가량 더 지나야 했다.

오렘은 1360년 무렵에 쓴 두 저작에서 비를 상세하게 연구했다. 이를테면 두 비를 곱하는 방법을 찾아내고서, 그것을 거꾸로 조작하여 두 비를 나누는 방법을 찾았다. 곧, $a:b$를 $c:d$로 나누면 몫은 $ad:bc$가 된다. 그는 분수 지수를 나타내는 표기법과 계산법을 도입했다. $4^3 = 64$에서 $8 = (4^3)^{1/2} = 4^{1\frac{1}{2}}$이므로 8을 $\boxed{1^p\frac{1}{2}}$ 4 또는 $\boxed{\frac{p.1}{1.2}}$ 4라고 썼다. 곧, 제곱근의 세제곱을 $1^p\frac{1}{2}$ 4 또는 $\frac{p.1}{1.2}$ 4로 나타내고 '$1\frac{1}{2}$의 비'라고 했다. 그리고 $\sqrt[4]{2\frac{1}{2}}$ 은 $\frac{1 \cdot p \cdot 1}{4 \cdot 2 \cdot 2}$ 로 나타냈다. 어떤 의미에서 그는 분수 지수가 나오는 계산을 할 때의 연산 규칙을 처음으로 제시했다고 할 수 있다.[27] 분수 지수의 개념은 16세기에 다시 나타나지만 17세기까지는 널리 쓰이지 않았다. 그는 분수 지수를 포함하여 지금의 지수 법칙에 해당하는 $x^m \cdot x^n = x^{m+n}$과 $(x^m)^n = x^{mn}$을 주었고, 이것들을 기하학과 물리학 문제에 응용했다.

오렘은 무리수의 비, 곧 지수가 무리수인 경우도 다루었으나 무리수 지수를 나타내는 적절한 용어와 표현법이 없어서 이것과 관련된 개념을 발전시킬 수 없었다. 한편 그는 $3:1 = (2:1)^r$을 만족하는 유리수 r은 없다고 했다. 나아가 그는 임의의 비의 비는 무리비일 가능성이 압도적이라는 확률론적 발상으로 점성술의 허위성을 지적했다. 이것은 여러 천체의 운행을 나타내는 비에도 적용된다. 이를테면 행성의 합(合)과 충(衝)36)이 완전히 똑같이 되풀이될 수 없을 것이다. 그런데 점성술은 그러한 되풀이가 한없이 가능한 것을 전제로 하고 있으므로 거짓이라는 것이다.[28]

4 대수학

4-1 방정식

아랍 수학을 포괄적으로 다룬 피보나치의 〈셈판의 책〉 후반에는 대수학 문제가 많이 있다. 많은 문제를 스스로 만들기도 했으나 그는 여행하면서 얻은 아랍 저작에서 자주 그대로 가져왔다. 중국과 인도에 기원이 있는 문제도 아랍어 번역본에서

---

36) 합(conjunction)은 해와 행성이 지구에서 볼 때 같은 방향으로, 충(opposition)은 반대 방향으로 일직선으로 놓이는 것을 말한다.

얻었다고 여겨진다. 〈셈판의 책〉은 당시 아랍 수학의 수준을 넘지 않았다. 게다가 대수학에 관한 내용은 10세기의 아랍 수학에 머물러 있고 11, 12세기에 있던 진전은 다루지 않았다.[29] 그럼에도 대부분의 내용은 유럽인이 이해하기 어려울 만큼 수준이 높았다.

피보나치가 이용한 여러 풀이법은 나중 연구의 출발점이 되어 근대 과학의 기초 역할도 하게 된다. 그는 자주 특정한 문제에 적합한 특수한 방법을 이용했다. 그가 흔히 사용한 기본 방법은 가치법과 콰리즈미가 사용한 이차방정식의 풀이법이다. 그렇다고 해서 다른 사람의 연구 결과를 따라만 한 것이 아니다. 새롭게 해석하고 독자적으로 발전시키기도 했다. 그는 미지수가 둘보다 많은 방정식과 부정방정식도 어렵게나마 풀어 보였다. 〈셈판의 책〉 마지막 장에서 이차방정식으로 환원할 수 있는 여러 문제와 풀이법을 다루고 있는 데서 피보나치가 아랍의 대수학을 완전히 이해했음을 알 수 있다.[30] 그는 그 전의 아랍 수학자들처럼 이차방정식에 두 개의 근이 있을 수 있음을 알고 있었으나, 음수 근과 허수 근을 인정하지 않았다. 대부분의 응용이 교역, 합자 경영, 혼합법, 측량 기하 등에 관한 문제였기 때문일 것이다.

또 다른 책인 〈제곱의 책〉(Liber quadratorum 1225)은 〈셈판의 책〉에 견주면 훨씬 이론적이다. 이것은 부정해석에 관한 독창적인 저작으로, 이차항을 포함하는 방정식의 유리수 근을 구하고 있다. 이 저작으로 피보나치는 부정해석 분야에서 디오판토스와 페르마 사이에 가장 뛰어난 수학자가 되었다. 피보나치 이후 페르마 때까지 수론을 연구하는 사람은 나오지 않았다. 〈제곱의 책〉은 르네상스 때까지 발전을 보이지 않은 무리수론을 다루고 있다. 그는 〈원론〉 제10권에 있는 무리수 분류로는 모든 무리수를 포괄하지 못함을 알았다. 이것을 삼차방정식에서 볼 수 있다. 그는 삼차방정식 $x^3 + 2x^2 + 10x = 20$에서 양의 근을 60진 소수 $1;22,7,42,33,4,40$으로 근사적으로 나타냈는데 이것은 10진법으로 소수 10째 자리까지 정확하다. 그가 이것을 어떻게 얻었는지를 기술하지 않아 풀이법은 알 수 없다. 여기서 주목할 것은 근에 대한 분석이다. 그는 이 근을 유클리드적 의미의 무리수로 나타낼 수 없음을 처음으로 밝혔다. 먼저 근이 유리수일 수 없음을 보인 다음 이것이 어떤 수의 제곱근도 아니고 유리수와 어떤 유리수의 제곱근을 결합한 수도 아님을 보였다. 이 증명은 자와 컴퍼스로는 삼차방정식을 풀 수 없을지도 모른다는 실마리를 처음으로 제공한 것이다.[31] 삼차방정식의 근에 대한 이 분석은 중세의 뛰어난 업적이다. 이것은 어떤 수의 본질을 깊이 파고들어 얻은 결과이다. 이로써 유클리드를 뛰어넘는 무리수의 세계로 한 걸음 내디뎠다.

1220년 무렵에 파리의 대학에서 가르친 요르다누스(Jordanus de Nemore)가 니코마코스와 보에티우스의 전통을 따르는 〈수론〉(De elementis arismetice artis)을 썼다. 그렇지만 그는 증명을 싣지 않던 보에티우스와 달리 유클리드를 따라서 정의, 공리, 공준, 명제, 증명으로 구성했다. 수를 사용한 구체 예를 제시하지 않고서 비와 비례, 소수와 합성수, 유클리드 호제법, 기하학적 대수의 명제, 도형수 등과 같은 그리스에 기원이 있는 것뿐만 아니라 그리스에 기원을 두지 않는 제재도 다루었다.[32]

요르다누스는 또 다른 저작인 〈주어진 수〉(De numeris datis)에서 대수학을 기하학이 아니라 산술에 기초를 두고자 했다. 그는 전체로 논리적인 순서를 따르고, 〈수론〉과 달리 이론적인 결과에는 많은 경우에 수를 사용한 구체적인 예를 들고 있다. 대개의 문제와 구체적인 예들은 아랍의 대수학 책에서 가져왔다. 그는 이차방정식의 세 가지 표준형을 다룬 명제를 기하학이 아니라 대수로 증명하고 있다. 이를테면 어떤 수의 제곱에 주어진 수를 더한 것이 다른 주어진 수와 근의 곱과 같다($x^2+b=ax$)면 두 개의 근이 있음을 그렇게 보였다. 그는 기지량과 미지량을 문자로 나타낸 첫 번째 유럽 수학자[33]라는 점에서 중요하다. 덕분에 대수정리를 일반적으로 기술할 수 있게 되었다. 이처럼 일반화를 지향하고 풀이에서 분석을 사용하고 있는 점이 특징이다. 그의 문자 사용은 문자를 붙인 선분으로 수를 나타내던 유클리드와 다른 점이다. 계수를 수로 썼든 말로 썼든 계수는 특정한 수였던 콰리즈미와 다른 점이기도 하다. 그렇지만 요르다누스는 기호를 알파벳 순서로 사용하면서 기지수와 미지수를 구별하지 않았고 때로는 하나의 수를 두 개의 문자로 나타내기도 했다.[34] 또한 인도-아랍 기수법도 사용하지 않았고 연산도 말로 기술했다. 연산 기호가 없었음은 대수가 더 나아가지 못한 또 하나의 걸림돌이었다. 이렇게 보았을 때 요르다누스의 대수학은 근대적이지도 전근대적이지도 않지만 대수 기호의 싹이 들어 있었다. 350년 정도나 지난 뒤에야 비에트가 요르다누스의 문자 체계로부터 기호 사용의 편리함을 알게 되었다. 디오판토스의 기호법이 콘스탄티노플의 도서관에 있었으나 아랍과 유럽에서는 이를 알지 못했거나 아니면 사용할 필요를 느끼지 못했던 듯하다.[35]

유럽 중세 수학의 중심에 섰던 피보나치와 요르다누스 뒤로 두 세기 동안 눈에 띄는 수학자는 없었다. 많은 사람에게 수학은 교회의 업무에 딸린 곁가지에 지나지 않았다. 14세기 초에 다른 영역에서 수학이 발전하기 시작했다. 그것은 아리스토텔레스의 저작에 보이는 운동론을 정량화하려는 시도였다.

4-2 조합론과 귀납법

중세 유럽에서 대수학은 아랍 수학을 직접 계승한 사람들이 연구하던 것과 달리 조합론은 유대인이 다루었다. 8세기 이전에 나온 작자 미상의 〈창조의 책〉은 히브리어의 22개 문자를 몇 가지 방식으로 배열할 수 있는가를 다루고 있다.[36] 이런 사항에 관심을 둔 배경에 유대 신비주의 사상이 있다. 유대인은 신이 세계를 창조할 때 세계의 모든 사물에 이름을 히브리어로 할당했다고 믿었다. 저자는 분명히 n개의 문자로부터는 $n!$가지의 순열이 있음을 이해하고 있었다. 그는 문자 두 개로 만드는 조합의 수도 간단히 기술했다.

철학자, 점성술사, 성서 해석자였던 에즈라(A. ibn Ezra 1090-1167)는 점성술 저작에서 조합을 연구했다.[37] 점성술에서는 행성의 조합이 사람의 생활에 강한 영향을 끼친다고 여겼다. 그는 지구를 빼고 해와 달을 포함한 일곱 개의 별로 만들 수 있는 조합의 수를 계산했다. 그는 2부터 7까지의 정수 k에 대하여 C_k^7을 계산하고 합계로 120을 얻었다. 그는 $C_2^7 = C_1^6 + C_1^5 + \cdots + C_1^1$, $C_3^7 = C_2^6 + C_2^5 + \cdots + C_2^2$과 같은 방식으로 구했다. 13세기 초에 아랍의 문인이 같은 방식으로 결과를 얻는다.

게르손(Levi ben Gershon 1288-1344)은 1321년에 〈계산가의 기법〉(Maseh Hoshev)에서 조합론의 정리에 증명을 덧붙임으로써 매우 의미 있게 이바지했다. 그는 앞선 아랍 수학자보다 수학적 귀납법의 핵심 부분을 확실히 적용하고 있다. 그는 먼저 k부터 $k+1$로 올라가는 단계를 행하고, 다음에 이 과정이 k의 어떤 작은 값에서 시작함을 보이고, 마지막으로 완전한 형태로 답을 제시한다. 그는 이 조작을 '한 단계 한 단계 한없이 올라가는 것'이라 하고 있다.[38] 그러나 사실 그의 방법은 지금의 것과 조금 다르다. 그는 k인 경우에서 $k+1$인 경우로 올라가지 않고 카라지처럼 k인 경우에서 $k-1$일 때로 내려간다. $\sum_{k=1}^{n} k^3 = \left(\sum_{k=1}^{n} k\right)^2$을 다음과 같이 증명했다. 먼저 $(1+2+\cdots+n)^2 = n^3 + (1+2+\cdots+(n-1))^2$임을 확인한다. 다음에 $(1+2+\cdots+(n-1))^2 = (n-1)^3 + (1+2+\cdots+(n-2))^2$임을 보인다. 이렇게 계속하여 마지막에 $1^2 = 1^3$을 얻는다. 이럼으로써 명제가 증명된다. 게르손은 이것을 $n=5$인 경우에서 보여주었다. 앞선 많은 사람처럼 그도 n이 임의의 수인 경우에 나타내는 방법을 몰라서 일반화할 수 있는 예라고만 썼다. 그의 증명이 지금의 의미에서 수학적 귀납법은 아니지만 그 사고방식은 분명히 들어 있다. 그는 이것의 원리를 일관되게 적용하고 있지는 않다. 수열의 합을 구하는 정리를 수학적 귀납법으로 증명할 수 있음에도 다른 방법으로 증명하기도 한다.

또한 게르손은 순열의 경우에도 수학적 귀납법의 원리를 적용하여 증명했다.[39] 그는 헤아리는 것으로 $P_2^n = n(n-1)$을 보이지만, 그것을 발판으로 하여 $P_k^n = n(n-1)(n-2)\cdots(n-k+1)$을 수학적 귀납법으로 증명했다. 마지막으로 그는 순열과 조합에 관한 정리 $P_k^n = C_k^m P_k^k$, 이것을 $C_k^m = P_k^n / P_k^k$으로 바꿔 쓴 것인 $C_k^m = C_{n-k}^m$을 증명했다. 그를 끝으로 두 세기 동안 조합론은 거의 연구되지 않았다. 그것이 다시 연구되기 시작했을 때 게르손은 언급되지 않았다.

4-3 수열과 급수

어떤 항 이후의 각 항이 직전 항들의 선형결합으로 표현되는 수열로 처음 나타난 것이 피보나치 수열이다. 그 수열 1, 1, 2, 3, 5, 8, 13, $\cdots$, a_n, $\cdots$은 $a_n = a_{n-1} + a_{n-2}$ ($n \geq 3$인 정수)로 이루어진다. 이 수열은 식물의 잎차례부터 생물의 생장 문제와 컴퓨터 데이터베이스 같은 많은 상황에서 관찰된다. 피보나치는 이웃한 두 항이 서로소임을 알고 있었으나 알지 못했던 성질이 몇 가지 있다. 그 가운데 대표적인 것이 황금비 문제이다. $u_n = \dfrac{a_{n+1}}{a_n}$ ($n \geq 2$)이라 하면 $u_{n-1} = \dfrac{a_n}{a_{n-1}}$이다.

그런데 $\dfrac{a_{n+1}}{a_n} = \dfrac{a_n + a_{n-1}}{a_n} = 1 + \dfrac{a_{n-1}}{a_n}$이므로 $u_n = 1 + \dfrac{1}{u_{n-1}}$이다. 여기서 $\lim\limits_{n \to \infty} u_n$ $= \alpha$라고 하면 $\alpha = 1 + \dfrac{1}{\alpha}$, 곧 $\alpha^2 - \alpha + 1 = 0$. $\alpha = (1 + \sqrt{5})/2$이다. 또 다른 것은 임의의 소수 p에 대해서 p로 나누어떨어지는 항들이 한없이 많이 있고, 그것도 서로 같은 거리만큼씩 떨어져 있다는 사실이다. 이를테면 3은 항의 번호가 4의 배수인 항, 5는 항의 번호가 5의 배수인 항, 7은 항의 번호가 8의 배수인 항을 나누어 떨어뜨린다. 또한 $\sum_{k=1}^{n} a_k = a_{n+2} - 1$, $a_n^2 = a_{n-1}a_{n+1} + (-1)^{n-1}$ ($n \geq 2$), $a_{2n}^2 = a_{2n-1}a_{2n+1} - 1$ ($n \geq 1$)이 있다.

신의 속성으로 여겨 신앙의 대상으로 받아들였던 무한을 인식의 대상으로 삼고 논리적으로 규명해 보려는 경향이 나타났다. 중세 후기의 스콜라 철학에서 가무한과 실무한이 중요한 논의의 대상으로 되었다. 이 시기에 급수가 가끔 논

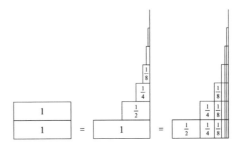

의되었는데, 이를테면 시간에 따라 속도가 바뀌는 물체의 운동 거리를 계산하는 데

무한급수가 등장했다. 1350년 무렵에 스와인스헤드(R. Swineshead)가 $1/2 + 2/2^2$ $+ 3/2^3 + 4/2^4 + \cdots$ 의 값이 2가 될 것이라고 했다.[40] 그래프로 나타내는 방법을 몰랐던 그의 증명은 길고 지루했다. 거의 같은 무렵 오렘(1350)이 이 급수의 합을 그림처럼 기하학적인 방법으로 구했다. 같은 해에 그가 조화급수 $1 + 1/2 + 1/3$ $+ \cdots$ 가 발산한다는 사실을 처음으로 발견했다. 그것은 그 당시 주목할 만한 결과였다. 그렇다고 해서 그를 비롯한 당시의 수학자들이 급수의 수렴과 발산을 구별했다는 것은 아니다.

5 기하학과 삼각법

5-1 기하학

12세기에 유럽 북부에서 그리스 기하학의 전통이 차츰 뿌리를 내렸다. 고대에서 유래한, 반드시 엄밀하지는 않던 여러 실용 기하의 기법으로 일상생활에서 다루는 기하적 양을 계산했다. 유럽 남부에서는 아랍의 영향이 한층 더해지고 또 유클리드에서 유래하는 증명의 전통도 짙게 남아 있었다. 이것은 히야(A. bar Hiyya 1070? - 1136?)의 저작과 피보나치가 다룬 기하학에서 확인할 수 있다.[41] 1116년 바르셀로나의 히야는 히브리어로 쓴 저작의 머리말에서 유클리드가 제시한 정의, 공리, 공준, 정리를 요약했다. 이론적인 측면이 아니라 기하학적 방법을 실제로 땅(밭)의 계측에 이용하는 데 관심을 기울이던 그는 아랍 수학에 있던 증명의 전통을 잇고 그리스 수학도 연구하여 대수학 문제의 풀이에 기하학적 증명을 덧붙였다. 그가 다룬 대수 문제는 정사각형의 넓이에서 네 변의 합을 빼면 21이 남을 때, 정사각형의 넓이와 한 변의 길이를 구하라는 것처럼 기하학적으로 기술되어 있지 않다. 넓이에서 길이를 빼고 있기 때문이다. 곧, 차원이 다른 양을 더하거나 빼고 있다. 풀이도 대수적으로 하고 있다. 4를 반으로 하여 2, 이것을 제곱하여 4, 이것에 21을 더하여 25를 얻고, 이것의 제곱근 5에 4의 반을 더하면 정사각형의 한 변의 길이 7과 넓이 49를 얻는다. 증명에서는 4와 x를 변으로 하는 직사각형을 한 변이 x인 정사각형으로부터 잘라내고 남은 직사각형의 넓이가 21이 되도록 하고 있다. 이어서 그는 길이 4를 반으로 나누고 〈원론〉 제2권 명제6[37]을 사용하여 기하학적으로 대수 조작을 정당화하고 있다. 그는 콰리즈미가 아닌 카밀의 저작으로 배웠을 것이다.[42] 히야의 저작은 아랍 수학을 유럽에 처음으로 들여왔다.

원의 계측을 다룬 곳에서 히야의 독자성이 보인다. 그는 먼저 원의 둘레와 넓이를 구하는 규칙을 들고 있다. π로 22/7라는 값을 사용하지만, 더욱 정확한 값이 요구되는 경우, 이를테면 천체를 관측하는 경우라면 $3\frac{17}{120}$을 사용해야 한다고 하고 있다. 원의 넓이 공식 $(c/2)(d/2)$를 무한소를 사용하여 증명했고(제1장 그림 참조) 부채꼴의 넓이를 (반지름)×(호의 반)으로 구하고 있다. 그는 주어진 현의 길이에 대한 호의 길이를 알려주는 표를 실어, 유럽에 처음으로 삼각표와 비슷한 것을 소개했다. 그는 땅 위의 양을 재는 데에 삼각법을 사용했다. 이런 종류의 시도로는 가장 오랜 것이나 삼각형이 아니라 원호를 재는 것이었다.[43]

피보나치가 쓴 〈실용 기하학〉은 히야의 저작과 관계가 깊다. 이 책에서 피보나치는 바빌로니아와 아랍의 경향을 계승하면서 많은 제재를 〈원론〉 제2권에서 가져왔고 몇 가지는 히야로부터 거의 그대로 가져왔다. 직사각형의 계측에 관한 곳에서 그는 대수를 이용한 이차식의 표준 풀이를 사용하고 있는데, 증명할 때는 유클리드를 따르고 있다. 피보나치는 원에 관해서도 쓰고 있다. 그는 히야처럼 π의 값으로 22/7를 사용하고 어떻게 계산했는지도 보여준다. 아르키메데스처럼 정96각형을 이용하고 사인표가 아닌 현의 표를 사용하여 부채꼴과 활꼴을 계산했다. 이때 제곱근을 10진 자리기수법을 이용하여 계산했다. 그는 원에 내접하는 정오각형의 변과 대각선의 길이를 계산할 때나 높이를 계산할 때는 현의 표를 사용하지 않고 닮음 삼각형을 사용했다.

〈원론〉을 번역하기도 했던 캄파누스는 원의 호와 그 호의 끝점에서 그은 접선이 만드는 각(접촉각)과 두 직선이 만드는 각(직선각)을 비교하여 〈원론〉에 기술된 착출법의 기본 명제와 모순됨을 끌어냈다. 직선각에서 반 이상을 빼고, 또 남은 각에서 반 이상을 줄이는 절차를 되풀이하면 어느 때인가는 직선각이 접촉각보다 작게 된다고 하는 것은 옳지 않다. 직선각은 분명히 접촉각보다 크다. 그는 착출법은 똑같은 종류의 양에 적용하는 것이고, 접촉각은 직선각과 성질이 다르다고 옳게 결론을 내렸다.[44]

제9장 중세 유럽의 수학

---

37) 현대식으로 $(a+x)x+(a/2)^2=(a/2+x)^2$이다.

5-2 삼각법

12세기 말에 프톨레마이오스의 삼각법을 어느 정도 개량하여 실은 아프라흐(ibn Aflaḥ. 1100-1150)의 책이 라틴어로 번역되었다. 이로써 이 시기에는 구면삼각법의 기본 정리가 스페인에도 알려져 있었음을 알 수 있다. 아프라흐의 저작은 아랍 삼각법을 유럽에 전한 가장 이른 것의 하나이다. 그리고 12세기 말에 나온 작자 미상의 〈모든 기예의 완성〉(Artis cuiuslibet cinsummatio)은 기하학의 실용 측면을 분명히 보여주고 있다.[45] 넓이, 고도, 부피, 분수 계산의 네 부분으로 이루어져 있다. 고도를 재는 곳에서 아주 초기의 것이기는 하지만 저자가 삼각법을 알고 있었음을 보여준다. 이를테면 그는 수직으로 세운 높이 12인 막대의 그림자를 이용하여 해의 고도를 구하는 방법을 보여주고 있다. 저자는 사인 표를 알고 있었으나 아랍에 이미 알려져 있던 코사인, 탄젠트, 코탄젠트 표는 없다. 토지 측량을 다룬 부분에서는 삼각법이 아닌 중차술을 이용하고 있다. 이 저작도 삼각법을 지상의 삼각형에 응용하지 않았다.

14세기에 리차드(Richard of Wallingford 1292-1336)와 게르손이 각각 삼각법에 관한 책을 썼는데, 여기에서도 삼각법은 지상의 대상에 적용되지 않았다.[46] 리차드가 1320년 무렵에 삼각법의 기초를 다룬 〈사부작〉(Quadripartium)은 천문학에서 사용하는 구면삼각법 문제를 푸는 방법을 다루고 있다. 아프라흐의 삼각법을 알고 있던 그가 〈사부작〉을 쓸 때, 이전에 사용하던 현에 인도의 사인도 다룰 수 있도록 개량된 〈알마게스트〉를 주로 참조했다. 그는 메넬라오스 정리를 다루면서 가능한 경우를 모두 고찰하고 그때마다 증명을 제시했다. 수학 지식이 매우 초보 단계에 머물러 있던 중세 중기에도 수학적 증명이라는 개념은 유지되고 있었음을 알 수 있다. 게르손이 삼각법을 연구한 것은 〈사부작〉과 같은 시기이다. 내용은 천문학 연구의 일부를 이루고 있다. 그의 삼각법은 주로 프톨레마이오스에 의거하고 있으나 현이 아니라 사인을 이용하고 있다. 그가 평면삼각형의 풀이법을 상세히 해설하고 있다는 점에서 리차드와 다르나 그도 그것을 천문학에만 적용했다.

6 운동론

수학이 진보하려면 과학에 관심이 생겨야 한다. 이런 의미에서 13~14세기에 학자들이 역학에 관심을 둔 것은 중요한 변화였다. 그 가운데서도 질적 설명을 버리고 정량적 연구 방식을 도입하고자 했던 것은 매우 중요하다. 13세기에 아리스토텔레스의 과학관을 대변하는 요르다누스가 처음으로 빗면 방향으로 작용하는 힘은 수직 높이에 대한 빗면의 길이의 비에 반비례한다는 법칙을 세웠다. 곧, 물체의 무게를 W, 빗면의 방향으로 작용하는 힘을 F, 경사각을 θ라 할 때, $F = W/\csc\theta = W\sin\theta$에 해당한다. 또한 그는 쏘아 올린 물체에 작용하는 힘은 두 성분으로 분해된다는 사실을 보였다.[47] 이것은 투석기 같은 발사체가 발달하던 시대 상황을 반영한 연구였다.

14세기에는 여러 대학에서 아리스토텔레스가 자연학 저작에서 기술하고 있는 변화를 설명하고자 운동을 연구했다. 옥스퍼드와 파리 대학의 스콜라 학자들을 중심으로 변화와 변화율을 정량적으로 나타내려고 했다. 그들은 등속, 부등속, 등가속운동을 연구했다. 대표적인 연구자로는 브래드와딘(T. Bradwardine 1295?-1349)과 오렘이 있다.

어떤 물체에 가한 힘 F, 저항 R, 물체의 속도 V 사이의 관계를 해명하고자 하는데서 새로운 수학이 나왔다. 브레드와딘은 1328년에 아리스토텔레스가 제시한 운동론의 한 명제 $V = k(F/R)$ (k는 비례상수)가 안고 있는 오류를 해소하는 안을 제시했다. 이 등식은 $R \geq F$이면 속도는 생기지 않으므로 옳지 않다. 그는 F/R가 기하급수적으로 증가하면 속도는 산술적으로 증가한다[48]는 $V = k\log(F/R)$라는 개념으로 수정했다. 그는 이 법칙을 실험으로 확인하지 않았다. 이것은 널리 인정받지도 못한 듯하다. 여기서 사용된 수학인 비의 이론 특히, 비의 합성이 체계적으로 연구된다.

속도의 개념에도 변화가 일어났다. 속도를 생각할 때 그리스인은 일정한 시간에 움직인 거리로만 비교할 수 있었다. 14세기에는 속도와 순간 속도라는 개념이 들어오고, 계측할 수 있는 것으로 다루어지기 시작했다. 이를테면 브레드와딘은 1330년 무렵에 등속도 자체를 양으로 생각하고, 크고 작음의 개념을 들여와 다른 속도와 비교할 수 있게 했다.

운동과 관련하여 제기된 또 다른 문제가 연속량이다. 브래드와딘은 연속량이 무한개의 불가분량을 포함하고 있더라도 그것은 그런 수학적 원자로 형성되는 것이 아니라 본래의 것과 같은 성질을 지닌 무한히 많은 연속체로 구성된다고 했다.[49] 아퀴나스(T. Aquinas 1225-1274) 같은 스콜라 철학자들이 연속체에 많은 관심을 기울였다. 아퀴나스는 실무한은 존재하지 않는다는 아리스토텔레스의 생각을 받아들여 연속체를 분할할 수 있는 무한으로 생각했다. 연속체는 나눌 수 없는 것들로 이루어질 수 없다. 가장 작은 직선은 없고, 점은 나눌 수 없으므로 직선의 일부가 아니다. 연속체에 대한 이런 고찰을 나중에 칸토어가 깊이 있게 다룬다.

운동 자체도 논의되기 시작했다. 파리 대학의 뷔리당(J. Buridan 1297-1358)은 투사체에 가해지는 추동력(impetus)은 공기가 아니라 물체에 작용한다고 주장했다. 추동력은 맨 처음의 운동자로부터 투사체로 옮겨진 뒤, 내적인 운동인으로 전환되어 투사체가 운동자와 접촉하지 않아도 운동을 유지한다는 것이다. 외부에서 작용하는 힘이 없을 때 물체는 등속운동을 유지한다는 것으로 언뜻 뉴턴의 관성과 비슷하다고 할 수도 있다. 그러나 이런 식의 운동은 아리스토텔레스의 전통에서 벗어나지 않는다. 13세기에 투사체에 많은 관심을 기울인 까닭은 물체를 더 높고 멀리 쏠 수 있는 투석기, 석궁, 큰 활 같은 무기가 발달했기 때문일 것이다.

비슷한 시기에 옥스퍼드의 머튼(Merton) 대학에는 속도 같은 변화하는 양을 선분으로 나타내려는 스콜라 철학자들이 있었다. 곧, 변화하는 형상을 정량화하고자 했다. 이런 형상에는 물체의 온도, 운동하는 물체의 속도 변화 등이 포함된다. 특히 시간, 거리, 선분의 길이는 한없이 쪼갤 수 있으므로, 선분을 사용하여 속도의 크기를 나타낼 수 있다고 생각했다. 1335년에 헤이티스베리(W. Heytesbury 1313-1372)는 부등속운동의 순간 규칙을 정의했다. 시간과 함께 변화하는 속도 개념의 싹이 보인다. 말하자면 속도를 시간의 함수로 보는 것[50]으로 등가속운동을 하는 물체가 지나는 거리를 구하는 생각이 처음 등장했다. 어떤 물체가 등가속운동을 한다면 물체가 움직인 거리는, 물체가 움직인 시간의 중간 시점의 속도로 같은 시간에 등속운동을 하는 경우의 움직인 거리와 같게 된다는 머튼의 법칙이 나온다. 그러나 이 운동을 실세계의 운동과 연계시키지 못하고 관념적으로 생각했다.

변화에 관한 당시의 연구에서 으뜸은 오렘이 제시한 형상의 위도라는 개념이다. 그는 속도와 같은 양을 선분으로 나타내는 것을 정당화하면서 잴 수 있는 것은 모두 선분(씨줄)으로 나타낼 수 있다고 했다. 그 논리를 더욱 발전시켜 시간에 따라 달라지는 속도를 두 차원으로 나타냈다. 그는 1350년 무렵에 이 생각을 일반화하여 임의의 양이 거리 또는 시간에 따라 바뀌는 경우에 적용했다. 그는 수평인 기준선에 시각을 나타내고, 시각마다 그은 수직인 선분의 길이로 속도를 나타냈다. 그 선분들의 끝을 이으면 그래프 형식의 기하학적 도형이 된다. 이때 직사각형은 등속운동, 삼각형은 등가속도운동, 곡선은 불규칙 운동(불균등가속운동)을 나타낸다. 오렘은 도형 전체는 속도의 배분을 보여주는데, 그 도형의 넓이가 물체가 움직인 거리라고 했다. 이를테면 정지 상태에서 움직여 등가속도로 운동하는 물체가 움직인 거리는 직각삼각형의 넓이로 된다. 이것은 자유낙하하는 물체의 운동을 나타낸 것이다. 그리고 그는 등가속운동을 하는 물체가 움직인 거리는 마지막 속도의 절반으로 등속운동을 하는 물체가 움직인 거리와 같다는 것도 보여준다. 실제로 머튼의 법칙을 기하학적으로 증명한 셈이다. 그렇다고 해서 오렘이 오늘날 쓰이는 좌표계를 사용한 것은 아니었다.

오렘의 기하학적 기법은 1600년 무렵에 갈릴레오에게 서 다시 등장한다. 등가속운동을 나타낸 직각삼각형에서 소요 시간의 반이 되는 곳의 앞쪽 넓이와 뒤쪽 넓이의 비는 $1:3$이다. 만일 소요 시간을 삼등분하면 지나간 거리 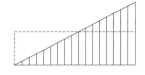 의 비는 $1:3:5$가 된다. 사등분하면 거리의 비는 $1:3:5:7$이 된다. 이처럼 거리의 비는 홀수의 비가 된다. 이때 $1+3+5+\cdots+(2n-1)=n^2$이므로 통과한 거리 전체는 시간의 제곱에 비례한다. 이것이 낙하 물체에 대한 갈릴레오의 법칙이다. 갈릴레오는 멈춘 상태에서 시작하는 등가속운동(이를테면 자유낙하)을 자연 법칙이라고 인식하고 있었다. 이와 달리 오렘은 자신의 연구를 실제의 운동과 연관시키지 못하고 관념으로 생각하는 데 그쳤다. 이 때문인지 그는 한없이 증가하는 속도도 고찰했다.

오렘이 속도와 시간이라는 변량의 관계를 그래프 형식으로 나타낸 것은 좌표기하학과 함수 개념의 씨앗이라고 할 수 있다. 세로금과 가로금이라는 말은 오늘날의 세로 좌표와 가로 좌표에 해당한다. 하지만 그는 모든 평면곡선을 하나의 좌표계에서 일변수함수로 나타낼 수 있다는 원리를 이해하지 못했다. 따라서 형상의 위도는 설익은 개념으로 기껏해야 하나의 기하학 도형에 지나지 않았다.

이 장의 참고문헌

[1] Harman 2004, 167

[2] Mumford 2013, 170

[3] Kley 2000, 26

[4] 민석홍, 나종일 2006, 160

[5] Boyer, Merzbach 2000, 401

[6] Livesey, Brentjes 2019, 119

[7] Livesey, Brentjes 2019, 122

[8] Kline 2016b, 279

[9] Struik 2020, 133

[10] 山本 2012, 171

[11] Mumford 2013, 39

[12] Struik 2020, 139

[13] Lach 1977, 398-399

[14] Denniss 2008, 403

[15] Folkerts 2001, 16

[16] Katz 2005, 329

[17] Katz 2005, 342

[18] Dantzig 2005, 26

[19] Burnett 2006, 19-21

[20] Burton 2011, 278

[21] Katz 2005, 347

[22] Havil 2014, 103

[23] Chrisomalis 2008, 510

[24] Struik 1968

[25] Swetz, 1987

[26] Swetz 1987, 14-16

[27] Katz 2005, 359

[28] Katz 2005, 360

[29] Katz 2005, 351

[30] Katz 2005, 351

[31] Stewart 2010, 87

[32] Katz 2005, 352

[33] Burton 2011, 284

[34] Katz 2005, 354

[35] Derbyshire 2011, 99

[36] Katz 2005, 341

[37] Katz 2005, 341

[38] Katz 2005, 344

[39] Katz 2005, 346-347

[40] Boyer 1959, 76

[41] Katz 2005, 336-337

[42] Katz 2005, 332

[43] Katz 2005, 333

[44] Boyer, Merzbach 2000, 422

[45] Katz 2005, 335

[46] Katz 2005, 338-341

[47] Kline 2016b, 294

[48] Havil 2014, 108

[49] Boyer, Merzbach 2000, 428

[50] Katz 2005, 361

제 10 장

근대 과학, 수학의 태동과 그 배경

1 근대 과학의 발흥에 영향을 끼친 제도, 사건

14세기 말까지 아랍이 서유럽과 중국보다 앞서 있었고, 17세기까지 중국은 아랍을 제쳤고 유럽보다 교육 수준과 문해력이 높았다. 이처럼 비유럽 세계가 서양보다 더 나은 문화와 과학을 지녔던 시기도 있었으나, 그곳에서는 근대 과학이 나타나지 않았다. 중국에서 만들어져 아랍을 거쳐 전파된 혁신 기술들은 문화적으로 뒤처진 유럽에서 과학혁명을 일으켰다. 유럽에서는 역사의 몇 지점에서 지식의 단절이 있었고, 그 단절은 급격한 지식 혁신의 동인이 되었다. 반면에 아랍이나 중국에서는 이런 지식의 단절 없이 차츰 발전한 까닭에 이곳에서는 그러한 혁신이 일어나지 않았다.[1] 이렇게 보면 근대 과학이 서양에서 일어나게 된 것은 과학이 아닌 문화와 제도의 요소가 결합하여 만들어진 상부구조도 큰 역할을 했기 때문일 것이다. 아랍과 중국에 모자랐던 것은 증기기관 같은 기술적 발명이 아니라 서구에서 여러 세대에 걸쳐 형성된 가치, 신화, 사법기구, 사회정치 구조였다.[2] 기술 이론만이 아니라 그것의 제도적 조직화와 관련된 사회의 변화도 근대 과학의 본질 요소로 여겨야 한다. 이런 의미에서 과학(수학)이 발전하는 배경으로 상부구조의 여러 요소를 살펴보는 것은 중요하다.

근대 과학이 일어나는 환경이 갖춰지는 데는 자연지리 조건이 주요 배경으로 작용했다. 유럽의 환경 조건은 강력한 중앙집권적인 정부의 행정이나 통제된 농업 경제를 요구하지 않는 매우 분권화된 봉건제를 성립시켰다. 이 때문에 문화적으로 다양해지고 정치적으로도 상당히 분열되는 현상이 나타났다. 이것이 외래 사상을 받아들이고 지식을 앞다투어 만들려는 분위기를 형성했다. 유럽의 상대적인 사회적 불안정은 중국에서 전해진 혁신 기술이 과학혁명을 일으키게 했으나 중국과 그곳의 기술이 전해졌던 아랍에서는 그렇지 않았다. 유럽에도 억압적인 통치자가 많았으나 이런 곳에서는 유능한 지식인이 떠났다. 억압은 지적 혁신이 일어나는 곳을 바꾸었을 뿐, 유럽 전체로는 지적 혁신을 이끌어가는 동인이 되었다. 이와 달리 중국에서는 춘추전국 시대를 빼고는 탄압을 피해 넘을 국경이 없었다. 그러므로 중국인은 자신의 생각을 펼치기 힘들었다. 유럽이 성공할 수 있던 열쇠는 정치적 분열과 문화적 결속력이 결합하는 조건이 갖춰졌기 때문이다.

전통에 집착하는 것은 퇴보와 침체의 원인이다. 기독교나 이슬람 근본주의, 유교 문화를 비롯해 많은 문화권에서는 과거의 현자들이 이미 진리를 완전히 밝혀냈으므로 지금의 학자들은 고대 문헌을 바르게 해석하고 주석을 달면서 그 안에 들어 있는 깊은 뜻을 알아내면 된다고 생각했다. 아랍에서는 사람의 추론 능력은 한정되어 있고 불확실하므로 도덕, 종교, 법과 관련해서 길잡이가 될 수 없다고 생각했다. 사람은 신의 명령을 쿠란의 형태로 받았고, 성서와 예언자의 가르침을 이해하기 위해 그 안에서 자신의 문법 능력, 유추 해석의 능력을 이용할 뿐이다.[3] 중국에서 유교의 중추인 성리학은 옛 문헌과 주해에 매달리는 보수적, 회고적인 사상이자 행동 지침이었다. 중국의 이러한 풍조는 명나라 말기와 청나라 시대를 거치면서 놀랄 만큼 강화되었다. 근대 초기의 유럽은 고전 학문을 재발견하고서 섬세한 수학을 토대로 한 관찰과 실험의 과학으로 비판했으나 아랍과 중국에서는 그런 일이 일어나지 않았다.

1-1 법과 제도의 변화

유럽에서 중세 사회의 본질을 빠르고 깊게 변화시켜 근대 문명의 기반을 만든 것은 사회와 법 혁명이었다. 11세기 초반에 아랍에는 서유럽보다 더 풍부한 지식이 있었지만 11세기 중반에 이르자 서유럽의 상황이 바뀌기 시작했다. 개혁을 향한 첫 시도 가운데 일부는 법의 복구와 연구 과정에서 시작되었다.[4] 그 결과로 12세기에는 권위 있는 법전의 재해석을 넘어서게 된다. 시민법 학자들은 유스티니아누스 법전의 주석에 많은 힘을 들이면서 법전에 제시된 원칙들을 사회에 적용하려 했다. 그들이 산출한 많은 양의 법학 문헌은 뒤에 등장하는 군주 국가의 왕권과 행정의 체계화에 결정적인 영향을 주었다.[5] 개인이 운영하던 작은 규모의 정부를 큰 규모의 관료적 정부로 바꿔놓았다. 13세기가 끝날 무렵 서유럽에서는 정치, 법, 사회 제도에서 아랍과 다른 질적 변화가 일어났다. 여러 수준의 자치권과 재판권, 법률 전문가 집단의 등장과 함께 바로 법 체계의 개념이 만들어졌다.[6] 이럼으로써 도시, 대학, 동업조합이나 의사, 변호사, 과학자까지 직업 전문가 집단과 같은 조직들에 법적 지위가 부여되었다. 사회의 역할 체계가 새롭게 구성되었다.

이 과정에서 일어난 교회와 국가의 권력 다툼은 이성과 학습의 가치를 드높이는 추진력을 제공했다. 그레고리우스 7세(Gregorius Ⅶ 1073-1085 재위)는 교황으로 선출된 사실을 왕에게 알리지 않고서 왕이 성직자를 임명, 지배하던 기존의 틀을 부수는 계기로 삼고, 마침내 교황권을 세속의 통제에서 해방했다. 이것은 왕권을 제한하여 종교와 세속의 영역이 독립된 법적 관할권을 행사하는 바탕이 되었다. 도덕과 윤리, 종교의 영역이 국가 권력과 완전히 분리됐다. 이 과정에서 교회법 학자들은 전해오던 많은 법에 일관된 체계를 부여하고, 바탕이 되는 원칙을 명확하게 세워 새로운 법체계를 만들었다. 지성이 작용하는 근대 법을 갖춤으로써 이성이 세계의 질서를 조화롭게 만들 수 있다는 믿음을 갖게 되었다. 교회법이 세속의 영역과 분리되면서 세속의 법체계도 발전하게 되었다. 두 법체계의 분리는 법학과 근대 과학이 발전하는 최소한의 기반이었다.

법의 연구와 근대 법체계의 등장은 학문을 권장하는 것 이상으로 사회에 영향을 끼쳤다.[7] 서유럽에서 일어난 법의 혁명적인 변화는 과학을 자유롭게 토론할 수 있는 제도와 자치 공간이 발전하는 데 필요한 토양을 다른 곳보다 더 많이 만들어 주었다. 종교가 강요하는 지식과 다른 견해를 자유롭게 드러내놓고 말할 수 있게 되었다. 이런 행위가 전통의 규율을 위반하는 것이더라도 불법으로 여겨지지 않았다. 이것은 근대 과학이 발전하는 데 필요한 환경을 조성했다. 각 분야에서 개별, 특수 현상은 일반 원칙에 근거하여 체계적으로 설명되었고, 각 분야에는 관찰, 가설, 증거를 기반으로 한 증명에 기대어 발전하는 토대가 구축됐다.

서양의 법은 자연법과 인간의 이성을 따르는 보편적 기준을 세우는 쪽으로 나아갔으나 아랍의 법체계는 줄곧 신성한 이슬람법의 권위를 바탕으로 했다. 이슬람법은 예언자 무함마드의 가르침과 법학자의 합의만 인정했다. 쿠란과 순나38)에서 신이 계시하고 학자들이 합의한 것으로서 법 원칙은 세속의 지배자에게 자유 재량권을 부여했다.[8] 이 자유 재량권은 모든 법적 제한을 뛰어넘었다. 이것은 보편성과 일관성이 없다는 뜻이기도 하다. 심지어 부족 단위에서도 보편적인 하나의 원칙이 없이 사건과 개인의 특수성에 따라 사안을 처리했다. 상황이 이런데도 법학파들끼리 달리 해석하여 생기는 불일치를 제거하고 보편적인 이슬람법 체계를 세우려고 하지 않았다. 그렇다고 어떤 주제에 대해 자신이 속한 법학파의 의견을 자유롭게

38) 쿠란이 만들어지기 전에 각 부족에서 선조 대대로 내려온 관행인 아랍의 전통 규범

개진할 수도 없었다.

중국에서는 충(忠)과 효(孝)라는 유교 윤리가 개인에게 자기보다 높은 권위를 지닌 존재에 복종하도록 강제했다. 맨 위에 국가의 권위가 놓여 있고 왕이 그 권위의 고갱이를 차지했다. 유럽에서는 왕을 세속의 지배자로 만들려고 했음과 달리 중국에서는 하늘의 권한을 위임받아 사법권을 행사하는 유일한 존재로서 왕을 신격화하려 했다. 중국의 왕은 명령, 칙령, 포고를 내리고 그것을 위반하는 사람을 처벌하기도 하는 사법권자이자 집행자였다. 더구나 중국도 아랍처럼 도덕, 윤리의 관계와 실정법 사이에 차이가 없었다. 정교가 분리되지 않았으므로 공과 사를 나누는 법도 철학도 없었다. 또 하나의 중요한 요소로 예(禮)가 있었다. 중국인에게는 사상과 행위에서 실정법보다 과거부터 내려온 예가 중요했다. 도(道)가 자연의 근본 양식이라면 예는 인간의 행동 양식이다. 국가는 법보다 예로써 백성을 다스렸다. 이런 까닭으로 중국에서도 일관된 법체계가 적용되지 못하고 특수성이 강조되었다. 예가 근간이 된 법은 보편적이지 않고 계급, 가문, 학문의 정도, 나이 등에 따라 특권을 인정하는 예외로 가득했다. 일관성이 작용하지 않는 예의 개념이 중국 관료에게 너무 강해서, 이 개념을 뛰어넘어 법률을 제정하기 매우 어려웠다. 중국의 법 사상은 충, 효, 예를 근간으로 하는 사회 질서를 유지하는 데만 치중했으므로, 지방마다 관습을 고려하다 보니 더 높은 수준의 질서를 상정하는 단계로 나아가지 못했다.

1-2 상인 계층, 도시의 형성과 자치권

12세기에 서유럽은 전환기를 맞이한다. 10세기부터 조금씩 늘던 농업 생산력이 12세기 들어 더욱 높아져 잉여 농산물과 그것을 가공한 제품을 비롯한 수공업품이 늘었다. 이에 상업이 발달하여 교통과 교역의 요충지에 도시가 건설되고 장원 경제가 침식당하면서 사회가 분화되기 시작했다. 12세기 말에는 서유럽의 거의 모든 지역을 연결하는 주요 통상로가 생겨 상업이 더욱 활발해졌고 이것은 다시 수공업의 발달을 촉진하여 인구의 도시 집중 경향은 더욱 두드러졌다. 아직 폐쇄적인 자급자족의 현물 경제가 주를 이루고 있기는 했지만, 자유 신분의 인구도 늘었으며 그들의 활동 영역은 넓어졌다.

서유럽의 농업은 거대한 관료 제도가 필요하지 않아, 아시아와 달리 거대한 중앙 집권적 전제 정치가 들어서지 않음으로써 도시가 자치 단위로 발전할 수 있었다. 또한 당시에는 노예를 공급하는 시장이 없었으므로 도시민이 노예제에 바탕을 둔

생활을 누리지 못했다. 이 두 가지가 초기 단계에는 공통점이 많았던 그리스 도시 국가와 중세 유럽의 도시가 다르게 발달하는 배경이 된다. 군주, 토지 귀족, 교회는 상당한 정치권력을 휘둘렀으나 그들 사이의 다툼이 계속되면서 상인은 상대적으로 자유로운 도시에서 번성할 수 있는 여지를 얻게 되었다.[9] 도시민도 처음에는 지역의 영주에게 예속되어 각종 의무에 묶여 있었다. 그것은 도시민의 경제 활동을 엄청나게 제약했다. 그들은 이 제약에서 벗어나기 위해 조합을 만들고 고용, 물건값과 품삯, 생산과 판매를 공동으로 관리하기 시작했다. 이를 통해 그들은 정치, 경제적으로 힘을 쌓고 세력을 넓혀가면서 자신들의 존재를 내세우기 시작했다. 그들은 대상인의 주도로 공동체를 이루어 영주의 예속에서 벗어나려고 노력했다. 12세기까지는 대개의 도시가 영주의 보호를 받으며 납세의 의무를 지는 자치도시가 되었다. 14세기에는 라인강 유역의 모든 도시가 자치권을 얻었다. 한편 독일 북부의 한자 동맹처럼 때로는 싸워서 자치권을 얻기도 했다. 쾰른의 경우는 영주인 대주교와 전쟁(1288)까지 치러가며 1396년에 자유 도시가 되었고 마침내 1475년에 완전한 자치권을 얻는다. 12~13세기에 상인과 수공업자의 조합 말고도 사회의 여러 집단이 자치권을 지니게 된다. 이 집단들을 법적 실체로 인정하게 하는 데서 유럽 사회와 문명을 구성하는 제도의 틀이 다시 만들어지고 있었다.[10] 이런 일이 아랍과 중국에서는 일어나지 않았다.

한편 국왕은 시민 계급의 지지를 바탕으로 왕권을 강화하고 제후들의 힘을 눌러 중앙집권체제를 세우고자 했다. 국왕은 시민 출신의 엘리트를 관료로 들여 영주를 견제하며, 국고를 풍부하게 할 목적으로 시민 계급과 관계를 강화하고자 도시의 발전을 지원하고 몇몇 특권을 용인했다. 왕은 여러 도시에 도시 헌장을 승인하면서 자치 정부를 허용하기도 했다. 새로 생겨나는 군주제는 약해지는 봉건주의와 싹이 트고 있던 자본주의 사이에서 자리를 굳히고자 했다. 상인 계급은 이런 상황을 이용해 자신의 이익에 도움이 되는 정부와 사업을 하려고 했다.

도시와 상인 계급의 성장은 근대 문명이 형성되는 데 중요한 구실을 했다. 상인은 봉건 영주와 달리 회계장부나 계약서 같은 기록을 보관해야 했다. 상인은 영주가 멋대로 내리는 판결이 아닌 글로 된 공식 법률이 필요했다. 이를 위해 그들은 자기 지방의 말을 문자 언어로 쓰고 읽는 법을 배웠다. 이것은 뒤에 각종 저작을 제 나라말로 쓰는 배경이 된다. 읽고 쓰기는 더는 교회 교역자의 전유물이 아니고 라틴어도 유일한 문자가 아니게 되었다. 학문은 수도원에서 도시의 대학으로 옮겨왔고, 학자는 돈을 받고 가르침으로써 교회의 직접 통제에서 벗어날 수 있게 됐다.[11] 이제 학자들은 비종교 저작에 깊은 관심을 두기 시작했다.

상업 덕분에 시간, 길이(거리), 들이(부피)의 정확하고 엄밀한 측정에 관심이 생겼다. "상인들이 수량 관계에서 나오는 문제의 답을 찾게 되면서 계산이 경험 과학의 지위로 오르게 되었다. 새로운 시장의 등장과 더 많은 이윤을 추구하려는 욕구는 지리학과 천문학 연구를 추동했으며 지도학, 항해술, 조선술 등의 발전도 이끌었다."[12] 초기의 자연과학 실험자 집단인 런던 왕립협회의 설립자와 후원자가 도시의 상인이었다는 사실은 우연이 아니다. 인도-아랍 수 체계를 유럽에 들여온 피보나치도 상인이었다. 이 기수법의 채택은 수학이 진보하는 데 필수 전제였다.

아랍에서는 신성한 이슬람법이 집단의 특성을 인정하지 않았으므로 도시나 동업조합, 사업체, 대학, 과학자 집단, 직업인 협회 같은 법적인 자치 기구가 없었다. 종교와 세속의 사법권이 분리된 적이 없었기 때문에 어떤 형태의 자치 집단이라는 개념은 나타나지 않았다. 이런 자치 집단이 없어서 생긴 공백을 강력한 친족 체제가 채웠는데, 아랍 사회에 널리 퍼져 있던 친족 집단의 배타주의는 과학 규범이 보편주의로 발전하는 것을 막았다.[13]

중국에서도 상업이 번성한 적이 있었으나 서유럽 상인처럼 계급의 속성을 띠지 못했다. 중국의 강력한 중앙집권 왕조는 잘 짜인 관료 기구를 운영하면서 상인을 매우 성공적으로 착취했다. 상인들은 때로 번창했고 많은 부를 축적했으나 상업, 이익 추구, 사유재산의 축적을 반사회적인 악덕으로 여기는 법가 사상과 유교 이데올로기 그리고 확고한 관료주의 때문에 그들은 언제나 낮고 천한 계급에 머물렀다. 그들에게는 사회, 제도적 지위가 없었으므로, 과거 시험을 거쳐 높은 벼슬을 얻는 개인적인 출세밖에는 길이 없었다. 중국에서 수공업자나 상인이 자본가로 될 수 없던 것은 물질이 이데올로기보다 훨씬 강력한 힘을 발휘했기 때문이기도 하다. 거대한 운하와 관개 시설 같은 주요 생산수단을 국가가 운영했기 때문에 상인들은 국가 기구에 의존하는 수밖에 없었다.[14] 한편으로 어떤 상품의 비중이 커지면 재빨리 국영화하여 상품의 유통을 개인의 손에서 빼앗았다. 중국에도 커다란 도시가 있었으나 중앙정부가 관리를 파견하여 철저하게 통제함으로써 도시가 자치권을 지닌 행정 단위로 발전하는 것을 막았다. 상인의 활동이 엄격히 통제되었으므로 중국의 상인이나 수공업자의 조직은 계급으로서 자각하거나 권력을 추구하지 못했다. 그들은 유럽과 달리 상인 부르주아지 계층을 형성하지 못했다. 이런 체제에서 상인의 성장과 자본주의의 도래는 철저하게 막혔다.

1-3 번역

11세기 말부터 유럽은 아랍과 접촉하면서 고대 그리스의 철학, 과학(의학과 자연학)과 최고 수준에 있던 아랍 문화를 알게 되었다. 당시 두 세계를 연결하는 주요 장소는 스페인의 톨레도와 코르도바, 시칠리아, 비잔틴의 콘스탄티노플이었다. 12세기 초에 유럽의 상황은 아랍의 9세기를 떠올리게 하는 상황으로 바뀌기 시작했다. 번역이 가장 활발했던 시기는 1125~1280년 사이로 특히, 12세기 말에 많은 아랍어 책이 라틴어로 번역되어 유럽으로 들어왔다. 12세기의 번역은 르네상스에 앞서 서유럽에서 학문이 부흥했음을 상징하는 사건이다.[15] 이 덕분에 그리스, 로마, 알렉산드리아에서 발견된 기술과 아랍이 중국으로부터 도입한 기술도 전해졌다. 12세기 끝 무렵에는 그리스 사고의 견고한 기반 위에 다시 서게 되면서 낡은 관점에서 벗어나 새로운 관점을 갖추기 시작했다.

세 곳 가운데서 가장 중요한 곳은 스페인이었다. 그리스의 지식은 톨레도에서 꽤 일찍 되살아난 것으로 보인다. 이 도시는 아랍이 점령하고 있었을 때도 기독교 대주교의 관구였는데, 이곳의 기독교도가 아랍어 저작을 연구한다는 것에 대해 9세기 로마의 한 성직자가 우려를 표명한 데서도 알 수 있다.[16] 이에서 보듯 기독교도가 아랍으로 쓰인 그리스 저작을 읽고 번역했던 듯하다. 그러다 1085년에 기독교도가 톨레도를 아랍으로부터 되찾은 뒤에, 서유럽은 이 도시로부터 아랍 문화와 아랍인이 전해준 고대 문화를 본격 받아들였다. 당시 톨레도의 도서관에는 아랍에서 발간된 저작과 사본이 많이 보관되어 있었다. 또한 톨레도에는 무슬림을 포함해서 기독교도, 유대교도 대부분이 아랍어를 공용어로 쓰고 있었고, 서로의 문화를 잘 아는 사람도 많이 살고 있었다. 특히 많은 유대인이 아랍어에 능통했으므로 번역은 주로 먼저 유대인이 아랍어를 스페인어로 번역하고 다음에 기독교인이 그것을 라틴어로 번역하는 두 단계를 거쳤다. 아랍에서 전해진 과학을 배우기 위해 각지에서 서유럽의 연구자들이 이 도시로 몰려들었다. 스페인은 아랍 세계와 기독교 세계가 만나는 가장 중요한 곳이었다.

다음으로 9세기 초부터 무슬림이 지배하다가 11세기 끝 무렵에 기독교도인 노르만족이 정복한 시칠리아가 있다. 이곳은 콘스탄티노플과 교역을 계속하고 있었으므로 아랍과 그리스, 라틴 학자들이 지식을 나눌 수 있는 좋은 조건이 갖춰져 있었다. 또한 이 경로로 북아프리카에 있는 아랍어 저작이 유럽에 전해지기도 했다. 더욱이 시칠리아 주민은 제 나라말인 라틴어와 아랍어, 그리스어도 할 줄 알았다. 1194년 신성로마제국에 점령되기까지 거의 한 세기 동안 라틴, 그리스, 아랍 문화가 뒤섞인 유럽 유일의 도시로서 기독교 이데올로기에 매여 있던 중세 유럽에 새바람을 불어넣었다.[17]

배움의 또 다른 중심지는 비잔틴의 수도였던 콘스탄티노플과 스페인의 코르도바이다. 비잔틴이 9세기 무렵에 국력을 회복하여 학문과 예술이 부흥한 시기에 많은 그리스어 사본이 콘스탄티노플에서 정리되었다. 1204년에 제4차 십자군이 콘스탄티노플을 점령했을 때 그곳에서 많은 사본이 유럽으로 들어오면서 번역은 13세기 중반까지 이어졌다. 비잔틴이 멸망(1453)했을 때 콘스탄티노플에 있던 많은 그리스 학자가 이탈리아로 피난하면서 고대 그리스의 문헌을 이탈리아로 가져왔다. 이때 들어온 문헌은 12, 13세기에 들어온 것에 견줘 훨씬 질이 높았고 양도 많았다. 더욱이 비잔틴의 공용어가 그리스어여서 콘스탄티노플에는 그리스 유산이 아주 잘 보존되어 있었다. 이 덕분에 유럽 학자들은 그때까지 알려져 있지 않던 많은 그리스 원전을 직접 번역한 것으로 연구할 수 있게 되었다. 그리스 고전의 연구가 다시 활기를 띠게 되었고, 특히 아리스토텔레스 이외의 고전 연구가 활발해졌다. 한편 711년 이슬람 문화권에 편입되었다가 1236년에 기독교권으로 옮겨간 코르도바에서도 높은 수준을 자랑하던 아랍 문화와 기독교, 유대교 문화가 섞인 문화가 있었다. 한때 유럽의 최대 도시이기도 했던 이곳에서도 많은 그리스 고전이 번역되었다. 이렇게 번역되어 유통된 고대 과학 지식은 사람들이 새롭게 자연을 탐구하도록 이끌었다. 이리하여 번역은 르네상스를 거쳐 과학혁명으로 이어짐으로써 근대를 여는 출발점이 되었다.

1-4 수도원 학교와 대학의 등장

11세기 이전까지 중세의 학교 교육은 대체로 수도원과 교회에서 이루어졌다. 중세 초기의 지식층은 성직자들이었기 때문이다. 수도원은 부속학교를 운영하고 도서가 충분히 있었으므로 당시에 주요한 문화적 기능을 담당했다. 그렇더라도 수도원 학교는 종교의 울타리 안에 있었으므로 종교와 관련되지 않은 것은 다루지 않았고 일반인을 가르치려 하지도 않았다. 당시 교육과정은 로마 시대 이래의 3학인 문법, 수사, 변증과 4과인 산술, 기하, 천문, 음악으로 구성되었는데 기독교의 목적에 맞게 재편성되었다. 9세기 카롤링거 르네상스 때의 수도원과 궁정 학교에서 이루어졌던 교육도 모두 성서와 다른 기독교 문헌을 더 잘 이해하려는 데 목적을 두었다. 그러므로 수도원은 새로운 문헌을 추가하지는 않고 기존의 것을 보존하는 데 머물렀다.

12세기에 중세의 교육 제도는 변화를 겪는다. 시간이 지나면서 교육을 받으려는 일반인이 늘어나자 대성당의 학교가 그 교육을 맡았는데, 속세에서 교회의 일을 하려는 사람들에게 허용됐다. 성당 학교는 고전의 해석에 치중했다. 이런 가운데서도 교사와 학생들의 영향으로 교육의 방향이 바뀌기도 했다.[18] 12세기 초의 파리, 샤르트르, 랭스, 리에주 등에 있던 성당 학교가 그러했다. 그렇지만 성당 학교는 지식을 자유롭게 주고받을 수 있는 곳은 아니었으므로 그곳을 다니던 많은 사람의 바람을 채워주지 못했다.

유럽의 중세 초기에 수도원은 대표적인 독립 기구였는데 여기에 차츰 대학이 보태졌다. 도시가 발전하면서 1100년 무렵부터 도시에 새로운 교육기관으로 대학이 세워진다. 농촌에 있던 수도원 학교와 달리 대학은 교육비를 댈 수 있는 학생에 의존했다. 이 점이 대학이 독립 기구가 되는 데 중요한 역할을 했다. 대학의 등장과 성장은 대성당 학교와 수도원 학교가 충족시켜 주지 못했던 지적 욕구를 채우려는 결과였다.

대학은 전형적인 관료 체제의 전면적인 통제와 헬레니즘 과학의 개인적 성격 사이에 자리하고 있었다.[19] 초기 대학은 교수나 학생들이 공동의 이익을 지키고 자율성을 확보하기 위해 조합 형태를 띠었다. 그리하여 시간이 지나면서 대학은 군주나 교회의 간섭에서 벗어나기 위해 싸웠고 마침내 자치권을 쟁취하게 된다. 유럽의 대학은 국가나 개인의 후원에 의존하지 않고 스스로 경비를 조달했으므로 독립을 유지하며 교회나 국가에 약하게 지배받는 합법적 권리를 지닌 기관이 된다.

1088년에 볼로냐에 대학교가 처음으로 세워지고 나서 12세기 말부터 13세기 초에 여러 대학이 세워졌다. 13세기 중엽에 고등교육은 수도원과 성당 학교에서 대학으로 완전히 옮겨간다. 대학은 수도원 수준의 자율적인 자치 기구이긴 했으나 지금의 대학교와 거리가 멀었다. 본질적으로는 아직 교회를 위해 봉사하는 기관이었다. 그러다 시간이 흐르면서 성당의 울타리를 벗어나 말 그대로 자치권을 지닌 학문 연구기관으로 거듭나 근대 유럽을 발전시키는 데 커다란 공헌을 하게 된다. 이 과정이 순탄하게 진행될 리가 없었다. 대학에서 연구와 사상이 자유롭고 활발히 이루어지고 소통되는 것을 기독교도가 억압하고 나섰다. 1277년에 교황을 등에 업은 파리의 주교는 아리스토텔레스주의자가 내세운 자연과학의 219개 명제에 유죄를 선고하고 그것을 주장하거나 가르친 사람을 모두 파문했다. 그러나 대학의 연구자들은 자신이 진리를 찾는 연구를 한다며, 수많은 근거를 제시하면서 연구할 권리를 요구했다. 의학과 법학처럼 매우 전문적의 교수로부터 오랫동안 배우고 익혀야 습득할 수 있던 분야들이 대학을 자치권을 지닌 필수 기관으로 만들기 시작했다. 그리하여 13~14세기에 대학은 학문을 관리하는 기관으로서 많은 특권을 지니게 된다. 학술 내용을 공개적이고 집단적으로 소통할 수 있던 이 대학들이 나중에 과학이 발전하는 데 중요한 잠재적 요소가 된다. 실제로 코페르니쿠스, 튀코, 케플러, 뉴턴 같은 15~17세기의 주요 과학자들 대다수가 대학 교육을 받았다.

유럽에서는 대학들 사이에 통용되는 어느 정도 표준화된 주제와 지식을 교육과정으로 구성하고 교수단이 이것을 통제하는 체제를 만들었다. 학생은 그 교육과정으로 배운 내용을 교수단 앞에서 발표하는 것으로 평가받았다. 논란이 생겼을 때는 학자 집단이 논의하여 해결했다. 이럼으로써 도제식 교육에서 벗어났다. 나아가 대학이 새로운 학자를 뽑을 수 있는 학위 수여의 권한을 지녔다. 이로써 대학 안에 교육과정 전체의 객관적 기준을 마련할 수 있게 되었다. 대학뿐만 아니라 전문가 조합이 자기 집단에 적용할 교육과 실무의 기준을 만들어 쓰는 자치권을 제도적으로 보장받게 되면서 교회 같은 비전문 기관의 간섭에서 벗어났다. 이렇게 해서 등장한 자율성을 지닌 새로운 행위자들이 사회적 행동의 본질을 바꾸고[20] 사회와 경제에 새로운 역동성을 불어넣었다.

11세기 말부터 과학과 수학은 대학의 변화와 함께 달라졌다. 학문의 기초는 전통적인 3학과 4과로 이루어져 수학이 중요하게 보였다. 그렇지만 대학 교육은 보편적이어야 한다는 관점에서 신학과 철학에 집중함으로써 4과는 3학의 주변에 머물렀다. 르네상스 시기의 대학도 과학보다 문학 교육을 더 많이 제공했다. 그렇더라도 12~13세기에는 차츰 자연과학의 비중이 높아졌다. 더욱이 13~14세기에 늘어난 아랍과 그리스 과학 문헌의 번역본이 교육과정에 영향을 끼쳐 논리학과 수학이 중요시되고 3학의 비중은 꾸준히 줄었다. 그렇기는 했으나 자연과학의 중심에는 아리스토텔레스가 쓴 책이 있었다. 이 영향으로 중세 대학에서는 과학을 관측이나 실험이 아니라 책으로만 공부했다. 이것은 뒷날 과학이 발전하는 데 걸림돌이 된다. 그렇더라도 이때 대학 교육을 받은 사람들이 학문 탐구의 원칙이 되는 공평성과 철저한 회의론을 갈고 다듬어 과학의 중심 규범으로 완성했다.[21]

12세기에 교사와 학생의 조합으로 시작된 유럽의 대학은 초기에는 개방, 능동, 진보적이었으나 15세기에는 폐쇄, 귀족, 수구적인 조직으로 변질되었다.[22] 대학은 지적 혁신은 고사하고 아카데미나 도서관과 달리 학문이 발전하는 데 거의 역할을 하지 못했다. 이것은 13~17세기 동안 교육과정의 중심에 아리스토텔레스의 저작이 있었다는 데서 알 수 있다. 대학은 새로운 과학의 중심이 되지 못했다. 이것은 스콜라 철학이 우위였던 것에 관련되어 있다. 그럼에도 새로 세워진 대학이나 뛰어난 몇 학자가 새로운 학풍을 조성하기도 했고 이단적인 문화, 사상이 꽃을 피우기도 했다.[23] 천문학을 필두로 한 과학혁명은 처음부터 중립적인 자치를 생각하고 설립한 대학이라는 공간과 학문 연구의 독특한 환경 덕분에 이루어질 수 있었다.

아랍에서는 고등 교육기관인 마드라사가 이슬람교의 기부로 세워져 법적으로는 설립자의 의도에 따라 운영되었다.[24] 그러나 그것은 이슬람 율법을 연구하고 이슬람 전통을 보전하기 위해 세워진 것이었으므로 이슬람법이 인정하는 연구에만 지원금을 쓸 수 있었다. 이런 제한이 아랍에서 지식인과 그들의 조직을 성장하지 못하게 막았다. 마드라사에서는 이슬람 정신을 해치는 신학이나 자연과학, 외래 학문을 원칙적으로 가르치지 못했다. 다만 의학은 자연과학의 교육을 금지한 원칙에서 벗어나 준공공 시설에서 가르쳤고 수학은 유산을 어떻게 나눌지를 계산할 수 있을 만큼만 가르쳤다. 일부 법학 교수는 외래 과학, 특히 산술과 논리학을 꽤 잘 알고 있었으나, 그것을 조심스럽게 감추었고 다른 사람과 터놓고 공유하지 않았다. 그것을 가르칠 때는 보안을 유지하며 자기 집에서만 가르쳤다.[25] 조직에서 세운 기준을 따르지 않는 개인화된 교육 체계에도 장점은 있었지만, 이슬람법과 매우 개인화된 교육은 아랍 과학의 발전을 막았다.

마드라사 같은 교육기관에는 공식적인 교육과정과 공인된 시험 체계가 없었다. 어떤 분야를 함께 맡는 교수단도 없었다. 개별 교수가 개별 과목을 가르쳤다. 이런 도제식 모형이 아랍 문명 내내 이어졌다. 학자들이 모이지 못하여 지식을 모아 체계화하기 어려웠다. 교수가 자기가 가르친 학생에게 다른 사람을 가르칠 권한을 부여했다. 심지어 공통된 평가 기준이 필요했던 의학에서도 그러했다. 정부나 술탄, 칼리프도 교육 자격을 인정하는 데 간섭하지 않았다. 그렇다고 해서 이슬람법이 교수에게 자치권이 있는 법적 실체를 용인한 것은 아니었다. 이런 교육 체계에서는 가르침과 평가에 투명하고 객관적인 기준을 세울 수 없었다. 교수단이나 교육기관이 학생의 학력이나 자격을 인정하는 공통의 기준을 만들지 못했다. 그렇기는 했으나, 중국처럼 지식 발전에 도움이 안 되는 시험 제도를 강요하지는 않았다. 또 모든 학자를 중앙 관료 조직에 묶어 두지도 않았다.

중국에는 아랍의 마드라사나 유럽의 자치권을 지닌 대학 같은 고등교육 기관은 없었다. 10세기 말의 송나라가 설치한 국자감을 국립대학이라고도 하나, 오늘날 말하는 국립이나 대학의 개념과 다르다. 국자감은 자치권이 없었다. 다른 여러 학교와 서원도 중앙정부가 인정했던 지방의 조직으로 고유의 권한은 전혀 없이 철저하게 중앙정부의 지배를 받았다. 심지어 중국의 어느 학교나 교수도 보편적으로 인정된 학문의 성과를 인정할 권한도 없고, 다른 사람을 가르칠 자격을 부여할 권한은 더더욱 없었다.[26] 이 점은 아랍의 교육 인증 제도와 완전히 반대이다. 중국에서는 정부가 과거 시험으로 학력을 평가했다. 하지만 과거 시험에 합격했음은 공무원이 되는 자격을 주는 것이지 공적으로 인정된 교육과정을 이수했다고 인정하는 것이 아니었다.

과거 시험에서는 거의 유학(성리학) 지식만으로 응시자를 평가했다. 과학, 기술은 몇 가지만 다루었다. 응시자들은 이런 문제에서조차 고전 학문의 사고방식에 근거해서 답을 해야 했다.[27] 그러니 이 시험에 합격한 몇 사람마저도 과학과 거리가 멀었다. 물론 수학자와 천문학자를 뽑는 특별 시험이 가끔 있었다. 그러나 이것은 정식 교과가 아니었으므로 과학 연구는 장려되지 않았다. 그러다 보니 수학, 천문학, 의학 같은 전문 지식은 특정 가문에 한정되었다.

국자감을 비롯한 학교의 교육과정은 과거 시험과 맞물려 문학과 도덕에 중심이 놓였고 과학은 배제됐다. 주희의 성리학 해석이 들어간 〈논어〉, 〈맹자〉, 〈대학〉, 〈중용〉이 엄격한 교리가 되었다. 자연학도 성리학 교리에 한정되었다. 이 울타리를 벗어나는 것은 당시의 정치 제도를 위협하는 이단으로 여겨졌다. 중국에서 과학적 사고는 그것이 어떠한 사회적 변혁을 일으키지 못하도록 아주 강력하게 국가 관료 제의 빈틈없는 직접 통제를 받았다. 1073~1104년에 법, 의학, 수학을 가르치는 학교들이 운영되기는 했지만 짧게 끝났다.[28]

과거제도는 한동안 기득권 귀족 세력의 정치적 힘을 줄이는 데에 큰 역할을 했다. 그러나 시간이 지나 사대부의 권력을 지적 혁신가의 위협으로부터 보호하는 수단으로 변질되었다.[29] 결국 과거 시험은 권력자들이 교육 내용을 통제하여 새로운 사상의 유입을 막는 도구가 되었다. 모든 것은 과거 시험에 나오는 고전과 그것의 주해를 외우는 데만 집중되었다. 송나라 때 절정에 이른 과거제도는 태도와 사상을 획일화하면서 과학과 혁신, 창조의 싹을 잘라버렸다. 과학이 발전하려면 국가가 대중의 과학 활동을 인정하고 지원하여 통일된 연구로 엮어낼 수 있게 해야 하는데 중국에서는 이런 일은 일어나지 않았다.

1-5 인쇄술의 발달

인쇄술은 내용의 오류를 획기적으로 줄이면서도 적은 비용으로 많은 책을 똑같이 빠르게 만들 수 있게 해주었다. 이럼으로써 같은 내용을 많은 사람이 공유할 수 있었고, 산출된 지식을 온전한 상태로 후세에 물려줄 수 있었다. 이리하여 인쇄술은 지식을 축적하여 문명이 발전할 수 있는 논리적 토대를 마련해 주었다. 또한 인쇄술은 개인의 경험을 공적인 영역으로 옮겨주어[30] 일반 시민에게 권위에 맞설 수 있는 힘을 주었다.

맨 처음의 인쇄는 나무에 글씨를 새겨 찍어내는 것으로, 중국에서 시작된 것으로 여겨진다. 인쇄술은 곧 정부 관료들에게 채택되었다. 경서, 불교 경전, 의학과 약학, 연감, 역사, 백과사전, 약속어음, 공식 포고령과 같은 행정에 도움이 되는 것뿐만 아니라 비술(祕術)도 인쇄되었다. 목판 인쇄는 아마도 몽골 시기에 인쇄된 놀이 카드와 종이돈이 소개되면서 유럽에 알려졌을 것이다.[31] 활자는 중국에서 1040년 무렵에 처음 발명됐다. 맨 처음 것은 도자기로 만들어졌다. 활판 인쇄술은 한국에서 더욱 발전하여 1377년에 금속활자로 책이 간행됐다. 유럽에서는 1440년대에 구텐베르크가 금속활자 인쇄술을 발명했다. 이것은 종교 문헌을 더 빠르고 싸게 만들려는 욕망에서 비롯되었다. 1455년에 인쇄된 성서는 새로운 날을 예고하는 사건이었다. 처음으로 인쇄된 수학책은 1478년에 발행된 작자 미상의 〈트레비소 산술〉(Treviso Arithmetic)인데 내용보다 새로운 움직임이 시작되었다는 점에서 의미가 있다.

인쇄술은 종이의 도입으로 완성되었다. 8세기에 아랍이 비잔틴의 동쪽을 점령했을 때 유럽은 이집트의 파피루스를 더 이상 구할 수 없었다. 이 때문에 수도원에서는 양피지에 글을 썼다. 양피지는 눅눅해지지 않고 적힌 글이 필요 없게 되면 긁어내고서 그 위에 다시 쓸 수 있었으나 비쌌다. 값싼 재료가 없었으면 인쇄술은 그다지 쓸모없었을 것이다. 종이를 만드는 기술은 아랍과 중국(당)이 맞붙은 탈라스 전투(751)를 계기로 아랍에 전해지고 900년에 이집트, 12세기에 모로코와 스페인을 거쳐 14세기 말에는 유럽 안쪽에 전해졌다. 유럽은 아마와 면으로 만든 싸고 질 좋은 종이를 사용하게 됐다. 이 덕분에 새로 개발된 인쇄술은 책을 만드는 핵심 방법이 되었다.

동아시아에서 금속활자가 목판을 완전히 대체하지 못했던 것과 달리 유럽의 인쇄술은 출판 형태를 완전히 뒤바꿔 놓으면서 엄청난 영향을 끼쳤다. 인쇄술의 영향은 20세기에 등장한 컴퓨터가 끼친 영향과 견줄 만하다. 많은 책을 빠르게 만들 수 있던 데다가 어구가 잘못되었더라도 목판처럼 페이지 전체를 새로 제작하지 않았으므로 비용이 그다지 늘지 않아 책값을 낮춰 주면서 내용도 정확히 전달할 수 있었다. 1480년 무렵을 경계로 출판된 서적 수와 부수가 늘면서 그때까지 소수 특권층의 영역이었던 학문의 세계가 보통 사람들에게도 빠르게 열렸다.[32] 교회와 대학만이 지식, 곧 서적을 독점하던 시대는 끝났다. 과학이 부분적이나마 민주화되면서 새로운 지식인이 등장하는 환경이 만들어졌다.

과학이 인쇄술에 끼친 영향은 없으나 거꾸로 인쇄술은 과학에 대단한 영향을 끼쳤다. 인쇄술이라는 새로운 기술로 과학 서적을 펴내기 시작하자 철학과 과학 담론이 공론화됨으로써 객관적으로 평가되는 환경으로 나아가게 되었다. 이러한 환경은 정보의 양과 정확도를 향상시켰다. 또한 질셀(E. Zilsel 1891-1944)이 근대 과학의 탄생에 핵심 요소라고 간주했던 학자와 장인 사이의 협력이 빠르게 촉진되었다.[33]

북방 르네상스는 이탈리아 르네상스보다 늦었으나 인쇄술 덕분에 매우 빠르고 효과적으로 전개되었다. 과학이 경험에 근거하려면 폭넓은 계층의 참가가 전제되어야 한다. 이러한 변화를 이끈 요인의 하나가 16세기 중반에 기술자나 장인이 제 나라말로 출판하게 된 것이었다. 이제 라틴어를 해독하는 능력은 장벽이 되지 않았다.[34] 지적 혁신이 라틴어를 모르는 시민에게까지 미쳤다. 이와 함께 새로운 과학 엘리트가 형성되었다. 인쇄술의 발달은 수학 연구자의 성향도 바꿔놓았다. 중세 말에 수학자들은 상대에게 문제를 제시하여 논쟁하기도 했고, 때로는 상당히 많은 돈을 걸고 대결하기도 했다. 인쇄는 이것을 바꿔놓았다. 수학자로 하여금 판돈보다 명성을 추구하도록 했다.

인쇄술은 여기서 그치지 않고 사상, 특히 종교에 영향을 끼침으로써 유럽을 빠르게 변화시키는 매개체가 되었다. 인쇄에서 비롯된 정보의 대중화로 개인이 교역자를 거치지 않고도 지식을 주고받을 수 있게 되었다. 사실 루터의 행위는 한 사람의 반항 정도로 그쳤을 수도 있었다. 그러나 그가 자신의 주장을 소책자로 인쇄하여 곳곳에 뿌릴 수 있었기 때문에 유럽 전역에서 인문주의자와 농민의 지지를 받을 수 있었다.

활판 인쇄술은 유럽보다 아랍에 더 일찍 들어왔으나 개별 교습이 이루어지고 학자들이 한 군데 모일 수 없었기에 사회적 변화가 일어나지 않았다. 13세기에 이집트와 페르시아에서 목판으로 화폐와 몇 가지를 인쇄했을 뿐, 목판이든 활판이든 인쇄술은 아랍에서 뿌리를 내리지 못했다. 아랍의 지배 계급은 일반 대중이 지식을 얻는 것을 매우 우려해서 인쇄기의 제작과 확산을 막았다. 이 상황은 15세기까지 이어졌다. 인쇄기가 들어왔을 때도 일반인을 대상으로 한 책을 인쇄하지 못했다. 무엇보다 이슬람교 서적을 인쇄하지 못하도록 했는데, 바람직하지 않은 책들이 신의 이름을 더럽힐 것을 염려했기 때문이었다.[35]

인쇄술은 중국에서 시작되었다. 그렇지만 중국의 정치 상황은 인쇄술이 지식인의 지적 욕구를 끌어내지 못하게 막음으로써 문화와 과학의 영역에서 혁신이 일어나지 못했다. 중국의 문자가 표의문자인 것도 책 보급에 부정적 요인으로 작용했다. 중국 문자는 일상생활에서 수천 개(전체 개수는 5만 개 이상)의 다른 문자가 사용되고 있다. 대규모로 인쇄할 때 활판 인쇄라고 해서 목판 인쇄보다 시간과 노력, 비용 면에서 효율적이지 않았다. 대부분의 책은 목판으로 인쇄됐다.

인쇄술은 지식을 정확히 그리고 널리 보급한다는 데 의의가 있다. 유럽에서는 이 두 가지가 모두 실현되어 역사의 변혁을 이끄는 바탕이 되었다. 중국에서는 지식을 정확히 보존하는 데는 무척 공을 들였으나 지식을 보급하는 데는 그다지 노력을 기울이지 않았다.[36] 유럽의 도서는 많은 대중에게 제공되었으나 중국에서는 권력을 쥔 관리라는 매우 한정된 집단에게만 제공되었다. 프랑스의 〈백과전서〉(1751-1772)와 달리 중국의 〈영락대전〉(永樂大典 1403-1408)이나 〈사고전서〉(四庫全書 1773-1787) 같은 총서는 대중이 읽지 못했다. 유럽에서는 대부분의 도서를 개인이 만들었으므로 때로는 정부의 반대를 무릅쓰고, 심지어 다른 나라에서 출판하기도 했다. 중국에서는 정부가 출판을 도맡았다. 국가가 지원하는 거대한 인쇄소가 여러 곳에 있었지만 공립 도서관을 운영하면서 중요한 학술 서적을 제공하는 전통은 중국에서 거의 볼 수 없었다.[37] 책을 볼 수 있는 곳이 한정되어서 대중이 자료를 볼 수 있는 접근성은 매우 떨어졌다. 특히 도시에서 멀리 떨어진 곳에 사는 학자들이 책을 본다는 것은 어려운 일이었다.

1-6 소통 체제의 구축과 아카데미

16~17세기에 과학의 발전으로 근대 자연과학의 기초가 확립되는데, 과학은 실험에 근거를 두었고 역학과 수학이 바탕을 제공했다. 이러한 새로운 상황은 새로운 유형의 학자를 필요로 했고, 학자로 하여금 공동으로 연구하도록 했다.[38] 이러한 정황이 학자들의 교류를 압박했다. 교류 형식의 하나가 편지를 교환하는 체제였다.

16세기에 유럽에서는 학자, 기술자들이 정치, 민족의 경계를 뛰어넘는 긴밀한 편지 네트워크를 구축하기 시작했다.[39] 또한 과학 정보를 주고받는 모임을 만들게 되었는데, 이것이 나중에 학술원(학회)이 되었다. 이러한 교류에 가담한 새로운 유형의 학자 대부분은 역학, 물리, 수학, 천문학 연구자와 철학자, 기술자였다.

편지 공화국 과학의 조직화와 소통에 유효한 방편은 대학 말고 방문 여행, 편지 교환, 책이었다. 지식의 확산과 축적에 인쇄술이 많은 역할을 했지만, 인쇄술 없이 근대 과학이 일어날 수 없었다는 말은 지나치다. 인쇄는 책자로 된 지식만 퍼뜨렸다. 중요한 것은 연구한 결과를 제약 없이 주고받으며 토론할 수 있는 공간이 있느냐 하는 것이다. 이때 서유럽에서 편지 교환이 과학에 관심을 둔 사람끼리 의견을 나누는 수단이 되었다.

유럽의 발전에서 학자와 생산자의 소통이 중요했다.[40] 16세기 말과 17세기 초에 교육받은 철학자가 장인의 일에 관심을 두기 시작했는데, 특히 실험을 하는 사람에게는 장인의 기술이 필요했다.[41] 장인은 학자에게 필요한 지식을 알고 있었다. 하지만 그 지식은 대부분 덮여 있었다. 그런 지식을 드러내어 퍼뜨리는 방식의 하나가 바로 편지 교환이었다.

문화나 역사가 다른 민족과 지역으로 이루어진 중세 유럽이 하나의 통일체로 기능할 수 있던 것은 하나의 종교와 지배층의 공통 언어인 라틴어가 있었기 때문이다. 이런 공동의 기반을 둔 유럽에서 나타난 정치 분열과 유럽 전체에 걸친 편지 공화국 체제의 독특한 결합은 지역의 특색을 극복하고 보편성을 확보해 주면서 규모의 경제를 제공했다. 이런 환경이 1500년 이후의 지적 혁신에 바탕을 제공했다. 유럽의 지식인은 국적과 종교를 지적 혁신과 별개로 보았을 뿐만 아니라 어느 정도는 중요하게 여기지 않았다.[42] 국경을 뛰어넘는 편지 공화국의 구성원들은 대개 라틴어와 모국어에 모두 능통했으므로 제 나라말로 글쓰기가 정착되었을 때 편지 공화국에서 나오는 저작을 제 나라말로 옮기면서 학문의 저변을 확대했다. 편지 공화국은 1700년 무렵의 초기 계몽주의 시대에 완전하게 성숙했다. 이렇게 될 수 있던 물적 기반은 교통수단과 유럽 대륙 전체에 걸친 우편 제도의 발전이었다. 우편 제도는 장거리 무역의 증가로 무역과 금융 정보를 주고받아야 할 필요성이 증가하면서 발전했다.

편지 공화국은 학자들의 공동체로서 그들이 발전시킨 아이디어의 내용이고, 그런 아이디어를 전파하는 수단이기도 했다.[43] 그곳은 새로운 지식을 공공의 영역에서 공표하는 것을 근간으로 삼았다. 그곳에는 들어오는 것이 자유로웠다. 모든 유형의 지식이 경쟁했다. 그곳의 구성원은 지적 재산이 공공 재산임을 완벽하게 인지하고 있었다.[44] 편지 교환이 제도적 장치가 되면서 지적 혁신을 일으켰다. 편지 공화국에서 받는 보상의 가장 중심에 놓인 학문적 명성은 독창적으로 이바지했는가로 같은 분야의 전문가들이 평가했다. 명성을 얻으려는 경쟁은 17세기 유럽의 지식인 사회가 지닌 중심 특징이었다.[45] 당대에 영향력 있던 몇 과학자는 연구 결과를 출판하지 않기도 하고 인쇄소에서 이윤의 문제로 출판하지 않기도 했다. 이런 경우에 명성은 거의 편지 교환과 인맥에 의존했다. 지식인과 과학자를 매개하는 역할을 가장 활발히 한 사람으로 프랑스의 메르센(M. Mersenne 1588-1648)이 있었다.

17세기에 학술지가 편지 연결망을 보완하기 시작했다. 17세기 후반에 학회가 국가 지원을 받게 되면서 학술지가 정기적으로 발간됐다. 잡지는 지식의 원천임과 동시에 선전의 도구로써 근대인의 무기였다.[46]

학회와 학술원 편지 공화국이 형성되던 시기에 한두 사람이 이끄는 작은 모임들이 만들어졌다. 시간이 지나면서 같은 관심을 가진 사람들끼리 정보를 주고받으며 이야기를 나누려는 욕구가 커졌고 그 결과로 정기 토론 모임이 많이 생겼다. 이런 모임이 발전하여, 드물던 과학적 논의조차 대학에서 이루어지던 르네상스 시기에 대학과 다른 형태의 조직인 학회와 학술원이 1600년대에 본격 생겨났다. 그리고 대중에게 교육 기회를 넓혀주기 위한 도서관이 세워지기도 했다.

같은 관심사를 지닌 회원으로 운영되는 학술원은 16세기 이탈리아에서 시작되었다. 학술원은 처음에는 모든 지적 영역을 다루려고 했다. 1500년대 중반부터는 특정한 분야를 다루는 학술원이 세워졌다. 과학에 전념한 학술원은 포르타(G. della Porta 1535-1615)가 1560년대에 나폴리에 설립한 자연의 신비 아카데미(Accademia Secretorum Naturae)가 처음일 것이다. 수학을 중심으로 다룬 곳은 피렌체 디자인 아카데미였다. 1603년 로마에 관측, 실험, 귀납법에 기반을 둔 연구 방법을 통해서 자연과학을 이해하고자 한[47] 린체이 아카데미(Accademia dei Lincei)가 창설되었다. 이 아카데미는 1610년에 더 큰 규모로 다시 조직되었다. 여기서 1611년에 갈릴레오가 망원경이라는 광학 기구를 공개했다. 망원경은 전통적인 철학이나 종교가 주장하는 도그마가 그릇됨을 드러내는 역할을 했다. 이어 1657년에 과학 시대 이전에 알려진 모든 것에 관해서 실험하고 추측을 피하며, 실험기기를 제작하고 측정의 표준을 설정하는 것을 목적으로 내세운[48] 치멘토 아카데미(Academia del Cimento),

곧 실험 아카데미가 설립되었다. 이 아카데미는 실천 위주의 실험을 지위가 낮은 기계공들이 하는 것이라고 천대하던 낡은 편견이 상당히 사라졌음을 보여주었다.[49] 아카데미는 대학에서 추구하던 아리스토텔레스주의에 대한 반발로 번성했을 뿐만 아니라 대학의 일자리가 제한되어 있었기 때문에도 번성했다.[50]

인본주의 아카데미 운동이 끝나가던 때의 과학 학술원은 국가가 인정한 강령 같은 것은 없었고 대체로 후원자가 그 역할을 했다. 그러다 과학을 지원하는 양상은 차츰 국립 학술원에 중심을 두는 쪽으로 옮겨갔다. 정부의 학술원 설립은 나라가 과학을 지원하면서 공식적으로 관여하는 새로운 양상을 띠는 것이었다. 정부의 기능과 왕실의 일이 더욱 분리되면서 개인이 학회를 후원하던 경향은 사라졌다. 중앙정부의 기구나 국립 과학회가 과학자를 흡수했다. 과학자는 자신의 일을 하면서 나라의 일도 하는 연구 전문가의 성격을 띠게 되었다. 학술원은 학자가 논문을 소개하고 토론하는 장을 제공하며 정기 학술지의 간행을 지원하면서 제도화된 과학을 선도했다. 이런 과학 단체들의 영향력이 커짐으로써 근대 과학은 전문화 경향을 보이게 된다. 런던에 왕립 학회(1662), 파리에 왕립 과학원(1666)과 같은 기관들이 과학 연구에서 중심축을 이룬다. 파리 왕립 과학원은 두 부서로 이루어졌는데, 수학 부서는 모든 '정밀과학'을 포함했고 과학 부서는 물리학, 화학, 식물학, 해부학과 같은 '실험 과학'을 더 고려했다.[51]

아랍에서는 마드라사 말고 연구를 담당하는 기관으로 천문대가 있었다. 1259년에 세워진 마라가 천문대는 자연과학을 교육할 수 있는 공간을 마련했다는 점에서 혁신이었다. 그러나 이슬람법에 따라 세워진 천문대는 60년을 넘기지 못했다. 다른 천문대들도 그리 오래 운영되지 못했다. 천문학이 암묵적으로 종교의 부속물로 인정을 받았지만 점성술과 관련이 있었고, 점성술은 미래를 예측한다는 점에서 이슬람의 가르침과 정면으로 부딪쳤다.[52] 아랍에서는 20세기가 될 때까지 자연과학을 전념해서 연구하는 기관이 나타나지 못했다. 아랍에는 천문대 말고도 연구와 교육을 진행하던 곳으로 궁전도 있었다. 칼리프 궁전은 과학 활동이 있던 중요한 장소였다. 이 관행은 아바스 왕조 내내 이어졌다. 왕실의 지원은 의사, 과학자에게 세속의 과학을 연구, 전파할 수 있는 제도적인 지위를 주었고, 그들은 종교적 계율의 권위와 지배적인 종교기관으로부터 어느 정도 보호받았다.[53] 그들은 고대 국가에서처럼 효용, 공적인 공헌, 국익을 위해 연구했다. 그런데 칼리프와 가족들, 궁정 인사들이 과학에 보인 관심은 저마다 달랐고 그에 따라 학자들에 대한 후원의 폭도 매우 달랐다.[54] 이러한 상황도 연구 활동을 불안정하게 만들어 전문가 집단이 양성되지 못하게 가로막았다.

중국에서는 자치가 허용되고 사상을 보호받는 제도적 공간이 만들어지지 못했다. 중앙정부가 지적 활동을 적극 통제하면서 대부분의 지식을 결정했다. 이것은 분명히 유럽과 달랐다. 중국의 천문학과 수학은 비밀주의로 감싸여 있었고, 이것은 대중을 과학 지식에 접근하지 못하게 막았다. 중국에는 유럽의 편지 공화국처럼 발견과 발명을 검증하는 공개적인 체제가 없었다. 또한 발견, 발명한 사람을 인정하는 저작권을 포함해 그 어떤 유형의 지적 재산권도 없었다.[55] 이러한 여건은 유용한 지식이 발전하지 못하게 하는 요인으로 작용했다. 18세기의 유럽과 달리 중국에는 학자와 장인을 이어주는 제도적 다리가 없었다. 이 때문에, 정보의 교환이 학문의 발전에 중요함에도, 두 집단 사이에서 오가는 정보는 매우 적었고 흐름은 느렸다. 대부분의 중국인은 교육받은 사람들만 학문을 해야 한다고 생각했다. 게다가 여행이 자유롭던 아랍이나 유럽과 달리 중국에서는 여행이나 지역간 이동이 매우 제한되었다. 이것은 농경문화의 영향인데 이러한 환경은 정보의 확산에 커다란 장애였다.

1-7 신항로 개척

군사혁명, 항로의 개척, 아메리카 발견으로 과학혁명이 전개되는 양상이 바뀌었다. 특히 15세기 말부터 16세기 초의 신항로 개척 시대에 진행된 도시화와 상업의 번성은 유럽이 발전하는 토대가 되었다. 상인이 발전시킨 대양을 가로지르는 무역은 과학혁명으로 가는 길을 닦은 지리상 발견의 시대를 열었다. 자신들이 탐사해서 정복하면 좋을 것 같은 무언가가 지평선 너머에 있을 것이라는 생각이 근대 과학과 근대 제국에 동기를 부여했다.[56]

15세기에 새 항로를 개척하는 활동이 포르투갈과 스페인에서 일어나게 된 동기를 살펴보자. 첫째로 가장 중요한 현실적 동기는 경제에 있었다. 한 마디로 아시아의 물품을 아랍이나 이탈리아 상인을 거치지 않고 직접 구하려는 것이었다. 유럽에서 육로를 이용해서 아시아로 가는 길은 여러 위험이 따르고 도중에 치르는 세금으로 경비가 너무 들었다. 그런 경로에서마저도 포르투갈과 스페인은 소외되어 있었다. 이런 상황에서 아랍과 싸우면서 세운 국민국가를 통치하려면 자금이 있어야 했다. 또 한편, 12세기부터 활성화된 시장은 화폐 경제를 안착시키면서 판매를 위한 생산을 촉진하여 15세기에는 군주, 귀족, 상인을 돈벌이에 매달리게 했다. 중세 가치관을 떠받치고 있던 교회도 이 열풍에서 벗어나지 못했다. 돈을 벌려는 상인이 없었다면 콜럼버스는 아메리카에 다다르지 못했을 것이다. 둘째로 아시아에 대한 호기심도 작용했다. 13세기 이전부터 조금씩 들어오는 값비싼 아시아 물품이 아시아의 이미지를 엄청나게 부유하고, 이국적이고 신비스러운 세계로 굳혀 놓았다.[57] 13세기에 몽골이 유럽에 침입한 뒤 동서 교류가 활발해지면서 유럽의 상인, 장인, 자유 노동자들이 유럽에 새로운 관심사를 들여왔다. 셋째로 종교적 동기도 있었다. 아프리카나 아시아에 동방박사 가운데 한 명의 후손인 요한이 다스리는 거대하고 풍요로운 기독교 왕국이 있다는 전설이 12세기부터 유행했다. 유럽 국가들은 이 왕국과 동맹을 맺고 아랍에 대항할 수 있다고 생각했다.[58] 여기에 오스만투르크에 의한 콘스탄티노플의 함락(1453)은 기독교 전도열을 더욱 부채질했다. 결과적으로 신항로의 개척으로 생긴 새로운 원료 공급처이자 시장은 상공업을 비약적으로 발전시킨다.

신항로는 물적 조건인 조선술, 항해술이 마련되어 있었기 때문에 개척될 수 있었다. 첫째로 조선술의 발달로 먼 거리를 항해할 수 되었다. 내구성이 좋고 화물을 많이 실을 수 있는 큰 배를 건조할 수 있었고, 북유럽의 사각돛에 아랍에서 사용하던 삼각돛을 접목하고 고물의 키를 이용하여 순풍만이 아니어도 큰 배를 움직일 수 있었다. 둘째로 목적지로 정확하고 빠르게 다다르게 해주는 항해술, 곧 위도와 경도를 결정하는 방법이 개량됐다. 13세기부터 사용된 나침반은 지중해, 북해와 대서양 연안에 머물러 있던 활동 무대를 엄청나게 넓게 되는 강력한 물적 조건이었다. 위도를 정확히 아는 데 필요한 해나 별의 고도를 재는 육분의 같은 기구도 개발됐다. 나침반을 사용하게 되면서 위도와 관련된 복각39)도 알게 되었다. 경도를 알려면 정확한 시각이 필요했기 때문에 시계도 개발되었다. 시계는 여러 운동을 연구할 때 시간을 정밀하게 측정해야 했으므로 필요하기도 했다. 또한 편각40)이 경도와 직접 관련이 있음을 알았다. 셋째로 바닷길에 대한 정보를 수록하고 항해에 직접 사용할 수 있는 해도(海圖)가 16세기에 본격 출현하여 항해에 큰 도움을 주었다. 지도 제작술은 새로운 지식을 요구했다. 지구 같은 구면을 평면에 나타내려면 바로 투영법이라는 수학 기법이 있어야 했다. 해도에는 거리나 넓이는 달라져도 각도를 보존하는 변환 방법(등각변환)이 필요했는데, G. 메르카토르(G. Mercator 1512-1594)

39) 지구 자기장의 방향(자석의 방향)이 수평면과 이루는 각
40) 진북(지구 자전축의 북쪽)과 자북(자석이 가리키는 방향)이 이루는 각

가 이것을 적용하여 해도를 만들었다. 이 해도 위에 출발지에서 목적지까지 직선으로 긋고, 그 직선을 따라가면 목적지에 도착할 수 있었다. 여기에 지구가 둥글다는 설이 부활한 것도 한몫했다. 이 덕분에 바다를 건너 인도나 중국에 닿을 수 있다고 믿게 되었다.

1500년 무렵에 남반구로 진출하고 아메리카를 발견한 것은 폐쇄적인 유럽 중심의 세계관을 뒤집었다. 유럽인은 초기 르네상스 때와 달리 고대인의 지리 지식이 잘못됐다는 것을 알게 되면서 고대인이 남긴 것이 반드시 옳지는 않음을 깨닫기 시작했다. 이기심에서 시작된 새로운 지리학적 발견은 관찰 보고와 실증적 지식을 강조하면서 기존의 권위를 위협했다. 값싼 원료의 공급지이자 상품을 파는 시장으로서 영토의 정복과 자연의 연구는 기존의 것과 다른 지식을 가져다주었다. 제국주의적 팽창과 함께 근대 과학의 성격이 형성되었다. 제국 건설자들의 동기뿐 아니라 관행도 과학자들의 그것과 얽혀 있었다.[59]

중국(명)에서도 정화(鄭和 1371-1434)가 1405년부터 1431년까지 7차에 걸쳐 대원정에 나섰다. 동남아시아, 인도를 거쳐 아라비아 반도, 아프리카까지 항해했다. 해상 패권을 차지하여 여러 나라의 조공을 강제하려는 의도가 컸다. 정화가 죽고 나서는 쇄국 정책을 펴면서 원정도 멈추었다. 15세기 중후반에 항해를 하자는 의견이 나왔으나 항해에 쓰이는 막대한 비용과 농업을 중요하게 여기고 상업과 무역을 업신여기던 사대부들의 반대에 부딪혀 무위로 끝났다. 정화의 대원정은 유럽의 대항해 시대보다 70년이나 앞선 것이었으나, 유럽의 것과 달리 새로운 사고의 영역으로 들어서게 하는 역할을 하지 못했다.

1-8 종교개혁

중세 유럽인의 생활과 문화를 강하게 지배하고 있던 교회의 세력도 13세기가 지나면서 쇠퇴했다. 그것은 교회가 세속 군주와 싸우면서 하나의 정치적 지배기구로 타락하고 왕권이 강화되면서 교황과 교회의 권위가 떨어져 갔던 데다가 십자군이 실패하여 민중의 신앙심이 식어 가고 교황을 비롯한 교역자의 타락과 부패가 심해졌기 때문이다. 여기에 중세 후반 상인 계층을 비롯한 새로운 사회 세력이 상당히 성장해 있었다. 이렇게 준비된 화약고에 불을 붙인 사람이 루터이다.

종교개혁은 중세 후반 제기되어 오던 개혁 운동의 절정이었다. 12세기 말 프랑스의 발도파, 14세기 말 영국의 롤라드파, 15세기 초 보헤미아(체코)의 후스파 등의 개혁 운동이 있었다. 또한 독일이나 저지대 지방에서도 내적인 경건, 신과 직접 교섭을 강조한 종교 운동이 있었다.[60] 이런 운동은 아직 교회의 낡은 틀을 깨뜨릴 수 없었다. 그렇더라도 이것은 종교적 순수성 회복 운동으로 이어졌고 개혁 운동의 사상적 발판이 되었다. 이것을 디딤돌로 하여 인쇄술로 무장한 루터가 새롭고 완전한 종교적 대안을 제시했다. 그리하여 루터가 먼저 개혁에 성공했고, 이어서 칼뱅과 츠빙글리 같은 사람도 같은 일을 해냈다.

1520년대에 루터의 주장이 독일의 중, 남부에서 빠르게 번질 수 있던 것은 불만을 품은 사회 계급들이 그의 외침에 귀를 기울였기 때문이다. 로마 교황청이 독일 지역의 분열을 이용해 제후들에게 심하게 간섭해서 루터의 주장은 제후들의 지지를 받았다. 특히 중부에서 그러했다. 그리고 도시의 부유한 상인과 소(小)귀족은, 교역자들의 과세가 면제되면서, 자신들이 더 많이 부담해야 하는 것에 불만이었다. 특히 남부의 도시에서 그러했다. 이런 제후나 도시의 부상과 소귀족은 교회의 개혁에 매력과 함께 거부감을 느끼기도 했다. 이런 사회 계층의 저변에는 농민, 소상인과 수공업자로 이루어진 아주 커다란 규모의 계급이 있었다.

루터는 신학 논쟁으로 포문을 열었다. 그는 신앙의 근거는 교황이나 공의회가 아니라 성경이라고 공표함으로써 교황과 교회의 권위를 정면으로 부정했다. 이전에 하느님의 말씀은 보통 사람이 이해할 수 있는 언어로 쓰이거나 읽혀서는 안 되었다. 그런데 루터는 사람들에게 스스로 성경을 읽고 해석하라고 했다. 그는 사람 하나하나가 하느님과 신실한 관계를 맺을 때 구원을 받을 수 있다고 했다. 그가 이렇게 외칠 수 있던 데는 성경이 제 나라말로 번역, 인쇄, 보급된 것이 중요한 역할을 했다. 종교개혁은 라틴어로만 쓰였던 성경을 제 나라말로 번역하여 펴낸 인쇄본을 주요 무기로 하여 싸운 사상 투쟁이었다.

그렇지만 루터는 사회를 개혁하려 하지 않았고 혁명 운동을 시작할 의도는 더욱 없었다. 그는 기존 종교 질서에 도전했으나 신학에 머물렀고 사회의 쟁점들에는 보수적이었다. 루터가 의도하지 않았으나 종교개혁은 사회 혁명의 성격을 띠었다. 가톨릭이 중세 사회를 장악하고 있었으므로 그가 제기한 쟁점들은 사회, 정치 문제를 비켜 갈 수 없었다.[61]

루터는 처음에는 농민에게 호의적이었으나 곧바로 태도를 바꾸었다. 그는 본래의 참된 기독교로 복귀하려고 의도했을 뿐이었다. 이런 의미에서도 보수적일 수밖에 없던 루터는 농민, 노동자 계급의 반봉건주의 운동을 지지하지 않았다. 1524년에 일어난 농민전쟁이 진압된 뒤에 개신교는 제후들의 사상을 뒷받침하는 무기가 됐다. 개신교는 가톨릭 권력에 대항하는 무기이자 피지배 계급을 이데올로기적으로 지배하는 수단이 되었다. 과거에 기독교가 로마 제국의 통치에 저항하다가 제국의 통치 이데올로기로 배신한 것과 마찬가지였다. 종교개혁은 교황의 간섭에서 벗어나려는 중부와 남부 독일의 제후들과 자유도시에 의해 수행되었다. 이 과정도 순탄하게 진행되지 않았다. 루터가 제기한 쟁점들에 관한 논쟁은 16세기 후반부터 17세기 후반까지 유럽 대부분을 일련의 종교 전쟁과 내전에 빠뜨렸다. 군주권과 종교 체제의 대립이라 할 수 있는 종교 전쟁을 거치면서 근대 사회의 재배권이 교회에서 세속 권력으로 옮겨갔다. 이런 과정에서 반대파를 상대하는 방법의 하나로 가톨릭이 저지른 참담한 마녀재판이 유럽을 휩쓸었다.

종교개혁 운동으로 종교가 달라지면서 사회가 재편되기 시작했으며 이것은 또 다른 변화를 이끌며 근대 사회를 만들어 나갔다. 종교개혁 자체가 사람의 마음을 옭아매던 쇠사슬을 풀어준 것은 아니나, 자유로운 사고를 할 수 있도록 간접 작용을 했다. 여기에 르네상스의 영향이 더해져 개인의 인식을 중요하게 여기게 되었다. 또한 개신교 운동으로 읽고 쓰는 것이 장려, 확산되어 사람들이 그런 능력을 갖게 되고 새로운 많은 생각을 알게 됐다. 그러자 사람들은 성경 구절의 의미에 대해서도 의문을 품게 되었다. 많은 질문이 제기되고 깊이 있는 논쟁도 일어났다. 이러면서 사람들은 대담하게도 지식의 다른 원천, 특히 물리적 세계로 관심을 돌리기 시작했다. 과학혁명은 종교개혁과 함께 진행되었는데 그 시기에 종교적 신념은 큰 변화를 거치면서 어떤 면에서는 실험 과학과 공존하거나 심지어 이를 권장하기도 했다.[62] 과학혁명의 결과 가운데 하나는 하느님이 만든 자연을 탐구하여 신의 계획과 설계를 통찰하겠다는 생각이었다.

1-9 민족 국가의 형성

1250년 무렵 파리에 고등법원이 설치되고 1265년에 영국에는 의회가 설립됐다. 근대 국가의 기구가 조금씩 모습을 드러내면서 13세기 말에는 유럽 전체가 새로운 시대에 들어서기 시작했다. 그렇더라도 한 나라 안에 통일된 행정부가 하나뿐인 경우는 여전히 거의 없었다. 한 나라는 보통 공국, 후국, 남작령, 자치 도시들로 이루어졌고, 각각은 독자적인 통치 체제로 재판소, 법률, 조세 구조, 무장력을 갖추고 있었다. 14~15세기에 유럽은 흑사병과 백년 전쟁으로 파괴되었으나 1450년 무렵부터 전쟁, 돌림병, 굶주림이 잦아들면서 인구가 늘고 도시들이 커졌다. 거의 전적으로 농업으로 지탱되던 중세 문명은 다른 체제로 바뀌지 않고는 버틸 수 없을 만큼 양적인 변화가 쌓이고 있었다. 15세기의 끝이 가까워지면서 유럽의 주요 지역에서 질적 전화가 일어나기 시작했다. 새로운 군주들이 나타나 정치적 안정을 되찾았다. 프랑스, 잉글랜드, 스페인에서는 국왕이 오늘날의 국경선에 해당하는 경계선 안의 봉건 영주들을 누르고 통치권을 장악했다. 이런 변화는 봉건 체제에서 근대 국가로 옮겨가는 분명한 움직임이었다. 민족 국가의 발흥은 유럽에서 새로운 문명을 쌓는 바탕을 제공했다. 유럽인은 질서와 안정, 번영을 이룸에 따라 문학과 예술적 시야를 넓히기 시작했다.

중앙집권을 낳은 중요한 동력의 하나가 이른바 군사혁명이었다. 이 또한 유럽 특유의 현상이었다. 화약은 13세기에 유럽에 전해졌으나 초기에는 왕이나 학자, 상인들이 화약을 이용한 군사 기술이 자신들을 지키거나 부유하게 해줄 수 있다고 생각하지 못했다.[63] 15~16세기에 상황이 바뀌었다. 유럽의 국지적인 정치 체제는 화약이 군사 목적으로 사용되면서 반전되기 시작했다. 화약을 사용하는 무기 체계를 갖추려면 비용이 많이 들었기 때문에 영주나 기사는 새로운 전투에 들어가는 비용을 감당할 수 없었다. 영주와 기사의 군사적 역할은 약해졌고 중앙정부의 육군과 해군으로 대체됐다. 지역의 토호들과 작은 국가들은 굴복했다. 국가는 화기로 무장한 대규모 군대를 조직하고 유지할 필요성 때문에 강력한 중앙집권 체제를 갖춰 나갔다. 나아가 자기 나라의 언어와 문화를 바탕으로 한 국가주의가 자라났고 공식 소통 수단으로 라틴어를 사용하던 단일성도 무너져 갔다. 그 결과로 절대주의 국가가 나왔다. 군사혁명은 국가들 사이에 기술 개발을 다투도록 부추겼다. 그렇지만 어떤 국가도 유럽 전역을 지배할 만큼의 힘을 갖추지는 못했다.

유럽의 정치적 분열은 지리적 요인도 중요하게 작용했다. 이를테면 피레네 산맥과 알프스 산맥은 스페인과 스위스가 정치적으로 독립된 국가를 유지하는 데 도움을 주었을 것이며, 네덜란드의 강은 여러 차례 외부의 침입을 막는 데 일조했다. 다른 요인으로는 혈연을 바탕으로 정치적으로 연합해 현상을 유지하려 했던 군주끼리의 밀접한 관계를 들 수 있다. 웬만하면 혈족을 권좌에서 몰아내는 것을 삼갔다.[64]

국가들끼리의 경쟁은 지적 발전의 거름이 되었다. 상호 견제는 유럽이 과학, 기술에서 세계사를 이끌 역량을 갖추도록 해주었다. 중앙집권화가 이뤄지면서 나타난 효과는 거대 관개농업이 가져온 효과와 비슷했다. 국가가 모든 분야에서 최고의 인재를 찾아 나섰고 국가의 이익에 도움이 되는 분야를 지원했다. 국가들끼리 모든 측면에서 계속 경쟁해야 했으므로 경쟁자의 기술을 도입하거나 모방하지 않으면 안 되었다. 이렇듯 과학이 국가 중심으로 발전해 갔지만, 과학적 논의를 보편화하려는 움직임도 활발히 일어나면서 과학자와 일반인 사이의 장벽이 허물어지기 시작했다.[65] 과학자들은 주요 저작을 제 나라말로 펴냈고 다른 나라의 저작도 제 나라말로 번역해서 일반인들도 과학을 토론하는 자리에 참여할 수 있게 했다.

더욱 중요한 것은 국가 사이의 경쟁이 지적 혁신을 방해하려는 보수 세력의 책동을 억누르고 막았다는 점이다. 이를테면 코페르니쿠스의 우주론과 수학의 무한소 개념 같은 새로운 사상을 온갖 방법으로 억압하던 예수회 같은 반동 세력이 날뛰지 못하게 했다. 이러는 가운데 교회의 절대 권력도 무너졌다. 정치적으로 분열되어 경쟁하는 상황은 학문과 사상이 발전하는 통로를 열어 주었다. 한 국가가 연구자를 탄압하려고 할 때 다른 나라로 옮겨가면 그만이었다. 이를테면 가톨릭의 프랑스를 떠나 종교개혁이 성공한 네덜란드에서 한동안 살았던 데카르트가 있다. 또한 자기 나라에서 출판이 허용되지 않는 경우, 다른 나라에서 펴내면 그만이었다. 인쇄업자는 유럽 전역에서 갖가지 서적과 글을 출판해줌으로써 반동적인 정부의 검열을 근본적으로 무력화시켰다.[66] 인쇄 공장은 이단적인 외국인의 피난처이자 만남의 장소로 활용된 국제적 모임의 장소이기도 했다.[67] 지적 혁신가들이 여러 방법으로 박해를 피할 수 있었으므로 보수 세력은 혁신을 막을 수 없었다.

2 근대 유럽인의 자연, 사회, 인간에 대한 태도

2-1 철학과 신학

유럽인은 12세기에 그리스와 아랍의 문헌, 특히 아리스토텔레스의 저작을 읽으면서 자연 현상의 보편적인 운동을 좀 더 정확하게 설명하기 시작했다. 그들은 아리스토텔레스의 사상을 대학 교육과정의 중심에 두었다. 이러한 혁신의 결과로 자연철학은 대학 안에서 자율성과 독립성을 부여받았다. 이것은 과거의 유럽에서도 없었고 아랍이나 중국의 고등 교육기관에서는 20세기 초까지도 성취하지 못한 사건이었다.[68] 세상은 영원하다는 아리스토텔레스의 주장 때문에 기독교는 심각한 문제에 맞닥뜨렸다. 하느님의 무한한 선의로 창조된 이 세상은 그 끝도 하느님의 뜻에 따라 계획되어 있다는 교리를 다시 들여다보아야 했다. 이 과정에서 자연에 대한 새로운 의견이 제시되기 시작했다. 그리하여 13세기 내내 신학자와 철학자 사이에 지적인 충돌이 이어졌다. 충돌의 절정은 1277년의 판결 사건이었다. 중세 후기의 신학자와 철학자는 여전히 신이 세상을 창조하고 운행하는 존재라고 단언했지만, 한편으로 철학자는 자연을 연구하여 현상의 원인을 찾는 것이 철학의 임무라고 주장하면서 초자연주의가 아닌 자연주의를 강조하기 시작했다.[69] 그 결과 16~17세기에는 아리스토텔레스의 세계관과 결이 다른 세계관이 나타나기 시작했다.

1277년의 판결 사건은 역설적으로 기독교 신학과 아리스토텔레스 사상을 견주며 새로운 세계관을 생각해 보게 하는 상황을 초래했다. 기독교가 전능한 신이 자신의 의지에 따라 세계를 지금과 다르게 창조할 수도 있었음을 인정한 셈이 되었다. 이리하여 뷔리당과 오렘 등은 지구가 자전할 가능성을 검토했고, 이것을 뒷받침할 논증도 제시했다. 그러나 둘은 모두 지구의 자전 가능성을 스스로 반박하고 말았다. 오렘은 자신의 결론이 성경의 구절과 충돌하는 데다가 진리에 이르는 데는 신학이 더 뛰어나다고 생각했다.[70] 그렇지만 새로운 생각이 제기되고 반박당하는 흐름이 이어지다가 마침내는 아리스토텔레스의 사상이 가져온 이성과 논리의 힘이 아리스토텔레스의 사상을 무너뜨리는 바탕을 제공하게 된다.

정통 이슬람교는 철학, 논리학, 과학 연구가 사람들로 하여금 종교법을 존중하지 않게 만들므로 그 연구가 엄격하게 종교 교리를 따르지 않는 한 그것은 쓸모없다고 했다. 철학자와 수학자가 연구하는 내용과 범위는 그 지역의 지배자가 공식적으로 허용하는 틀 안에서만 보장됐다. 모스크나 궁정의 후원으로 운영되는 마드라사에서도 과학과 철학을 가르치지 못할 만큼 이슬람 세계에서는 회의론이 끼어들 여지가 전혀 없었다.

중국 과학은 음양설과 오행설 때문에 실제적인 지식을 얻는 적절한 형식을 발전시키지 못했다. 특히 자연 현상의 규칙성을 공식화하는 데 수학을 적용하지 못했다는 것은 큰 잘못이었다.[71] 사실을 깊이 연구하여 바로 다루지 않고, 사실에 뒷받침되지 않은 고전의 은유로 가득 찬 문구를 해석하는 데만 치중했다. 그리하여 자연의 운행 원리를 탐구하는 데로 나아가지 못하고 현실의 기술적 해결에만 관심을 두었다. 공자(孔子 전551~479)의 가르침, 특히 송나라의 주석가들이 만든 성리학이 국가의 공식 이데올로기가 되면서 상부구조를 강력하게 지배했다. 성리학은 자연과 같은 객관 세계가 아니라 인성, 가정, 사회 같은 인간사 안에 머물렀다. 객관 세계가 운동하는 원리를 인간의 삶과 독립으로 다루지 않았다. 음양의 조화 같은 관념을 바탕으로 자연과 인간의 조화를 추구함으로써 과학적 사고를 추구하는 태도를 갖추는 데로 나아가지 못했다.

2-2 이성과 양심

그리스인에게는 많은 신이 있었으나 신학은 없었고, 중세인에게는 하나의 신이 있었으나 많은 신학이 있었다.[72] 따라서 여러 교리가 제안되었고 이것들을 이해하려는 학자들이 내놓는 모순되는 진술들을 정리하는 문제가 제기되었다. 이 문제를 해결하기 위하여 이성을 사용하게 되었다. 르네상스 전인 12세기에 유럽인은 이성이 사람과 짐승을 구별해 주며, 사람이 합리적으로 행동하게 해준다고 생각했다. 이성을 기준으로 무엇을 인정하고 어떻게 행동할지를 판단하자는 생각을 받아들이게 되자 이성은 사람이 해결하고자 하는 모든 문제에 적용되어야 할 것이었다. 이성의 역할과 힘을 의식한 사람들은 기독교 교리와 거리가 먼 영역도 탐구할 수 있다고 생각했다. 이런 태도가 당장 사상의 자유를 보장하지 않았으나 지식의 자치권을 깊이 생각하게 했다. 사람은 이성적이고 합리적인 존재가 되었고, 사람의 이성에 의한 합리적 능력은 신에게서 받은 선물이지만 신의 합리성과 어느 정도 같아졌다.[73] 이성은 철학의 논리 체계와 기독교 교리, 관찰된 사실과 기독교의 해석 사이에 일치를 보여주었다.

12~13세기 기독교 철학과 신학은 사람이 이성을 소유하고 있다고 분명하게 선언했고[74] 사람은 이 능력으로 신이 창조한 물질세계의 운행 원리를 파악할 수 있다고 믿었다. 이성이 기독교 신학의 주요한 버팀목이 되면서 신앙을 대체하기 시작했다.[75] 근대 초기에 유럽의 사상가들은 플라톤이 자연은 질서정연하고 통합된 하나라고 진술한 것에서 큰 영향을 받았다. 플라톤에게 우주는 합리적이고 일관된 전체이며 물질적이면서 형이상의 본질을 가지고 있었다. 유럽인은 이제 이성이 이 우주에 내재된 법칙을 드러낼 수 있다고 생각했다. 이성에서 비롯된 합리주의는 사람이 성서를 해석하고 설명할 수 있는 것과 마찬가지로 자연을 이해하고 설명할 수 있는 능력이 있다는 믿음을 심어 주었다.[76] 자연을 연구하려는 욕구, 권위가 아닌 이성에 기대는 태도는 플라톤이 자연을 이해하는 바탕으로 여겼던 수학적 활동으로 이어지는 힘이었다.

유럽인은 사람에게 이성에 의한 합리적 태도 말고 양심이라는 개념도 있다고 생각했다. 양심은 도덕과 윤리의 문제를 해결할 수 있는 합리적 능력이었다. 이 능력은 윤리, 종교적 진실을 깨닫는 것뿐만 아니라 자연의 본질을 이해하는 데까지 확장되었다. 루터의 종교개혁은 사람의 양심을 해방했고, 성서의 진리를 포함해서 최고의 결정자로 만들었다. 실제로 사람은 양심에 따라 끊임없이 윤리적, 합리적 인식 작용을 하므로 계시를 통한 신의 도움을 받지 않고도 도덕적 진리에 다다를 수 있었다.[77]

아랍의 신학과 법은 신의 계시가 사람의 이성보다 뛰어나다는 생각을 강조했고, 이성을 법과 윤리를 구성하는 독립된 원천으로 보는 것을 철저하게 막았다. 이슬람법은 이성을 바탕으로 공개된 자리에서 생각을 언명할 수 있는 권리를 인정하지 않았다. 무슬림에게 사람의 이성은 진리의 총화인 신의 계시로부터 연역하는 추론에만 쓸모가 있을 뿐이었다.[78] 이성을 중시하는 그리스의 과학적 태도는 부패한 행동이었다. 수학자이자 천문학자인 나시르 딘 투시도 사람의 지식이나 이성만으로 진리를 얻을 수 있다는 주장은 잘못된 것이라고 했다.[79]

중국에서 춘추전국 시대에 등장한 제자백가 가운데 도가는 자연에 대해 깊은 관심은 있었으나 이성이나 논리를 신뢰하지 않았다. 묵가와 명가는 이성과 논리를 전적으로 믿었으나, 그들이 자연에 관심이 있었더라도 단지 실용적인 목적에서였을 뿐이다. 법가와 유가는 자연에는 전혀 관심이 없었다.[80] 도가의 도(道)나 성리학의 리(理)도 인간의 이성과 거리가 멀었다.

3 근대 과학의 발흥에 영향을 끼친 사상

3-1 마술 사상과 기계론 사상

유럽 과학혁명의 기원과 그것이 펼쳐지는 길을 해석하는 열쇠의 하나로 유기체, 마술, 기계론 전통을 들 수 있다. 근대 과학은 정의에서 보면 비종교적 활동인데, 모순되게도 이 세 가지는 모두 우주에 관한 종교적인 가정과 결부되어 있다.[81] 그리고 과학혁명을 논의할 때 천문학이나 역학뿐만 아니라 마술, 연금술, 점성술 같은 것도 다루어야 한다. 과학의 사회적 효용을 강조하는 이데올로기가 과학혁명의 근본 요소 가운데 하나였기 때문이다.[82] 이 절에서는 과학혁명과 직접 관련이 깊은 마술 사상과 기계론 사상을 다루기로 한다.

유기체적 사상은 자연계를 오늘날의 생물학이라고 일컫는 것에서 나오는 유추로 설명한다. 태어나고 자라고 썩어 없어진다는 생물계의 순환 현상에 뿌리를 두고 있다. 이 전통에서는 무기물에도 목숨이 있다고 보아 나고 자람에 관련된 언어와 술어를 사용하는 경향이 있다. 유기체적 전통은 아리스토텔레스와 가장 깊게 관련되어 있는데 형이상학, 윤리학, 논리학에 걸친 철학 체계로서 지식을 종합하는 유일한 것으로 생각되고 있었다.[83]

마술 사상 중세 기독교에서 마술과 이단을 사실상 같은 것으로 여겼으므로 교회는 마술을 용인하지 않았다. 그렇지만 현실에서는 간단한 문제가 아니었다. 비판적인 눈으로 보자면 기도로 악마를 쫓아내는 것이나 주문으로 악마를 불러내는 것이 다를 바 없다.[84] R. 베이컨(R. Bacon 1219?-1292?)은 마술을 무지에 근거한 미혹이라고 했으나, 사실 그것은 기독교에서 말하는 기적에도 마찬가지로 적용된다. 모든 것은 하느님의 계시라는 기독교 이데올로기가 대중의 사고를 엄격히 제약하는 한, 마술이 이단이라는 주장은 당연한 것이 된다. 그러나 자연이 그것에 내재된 법칙에 따라 운행된다면, 그때는 기적과 마술은 상대화된다.

부르주아가 등장하면서 봉건 군주와 교회의 지배력이 흔들리기 시작한 15세기 말에도 유럽은 여전히 기독교 세계라고 할 수 있으나 일반인의 종교적 심성은 마술적 사고에 상당히 기울어 있었다. 이 시대는 영적으로 불안한 시대였지만 기성 교회는 이를 극복해주지 못했다.[85] 이러한 분위기에서 마술 사상은 꽤 짧은 기간에 지식인들에게도 영향력을 미쳤다. 마술이 토속적이며 주술적인 것과 구별되는 자연 마술로 개량되어 지적으로 치장했기 때문이었다.[86] 여기에다 서적의 대량 생산으로 마술 사상이 널리 보급될 수 있었다. 그러면서 자연 마술은 요술(흑마술)과 달리 나름대로 학문적으로 세련되었으며 철학적으로 바뀌고 있었다. 그것은 인간 능력의 확대로 이어지면서 생활이 나아지기를 바라는 도시 시민층에 먹혀들었다.

르네상스는 스콜라 철학의 권위에 맞서기 위해 신플라톤주의 저작이나 신비주의의 핵심 교리를 담고 있는 헤르메스 문서(Hermetica)의 권위에 기댔다. 신플라톤학파의 방법은 16세기의 지식인 사회에 커다란 충격을 주었다. 코페르니쿠스와 케플러, 뉴턴도 영향을 받았다. 신플라톤학파에게 물질은 정신계와 연계되어 있다. 그들은 광물계, 식물계에 정신적 실재가 반영되고 있다는 견해를 채택했다. 그리하여 비물질과 물질 사이에서 세계를 반영하는 소우주로서 사람은 더욱 커다란 실재인 대우주를 내부에 지니고 있다고 생각했다.[87] 모든 것을 인식하는 사람이 자연의 주인일 수 있다는 관념은 신과 사람의 관계를 근본에서 바꿔놓았다. 신만 행사하던 기적을 사람도 행사할 수 있게 된다. 이것이 마술이다. 이로써 마술적 전통은 자연계를 손으로 가공할 수 있는 대상으로 보는 과학적 틀을 제공했다. 마술적 전통은 사람의 관심을 외부 세계로 돌려놓았으며 외부 세계를 파악하고 조작해야 할 대상으로 삼게 했다.[88] 이를테면 신플라톤주의자는 행성의 운동에 주목했고 수학이 그것에 관한 지식을 밝혀내리라 믿었다.

헤르메스 문서는 자연의 힘을 사람이 조작, 이용하는 마술 사상을 퍼뜨려 실험 같은 자연의 조작을 가치 있는 것으로 여기게 했다.[89] 마술 사상에 들어 있는 경험주의나 실용주의는 종교나 철학 문제는 제쳐놓더라도 고대의 권위나 민간에 전해지고 있던 미신을 이겨내고 실험을 중시하도록 촉구하면서 근대 과학에 이르는 토대를 닦았다고 할 수 있다.[90] 헤르메스 문서는 해가 우주의 중심이고 지구는 그 둘레를 돈다고 했다. 불은 생명의 기원이고 해는 신성의 상징이다. 코페르니쿠스가 해를 중심에 놓는 이론을 제시할 때 그 근거를 이 문서에서 구했다.[91] 또 이 문서는 우주의 수학적 조화를 강조하는 피타고라스학파의 주장도 담고 있다. 신이 우주의 신비를 수학적 언어로 썼다고 했다. 그러므로 인간이 자연의 법칙을 이해할 수 있고, 마술로 자연을 조작할 수 있다. 이 견해에서 수학은 불변의 실세계를 이해하는 열쇠인 신의 마음과 비슷한 것이 되었다.[92] 이런 사상들은 아리스토텔레스를 반대하는 것으로 대학 밖에서 제기되었다.

16세기의 수학적 추론 방법도 마술과 관계가 있었다. 1570년에 유클리드의 〈원론〉을 영국어로 번역한 디(J. Dee 1527-1608)는 세계가 수학적으로 이루어져 수학으로 세계를 알 수 있다는 신플라톤주의 사상을 전개한다. 디에게 수는 자연, 초자연을 모두 인식하는 데 적용되었다. 수는 비물질적이며 신적이고 영원한 것이면서도 감각으로 지각할 수 있는 것에도 적용되기 때문이다. 수는 천상의 세계를 인식할 수 있으면서도 지상에서도 기술적으로 사용할 수 있어 기술의 가능성을 확대한다.[93] 그래서 디는 기술이 역학 이론으로 뒷받침되어야 한다고 했다. 공기 역학을 응용한 헤론의 기계장치나 용수철과 바퀴를 이용한 조작은 자연 마술의 일부였다. 그에게 마술은 수학적 논리를 근거로 하여 경험(실험)으로 논증하는 기계적이며 실천적인 기술이다. 그의 과학 사상은 수학적이고 기술적인 적용을 전제로 하며, 경험으로 검증되어야 한다는 근대 과학의 특징을 보여주고 있다.[94]

　귀납, 관찰, 실험이라는 근대 실증과학의 방법은 숨겨진 힘을 조작하는 자연 마술의 방법으로 스콜라 철학에 대치되는 형태로 과학혁명에 앞서 등장했다.[95] 이때 실험은 가설을 검증하거나 법칙을 발견한다기보다 적용하는 기술의 효과를 확인하고 기술을 개량하기 위한 것으로 근대 과학의 실험과 거리가 있었다. 자연 마술은 신비화에서 벗어나 숨겨진 힘과 그것의 효과를 실험으로 찾고 연구하여 이를 기술적으로 이용하는 것이었다. 마술에 성공하기 전에 거치는 시행착오는 사실에 관심을 두게 했다. 마술은 성공에 필요한 기구를 만들게 했고, 과정과 결과를 주의 깊게 관찰하게 했다.

　16세기 후반에는 마술이 자연의 이치를 거스르지 않고 사람의 힘으로 자연의 활동을 이용하여 바라는 결과를 얻는 기술이라는 자연주의적, 기술적인 마술관이 더욱 깊이 자리 잡는다. 카르다노(G. Cardano 1501-1576)와 포르타(G. della Porta 1535?-1615)가 이러한 마술 사상을 대표한다. 카르다노는 자연 마술에서 근대 과학의 싹을 보았다. 그는 자기력이나 정전기의 연구를 자연 마술의 하나라 생각했다. 정전기 현상이 마찰이 아닌 마찰에 따르는 열을 원인으로 보면서 비슷한 것끼리 끌어당긴다는 생각을 버리고 근접 작용론을 펼침으로써 기계론적 발상을 보였다. 카르다노에게 수학은 방법론이 아니라 특별한 마술적 재간이자 감성이 가득한 형식의 사색이었다.[96] 포르타는 사변 중심의 문헌 마술에서 실증 중심의 실험 마술로 옮겨갔다.[97] 그는 실험적, 실증적인 방법으로 실제적, 실리적인 결과를 거두었다. 그는 힘의 세기가 거리에 따라 감소한다는 것을 정성적으로 표현했으나 이론면에서 이바지한 것만은 사실이다. 두 사람은 고대의 문헌을 무조건 따르지 않았고 경험과 실험을 중요시했으며 기술적 응용에 초점을 맞출 것을 강조했다. 이렇게 해서 르네상스의 자연 마술은 카르다노와 포르타에 이르러 근대적, 기술적 실천과 결합됐다.[98]

　마술 사상을 따르는 사람들은 불가사의한 힘을 믿었고 그 힘에 도전했다. 이들의 아낌없는 노력에 힘입어 자연철학자들은 처음으로 규칙성과 관련된 실마리를 얻을 수 있었다.[99] 자연계는 모든 사물이 서로 작용하고 사람은 관찰로 그 작용의 힘을 알 수 있다는 마술 사상은 케플러와 뉴턴이 보편중력을 발견하게 되는 바탕을 제공했다. 멀리 떨어진 천체가 지상의 물체에 영향을 미친다는 관념은 원래 점성술에 속했고, 대우주와 소우주의 대응이라는 르네상스의 마술 사상에서 유래한 것이다.[100] 그러나 자기력을 포함한 이런 것들이 실재하는 물리적인 힘으로 파악되려면 지구 자체를 탐구하게 된 신항로 개척 시대를 거쳐야 했다. 케플러는 행성의 궤도를 타원이라고 가정해서 정확하게 계산할 수 있었다. 하지만 그는 계산 결과와 궤도의 일치가 물리적 힘의 고유한 성질이 아니라 숫자 배열의 고유한 성질이라고 생각했다. 그가 과학적 성취를 이룰 수 있던 것은 그런 마술적인 신비주의였다. 뉴턴은 기계론이 그러하듯이 불활성적이고 수동적인 물질만으로는 역동적인 세계를 설명할 수 없다고 보았다. 실제로 그는 입자가 수동적인 운동 법칙을 수반하는 관성의 힘을 가지고 있을 뿐만 아니라 어떤 능동적인 원리, 이를테면 중력이라든가 발효 같은 물질의 결합을 일으키는 동인(動因)에 의해서도 움직인다고[101] 했다. 경제학자 케인즈가 말했듯이 뉴턴은 '최후의 마술사'[102]였기 때문에 뉴턴이 천체들 사이에 작용하는 중력이라는 불가사의한 작용을 받아들일 수 있었다.

이런 과정을 거쳐 과학이 부상하면서 전에는 초자연적인 설명이 지배하던 영역에 자연적 설명을 제공하게 되었고 거의 만능이던 마술적 사고가 약화되었다. 경험주의가 믿음을 얻으면서 지금까지는 실제 사실로 뒷받침할 필요가 없던 미신 같은 믿음에 대해 경험의 증거를 찾으려는 욕구가 생겼다.[103]

기계론 사상 12세기 중반부터 시작해 몇 세기 동안 아시아와 북아프리카로부터 유럽에 들어온 기술과 유럽에서 개발한 기술이 느리지만 차곡차곡 쌓이면서 상당히 발전했다. 이런 기술 발전의 양적인 축적은 사회의 질적 전화에 필수 조건이었다. 15~16세기에 기술자는 개인의 손재주나 창의성에 기대었고 원리를 가볍게 여겼으나 이론도 실용에 도움이 된다는 것을 차츰 깨달았다. 거꾸로 학자는 가설의 타당성을 확인하고 연구의 방향을 세우는 데 장인의 업적에서 많은 실마리를 얻었다. 당시는 기술이 과학에 앞서 있었으므로 기술이 과학을 선도했지 과학은 기술에 그다지 영향을 주지 못했다. 신항로 개척과 같은 엄청난 사건에서도 과학은 본질적으로 아무런 역할을 하지 못했다. 16세기 중반 타르탈리아가 탄도를 연구했을 때 이론적인 탄도학이 유용할 수 있었겠지만, 당시에 탄도학은 아직 정립되지 않은 상태였다. 갈릴레오의 낙하 법칙은 없었다.

갈릴레오는 〈신과학 대화〉의 첫머리에서 장인들이 축적한 경험적 사실들에서 연구의 방향을 설정할 수 있었다고 했다.[104] 이처럼 장인이 제기한 문제로부터 자극받아 사변적 세계에 파묻혔던 데서 벗어나 장인의 실천을 본받은 관찰과 실험의 과학으로 나아가고 있었다. 과학혁명의 두 요소인 탐구 방법의 혁신과 세계를 바라보는 시각의 전환은 궁극적으로 장인과 학자가 영향을 주고받는 가운데 전개되었다. 장인은 과학혁명의 원재료가 된 수많은 경험 지식과 방법을 학자에게 주었다. 이를테면 그리스에서는 비밀리에 유지되던 화학의 뿌리가 된 많은 연금술 지식을 아랍인은 기록으로 남겼다. 기술자의 지식을 끌어다 쓰려는 아랍 학자의 욕구는 나중에 과학혁명의 중심이 된 베이컨주의 기획의 전조를 보여준다.[105]

기계론의 기원을 찾으려면 먼저 사회, 경제적 배경을 생각해야 한다. 자본주의의 확장은 과학을 추구하는 사회적 조건을 형성했다. 시장의 엄청난 확대는 산업 분야마다 생산성을 높여주는 기술 문제를 고민하게 했다. 그것을 해결하기 위해 사람들은 이전 문명에서는 찾아볼 수 없을 만큼 많은 노력을 기울였다. 자신의 일을 개선해 줄 기술을 찾아 나섰고, 새로운 기술을 개발하려면 자연 현상을 더 잘 이용할 수 있는 지식이 필요했다. 이렇듯 자본주의는 물리 현상에서 인과관계를 밝혀내어 생산 방식을 개선하려는 노력을 낳았다. 장인이 그런 지식을 창출하게 되자 학자는 세상을 인식하는 새로운 방법을 생각했다. 그래서 나온 것이 기계론 철학과 실험과학이었다. 16세기에 기계의 사용이 늘었고, 이런 환경은 갈릴레오 같은 학자에게 기계의 유추에 관심을 두게 했다. 이 관심은 합리적 사유에 중요한 바탕이 되었다. 자연과학은 비유기적인 것에 무게중심을 두면서 전체 과정을 명확히 분석할 수 있는 힘을 얻었다.[106] 기계론 학파는 우주가 시계처럼 기계적으로 운동한다고 여겼으므로 시계의 부품처럼 조립되어 있는 우주의 내적 관계를 탐구하게 되었다. 이때 물리, 기계적 설명이 더 적절했으므로 신학적 설명은 무시되었다. 자연의 힘과 초자연적 힘을 분리함으로써 자연에 내재된 질서와 법칙을 찾을 수 있게 되었다. 유기체적인 것과 기계적인 것이 분리되면서 기술 진보는 구체화되었다.

16세기 말에 갈릴레오와 그 후계자들이 기계의 유추를 포착한 것은 근대 초기에 기계가 지배하는 경제를 반영한 것으로 16세기 중반 아르키메데스적 과학의 부활과 관련된다. 수학자이자 천문학자인 레기오몬타누스가 일찍 죽게 되면서 번역본으로 완성되지 못한 아르키메데스 저작의 완성본이 1543년에 인쇄되었다. 이 덕분에 아르키메데스의 전체 업적이 드러나면서, 그에 대한 관심이 많아졌고 아리스토텔레스나 플라톤에게는 없던 그리스의 과학 지식이 알려졌다. 아르키메데스의 전통은 장인의 그것이었다. 그것은 비밀리에 전해지는 것이 아니고, 숨은 기능에 지배되는 것도 아니며, 종교적인 의미의 수학적 조화를 구하려던 것도 아니었다.[107] 그의 부활은 세계는 측정되고 분석될 수 있는 것이라는 수학적 방법의 기초를 되살리는 것이었다. 수는 더 이상 신비주의에 둘러싸이지 않게 되었다.

16세기에 많은 학자가 신의 계시나 그것의 해석을 적은 글에서는 새로운 지식을 더 이상 얻을 수 없음을 알게 되었다. 새로운 원리와 방법이 필요했다. 아리스토텔레스를 비판한 글에서 F. 베이컨(F. Bacon 1561-1626)이 체계적 실험의 필요성을 역설했다. 모든 지식은 관찰에서 시작하는데, 성급하게 일반화해서는 안 된다. 그가 강조한 실험과 결과는, 점진적이고 연속적으로 귀납하여 새로운 지식을 얻어야 한다는 생각이 하나의 흐름이 되었음을 잘 보여준다. 어떤 문제를 해결하려는 실험 설계라는 개념은 삼단논법으로 지식을 연역하는 아리스토텔레스의 방법론과 거리가 멀었다. 베이컨의 과학철학과 갈릴레오의 업적은 아리스토텔레스의 방법론이 그릇됨을 입증했다. 진보적인 학자들은 실험에서 나오는 자료를 바탕으로 대상을 분석하여 결과를 내고, 같은 절차를 되풀이할 수 있으며, 같은 현상을 보이는 대상에 기계적으로 적용하여 결과를 예측할 수 있었다. 그러나 갈릴레오 시대에도 기계론자들은 그들이 속한 학회와 긴장 상태에 있었다.[108] 당시에 뛰어난 사람들은 대체로 기계론자였다고 해도 좋으나 소수였다.

기계론적 사고에 가장 많은 영향을 끼친 것은 시계였다. 14세기에 만들어진 기계식 시계가 작동하는 규칙성과 시간의 정확성이 철학에 미친 영향은 매우 강력했다. 여기에 영혼과 육체를 구별하는 기독교의 사고방식도 기계론적 사고를 받아들이게 하는 데 간접적으로 영향을 끼쳤다. 육체를 가벼이 여기는 교회 제도는 의도치 않게 기계적 사고로 나아가는 길을 열었다. 기독교 교리는 육체를 기계로 여겨 폭력적으로 대하게 했고 육체적 행동의 대용물이라고 할 수 있는 기계를 자연스럽게 받아들이게 했다.[109]

미묘하고 복잡한 유기적 사실을 기계에 비유하여 해석하는 관점이 17세기 철학에 나타났다. 메르센, 홉스, 데카르트의 저작이 기계론을 보급했다. 데카르트는 모든 것을 의심하고 의심한 끝에, 생각하는 자신의 마음은 의심할 수 없다는 결론에 다다랐다. 나는 생각하므로 존재한다는 제1원리에서 시작한 그는 수학적 추론으로 방향을 틀어 많은 주제에 적용할 수 있는 강력한 좌표기하학이라는 새 분야를 창안했다. 그의 연구는 모든 것에 대해 수학적이고 기계론적인 설명을 찾는 기하학 정신과 기계적 인과론의 정신을 낳았다.[110] 이 사고가 인간의 영혼을 제외한 자연 전체를 기계적 구조에 기초하여 해석하면서 신학의 토대를 무너뜨리기 시작했다. 신이 부여하던 질서가 기계의 질서로 대체되었다. 데카르트에게 물리적 세계와 유기적 세계는 수학적 방법으로 분석되어 밝혀지는, 양적인 역학 법칙을 따르는 비슷한 실체로 구성된 동질의 역학 체계였다.[111] 자연 세계를 크기, 시간, 질량, 힘 같은 정량적 관점으로 일관되게 파악하기 위해 질적 차이를 제거하는 추상화 과정을 거쳤다. 이렇게 해서 그의 체계에서는 인체를 포함하여 동물, 식물, 무생물이 모두 역학의 법칙에 지배되는 기계와 다를 바 없었다. 17세기의 기계론 철학은 이유는 다르나 플라톤 철학과 비슷한 결론에 다다랐다. 우주의 수학적 조화를 주장한 플라톤과 이성을 근간으로 하여 일반적 방법을 찾았던 데카르트는 모두 자연을 수학으로 규명하고자 했다.

3-2 자연철학

교회의 권위에 억눌린 사회였던 중세 유럽의 학문은 신학, 법학, 자연철학의 세 분야가 차지했고 신학이 가장 지배적이었다. 번역의 시대가 시작된 11세기에 학자들이 성서 속의 모순을 깨달으면서 새로운 방법을 찾기 시작했다. 그것은 수학을 중시하는 플라톤과 경험을 중시하는 아리스토텔레스에서 비롯되었다. 자연 현상을 전체적으로 설명하려 했던 두 학자의 업적은 근대 서양 과학에 바탕을 제공했다. 12세기는 유럽이 과학적 탐구를 시작하는 기반을 닦은 시기였다. 특히 대학이 아리스토텔레스의 자연과학을 교육과정에 넣음으로써 사적이고 개별적인 편견이 배제된 자연의 탐구라는 의제가 사회 제도로 정착했다.[112] 이럼으로써 기독교에 구속됐던 우주론을 탐색, 비판, 재구성하게 되었다.

기독교 세계관은 아리스토텔레스 철학이 들어오면서 위기를 맞았다. 신이라도 합리적이지 않고 이성적이지 못한 방식으로 행할 수 없다는 아리스토텔레스의 주장은 기독교 교리와 충돌할 수밖에 없었다.[113] 이때 아퀴나스(T. Aquinas 1225-1274)가 아리스토텔레스 철학을 기독교 신학에 조화롭게 편입시켜 스콜라 철학으로 완성했다. 아퀴나스는 이교도를 설득하고 논파하려면 철학이 필요했으므로 기독교적 예단을 배제하고서 철학적 논의를 전개했다. 그는 '자연적 이성'으로 논증된 '과학적 진리'는 계시의 진리, 곧 '신앙'과 모순되지 않음을 보여줌[114]으로써 아리스토텔레스 철학을 기독교 신학에 흡수하고자 했다. 그의 노력으로 아리스토텔레스와 교회는 양립할 수 있었고 아리스토텔레스주의는 서유럽에 안착했다. 교리와 이성을 조화시킨 그는 플라톤보다 아리스토텔레스에 가까운 일종의 수정된 실재론을 내세웠다. 보편적 존재는 영원불변의 실재성을 갖지만 동시에 본질로 개체 안에 존재한다고 했다.[115] 사물의 자연 본성이 제대로 파악되면 사물의 현상적 성질과 발현 양상은 논리적으로 추론해 파악할 수 있다고도 했다. 그렇지만 자연학을 논의할 때 관찰이나 실험을 중요시하지 않았고, 어떤 사실이 일반적인 원리로부터 연역되면 증명된다고 보았다.

아퀴나스는 기독교가 세계를 보편적으로 지배할 수 있도록, 기독교 교리를 철학적으로 설명하고 체계화하고자 했다. 그는 신학과 형이상학의 원리에 중점을 두었으며 이것을 뒷받침하기 위한 도구로써 자연학을 다루었다. 이때의 자연학은 기본적으로 아리스토텔레스의 것이다. 특히 4원소설이나 우주론과 관련해서는 아리스토텔레스의 주장을 거의 그대로 따랐다. 그는 신의 존재를 입증하기 위해서 아리스토텔레스의 우주론을 길게 다루었다. 그에게 우주는 물질로 가득 차 있는 구로서 진공은 있을 수 없었다. 모든 운동은 움직이게 하는 힘과 움직이는 물체 사이에 직간접의 물리적인 접촉이 필요하기 때문이었다.[116] 그러나 그가 이해하고 있는 과학은 아리스토텔레스의 관념론에 지나지 않았다. 이 때문에 스콜라 철학은 얼마 지나지 않아 자연과학의 발전을 가로막는 질곡이 되었다. 그렇더라도 그것이 자연학을 신학으로부터 독립시키는 데 어느 정도 이바지했다.

아퀴나스는 자연적 이성으로 인식되는 철학적 진리는 신앙과 조화를 이룰 수 있다고 했다. 계시와 정면으로 부딪지 않는 이성의 권리를 인정한 것이다. 이로써 이성이 자율적으로 활동할 수 있는 분야를 보증하는 셈이 되었다. 그것은 계시적인 진리를 고려하지 않고 신학적인 동기 없이도 자연을 합리적으로 연구하는 방법을 사실상 용인하는 것이었다.[117] 하느님은 우주의 합목적적 작용에 자신을 드러내는 존재였다. 신은 그 전제를 살피고 본질을 검토할 수 있는 논리학자였다. 그리하여 신의 작용은 이성에 의한 논리적 분석의 대상이 되었다.[118] 이러한 스콜라 철학의 논리는 르네상스의 사상가들에게 하느님이 창조한 자연에 담긴 원리와 방식을 이해할 수 있다는 믿음을 심어 주었다. 스콜라 철학은 인간 이성의 자유가 보장되어 있음을 신학적으로 뒷받침해 주었다.

아퀴나스 덕분에 교회의 박해를 받던 아리스토텔레스주의가 교회를 지탱하는 철학으로 굳건히 자리를 잡았다. 그러다 그것이 교회의 인정을 받고 보수화되자 플라톤의 자연철학이 대안으로 부활했다. 자연계를 이루는 기본 입자는 기하학적 도형으로 이루어져 있다는 플라톤의 생각은 신플라톤주의자에 의해 수비학과 함께 퍼져 나갔다. 교회가 지지한 자연철학에서 하느님은 사람에게 도움을 주려고 자연(우주)을 설계했다. 더구나 하느님이 수학적 질서를 유지하도록 자연을 설계했기 때문에 자연의 수학적 법칙을 탐구하는 것은 모순이 아니었다. 자연의 수학적 법칙을 찾는 노력은 종교적 믿음에서 나오는 행위가 되었다. 1600년 무렵에는 수학이 자연의 법칙을 알 수 있는 열쇠라는 믿음이 굳건히 자리 잡았다. 이렇게 하여 근대 수학과 과학이 자랄 수 있는 환경이 마련되었다.

　1100~1450년에 과학을 연구하던 스콜라 철학자들 가운데 일부가 스콜라 철학의 교조주의에 반대하여 아리스토텔레스의 이론이 절대로 옳다는 주장을 거부했다. R. 베이컨이 대표적이다. 신의 앎과 사람의 앎은 분명히 다르고, 신학에는 철학이 다가가지 못하는 영역이 있다는 아퀴나스의 생각을 베이컨은 인정하지 않았다. 그에게 완전한 지혜는 하나이고 성서에 들어 있는데, 그것은 철학으로 해명되어야만 하는 것이었다. 그가 말하는 철학에는 수학, 자연학, 점성술, 연금술과 같은 세속의 모든 학문이 포함되어 있다. 기독교를 진정 보편적인 것으로 만들고 이교도를 설득하고 개종할 수 있을 만큼 신학을 강력하고 풍요롭게 만들기 위해서는 세속의 학문, 나아가 이교의 학문도 연구하고 그 성과를 기독교 신학과 교회를 위해 이용해야 한다는 것이 베이컨의 기본 입장이었다.[119]

　R. 베이컨은 아리스토텔레스에게서 매우 많은 영향을 받았으나 자연 인식에서 경험을 중시하고 수학의 가치를 높이 평가함으로써 아리스토텔레스 철학을 넘어섰다.[120] 아리스토텔레스 자연학의 기반 위에서 수학적 자연학을 할 수 있고, 해야 한다고 주장했다. 그는 수학을 강조하면서도 새로운 것을 발견하고 이론적으로 얻어낸 결과를 검증하는 수단으로 실험이 중요함을 충분히 깨닫고 있었다.[121] 이런 의미에서 그는 믿을 만한 지식을 어떻게 얻는지 알고 있었다. 지식 체계가 엄밀하고 완전하려면 수학(논증)적 추론과 경험(감각)적 확증이 모두 필요하고 둘은 서로 보완되어야 했다. 그는 확실한 인식의 근거를 수학적 추론에서 구했으면서도 수학의 진리성을 감각에서 찾았다. 이로써 그는 실증적이며 수학적인 근대 물리학에 다가섰다. 감각적 자연 인식을 하위에 두는 관념적인 플라톤의 협소함과 정성적 자연학으로 기울었던 아리스토텔레스의 한계를 극복했다. 그는 수학이 지리학, 음악, 역법 등의 분야뿐만 아니라 신앙을 보증한다고까지 했다. 그러나 그도 마술과 점성술을 믿었으며 모든 학문의 지향점은 신학이라고 생각했다는 점에서 보면 시대의 한계를 벗어나지 못했다.

이 장의 참고문헌

[1] Huff, 2008, 393-394

[2] Harari 2015, 399

[3] Huff 2008, 233

[4] Livesey, Brentjes 2019, 137

[5] 장득진 외 2013, 201

[6] Huff 2008, 206

[7] Livesey, Brentjes 2019, 138

[8] Huff 2008, 161

[9] Conner 2014, 221

[10] Huff 2008, 227

[11] Harman 2004, 201

[12] Swetz 1987, 295

[13] Huff 2008, 141

[14] Balazs 1967, 9, 32

[15] 齊藤 2007, 157

[16] Mason 1962, 112

[17] 山本 2012, 176

[18] Burton 2011, 271

[19] McClellan, Dorn 2008, 282

[20] Coleman 1990, 531

[21] Huff 2008, 378

[22] 山本 2012, 415

[23] Mokyr 2018, 244

[24] Huff 2008, 134

[25] Huff 2008, 263

[26] Huff 2008, 447

[27] Elman 2013, 269

[28] Huff 2008, 449

[29] Mokyr 2018, 416

[30] Wootton 2015, 302

[31] Kley 2000, 26

[32] Price 1962, 51

[33] Conner 2014, 338

[34] Eamon 1996, 94

[35] McClellan, Dorn 2008, 176

[36] 주경철 2014, 175

[37] Huff 2008, 503

[38] Никифоровский 1993, 65

[39] Collins 1998

[40] Zilsel 1942

[41] Mokyr 2018, 199

[42] Mokyr 2018, 215

[43] MacLean 2008, 17

[44] Grafton 2009, 9

[45] Mokyr 2018, 223

[46] Kearney 1983, 228

[47] 윤일희 2017, 270

[48] 윤일희 2017, 272

[49] Conner 2014, 398

[50] McClellan, Dorn 2008, 345

[51] Burton 2011, 501

[52] Huff 2008, 282

[53] McClellan, Dorn 2008, 180

[54] Livesey, Brentjes 2019, 143

[55] Alford 1995

[56] Harari 2015, 420

[57] Lach 1965, 20-30

[58] 장득진 외 2013, 283

[59] Harari 2015, 420

[60] 장득진 외 2013, 292

[61] Harman 2004, 243

[62] Mokyr 2018, 207

[63] Harari 2015, 374

[64] Mokyr 2018, 240-241

[65] Huff 2008, 36

[66] Mokyr 2018, 266

[67] Eisenstein 1979, 449

[68] Huff 2008, 302

[69] Livesey, Brentjes 2019, 141

[70] McClellan, Dorn 2008, 289

[71] Needham 1988, 315

[72] Kline 2009, 139

[73] Huff 2008, 196

[74] Huff 2008, 174

[75] Kline 2009, 140

[76] Huff 2008, 174

[77] Huff 2008, 183

[78] Huff 2008, 195

[79] Huff, 2008, 175

[80] Needham 1988, 316

[81] Kearney 1983, 34

[82] McClellan, Dorn 2008, 310

[83] Kearney 1983, 40

[84] 山本 2012, 485

[85] 주경철 2014, 176

[86] 山本 2012, 329

[87] 山本, 2012, 328

[88] Mumford 2013, 73

[89] 박민아 외 2015, 160

[90] 山本 2012, 556

[91] 山本 2012, 326

[92] Kearney 1983, 51

[93] 山本 2012, 506

[94] 山本, 2012, 510

[95] 山本 2012, 501

[96] Kline 2016b, 308

[97] 山本, 2012, 538

[98] 山本, 2012, 540

[99] Mumford 2013, 69

[100] 山本 2012, 354

[101] Newton 1952, 401

[102] Keynes 2006, 27

[103] Shermer 2018, 171

[104] Kline 2016b, 317

[105] Conner 2014, 202

[106] Mumford 2013, 84

[107] Kearney 1983, 54

[108] Kearney 1983, 218

[109] Mumford 2013, 68

[110] Shermer 2018, 180

[111] Mason 1962, 171

[112] Huff 2008, 374

[113] 박민아 외 2015, 157

[114] 山本 2012, 205

[115] 장득진 외 2013, 201

[116] Mason 1962, 118

[117] 山本 2012, 209

[118] Kearney 1983, 45

[119] 山本 2012, 231

[120] 山本 2012, 235

[121] Kline 2016b, 287

제
10
장

근대 수학, 과학의 태동과 그 배경

제 11 장

르네상스 시대의 수학

1 르네상스 시대 유럽의 개관

1-1 르네상스의 배경과 전개

14~16세기의 르네상스는 미신이 곳곳에 스며들어 있던 사회에서 일어났다. 르네상스가 진행되던 때에도 과학과 미신은 아직 분리되지 않았다. 물질을 분해하고 합성하는 방법에 관한 지식인 화학은 연금술과 뒤섞여 있었다. 천문학은 점성술에 묶여 있었다. 수학도 수비주의와 엮여 있었다. 이런 경향에 휩쓸리지는 않았으나 과학 지식을 고대 그리스와 아랍의 원문을 연구함으로써만 얻으려는 태도도 여전했다. 물체의 운동에 관한 아리스토텔레스의 원리와 모순된다는 까닭으로 지구가 움직인다는 견해를 받아들이지 않았다.

르네상스 시기에는 중세 유럽에서 인정되던 지식이 의심받기 시작했다. 되살아난 고대 그리스의 지식, 먼 거리 항해, 외부 발명품의 전래와 새로운 발명, 신학으로 설명할 수 없는 자연 현상의 발견 등은 예전의 기반를 무너뜨리기 시작했다. 이러한 상황의 변화와 함께 정치 체제도 바뀌면서 이전의 문화와 사회 형식이 무너지고 새로운 질서가 나타나 자리를 잡아나갔다.

가장 먼저 르네상스가 일어난 곳은 자치권을 지닌 상업 도시가 발달한 이탈리아였다. 주로 지리적인 여건 덕분에 중세에도 비잔틴과 왕래하면서 지식과 문화를 교류했다. 또한 다른 나라들보다 전쟁과 경제적 혼란을 덜 겪은 까닭에 상공업이 발달하면서 대규모 은행들이 생겨나 금융 중심지가 되었다. 여기서 축적된 부는 르네상스가 전개되는 바탕이 되었다. 이런 부를 차지한 소수의 상인은 자신들이 추구하는 정치, 경제, 종교적 목적에 도움이 되는 데에 후원했다. 그들은 중세의 추상적 이념보다 돈으로 살 수 있는 구체적인 사물에 관심을 두었다. 그들은 봉건적 수단이 아닌 방법으로 얻은 부를 기반으로 낡은 봉건 귀족을 밀어냈다.

제 11 장 르네상스 시대의 수학

이탈리아 북부에서는 15세기 초에 봉건제도가 사라지고 정치적으로 독립한 도시국가들이 나타났다. 이런 도시국가의 지식인과 예술가는 중세 문화의 질곡에서 벗어나고자 했다. 고전을 수집하여 연구하던 시기를 지나자 지식인은 중세 문화를 바꾸는 방법을 찾기 시작했다. 이 과정이 순탄하지는 않았다. 15~16세기에 이탈리아 도시에서도 음모, 대량 학살, 전쟁이 이어지고 있었다. 15세기에 이탈리아를 나누어 차지하고 있던 군소 국가들과 막강한 정치, 군사력을 행사하던 교황청이 영토와 재산을 둘러싸고 전쟁을 이어가자 이탈리아는 황폐해지면서 오랫동안 혼란에 빠졌다. 그 틈에 상인, 장인을 비롯한 신흥 도시민이 힘을 얻어갔다. 혼란스런 정치 상황과 일부 나라에 수립된 민주 정부는 개인이라는 존재를 탄생시켰다.[1] 시민은 교회의 지배를 지탱하던 기독교의 구원과 내세 신앙을 의심스럽게 보기 시작했고 지적 저항을 감행하기에 이르렀다. 이것이 결국 르네상스의 원동력이 된다.

르네상스는 문학과 예술 분야부터 시작되었고 과학 분야로 이어져 과학혁명으로 나타난다. 고대 문서를 발굴하고 연구하면서 사람이 지닌 새로운 가능성을 앞서서 제시한 것이 인문주의였다. 르네상스 초기에는 인문학의 가치를 강조하고 경험과 관찰로 얻은 지식을 대수롭지 않게 여겼고 심지어 의심스러워했다. 문헌 연구의 범위를 벗어나거나 문학의 미적 관점에 벗어나 있던 자연과학과 수학을 하찮게 여겼다. 초기 인문주의자는 관념적이며 껍데기뿐인 스콜라 철학을 대수롭지 않게 여기기도 했다. 그렇다고 해서 그들이 스콜라 철학을 대체할 새로운 학문이나 사상을 만든 것은 아니었다. 대학은 여전히 스콜라의 이념을 가르침으로써 중세의 태도를 길러주고자 했다.

르네상스 운동은 15세기 후반에 일어난 세 가지 사건에 영향을 받아 전환기를 맞게 된다. 첫째로 1453년 셀주크 투르크가 콘스탄티노플을 점령했다. 이전까지는 몇 가지 경로를 통해서 전해진 아주 일부의 고대 그리스 저작만 있던 유럽에서, 투르크가 비잔틴을 공격했을 때 학자들이 콘스탄티노플을 빠져나오면서 가져온 많은 그리스 고전을 원전으로 직접 연구하기 시작했다. 둘째로 신대륙을 발견하고 세계 일주에 성공했다. 이것을 계기로 유럽에는 동물, 식물, 기후, 생활 방식 등에 관한 새로운 지식이 들어왔다. 또한 항해술을 개선하는 데 필요한 시계(경도 계산), 천문학, 삼각법 등이 발달했다. 이런 지식들 덕분에 사람들은 교회가 내세우는 과학과 우주론을 의심하기 시작하고 교회에 반대의 목소리를 내기에 이른다. 셋째로 금속활자를 이용한 인쇄술로 전례 없이 정확한 지식을 대량으로 퍼뜨릴 수 있게 되었다.

14~15세기에 이탈리아에서 일어난 것과 비슷한 사회, 경제적 변화가 15~16세기에 다른 서유럽에서 일어났다. 이탈리아에서는 심미적이면서 문예를 지향했던 데 견줘 후자에서는 사회 개혁의 특징을 보였다. 그것은 후자에서는 전자보다 봉건제의 뿌리가 깊었던 데다 가톨릭 세력이 강했고 그만큼 스콜라 철학의 힘도 강고했던 것에 대한 반작용으로 생각된다. 실제로 농촌과 도시의 구별이 뚜렷했던 그 지역에서는 사회와 교육 개혁, 종교 혁신에 더 큰 관심을 두었다. 이탈리아 인문주의자가 그리스와 로마의 고전으로 돌아가려던 것과 달리 후자의 인문주의자는 초기 기독교 문헌이나 히브리어로 쓰인 성경의 원전을 연구하려 했다.[2] 한편 후자에서는 제 나라말로 저작을 쓰기 시작했는데, 민족국가를 일찍 이룬 프랑스, 영국, 스페인 등에서 눈에 띄었다. 라틴어로 쓰인 기독교 교리는 더욱 시대의 흐름에서 멀어졌다.

그리스 철학에 대한 새로운 인식은 문학을 넘어 문화 전반으로 넓어지고 깊어지면서 새로운 인간관과 자연관이 싹텄다. 인간의 이성을 확신하게 되었고 주변에 있는 문제에 적용했다. 장인, 기술자의 기능이 지식을 발전시키는 데 도움이 되며 학문적으로도 살펴볼 필요가 있다는 주장이 몇 분야에서 제기되었다. 과학을 발전시키려면 방법론을 바꿔야 한다고 생각한 사람들이 나왔다. 그들은 스콜라 철학에서 벗어났고 그리스 학문을 무조건 받아들이지 않았다. 전반적으로 르네상스 운동이 과학에서는 그다지 진전을 이루지 못했으나 근대 자연과학에 토대를 제공했다. 르네상스 과학은 본질적으로 인본주의에 입각해 있었다. 코페르니쿠스도 대표적인 인본주의자였다.

16세기에 우주론과 천문학에서 중대한 변화를 맞이하게 된다. 우주의 구조를 근본적으로 다르게 바라보는 대변혁이 일어났는데, 코페르니쿠스가 불을 지폈고 뒤를 이어 튀코, 케플러, 갈릴레오가 이를 확증했다. 새로운 사실이 입증되었다고 해서 세계관이 갑자기 바뀌지는 않았다. 과학은 그것에 내재된 가치관과 그것을 둘러싼 문화의 가치관이 연계되어야 발전한다. 문화의 가치관을 바꿔나가는 역할을 튀코가 했다. 그가 프톨레마이오스의 체계를 뒷받침하려고 체계적으로 관측하여 쌓고 정리한 천문 정보가 프톨레마이오스가 근거로 삼던 아리스토텔레스의 통념을 뒤집었다. 세계관을 바꾸는 데 역할을 한 또 하나는 신항로 개척으로, 그것은 상상 속의 평평한 지구의 모습을 바꿨다.

1-2 과학혁명으로 이끈 사람들

아퀴나스 이후 대세를 이루었던 스콜라 철학은 15세기에는 현실과 동떨어졌다. 대학 교육은 수사법과 변증술을 습득하는 데 파묻혀 껍데기만 남았다. 이에 대한 반동으로 고대로 돌아가려는 인문주의 운동이 일어났다. 16세기에는 장인과 상인이 현장 경험을 바탕으로 쓴 저작들이 나오자 학자들이 그들에게 배워 학문의 새로운 방향을 찾기 시작됐다. 이러한 움직임이 과학혁명으로 이어졌다. 이것에 커다란 영향을 끼친 사람으로는 앞 장에서 살펴본 디와 포르타 그리고 앞으로 살펴볼 다빈치, 코페르니쿠스, 베살리우스, 길버트, 튀코, 스테빈, F. 베이컨, 갈릴레오, 케플러 등이 있다. 여기서는 다빈치, 베살리우스, 길버트, F. 베이컨을 간단히 살펴보고 다른 사람들은 수학, 천문학과 관련하여 살펴본다.

15세기에 이르면, 종교적 상징에 매몰되어 삼차원성을 끌어들일 필요가 없던 중세의 화풍에서 벗어나, 삼차원 대상을 평면에 옮기는 방법을 적극 찾게 되었다. 말하자면 원근법을 도입하고자 했다. 다빈치(L. da Vinci 1452-1519)는 실제와 이론에서 모두 원근법 발전에 많이 이바지했다. 유럽에서 수학적인 원근법의 발전은 미술 운동 덕분이었는데 수학에서는 16세기 중반에야 원근법에 관심을 기울였다. 다빈치는 원근법뿐만 아니라 다른 연구에서도 이론과 실제의 결합이 중요하다고 생각했다. 그는 심미와 실용의 관점에서 자연을 조사함으로써 성과를 얻었다. 그는 자연 연구에서 수량 관계에 관심을 두었다는 점에서 근대 과학자의 면모를 보였다. 하지만 그는 갈릴레오만큼 현상의 수량 관계를 제대로 드러내지 못했다. 그는 수학을 그다지 알지 못했고 그의 연구 방식은 다분히 경험적, 직관적이었다.

중세 의학에서 해부는 금기였다. 이런 상황이 16세기에 들어서면서 바뀌었다. 그 전환의 중심에 베살리우스(A. Vesalius 1514-1564)가 있었다. 그가 펴낸 〈인체 구조〉(De Humani Corporis Fabrica 1543)는 카르다노의 〈위대한 술법〉(Ars magna, sive de regulis algebraicis 1545), 코페르니쿠스의 〈천구의 회전〉(De revolutionibus orbium coelestium 1543)과 함께 중세와 근대의 사고를 구분 짓는 저작이다. 베살리우스는 익명의 삽화가들이 세밀하고 사실적으로 그린 많은 그림을 수록했다. 이 저작은 그때까지 수사적 글쓰기와 논리만을 중시하던 관념의 학문에서 사실의 관찰에 바탕을 둔 시각적 이해를 중시하는 실천의 학문으로 옮겨갔음을 보여주었다.[3] 그는 해부라는 실천으로 탐구하는 절차를 거쳐서 코페르니쿠스처럼 이전과 다른 결과를 얻었다. 그는 피가 염통의 우심실에서 좌심실로 간막이벽을 통과하여 흘러간다는 갈레노스의 설이 옳지 않음을 입증했다. 사실 간막이벽은 두꺼운 근육질이다. 그렇지만 그는 피가 어떻게 해서 정맥에서 동맥으로 옮겨가는지를 밝혀내지는 못했다.

〈자석〉(De Magnete 1600)을 쓴 길버트(W. Gilbert 1544-1603)의 업적은 실험적 방법을 창안했다기보다 실험을 하도록 동기를 부여하고 실험 결과에 의미를 주고 해석한 것에 있다. 처음으로 학술적 훈련을 받은 학자인 그는 우수한 장인들의 실험 방법을 받아들이고 그 결과를 책을 통해 학식이 있는 대중에게 알렸다.[4] 실험을 출발점으로 삼아야 한다고 주장한 그는 기술자나 노동자들로부터 배운 정보, 방법, 기법을 편지 공화국에 공표하기 위해 애썼다. 많은 기술은 무명의 장인이 만든 작은 개선이 쌓여 발전했고 이런 지식은 글을 아는 장인과 학자에 의해 편지 공화국을 통해 퍼졌다.

15세기에는 반박할 수 없는 영역으로 여겨지던 고전 과학이 고쳐지거나 뒤집히면서 혁신의 속도가 빨라졌다. 16세기에는 많은 학자가 드러내놓고 고전의 내용을 공격하면서 우상을 물리치기 시작했다. 17세기에는 고전 과학과 단절해 나갔다. 17세기 초에 F. 베이컨은 고전주의 교리와 전면전을 벌이며 삼단논법과 권위를 버리고 관찰과 실험을 적극 활용하여 새롭게 시작하자고 주장했다.[5] 사실에 근거를 두고 모든 단계에서 이론을 검증해야 한다고 했다. 과학은 연역과 귀납 사이에서 균형을 잡는 것으로, 감각 자료와 추론된 이론의 결합이어야 했다.[6] 경험적 관찰, 실험, 인과적 연구와 체계적, 논리적, 수학적 사고를 갈라놓던 사회의 장벽이 무너지고 학술적으로 훈련된 학자들은 탁월한 장인들이 발전시킨 방법을 받아들인 이때가 바로 진정한 과학이 탄생한 순간이었다.[7]

학자와 장인이 포괄적으로 협력해야 한다는 베이컨의 주장은 계몽주의 시대에 널리 공감을 얻었다. 두 집단을 이어주는 다리 역할을 충실히 한 그는 유용한 지식을 적절하게 조직, 조정, 분배해야 기술이 진보할 수 있다고 강조했다. 많은 원리가 작업 과정에 숨어 있는데, 그것이야말로 과학 지식의 귀중한 원천이라고 생각했다. 질셀에 따르면 근대 과학은 장인과 지식인의 상호 작용으로 탄생했다. 길버트, 베이컨, 갈릴레오는 그들이 당대의 여러 분야에서 장인으로부터 영감을 얻었다는 사실을 자신의 저작에서 분명히 밝히고 있다.[8] 그리고 갈릴레오, 훅, 하위헌스 같은 많은 과학자가 도구 제작자이기도 했다. 베이컨은 장인이 쓴 책에 실려 있는 실험을 긍정적으로 평가하고, 진보를 구현하고 공익에 이바지할 수 있는 과학은 장기간에 걸쳐 집단적으로 협력해야 하는 사업이라는 생각을 적극 전파했다.

베이컨은 과학 이론을 창시할 만큼 뛰어난 과학자는 아니었다. 그는 수학이 과학에 유용한 도구임은 알았으나 수학과 그것을 따르는 연역적 논리를 탐탁하게 여기지 않았다. 사실 그는 자신이 옹호하는 이론의 중요성도 인지하지 못했다.[9] 그랬지만 자연철학의 접근 방식에서는 통찰력이 뛰어났다. 베이컨 덕분에 과학 연구에서 실험 연구의 중요성이 인정받기 시작했다. 그는 관찰로 시작해 일반 이론을 세우고 거기서 논리적인 예측을 한 다음 실험을 통해 그 예측을 점검하는 것이 이상적이라고 주장했다.[10] 아쉽게도 그가 과학을 하는 방법은 실험적, 귀납적이었으나 질적이기도 했다. 천체의 물리적 성질이라든지 물체가 자유낙하할 때 공기의 역할 등을 살펴야 한다고 생각했다. 그는 자연의 복잡한 맥락으로부터 현상을 분리하고, 그 가운데 측정할 수 있는 현상만을 연구한 결과로부터 수학적 이론을 세우는 방법을 반대했다.[11] 이처럼 그는 수량적 법칙의 힘을 깨닫지 못하여 과학은 정량화에 힘써야 한다는 점을 인식하지 못했다.

베이컨 이후의 실험 과학은 이미 알려진 사실을 확인하는 차원에서 실행되지 않았고, 아직 발견되지 않은 것 또는 인공적인 환경에서 자연이 어떻게 반응하는지를 알아보기 위해 시도되었다.[12] 더욱이 그 자체가 혁신이었던 새로운 실험 도구와 실험 기술에 대한 의존도가 높아졌고 이로 인해 상상으로만 할 뿐 실제로는 수행하지 않는 '사고 실험'에서 빠르게 벗어났다.[13]

2 르네상스 시대의 수학 개관

수학에 대한 새로운 관심도 이탈리아에서 먼저 일어났다. 계산법과 대수학을 포함한 아랍 학문이 유럽에 전해진 두 개의 주요 경로 가운데 하나가 이탈리아였다. 그렇다고 해서 15세기 말의 레기오몬타누스(독일)나 슈케(프랑스)가 보여주듯이 다른 지역도 그렇게 늦게 시작된 것은 아니다. 일반적으로 수학의 르네상스도 1450년대에 시작되었다고 본다. 콘스탄티노플의 함락(1453)이라는 정치적인 전환과 시기가 부합하고, 실제로 15세기 중엽부터 수학 활동이 활발해지기 시작했다. 그렇다고 르네상스 시대에 수학에서 획기적인 변화가 일어나지는 않았다. 수학의 르네상스는 대수의 부흥을 특징으로 하고 있는데, 이렇게 보면 수학은 중세의 전통을 계승했다고 볼 수 있다. 이전의 저작을 이해하는 것이 지적 발전의 시작이라 하더라도,

다른 분야와 마찬가지로 초기의 수학자도 대부분 원전을 이해하는 수준에서 벗어나지 못했다.

르네상스 시대의 수학은 상인들의 계산술에 영향을 받아 발전하기 시작했다. 15세기의 수학 활동은 주로 무역, 항해, 천문학, 측량 등과 관련하여 이루어졌으므로 대개 산술, 대수, 삼각법 등에 관심이 집중되었다. 그리스 기하학의 고전은 그다지 중요하지 않았다. 더구나 당시에는 〈원론〉의 가장 초보적인 부분을 빼고는 그리스 기하학을 읽을 수 있을 만큼의 소양을 갖춘 사람이 거의 없었다. 그러므로 그리스의 기하학 저작이 온전히 있었더라도 상황은 그다지 바뀌지 않았을 것이다.

1478년에 수학책이 처음으로 인쇄되기는 했으나 16세기 전반까지도 수학에 진지하게 관심을 기울인 사람은 드물어, 인쇄된 수학책은 매우 적었다. 더구나 수학자가 대학에 속해 있더라도 수학은 부수적인 분야로 여겨졌다. 과학도 여전히 마술과 분리되지 않아 존경받는 지식인의 직업은 아니었다. 이 때문에 인쇄된 수학책의 내용도 매우 초보적인 수준이었다. 대부분의 대학 교육과정에 수학이 4과로 들어 있었으나 수준이 낮았기 때문에 문학, 미술, 건축에서 이룬 성취와 견줄 만한 수학의 업적은 나오지 않았다. 과학 분야에서는 태양중심설이 등장하여 그리스, 아랍, 중세의 천문학을 극복하는 성과를 냈으나 수학에서는 그나마도 없었다.

16세기 이탈리아에서는 아랍 대수학을 잇는 것 말고도 그리스 수학의 모든 저작을 복원하는 데도 관심을 두었다. 유클리드, 아르키메데스, 프톨레마이오스의 기본 저작은 몇 세기 전에 번역되어 있었다. 그러나 번역자는 수학자가 아니어서 번역은 온전하지 않았다. 16세기에 이 저작들을 포함한 그 밖의 수학책을 수학자가 그리스어로부터 다시 번역했다. 이러한 작업에서 가장 중요한 사람은 마우롤리코(F. Maurolico 1494-1575)와 코만디노(F. Commandino 1509-1575)였다. 수학적 재능이 뛰어났던 코만디노는 그리스어 사본에 섞인 모호한 것들을 바로 잡았다. 두 사람이 죽은 1575년까지는 오늘날 남아 있는 고대의 중요한 수학책이 대부분 번역되었다. 이제 유럽인은 그것들을 읽으며 그리스인이 정리를 어떻게 발견했는지 주의 깊게 살펴보기 시작했다.

16세기에 수학에서 이룬 성취를 요약하면 다음과 같다. 발달하는 상업과 금융으로부터 계산 방법을 개선해야 한다는 자극을 받아 인도-아랍의 수 계산이 표준화됐으며 소수가 개발되었고 음수가 받아들여졌다. 고대 그리스인과 아랍인이 빠뜨렸던 삼차, 사차방정식을 푸는 방법을 밝혀 방정식론에서 한 걸음 더 나아갔다. 대수학에서 가장 중요한 기호 표기법이 도입되었다. 정밀해지는 천문 관측은 로그의 발명과 삼각법의 체계화를 이끌었다. 삼각법은 항해, 측량을 비롯하여 용도가 넓어지면서 천문학에서 벗어나 독립 영역이 되었다. 항해의 요구에 따라 구면을 평면에 나타내는 방법이 개발되고 지도 제작에 활용됐다. 이전의 시기를 훨씬 뛰어넘는 진보의 시기가 차츰 무르익어 갔다.

르네상스 시대에 수학이 과학, 기술과 긴밀한 관계를 맺으면서, 발전할 수 있는 굳건한 토대를 마련했다. 과학 분야에서는 수학적 법칙의 발견이 과학의 목표라는 자각이 생겼고 기술 분야에서는 실행 결과의 수학적 형식화가 또 다른 실행의 가장 유용하고 확실한 지침이라는 인식이 자리를 잡았다.[14] 수학은 근대 과학과 기술에서 바탕이 되는 역할을 맡게 되었다. 르네상스 말인 16세기 후반부터 수학은 이탈리아, 독일 같은 한두 나라가 아닌 대부분의 서유럽 나라에서 활발히 연구되었다. 1550년에서 1700년 사이에 이룬 성과가 그리스인이 1000년 동안에 이룬 성과보다 훨씬 많았다. 이는 인쇄술의 발달과 자국어 출판 덕분에 교육을 받을 수 있는 계층이 넓어졌기 때문이다. 유럽인은 그리스 저작뿐만 아니라 스스로 일궈놓은 성과물을 널리 퍼뜨릴 수 있었다. 이러한 환경은 다시 새로운 생각을 낳았다. 당시의 수학에는 여러 관점들이 나왔고 이것이 자연을 폭넓게 연구하도록 했다. 기존의 사고와 새로운 개념이 만나고 이론과 실제 요구가 만나면서 성과물이 나왔다. 실용주의적 연구와 함께 자연을 이해한다는 커다란 목표도 추구했다.

3 수

1500년 무렵에 유럽인은 영을 수로 받아들였고 무리수를 계산에서 이전보다 자유롭게 사용했다. 그렇지만 아직도 일부 수학자는 무리수를 사용하면서도 수로 받아들이기를 꺼렸다. 17세기 중반에도 파스칼과 배로는 무리수를 기하학적 크기로만 이해했다. 심지어 뉴턴에게도 무리수는 연속적인 기하학적 크기와 독립하여 존재하지 못하는 기호였다.

슈케(N. Chuquet 1445?-1487?)는 어떤 수가 무리수인지와 그것을 바라는 만큼 정확하게 계산하는 귀납 알고리즘을 알고 있었다. 그는 1484년에 〈세 부분〉[41]에서 두 분수의 분자끼리 더하고 분모끼리 더하면 두 분수 사이에 존재하는 분수를 수없이 찾을 수 있다는 규칙을 증명 없이 제곱근을 계산하는 데 적용했다. 이럼으로써 그는 이산량과 연속량의 그리스적 이분법을 극복하는 한 걸음을 내디뎠다. 루돌프(C. Rudolff 1499-1545)는 〈미지수〉(Coss 1525)에서 무리수의 연산, $\sqrt{27} + \sqrt{200}$ 과 같은 무리식을 간단히 하는 방법, 분모의 유리화를 사용하는 방법을 설명했다. 이것을 시작으로 많은 학자가 무리량을 정수에 적용되는 규칙을 사용하여 다루면서 그것을 수로 받아들이게 되었다. 차츰 이산량과 연속량의 그리스적 이분법은 무너져 갔다.

스테빈(S. Stevin 1548-1620)이 〈산술〉(L'arithmétique 1585)에서 수의 기본 개념을 혁신했다. 그는 단위란 수를 생성하는 것이라고 하던 고대 그리스인과 달리 그것을 수라고 했다. 그에게 단위는 단위의 많음(곧, 수)의 일부이므로 단위도 수이어야 했다. 이제 수로서 단위는 다른 수와 함께 연산을 하고 얼마든지 작은 부분으로 나눌 수 있게 되었다. 그는 무리수를 독립된 존재의 수로 인정하고 무리수를 유리수에 의해 근사시킴으로써 이분법을 극복했다.

음수는 아랍 저작을 통해 유럽에 이미 알려져 있었으므로 16~17세기에 대다수 수학자는 음수를 불편하다고 느끼지 않았으나 수로는 인정하지 않았다. 더욱이 음수를 방정식의 근으로 여기지 않았다. 대수에 문자를 도입한 비에트(F. Viète 1540-1603)도 음수를 수로 보기를 꺼려 방정식의 근에서 배제했다. 게다가 그의 문자 계수는 음수를 나타내지 않았다. 수백 년 전에 음수를 포함한 계산법이 있었음에도 음수는 양수가 지닌 직관적이고 물리적인 의미를 갖지 못하여 수로서 인정받지 못했다. 17세기 초반에도 수를 받아들이는 데는 논리가 아니라 직관이 작용했다. 이런 모습은 슈케와 루돌프 등이 영(0)을 방정식의 근으로 인정하지 않았던 데서도 나타난다. 1657년에야 후데(J. Hudde 1633-1704)가 문자 계수로 음수와 양수를 모두 나타낸 뒤로 대부분의 수학자가 음수를 자유롭게 이용하게 된다.

아랍에서 사마와르(1130?-1180?)가 소수 개념을 이해하고 카시(1380-1429)는 간편한 소수 표기법을 만들었다. 유럽에서는 15세기에도 소수를 사용하지 않았다. 분수 표현이 한결 직관적이었기 때문이다. 인도-아랍의 10진 자리표기법이 13~16세기에 유럽 각지에서 사용되고 있었으나 정수에만 쓰이고 있었다. 그러니까 정수 부분에는 10진법을, 분수나 소수에는 여전히 60진법을 사용했다. 인도-아랍 수 체계를 따르는 10진법 소수 표기는 산술에서 혁신이었다.

루돌프가 처음으로 10진 소수 표기법의 한 형태로 413|4375를 사용했다. 비에

---

41) 〈수의 과학에서 세 부분〉(Triparty en la science des nomdres)

트는 〈수학 요람〉(Canonem mathematicum 1579)에 실은 수표와 계산에서 10진 소수를 사용했다. 그는 지름이 200,000인 원에 내접하는 정사각형의 한 변을 $141,421,\frac{356,24}{}$, 원둘레를 $314,159,\frac{265,36}{1,000,000}$로 쓰거나 $\mathbf{314,159,265,36}$처럼 굵기를 달리했다. 두 사람을 비롯한 다른 사람들이 10의 거듭제곱을 분모로 하는 분수 표기를 쓰기는 했으나 아직 그런 분수의 개념을 확실히 이해하지 못했다.[15]

스테빈이 〈십분의 일〉(De Thiende 1585)에서 소수 계산의 기본 규칙과 이론적인 근거를 10진법으로 명확히 체계적으로 설명함으로써 수학적 사고방식의 변혁에 크게 이바지했다. 이 때문에 그가 소수 표기법을 처음으로 사용했다고 인정된다. 그의 사고방식은 수론과 계산술을 명확히 구분했던 플라톤과 대비되었다. 경리 일을 했던 스테빈은 부기에서 시간과 노력을 절약하고자 했다. 그는 이론적으로만 생각하지 않았다. 그는 인도-아랍 표기법과 바빌로니아의 60진 분수 계산의 장점을 결합하여, 바빌로니아 체계를 빌린 10진 소수 표기법을 내놓았다. 그는 1/10, 1/100, 1/1000, …을 정수처럼 다룬 것이다. 이것은 시간을 나타내는 단위로 분과 초를 이용하는 것과 같다. 3분을 1시간의 3/60이 아니라 정수처럼 다루는 방식을 가져온 것이다. 소수 표현은 분수보다 이해하기 어려우나, 정수를 표기하는 자리기수법을 연장한 것이어서 정수처럼 계산할 수 있었으므로 더 편리했다.

스테빈은 10진법 소수를 공비가 10인 등비수열에 바탕을 두고 인도-아랍 숫자를 사용하여 정의하는데, 정수를 기호 ⓪으로 나타내고 이어서 ①, ②, …로 소수의 자리를 나타냈다. 이를테면 23.456을 23⓪4①5②6③ 또는 23 4 5 6 (⓪①②③)이라고 쓴다. 그러니까 ⓪은 정수, ①은 1/10, ②는 1/100, …을 가리켰다. 그렇지만 그는 ①, ②, …를 '10분의', '100분의'라는 식으로 읽지 않고 60진법의 분, 초, …처럼 첫째 자리(prime), 둘째 자리(second), …라고 읽었다. 4①5②6③은 첫째 자리 4, 둘째 자리 5, 셋째 자리 6이 된다. 곧바로 이 체계가 익숙해지면서 ①, ②, …라는 기호는 사라지고 ⓪만이 남았다가 오늘날의 기호(마침표, 쉼표)로 바뀌었다. 그는 10진법을 무게, 길이, 화폐와 같은 도량형에 사용하자고 주장했다.[16] 그의 제안이 실현된 것은 프랑스 혁명 시기에 미터법이 도입되었을 때였다. 그는 무게가 다른 물체를 같은 높이에서 떨어뜨려도 같은 시간에 바닥에 닿는다는 사실과 빗면의 법칙을 발견한 것을 포함하여 정역학과 유체역학의 발전에도 이바지했다.

클라비우스(C. Clavius 1538-1612)가 1539년에 작성한 사인표에서 수의 정수 부분과 소수 부분을 가르는 기호로 마침표를 처음 썼다.[17] 실제 계산에서 10진 소수를 구분하는 데에 점을 널리 쓰게 된 것은 네이피어(J. Napier 1550-1617)의 공이 가장 크다. 그와 브리그스(H. Briggs 1561-1631)가 도입한 상용로그는 10진법 소수를 사용하는 자연스러운 수단이 되었다. 소수는 크기를 비교하거나 표를 만들 때 분수보다 뛰어났다. 네이피어는 반올림 오차의 위험성에 주목하고, 마지막에 반올림해서 정수로 만들더라도 계산에서는 되도록 정확한 값을 사용해야 하므로 소수점을 사용한다고 했다.[18] 그의 표기법은 여러 가지였으나 어느 정도 표준화된 소수점 사용의 길을 열었다.

4 로그

17세기에 산술 분야에서 나온 가장 큰 성과는 로그였다. 17세기로 접어들 무렵 스코틀랜드의 네이피어와 스위스의 뷔르기(J. Bürgi 1552-1632)가 따로 어떠한 수의 곱셈도 덧셈으로 쉽게 바꿔주는 포괄적인 표를 생각했다. 네이피어가 먼저 출판했다. 로그의 발명은 주로 천문학에서 쓰이는 복잡한 삼각표를 쉽게 이용하는 방법이 필요했고 항해자들도 편리한 계산 방법을 무척 필요로 했다는 데서 자극을 받은 결과이다. 네이피어는 천문학자가 삼각함수에 관련된 계산을 주로 하는 것을 알고 있었으므로 사인의 곱셈을 덧셈으로 치환하는 표를 만들고자 했다. 그는 거듭제곱 항끼리의 곱셈과 나눗셈에 지수의 합과 차가 대응한다는 연관성으로부터 실마리를 얻어 1594년 무렵에 로그를 구상했다. 20년 동안의 노력 끝에 규범(canon)이라는 이름의 로그표를 구성했다. 이것이 유럽에서 바로 받아들여졌는데, 주로 케플러(J. Kepler 1571-1630)의 열의와 명성 덕분이었다. 케플러는 로그를 새로운 사고라기보다는 천문학에서 필수인 큰 수의 계산 능력을 매우 높여주었기 때문에 적극 받아들였다. 로그는 삼각함수 말고 또 다른 초월함수로 연결되면서 수학에 중요한 영향을 끼치게 되나 네이피어는 함수 관계에는 관심이 없었다. 당시에는 로그를 새로운 계산 기술로만 여겼을 뿐이다.

네이피어의 로그표는 1614년의 〈놀라운 로그 규범의 설명〉(Mirifici logarithmorum canonis descriptio)에 처음 나온다. 여기서는 표를 이용하는 방법만 짧게 설명했다. 로그표를 구성하는 방법은 그가 죽은 뒤인 1619년에 출판된 〈놀라운 로그 규범의 구성〉(Mirifici logarithmorum canonis constructio)에 설명되어 있는데 아마 전자보다 먼저 쓰였을 것이다. 여기에 기하학을 이용하여 로그표를 만든다는 생각이 실려 있다.

로그 개념의 바탕에 곱셈을 덧셈과 뺄셈으로 변환하는 삼각법 공식이 있다고 보는 경우가 있다. 일반적으로 원의 반지름을 10,000,000이나 100,000,000으로 두고 사인을 7자리나 8자리로 계산했다. 이것으로 곱셈이나 나눗셈을 하려면 오래 걸렸고 자주 틀리기도 했다. 천문학자들은 만일 곱셈과 나눗셈을 덧셈과 뺄셈으로 치환할 수 있다면 계산을 더욱 편하게 하면서도 거의 틀리지 않으리라고 생각했다. 16세기의 천문학자들은 자주 $2\sin\alpha\sin\beta = \cos(\alpha-\beta)-\cos(\alpha+\beta)$ 같은 공식을 이용했다. 네이피어는 이 사실을 알고 있었다. 그는 구면삼각법에서 계산을 쉽게 하는 방법에 관심을 두었고 실제로 처음에 각의 사인에 대한 로그만 제시했다. 삼각법의 덧셈정리로부터 로그의 착상이 시작되었다고 할 수 있다.

그러나 좀 더 분명한 로그 개념의 기원은 등비수열과 등차수열의 관계와 관련된 연구에 있다고 한다. 이것은 2의 거듭제곱과 이에 대응하는 지수를 나란히 적은 표를 제시하고 등비수열에 있는 두 항의 곱이 등차수열에서 두 항의 합에 대응한다는 사실을 지적한 슈케와 슈티펠(M. Stifel 1487-1567) 같은 대수학자의 연구를 바탕으로 하고 있다. 더 나아가 슈티펠은 1544년에 쓴 〈산술 전서〉(Arithmetica integra)에서 지수가 -1, -2, -3인 2의 거듭제곱에 각각 1/2, 1/4, 1/8을 대응시킨 것을 넣어 슈케의 표를 확장했다. 네이피어는 이 표와 관련된 내용과 함께 슈티펠의 무리수에 관한 폭넓고 독창적인 업적을 연구해 로그를 발명하게 된다.[19] 그의 이 저작은 16세기 독일에서 가장 영향력 있는 대수학 책이었다.

-3	-2	-1	0	1	2	3	4	5	6	7	8
1/8	1/4	1/2	1	2	4	8	16	32	64	128	256

위 수열처럼 2의 거듭제곱으로 만든 등비수열에서는 이웃한 두 항 사이가 너무 벌어진다. 그러면 선형 보간으로 얻은 값이 매우 부정확하게 되어 계산에 도움이 되지 않는다. 네이피어는 여기서 중요한 돌파구를 찾았다. 공비(밑)가 1에 매우 가까운 등비수열을 사용했다. 그가 이용할 수 있는 가장 좋은 사인표가 일곱 자리까지 나타내고 있었기 때문에, 그는 공비로 1보다 아주 조금 작은 0.9999999 ($=1-10^{-7}$)를 사용했다. 그러면 장애 요소였던 등비수열의 이웃한 두 항의 차가 아주 작아진다. 그리고 성가신 분수를 피하려고 10^7을 곱했다. 곧, $10^7(1-10^{-7})^n$을 계산했다. 이것은 10,000,000에서 시작하여 이 수에 0.9999999를 잇따라 곱하는

것이다. 이때 그는 지수 n을 $10^7(1-10^{-7})^n$의 로그(logarithm)라고 했다. 곧, $X=10^7(1-10^{-7})^n$라 할 때 네이피어 로그는 $\mathrm{Naplog}\,X=n$이다. 그러면 $\mathrm{Naplog}\,10^7=0$, $\mathrm{Naplog}\,10^7(1-10^{-7})=1$이고 $\mathrm{Naplog}\,10^{-7}XY=\mathrm{Naplog}\,X+\mathrm{Naplog}\,Y$가 성립한다.

네이피어는 로그의 원리를 기하학적으로 끌어낸 것이어서 로그의 정의가 지금과 달랐다. 특히 네이피어 로그에는 밑이라는 개념이 없었다. 그는 증가하는 등차수열 $0,\ d,\ 2d,\ 3d,\ \cdots$ 가 표시된 직선과 오른쪽 끝으로 거리가 줄어드는 수열 $a-ar$, $a-ar^2,\ a-ar^3,\ \cdots$ 이 표시되는 직선을 생각했다. 여기서 a는 둘째 수직선의 길이로 사인표에서 사용한 반지름의 길이 10^7이고, r은 $1-10^{-7}$으로 했다. 그는 로그를 정의하기 위해 두 직선 위에 놓인 점의 운동을 생각했다. 점 P와 Q는 각각 첫째와 둘째 직선 위를 0에서 출발하여 오른쪽으로 움직인다. 두 점이 출발할 때의 속도는 같다. 점 P는 처음 속도를 그대로 유지하면서 움직인다(등속도운동). 점 Q는 직선을 직선의 오른쪽 끝부터의 거리에 비례하는 속도로 움직인다(가속도가 음수인 등가속도운동). 곧, 점 Q는 감소하는 등비수열 $a(1-r),\ ar(1-r),\ ar^2(1-r),\ \cdots$ 을 이루는 구간들을 같은 시간에 지난다. 두 번째 직선의 오른쪽 끝부터 거리가 x가 되는 지점에 점 Q가 다다랐을 때 점 P가 y에 도착했다면, 이때 y는 x의 로그임을 뜻한다. 그러나 네이피어는 로그표의 값을 기하학이 아닌 수치 계산으로 구했다.

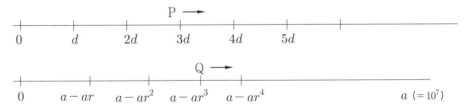

미적분 기호를 사용하면 네이피어의 생각은 미분방정식 $dx/dt=-x,\ x(0)=a$와 $dy/dt=a,\ y(0)=0$으로 나타난다. 전자의 해는 $\ln x=-t+\ln a$, 곧 $t=\ln(a/x)$이고 후자의 해는 $y=at$이다. 둘을 결합하면 네이피어 로그 y는 현대의 자연로그로 $y=\mathrm{Naplog}\,x=a\ln(a/x)$이다. 이처럼 네이피어 로그는 자연로그와 결부되어 있다. 네이피어가 다룬 수 $(1-10^{-7})^{10^7}$의 값은 거의 $1/e=\lim_{n\to\infty}(1-n^{-1})^n$과 같아, 네이피어 로그는 본질적으로 밑이 $1/e$인 로그라고 할 수 있다. 이처럼 네이피어 로그는 e와 연관되어 있다. 그렇지만 그는 이런 식으로 생각하지 않았다. 한편 네이피어 로그에서는 x의 값이 증가함에 따라 로그값이 감소하므로 진수가 증가하면 로그도 증가하는 자연로그와 다르다. 따라서 네이피어 로그는 자연로그가 아니다. 실제로 자연로그에 쓰이는 밑은 $e = \lim_{n \to \infty} (1 + n^{-1})^n \approx 2.7128$이다. 이 값을 구하는 문제는 복리법과 관련하여 야콥 베르누이가 1683년에 제기했다. 이 값은 자연계에서 일어나는 현상과 밀접하게 관련되어 있어, 이 수를 밑으로 하는 로그를 자연로그라 하게 되었다. 네이피어는 만년에 브리그스가 제안한 지금의 상용로그를 받아들였다. 그는 지금과 비슷한 로그의 성질들을 끌어냈고, 사인의 로그표를 작성하는 방법을 보여주었다.

수학과 천문학 교수였던 브리그스는 1615년에 네이피어에게 밑을 10으로 삼고 어떤 수의 로그는 그 수를 10의 거듭제곱으로 나타냈을 때의 지수로 하자고 제안했다(상용로그). 곧, 네이피어와 달리 먼저 밑을 선택했다. 그러면 $L = \log_{10} x$는 $x = 10^L$ 을 만족하게 된다. 그 경우 임의의 수는 $a \times 10^n (1 \leq a < 10)$으로 나타낼 수 있고 10의 로그가 1이므로 $a \times 10^n$의 로그는 단순히 a의 로그에 n만 더하면 된다. 곧, $\log(a \times 10^n) = n + \log a$이다. 더구나 잘 알려진 로그의 성질 $\log xy = \log x + \log y$와 $\log(x/y) = \log x - \log y$가 나온다. 이것이 상용로그가 탄생한 동기이다. 이 로그는 10진법 수 체계에 부합하기 때문에 수치 계산에 훨씬 쓸모가 있다. 네이피어는 이 원리에 바탕을 둔 로그표를 완성하지 못하고 죽었다. 오늘날의 로그표는 브리그스의 것에서 나왔다.

브리그스는 $\log 10 = 1$에서 시작하여 차례로 $10^{1/2}$, $10^{1/2^2}$, $10^{1/2^3}$, $\cdots$, $10^{1/2^{54}}$처럼 1에 매우 가까운 값의 로그를 계산했다. $\log 10^{1/2} = 0.5000$, $\log 10^{1/2^2} = 0.2500$, $\cdots\cdots$, $\log 10^{1/2^{54}} = 1/2^{54}$이므로, 매우 좁은 간격으로 늘어놓은 수의 로그를 완성할 수 있었다. 다른 수의 로그는 위에서 언급한 로그의 법칙을 사용하여 계산했다. 매우 정확한 로그표들이 만들어졌다. 로그는 천문학과 항해에서 계산에 드는 시간을 획기적으로 줄여주고 정확도를 매우 높여주어 빠르게 퍼져나갔다. 일상의 계산에서는 상용로그가 낫지만, 수학적으로 중요한 것은 자연로그이다.

시계 제작자이자 케플러의 조수로 일했던 뷔르기도 천문학 분야에서 계산을 쉽게 하는 것에 관심이 있었다. 그는 1600년 무렵에 독립으로 로그를 만들었고 1620년에 발표했다. 그의 로그 연구에서 근간은 네이피어와 비슷했다. 그도 등비수열 항끼리의 곱셈, 나눗셈은 각각 지수의 덧셈, 뺄셈에 대응한다는 슈티펠의 저작에서 시작했고 삼각법의 합과 차의 법칙에 고무되어 더욱 연구를 진전시켰다. 두 사람의 차이는 사용한 수와 용어에 있을 뿐이다. 뷔르기는 스테빈의 복리 계산표를 작성하는 기본 식인 $a(1 + r)^n$을 바탕으로 로그표를 작성했다. r의 값이 작을수록

$(1+r)^n$ 값의 차이도 작아진다. 그는 네이피어와 달리 대수적으로 접근했고 r로 10^{-4}을 택하고 $1+10^{-4}$의 거듭제곱에 10^8을 곱했다. 그는 $N = 10^8(1+10^{-4})^L$에서 N을 검은 수, 그것에 대응하는 $10L$을 빨간 수라고 했다. 이 체계에서 검은 수를 10^8으로 나누고, 빨간 수를 10^5으로 나누면 사실상 자연로그 체계가 된다. 그의 로그는 검은 수가 증가함에 따라 빨간 수도 증가한다는 점에서 오늘날의 로그에 가깝다. 그러나 둘의 로그 체계는 모두 곱이나 몫의 로그가 바로 각 로그의 합이나 차가 되지 않는다.

오늘날은 $n = b^x$일 때 x는 b를 밑으로 하는 n의 로그라고 한다. 이로써 로그의 법칙은 지수의 법칙에서 나오게 된다. 17세기 초에는 분수나 무리수가 지수로 사용되지 않았으므로 로그를 지수로 정의하지 못했다. 지수를 사용하기 전에 로그를 발견했다는 사실은 적분이 미분보다 먼저 쓰였다는 것만큼 이례적이다. 오일러 (1707-1783) 때에 이르러 로그를 지수로 정의했고 자연로그의 밑 e를 도입했다. 로그와 지수의 변환은 자연 현상의 설명과 해석학에서 매우 중요하게 되었다. 로그 개념 덕분에 자연계를 정량적이고 과학적으로 이해할 수 있게 되었다.

5 대수

5-1 다항식과 기호의 사용

중세의 이탈리아 상인은 이윤을 남길 수 있는 물품을 가지고 동쪽의 먼 지역까지 오갔다. 그들은 한 번 오가는 데 쓰이는 경비와 수익을 계산할 수 있는 정도의 산술만 있으면 됐다. 14세기 초가 되면 십자군의 수요에 자극을 받아 거래 체계가 바뀌기 시작한다. 상거래는 이탈리아를 중심으로 하는 국제적인 무역업과 금융업으로 발전했다. 상업은 단발적인 거래에서 상품의 연속적인 흐름으로 바뀌었다. 거래의 규모가 커짐과 화폐 경제로 옮겨가면서 출납을 기록하는 방법으로 복식부기가 쓰이게 되는 등 이전보다 훨씬 세련된 수학이 필요했다. 그것은 대학에서 가르치는 4과의 수학이 아니었다. 새로운 수학이 개발되고 다루어지면서 그것을 가르치고 배우는 것에 관심이 높아졌다. 이에 이탈리아에는 산법 교사라는 직업 수학자와 대중적인 산술 교과서가 등장했다. 산법 교사는 산술을 가르치려고 세운 학교에서,

새로 쓴 교과서로 상인의 자녀에게 상업에 필요한 수학을 가르쳤다. 당시에는 기호가 충분히 발달하지 않았으므로 그들은 대수적 언어로 연산을 했다. 그들은 인도-아랍 수 체계를 이용한 산술과 아랍의 대수학 기법을 사용하여 문제를 해결하는 방법을 가르쳤다. 이 방법들은 곧 대륙 전체로 퍼졌다.

실제 현장에서 일도 하던 선생들은 산법 교과서를 제 나라말로 썼다. 그들은 아랍의 대수학과 유럽의 다른 지역 대수학의 내용과 소재를 자기 나라에 적합하게 고치면서 자신의 생각도 넣었다. 그래서 이런 대수학 저작들은 꽤 비슷하나 독자적인 내용이나 소재도 있었다. 이것들은 완전히 실용적인 것으로 일반적으로 절차에 근거를 달지 않았고, 특정한 방법에 적용되는 조건도 제시하지 않았음에도 수학의 발전에 상당한 영향을 끼쳤다. 상인 계층에게 수를 다루는 능력을 키워 주었다. 몇 교과서는 아랍 대수학을 알려주면서 대수를 다루는 힘을 길러주었다. 이 과정에서 산법 교사는 아랍의 방법을 확장했다. 생략형 기호법을 도입했고 새로운 풀이법을 개발했으며 대수의 규칙을 3차 이상의 다항식으로 확장했다.[20] 이는 앞으로 수학이 진보하는 토대가 되었다.

이탈리아 산법 교사가 이룬 중요한 발전은 이차방정식을 푸는 아랍의 기법을 삼차 이상으로 확장한 것이다. 피사의 다르디(Dardi Maestro)는 1344년에 거듭제곱근이 들어있는 것을 포함하여 4차까지의 방정식을 다루었다. 대개는 $ax^4 = bx^3 + cx^2$, $ax^3 + \sqrt{bx^3} = c$처럼 이차방정식의 표준형으로 바꿀 수 있는 것들이다. 이차방정식으로 환원할 수 없는 삼, 사차방정식의 예도 있는데 복리계산과 관련된다. 다르디는 이 개념을 특수한 사차방정식을 푸는 데 사용하고, 프란체스카(P. Francesca 1412?-1492)는 오차와 육차방정식까지 확장했다. 두 사람 모두 $h(1+x)^n = k$ $(n=4, 5, 6)$ 꼴로 고칠 수 있는 경우를 다루었다. 15세기 중반에 저자 미상인 사본에서 방정식 $x^3 + px^2 = q$는 $x = y - p/3$로 놓아 풀 수 있다고는 제안했으나, 삼차방정식에 완전한 일반적인 풀이법을 제시하지 못하고 부분적인 결과에 겨우 다다랐다.[21]

이탈리아보다 늦은 15세기 후반에 이탈리아와 마찬가지의 배경에서 독일에 대수학이 등장했다. 사용되고 있는 많은 기법은 이탈리아로부터 들어온 듯하다. 15세기에 새로운 시대의 막을 열었다고 생각되는 레기오몬타누스(Regiomontanus 1436-1476)는 유클리드의 방법을 연상시키는 기하학적 작도 문제를 연구했다. 유클리드는 언제나 일반량을 다루었으나 레기오몬타누스는 특정한 수치가 주어진 선분을 다루면서 아랍의 대수학자가 고안한 연산법을 활용했다. 이를테면 한 변과 이것에 대한 높이, 다른 두 변의 비가 주어진 삼각형을 작도하는 문제에서 그는 한 변을 수 계수 이차방정식으로 구했고, 이것을 〈원론〉이나 콰리즈미의 〈대수학〉에 실려 있는 방법으로 작도했다.[22] 그의 대수는 아랍처럼 수사적이다. 그는 몇 가지의 생략 기호가 쓰인 그리스어로 된 디오판토스의 〈산술〉을 번역하고자 했으나 일찍 죽었다. 유럽은 콰리즈미의 대수학적 과정을 배웠고 당시에 디오판토스의 대수를 이해한 사람이 없었다.

투사체의 운동, 항해, 산업 등 여러 방면에서 제기되는 많은 문제가 정량적인 지식을 요구하자, 산술과 대수에 관심이 모였다. 이 분야들에서 효율성을 높여야 한다는 압력이 계산 방법을 진보시켰다. 이 진보는 표현 방식의 변화를 요구했다. 표현 방식을 달리해야만 나타낼 수 있는 새로운 결과들도 자주 나왔다. 수학적 표현 방법을 개선하려는 과정에서 기호가 본격 나타나기 시작했다. 정확한 의미를 담고 있는 기호와 규칙을 사용하면 내용을 명확하고 간결하게 나타내어 이해와 기억의 가능성을 높일 수 있게 된다. 또한 한 표현을 다른 표현으로 쉽게 바꿀 수 있어, 일반 이론을 세우는 데 도움이 된다. 이러한 일반화 능력은 추상화 기능으로 연결된다. 여기서 구현되는 추상 개념의 인지는 추상 개념을 표상하는 적절한 기호를 개발하게 하고 이것은 다시 추상 능력을 발달시킨다.

르네상스 초기의 수학자는 거의 독일과 이탈리아 출신이었다. 상업이 번성하여 실용 수학의 수요가 높아지고 있던 프랑스에서도 슈케가 피보나치 이래 가장 뛰어난 저작 〈세 부분〉(1484)을 펴냈다. 이 저작의 제1부는 인도-아랍 10진 자리기수법부터 시작하여 정수와 분수의 기본적인 연산의 여러 알고리즘을 상세히 기술하고 있다. 제2부는 두 분수로 제곱근을 구하는 방법을 보여주고 있다. 제3부는 지수가 0에서 20까지인 2의 거듭제곱 표를 만들고, 지수의 덧셈 법칙 $2^m \cdot 2^n = 2^{m+n}$이 성립함을 보였다. 지수로 0도 사용하고 있음에 주목할 필요가 있다. 이런 결과가 로그의 발견에 이바지했다.

슈케는 다항식을 다루는 방법과 이차방정식으로 귀착되는 방정식을 푸는 방법을 보여주었다. 이를테면 $x^{m+2n} + bx^{m+n} = cx^m$ (계수와 지수는 양의 정수)의 근으로 $x = \sqrt[n]{\sqrt{(b/2)^2 + c} - b/2}$를 주고 있다. 이때 그는 어떤 식에서는 허근이 나옴을 보았으면서도 그럴 수는 없다고 했다. 또한 어떤 식에서는 음수 근을 생각했으나 그밖에는 음수 근을 불가능한 것이라 했다. 어쨌든 그는 처음으로 대수방정식에서 음수를 독립된 수로 인식했다. 방정식의 근이 0일 수도 있음은 알았지만, 0을 근으로 인정하지 않았다. 그리고 각각 미지수가 세 개인 두 개의 방정식으로 된 연립방정식에는 많은 근이 있음을 보였다.

슈케는 지수 기호를 도입했다. 미지수의 거듭제곱을 계수에 지수를 붙여 나타냈다. 이를테면 $5x$, $7x^2$, $-10x^3$은 각각 $.5.^1$, $.7.^2$, $\overline{m}.10.^3$으로 나타냈다. 또한 0과 음의 지수도 같은 방식, 곧 $3x^0$, $12x^{-2}$은 각각 $.3.^0$, $.12.^{2.\overline{m}}$으로 나타냈다. 수에서 성립하는 지수의 덧셈 법칙을 수식으로 단순히 확장했다. 그리고 지수를 포함하는 수식은 기본 규칙을 이용하여 더하고 빼고 곱하고 나누었고, 지수가 음수인 경우에도 그렇게 했다. 여기서 보듯이 슈케는 부분적으로 약어를 사용했다.

아랍 대수학은 모든 것을 기호 없이 언어로만 기술했다. 이탈리아의 피보나치와 초기의 산법 교사도 마찬가지였다. 그러다 15세기 초가 되면 산법 교사 가운데 미지수를 생략기호로 쓰는 사람이 나타난다. 미지수, 제곱, 세제곱으로는 어떤 것, 재산, 정육면체를 각각 뜻하는 cosa, censo, cubo 대신에 co, ce, cu를, 제곱근은 radice 대신에 R을 사용했다. 이것을 이용해서 고차의 거듭제곱을 나타냈는데 이를테면 지수끼리 더하는 방식으로 ce ce나 ce di ce는 4차, ce cu나 cu ce는 5차, cu cu는 6차를 뜻했다. 15세기 말이 되면 지수끼리 곱하는 방식으로 ce cu는 6차를, cu cu는 9차를 나타냈다. 그리고 소수의 지수인 5차는 r. 또는 primo relato, 7차는 s.r 또는 secondo relato로 나타냈다.[23] 이러한 발전을 파치올리 (L. Pacioli 1447?-1517)가 1494년에 체계적으로 기술했다.

$+$, $-$ 기호는 비트만(J. Widmann 1460?-1498?)이 1489년에 처음 썼다. 이때는 남고 모자람을 뜻했다. 이것들을 연산 기호로 1514년에 호이케(G. Hoecke)가 처음 사용했다.[24] 이후 루돌프의 스승이었던 그라마테우스(H. Grammateus 1495-1525)가 1518년에 사용[25]했고 이어서 루돌프가 1525년에 사용함으로써 널리 쓰이게 됐다.

마지막 산법 교사라 할 수 있는 파치올리는 상업 산술이 더욱 중요해지고 있음을 잘 알고 있었다. 그는 여러 수학 교재를 모아 정리하여 1494년에 〈대전〉42)을 완성했다. 이 저작은 피보나치의 〈셈판의 책〉 뒤에 첫 번째로 나온 포괄적인 연구서로 실용 산술과 대수학의 대부분이 실려 있다. 곱셈이나 제곱근 등과 관련된 편리한

---

42) 〈산술, 기하, 비례론 대전〉(Summa de arithmetica, geometria. Proportioni et proportionalita)

계산 방법, 일차와 이차 표준형 방정식의 풀이법을 다루고 있다. 피보나치의 책에 실려 있는 내용에서 거의 벗어나지 않고, 레기오몬타누스처럼 대수를 단지 기하 문제의 근을 구하는 데 이용하고 있다. 이 점들은 유럽 수학이 그동안 거의 발전하지 못했음을 보여준다. 그래도 〈대전〉은 당시 대학에서 다루던 내용을 많이 넘어섰다. 이 책은 내용 이상으로 큰 영향을 끼쳤다. 수학자들이 이 책을 바탕으로 대수학의 연구 범위를 넓혔기 때문이다. 덧붙여 〈대전〉은 학자들의 지식과 기술자들이 축적한 지식을 이어주는 역할도 했다.[26] 이 저작은 복식부기의 방법을 처음으로 담고 있다.

〈대전〉에는 슈케의 거듭제곱 기호를 사용하지 않았지만 생략기호는 이전보다 늘었다. 이를테면 더하는 수와 빼는 수를 생략기호 $\overline{p}$와 $\overline{m}$으로 썼다. 일반적으로 산법 책들은 미지수의 거듭제곱에 약어를 사용한 단항식의 곱과 몫의 일람표를 싣고 있다. 이때 이용되는 지수 법칙을 9차까지 설명했다. 새로운 기호가 15~16세기에 차츰 이용되었는데 모든 저자가 같은 이름과 약어를 사용하지는 않았다. 이러한 변화는 천천히 진행되어 17세기 중반 무렵부터 현대적인 대수 기호의 형태가 갖춰지기 시작한다.

1525년에 루돌프가 독일어로 쓴 대수학 책 〈미지수〉가 꽤 영향을 끼쳤다. 이 책은 정수의 10진 자리기수법부터 시작하여 짧은 곱셈표와 계산 알고리즘을 제시하고 있다. 2에 대한 음이 아닌 지수의 거듭제곱표를 작성하고 지수의 덧셈 법칙의 개념을 미지수의 거듭제곱으로 확장했다. 그는 슈케가 사용한 것 같은 지수 기호는 없었고 거듭제곱의 이름을 약어로 표기했다. 그의 명명법은 지수를 곱하는 이탈리아의 방법과 비슷했다. 이 방식으로 다항식의 덧셈, 뺄셈, 곱셈, 나눗셈을 제시했다.[27] 그는 이차 이상의 방정식도 다루고 있는데, 슈케처럼 이차방정식으로 귀착되는 것과 근이 단순한 것만을 실었다. 음의 제곱근과 0을 방정식의 근으로는 인정하지 않았다. 그는 풀이의 규칙을 제시하고 나서 상업상의 문제와 오락 문제를 예제로 싣고 있다. 이 책에는 지금 쓰이고 있는 근호 √와 10진법 소수가 맨 처음 인쇄되었다.

포르투갈에서는 이미 15세기에 먼 거리 항해에 나서고 있었는데, 항해와 그것에 수반된 상거래가 배경이 되어 누니스(P. Nunes 1502-1578)가 1532년에 〈대수학〉(Libro de Algebra)을 썼다. 그는 미지수의 거듭제곱에 이탈리아식 생략 기호를 쓰고, 덧셈과 뺄셈으로 각각 $\overline{p}$와 $\overline{m}$을 사용하고 있던 데서 보듯이 파치올리의 영향을 받았다. 이 책에 실린 수십 문제는 다른 대수학 책들과 달리 추상적으로 기술되어 있다. 대수의 수법을 기하학에 응용하는 내용이 한 부분을 차지하고 있다. 그는 방정식 풀이에 사용하기 위해 대수식을 조합한다든지 근호와 비례를 다루는 절차를 기술하고 있다. 또한 이항전개식을 이용한 방정식 풀이도 있다. 나아가 $a^2 = b^2$은 $a = b$와 필요충분조건 관계에 있지 않음을 알았으나, 곱이 10이고 제곱의 합이 30인 두 수를 구하는 방정식을 세 가지 방법으로 풀고 나서, 각 근을 제곱하여 세 가지 풀이로 구한 답이 같다고 확신했다.[28]

슈티펠은 〈산술 전서〉(1544)에서 미지량의 거듭제곱에 각각 독일어 coss, zensus, cubus, zenzizensus의 약어를 사용했다. 그러다 뒤에 미지량을 하나의 문자 A로 나타내고 그것의 네제곱을 $AAAA$로 나타냈다. 1631년에 이 방식을 해리어트(T. Harriot 1560-1621)가 받아들였다. 해리어트는 대수방정식의 근을 얻는 수치적 방식을 개발하여 삼차방정식의 풀이법을 개선했고 부등호 <와 >를 처음으로 사용했다.[29]

슈티펠은 방정식에 음의 계수를 사용함으로써 이차방정식의 표준형 셋을 처음으로 하나의 형식 $x^2 = bx + c$로 통합했다. 이것은 수 개념을 확장한 커다란 한 걸음이었다. 단지 +와 −를 언제 사용하는지를 특별한 규칙에 따라 설명해야 했다. 그는 음수의 성질은 알고 있었으나 음수를 불합리한 수라고 하여 방정식의 근으로는 받아들이지 않았다.

슈티펠의 〈산술 전서〉와 1553년에 그가 개정하여 펴낸 루돌프의 〈미지수〉가 독일에서 중산층의 수학에 대한 의식을 높이는 데 기여했다. 이것들은 1557년에 처음 영어로 출판된 레코드(R. Recorde 1512?-1558)가 쓴 〈지혜의 숫돌〉(The Whetstone of Witte)에 주된 정보원이었다. 레코드가 현대의 등호 =를 사용했다. 미지수의 거듭제곱을 나타낼 때 독일식 표기를 개선하여 지수를 80까지 확장했다. 지수를 기호 옆에 쓰고, 기호들의 곱셈은 대응하는 지수의 덧셈에 대응함(지수의 덧셈정리)을 보여 주었다.

봄벨리(R. Bombelli 1526-1572)도 1560년 무렵에 쓰고 1572년에 출판한 〈대수학〉(L'Algebra)에서 기호화에 많이 이바지했다. 대수학과 기하학을 관련짓는 당시의 경향에 따라 봄벨리도 많은 기하 문제를 대수적으로 풀었다. 이때 상당한 대수 기호를 문제 풀이에 사용했다. 덧셈, 뺄셈에 각각 p, m이라는 이탈리아식 약어를 그대로 사용하면서 제곱근과 세제곱근에는 각각 $R.q.$와 $R.c.$를 새로 만들어 썼다. 그는 미지수의 거듭제곱을 지수의 아래쪽에 원호를 써서 나타내어 기호 표기의 전환점을 마련했다. 곧, x, x^2, x^3은 ⒈, ⒉, ⒊이다. 이를테면 $x^2 - 3x + 2$를 $1.⒉m.3.⒈$ $p.2$로 썼다. 숫자로 거듭제곱을 나타냄으로써 단항식의 곱셈과 나눗셈을 더욱 쉽게 나타낼 수 있게 되었다. 그렇지만 연립방정식에서 미지수를 구별하여 나타내는 기호 체계를 갖추지 못했다. 그는 시대의 흐름과 거꾸로 가기도 했다. 삼차방정식을 대수적으로 풀고 나서 정육면체를 이용하여 기하학으로 증명했다.

좀 더 개선된 기호법이 스테빈에게서 나왔다. 그는 디오판토스의 저작에서 적절한 기호가 사고를 도와주고 있음을 알았다. 그는 미지수의 거듭제곱을 순수하게 상징적인 기호로 나타냈다. 제곱으로 ②, 세제곱으로 ③, 네제곱으로 ④를 계수 위에 써넣었다. 이를테면 $x^4 + 7x^2 - 4$를 $\overset{④}{1} + \overset{②}{7} - \overset{①}{4}$ 로 표기했다. 그는 이런 기호를 분수 차수로 확장함으로써 봄벨리보다 앞섰다. ①/②은 제곱근, ③/②은 세제곱의 제곱근을 뜻한다고 했다. 분수 지수를 사용한 기술은 보이지 않는다.

대수학이 수사 단계, 약어 단계를 거쳐 기호 대수로 발전함으로써 수학은 특수한 대상에서 벗어나 일반적 대상을 연구하게 되었고, 양도 기호로 나타냄으로써 일반적인 수 개념을 낳게 되었다. 기호가 없었을 때 대수학은 수치방정식의 풀이법을 정리해놓은 것에 지나지 않았다. 영(0)의 발견으로 오늘날의 산술이 생겼듯이 문자 기호를 사용하면서 실질적인 대수학이 탄생했다.

16세기에 유럽의 대수학자는 대수의 조작을 막힘없이 했고, 사차방정식도 풀 수 있었지만, 기호법은 더 개량되어야 했다. 미지수와 그 거듭제곱에는 기호를 사용했고 연산과 상등 관계를 표현하는 방식도 개선되었으나 계수는 여전히 특정한 수였다. 이 때문에 방정식을 다루는 방법에서 오랫동안 이론적으로 거의 나아지지 못했다. 기하학에서는 삼각형 ABC가 모든 삼각형을 대표했으나 대수학에서는 모든 이차방정식을 대표하는 것이 없었다. 따라서 방정식의 근을 구하는 절차를 설명하려면 계수가 특정한 수인 예를 이용했다. 이때 사용한 방법이 같은 차수의 다른 방정식에도 적용됨을 알았지만, 그 절차를 일반적으로 증명하지 못했다. 지금의 근의 공식 같은 것이 없었다. 구체적인 예만 다루는 불편한 상황에서 비에트가 대수학을 해방하는 주된 역할을 했다.

비에트 전에는 어떤 양의 여러 거듭제곱을 표현하는 데 보통 서로 다른 문자나 기호를 사용했다. 기호 사용과 조작은 계산하고 기술하는 데 쓰이는 도구였을 뿐

핵심은 여전히 수였기 때문이다. 이런 상황에서 비에트가 1591년에 〈분석법 서설〉(In artem analyticem isagoge)에서 체계 있게 문자를 사용함으로써 대수의 표기법이 획기적으로 개선되었다. 그는 디오판토스의 저작에서 대수 계산에 문자를 이용한다는 핵심이 되는 생각을 떠올렸다.[30] 그가 오늘날처럼 미지수뿐만 아니라 계수(상수)를 알파벳 문자로 나타냄으로써 대수는 일반 상황에 적용될 수 있는 강력한 도구가 됐다. 오늘날과 다른 점은 알파벳의 대문자를 사용하면서 모음으로 미지수를, 자음으로 계수를 나타냈다는 것이다. 이로써 실질적으로 수와 마찬가지로 문자도 연산 조작의 대상이 되었다. 그러나 그는 양수에만 문자를 사용하고 복소수 근도 배제했으므로 그의 대수에서 보이는 일반성도 제한적이었다.

비에트는 아직 이전 표기법에서 완전히 벗어나지 못했다. 미지수와 계수, 덧셈(+), 뺄셈(−), 나눗셈(가로금 −) 말고는 기호보다 낱말 그대로나 약어를 사용했다. 이를테면 $\dfrac{A \ in \ B}{C \ quadratum}$는 $\dfrac{AB}{C^2}$를 의미한다. 곱셈을 in으로 썼다. 거듭제곱도 봄벨리와 슈케가 제안한 지수가 아니라 A의 제곱, 세제곱, 네제곱을 각각 A quadratum, A cubum, A quadrato-quadratum으로, 시간이 지나면서 A quad, A cub, A quad-quad로, 나중에 더 간단히 Aq, Ac, Aqq로 나타냈으나 약어에서 벗어나지 못했다. 이 때문에 그는 거듭제곱의 곱셈과 나눗셈의 규칙을 말로 기술했다. 사실 지수는 대수 기호의 편리함을 명쾌하게 보여주는 사례의 하나이다. 17세기 말이 되자 수학자들은 기호의 추상성이 가져다주는 효율성, 일반성을 깨닫기 시작했다. 하지만 기호를 체계적으로 사용해야 효과를 거둘 수 있음에도 무분별하게 많은 기호를 사용하기도 했다. 어쨌든 이처럼 수학이 생기고 나서 16세기에야 기호다운 기호가 도입되었다는 사실은 기호 체계가 매우 높은 수준의 단계임을 반증한다.

비에트가 사용한 문자는 기하학적 증명에서도 대수학을 해방했다. 또 동시에 대수학을 삼각법에 관련시킴으로써 기하학을 더욱 높은 차원의 수준에서 대수학과 결부시켰다.[31] 그는 고대 그리스의 기하학적 방법, 아랍의 대수, 삼각함수를 융합했다.

비에트는 1591년의 또 다른 저작에서 기호를 사용하여 미지수와 기지수를 관련지어 방정식을 어떻게 끌어내는지를 보여주었다.[32] 플라톤의 종합에 대가 되는 개념이 분석이다. 분석이란 미지수가 주어져 있다고 가정하고서 미지수가 만족시킬 필요조건을 연역적으로 끌어내는 과정이다. 이 의미에서 비에트는 자신의 대수학을 분석 기술이라고 했다. 그는 자신의 대수학에서, 특히 기하학 문제를 대수적으로 해결하는 과정에 분석을 적용했다. 이는 데카르트가 해석[43]기하학을 생각하게 된 출발점이기도 하다.[33]

비에트는 〈분석법 서설〉에서 대수는 일반적인 형태를 다루는 방법이고 산수는 특정한 수를 다루는 방법이라고 했다.[34] 그가 계수를 문자로 나타낸 한 걸음은 대수학을 일반적인 유형의 방정식을 연구하는 분야로 나아가게 했다. 같은 속성을 지닌 수 전체를 하나의 문자로 나타냄으로써 수학은 일반성을 얻었고 수학적 사고의 추상화로 결정적인 걸음을 내딛었다. 추상화의 대표격인 문자를 사용함으로써 추론에 의존하지 않는 기계적 절차인 공식을 만들고, 이런 공식 덕분에 복잡한 문제를 곧바로 풀 수 있게 되었다. 이를 바탕으로 더 높은 추상 단계로 나아갔다. 곧, 풀이의 구조를 알 수 있게 되었고 방정식의 근과 방정식을 이루는 식의 관계를 고찰하는 것에서 방정식의 구조를 연구하는 것으로 나아갔다. 이로써 대수학 연구의 개념이 다시 세워졌다.

5-2 삼차, 사차방정식의 풀이

고전 대수의 역사는 이차방정식 이론의 구축, 삼차방정식과 사차방정식의 일반해, 수를 문자로 나타내는 근대적인 대수 기호의 도입과 발전이라는 세 가지 사건을 중심으로 전개된다. 첫째 것은 콰리즈미, 둘째 것은 페로, 타르탈리아, 카르다노, 페라리로 대표되는 북부 이탈리아 수학자들, 셋째 것은 프랑스의 비에트와 데카르트가 결부되어 있다. 여기서는 둘째 것을 다룬다.

삼차방정식의 꽤 정교한 산술적, 기하학적 풀이법은 이미 아랍과 중국에서 개발되어 있었다. 아랍인은 특별한 삼차방정식을 풀었고, 많은 경우는 풀 수 없다고 생각했다. 이것은 양수의 근과 계수만 인정했기 때문일 것이다. 중세 유럽 수학자들은 아랍에서 발전된 방법과 생각에 익숙했고 삼차방정식의 양수 근을 정확하게 얻고 있었다. 16세기 초까지 알지 못했던 것은 대수해, 곧 삼차방정식을 푸는 데 사용할 수 있는 근의 공식이었다. 이런 공식을 볼로냐에 있던 이탈리아 수학자들이 찾아냈다.

16세기에 이루어진 먼 거리 항해에는 더 정밀한 천문학 지식이 필요했고 이것은 더욱 정밀한 관측을 요구했다. 정밀한 관측에는 더 나은 천문 계산표가 필요했고

---

43) 여기서 분석과 해석은 같은 라틴어 ánálýsis를 번역한 것이다.

이것은 더욱 정확한 삼각함수 계산을 요구했다. 삼각함수 계산표를 만들려면 삼차 이상의 방정식을 푸는 것에 관심을 기울여야 했다. 16세기 초에 이탈리아에서 삼차방정식의 새로운 풀이법이 나왔다. 이것은 일부 삼차방정식이 대수적으로 풀리지 않는다는 파치올리의 1494년 주장에 대한 회답이었다.[35] 페로, 타르탈리아, 카르다노, 페라리, 봄벨리가 12세기에 라틴어로 번역된 아랍의 대수학을 연구하여 그런 방정식의 풀이법을 찾았다. 특히 카르다노가 삼차방정식의 일반 풀이법을 발표한 것을 계기로 일반적인 방정식을 깊이 이해하게 되었다. 이럼으로써 대수학의 힘을 인식하게 되었고 이것은 머지않아 해석기하학과 미적분학으로 가는 길을 열어주게 된다.

타르탈리아(N. F. Tartaglia 1499-1557)는 1535년에 하나의 실근이 있는 삼차방정식, 곧 판별식44)이 양수인 모든 형태를 풀었던 것으로 보인다. 판별식이 음수이면서 세 개의 실근이 있는 경우는 음수의 제곱근(허수)이 있는 식이 나오는 경우인데, 당시에는 아직 이것의 속성을 전혀 몰랐다. 1539년 초에 타르탈리아는 카르다노(G. Cardano 1501-1576)에게 자신의 발견을 공표하지 않겠다는 서약을 받고서 $x^3 + ax = b(a, b$는 양수)를 비롯한 세 유형의 삼차방정식의 풀이법을 알려주었다. 나중에 둘 사이에 풀이법을 누가 먼저 발견했는지를 두고 논쟁이 벌어졌는데, 어느 쪽도 그 풀이법을 처음으로 발견한 사람은 아니었다. 1515년 무렵에 볼로냐 대학의 페로(S. del Ferro 1465-1526)가 세 가지 유형의 삼차방정식을 푸는 방법을 발견했다고 한다.[36] 그가 어떻게 풀이법을 발견했는지는 알 수 없다. 당시에는 음수를 방정식의 계수로 삼지 않았으므로 $x^3 = a$를 빼고 13가지 유형의 삼차방정식이 있었다. 페로의 풀이는 삼차방정식을 푸는 과정이 시작되었음을 알리는 것이었다.

페로는 풀이법을 출판하지 않고, 죽기 전에 제자인 피오르(A. M. Fior)에게 알려주었다. 연구에 진척이 없던 피오르가 풀 수 있던 것은 세 가지 유형뿐이었다. 피오르에 관한 일은 꽤 알려졌던 것 같다. 타르탈리아는 이에 자극받아 삼차방정식을 연구했고 1531년 삼차방정식의 풀이법을 찾았다고 한다. 이 소식이 알려지면서 1535년에 피오르의 제안으로 타르탈리아는 당시에 유행하던 수학 시합을 벌이게 되었다. 타르탈리아는 피오르보다 더 많은 것을 알고 있었다. 타르탈리아는 $x^3 + ax^2 = b$ 같은 꼴의 방정식도 풀 수 있었다. 그는 제곱 항을 없애고 세 가지 유형의 하나로 고칠 수 있었던 것 같다. 사실 13가지 유형의 삼차방정식은 세 가지 유

---

44) 이를테면 $x^3 = bx + c$에서 판별식은 $(c/2)^2 - (b/3)^3$

형으로 변환할 수 있다. 이를테면 $px^3 + qx^2 + rx = s$에서 먼저 양변을 p로 나누어 x^3의 계수를 1로 만든다. 다음에 x에 $x - q/3p$를 대입하여 정리하면 이차항이 없는 $x^3 + ax = b$, $x^3 = ax + b$, $x^3 + b = ax$(a, b는 양수) 가운데 한 유형이 된다. 당연히 타르탈리아가 이겼다. 이 소식을 들은 카르다노가 타르탈리아로부터 삼차방정식의 풀이법을 입수하여 1545년 〈위대한 술법〉에 실었다. 그는 이 책에서 삼차방정식을 푸는 실마리를 타르탈리아에게서 얻었음을 밝히고 있다.[37] 타르탈리아는 카르다노에게 삼차방정식의 풀이법을 알려줄 때 모든 유형의 풀이법을 알려주지는 않았다. 카르다노는 다른 유형들의 풀이법을 알아내기 위해 타르탈리아의 발견을 확장해야 했다.

타르탈리아는 수학을 대포 사격술에 응용한 이론적인 논의를 1537년에 처음으로 제시했다. 그는 이 연구에서 포탄 최대 사거리는 대포의 포신이 수평 방향과 45도를 이룰 때라고 했다. 그는 1546년에는 투사체에 가해진 기동력(impetus)과 중력은 투사체가 날아가는 동안 계속 함께 작용한다고 했다.[38] 그래서 투사체에 작용하는 중력의 일부가 투사체를 직선 방향에서 벗어나게 하여, 투사체의 경로는 언제나 곡선을 그린다고 했다. 또한 그는 무게가 다른 두 물체를 같은 높이에서 떨어뜨리면 같은 시간에 땅에 닿는다고 했다.

카르다노의 〈위대한 술법〉이 출판되고 나서는 삼차만이 아니라 사차방정식의 풀이법도 널리 알려졌다. 사차방정식의 풀이법은 카르다노의 제자였던 페라리(L. Ferrari 1522-1565?)가 처음 발견했다. 카르다노는 이 저작에 방정식의 근의 개수, 근이 양수인가 음수인가라는 논의도 실었다. 그는 허수에도 관심을 보였는데 허수가 존재 의미는 없지만 방정식에서 실근을 구하는 데는 도움이 될 수 있다고 생각했다.[39] 이 저작은 대수학 연구에서 그때까지 연구되고 있던 아랍의 대수학을 뛰어넘는 근본적인 발전으로서 이후의 연구에 커다란 영향을 끼쳤다.

카르다노도 삼차방정식을 $x^3 + ax = b$, $x^3 = ax + b$, $x^3 + b = ax$, $x^3 + ax + b = 0$ 유형으로 나누어 풀었다. 이렇게 구분하여 다룬 까닭은 풀이의 증명을 기하학적으로 해야 했기 때문이다. 증명할 때 세제곱은 정육면체, 제곱은 정사각형, 미지수는 선분으로 바꾸었다. 이처럼 증명에 도형을 사용했으므로 계수는 양수이어야 했다. 그는 생략 기호를 거의 사용하지 않았고, 이를테면 $x^3 + 6x = 20$이 $x^3 + ax = b$ 꼴의 방정식을 대표한다고 생각했다. 특정한 수 계수방정식의 풀이를 제시한 뒤 일반해를 말로 기술했다.

카르다노는 x^2항이 있는 $x^3 + px^2 + qx + r = 0$과 같은 경우에서 x에 $x - p/3$를 대입하여 $x^3 + ax + b = 0$의 꼴로 바꿀 수 있었다. 그가 다룬 삼차방정식의 대수적 풀이 가운데 $x^3 + ax = b$의 근은 $x = \sqrt[3]{\sqrt{\left(\frac{a}{3}\right)^3 + \left(\frac{b}{2}\right)^2} + \frac{b}{2}} - \sqrt[3]{\sqrt{\left(\frac{a}{3}\right)^3 + \left(\frac{b}{2}\right)^2} - \frac{b}{2}}$ 이다. 보통 이것으로 근을 구했는데 가끔 생각지 못한 형태가 나왔다. $x^3 + 6x = 20$의 한 근은 $x = 2$인데, 이것이 공식으로부터는 $x = \sqrt[3]{\sqrt{108} + 10} - \sqrt[3]{\sqrt{108} - 10}$ 으로 나왔다. 그는 이것을 어떻게 2라는 값으로 변형하는지를 보여주지 못했다. 다른 방정식 $x^3 = ax + b$의 근으로는 $x = \sqrt[3]{\frac{b}{2} + \sqrt{\left(\frac{b}{2}\right)^2 - \left(\frac{a}{3}\right)^3}} + \sqrt[3]{\frac{b}{2} - \sqrt{\left(\frac{b}{2}\right)^2 - \left(\frac{a}{3}\right)^3}}$ 을 제시했는데 여기서는 더 특이한 현상이 나타났다. 방정식 $x^3 = 15x + 4$에서 근의 하나는 $x = 4$인데 이것이 공식으로부터는 $x = \sqrt[3]{2 + \sqrt{-121}} + \sqrt[3]{2 - \sqrt{-121}}$ 로 나타났다. 곧, $(b/2)^2 < (a/3)^3$이면 이 공식으로는 허수가 나오는 것이었다. 오늘날에는 보통 허수를 방정식 $x^2 = -1$에서 끌어내지만 실제로 허수는 삼차방정식의 근을 구하는 과정에서 나왔다. 카르다노는 이런 수는 존재하지 않음을 알고 있었으나, $x = 4$는 분명히 근이었다. 그는 자신이 얻은 규칙의 의미를 알지 못했다. 그는 허수의 세제곱을 구할 줄 몰랐고, 그것으로부터 실근을 유도하는 방법도 찾지 못했다. 어쨌든 이로써 그는 삼차방정식에 세 개의 근이 있을 수 있음을 처음으로 인지하게 되었다.

카르다노는 이차방정식에서도 허수를 처음으로 등장시켰다. 더해서 10, 곱해서 40이 되는 두 수를 구하는 문제에서 완전제곱식을 이용해서 근으로 $5 \pm \sqrt{-15}$를 끌어냈다. 그는 이 답이 조건을 만족하고 있음을 확인했다.[40] 이것으로 카르다노는 실수 계수 방정식에서 허수 근은 켤레로 나옴과 모든 이차방정식과 삼차방정식에 근이 존재함을 알았다. 카르다노의 해법을 처음으로 완전한 형태로 기술한 사람은 18세기의 오일러이다.

무리수와 음수의 문제도 아직 온전히 해결하지 못했는데, 허수라는 새로운 수가 나왔다. 음수의 제곱근은 상상조차 할 수 없었다. 17세기의 뉴턴마저도 허수를 받아들이기 어려워했는데 아마도 허수에 물리적 의미가 없기 때문이었을 것이다. 삼차방정식의 세 근이 모두 0이 아닌 실수일 때, 카르다노의 공식에서 허수가 나왔다. 허수를 잘 몰랐으나 실제로 나타나는 허수를 무조건 제쳐놓을 수는 없었다. $\sqrt{-1}$이라는 이해할 수 없는 수를 이용해야만 현실의 문제를 완벽하게 풀게 된다는 점 때문에 당시의 수학자들은 당혹스러웠다. 실수 근을 이해하기 위해서라도 허수를 이해하려고 노력해야 했다.

수학자들은 방정식을 풀 때 음수와 함께 허수를 상정하는 것이 도움이 됨을 깨닫기 시작했다. 이렇게 해서 그들은 허수를 인식했으나, 허수 근을 인정한 것은 아니었다. 허수는 실제로 존재하지 않으므로 근이 허수로 나올 때 그 방정식은 해가 없게 되는 것이다. 그렇더라도 음수의 제곱근을 기록하게 됨으로써 결국 허수는 존재성을 갖게 되었다. 더구나 카르다노를 비롯한 그 시대의 수학자들이 $\sqrt{-1}$, $\sqrt{-2}$, … 같은 수들을 '궤변적인 음수' 또는 fictae라 했고, 보통의 음수도 똑같이 fictae라 했지만[41] 이름이 생긴 것은 큰 의미가 있다.

카르다노 전까지만 해도 유럽인은 방정식에서 양수 근만, 그것도 제한적으로 인정했다. 카르다노는 〈위대한 술법〉 전체에 걸쳐서 양수 근과 음수 근을 모두 적어 놓음으로써, 음수를 방정식의 근으로 처음으로 받아들였다. 그는 그것을 '가공의 수'라고 일컫기는 했으나 이로써 그는 앞선 아랍의 수학자들보다 많은 정보를 얻었다. 그는 삼차방정식에서 근의 합은 x^2의 계수에 -1을 곱한 값과 같고, 근을 두 개씩 곱하여 모두 더한 값은 x의 계수와 같다는 사실을 발견했으나 증명하지는 않았다. 근과 계수의 관계는 150년 뒤에 다루어질 영역이었다.

카르다노는 삼차방정식을 해결하고 나서 곧이어 사차방정식을 공략했다. 그의 제자 페라리가 타르탈리아와 페로의 방식을 사차방정식으로 확장했다. 그는 스무 가지 유형의 사차방정식을 푸는 방법을 〈위대한 술법〉에 실었다. 선형 치환으로 x^3의 항을 없애면서 시작한다. 사차방정식의 일반형 $x^4 + px^3 + qx^2 + rx + s = 0$에서 살펴보자. 먼저 $x = y - p/4$를 대입하여 $y^4 + ay^2 + by + c = 0$의 꼴로 정리하고 $y^4 + ay^2 = -by - c$의 양변에 $ay^2 + a^2$을 더하여 $(y^2 + a)^2 = ay^2 + a^2 - by - c$로 놓는다. 양변에 $2(y^2 + a)z + z^2$을 더하면 $(y^2 + a + z)^2 = (a + 2z)y^2 - by + (a^2 - c + 2az + z^2)$이 된다. 이제 우변이 완전제곱식으로 되는 z값을 찾기 위해 판별식을 0으로 두어 $b^2 - 4(a + 2z)(a^2 - c + 2az + z^2) = 0$을 얻는다. 이것은 z의 삼차방정식 $8z^3 + 20az^2 + (16a^2 - 8c)z + (4a^3 - 4ac - b^2) = 0$(사차의 삼차분해방정식)이 되고, 통상의 풀이법으로 세 개의 z 값을 구할 수 있다. y는 제곱근 풀이로 이 가운데서 하나로부터 결정할 수 있다. 페라리의 방법으로 사차방정식을 풀려면 삼차방정식을 풀어야 했으므로, 이때도 타르탈리아의 풀이법을 사용해야 했다. 타르탈리아의 풀이법을 언급하지 않을 수 없었다. 카르다노와 페라리는 타르탈리아와 했던 약속 때문에 고민하던 차에 페로가 예전에 일부 삼차방정식을 풀었다는 사실을 1543년에 알았다.[42] 이 덕분에 카르다노는 앞서 했던 약속을 지키면서도 모든 풀이법을 발표할 수 있었다. 그러나 타르탈리아와 다툼에서 벗어나지는 못했다.

삼차와 사차방정식의 풀이법은 바빌로니아인이 약 4000년 전 이차방정식을 완전제곱식 방법으로 푼 다음에 대수학에서 거둔 가장 큰 성과일 것이다. 이것은 대수학에 엄청난 영향을 끼쳤다. 그러나 삼차와 사차방정식의 풀이는 당시에 실용 문제를 해결해야 할 필요에서 얻어진 것이 아니어서 현장에서는 그다지 쓸모가 없었다. 현장의 기술자에게는 대수적 풀이법보다 축차근사법이 더 쓸모 있었다. 실제로 나무나 철로 물체를 만들 때 요구되는 값을 정확하게 만족시킬 수 없고, 그럴 필요도 없기 때문이다. 구한 어림값이 목적에 맞을 만큼만 정확하면 되었다.

〈위대한 술법〉 이후에 한동안 그리스의 삼대 작도 문제에 견줄 만한 대수학 문제, 곧 오차 이상의 방정식에 대수적 풀이법이 있는가라는 문제에 매달렸다. 삼차방정식의 풀이와 그 방법을 적용해서 얻은 일반 사차방정식의 풀이법은 오차방정식도 풀 수 있을 것이라는 바람을 품게 했다. 이것은 250년에 걸쳐서 대수학의 주요 문제가 되었으나 그 바람은 이뤄지지 않았다. 1786년에 브링(E. S. Bring)이 $x^5 + ax + b = 0$의 꼴로 환원한 것이 고작이었다. 그렇지만 이 문제를 해결하려는 과정에서 새로운 분야가 많이 개척됐다.

카르다노의 공식에 나오는 음수의 제곱근을 다루는 방법을 봄벨리가 보여주었다. 그는 〈위대한 술법〉의 내용을 쉽게 가르치고 배우게 하며, 남아 있는 몇 가지 문제점을 해결하려고 〈대수학〉을 썼다. 그는 피보나치의 〈셈판의 책〉에서 시작된 대수학의 법칙들을 완성했다. 그리고 기본이 되는 제재부터 시작하여 삼차, 사차방정식을 푸는 방법으로 나아갔다. 삼차, 사차방정식을 유형으로 나누고 카르다노의 방법을 다듬었다. 그는 이론적으로 다루고 나서 개선된 기법을 이용하는 문제를 제시했다.

봄벨리는 계산에서 허수를 보통의 수와 마찬가지의 기법으로 다루면서 카르다노의 공식에 적용했다. 이렇게 하여 $x^3 = 15x + 4$의 허수로 표현된 근이 실수라는 사실을 보였다. 먼저 그는 카르다노의 공식을 적용해서 $x = \sqrt[3]{2 + \sqrt{-121}} + \sqrt[3]{2 - \sqrt{-121}}$ 을 얻었다. 그는 이 방정식의 세 실근이 4, $-2 + \sqrt{3}$, $-2 - \sqrt{3}$ 임을 알고 있었고 4는 켤레복소수로 되어 있다고 생각했다. 이것을 보이기 위해 $\sqrt[3]{2 \pm \sqrt{-121}} = a \pm \sqrt{-b}$ 라 하고 이로부터 $a^2 + b = 5$와 $a^3 - 3ab = 2$를 끌어냈다. 여기서 그는 $a^2 < 5$,

$a^3 > 2$가 되는 수 a는 2임을 보였다. 이제 $2 + b\sqrt{-1}$이라는 수가 $2 + 11\sqrt{-1}$의 세제곱근이라면 b는 1이어야 함도 알 수 있다. 그러므로 $x = (2 + 1\sqrt{-1}) + (2 - 1\sqrt{-1}) = 4$가 된다. 그리고 $(2 \pm \sqrt{-1})^3 = 2 \pm \sqrt{-121}$이므로 $\sqrt[3]{2 \pm \sqrt{-121}} = 2 \pm \sqrt{-1}$로 검증할 수 있다. 봄벨리는 이렇게 a, b를 구하는 것이 일반적으로는 가능하지 않음에도 주의했다. 그는 보통의 수와 연산을 현대적인 감각으로 다루면서, 허수를 끌어들여 실근에 다다르는 중요한 결과를 얻었다.[43] 이 의미에서 봄벨리는 허수를 정확히 다룬 첫 번째 사람이다.[44] 그러나 허근이 실근과 관련된다는 것이 삼차방정식을 푸는 데는 아무런 도움이 되지 않았다. 그 논의에서는 하나의 실근을 알고 있어야 했기 때문이다. 그는 근이 없을 것이라고 생각되던 이차방정식을 푸는 데도 복소수를 이용했다. 그는 이차방정식의 표준 풀이법을 이용하여 $x^2 + 20 = 8x$의 근이 $x = 4 \pm \sqrt{-2}$임을 보였다. 그는 허수의 사용을 둘러싼 여러 의문에 답을 할 수는 없었으나, 카르다노의 방법에 들어 있는 해석의 곤란함을 해소할 실마리를 제공했다. 또한 앞으로 켤레복소수가 하게 될 중요한 역할을 보여주었다. 허수의 속성, 연산 등과 관련된 내용을 다루게 된 계기는 대수에서 비롯되었으나 여기서 보았듯이 허수의 발견과 관련된 내용은 산술에 더 가깝다.

봄벨리는 카르다노보다 음수와 허수를 진전된 방식으로 다루었다. 그는 음수를 액면 그대로 받아들였고, 곱셈의 규칙도 (양수)×(양수) = (양수), (음수)×(양수) = (음수), (양수)×(음수) = (음수), (음수)×(음수) = (양수)로 서술하여 디오판토스보다 명료하게 나타냈다.[45] 그는 허수를 수로 여기지 않고 궤변적인 것으로 보기는 했으나, 실근을 얻기 위한 적절한 도구로 여겼다. 오늘날 ai, $-ai$로 쓰는 수를 각각 음의 양수와 음의 음수라고 일컬으면서 곱셈의 규칙 $(ai)(bi) = -ab$, $(ai)(-bi) = ab$, $(-ai)(bi) = ab$, $(-ai)(-bi) = -ab$를 제시했다. 그의 논의를 보면 실수에 관한 규칙으로부터 유추만으로 복소수의 계산 규칙을 만들었다고 생각된다.[46] 이처럼 그는 허수를 방정식의 근으로 생각했고 허수의 사칙연산을 현대적인 방식으로 형식화했으나 허수를 어떻게 해석해야 할지는 몰랐다. 어쨌든 16~17세기에 실수와 허수의 쓰임새는 향상되고 확장되었다. 이를테면 라이프니츠와 요한 베르누이는 허수를 음수처럼 존재하지 않는 수라고 하면서도 미적분학에서 사용했다. 봄벨리는 허수와 관련된 내용 말고도 실수 개념의 정립, 대수 기호의 사용, 연분수를 이용한 어림값 계산 등에서도 진전된 업적을 남겼다. 그는 실수와 직선 위의 길이가 일대일대응한다고 가정하고 길이에 관하여 네 가지 기본 연산을 정의했다. 그는 실수와 그것의 연산을 길이와 그것의 기하학적 연산으로 여김으로써 실수 체계를

기하학적인 근거 위에서 합리화했다.[47]

17세기로 바뀌는 때에 삼차와 사차방정식을 대수적으로 푸는 방법에 비에트가 새로운 접근을 제안했다. 문자 계수를 사용하여 증명의 일반성을 보여준 그는 삼차 이상의 방정식 풀이에서 일반성을 탐구했다. 그는 모든 차수의 방정식을 푸는 방법을 찾고자 했다. 여기서 중심이 되는 사항을 1615년에 발표했다. 그는 먼저 카르다노나 봄벨리처럼 13가지 유형의 삼차방정식마다 다른 절차를 사용하지 않고, 이 차항이 있는 것에 선형변환을 적용하여 $x^3 + ax = b$, $x^3 - ax = b$, $ax - x^3 = b$라는 꼴로 변형하는 것을 보여주고 나서 변형한 식마다 풀이법을 보여주었다.

비에트는 1591년에 쓴 책(1631년에 출판)에서 대수학을 삼각법에 응용하여 삼각법의 영역을 넓혔다. 삼각법의 3, 4, 5배각 공식을 끌어내고 그것들을 3차 이상의 방정식과 관련지음으로써, 기하학을 높은 수준에서 대수학과 결합했다. 이를테면 그는 각의 삼등분 문제와 정육면체의 배적 문제를 삼차방정식과 관련지어 고대의 삼대 작도 문제의 해결에 한 걸음 나아갔다. $\cos 3\theta = 4\cos^3\theta - 3\cos\theta$는 $\cos^3\theta - (3/4)\cos\theta = (1/4)\cos 3\theta$가 된다. $\cos 3\theta$는 알고 있는 값이므로 $(1/4)\cos 3\theta$를 상수 b, $\cos\theta$는 구해야 하는 값이므로 x, 계수 3/4을 $3a$라고 놓자. 그러면 코사인 3배각 공식은 x의 삼차방정식 $x^3 - 3ax = b$로 쓸 수 있다. 이제 $x = (a/y) + y$로 놓으면 y^3에 대한 이차방정식 $(y^3)^2 + a^3 = b(y^3)$이 되므로 y 값과 x 값을 이어서 구할 수 있다. 삼각법을 이용하여 기약인 삼차방정식을 푸는 비에트의 방법을 1629년에 지라르(A. Girard 1595-1633)가 자세히 설명한다.

비에트가 했던 대수학 연구의 많은 것은 기하 문제를 해결하고 작도를 체계화하려는 데서 비롯되었다.[48] 방정식에서 구한 답에 기하학적 의미를 부여하던 당시의 환경 때문이었다. 그래서 그는 방정식의 동차성을 유지했다. 이를테면 삼차방정식을 각 항이 부피(세제곱)가 되도록 $x^3 + 3a^2x = b^3$처럼 썼다. 그가 동차성에 얽매임으로써 그의 대수학은 이해하기 어렵게 되었다. 반세기 뒤에 데카르트가 동차성의 굴레에서 벗어난다. 대수학에서 비에트는 과도기적이었다.

비에트는 음수와 허수를 방정식의 근으로 여기지는 않았으나 어느 정도까지는 근과 계수의 관계를 다루었다. a, b가 양수일 때 그는 이차방정식 $ax - x^2 = b$는 양수 근이 둘 있음을 알았다. 두 양수 근 x_1과 x_2의 관계를 찾기 위하여 두 식 $ax_1 - x_1^2$과 $ax_2 - x_2^2$을 같다고 놓는다. 그러면 $x_1^2 - x_2^2 = a(x_1 - x_2)$가 되고 이 식의 양변을 $x_1 - x_2$로 나누면 $x_1 + x_2 = a$이다. 이것을 $ax_1 - x_1^2 = b$에 대입하여 정리하면 $x_1 x_2 = b$를 얻는다. 삼차방정식에서는 $x^3 + b = 3ax$의 두 양수 근을 x_1, x_2라 하면 $3a = x_1^2 + x_1 x_2 + x_2^2$, $b = x_1^2 x_2 + x_1 x_2^2$인 관계가 성립한다. 그는 오차방정식까지 계수를 근의 대칭식[45]으로 표현하는 법을 알고 있었다.[49] 그렇다 하더라도 그는 근을 양수에 한정함으로써 일반론으로 나아가지 못했다.

해리어트도 근과 계수 그리고 근과 인수의 관계를 알고 있었으나, 음수 근이나 허수 근을 인정하지 않아 비에트처럼 더 나아가지 못했다. 비에트에서 비롯된 근과 계수의 관계는 방정식에서 근의 대칭성 연구로 이어지는데, 이로부터 갈루아 이론과 군을 포함하여 현대 대수의 여러 주제가 나오게 된다. 비에트는 다항식을 일차식으로 인수분해하는 문제도 살펴보았으나 성공하지 못했다. 그 까닭의 일부는 그가 양의 근만 받아들였고 인수정리 같은 이론이 아직 없었기 때문일 것이다.

5-3 산술삼각형과 수열

산술삼각형은 독일의 아피아누스(P. Apianus 1495-1552)가 1527년에 펴낸 상업용 산술서의 표지에 싣기는 했으나 이것을 사용하지는 않았다. 이런 점에서 슈티펠의 1544년 저작에 실린 것이 유럽에서 가장 일찍 출판된 것의 하나이다. 그는 이것을 근을 찾는 데 이용했다. 1545년에 쇼이벨(J. Scheubel 1494-1570)은 산술삼각형을 이용하여 고차의 거듭제곱근을 구했다. 1591년에 비에트는 정수 n이 2부터 6까지일 때의 $(a+b)^n$의 전개식을 쓰고 있는데 일반적인 이항정리는 기술하지 않았다. 거듭제곱을 수가 아닌 말로 나타내고 있었기 때문일 것이다.

산술에서 연분수 사용은 또 다른 성과였다. 봄벨리는 〈대수학〉에서 처음으로 연분수를 사용하여 제곱근의 어림값을 구했다. 이를테면 $\sqrt{2} = 1 + 1/x$ ⋯ ①이라 놓고 $x = 1 + \sqrt{2}$ ⋯ ②를 얻는다. ①을 ②에 적용하면 $x = 2 + 1/x$ ⋯ ③. ③을 ①에 대입하면 $\sqrt{2} = 1 + \dfrac{1}{2 + 1/x}$ ⋯ ④. ③을 ④와 같은 마지막 식에 대입하는 과정을 되풀이하면 바라는 만큼의 어림값을 얻을 수 있다. 그는 연분수를 얻는 다른 예들을 보여주고 있으나 그것들이 구하고자 하는 수로 수렴하는지를 살피지 않았다.

1575년에 마우롤리코는 n째 삼각수 $a_n = 1 + 2 + \cdots + n = n(n+1)/2$과 그 앞의 삼각수 a_{n-1}의 합이 n^2과 같다는 사실을 보였다. 삼각수를 만드는 규칙으로부터 $a_n = a_{n-1} + n$, 양변에 a_{n-1}을 더하면 $a_n + a_{n-1} = 2a_{n-1} + n = (n-1)n + n = n^2$이

---

45) 식에 있는 문자들을 어떻게 맞바꿔 써도 변하지 않는 다항식

다. 그리고 이것은 처음 n개의 홀수의 합은 n^2이라는 정리가 된다. 곧, $a_n + a_{n-1} = 1 + (2+1) + (3+2) + \cdots + \{n + (n-1)\}$이 되어 $1 + 3 + 5 + \cdots + (2n-1) = n^2$이다. 그는 이것을 n이 1, 2, 3, 4일 때 차례로 보여주고 이후 같은 것이 한없이 이어진다고 하여 개략적이기는 하지만 수학적 귀납법을 적용했다.

원주율을 구하는 데서도 수열이 다루어졌다. 루돌프는 아르키메데스의 방법으로 π의 근삿값을 35자리까지 구했으나, 이것은 이론적으로는 아무런 의미가 없었다. 그는 π를 산출하는 과정을 수식으로 일목요연하고도 정확히 나타내지 못했다. 이와 달리 1593년에 비에트는 이론적으로 정확한 식을 사용해서 π 값을 유효숫자 10자리까지 계산했다. 그가 π를 구하는 방식은 아르키메데스의 방법에서 벗어나지 못했으나, 정사각형부터 시도하여 π를 대수적 연산으로 이루어진 무한수열로 표현하는 해석학적 시도를 처음으로 했다.[50] 단위원에 내접하는 정n각형의 넓이를 S_n, 한 변의 중심각을 θ라고 하면 $S_n = n \times \frac{1}{2}\sin\theta$이므로 $\dfrac{S_n}{S_{2n}} = \dfrac{\sin\theta}{2\sin(\theta/2)}$ $= \cos\dfrac{\theta}{2} = \sqrt{\dfrac{1}{2} + \dfrac{1}{2}\cos\theta}$ 이다. 원에 내접하는 정사각형의 넓이와 변의 개수가 무한개인 마지막 정다각형의 넓이(≈원의 넓이)의 비

$$\frac{2}{\pi} = \sqrt{\frac{1}{2}} \times \sqrt{\frac{1}{2} + \frac{1}{2}\sqrt{\frac{1}{2}}} \times \sqrt{\frac{1}{2} + \frac{1}{2}\sqrt{\frac{1}{2} + \frac{1}{2}\sqrt{\frac{1}{2}}}} \times \cdots$$

을 얻는다. 이 계산은 매우 성가시고 오래 걸렸기 때문에 π값을 얻는 데는 그다지 쓸모가 없었다. 게다가 비에트는 수열의 수렴 개념을 몰랐다. 그렇지만 이것은 아르키메데스의 방법과 근본적으로 다르다는 점에서 중요했다. π를 해석적인 식으로 나타냄으로써 기하학에서만 논의되던 무한소와 무한대의 개념을 산술, 대수, 삼각법에서도 논의하게 되었다.

6 기하학

6-1 고대 기하학 연구

르네상스 시대에는 대수학만이 아니라 기하학도 여전히 수학의 중심에 있었다. 16세기에 〈원론〉이 제 나라말로 번역되면서 기하 연구를 자극했다. 지도 제작도

기하 연구를 이끌었다. 순수기하학에서 독일과 이탈리아가 몇 가지 성과를 내놓았다. 두 나라에서 수학과 예술의 비교적 새로운 관계인, 삼차원 공간의 물체를 평면에 나타내는 데 쓰이는 투영화법이 생겼다. 이 시기에 순수기하학은 투영화법이 제시하는 방향으로 발전될 수 있었으나 그런 가능성은 17세기 초까지 거의 주목받지 못했다. 사실 원근법을 빼고 나면 15, 16세기의 기하학에서 살펴볼 만한 것은 그다지 없다. 원에 내접하는 정다각형을 작도하는 문제, 무게중심 문제 정도가 다루어졌다.

베르너(J. Werner 1468-1522)가 고대의 원뿔곡선을 연구(1522)했는데 이것은 파포스 이후에 곡선을 다룬 첫 성과였다. 그는 정육면체의 배적 문제에 주로 관심이 있었기 때문에 포물선과 쌍곡선을 주로 다루었고, 그리스인처럼 원뿔에서 구적법으로 곡선의 방정식을 유도했다. 마우롤리코는 유클리드에 의존하는 데서 벗어나 아르키메데스, 아폴로니우스, 파포스의 기하학 저작에 관심을 불러일으키는 데 이바지했다. 비에트가 아폴로니우스의 〈접선〉에 나오는 세 원에 접하는 원을 작도하는 문제를 다루면서 생각한 작도가 순수기하학에도 상당히 이바지했다. 그는 세 원 가운데 하나 이상을 점이나 직선으로 대체한 쉬운 경우부터 시작하여 마지막에 가장 어려운 세 원에 이르고 있다. 나중에 이런 문제에 데카르트가 많은 관심을 기울였다. 어쨌든 1637년에 데카르트의 〈기하학〉(La géométrie)이 나오기까지 기하학은 그다지 나아지지 않았다.

6-2 투영화법

－1세기 무렵의 로마에 투영화법을 구사했던 화가가 있었다고 하나, 이것은 오로지 개인의 재능 덕분이었다. 게다가 이 그림에서는 건물의 모서리를 이어보면 교차점이 한 곳으로 모이지 않는, 곧 소실점이 명확하지 않은 상태였다.[51] 교회의 시녀로 봉사했던 중세 유럽의 그림은 기독교 신비주의의 영향을 받아 상징과 가치를 기준으로 그림을 구성했다. 사람과 사물의 상징적 의미의 중요도에 따라, 이를테면 크기를 달리하여 그렸다. 화가는 한 공간에 시대가 다른 사건들을 함께 나타내기도 했다. 공간과 시간은 독립해 있었다. 이런 까닭으로 그림에 삼차원을 표현할 필요가 그다지 없었다.

13세기 말에 이르자 현실 세계를 연구해야 한다는 고대 그리스의 생각을 받아들인 화가들이 중세 회화의 비현실성을 인식하고 자신이 지각하는 현실을 그리고자 했다. 이런 변화를 이끈 것의 하나가 원근법이다. 원근법으로는 다빈치가 고안했다고 알려진 대기원근법46)[52]이라는 것도 있으나 가치의 위계를 수량의 체계로 대체하여 깊이, 무게, 부피 같은 시각적 느낌을 선, 면 같은 기하학 형태를 사용하여 나타내고자 한 투영화법이 대표적이다. 이것은 주관과 객관을 떼어놓음으로써 보기의 과정을 합리적으로 해명해 주었다. 신비주의는 물러가고 사실주의가 들어섰다. 그림에 현실감을 주려면 관찰자로부터 멀리 있는 물체일수록 작게 그리면 되는 것은 분명한데, 문제는 얼마나 작게 그리는가였다. 화가들은 이 문제를 해결하는 열쇠가 기하학에 있다고 생각했다. 화가가 그리는 대상은 색과 질감을 빼면 공간에 놓여 있는 기하학적 물체이기 때문이다. 당시의 그들은 건축가, 공학자이기도 했으므로 기하학에 익숙해 있었다. 그들은 유클리드 기하학을 응용해 대상을 화폭에 담으려 했다. 이렇게 그린 그림들이 1430년 무렵부터 등장했다. 15세기와 16세기 초반의 뛰어난 화가들이 사실주의적 원근법으로 표현하며 수학적 원리와 조화시켜 그림으로 구현하고자 했다.

16세기에 화가와 연구자가 원근법에 만족할 만한 연역적 토대를 놓음으로써 원근법은 경험적 기예에서 과학으로 바뀌기 시작했다. 유클리드 기하학에서는 변환하더라도 길이와 각도가 보존된다. 그러나 투영하면 점과 직선은 보존되나 평행선은 한 점으로 수렴하거나 평행 관계를 보존한다. 원근법은 평행선이 한 점(소실점)으로 수렴하는 성질을 이용하는 것으로, 그림에서 풍경이 소실점 쪽으로 모이며 아득히 멀리 있는 효과를 낸다. 이 소실점이 무한원점(point at infinity)이다. 이 기하학적인 무한의 개념이 르네상스를 거치며 발전했다. 원근법을 다룬 저자들은 투영법과 절단면의 원리로부터 원근법 체계를 구성하는 몇 개의 정리를 끌어냈다. 첫째로 캔버스의 기선(가로변)과 수직인 모든 선(실선)은 주소실점과 만나도록 그려야 한다. 둘째로 캔버스의 가로변과 수직도 평행도 아닌 평행선(파선)들은 소선(지평선) 위의 어느 소실점에서 만나도록 그려야 한다. 셋째로 캔버스의 기선과 평행한 수평선들은 평행하게 그려야 한다.

투영화법의 연구자들은 원근법에서

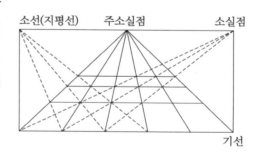

---

46) 일반적으로 물체가 멀리 있을수록 잘 보이지 않는 시각적 경험을 그림에 도입한 것으로 먼 곳의 물체를 희미하게 그리는 것

제기된 많은 문제를 해결했으나 반쯤은 경험에 바탕을 두었다. 그들은 수학의 기초가 튼튼하지 않았으므로 논리적 기초가 모자라 정확한 결과와 근사적인 결과를 잘 구별하지 못했다. 당시에 수학자들은 이런 상황에 그다지 관심을 기울이지 않았다. 그들은 16세기 중엽에 원근법에 관심을 기울이기 시작했으나, 원근법은 뒤러(A. Dürer 1471-1528) 이후 한 세기 반 이상 지난 17세기 후반에서야 수학의 일부가 되었다.[53] 원근법의 기하학에서 수학적으로 부족한 부분을 18세기에 테일러와 람베르트가 해결했다.

중세와 르네상스 그림을 가르는 본질적인 차이인 투영화법은 광학적 표상으로 얻을 수 있는 것이었다. 그래서 르네상스 시대의 화가들은 광학을 연구했다. 그들이 발명한 원근법은 '빛과 공간에 대한 새로운 과학'[54]이 되었다. 17세기 중반에 데자르그와 파스칼이 뒤러 이후에 투영화법으로부터 아이디어를 얻어 사영기하학을 생각하고 연구했다.

처음으로 투영화법의 기하학을 연구한 사람으로는 화가이자 건축가였던 브루넬레스키(F. Brunelleschi 1377-1446)로 여겨진다. 그는 1425년에 자신이 설계하고 만든 기구들로 실행한 실험에 기반을 두어 원근법 체계를 만들었다. 그는 가장 초기의 광학 도구를 발명했다고 인정받는데, 이것은 알베르티(L. B. Alberti 1404-1472)가 1430년 무렵에 개발한 카메라 옵스큐라로 이어지는 원근 장치이다.[55] 알베르티는 1436년에 투영화법을 정식으로 다룬 첫 저작으로 인정받는 〈회화론〉(Della pittura)을 써서 수학적 원근법의 이론적 바탕을 마련했다. 그는 한 물체의 사영에서 다른 두 단면에 나타나는 도형은 어떤 기하학적 성질을 공유하는가라는 문제를 제기했다. 그래서 그에게 화가가 갖춰야 할 첫 조건은 기하학을 아는 것이었다. 그는 그 저작에서 먼저 원근법의 원리를 일반적으로 설명하고 나서 수평인 기평면(基平面)을 구획한 정사각형들을 수직으로 세운 캔버스인 입화면(立畵面)에 재현하는 기하학적 방법을 보여주었다[앞쪽의 그림]. 원근법의 과학을 완성시킨 사람은 화가이자 수학자였던 프란체스카였다. 그는 1478년 무렵에 알베르티보다 더 나아가 삼차원의 물체를 한 점에서 보았을 때의 형상을 입화면에 그리는 과제를 다루었다. 그가 원근법 체계의 여러 부분을 수학적으로 종합했다. 원근법에 이바지한 가장 유명한 사람은 다빈치(L. da Vinci 1452-1519)이다. 그에게 원근법은 미학의 중요한 부분이었다. 그에게 그림은 현실을 정확히 모사해야 하는 것이므로 다른 과학처럼 자연의 연구에 바탕을 두어야 하는 것이었다. 관찰한 자연을 정확히 모사할 수 있게 해주는 것이 원근법이므로 그림은 수학에 기초해야 했다. 다빈치는 원근법 개념을 극단으로 밀

어붙였다.[56]

원근법에 관하여 글을 쓴 화가 가운데 뒤러(A. Dürer 1471-1528)가 가장 많은 영향을 끼쳤다. 그의 1514년의 판화 '멜랑코리아'에는 파치올리의 영향을 받은 것으로 보이는 4×4 마방진이 나온다. 그러나 그는 산술보다 기하학에 훨씬 많은 관심을 두었다. 그가 1535년에 처음으로 독일어로 쓴 기하학 책에 투영화법을 연구한 결과를 실었다. 그에게 원근법은 수학적 원리를 따르는 것이었다. 먼저 원뿔곡선 같은 입체곡선을 그리는 방법을 기술하고, 그런 곡선의 성질을 살피기 위하여 그것을 수평과 연직인 두 평면에 투영했다. 이것은 몽주(1799)의 화법기하학을 연상시킨다. 다음에 수공업자에게 그리스 기하학을, 전문 수학자에게 현장의 실용 기하학을 소개할 목적으로 여러 정다각형의 정확한 작도와 수공업자가 전통적으로 행하는 근사적인 작도를 모두 보였다. 이어서 건축을 비롯한 여러 분야에서 기하학을 응용하는 사례를 다루었다. 마지막으로 3차원 물체에 관한 기하학을 다루면서 그 물체의 투영화법을 기본 규칙의 형태로 정리했다. 뒤러는 1525년에 아주 적은 유형의 곡선만을 다루던 고대인의 업적을 개선하고 그가 새롭게 발견한 곡선들을 다루었다. 이를테면 원 위에 고정점을 하나 잡고 이 원을 다른 원의 원둘레를 따라 미끄러지지 않도록 회전시켰을 때 그 고정점이 그리는 자취가 있다.

케플러는 행성의 운동 법칙을 발견한 사람으로 기억되고 있지만 순수수학에서도 중요한 업적을 남겼다. 그는 평면에서 보통의 점과 직선의 성질을 대부분 가지는 이상(理想)점(무한원점)과 이상직선(무한원직선)이 무한대에 존재한다는 것을 공리로 삼는 연속성의 원리를 처음으로 명확하게 진술했다. 이 원리는 수학적 실체가 한 상태에서 다른 상태로 연속으로 변화하는 것을 설명하는 원리이다. 아폴로니오스가 타원, 포물선, 쌍곡선을 다른 유형의 곡선으로 생각했던 것과 달리 케플러는 그것들이 하나의 부류에 속한다고 생각했다. 포물선은 타원이나 쌍곡선에서 두 초점 가운데 하나가 무한대로 멀어지는 극한의 경우이다. 곧, 포물선에 두 개의 초점이 있는데, 하나는 무한원점이다. 이렇게 하면 원, 타원, 포물선, 쌍곡선은 서로 한 쪽에서 다른 쪽으로 연속으로 옮겨갈 수 있다. 무한원점, 무한원직선이라는 개념은 한 세대 뒤에 데자르그의 사영기하학에서 더욱 확대된다. 케플러는 이것 말고도 반지름이 같은 공으로 밀도가 가장 크게 되도록 쌓으려면 각각의 공이 12개의 공으로 둘러싸이게 해야 한다고는 했으나 증명하지는 못했다. 이것을 1998년에 미국의 헤일스(T. Hales 1958-)가 증명했다.[57]

6-3 삼각법(삼각함수)

르네상스 시대에도 삼각법은 천문학과 가까운 관계에 있었다. 그래서 거의 모든 삼각법은 구면삼각법이었다. 측량에서는 여전히 로마의 기하학적 방법이 쓰였고 로마 문자로 기록되었다. 1450년 무렵에야 평면삼각법이 측량에 쓰이기 시작했다. 삼각법에서 새로운 성과가 처음 나타난 곳은 독일 무역의 대부분을 차지하여 부유하고 영향력이 컸던 북부의 한자동맹 지역이었다. 이 지역의 상인 계층은 학자들의 연구를 지원할 경제력이 있었다. 우수한 항해술, 정확한 시간 측정, 천체 관측 결과의 이용 때문에 삼각법이 요구되었다. 삼각법은 이러한 요구에 부응하면서 르네상스 중기에 천문학을 보조하던 역할에서 벗어나 수학의 한 분야가 됐다.

15세기에 삼각법 연구에서 가장 많은 영향을 끼친 수학자는 레기오몬타누스이다. 그는 인문주의자들과 달리 과학에 많은 관심을 기울였고 스콜라 학파나 아랍의 학문도 받아들였다. 그는 아폴로니우스, 헤론, 아르키메데스를 포함한 고전 수학을 번역하고 출판했고 포이르바흐(G. Peurbach 1423-1461)가 번역하기 시작한 프톨레마이오스의 〈알마게스트〉를 완성했다. 이때 천문학 입문서로 그것의 요약본을 썼는데, 수학 측면을 중심으로 다루었다는 점에서 주목할 만하다. 그는 학문만이 아니라 실용 기술에도 상당한 관심을 두었다.

유럽에서 맨 처음으로 삼각법만을 다룬 저작은 레기오몬타누스의 〈모든 종류의 삼각형〉(De Triangulis omnimodis)으로 1464년에 쓰였으나 1533년에 출판되었다. 그는 이 책에서 평면과 구면에서 삼각법을 이용할 수 있도록 포괄적이면서 체계적으로 설명했다. 구면기하학에 관한 내용의 많은 부분은 아랍의 아프라흐의 연구에서 가져왔으나 출전을 분명히 하지 않았다.[58] 이미 나시르 딘 투시가 13세기에 레기오몬타누스와 비슷한 성과를 이루었다. 레기오몬타누스는 이 책에서 사인과 코사인만 다루고 탄젠트함수를 제외했다가 나중에 다른 저작에서 다루었다. 나시르 딘 투시의 연구와 달리 레기오몬타누스의 저작은 삼각법이 발달하는 데 그리고 천문학과 대수학에 응용되면서 16세기 초의 수학 연구에 영향을 끼쳤다.

〈모든 종류의 삼각형〉에서는 삼각법이 천문학과 관계없이 수학적으로 전개되었다. 이때부터 삼각법은 천문학에서 벗어나 독립된 학문이 되었다. 그는 이 저작을 정의와 공리부터 시작하여, 〈원론〉에 나오는 결과와 이 저작에서 앞서 끌어낸 결과를 이용하여 정리를 기하학적 형식으로 증명하고 많은 경우 그림으로 설명했다. 그는 호의 사인을 아랍처럼 호에 대한 현의 반으로 정의하고 그것을 삼각법의 기초로 삼았다. 그는 사인만으로 삼각법의 표준 문제를 풀었다. 그러나 이전의 저서와 마찬가지로 평면삼각법을 지상의 삼각형을 푸는 데 곧, 삼각측량에 응용한 예는 싣지 않았다. 특이하게도 넓이의 공식을 말로 써서 사용했다. 그는 반지름의 길이를 60,000으로 하는 사인을 1분 간격으로 계산했다. 당시에는 소수가 아직 쓰이지 않았으므로 모든 값이 정수가 되도록 하기 위해서였다.

삼각법이 수학의 독립된 분야로 자리를 잡는 데에 폴란드와 독일도 이바지했다. 오늘날 우리는 코페르니쿠스(N. Copernicus 1473-1543)를 태양중심설을 입증하여 세계관을 바꿔놓은 천문학자로 생각한다. 그런데 천문학자는 필연적으로 삼각법을 연구했고 코페르니쿠스도 마찬가지였다. 그는 〈천구의 회전〉에서 상당 부분을 삼각법에 할애했다. 그의 방식은 프톨레마이오스의 것에 가까우나, 프톨레마이오스 뒤의 성과도 반영하고 있다. 원의 반지름을 아랍에서 사용하던 100,000으로 하고 사인 표를 작성하여 사용했다.

유럽에서 처음으로 여섯 가지 삼각함수를 모두 이용하여 평면과 구면삼각형을 푸는 방법을 체계 있게 다룬 책은 비에트의 〈수학 요람〉일 것이다. 그는 삼각법을 보편적이고 폭넓은 관점에서 각도 측정법이라는 일반적인 분석의 방법으로 다루면서 삼각법의 등식을 일반화된 대수 형태로 나타냈다. 이를테면 일반화된 n배각 공식이 있다. 그는 직각삼각형과 항등식

$$(a^2+b^2)(c^2+d^2) = (ad+bc)^2 + (bd-ac)^2 = (ad-bc)^2 + (bd+ac)^2$$

을 이용하여

$$\cos nx = \cos^n x - \frac{n(n-1)}{1\cdot2}\cos^{n-2}x\sin^2 x$$

$$+ \frac{n(n-1)(n-2)(n-3)}{1\cdot2\cdot3\cdot4}\cos^{n-4}x\sin^4 -\cdots$$

$$\sin nx = n\cos^{n-1}x\sin x - \frac{n(n-1)(n-2)}{1\cdot2\cdot3}\cos^{n-3}x\sin^3 x + \cdots$$

를 얻었다. 프톨레마이오스 때부터 알려져 있던 배각공식과 그가 유도한 삼각함수의 덧셈정리를 이용하면 임의의 n에 대해서 구할 수 있으나, 2, 3, 4, …의 차례로 구해야 했기 때문에 매우 힘들었다. 두 식을 보면 각 식에서 항의 부호는 번갈아 나오고, 계수는 산술삼각형에 있는 n번째 행의 값이 두 식에서 번갈아 나타난다. 삼각법과 수론 사이에 관련성이 보인다. 배각공식으로 삼각함수에 주기가 있음을 밝힐 수도 있었는데, 그렇게 하지는 못했다. 이는 아마 당시에 음수를 인정하지 않

앉기 때문일 것이다.

16세기 후반에는 삼각함수들 사이의 관계에 관심이 모아졌다. 이 가운데 천문학 계산에서 많이 쓰이게 된 삼각함수의 곱을 합과 차로 바꾸는 공식도 있다. 비에트는 삼각형을 이등변삼각형 말고는 직각삼각형으로 쪼개 풀었다. 이때 삼각함수의 합이 곱으로 바뀌는 식, 이를테면 $\sin x + \sin y = 2\sin\dfrac{x+y}{2}\cos\dfrac{x-y}{2}$ 가 나왔을 것이다. 그는 $\dfrac{x+y}{2}=\alpha$, $\dfrac{x-y}{2}=\beta$ 로 놓고 $2\sin\alpha\cos\beta = \sin(\alpha+\beta) + \sin(\alpha-\beta)$ 를 얻었다. 마찬가지 방법으로 다른 공식도 얻었다. 1593년에는 평면삼각형에서 오늘날의 탄젠트 법칙에 해당하는 공식 $\dfrac{a+b}{a-b} = \dfrac{\tan\{(A+B)/2\}}{\tan\{(A-B)/2\}}$ 를 얻었다.

코사인의 곱을 코사인의 합으로 바꾸는 공식은 10세기 말 아랍의 유누스도 알고 있었다. 이런 공식들은 16세기 끝 무렵 유럽에서 널리 쓰이기 시작했다. 삼각함수 표와 덧셈만으로 곱셈의 결과를 얻게 해주는 이 방법은 주요 천문대에서 이용되었고, 로그를 발명한 네이피어도 알게 되었다. 비에트는 삼각법을 독립으로 다루면서도 산술, 대수, 기하학과 관련지어 응용했다. 이런 연구에 힘입어 전통의 토지 측정이 각도 측정법과 삼각함수의 법칙을 적용한 삼각측량 방식으로 바뀜으로써 측량에 혁신을 일으켰다.[59] 닮음비가 아닌 삼각법을 지상의 평면삼각형을 푸는 데에 처음 적용한 사람은 피티스쿠스(B. Pitiscus 1561-1613)이다. 그가 1595년에 삼각법이라는 용어를 처음 사용했다. 그는 삼각법으로 삼각형을 계량하는 방법을 보여주었다. 실제로 그는 멀리 떨어진 곳에 있는 탑의 높이를 구하는 삼각법을 부록에 기술했다. 그의 방법이 오늘날과 다른 점은 삼각법으로 구하는 값이 언제나 특정한 원에 관련된 선의 길이에 묶여 있었다는 것이다.[60] 삼각비의 개념이 아직 등장하지 않았음을 알 수 있다.

레티쿠스(G. J. Rheticus 1561-1656)는 1599년에 원호에 대하여 함숫값을 결정하는 이전의 방법을 버리고 직각삼각형의 빗변(원의 반지름)을 큰 값으로 하면서도 변들 사이의 비로 삼각함수를 정의했다. 이때 그는 직각삼각형의 빗변에 대하여 사인을 수선, 코사인을 밑이라 했다. 그가 직각삼각형의 각도로 삼각함수를 정의했다고 할 수 있다. 이런 이론적 발달에 힘입어 삼각법은 독립된 학문이 되었다. 그러나 아직은 10진법 소수가 일반적으로 사용되고 있지 않았으므로 모든 값이 정수가 되도록 그는 사인과 코사인에서는 빗변을, 다른 네 함수에는 밑변(또는 높이)을 10,000,000으로 하고 각도는 10"마다 끊어 계산했다. 반지름이 1인 원을 사용하면서 삼각법에 비의 개념을 도입한 사람은 18세기의 오일러이다.

미적분학

측정할 수 있는 것은 모두 선분으로 나타낼 수 있다는 오렘의 주장과 비슷한 학설을 내세운 니콜라스(Nicholas of Cusa 1401-1464)가 구적법을 다루었다. 중세와 근대의 경계에 있던 니콜라스는 그 시대의 단점을 잘 보여주고 있다. 그는 스콜라 철학이 측정에 바탕을 두지 않았기 때문에 과학적이지 못하다고 생각했다. 그는 원의 내접, 외접다각형의 둘레 길이의 평균을 정교하게 다룸으로써 원과 같은 넓이가 되는 정사각형을 작도했다고 믿었다.[61] 물론 이것은 잘못된 판단이었다. 이것은 그의 철학적 교리와 관련된다. 그가 내세운 서로 반대되는 것끼리는 일치한다는 교리는 최대와 최소는 관련되어 있다고 생각하게 했다. 이 때문에 그는 변의 수가 가장 많은 다각형인 원은 가장 적은 삼각형과 일치해야 한다고 생각하여, 결국 그릇된 결과로 이끌렸다.[62] 이런 한계에도 불구하고 그가 근대에 들어서 처음으로 구적법에 도전했고, 이 덕분에 사람들이 그의 주장을 비판하게 되었으며, 이것은 적분법을 연구하도록 걸음을 내딛게 했다. 그런 비판을 제기했던 사람으로 레기오몬타누스가 있었다.

한 세기쯤 뒤인 1558년에 코만디노가 아르키메데스를 다루면서 고대의 적분법을 소개하고, 1565년에 회전포물체의 무게중심이 축의 삼등분점이라는 것을 계산할 때 적분법을 적용했는데 아르키메데스보다 엄밀성이 떨어졌다. 같은 무렵에 마우롤리코가 이것을 정확히 증명했다. 이후에 아르키메데스의 방법과 견줄 만한 방법을 사용했던 사람들로는 1586년에 무게중심과 수력학에 대해 저술한 스테빈, 1604년에 무게중심과 1606년에 포물선의 구적법에 대해 저술한 발레리오(L. Valerio 1553-1618), 1641년에 무게중심을 다룬 굴딘(P. Guldin 1577-1643) 등이 있었다. 실용적인 면을 강조하던 16세기에 스테빈은 아르키메데스가 포물선 조각의 넓이를 구하던 방식과 매우 비슷하게 극한 개념을 사용함으로써 착출법의 이중귀류법을 피하고자 했다. 그가 유체 정역학 연구에 사용한 이 방법은 오늘날 미적분학 교과서에서 사용하는 것과 접근 방법이 같다. 그는 삼각형의 무게중심이 중선 위에 있음을 다음과 같이 설명했다. 먼저 삼각형에 그림처럼 높이가 같은 내접 평행사변형들을 그린다. 좌우 대칭인 도형은 평형을 이룬다는 아르키메데스 원리에 따르면 내접한 평행사변형의 무게중심은 중선 위에 있다. 삼각형에 내접하는 평행사변형이 많아질수록 그것들의 넓이의 합과 삼각형 넓이의 차는 작아질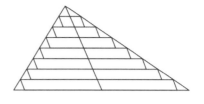

것이다. 그 차는 얼마든지 작게 할 수 있으므로 삼각형의 무게중심도 중선에 있다고 할 수 있다. 한편 그는 유체 압력을 다룬 몇 개의 명제에서 이러한 기하학적 방법을 극한값에 수렴하는 수열을 이용한 '수에 의한 증명'으로 보완했다.[63]

 ## 천문학과 지리학

8-1 천문학

르네상스 초기에 유럽인의 우주관은 여전히 아리스토텔레스와 프톨레마이오스의 생각에서 그다지 벗어나지 못했다. 우주의 중심에 지구가 있고 달, 수성, 금성, 해, 화성, 목성, 토성의 순서로 놓여 있는 투명한 구면과 하늘이라는 여덟 번째 구면이 지구를 중심으로 돌고 있었다. 그리고 나중에 이것의 바깥에 기동력을 제공하는 아홉째 구면이 있다는 사비트의 생각이 들어왔다. 이 마지막 구면을 벗어나면 아무런 물질도, 아무런 공간도 없었다.

여러 세기 동안 아랍 천문학자들은 자신들이 쌓아온 천체 관측 자료에서 얻은 결과를 프톨레마이오스의 체계로는 설명할 수 없게 되었다. 이에 그들은 프톨레마이오스 체계의 여러 세부 사항을 수정하고는 했다. 그렇지만 이러한 일부 수정으로는 한계가 있었다. 그러다 15세기 유럽에서 아랍의 관측 자료와 연구 결과를 이용하게 되었다. 여기에 태양년에서 상당히 벗어난 낡은 율리우스력을 개량해야 할 필요가 생겨 새롭게 천체를 관측하면서 더욱 정확한 관측 자료와 연구가 쌓였다. 이 결과들은 프톨레마이오스 체계로는 더 이상 천문 현상을 정확하게 설명하기 어렵다고 생각하게 만들었다. 이를테면 여러 세기가 지나면서 일식, 월식과 행성의 움직임을 관측한 결과가 프톨레마이오스 체계로 계산하여 얻은 결과와 상당히 달라졌다. 그의 이론으로 계산한 달의 크기도 실제와 꽤 달랐다. 그의 이론은 천체의 크기와 위치를 예측하는 천문학의 목적에 전혀 부합하지 못했다. 또한 탐험이 늘어나면서 수많은 새로운 사실을 발견함으로써 그의 〈지리학〉도 잘못되었음을 알게 됐다. 이리하여 그의 천문학이 바탕부터 잘못되어 있다고 결론을 내릴 근거가 갖추어졌다. 일부 르네상스인이 지구가 해 둘레를 돌면서 자전도 한다는 생각에 근거해서 천문학 이론을 구성할 수도 있을 것이라고 생각했다. 이를테면 오렘과 니콜라스가 지구가 움직일 가능성을 제기했다. 프톨레마이오스 체계의 오류와 태양 중심 체계의 가능성이 제기되는 상황에서 레기오몬타누스가 천문학을 개선하고자 했다. 레기오몬타누스와 함께 포이르바흐 같은 천문학자가 코페르니쿠스로 가는 길을 닦았다.

1500년 무렵에는 이성으로 자연의 수학적 설계를 탐구하던 그리스인의 태도를 따르는 사람들이 등장했다. 그들은 모든 계획과 활동의 근원을 기독교의 신으로 여기고 있던 이데올로기에 부딪혔다. 여기에 돌파구가 마련되었다. 사람은 신의 뜻과 그가 창조한 세계를 이해하기 위해 노력해야 한다는 교회의 가르침이었다. 16세기 사상가들은 신이 우주를 수학적 법칙에 따라 설계하고 창조했다는 주장을 펼쳤다. 더구나 신은 분명히 단순하고 조화로운 법칙을 사용했을 것이라고 했다. 게다가 프톨레마이오스 이론은 당시의 천문 현상을 제대로 예측하지 못했고, 이것을 설명하기에는 너무 복잡하다는 생각도 새로운 이론을 추구하도록 했다. 이렇게 해서 하느님의 우주를 이해하려는 시도가 자연의 수학적 법칙을 탐구하려는 태도와 조화를 이루게 되었다. 이제 자연의 수학적 법칙을 탐구하는 것은 신의 뜻을 따르는 헌신적인 행동이 되었다. 이런 노력의 결과가 코페르니쿠스와 케플러의 업적이다. 코페르니쿠스는 자신의 행성 이론이 신이 설계한 우주의 조화와 균형을 드러낸다고 생각했다. 케플러도 신은 창조한 창조물에 담긴 조화와 법칙을 찾고 있음을 분명히 했다. 지동설이 천동설보다 수학적으로 더 단순하다는 사실이 두 사람의 행동을 이끌었다. 그들은 해, 달, 행성은 완전하고 변화하지 않는 반면 지구는 그 반대라는 믿음과 싸워 이겼다. 새로운 이론에서 지구는 다른 행성과 같은 부류였다. 그들은 기독교 안에서 천문학을 세우려고 했으나 의도와 달리 유대교와 기독교의 세계관을 완전히 뒤집었다. 이럼으로써 그들은 사고와 표현의 자유를 위한 싸움에서 결정적으로 이바지했다.

르네상스 초기에 실제의 태양년이 로마 시대부터 사용해 오던 율리우스력의 365.25일보다 0.0078일만큼 짧기 때문에, 율리우스력을 사용하고 나서 약 12일이 달라져 있었다. 이 오차가 쌓이면 역법의 달과 실제의 달이 바뀌게 된다. 이것을 막기 위해 교회가 역법을 개선하는 사업에 착수했다. 코페르니쿠스가 이 사업에 참여했다가 사퇴했다. 그는 달력을 개정하기에 앞서 천문학 이론을 다시 검토해야 한다고 주장했다. 그는 지구를 중심에 놓고 계산해서는 역법을 바로잡을 수 없다는 결론에 다다르고 있었다. 그는 프톨레마이오스가 설명한 것보다 더 나은 일을 하느님이 했다고 믿고서 이를 증명하려고 노력했다.

프톨레마이오스 체계에서는 지구가 우주의 중심임을 뒷받침하기 위해서 주전원, 이심원 체계를 도입했다. 그 뒤에 주로 아랍인이 모은 더욱 정확한 관측값에 맞추려고 그 체계를 계속 보완했다. 코페르니쿠스가 등장할 무렵에는 77개의 원이 사용될 정도로 복잡해졌다. 코페르니쿠스는 이러한 원들이 우주 체계를 꽤히 복잡하게 한다고 생각했다. 축적된 자료에 맞는 단순한 모형이 필요했다. 그는 다른 체계를 제안한 고대인의 자료에 눈을 돌려, 아리스타르코스를 비롯한 일부 그리스인이 지구가 해의 둘레를 움직인다고 제안했음을 알았다. 그는 그렇게 가정하고 체계를 수정하면 어떻게 될까를 검토했다. 게다가 그는 지구가 자전할지도 모른다고 생각하고 그 가능성을 탐구했다.

코페르니쿠스는 〈천구의 회전〉에서 유클리드처럼 몇 개의 공리 형태로 태양중심설을 제시하고 그것으로부터 행성의 운동에 관한 명제들을 도출했다. 그는 해를 중심에 놓았을 뿐, 우주는 이전처럼 행성이나 항성이 붙어 있는 동심천구들로 이루어져 있는 것으로 보았다. 게다가 그는 천체는 등속원운동을 해야 한다는 그리스적 사고에 매여 있었다. 또한 천구의 운동은 아리스토텔레스처럼 어떤 물리학적 기초가 필요 없는 자연 운동이었다.[64] 지구가 놓였던 자리에 해를 놓는 것만으로는 관측 결과와 일치할 수 없었다. 그는 행성의 겉보기 운동을 주전원과 이심원으로 설명하는 문제를 나시르 딘 투시의 생각으로 해결했다. 그래서 여기서는 지구도 자전하면서 주전원 위를 등속도로 움직이는 행성이다. 어떤 큰 원의 안에서 지름이 반인 원이 접하면서 미끄러지지 않게 돌 때, 작은 원 위에 있는 점의 자취가 큰 원의 지름이라는 나시르 딘 투시 정리의 일반화를 보통 코페르니쿠스 정리라고 하는 데서 그 연계를 볼 수 있다. 이런 점에서 볼 때 코페르니쿠스는 첫 근대 천문학자이기보다 마지막 고대 천문학자였다. 그는 케플러와 뉴턴의 선구자가 아니라 프톨레마이오스의 후계자로서 연구했다.[65]

이전의 우주 체계와 코페르니쿠스 체계의 차이는 해를 우주의 중심으로 삼았다는 정도였으나, 이것이 당시의 지배적인 사고를 뒤집는 중대한 변화를 일으키는 계기가 되었다. 그가 이런 급진적인 모형을 제안한 까닭은 모든 행성을 똑같은 방식으로 다룰 수 있으면서 수학적으로 더 간단하고 조화롭기 때문이었다. 이때 행성의 운동에서 보이는 차이는 행성이 지구보다 해와 더 가까우냐 머냐일 뿐인데 그것은 천체의 운동을 설명하는 데 거의 영향을 끼치지 않았다. 이 모형 덕분에 프톨레마이오스의 주전원이 77개에서 34개로 줄었다. 코페르니쿠스 이론으로 행성의 위치도 간단히 계산되었기 때문에 천문학자들도 그의 이론으로 천체의 위치 계산표를 작성했다.

어떤 연구 결과가 교회의 교리와 맞부딪히지 않는 한 교회로부터 간섭받지 않았다. 그러나 반대의 경우에는 거센 탄압을 받았다. 코페르니쿠스가 자신의 이론을 발표할 당시까지만 하더라도 그가 속한 가톨릭 교회는 그의 연구에 거의 의견을 내지 않았다. 가톨릭 교회의 달력을 개정하면서 그의 이론에 따라 계산하기도 했다. 16세기 후반에 가톨릭과 격렬하게 다투고 있던 개신교는 성서로 돌아가라는 기치를 내걸었던 만큼 새 천문 체계가 성서의 구절에 모순된다는 까닭으로 그것을 거칠게 반대하며 가톨릭이 성서에서 많이 벗어났다고 주장했다. 개신교의 주장에 동의하지 않던 가톨릭계의 반종교개혁 운동과 함께 사정이 바뀌었다. 코페르니쿠스가 내세운 천체 운동의 모형이 물리적으로 옳은지에 관한 논점은 권위의 문제로 바뀌었다. 그의 이론은 지구가 우주의 중심이고 나아가 사람이 만물의 중심이라는 기독교의 핵심 교리를 부정한 것이었다. 이 때문에 가톨릭 신학은 바탕부터 흔들리는 위험에 맞닥뜨렸다. 아리스토텔레스와 아퀴나스에 따르면 천체에 확고한 위계가 있듯이 지구에도 흔들림 없는 위계가 있어야 했다. 이것이 중하층 계급을 봉건질서에 복종하게 만들고자 했던 계급과 국왕들이 옹호했던 세계관이었다. 코페르니쿠스의 우주관은 루터나 칼뱅의 견해와 마찬가지로 체제를 뒤엎는 것이었다. 이제 카톨릭 교회는 이단의 대표라 할 수 있는 코페르니쿠스 이론에 전력을 기울여 대적했다. 아퀴나스가 채택했던 아리스토텔레스의 모형 쪽으로 가톨릭의 반종교개혁 지지자들이 집결했다.

당시에 코페르니쿠스 이론이 널리 받아들여지지 못했던 것은 종교적인 이유 때문만은 아니었다. 첫째, 새 이론의 세세한 수학적인 논의가 복잡하고 낯설어 읽기 어려웠으므로 최고의 천문학자들을 뺀 대다수 지식인이 그것을 제대로 이해하지 못했다. 둘째, 새 체계로는 원운동의 수가 적어진 덕분에 계산이 훨씬 쉬워졌으나, 프톨레마이오스 체계보다 행성의 위치를 정확하게 예측하지 못했다. 새 체계는 해를 초점이 아닌 지구 궤도의 중심(두 초점의 중점)에 놓았기 때문이다. 셋째, 코페르니쿠스는 지구의 자전과 공전을 뒷받침하는 현실의 증거를 보여주지 못했다. 그의 연구는 수학적 가설이지 자연학의 이론은 아니었다.

자전, 공전하는 지구는 아리스토텔레스의 운동 이론에 맞지 않았다. 지구가 자전한다면 공중으로 던져진 물체는 서쪽으로 밀려서 떨어져야 한다. 물체의 속도는 그 무게에 비례하기 때문에 지구의 가벼운 물체들은 뒤로 밀려나 지구는 구 모양이 되지 못한다. 지구가 공전한다면 회전하는 판 위에 놓인 물체가 날아가 버리듯이 지구는 우주로 날아가 버린다. 지구는 여섯 달 만에 해를 중심으로 반대쪽에 놓이므로 항성에서 연주 시차가 관찰되어야 한다. 새 체계는 이 현상을 설명하지 못했다. 코페르니쿠스는 항성이 너무 멀리 있어서 시차가 관측할 수 없을 정도로 아주 작다고 했다. 항성의 시차 현상은 1838년에 F. 베셀이 입증했다. 지구에서 위로 던져진 돌은 우주의 중심인 해 쪽으로 떨어져야 하는데 실제로는 지구로 떨어진다. 코페르니쿠스는 지구, 해, 달, 행성에는 저마다 중력이 있어 공간에 있는 돌은 가장 가까운 천체로 떨어진다고 생각했다. 중력은 그저 천체가 구 모양으로 뭉치게 하는 성질이었지, 중력이 해와 행성을 이어준다고, 중력 때문에 행성이 해의 둘레를 돈다고 생각하지 못했다.

〈천구의 회전〉이 나온 뒤 수십 년 동안, 수학자들은 코페르니쿠스의 이론과 기법을 적용하여 천문 현상을 간결하게 계산하여 예측할 수 있게 되었다. 사실 과학자들이 코페르니쿠스의 이론이 옳다고 믿었던 바탕에는 수학이 있었다. 또한 그들은 수학을 과학 이론을 전개하는 방법으로만 생각하지는 않았다. 그들의 수학은 피타고라스나 플라톤의 개념을 구현하는 형이상학적인 것이었다.[66] 해를 우주의 중심에 놓은 것은 수학적인 형식과 조화로 우주의 구조가 결정되어 있음과 그 구조가 감각기관으로 지각하는 것보다 더욱 분명한 실재임을 보여주었다. 이로써 코페르니쿠스 체계는 눈에 보이는 현상을 수학 때문에 부정한 역사상 첫 사건이었다. 그의 체계는 지금 인정되고 있는 우주 체계와 거리가 멀었지만, 그 이후의 천문학자들에게 건설적인 비판 의식과 가치 있는 통찰력을 키우는 기회를 제공했다.[67]

천문표를 작성할 때 어떤 계산 방법을 사용하더라도 그 결과를 개선하는 방법은 더 정밀한 관측이었다. 이러한 관측에 일생을 바친 사람이 튀코였다. 그는 코페르니쿠스 이론을 반박하려고 그 일을 했다. 그는 25년 이상을 관측하여 이전보다 훨씬 정확한 자료를 엄청나게 얻었다. 그는 자신의 관측 결과와 코페르니쿠스의 이론으로 산출한 결과 사이에 차이가 있고, 당연히 프톨레마이오스의 이론하고도 일치하지 않음을 알았다. 하지만 자료들을 더 많이 얻을수록 코페르니쿠스 이론의 뛰어남이 입증될 뿐이었다. 그는 두 가지 중요한 관측으로 프톨레마이오스 체계와 그 배경인 아리스토텔레스 철학이 바르지 않다고 생각했다. 첫째로 그는 1572년 말에 카시오페아 자리에서 새로운 별을 발견하고 추적했는데 그것이 1574년 초에 사라 졌다. 관측 결과로부터 이 천체가 항성 천구에 놓여 있지 않은 항성이라는 결론을 내렸다. 그러므로 그것은 달보다 더 위에서 만들어진 별이었다. 달 밖의 세계에서 는 새로운 것이 태어나지도 사라지지도 않는다는 아리스토텔레스의 주장과 전혀 다른 현상이었다. 둘째로 천계에서 변화가 일어나고 있다는 것은 1577년에 혜성을 발견하면서 더욱 분명해졌다. 혜성은 달보다 멀리서 해의 둘레를 도는데, 해와 그 것의 거리가 관측하는 기간에 눈에 띄게 달라졌다. 하늘이 고정된 천구로 이루어져 있지 않은 것이었다. 이 두 가지는 지상계와 천계는 구별된다는 생각을 무너뜨리는 충격적인 사건이었다.

이런 정황에서 튀코는 프톨레마이오스와 코페르니쿠스를 절충한 우주 모형을 내놓았다. 그는 다른 행성은 모두 해의 둘레를 돌고, 해는 중심에서 움직이지 않는 지구의 둘레를 돈다고 했다. 이렇게 튀코는 지구가 우주의 중심에 있다는 생각을 유지했다. 그의 보수적인 체계에서마저 행성은 해의 둘레를 돌게 되었다. 그는 우수한 관측자였지 이론가는 아니었다.

1601년 튀코가 죽고 나서 그의 연구원들이 각지로 퍼짐으로써 과학 연구에 중요한 변화가 일어났다. 그들은 과학 지식의 공식적 중개자 역할을 담당했던 아리스토텔레스주의 학자들을 제치고 유럽 전역에서 새로운 과학 엘리트 계층을 형성했다.[68] 귀족적 거대 과학의 시대는 가고 중간 계급 출신의 학자들이 이끄는 개인적 과학의 시대가 열리기 시작했다.[69] 그 가운데 행성의 운동 법칙을 발견한 케플러도 있었다.

케플러는 신이 우주를 창조하면서 사용한 수학적인 규칙을 찾고자 했다. 이러한 태도는 수에는 고유한 의미와 힘이 있다는 피타고라스의 교의와 신은 세계를 기하학적으로 구성했다는 플라톤의 사상이 충실하게 반영된 것이다.[70] 케플러는 우주의 단순하고 조화로운 통일을 생각하고 천체가 간단한 기하학적 법칙을 따른다고 믿었다. 코페르니쿠스처럼 신비론자였던 케플러는 정다면체가 다섯 개밖에 없다는 사실을 신이 여섯 개의 행성을 창조한 까닭이라고 생각했다. 그는 한 쌍의 천구 사이에는 다섯 종류의 정다면체 가운데 어느 것인가가 내, 외접하고 있다고 생각하고 그것을 이론으로 세우고자 했다. 수성의 궤도를 포함하는 구-정팔면체-금성-정이십면체-지구-정십이면체-화성-정사면체-목성-정육면체-토성의 순서로 정다면체를 위치시켰다. 그러나 그의 시도는 관측과 일치하지 않았으므로 결국 폐기되었다. 또한 그는 1618년에 행성의 크기 순서는 그것들이 놓인 순서와 같다는 것만큼 자연과 조화를 이루는 것은 없다고 했으나 이것도 그릇된 생각이었다. 당시에는 행성의 부피를 재는 정확한 방법이 없었으므로 그는 자기의 주장을 확인하지 못했다.

케플러가 튀코 밑에서 연구한 동기는 오스트리아의 군주가 개신교를 탄압했기 때문이기도 했지만, 더 중요한 까닭이 있었다. 그는 튀코의 정밀하고 방대한 관측 자료를 이용해서 천구의 반지름을 알아내어 정다면체 이론을 확립하고 싶어 했다. 이를 위한 노력 끝에 그는 행성의 위치를 예측하는 방법에서 혁신적인 걸음을 내디뎠다. 원을 버리고 타원을 선택했다. 그리하여 주전원, 이심원 같은 것을 설정하지 않아도 천체의 움직임을 정확히 예측할 수 있는 새로운 지동설을 구성하게 되었다. 이것은 좌표계의 원점에 해를 놓는다는 수학적인 의미만은 아니었다. 이것은 태양계 전체가 움직이는 원천이 해에 있으며 모든 행성은 해로부터 물리적 작용이나 생명적인 영향을 받아 움직인다는 동역학적이며 물활론적인 이해를 수반한 것이었다.[71]

튀코는 가장 이해하기 어려웠던 화성의 궤도를 결정하는 일을 케플러에게 맡겼다. 화성의 궤도는 당시에 알고 있던 외행성 가운데서 원과 가장 달랐다. 케플러는 화성이 움직인 호의 길이와 그때 걸린 시간을 계산하여, 해에서 가까우면 빠르게, 멀면 천천히 움직이는 것을 알았다. 이것에서 해와 행성을 잇는 선분(동경)이 같은 시간에 같은 넓이의 부채꼴을 그린다는 제2법칙이 나온다. 또한 그는 화성과 그 궤도의 중심(두 초점의 중점) 사이의 거리가 원일점과 근일점에서는 길고, 궤도의 남은 부분에서는 짧아지는 것을 발견했다. 여기서 그는 궤도가 달걀형이어야 한다고 생각했다. 이로써 그는 원의 주술에서 벗어나 힘의 개념에 근거한 물리학으로서 천문학에 한 걸음 더 다가서게 된다.[72] 그는 두 해에 걸친 계산 끝에 계산을 쉽게 하려고 달걀형을 타원으로 바꿨다. 이리하여 행성의 궤도는 해가 하나의 초점인 타원이라는 제1법칙을 끌어냈다. 그는 화성에서 얻은 이 법칙을 다른 행성에서 간단히 확인하고서 일반적인 것이라고 주장했다. 그는 여기서 태양계의 중심을 물질적인 실체가 아닌, 두 초점의 중심 같은 기하학적인 점으로 두는 것은 물리학적으로 생각할 수 없다고 보았다. 케플러는 행성의 등속원운동을 부정함으로써 아리스토텔레스의 형이상학적 우주관에서 온전히 벗어났다. 이런 의미에서 진정한 지동설은 케플러에서 시작되었다고 보아야 한다.

이어서 케플러는 행성이 해의 둘레를 공전하는 시간(T)의 제곱은 해까지의 평균 거리(D)의 세제곱에 비례한다($T^2 = kD^3$, k는 상수)는 제3법칙을 찾았다. 그가 세 가지 법칙을 찾아냄으로써, 코페르니쿠스가 천체의 겉보기 운동을 34개의 원으로 설명하던 것을, 7개의 타원으로 온전하게 설명할 수 있었다. 그는 길버트(W. Gilbert 1544-1603)가 쓴 〈자석론〉(De Magnete 1600)에 영향을 받아 태양으로부터 나오는 어떤 힘이 행성에 작용하여 궤도를 따라 움직이게 한다고 생각했다. 그는 제3법칙을 바탕으로 그 힘이 멀수록 강도는 약해지지만 질적으로는 똑같이 모든 행성에 미치고 있음을 물리적으로 이해했다. 그리하여 그는 모든 행성을 관련짓는 제3법칙이 지동설을 물리학적으로 확실하게 뒷받침한다고 생각했다.[73]

케플러의 연구 결과로 수학 개념과 법칙이 천문학 이론의 중심이 되었다. 그렇지만 이 법칙은 연역이 아닌 행성의 평균 행동을 기술하다 찾아낸 경험 법칙이었다. 케플러는 왜 행성이 타원 궤도를 따라 동경에 직각 방향으로 움직이며, 동경이 해를 꼭짓점으로 하는 부채꼴 모양으로 쓸어가는지를 설명하지 못했다. 곧, 케플러는 행성 운동론을 뒷받침할 논리가 없었다. 그도 아직 신플라톤주의와 물활론의 영향 아래 놓여 있었고 자신의 발견을 표현할 적절한 개념도 없었다. 첫째로 관성의 개념이 없었다.[74] 그는 물체가 운동을 유지하려면 계속해서 힘을 받아야 한다는 낡은 역학 개념에 사로잡혀 있었다. 둘째로 세 가지 법칙이 참임을 수학으로 증명하는 데 필요한 무한소의 개념이 없었다.[75] 특히 제2법칙에서 부채꼴의 넓이를 계산하려면 무한소 개념이 필요했다. 어쨌든 종래에 없던 무한이라는 개념이 담겨 있던 케플러의 법칙 때문에 근대의 무한수학이 싹트기 시작했다.

케플러가 법칙을 발견한 과정은 과학을 하는 절차의 모범을 보여주었다. 그는 연구할 때 어떤 가설로서 이론을 세워놓고, 그것과 관측 결과를 비교하는 태도를 견지했다. 가설이 관측 결과와 합치되지 않을 때는 가설을 폐기하면서 관측과 일치하는 이론적 성과를 얻을 때까지 그 절차를 되풀이했다. 정밀한 정량적 관측 자료로 뒷받침되고 수학적 언어로 엄격하게 정의된 케플러의 법칙은 천문학에서 발견한 근대 물리학적인 첫 번째 것이었다.

처음에는 우주가 수학적으로 설계되었다고 믿는 사람만 지동설을 지지했다. 그러다가 다른 두 가지 방향에서 널리 인정받기 시작했다. 한편으로 천문, 지리, 항해에 종사하는 사람들 다수는 새 이론을 참이라고 확신하지 않으면서도 계산을 간단하게 해주었기 때문에 받아들였다. 다른 한편으로 기술 발전이 객관적 환경을 조성했다. 갈릴레오가 1610년에 망원경으로 확인한 목성 둘레를 도는 네 개의 위성은 움직이는 행성도 위성을 가질 수 있음을 보였다. 1609년에 해리어트가 이것과 함께 태양의 흑점을 발견했으나 발표하지 않았다.[76] 갈릴레오의 발견은 지구가 모든 천체 운동의 중심이라는 아리스토텔레스의 견해에 대한 가장 극적인 반증이었다. 지구도 운동하면서 위성, 곧 달을 가지고 있음을 알게 되면서 코페르니쿠스 혁명은 완성되었다. 이것은 해는 완벽하며 지구와 사람이 우주의 중심에 있다는 기독교의 편협한 반대에 한 번 더 부딪혔으나, 17세기 중반에 이르자 과학계에서는 지동설이 대세가 되었다. 그러나 갈릴레오도 아직 과거에서 완전히 벗어나지 못했다. 이를테면 그는 우주가 유한하다는 믿음을 받아들였고 행성이 타원 궤도로 운동한다는 케플러의 이론을 부정했다.[77]

8-2 지리학

16세기에 들어서 유럽은 다른 대륙을 침략했는데 이때 조선술과 적절한 지도, 항해술이 매우 중요했다. 새로운 기술을 손에 넣은 나라는 새로운 지역을 침략하여 그곳의 자원을 선점, 약탈하는 데에 무척 유리했다. 효율적으로 항해하려면 더 정확한 지도가 필요했으므로 많은 사람이 지도 제작법을 혁신하려고 노력했다. 이 덕분에 지도 제작술은 응용과학으로서 특별한 대접을 받았다. 항해술에서 중요한 문제는 위도와 경도를 결정하는 것이었다. 경도를 재는 시계와 위도를 측정하는 사분의가 사용되기 시작했다.

구면을 평면으로 옮길 때 거리가 왜곡된다는 데에 지도 제작의 어려움이 있다. 그래서 지구의 지형을 평면에 그릴 때 목적에 따라 다른 투영법을 쓰게 된다. 1537년에 누니스가 처음으로 지도 제작법을 개선하는 데에 수학을 이용했다. 그는 구면 위의 모든 날줄과 같은 각도로 만나는 곡선(항정선)이 극을 종점으로 하는 나선이 됨을 알아냈다. 그는 항정선이 직선이 되는 지도를 만들려고 했다. 그는 각 위도에서 경도 1°의 거리를 잴 수 있는 기구를 만들었으나, 자신이 제기한 문제를 해결하지 못했다.[78] 지도 제작에서 획기적인 방식을 G. 메르카토르(G. Mercator 1512-1594)가 개발했다. 1569년에 그는 누니스의 문제를 조금 다른 시점에서, 곧 원기둥 투영법을 수학적으로 개량한 방법(메르카토르 도법)으로 항해에 적합한 지도를 제작했다. 코페르니쿠스가 프톨레마이오스 천문학을 무너뜨렸듯이 메르카토르도 지리학에서 프톨레마이오스를 완전히 떠났다.

원기둥 도법은 구의 중심에서 지구의 적도(대원)와 접하는 원기둥에 투영하는 것이다. 이때 날줄은 수직, 씨줄은 수평으로 지도에 나타나고 극은 나타나지 않는다. 이웃하는 날줄 사이의 간격은 같게 되지만 씨줄 사이의 간격은 적도에서 멀어짐에 따라 더욱 벌어진다. 지도의 형태와 방향이 많이 일그러진다. 여기서 메르카토르는 경험을 바탕으로 씨줄의 간격을 보정하여 방향과 형태(크기가 아님)를 보존하는 도법을 발전시켰다. 두 곳을 잇는 직선이 위도나 경도와 이루는 각이 보존되도록 경도 1′의 길이에 대한 위도 1′의 길이의 비가 $1855 \sec\theta$가 되도록 씨줄을 긋는다. 1855는 적도에서 경도 1′의 거리(m)이고 θ는 위도이다. 이렇게 해서 항정선이 직선으로 나타나게 했다. 따라서 메르카토르의 지도에서는 지형이 자연스럽게 나타나지 않지만 나침반이 가리키는 방향을 따라가는 항로가 직선으로 나타나므로 항해에는 적합했다. 그가 씨줄의 간격을 수학적 원리로 설명하지 않았기 때문에, 추량으로 보정했다고 생각하는 사람도 있다.[79] 17세기에는 라이르(P. de La Hire 1640-1718)가 데자르그의 사영 개념을 반영한 구면 투영법으로 지도를 제작했다.

위도 결정은 그다지 어렵지는 않다. 북반구에서 위도는 북극성의 위치로 대략 결정된다. 적도 부근이나 남쪽에서는 해를 이용했다. 어떤 곳의 정오 때에 해의 천정 거리47)는 위도에서 해의 적위48)를 뺀 값이다. 15세기에는 모든 날에 대응한 정밀한 적위표가 있었으므로, 정오 때에 해의 고도를 알면 위도를 결정할 수 있었다. 경도를 결정하기는 훨씬 어렵다. 시간을 이용하는 것이 핵심으로 떠올랐다. 1시간은 경도로 15°이기 때문이다. 경도를 알고 있는 곳과 지금 있는 곳의 시각차를 알면 지금 있는 곳의 경도를 구할 수 있다. 시각을 아는 것은 망원경과 시계에 의존했다. 망원경은 항해 때문에 발명되었고 천문학에도 쓰이게 되었다. 목성의 네 위성의 식(蝕) 현상을 망원경으로 관측하여 시각을 알 수 있는데, 흔들리는 배에서는 적합하지 않았다.[80] 또 하나, 경도를 알고 있는 곳에서 월식 같은 천문 현상이 일어난 시각과 지금 있는 곳에서 그 현상이 일어난 현지 시각을 비교하는 방법도 있다.[81] 유감스럽게도 그런 현상이 필요한 때마다 일어나지 않는 데다 정밀한 시계도 없었다. 여러 상황 때문에 정확한 시각을 알아야 했고 그러려면 정밀도 높은 시계를 만들어야 했다. 그러나 이는 매우 어려운 과제였다. 여기에 하위헌스가 가장 많이 이바지했다. 그는 기계적인 문제를 굴렁쇠선(사이클로이드)을 이용하는 수학

---

47) 천정(지구 중심에서 관측자가 있는 지점을 잇는 벡터가 향하는 천구의 점)에서 어떤 천체까지의 각거리
48) 천구 적도에서 한 천체까지 북쪽 또는 남쪽으로 잰 각거리

문제로 바꿔 1656년에 흔들이 시계를 발명했다. 이 시계는 진자의 길이나 진폭과 관계없이 진동 시간이 일정했다. 그러나 흔들리는 배에서 이용하기에는 매우 불편했다. 경도 문제의 해결책을 기술계에서 내놓았다. 시계 제조공인 해리슨(J. Harrison 1693-1776)이 1761년에 항해용 크로노미터를 완성하여 경도 문제를 해결했다.

바다에서 경도를 구하려는 노력도 지도 제작을 많이 진전시켰다. 그것은 뉴턴이 보편중력의 법칙을 생각해 내는 계기의 하나가 되기도 했다. 지도 제작은 맨 처음의 근대적인 과학기술이라 할 수 있다. 지도 제작도 원근법과 마찬가지로 새로운 수학 문제들을 제기했다. 구면에 그려진 대상을 평면에 투영하는 것은 수학적 사고를 요구하기 때문이다. 지도를 만들 때는 이차원 평면에 그려진 지도로부터 삼차원인 구면에 놓인 것을 생각해 낼 수 있도록 평면과 구면의 관계를 밝혀주는 수단이 이용되어야 한다. 이것은 사영의 단면을 다루는 것과 많이 다르지 않다.

이 장의 참고문헌

[1] Kline 2016b, 29
[2] 민석홍, 나종일 2006, 172
[3] 山本 2012, 441
[4] Zilsel 1941, 28
[5] Mokyr 2018, 218
[6] Shermer 2018, 179
[7] Zilsel 1942, 550–553
[8] Conner 2014, 318
[9] Mokyr 2018, 120
[10] Shermer 2018, 179
[11] Mason 1962, 145
[12] Kuhn 1976, 12–13
[13] Mokyr 2018, 121
[14] Kline 2016b, 244
[15] Katz 2005, 428
[16] Mason 1987, 152
[17] Cajori 1928/29, 280항
[18] Havil 2008, 33
[19] Smith 2016, 65
[20] Katz 2005, 392
[21] Katz 2005, 395–396
[22] Boyer, Merzbach 2000, 448
[23] Katz 2005, 392
[24] 片野 2004, 20
[25] Cajori 1928/29, 235
[26] Kline 2016b, 329
[27] Katz 2005, 400
[28] Katz 2005, 406–407
[29] Szpiro 2004, 18
[30] Haier, Wanner 2008, 6
[31] Stillwell 2005, 104
[32] Katz 2005, 423
[33] Kline 2016b, 393
[34] Stewart 2016, 100
[35] Katz 2005, 390
[36] Stewart 2010, 94
[37] Boyer, Merzbach 2000, 460
[38] Mason 1962, 150
[39] Derbyshire 2011, 116
[40] Katz 2005, 414
[41] Barry 2008, 53

[42] Stewart 2016, 93
[43] 岡本, 長岡, 2014, 210
[44] Crossley 1987
[45] Derbyshire 2011, 116
[46] Katz 2005, 415
[47] Kline 1984, 140
[48] Kline 2016b, 392
[49] Eves 1996, 255
[50] Beckmann 1995, 152
[51] 양정무 2016, 418
[52] 郭書瑄 2006, 76
[53] Parsons 1976, 94–95
[54] Santillana 1969, 56
[55] Santillana 1969, 35
[56] Conner 2014, 308)
[57] Szpiro 2004, 9
[58] Katz 2005, 453
[59] Conner 2014, 295
[60] Katz 2005, 454
[61] Boyer Merzbach 2000, 442
[62] Boyer, Merzbach 2000, 442
[63] Boyer, Merzbach 2000, 526
[64] Katz 2005, 458
[65] McClellan, Dorn 2008, 317
[66] Mason 1962, 148
[67] Smith 2016, 81
[68] Conner 2014, 394
[69] Christianson 2003, 237
[70] 山本 2012, 634
[71] 山本 2012, 645
[72] 山本 2012, 657
[73] 山本 2012, 648
[74] Mason 1962, 195
[75] 김용운, 김용국 1990, 236
[76] Szpiro 2004, 18
[77] Harman 2004, 315
[78] Katz 2005, 448
[79] Katz 2005, 448
[80] Conner 2014, 270
[81] Katz 2005, 446

참고문헌

김영식, 박성래, 송상용(2013). **과학사**. 서울: 전파과학사.

김용운, 김용국(1990). **數學史大全**. 서울: 우성문화사.

김용운, 김용국(1996). **중국수학사**. 서울: 민음사.

도현신(2014). **전쟁이 발명한 과학 기술의 역사**. 서울: 시대의 창.

민석홍, 나종일(2006). **서양문화사**. 서울: 서울대학교출판문화원.

박민아, 선유정, 정원(2015). **과학, 인문학으로 탐구하다**. 서울: 한국문화사.

안재구(2000). **수학 문화사Ⅰ/원시에서 고대까지**. 서울: 일월서각.

양정무(2016). **미술 이야기1-원시, 이집트, 메소포타미아 문명과 미술**. 서울: 사회평론.

윤일희(2017). 초창기 과학학회의 설립 및 활동에 관한 연구. **과학교육연구지**, 41권 2호, 267-280.

장득진, 박병욱, 오선정(2013). **바로 읽는 서양 역사**. 서울: 탐구당.

전성원(2012). **누가 우리의 일상을 지배하는가**. 서울: 인물과사상사.

조윤동(2003). 수학의 발달 과정과 그 결과에 대한 변증법적 유물론에 의한 분석. **수학교육학연구**, 13(3) 329-349.

주경철(2014). **문화로 읽는 세계사**. 서울: 사계절.

郭書瑄(2006). **그림을 보는 52가지 방법**. (김현정 옮김) 서울: 예경. (원본 2005년 인쇄).

紀志剛(2011). **수학의 역사**. (권수철 옮김) 서울: 더숲. (원본 2009년 인쇄).

劉徽(1998). **구장산술(九章算術)**. (김혜경, 윤주영 옮김). 서울: 서해문집.

李儼, 杜石然(2019). **중국수학사**. (안대욱 옮김) 서울: 예문서원. (원본 1976년 인쇄)

孫隆基(2019). **신세계사** 1. (이유진 옮김) 서울: 흐름출판. (원본 2015년 인쇄)

錢寶琮(1990). **中國數學史**. (川原秀城 譯) 東京: みすず書房. (原本 1981年 印刷)

岡本 久, 長岡 亮介(2014). **關數とは何か: 近代數學史からのアプローチ**. 東京: 近代科學史.

高瀬 正仁(2017). **發見と創造の数学史**. 神奈川縣: 萬書房.

吉田 洋一(1979). **零の發見: 數學の生い立ち**. 東京: 岩波新書.

藤原 正彦(2003). **천재 수학자들의 영광과 좌절**. (이면우 옮김) 서울: 사람과 책. (원본 2002년 인쇄).

寺阪 英孝(2014). **非ユークリッド幾何學の世界**. 東京: 講談社.

山本 義隆(2012). **과학의 탄생**. (이영기 옮김) 서울: 동아시아. (원본 2004년 인쇄).

水上 勉(2005). **チャレンジ! 整數の問題 199**. 東京: 日本評論社.

神永 正博(2016). **「超」入門 微分積分**. 東京: 講談社.

室井 和男(2000). **バビロニアの數學**. 東京: 東京大學出版會.

伊東 俊太郎(1990). **ギリシア人の數學**. 東京: 講談社.

日本數學會(1985). **岩波數學辭典 第3版**. 東京: 岩波書店.

齊藤 憲(2007). **되살아온 천재 아르키메데스**. (조윤동 옮김) 서울: 일출봉. (원본 2006년 인쇄).

竹內 啓(2014). **우연의 과학**. (서영덕, 조민영 옮김) 서울: 윤출판. (원본 2010년 인쇄).

中村 滋, 室井 和男(2014). **數學史: 數學5000年の步み**. 東京: 共立出版.

片野 善一(2004). **數學用語と記號ものがたり**. 東京: 裳華房.

下村 寅太郎(1941). **科學史の哲學**. 東京: 弘文堂.

Aczel, Amir D.(2002). **무한의 신비: 수학, 철학, 종교의 만남**. (신현용, 승영조 옮기) 서울: 승산. (원본 2000년 인쇄).

Archibald, Tom(2015). VI.47 샤를 에르미트. *The Princeton Companion to Mathematics II*. (권혜승, 정경훈 옮김) 서울: 승산. (원본 2008년 인쇄). 186-187.

Aubin, David(2008). Observatory mathematics in the nineteenth century. in (Eds. Robson R. & Stedall J.) *The Oxford Handbook of the History of Mathematics*, 273-296. Oxford: Oxford University Press.

Beckmann, Petr(1995). π**의 역사**. (박영훈 옮김) 서울: 실천문학사. (원본 1970년 인쇄).

Bell, Eric Temple(2002a). **수학을 만든 사람들, 상**. (안재구 옮김) 서울: 미래사. (원본 1937년 인쇄).

Bell, Eric Temple(2002b). **수학을 만든 사람들, 하**. (안재구 옮김) 서울: 미래사. (원본 1937년 인쇄).

Bennet, Deborah J.(2003). **확률의 함정**. (박병철 옮김) 서울: 영림카디널. (원본 1998년 인쇄).

Berlinski, David(2018). **수학의 역사**. (김하락, 류주환 옮김) 서울: 을유문화사. (원본2005년 인쇄).

Bingham, Nichoias(2015). VI.88 안드레이 니콜라예비치 콜모고로프. *The Princeton Companion to Mathematics II*. (권혜승, 정경훈 옮김) 서울: 승산. (원본 2008년 인쇄). 252-254.

Boyer, Carl B. & Merzbach, Uta C.(2000). **수학의 역사 상, 하**. (양영오, 조윤동 옮김) 서울: 경문사. (원본 1991년 인쇄).

Brentjes, Sonja(2008). Patronage of the mathematical science in Islamic society. in (Eds. Robson R. & Stedall J.) *The Oxford Handbook of the History of Mathematics*, 301-328. Oxford: Oxford University Press.

Burnett, Charles(2006). The semantics of Indian numerals in Arabic, Greek, and Latin. *Journal of Indian Philosophy*, 34, 15-30.

Burton, David M.(2011). *The History of Mathematics: An Introduction*, 7th Ed.. New York City: McGraw Hill.

Cajori, Florian(1928/29). *A History of Mathematical Notations*. New York: Dover.

Changeux, Jean-Pierre(2002). **물질, 정신 그리고 수학**. (강주헌 옮김) 서울: 경문사. (원본 1989년 인쇄).

Charette, François(2006). The locales of Islamic astronomical instrumentation. *History of Science*, 44(2), 123-138.

Chrisomalis, Stephen(2003). The Egyptian origin of the Greek alphabetic numerals, *Antiquity*, 77, 485-496.

Chrisomalis, Stephen(2008). The cognitive and cultural foundation of numbers. in (Eds. Robson R. & Stedall J.) *The Oxford Handbook of the History of Mathematics*, 495-518. Oxford: Oxford University Press.

Clagett, Marshall(1999). Ancient Egyptian science: a source book, vol 3. *American Philosophical Society*. https://books.google.co.kr/books?id=8c10QYoGa4UC&printsec=frontcover&hl=ko &source=gbs_ge_summary_r&cad=0#v=twopage&q&f=false 2023.05.31.

Colebrooke, Henry Thomas(1817). *Algebra: With Arithmetic And Mensuration, From The Sanskrit Of Brahmegupta And Bhascara*. London: John Murray.

Coleman, James(1990). *Foundations of Social Theory*. Cambridge Mass.: Harvard University Press.

Conner, Clifford D.(2014). **과학의 민중사: 과학 기술의 발전을 이끈 보통 사람들의 이야기**. (김명진, 안성우, 최형섭 옮김) 서울: 사이언스북스. (원본 2005년 인쇄).

Connes, Alain(2002). **물질, 정신 그리고 수학**. (강주헌 옮김) 서울: 경문사. (원본 1989년 인쇄).

Cullen, Christopher(1996). *Astronomy and mathematics in ancient China: the Zhoubi Shanjing*. Cambridge University Press.

Dantzig, Tobias(2005). *Number: The Language of Science*. New York: Plume Book.

Derbyshire, John(2011). **미지수, 상상의 역사**. (고중숙 옮김) 서울: 승산. (원본 2006 인쇄)

Devlin Keith(2011). **수학의 언어**. (전대호 옮김) 서울: 해나무. (원본 1998년 인쇄)

Engels, Friedrich(1988). **반듀링론**. (김민석 옮김) 서울: 새길. (원본 1878년 인쇄)

Englund, Robert K.(1998). Texts from the Late Uruk period. In *Mesopotamien: Späturuk-Zeit und Frühdynastische Zeit*, Pascal Attinger and Markus Wäfler, eds. Göttingen: Vandenhoeck und Rupecht, 15-233.

Eves, Howard(1996). **수학사**. (이우영, 신항균 옮김) 서울: 경문사. (원본 1990년 인쇄)

Faulkner, Neil(2016). **좌파 세계사**. (이윤정 옮김) 경북: 엑스오북스. (원본 2013년 인쇄)

Ferreirós, José(2015). VI.62 주세페 페아노. *The Princeton Companion to Mathematics II*. (권혜승, 정경훈 옮김) 서울: 승산. (원본 2008년 인쇄). 208-210.

Folkerts, Menso(2001). Early text on Hindu-Arabic calculation. in *Science in Context*, 14, 13-38.

Gandt, Francois de(2015). VI.20 장 르 롱 달랑베르. *The Princeton Companion to Mathematics II*. (권혜승, 정경훈 옮김) 서울: 승산. (원본 2008년 인쇄). 149-151.

Gaur, A.(1995). **문자의 역사**. (김동일 옮김) 서울: 새날. (원본 1984년 인쇄).

Gillispie, Charles C.(2015). VI.23 피에르-시몽 라플라스. *The Princeton Companion to Mathematics II*. (권혜승, 정경훈 옮김) 서울: 승산. (원본 2008년 인쇄). 154-157.

Goldstein, Rebecca(2007). **불완전성: 쿠르트 괴델의 증명과 역설**. (고중숙 옮김) 서울: 승산. (원본 2005년 인쇄).

Golinski, Jan(2019). 계몽시대의 과학, **옥스퍼드 과학사**. (임지원 옮김) pp.270-315. 서울: 반니. (원본 2017년 인쇄).

Gowers, Timothy(2014). *The Princeton Companion to Mathematics I*. (금종해, 정경훈 외 28명 옮김) 서울: 승산. (원본 2008년 인쇄).

Gowers, Timothy(2015). *The Princeton Companion to Mathematics II*. (권혜승, 정경훈 옮김) 서울: 승산. (원본 2008년 인쇄).

Grabiner, Judith V.(1997). Was Newton's calculus a dead end? The continental influence of Maclaurin's treatise of fluxions. *American Mathematical Monthly* 104(5), 393-410.

Grafton, Anthony(2009). A Sketch Map of a Lost Continent : the Republic of Letters. In *The Republic of Letters: A Journal for the Study of Knowledge, Politics, and the Arts*, Vol. 1, No. 1, pp. 1-18.

Gray, Jeremy(2008). Modernism in mathematics. in (Eds. Robson R. & Stedall J.) T*he Oxford Handbook of the History of Mathematics*, 663-686. Oxford: Oxford University Press.

Gray, Jeremy(2015a). VI.26 칼 프리드리히 가우스. *The Princeton Companion to Mathematics II*.

(권혜승, 정경훈 옮김) 서울: 승산. (원본 2008년 인쇄). 159-161.

Gray, Jeremy(2015b). VI.49 게오르크 프리드리히 베른하르트 리만. *The Princeton Companion to Mathematics II*. (권혜승, 정경훈 옮김) 서울: 승산. (원본 2008년 인쇄). 189-191.

Gray, Jeremy(2015c). VI.55 윌리엄 킹던 클리포드. *The Princeton Companion to Mathematics II*. (권혜승, 정경훈 옮김) 서울: 승산. (원본 2008년 인쇄). 198.

Gray, Jeremy(2015d). VI.69 엘리 조제프 카르탕. *The Princeton Companion to Mathematics II*. (권혜승, 정경훈 옮김) 서울: 승산. (원본 2008년 인쇄). 219-220.

Gray, Jeremy(2015e). VI.81 토랄프 스콜렘. *The Princeton Companion to Mathematics II*. (권혜승, 정경훈 옮김) 서울: 승산. (원본 2008년 인쇄). 239-240.

Greenberg, Marvin Jay(1993). Euclidean and Non-Euclidean Geometry : Development and History. New York : W. H. Freeman & Company.

Guinness, Ivor Grattan(2015a). VI.24 아드리앙-마리 르장드르. *The Princeton Companion to Mathematics II*. (권혜승, 정경훈 옮김) 서울: 승산. (원본 2008년 인쇄). 157-158.

Guinness, Ivor Grattan(2015b). VI.29 오귀스탱 루이 코시. *The Princeton Companion to Mathematics II*. (권혜승, 정경훈 옮김) 서울: 승산. (원본 2008년 인쇄). 163-164.

Haier, E. & Wanner, G.(2008). *Analysis by Its History*. New York: Springer.

Hankel, Hermann.(1874) *Zur Geschichte der Mathematik im Alterthum und Mittelalter*, Leipzich: Olms Nachdruch.

Harari, Y. N.(2015). **사피엔스**: A Brief History of Humankind. (조현욱 옮김) 서울: 김영사. (원본 2014년 인쇄).

Harman, C.(2004). **민중의 세계사**. (천경록 옮김) 서울: 책갈피. (원본 1999년 인쇄).

Harper, D.(2019). 고대 중국의 과학, **옥스퍼드 과학사**. (임지원 옮김) 서울: 반니. (원본 2017년 인쇄), pp.79-116.

Havil, Julian(2008). **오일러 상수 감마**. (고중숙 옮김) 서울: 승산. (원본 2003년 인쇄).

Havil, Julian(2014). **무리수: 헤아릴 수 없는 수에 관한 이야기**. (권혜승 옮김) 서울: 승산. (원본 2010년 인쇄).

Hollingdale, Stuart(1993). **數學を築いた天才たち 上, 下**, (有田八州穂, 伊藤博明, 伊藤和行, 仁科弘世 譯) 東京: 講談社, (원본 1989년 인쇄).

Høyrup, Jens(1990a). Algebra and naive geometry. An investigation of some basic aspects of Old Babylonian mathematical thought I. In *Altorientalische Forschungen* 17: 27-69.

Høyrup, Jens(1990b). Algebra and naive geometry. An investigation of some basic aspects of Old Babylonian mathematical thought II. In *Altorientalische Forschungen* 17: 262-354.

Huff T. F.(2008). **사회·법 체계로 본 근대 과학사 강의**. (김병순 옮김) 서울: 모티브북. (원본 2003년 인쇄).

Ifrah, G.(1990). **신비로운 수의 역사**. (김병욱 옮김) 서울: 예하. (원본 1985년 인쇄).

Imhausen, Annette(2003). The algorithmic structure of the Egyptian mathematical problem text. in John M Steele & Annette Imhausen (eds), *Under one sky: astronomy and mathematics in the ancient Near East*, Ugarit, 147-177.

Imhausen, Annette(2008). Traditions and Myths in the historiography of Egyptian mathematics. in (Eds. Robson, R. & Stedall, J.) *The Oxford Handbook of the History of Mathematics*, 781-800. Oxford: Oxford University Press.

Katz, V. J.(2005). **カッツ 數學の歷史**. (中根美知代, 高橋秀裕, 林知宏, 大谷卓史, 佐藤賢一, 東愼一郎, 中澤聰

譯) 東京:公立出版. (原本 1998年 印刷).

Kearney, H.(1983). **科學革命の時代**. (中山茂, 高柳雄一 譯) 東京: 平凡社. (原本 1971年 印刷).

Kenny, A.(2001). **フレーゲの哲學**. (野本和幸, 大辻正晴, 三平正明, 渡辺大地 譯) 東京: 法政大學出版局. (原本 1995年 印刷).

Keynes, J. M.(2006). Newton, the Man. 검색: https://mathshistory.st-andrews.ac.uk/Extras/Keynes_Newton, 2022.09.26.

Kjeldsen, Tinne Hoff(2000). A contextualized historical analysis of the Kuhn-Tucker Theorem in nonlinear programming: the impact of World War Ⅱ, *Historia Mathematica*, 27, 331-361.

Kjeldsen, Tinne Hoff(2008). Abstraction and application: new contexts, new interpretations in twentieth-century mathematics, in (Eds. Robson, R. & Stedall, J.) *The Oxford Handbook of the History of Mathematics*, 755-778. Oxford: Oxford University Press.

Klein, Felix(2012). **19세기 수학의 발전에 대한 강의**. (한경혜 옮김) 서울: 나남. (원본 1926년 인쇄)

Kleiner, Israel(2015). Ⅵ.44 카를 바이어슈트라스. *The Princeton Companion to Mathematics II*. (권혜승, 정경훈 옮김) 서울: 승산. (원본 2008년 인쇄), 183-184.

Kley, Edwin J. van(2000). East and West. in Selin, H.(Ed.) *Mathematics Across Culture: The History of Non-Western Mathsmatics*. Kluwer Academic Publisher. 23-35.

Kline, Morris(1984). **수학의 확실성**. (박세희 옮김) 서울: 민음사. (원본 1980년 인쇄)

Kline, Morris(2009). **수학, 문명을 지배하다**. (박영훈 옮김) 서울: 경문사. (원본 1953년 인쇄)

Kline, Morris(2016a). **수학자가 아닌 사람들을 위한 수학**. (노태복 옮김) 서울: 승산. (원본 1967년 인쇄)

Kline, Morris(2016b). **수학 사상사 I, II, III**. (심재관 옮김) 서울 경문사. (원본 1972년 인쇄)

Kuhn, Thomas S.(1976). Mathematical vs. Experimental Traditions in the Development of the Physical Science. *Journal of Interdisciplinary History* Vol. 7, No. 1, pp. 1-31.

Lewy, Hildegard(1949). Origin and development of sexagesimal system of numeration, *Journal of the American Oriental Society*, 69-1. pp.1-11.

Livesey, Steven. J. & Brentjes, Sonja(2019). 중세 기독교 및 이슬람 세계의 과학, **옥스퍼드 과학사**. (임지원 옮김) 117-166. 서울: 반니. (원본 2017년 인쇄).

Lloyd, George E. R.(2008). What was mathematics in the ancient world? Greek and Chines perspective. in (Eds. Robson, R. & Stedall, J.) *The Oxford Handbook of the History of Mathematics*, 7-26. Oxford: Oxford University Press.

Lützen, Jesper(2015). Ⅵ.39 조제프 리우빌. *The Princeton Companion to Mathematics II*. (권혜승, 정경훈 옮김) 서울: 승산. (원본 2008년 인쇄), 175-177.

MacHale, Des(2015). Ⅵ.43 조지 불. *The Princeton Companion to Mathematics II*. (권혜승, 정경훈 옮김) 서울: 승산. (원본 2008년 인쇄), 181-182.

MacLean, Ian(2008). The Medical Republic of Letters before the Thirty Years War. In *Intellectual History Review* Vol. 18. No. 1. pp.15-30.

Maligranda, Lech(2015). Ⅵ.84 스테판 바나흐. *The Princeton Companion to Mathematics II*. (권혜승, 정경훈 옮김) 서울: 승산. (원본 2008년 인쇄), 244-247.

Martzloff, Jean-Claude(2000). Chinese Mathematical Astronomy. in Selin, H.(Ed.) *Mathematics Across Culture: The History of Non-Western Mathsmatics*. Kluwer Academic Publisher. 373-407.

Mason, Stephen Finney(1962). A History of the Sciences. New York: MacMillan Publishing Company.

Mazur, Barry(2008). **허수: 시인의 마음으로 들여다본 수학적 상상의 세계**. (박병철 옮김) 서울: 승산. (원본 2003년 인쇄).

McClellan, James E. & Dorn, Harold(2008). **과학과 기술로 본 세계사 강의**. (전대호 옮김) 서울: 모티브북. (원본 1999년 인쇄).

McLarty, Colin(2015). Ⅵ. 76 에미 뇌터. *The Princeton Companion to Mathematics II*. (권혜승, 정경훈 옮김) 서울: 승산. (원본 2008년 인쇄), 230-231.

Merton, Robert K.(1973). *Theoretical and Empirical Investigations*. Chicago: University of Chicago Press.

Meyer(1999). *Geometry and Its Application*. New York: Harcourt Academic Press.

Mlodinow, Leonrd(2002). **유클리드의 창: 기하학 이야기**. (권대호 옮김) 서울: 까치. (원본 2001년 인쇄).

Mokyr, J.(2018). **성장의 문화: 현대 경제의 지적 기원**. (김민주, 이엽 옮김) 서울: 에코리브르. (원본 2016년 인쇄).

Mumford, L.(2013). **기술과 문명**. (문종만 옮김) 서울: 책세상. (원본 1962년 인쇄).

Needham, Joseph(1985). **中國의 科學과 文明 I**. (이석호, 이철주, 임정대, 최림순 옮김) 서울: 을유문화사. (원본 1965년 인쇄).

Needham, Joseph(1986). **中國의 科學과 文明 II**. (이석호, 이철주, 임정대 옮김) 서울: 을유문화사. (원본 1969년 인쇄).

Needham, Joseph(1988). **中國의 科學과 文明 III**. (이석호, 이철주, 임정대 옮김) 서울: 을유문화사. (원본 1969년 인쇄).

Neumann, Peter M.(2015). Ⅵ.58 페르디난드 게오르크 프로베니우스. *The Princeton Companion to Mathematics II*. (권혜승, 정경훈 옮김) 서울: 승산. (원본 2008년 인쇄), 202-204.

Newton, Isaac(2018a). **자연과학의 수학적 원리: 프린키피아 제1권 물체들의 움직임**. (이무현 옮김) 서울: ㈜교우. (원본 1725년 인쇄).

Newton, Isaac(2018b). **자연과학의 수학적 원리: 프린키피아 제3권 태양계의 구조**. (이무현 옮김) 서울: ㈜교우. (원본 1725년 인쇄).

Norris, James(2014). Ⅲ.71 확률 분포. *The Princeton Companion to Mathematics I*. (금종해, 정경훈 외 28명 옮김) 서울: 승산. (원본 2008년 인쇄), 444-450.

Panza, Marco(2015). Ⅵ.22 조제프 루이 라그랑주. *The Princeton Companion to Mathematics II*. (권혜승, 정경훈 옮김) 서울: 승산. (원본 2008년 인쇄), 152-154.

Parshall, Karen H.(2015). Ⅵ 제임스 조지프 실베스터. *The Princeton Companion to Mathematics II*. (권혜승, 정경훈 옮김) 서울: 승산. (원본 2008년 인쇄), 179-181.

Peiffer, Jeanne(2015). Ⅵ.18 베르누이 가문. *The Princeton Companion to Mathematics II*. (권혜승, 정경훈 옮김) 서울: 승산. (원본 2008년 인쇄), 143-146.

Platon(2007). **플라톤의 국가론**. (최현 옮김) 경기도: 집문당.

Platon(2019). **메논**. (이상인 옮김) 경기도: 아카넷.

Plofker, K.(2008). Sanskrit mathematical verse. in (Eds. Robson, R. & Stedall, J.) *The Oxford Handbook of the History of Mathematics*, 519-537. Oxford: Oxford University Press.

Pulte, Helmut(2015). Ⅵ.35 칼 구스타프 야코프 야코비. *The Princeton Companion to Mathematics*

II. (권혜승, 정경훈 옮김) 서울: 승산. (원본 2008년 인쇄), 171-172.

Puttaswamy, T. K.(2000). The Mathematical Accomplishment of Ancient Indian. in Selin, H.(Ed.) *Mathematics Across Culture: The History of Non-Western Mathsmatics*. Kluwer Academic Publisher. 409-422.

Rashed, Roshdi(2004). **アラビア數學の展開**. (三村太郎 譯) 東京: 東京大學出版會. (原本 1984年 印刷).

Ritter, James(2000). Egyptian Mathematics. in Selin, H.(Ed.) *Mathematics Across Culture: The History of Non-Western Mathsmatics*, 115-136. Dordrecht: Kluwer Academic Publisher.

Robson, Eleanor(2000). The Uses of Mathematics in Ancient Iraq, 6000-600 BC. in Selin, H.(Ed.) *Mathematics Across Culture: The History of Non-Western Mathsmatics*. Kluwer Academic Publisher. 93-113.

Robson, Eleanor(2008). Mathematics education in an Old Babylonian scribal school. in (Eds. Robson, R. & Stedall, J.) *The Oxford Handbook of the History of Mathematics*, Oxford: Oxford University Press. 199-228.

Rossi, C.(2008). Mixing, building, and feeding: mathematics and technology in ancient Egypt. in (Eds. Robson, R. & Stedall, J.) *The Oxford Handbook of the History of Mathematics*, 407-428. Oxford: Oxford University Press.

Salsburg, David(2019). **차를 맛보는 여인**. (강푸름, 김지형 옮김) 서울: 윤출판. (원본 2001년 인쇄)

Sandifer, Edward(2015). VI.19 레온하르트 오일러. *The Princeton Companion to Mathematics II*. (권혜승, 정경훈 옮김) 서울: 승산. (원본 2008년 인쇄), 146-149.

Schultze, Reinhard Siegmund(2008). The historiograohy and history mathematicsin Third Reich, in (Eds. Robson, R. & Stedall, J.) *The Oxford Handbook of the History of Mathematics*, 853-880. Oxford: Oxford University Press.

Schultze, Reinhard Siegmund(2015). VI.72 앙리 르베그. *The Princeton Companion to Mathematics II*. (권혜승, 정경훈 옮김) 서울: 승산. (원본 2008년 인쇄), 222-224.

Sesiano, Jacques(2000). Islamic Mathematics. in Selin, H.(Ed.) *Mathematics Across Culture: The History of Non-Western Mathsmatics*. Kluwer Academic Publisher. 137-165.

Shermer, Michael(2018). **도덕의 궤적: 과학과 이성은 어떻게 인류를 진리, 정의, 자유로 이끌었는가**. (김명주 옮김) 서울: 바다 출판사. (원본 2015년 인쇄).

Smith, Sanderson(2016). **수학사 가볍게 읽기**. (황선욱 옮김) 서울: 청문각. (원본 1996년 인쇄).

Szpiro, George Geza(2004). **케플러의 추측**. (심재관 옮김) 서울: 영림카디널. (원본2003년 인쇄).

Stewart, I.(2010). **아름다움은 왜 진리인가: 대칭의 역사**. (인재권, 안기연 옮김) 서울: 승산. (원본은 2007년 인쇄).

Stewart, Ian(2016). **교양인을 위한 수학사 강의**. (노태복 옮김) 서울: 반니. (원본 2008년 인쇄).

Stigler, Stephan M.(1986). *The history of statistics: the measurement of uncertainty before 1900*, Massachusetts: Harvard University Press.

Stillwell, John(2005). **數學のあゆみ** **上**. (田中紀子 譯). 東京: 朝倉書店. (原文は 2002年 印刷).

Struik, Dirk Jan(2020). **간추린 수학사**. (장경윤, 강문봉, 박경미 옮김) 서울: 신한미디어출판사. (원본 1987년 인쇄).

Stubhaug, Arild(2015). VI.소푸스 리. *The Princeton Companion to Mathematics II*. (권혜승, 정경훈 옮김) 서울: 승산. (원본 2008년 인쇄), 193-195.

Szpiro, George G.(2004). **케플러의 추측**. (심재관 옮김) 서울: 영림카디널. (원본 2003년 인쇄).

Tappenden, Jamie(2015). Ⅵ.고틀로프 프레게. *The Princeton Companion to Mathematics II*. (권혜승, 정경훈 옮김) 서울: 승산. (원본 2008년 인쇄), 198-200.

Thiele, Rüdiger(2015). Ⅵ.57 크리스티안 펠릭스 클라인. *The Princeton Companion to Mathematics II*. (권혜승, 정경훈 옮김) 서울: 승산. (원본 2008년 인쇄), 201-202.

Todhunter, Issac(2017). **確率論: パスカルからラプラス時代までの數學史の一斷面**. (安藤洋美譯) 京都: 現代數學社. (原本 1865年 印刷).

Wagner, Donald Blackmore(1979). An early Chinese derivation of the volume of a pyramid: Liu Hui, third century AD. in *Historia Mathematica* 6, 164-188.

Wilkins, David(2015). Ⅵ.37 윌리엄 로완 해밀턴. *The Princeton Companion to Mathematics II*. (권혜승, 정경훈 옮김) 서울: 승산. (원본 2008년 인쇄). 174-175.

Zilsel, Edgar(1941). The Origins of Gilbert's Scientific Method. in *Journal of the History of Ideas* vol. 2, No. 1, pp. 1-32.

Zilsel, Edgar(1942). The Sociological Roots of Science. in *American Journal of Sociology* Vol. 47, No. 4, pp. 544-560.

Никифоровский, В. А.(1993). **積分の歷史: アルキメデスからコーシー, リマンまで**. (馬場良和 譯) 東京: 現代數學史. (原本 1985年 印刷).

재인용 문헌

Alford, William P.(1995). *To Steal a Book is an Elegant Offence: Intellectual Property Law in Chinese Civilization*. California: Stanford University Press.

Anbouba, Adel(1979). Un traité d'Abū Jacfar [al-Khazin] sur les triangles rectangles numériques. *Journal for the History of Arabic Science 3*, 134-178.

Balazs, Etienne(1967). *Chinese Civilization and Bureaucracy: Variations on a Theme*, Connecticut: Yale University Press.

Becker, Oskar Joachim(1965). Die Lehre von Geraden und Ungeraden im Neunten Buch der Euklidischen Elemente. *Zur Geschichte der Griechischen Mathematik*. Darmstadt.

Bodde, Derk(1991). *Chinese Thought, Society, and Science: The Intellectual and Social Background of Science and Technology in Pre-Modern China*. Honolulu: University of Hawaii Press.

Boyer, C. B.(1959). *The History of the Calculus and Its Conceptual Development*. New York: Dover. (https://archive.org/details/the-history-of-the-calculus-carl-b.-boyer/page/75/mode/2up 2023.07.13.)

Cantor, Moritz(1880). *Vorlesungen über Geschichte der Mathematik*, Leipzig: Teubner.

Christianson, John Robert(2003). *On Tycho's Island: Tycho Brahe and His Assistants 1570-1601*. Cambridge, UK; Cambridge University Press.

Collins, Randall(1998). *The Sociology of Philosophies : A Global Theory of Intellectual Change*. Cambridge, MA: Harvard University Press.

Crossley, John N.(1987). *The Emergence of Number*, Singapore: World Scientific.

Dear, Peter(2006). *The Intelligibility of Nature : How Science Makes Sense of the World*. Chicago : University of Chicago Press.

Djebbar, Ahmed(1997). Combinatorics in Islamic mathematics. In *Encyclopaedia of the History of Science, Technology, and Medicine in Non-Western Culture*, Helaine Selin ed. Dordrecht: Kluwer, 230–232.

Eamon, William(1996). *Science and the Secrets of Nature: Books of Medieval and Early Modern Culture*. Princeton, NJ; Princeton University Press.

Edwards, Harold M.(1977). *Fermat's last theorem: A Genetic Introduction to Algebraic Number Theory*, New York: Springer.

Eisenstein, Elizabeth(1979). *The Printing Press as an Agent of Change*. Cambridge : Cambridge University Press.

Elman, Benjamin A.(2013). *Civil Examinations and Meritocracy in Late Imperial China*. Cambridge, MA: Harvard University Press.

Fara, Patricia(2002). *Newton: The Making of a Genius*. New York: Columbia University Press.

Farrington, Benjamain(1969). Greek Science. UK: Penguin.

Friberg, Jöran(1987–90). Mathematik. In *RealLexikon der Assyriologie und vorderasiatische Archäologie* 7, Dietz O. Edzard, ed. Berlin and New York: Walter de Gruyter, 531–585.

Gaukroger, Stephen(2001). *Francis Bacon and the Transformation of Early-Modern Philosophy*. Cambridge: Cambridge University Press.

Gerver, Joseph(1969). The Differentiability of the Riemann Function at Certain Rational Multiples of π. *American Journal of Mathematics* 92–1, 33–55.

Grabiner, Judith. V.(2005). *The Origins of Cauchy's Rigorous Calculus*. New York: Dover.

Gutas, Dimitri(1998). *Greek thought, Arabic culture: the Graeco-Arabic translation movement in Baghdad and early Abbasid society (2nd-4th/8th-10th century)*. Routledge.

Hacking, Ian(1975). *The taming of chance*, Cambridge: Cambridge University Press.

King, David A.(2004), *In synchrony with the heavens. Studies in astronomical timekeeping and instrumentation in medieval Islamic civilization*, 2 vols, Leiden: Brill.

Klein, Felix(1895). Über Arithmetisirungder Mathematik, *Nachrichten der Königlichen Geselschaft der Wissenschaften zu Göttingen*, 82–91. in Gesammelte Mathematische Abhandlugen, 3 vols, Berlin, 1921, II 232–240. English translation in Bulletin of the American Mathematical Society, 2 (1896), 241–249.

Lach, Donald F.(1965). *Asia in the Making Europe*. Vol. I: *A Century of Discovery*. Bks. 1–2. Chicago: The University of Chicago Press.

Lach, Donald F.(1977). *Asia in the Making Europe*, Vol. II: *A Century of Wonder*. Bks. 1–3. Chicago: The University of Chicago Press.

Leicester, Henry M.(1971). *The Historical Background of Chemistry*. New York: Dover.

Luckey, Paul, ed.(1953). *Der Lehrbrief über den Kreisumfang (ar-Risāla al-muḥīṭīya) von Ğamšīd b. Mas'ūd al-Kāšī*. Berlin: Akademie-Verlag.

Marshack, A.(1972). *Roots of Civilization: The Cognitive Beginnings of Man's First Art, Symbol, and Nation*. New York: MaGraw-Hill.

Needham, Joseph(1959). *Science and civilization in China*, vol 3: Mathematics and the Science, Cambridge University Press.

Needham, Joseph(1959). *Science and Civilization in China*, vol. 1, Mathematics. Cambridge University Press.

Needham, Joseph(1959). *Science and Civilization in China*, vol. 2, Mathematics. Cambridge University Press.

Newton, Issac(1952). *Optics*. New York: Dover Pub. Inc. (원본 1730년 인쇄).

Nissen, Hans J., Damerow, Reter, and Englund Robert K.(1993). *Archaic bookkeeping: Early Writing and Techniques of Administration in the Ancient Near East*. (trans. Paul Larson). Chicago: University of Chicago Press. (original work published 1990).

Olson, Richard(1990). *Science Deified and Science Defied: The Historical Significance of Science in Western Culture*. Berkeley: University of California Press.

Parsons, William Barckay(1976). *Engineers and Engineering in the Renaissance*. Cambridge, MA: MIT Press.

Peters, Edward(1995). Science and the Culture of Early Europe, in Dales, Richard C. The *Scientific Achievement of the Middle Ages*. Philadelpia: University of Chicago Press.

Placklett, Robin(1958). The principle of the arithmetic mean. *Biomerika* 45, 130–135.

Posener-Kriéger, Paule(1994). Les mesures de grain dans les papyrus de Gébélein. In *The Unbroken Read. Studies in the Culture and Heritage of Ancient Egypt in Honor of A. F. Shore*, Christopher Eyre et al., eds. London: Egypt Exploration Society. 269–272.

Poter, Thepdore M.(1986). *The rise of statistical thinking 1820-1900*, Princeton University Press.

Powell, Marvin A.(1987-90). Maße und Gewichte. In *RealLexikon der Assyriologie und vorderasiatische Archäologie 7*. Dietz O. Edzard, ed. Berlin and New York: Walter de Gruyter, 457–530.

Price, D. J.(1962). *Science Since Babylon*. New Heaven, CT: Yale University Press.

Rashed, R. & Aḥmad, S.(1972). *Al-Bāhir en algèbre d'As-Samaw'al*, Damascus.

Rebstock, Ulrich(1992). *Rechnen im islamischen Orient. Die literarischen Spuren der parktischen Rechenkunst*, Darmstadt: Wissenschaftliche Buchgesellschaft.

Rondeau, Jozeau M.-F.(1997). *Géodésie au XIXème siècle: de l'hégémonie française à l'hégémonie allemande. Regards Belges. Compensation et méthode des moindres carrés*, doctoral thesis, Université Paris VII-René Diderot.

Rosen, Frederick(1986). *The Algebra of Mohammed ben Musa*. Hildesheim: Olms.

Russ, Steve(2004). *The Mathematical Works of Bernard Bolzano*. Oxford University Press.

Santillana, George de(1969). The Role of Art in the Scientific Revolution. in M. Clagget ed. *Critical Problems in the History of Science*. Wisconsin: University of Wisconsin Press.

Schmandt-Besserat, Denise(1992). *Before Writing*. Texas: University of Texas Press.

Sesiano, Jacques(1987). A treatise by al-Qabīsī (Alchabitius) on arithmetical series. Annals of the New York Academy of Science 500, 483–500.

Struik, Dirk J.(1968). The prohibition of the use of Arabic numerals in Florence, In *Archives Internationales d'Histoire des Sciences*, 21, 291–294. Publisher: Brepols.

Swetz, Frank J.(1987). *Capitalism and Arithmetic: The New Math of the 15th Century*. Illinois: Open Court.

Temple, R.(1986). *Genius of China: 3000 Years of Science, Discovery, and Invention*. New York: Simon & Schuster.

Woepcke, Franz(1852). Notice sur une théorie ajoutée par Thâbit ben Korrah à l'arithmétique spéculative des Grecs. *Journal Asiatique ser.* 4, vol. 20, 420-429.

Woepcke, Franz(1853). *Extrait du Fakhrī, traité d'algèbre par Aboù Bekr Mohammed ben Alaçanal-Akrkhī.* Paris: L'imprimerie Impériale.

Westfall, R. S.(1977). *The Construction of Modern Science.* Cambridge: Cambridge University Press.

Woepcke, Franz(1852). Notice sur une théorie ajoutée par Thâbit ben Korrah à l'arithmétique spéculative des Grecs. *Journal Asiatique* ser. 4 vol. 20, 420-429.

Woepcke, Franz(1853). *Extrait du Fakhrī, traité d'algèbre par Aboū Bekr Mohammed ben Alhaçan Alkarkhī,* Paris: L'imprimerie Impériale.

Wootton, David(2015). *The Invention of Science : A New History of Scientific Revolution.* London : Allen Lane.

🔍 이름 찾아보기

🔍 사항 찾아보기

사항 찾아보기

디아스포라(DIASPORA)는 독자 여러분의 책에 관한 아이디어와 원고 투고를 기다리고 있습니다. 디아스포라는 전파과학사의 임프린트로 종교(기독교), 경제·경영서, 일반 문학 등 다양한 장르의 국내 저자와 해외 번역서를 준비하고 있습니다. 출간을 고민하고 계신 분들은 이메일 chonpa2@hanmail.net로 간단한 개요와 취지, 연락처 등을 적어 보내주세요.

시대와 내용별로 기록한 세계 수학사(상)

–

초판1쇄 발행 2025년 1월 21일

–

지 은 이 조윤동
발 행 인 손동민
디 자 인 오주희
편 집 자 김희원

–

펴낸 곳 전파과학사
출판등록 1956. 7. 23. 제 10-89호
주 소 서울시 서대문구 증가로18, 204호
전 화 02-333-8877(8855)
팩 스 02-334-8092
이 메 일 chonpa2@hanmail.net
공식블로그 http://blog.naver.com/siencia

ISBN 978-89-7044-690-5 (03400)

• 이 도서는 2024년 문화체육관광부의 '중소출판사 도약부문 제작 지원' 사업의 지원을 받아 제작되었습니다.